元華文創

量子理論

—　物理概念與數學結構—

Quantum Theory

Physical Concepts and Mathematical Structures

黃克寧　郭明剛　著

希臘字母表

大 寫	小 寫	名 稱	讀 音
Α	*α*	alpha	[ˈælfə]
Β	*β*	beta	[ˈbetə], [ˈbitə]
Γ	*γ*	gamma	[ˈgæmə]
Δ	*δ*	delta	[ˈdeltə]
Ε	*ε*	epsilon	[ˈɛpsɪlɒn], [ˈɛpsəˌlɒn], [ɛpˈsaɪlən]
Ζ	*ζ*	zeta	[ˈzetə], [ˈzitə]
Η	*η*	eta	[ˈetə], [ˈitə]
Θ	*θ*	theta	[ˈθetə], [ˈθitə]
Ι	*ι*	iota	[aɪˈotə]
Κ	*κ*	kappa	[ˈkæpə]
Λ	*λ*	lambda	[ˈlæmdə]
Μ	*μ*	mu	[mju], [mu]
Ν	*ν*	nu	[nju], [nu]
Ξ	*ξ*	xi	[zaɪ], [saɪ, gzaɪ, ksaɪ, gzi, ksi]
Ο	*ο*	omicron	[oˈmaɪkrən], [oˈmɪkrɒn, ɒmɪkrɒn]
Π	*π*	pi	[paɪ]
Ρ	*ρ*	rho	[ro]
Σ	*σ*	sigma	[ˈsɪgmə]
Τ	*τ*	tau	[taʊ], [tɔ]
Υ	*υ*	upsilon	[ˈjupsələn], [ˈjupsəˌlən]
Φ	*φ*	phi	[faɪ]
Χ	*χ*	chi	[kaɪ]
Ψ	*ψ*	psi	[saɪ], [psaɪ]
Ω	*ω*	omega	[oˈmɪgə], [oˈmɛgə, oˈmegə, oˈmɪgə]

序 言

本書的撰寫宗旨，不僅在説明什麼是「量子理論」，更在於解釋“為什麼”「量子理論」是這樣的。因此，本書適宜物理專業的本科生“自修自習”，或作為「量子理論」相關課程的參考書：有助於糾正“物理概念”與加強“數學根基”。此外，對物理科學有興趣的哲學、工程、或數學專業學者，也可將本書作為「量子理論」的入門參考讀物。

約二十年前，作者將當時在「量子力學」課程方面的教學與研究心得，以中文撰述《量子力學——哲學概念與數學基礎（Quantum Mechanics—Philosophical Concepts and Mathematical Foundations）》（俊傑書局, 臺北, 2004, 1138 頁）。由於篇幅所限，書中有甚多割捨之處。因此，七年後再補撰英文版的《Scientific Mathematics—Annotated Handbook（科學數學——注釋手冊）》（五南圖書出版公司, 臺北, 2011, 552 頁）。有感於「統計物理」乃是「宏觀物理」的微觀基礎，而「量子理論」屬於「微觀理論」，須借助統計，才能解釋日常所見的「宏觀現象」。因此，接着再撰英文版的《Quantum Statistical Thermodynamics— Mathematics and Glossary》（Springer-Verlag, Berlin, 1010 頁），並於 2017 年定稿，惜因版面及校對問題，一再拖延。後又因新冠疫情，至今尚未出版。「相對論」裏最重要的概念是“真空光速恆定”，而「量子理論」裏最重要的概念是“陰陽互補”，這也是「量子力學」大師，玻爾（N. H. D. Bohr, 1885-1962）所認同的。由於“陰陽”概念源於華夏文明裏的《易經》，故補撰《易經之科學——上帝也擲骰子》（元華文創, 臺北, 2019, 428 頁）。

如今，作者與郭明剛博士合作，整理作者歷年來在美國聖母大學（University of Notre Dame）、臺灣大學、福州大學、四川大學、與中國科學院大學的有關教學講義。再綜合前四書，並將有關「量子理論」以公設的形式，經由邏輯進行深入探討撰成此書，尤其附加“相對量子力學”與“量子場論”，以補前《量子力學》書之不足。此外，更從“量子規範場論（Quantum Gauge-Field Theory）”的典範，即“量子電動力學”的角度，將“量子碰撞”與“量子躍遷”展示為應用實例。

根據作者近五十年來，在美國、中國大陸與臺灣的教學經驗，一般初學者對「量子力學」，往往“知其然，而不知其所以然”。例如，坊間介紹「量子力學」的書裏，大多沿襲德布羅意（L. V. P. de Broglie, 1892-1987）、海森伯（W. K. Heisenberg, 1901-1976）、狄拉克（P. A. M. Dirac, 1902-1984）、薛定諤（E. Schrödinger, 1887-1961）等人早年的講法，以“位置動量對易關係”$\left[X_{\alpha},P_{\beta}\right]=i\hbar\delta_{\alpha\beta}$，作為粒子運動的“基本假設”，來架構整個「量子力學」。這有點像西方魔術師，從硬頂禮帽裏變出一隻活生生的兔子；容易讓初學者有種“丈二金剛，摸不着頭腦”的感覺。因此，作者在前述《量子力學》書中為讀者解密：祇要假設粒子是以“複概密幅（complex probability-density amplitude）”$\psi(\boldsymbol{x},t)$呈現於“位置空間”，則“位置動量對易關係”就可由數學上“混變數（random variable）”的概念，以嚴謹的邏輯推論得到。這裏的$\psi(\boldsymbol{x},t)$就是所謂的“波函（wave function）”。

任何物理理論皆以實驗為基礎，「量子力學」也不例外。「量子力學」的建立，源於十九世紀末經典物理無法解釋的幾個實驗現象，如黑體輻射、光電效應、原子光譜規律、固體低溫比熱等。為解釋這些實驗現象而提出“波粒二象性（particle-wave duality）”概念：任何東西的“本質”皆為“粒子”，但其行為遵循“波動”的“規律”。在量子物理描述中，採用“波函”描述波粒二象性，其物理意義由玻恩（M. Born, 1882-1970）的“波函統計詮釋”給出。

在量子觀測中，由於觀測物理量的結果往往呈現為一個“概率分佈（probability distribution）”，即數學裏“混變數”處理的情況；因此，「量子力學」將觀測物理量的“範圍”與“概率”分開來處理。也就是將“觀測運作”與“觀測結果”分開，通過引入物理量對應的“測符（observable）”，並以其“徵值（eigenvalue）”來代表物理量的取值“範圍”；通過引入“態符（state operator）”來描述物理系統的狀態，並以測符與態符來共同決定物理量的取值“概率”。

目前我們知道，宇宙是由衆多不同類型的微觀粒子組成，而各類型的粒子又多到不可勝數。這些粒子不論其間的距離有多麼“遙遠”，也不論其間是否有“相互作用”，在整個宇宙裏，全部這些粒子組合成“相干（coherent）”的“宇宙波函（wave function of the universe）”。這也就是“量子糾纏（quantum entanglement）”的肇始，而每次“觀測”都將造成局部“退相干（decoherent）”。注意，這絕不是“多宇宙論（multiverse theory）”的概念。

此外，在宇宙裏，內稟屬性完全相同的微觀粒子定義為“等同粒子（identical particles）”。依據實驗觀察，交換等同粒子系統裏任意兩個粒子，等同粒子系統的波函必須為“對稱”或“反稱”，由此可將等同粒子分為兩類：“費子（fermion）”與“玻子（boson）”，它們分別遵循“費米-狄拉克統計”與“玻色-愛因斯坦統計”。

「量子理論」屬於“微觀理論”，與統計物理密不可分。統計物理中最重要的概念就是“系綜”。系綜可分為“經典系綜（classical ensemble）”與“量子系綜（quantum ensemble）”，前者為“非相干系綜（incoherent ensemble）”，而後者為“相干系綜（coherent ensemble）”。在經典統計物理裏，利用“經典系綜”來描述大量微觀粒子所構成“宏觀物理系統”的狀態，一般皆為“混態（mix state）”。在量子統計物理裏，則必須利用“量子系綜”來描述“微觀物理系統”的“純態（pure state）”。不論在經典或量子物理裏，物理態皆可分為純態與混態。一般在傳統的「經典力學」裏，描述的皆為“純態”，無需引入系綜；因此，隱而不談“混態”。然而，在量子物理裏，純態則需用“量子系綜”來描述，而混態需同時用“量子系綜”與“經典系綜”來描述。當觀測考慮“混態”的物理量時，“經典統計物理”只需作“經典系綜平均”，而“量子統計物理”則必須先對“純態”作“量子系綜平均”，然後再對“混態”作“經典系綜平均”。

作者在前述《量子力學》一書的前幾章裏，沿着「量子力學」的緣起脈絡，作了綜合性的陳述。同時也將相關物理定律與實驗現象的發現，以及其在西方與中國古代的歷史淵源，作了概略性的介紹。有興趣的讀者可查閱。這對創新物理概念的觸發過程，有甚多值得“借鑒”之處。

本書〈第一章 經典物理概論〉從宏觀認知談起。經典物理除了歷史傳承的意義外，許多源自經典動力學的概念，如動量、動能、勢能、質能等，對於瞭解「量子力學」甚有助益。其次，本章還回顧了經典統計系綜、物理量的概率分佈，以及物理系統狀態的一般定義。最後，總結慣性時空座在伽利略轉換下的對易關係；這是推導「量子力學」的關鍵所在。

〈第二章 量子數學基礎〉着重介紹，由經典物理的“廣義相空間”$\{\boldsymbol{q},\boldsymbol{p}\}$推廣得到的“希爾伯特空間（Hilbert space）”及其算符。一個經典粒子系統的狀態，可由“廣義位置”$\boldsymbol{q}$與“廣義動量”$\boldsymbol{p}$兩個動力變數完全決定。這兩個動力變數對時刻t的一階導數，就決定了此粒子系統的狀態隨時刻t的演化。這也就是經典力學的“哈密頓表述”之精髓所在：廣義位置與廣義動量對時刻t的一階耦合微分方程。這在〈第六章 量子場論簡介〉裏還會談到。將“廣義位置”$\boldsymbol{q}$與“廣義動量”$\boldsymbol{p}$結合為一個“複變數（complex variable）”，則由$\{\boldsymbol{q},\boldsymbol{p}\}$代表的“實矢空間（real vector space）”，就可推廣為“複矢空間（complex vector space）”，即所謂的“希爾伯特空間”，簡稱“希空間”。此空間的“複矢”隱含$\{\boldsymbol{q},\boldsymbol{p}\}$統計分佈的訊息。

在〈第三章 量子物理描述〉裏，將“經典系綜”推廣為“量子系綜”。一般的骰子，其結果是“近似”於“純隨機（purely random）”的，即所謂的“經典骰子（classical dice）”。若以“經典骰子”代表“經典系綜”，則“量子系綜”就是一個“量子骰子（quantum dice）”。萬能的上帝完全明瞭“經典骰子”的結構，也知道與“擲骰子”有關的力學原理，甚至能精確地計算出最後得到的點數。因此，他不必擲“經典骰子”就知道結果，但他必須擲“量子骰子”。擲任何單一“量子骰子”的結果都是純概率性的，“無規律”可循。此外，在量子物理描述下，必須引進滿足“複線疊加原理（complex linear-superposition principle）”的“複概密幅”，即所謂的“陰陽波函”。

更明白地說，在結果呈現上，“量子骰子”與“經典骰子”最大的不同在以下兩方面。

(1) 複線疊加性：

在經典骰子情況下，貓有“死態”與“活態”，而“死”與“活”的比例，仍可任意調整；然而，“量子骰子”卻具有“複線疊加性”，甚至還可有相互“獨立”的“兩個”不同的“死活態”。

(2) 純隨機性：

經典骰子可任意設計，但必然“有跡可循”，遵循經典力學“規律”。儘管其規律可能如“蝴蝶效應”般地複雜，但萬能的上帝在擲“經典骰子”之前，還是能預先精確算得擲出的結果；而“量子骰子”則不然。量子骰子的擲出結果，完全是一個“純隨機”的“概率分佈”。“每一次”擲“量子骰子”的結果，絕對“無跡可循”，而且不遵守任何規律。即使萬能的上帝也束手無策，衹能在擲出後，靜觀結果。這有如電子“狹縫散射實驗”，量子力學只能得到“統計”上的規律，即算出“屏幕”上干涉條紋的分佈，也就是許許多多電子在屏幕上最後落點的分佈狀態。但是“無法”預測，每一顆通過狹縫的電子，將落在屏幕上何處。

在起跑點上，自然是絕對公平的。

這就如同大家期待，每張“彩票”中獎的概率都相等。自然“不偏袒（unbiased）”，不也是應該的！

在〈第四章 量子力學推導〉裏，利用人們感官上對自然界的經驗或觀測，可歸納出「量子力學」的五個公設：對應公設、相容公設、稱化公設、對等公設、光速公設，而最基本的假設隱含於“對應公設”。數學家早先研究的“希爾伯特空間”為“完備量度複矢空間（complete metric complex vector space）”，恰好對應經典物理裏推廣到複數域的“廣義相空間” $\{\boldsymbol{q},\boldsymbol{p}\}$。“希空間”裏“複矢” $|\psi\rangle$ 的“位置表象” $\psi(\boldsymbol{x})\equiv\langle\boldsymbol{x}|\psi\rangle=\psi_R(\boldsymbol{x})+i\,\psi_I(\boldsymbol{x})$，若詮釋為“複概密幅”，再以其實部 $\psi_R(\boldsymbol{x})$ 為“陽”、虛部 $\psi_I(\boldsymbol{x})$ 為“陰”，則“陰陽”可經由“相位（phase）”進行轉化，而“概密（probability density）” $\rho(\boldsymbol{x})\equiv|\psi(\boldsymbol{x})|^2\equiv\psi_R^2(\boldsymbol{x})+\psi_I^2(\boldsymbol{x})$ 正好滿足陰陽“相輔相成”的寓意。由“波函”在“伽利略轉換”下的規律，即可得“量子化”的關鍵對易關係：$\left[X_\alpha,P_\beta\right]=i\hbar\delta_{\alpha\beta}$。

在〈第五章 相對量子力學〉裏，首先依循狄拉克的思路來簡易推導“狄拉克方程”。接着，再鉅細靡遺地解說狄拉克 γ 陣與 Γ 陣，以及“相對量子力學”的基本力學算符，以方便初學者儘快熟練計算技巧。此外，還具體證明了“狄拉克方程”的“洛倫茲協變性”。

在〈第六章 量子場論簡介〉裏，簡單闡述“場論”的概念以及其“正則量子化步驟（canonical quantization procedure）”。冀能為初學者學習“量子場論”奠定堅實的基礎。

目前，物理科學以“量子場論”來總結我們對宇宙的瞭解，而“陰陽哲理”貫通其基礎概念。二十世紀初，由二百多年來物理科學的理論與實驗，歸納演繹得到的“波粒二象性”概念，尤其難能可貴。“粒子”定義於“一個位置點”，呈現“非相干”的“局域（local）”本質；而“波動”定義於“整個位置空間”，呈現“相干”的“全域 （global）”規律。它們的定義範圍是兩個極端：一個是趨近無限小的“一點”，另一個是趨近無限大的“整個空間”。這似乎是個矛盾的說法。然而，任何物理系統，在“波包（wave packet）”表述下〔詳見本書〈第七・二節 孤立系統的演化〉〕，憑藉“位置空間”裏一點所指稱的“粒子”，在“動量空間”裏卻佔據“整個空間”；而以“整個位置空間”所指稱的“波動”，在“動量空間”裏反而只佔據“一點”。這是由於採取的觀點不同所導致的：

> 針對宇宙的任何東西，我們在“位置空間”一個點的“鄰域（neighborhood）”裏描述其稟賦“本質（nature）”；在“動量空間”一個點的“鄰域”裏描述其運動“規律（law）”。規律為“陰”、本質為“陽”，而陰陽互濟，且滿足“不確定關係（indeterminacy relation）”。

公元 1927 年，玻爾提出與“不確定關係”相關的“互補原理（complementary principle）”，或許就是受到「易經」“陰陽哲理”的啓發。

宇宙萬事萬物的現象，無非就是物理系統“平衡過程”的呈現，而任何熱力系統皆是通過“碰撞”來趨於“平衡態”。因此，在〈第七章 量子碰撞理論〉裏，以碰撞理論為例，展示“相對量子力學”與“量子場論”的應用。為了全面理解“碰撞動力學”，更仔細探討了碰撞過程中的“極化（polarization）”與“角佈（angular distribution）”，以及涉及的“相干信息”。此外，更詳細介紹處理粒子間“高能碰撞”時，最適宜採用的“旋性表述（helicity formalism）”。其中還介紹了如何嚴格處理光子、電子、原子的極化現象。

本書前七章闡述物理概念與架構物理理論，以及如何處理

“運行學（kinematics）”的問題。在〈第八章 量子躍遷方程〉裏，我們針對“動力學（dynamics）”，提出一個在原則上能“精確處理（exact treatment）”多體碰撞的“量子躍遷主方程（quantum transition master equation）”。當然我們提出的方程，有如“玻茲曼方程（Boltzmann equation）”，實際為一組“層層嵌套”的“遞階方程（hierarchy equations）”，直接精確求解有其困難。然而，我們提出了一種近似求解的方法——“多組態相對混相近似理論（MCRRPA theory）”，並且實際應用到“光離（photoionization）”與“光激（photoexcitation）”過程，得到相當不錯的結果。

最後，我們將許多“理論細節”與“公式推導”置於附錄，以供讀者有需要時作參考。

中國語言文字由“文”（部首或符號）構成“字”：有“一文”的字（大、小），或“兩文”以上的字（天、地）。再由“字”構成“詞”：有“一字”的詞（貓、狗、仁、義），或“兩字”以上的詞（喜樂、孝順）。接著由“詞”構成“語”：有“一詞”的“語”（好幸福），或“兩詞”以上的“語”（德高望重），更有所謂的“成語”（愚公移山）或“對聯”（為往聖繼絕學，為萬世開太平），以及浩如煙海的“詩詞歌賦”等。對照而言，多數西方語言文字，直接由“alphabets”構成“word（詞）”，少了“字”的階段。僅古希臘語或拉丁語中有少數的“字根”、“字頭”、“字尾”仍在沿用，相當是中文的“字”。總之，中文的“部首”或“符號”可以相當是“西文”的“alphabets”，非常豐富，而“西文”的“word”相當是中文的“字詞”。

本書裏中譯名的原則是，盡量利用中文的優點，以“信達雅”為要。在無混淆疑慮時，也盡可能簡化。例如，function 譯為“函數”，簡稱“函”。複數的 absolute value 為“絕對值”，簡稱“絕值”。vector 為“矢量”或“向量”，簡稱“矢”。operator 為“算符”，簡稱“符”。position operator 為“位置算符”，簡稱“位符”。momentum operator 為“動量算符”，簡稱“動符”。Euclidean space 為“歐幾里德空間”，簡稱“歐空間”。Hilbert space 為“希爾伯特空間”，簡稱“希空間”。Minkowski spacetime 為“閔可夫斯基時空”，簡稱“閔時空”。本書中物理字詞“簡稱”所對應的“全稱”，將盡可能在索引中注明。外國“人名”所採用的中譯名，將盡量使其首字的漢語拼音首字母，與原西文名的首字母相符。當然，有少數長期以來約定成俗的例外，這些仍採用其原始中譯名。例如，“歐空間”裏“歐”的漢語拼音首字母不是“E”。此外，若遇原西文名欠妥的情況，則不偏執於翻譯其原西文名。

特別提及，本書將 kinematics 譯為“運行學”，而非“運動學”，以對應 dynamics 譯為“動力學”，其原因如次。當年刻卜勒（J. Kepler, 1571-1630）通過分析布拉赫（Tycho Brahe, 1546-1601）以及前人對火星的長期觀測資料，體認到行星具有“橢圓軌道”、“橫掃面積”、與“運行週期”的“行星運行三定律（three laws of planetary motion）”。此即為天體的“運行學（kinematics）”。約七十多年後，牛頓（I. Newton, 1643-1727）潛心研究刻卜勒的“行星規律”、笛卡兒（R. du P. Descartes, 1596-1650）的“慣性定律”、以及伽利略（G. Galilei, 1564-1642）的物體運動實驗，悟得刻卜勒“天體運行學”的根本原因是“萬有引力”。這就是牛頓得到的物體“動力學（dynamics）”。這也是目前人們的“物體運動觀”。總之，“運行”是普遍的觀測，為現象、歸於“陰”，“動力”是歸納的規律，為原因、歸於“陽”，而“運動”是“陰陽合璧”、兼含“運行”與“動力”的含義。有趣的是，絕大部分中文的“詞”，都是陰陽合璧。

最後，我們來探討三個有趣的問題。第一個問題是：在近代物理學裏，引進虛數“$i \equiv \sqrt{-1}$”的理由是什麼？

創建西方近代物理的兩大基石是：「量子論」與「相對論」，而其解密“鑰匙”皆為$i \equiv \sqrt{-1}$。對照而言，華夏文明的「易學」

之“道”是「陰陽」，而其數學基礎“似乎”是二進制：0與1。然而，更恰當的對應卻是“複數”$z = x + iy$，其中“實部（real part）”x為陽、“虛部（imaginary part）”y為陰。以“複數”來理解「陰陽」，有種豁然開通、迎刃而解的感覺：陰陽互濟，和而不同、相輔相成，“陰盛陽消、陽勝陰息”，而且陰陽之間可經由“相位”θ轉化，但萬變不離其“宗”$r = \sqrt{x^2 + y^2}$。我們姑且以下圖示意，

$$x = r\cos\theta$$

$$y = r\sin\theta$$

$$z \equiv re^{i\theta} \equiv r\cos\theta + i\,r\sin\theta$$

$$r = |z| = \sqrt{x^2 + y^2}$$

$$\theta = \tan^{-1}\left(\frac{y}{x}\right)$$

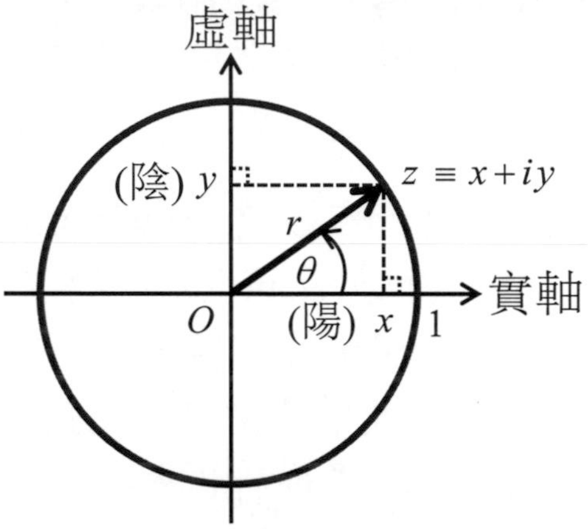

為了說明引進虛數“i”的理由，讓我們先從光子談起。“光子”是宇宙裏的“飛毛腿”，沒有任何東西比光子行進得更快。而更神秘的是，宇宙間有無數多種各“色”各樣的光子，但任何光子在無阻礙的“真空（vacuum）”裏行進，都是一樣“勇往直前”的速率：$c = 2.997\,924\,58 \times 10^{10}$ 公分/秒，不快亦不慢。然而，“光子”是勞碌“命”，有生之年必定到處奔波，只要不工作就“消失”得無影無蹤，變成捕食者的“能量養分”。難怪愛因斯坦（A. Einstein, 1879-1955）晚年對人說，他愈來愈不懂“光子”到底是怎樣的東西。

作者“建議”在宇宙一切“粒子”的稟賦“經典維度”裏，除“位置”$\boldsymbol{x}$與“時刻”t外，再加上任何“能量”傳遞速率的極限——“光速”c：

$$\{\boldsymbol{x}, t, c\}$$

如此，“ct”雖是“距離”，但在「幾何代數（geometric algebra）」

理論裏，卻是一個代表“面積”的“二階重矢（multivector of grade 2 或 bivector）”或稱“矢^2”，而“單位矢^2（unit bivector）”的數學性質猶如“$i \equiv \sqrt{-1}$”。因此，在“薛定諤方程（Schrödinger equation）”與“閔可夫斯基時空（Minkowski spacetime）”裏，虛數“i”的出現就有了“數學”上的依據。

第二個問題是：如果宇宙的一切由「決定論（determinism）」主宰，那麼生命還有「自由意志（free-will）」嗎？

根據「量子理論」，宇宙的運行依循「統計決定論（statistical determinism）」。假想於某初始時刻t_0，我們的宇宙由波函$|\Psi(t_0)\rangle$描述，而於其後某時刻t，宇宙“演化（evolute）”為$|\Psi(t)\rangle$，

$$|\Psi(t)\rangle = U(t,t_0)|\Psi(t_0)\rangle$$

此處$U(t,t_0)$代表宇宙的“態演化符（evolution operator of state）”，而$|\Psi(t)\rangle$就代表於t時刻，宇宙狀態的“統計分佈（statistical distribution）”。如果有上帝，那麼他可以根據「量子力學」算出“確切（exact）”的分佈$|\Psi(t)\rangle$，但他無法告訴你，我們的宇宙將處於這統計分佈裏的哪個特定狀態。

簡而言之，以“一個人”為例，上帝“確切”知道你的“命（fate）”，但他不知道你的“運（luck）”。也就是說，你將來所處“結局”的情境有無限多種可能，每一種可能發生的“概率（probability）”，上帝都能算得出來，但他卻無法知道你最後的“結局”到底是哪一種。他祇能擲骰子“卜卦”！因此，在目前「量子理論」的規範下，“粒子”仍然可以有“適度”的「自由意志」。

第三個問題是：是否存在「終極理論（The Final Theory）」，來解釋宇宙裏的一切奧秘？

相信是有的，否則我們就是徒然白忙：根本沒有“寶藏”，還尋什麼？！假設存在「終極理論」，我們相信飽含“陰陽哲理”的「量子理論」，會是重要的一環，而其中的“缺失鏈接

（missing link）”，或許就是生命中的“自由意志”。如果「量子理論」是“規律”、是“命”，而自由意志是“純隨機性”、是“運”；那麼我們目前還尋不到“運”的“隱變數（hidden variables）”。目前，在“人工智能（artificial intelligence, AI）”領域，依靠“大數據技術”產生的“Chat GPT（聊天生成預訓練模型，Chat Generative Pre-trained Transformer）”，不過是個“超級學霸”，而學霸無法替我們找到「終極理論」，因為它沒有“自由意志”。如果要創造接近真正的“人工智能”，或許必須在 Chat GPT 的設計中，加入某種自由意志的元素。

本書兩位作者，於三年“新冠疫情”前後，日以繼夜地將有關「量子理論」的講義整理成書，而忽略了關懷朋友與照顧家人。克寧尤其要感謝家人的體諒。明剛更要特別感謝寶鷄文理學院和四川大學的培養；非常榮幸與黃老師一起完成此書，在本書撰寫過程中受益頗多。此外，書中涉及內容繁雜，難免有疏漏與不周之處，祈望廣大讀者與先進批評指正。

黃克寧

四川大學 特聘教授

福州大學 講座教授

中國科學院大學 客座教授

郭明剛

寶鷄文理學院 講師

二Ｏ二三年五月一日

目 錄

第一章 經典物理概論

在宇宙萬物中，除了各物體所特有的物理屬性外，人們最需要關注的是“觀測基準（observation reference）”，也就是用來描述物理世界的“物理幾何（physical geometry）”，而物理幾何是由經驗建立的，這有別於“先驗（*a priori*）”的“數學幾何（mathematical geometry）”，請參閱本書〈附錄一 空間結構〉。因此，觀測物理系統在空間的“位置”$\boldsymbol{x}$及其隨“時刻”t的演化，成為觀察者在探討客觀物理世界時，最基本的課題之一。

首先，本章將以定義“力學詞彙”的方式，來回顧經典力學的基本概念。為了敘述簡潔，我們將“座標系”簡稱為“標架”或“座”，將代表“觀察者”的“慣性時空座（inertial spacetime coordinate system）”簡稱為“慣性座（inertial frame）”，且在本章〈第一‧三‧L 小節 慣性座〉裏定義。由於在“慣性座”裏，觀測和歸納“物理律”最為“單純”，故本書將以“慣性觀察者（inertial observer）”的觀點來建構“力學”。

其次，本章將針對“物理幾何”，作一般性的討論，並探討任意兩個不同“慣性座”間的“座標轉換（coordinate transformation）”。由於“座標轉換”之間的“幾何關係”，可以由其“對易關係（commutation relation）”來總結，因此，本章僅討論座標轉換間的“對易關係”。由於推導「量子力學（quantum mechanics）」，要以此組“對易關係”作為基本依據，因此，為了彰顯將來“推導”量子力學的邏輯過程，我們將僅以“洛倫茲轉換（Lorentz transformation）”的“非相對論近似”，即“伽利略轉換（Galilean transformation）”，來推導各項結果。適用“洛倫茲轉換”的對易關係，請參閱本書〈附錄二 相對論時空結構〉與〈附錄三 洛倫茲轉換對易關係〉。

一• 字詞定義
A. 概念定義
B. 操作定義
C. 效能定義
D. 定義範例

二• 世界的經典認知
A. 宏觀與微觀
B. 物理系統
C. 物理量
D. 動力變數

三• 力學詞彙
A. 時刻
B. 位置
C. 座標
D. 標架
E. 質量
F. 動量
G. 力
H. 功
I. 勢
J. 廣義勢
K. 質能
L. 慣性座

四• 統計描述
A. 統計系綜
B. 系綜的數學模式
C. 系綜類別
D. 經典系綜
E. 經典純態與混態
F. 純態的期值定義

五• 實驗觀測
A. 理想實驗
B. 期值
C. 方差與標準差

六• 物理量的概佈
A. 概佈
B. 概率與離散佈
C. 概密與連續佈
D. 混合佈

七• 物理系統的狀態
A. 物理態
B. 物理態的統計性
C. 物理態的數學模式
D. 以期值確認物理態

八• 慣性時空轉換
A. 慣性時空座
B. 時空轉換
C. 基本伽利略轉換
D. 伽利略轉換對易關係

一•一 字詞定義

首先，我們來討論一個“字詞”的定義。最原始、最單純的概念，是訴諸直觀認識的“基本概念”，而再沒有更基本的概念可以用來描述這個基本概念。因此，“基本概念”無需定義，這也就構成了自明的“無定義字詞”，例如，“時間”、“空間”等。以這些“基本字詞”為基礎，我們就可以對一般字詞作定義，這樣的定義大致可以分為三種類型：概念定義、操作定義、與效能定義。此三種定義，分別訴諸“情”、“理”、“法”，我們依次說明如下。

A. 概念定義

以訴諸感官、心理的概念或圖像來描述“字詞”，就是該“字詞”的“概念定義（conceptual definition）”。

這一類型的定義訴諸直觀感覺，有時比較原始而且粗略。這也是屬於文學的定義，較富有彈性、預留迴旋想像空間。

B. 操作定義

描述如何獲得或觀測“字詞”的實際過程，就是該“字詞”的“操作定義（operational definition）”，或稱“實作定義”。

這一類型的定義，著重以“實際過程”來界定或局限“字詞”的內涵。這也是科學上，特別是物理上較常用的定義，也是較無彈性的定義，甚至有“反客為主”的意味。

C. 效能定義

描述“字詞”的效能，或借助相當的事物來比照描述，就是這個“字詞”的“效能定義（behavioral

definition 或 coordinative definition）”。

專有名詞的定義是一個極端的例子：“孔子”名丘，字仲尼，就是生於公元前 551 年、卒於公元前 479 年，春秋時期的魯國人等等。

D. 定義範例

當然，我們將“字詞定義”分為這三大類型，只是想說明，在作定義時，可以有特別要強調的方面，而任何一個定義，也可以是這三種類型的組合。首先我們以“力”為例，嘗試說明如下：

(i) 概念定義：“力”就是推擠或拉扯。

(ii) 操作定義：“力”就是物體的“動量變率（momentum change rate）”。

(iii) 效能定義：“力”就是使物體運動狀態改變的原因，例如，磁鐵間的作用力。

我們再以“慣質（inertial mass）”為例，概略說明如下：

(i) 概念定義：“慣質”代表物體對其運動狀態改變的“抗拒”。

(ii) 操作定義：“慣質”是借助“慣性天平（inertial balance）”來測量的一種物理屬性。

(iii) 效能定義：“慣質”將“某特定鉑金屬方塊”對其運動狀態改變的“抗拒”，定義為其量度單位。

一・二 世界的經典認知

為了敘述上的嚴謹，本節將針對描述物理系統時常用的一些“字詞”，在物理上作較為詳盡的定義。我們將定義“物理系統

（physical system）”、“物理量（physical quantity）”、以及描述物理量的“動力變數（dynamical variable）”。在作定義時，我們盡可能一般化，希望同時能適用於經典力學和量子力學。必要時，我們也會說明，這些字詞在經典與量子情況下的區別。

A. 宏觀與微觀

(1) 宏世界

人們觀察“外在世界”，進而歸納得到“宏觀”物理量，例如：距離、時間、質量、速度、能量、體積、溫度等。人類可以直接感受並區分的周遭環境與現象，屬於人們所謂的“宏世界（macroscopic world）”。“宏尺度（macroscopic scale）”的數量級為公分（cm）、克（g）、秒（s）、耳格（erg）等，此即為人們日常使用的“cgs”量度單位。

(2) 微世界

“微世界（microscopic world）”的代表，諸如分子、原子、光子、電子、質子、中子、夸克等，皆屬於“原子”或“次原子”的物理系統。“微尺度（microscopic scale）”的數量級約等於或小於 10^{-8} 公分、10^{-24} 克、10^{-12} 秒，或者以“有理普朗克常數（rationalized Planck constant）”$\hbar = 1.05457266 \times 10^{-27}$ 耳格·秒（erg·sec）的“大小”為基本尺度，簡稱“普常數”。

(3) 宏觀微觀比較

“宏世界”與“微世界”的原始定義，是以“尺度（size）”來區分：“肉眼可見世界”，以及比其線尺度小約一億（10^8）倍的“肉眼不可見世界”。具體而言，“宏世界”與“微世界”的實質區別是在其“描述完備性（completeness in description）”。

在描述“微世界”時，我們會利用物體各構築成份內一切“需要”考慮到的“自由度（degree of freedom）”；而在描述“宏世界”時，我們僅選取極少數有代表性的“參量”，來總結所觀測的現象。就描述的“完整性”而言，代表一“摩爾（mole，即 gram-molecular weight〔克分子量〕）”物質所含分子數的“阿伏伽德羅常數（Avogadro constant）” $N_A = 6.0221367 \times 10^{23}$，是一個很方便的指標。換而言之，“微觀描述”要比“宏觀描述”仔細約 10^{24} 倍。

舉個簡單的例子：一個 1 立方公分的“骰子”為“宏世界”的物體，將其長寬高各切分為一億（10^8）份，共得 10^{24} 個細微小方塊，此即為“微世界”裏一般“原子”的大小。

(4) 以微觀解釋宏觀

針對“宏觀”物體，我們可以測定一些“宏性質（macroscopic properties）”，例如：溫度、混度(熵)、體積、壓強等。我們知道，物體由“原子”構成，因此，可以嘗試由原子的“結構”及其“相互作用”，來“解釋”或“預測”物體的“宏性質”。

(5) 以宏觀推論微觀

然而，我們想要從宏觀物體的狀態，推知其中“各個”原子的狀態，這是不可能的。因為宏觀物體通常包含至少“10^{24} 個”原子，僅靠其溫度、混度(熵)、體積、壓強等“數個訊息”，當然不可能推知其中各原子的狀態。但是，我們從該物理系統的這“數個訊息”，可以得到其處於“平衡態（equilibrium state）”下的“微性質（microscopic properties）”的統計分佈。

(6) 統計物理——微觀到宏觀的橋樑

“統計物理”，又稱“統計力學”，其“目的”是憑藉物體的“微結構（microscopic structure）”及其相互作用，來解釋或預測物體的“宏性質”。它架起了從“微觀理論”過渡到“宏觀理論”的橋樑。統計物理的主要內涵是以“概率統計”方法，來研究多體系統的“力學行為”及其行為“模式”。具體內容，讀者可參閱相關專書。

B. 物理系統

> “物理系統（physical system）”是指，由客觀存在的“具體”或“無形”的“東西”所組成的“明確聚合（well-defined collection）”。

注意，此處定義的“物理系統”，包含“有形”的粒子與“無形”的場，它們皆“可測”，如電子、原子、聲波、電磁場等。因此，粒子的“勢（potential）”也是物理系統的一部分，甚至包括未極化的“物理真空（physical vacuum）”。

C. 物理量

> “物理量”ω是指，物理系統可以被觀測到的“物理屬性（physical attributes）”。

例如：位置、質量、能量、動量、力、電荷、對稱性等皆為物理量。關於常見基本物理量的定義，請參閱本章〈第一•三節　力學詞彙〉。物理量ω的函$f(\omega)$，通常是被當成另一個“物理量”。

D. 動力變數

> 物理系統的“動力變數（dynamical variable）”$\omega(t)$是，以時刻t為參數的一個“實變數”，用來描述物理系統於時刻t的物理量ω。該實變數的數值範圍，為此物理量的一切可能觀測到的值。

簡單地說，“動力變數”$\omega(t)$是數學上的一個變數，用來描述物理量ω隨時刻t的演化，例如，位置$\boldsymbol{x}(t)$、動量$\boldsymbol{p}(t)$等。動力變數$\omega(t)$有兩層含義：其一，標記其所代表的“物理量”ω；其二，$\omega(t)$代表其隨t而改變的“值”，也就是我們於時刻t觀測此物理量ω的結果。動力變數的每個值皆由一個“實數”〔定量〕乘上“單位”〔定性〕來確認。注意，在經典力學裏，$\omega(t)$為時刻t的“單值連續函（single-valued continuous function）”；但在量子力學裏，$\omega(t)$可為t的“多值非連續函（multiple-valued discontinuous function）”，而每個值皆以某特定概率出現，詳細情況，得留待後文再娓娓道來。

其次，我們來談，選擇“實變數”代表“動力變數”的問題。假設一開始我們就以“實數”來代表“物理量”，則說明“物理量”的運算法則，與“實數”的運算法則相同。如果由某物理量經邏輯程序推導出來的新物理量也為實數，則說明此新物理量也必須滿足實數運算法則。通常我們以“實數”來表達物理量，實際上，也可用“複數”來表達物理量；而實數的表達方式，可看作是選定某特定相位的“複數”。不僅如此，有時兩個相關的物理量，也可用一個複數來表達；也就是說，兩個相關的“實動力變數（real dynamical variables）”，可用一個“複動力變數（complex dynamical variable）”來表達。甚至還可以再乘上一個“相位因子（phase factor）”，以改變複動力變數的組合結構。如此一來，此複動力變數的“實部（陽）”與“虛部（陰）”，成為此複動力變數的兩個組合成份。畢竟，“數學”只是物理中用來作運算的工具，而在數學上，“複數”可定義為遵循某些特定邏輯運算規律的“序實數對（ordered real-number pair）”。在近代的「幾何代數（geometric algebra）」這門學科裏，還可窺見“複數”的幾何詮釋。

一・三 力學詞彙

本節我們簡單定義“直觀”上的“基本力學量”，以便建立“經典物理（classical physics）”。這些力學量適用於“宏世界”，但我們假設它也適用於“微世界”。

A. 時刻

“古往今來，謂之宙”。根據日常生活經驗，我們在本能上可感知“時間”的不斷流逝。因此，我們假設有一條無限長的“抽象座標軸”，而座標軸上的任意“點”，依“時間”的先後順序來編排，我們稱這些點為“時刻”，稱此座標軸為“時軸（time axis 或 temporal axis）”，稱“時軸”上兩“時刻”之差為“時間”。在目前的物理學裏，我們假設“時刻” t 是均勻的“外在參量（external parameter）”，也就是說，

$$-\infty < t < +\infty$$

此處 t 為適用於一切“東西”的實變數。同樣，時刻的此種特性，也需要以實驗觀測來驗證。

B. 位置

在沒有外加場或任何“稟賦扭曲（intrinsic distortion）”的情況下，我們生活的三維“位空間（position space）”為連續、無限延展的“均勻空間（homogeneous space）”，即“均位（uniform）”且“均向（isotropic）”。

假設 XYZ 代表相互垂直的三個座標軸，其取值範圍為

$$-\infty < x_i < +\infty, \quad i = 1,2,3$$

此處 $(x_1, x_2, x_3) \equiv (x, y, z)$ 為三個實數，代表位空間裏前後左右上下的一個“位置”。我們採行“右手定則（right-hand convention）”：

> 將“右手”握拳置於 XY 平面上，拇指向上為正 Z 軸。沿四指方向轉 $90°$，若正 X 軸轉至正 Y 軸位置，則 (x, y, z) 座標滿足“右手定則”。

若改用“左手”，則為“左手定則”。關於“空間”的一般“數學結構”，請參閱本書〈附錄一　空間結構〉。

C. 座標

我們可以將標示物理量的變數，當作是一個“座標”。例如，“位置座標（position coordinates）”，簡稱“位標”，可以用來標示“距離”或“方位（orientation）”。此外，也有標示面積、速度、時間、能量、電荷等的座標。由“座標”所標

示的“物理量”，通常是相對的，如時間、空間、速度等，當然也可能是絕對的，如電荷。

D. 標架

> 觀察者用來確認物理系統某種特性的一組座標，稱為“座標系（coordinate system 或 coordinate frame）”或“標架”，也可簡稱為“座”。

用來確認“粒子”幾何位置的“位標架”，可以由相互垂直的三個“座標軸（coordinate axis）”構成。用來當作標示或量度基準的標架，特稱為“參考座（reference frame）”。

E. 質量

我們以“質量（material mass）”，簡稱“質（mass）”，作為物體“慣性”的指標，而“慣性”就是改變物體速度的難易程度。以“幾何點（geometric point）”代表具有“質量”的物體，稱為“質點（material point）”。

(1) 慣質

> 物體對其運動狀態改變的“抗拒”，我們稱之為物體的“慣性質量（inertial mass）”，簡稱“慣質”。另外，根據“萬有引力（universal gravitation）”理論，我們也可定義“重力質量（gravitational mass）”，簡稱“重質”。根據實驗觀測結果，物體的“重質”等於其“慣質”，此即所謂“等效原理（principle of equivalence）”假設。

物體的重質可由“等臂天平（equiarm balance）”來量度，而慣質可由“慣性天平”來量度。“重質”與“慣質”，一般皆假設為“標量（scalar）”或稱“純量”，簡稱“標”。通常，我們定義物體的“質量”，為物體的“慣質”。當然，這裏所謂的“質量”，是指相對論裏的“靜止質量”，簡稱“靜質”。

(2) 靜質

在位標架裏，若物體的速度為零，則其“慣質”m稱為此物體的“靜質（rest mass）”。我們假設靜質為“標”。

(3) 動質

物體的“動質（relativistic mass）”或稱“相對質”M定義為

$$M \equiv \frac{m}{\sqrt{1-\boldsymbol{\upsilon}^2/c^2}} = m\left[1+O\left(\frac{\boldsymbol{\upsilon}^2}{c^2}\right)\right]$$

此處m為物體的“靜質”，c為“光速”，$\boldsymbol{\upsilon} \equiv d\boldsymbol{x}/dt$為物體在位標架裏的“速度（velocity）”，而$O(\boldsymbol{\upsilon}^2/c^2)$為數量級的標記。當然，“動質”也為“標”。然而，在“非相對論近似（non-relativistic approximation）”情況下，即在速度$\boldsymbol{\upsilon}$甚小於光速c的近似下，

$$M \cong m$$

F. 動量

物體的“動量（momentum）”$\boldsymbol{p}$定義作，物體的“動質”M乘上物體的“速度”$\boldsymbol{\upsilon}$：

$$\boldsymbol{p} \equiv M\boldsymbol{\upsilon} = \frac{m\boldsymbol{\upsilon}}{\sqrt{1-\boldsymbol{\upsilon}^2/c^2}} = m\boldsymbol{\upsilon}\left[1+O\left(\frac{\boldsymbol{\upsilon}^2}{c^2}\right)\right]$$

由於“速度”為“矢量（vector）”或稱“向量”，簡稱“矢”，所以“動量”也為“矢”。在非相對論情況下，

$$\boldsymbol{p} \cong m\boldsymbol{\upsilon}$$

G. 力

“力”就是“推”或“拉”，其定義為物體運動狀態改變的“原因”。更確切地說，使物體“動量”改變的原因稱為“力”。如《墨經》所言，“力，形之所以奮也”。我們可以對“力”，作如下明確的“定性”與“定量”的定義：

在位標架裏，物體所受的“力”$\boldsymbol{F}$為“矢”，而其大小等於此物體“動量”的“時變率（time rate of change）”：

$$\begin{aligned} \boldsymbol{F} &\equiv \frac{d\boldsymbol{p}}{dt} = \frac{d(M\boldsymbol{\upsilon})}{dt} \\ &= M\dot{\boldsymbol{\upsilon}} + M\left(\frac{\boldsymbol{\upsilon}\cdot\dot{\boldsymbol{\upsilon}}}{c^2-\upsilon^2}\right)\boldsymbol{\upsilon} \\ &= m\dot{\boldsymbol{\upsilon}}\left[1+O\left(\frac{\upsilon^2}{c^2}\right)\right] \end{aligned}$$

此處$\dot{\boldsymbol{\upsilon}} \equiv d\boldsymbol{\upsilon}/dt$為物體的“加速度”。在非相對論情況下，

$$\begin{aligned} \boldsymbol{F} &\cong \frac{d(m\boldsymbol{\upsilon})}{dt} \\ &= m\dot{\boldsymbol{\upsilon}} \end{aligned}$$

因為我們將“力”定義為一種“矢”，所以物體所受一切“力”的“總和”，為其各“分力”的“矢量和”，稱為“淨力（net force）”。在某“位標架”裏作等速運動或動量不改變的物體，對此標架而言，施加於此物體的“淨力”為零；而作非等速運動或動量改變的任何物體，對此標架而言，必定承受“淨力”。

注意，此處的“力”是任何改變物體“動量”的原因，所以必須針對“位標架”來定義。根據觀察，在此定義下，針對某特定位標架而言，“力”可分為兩種類型：“作用力（interaction force）”與“慣性力（inertial force）”，現分別說明如次。

(1) 作用力

> 兩物體之間的“作用力”，有明確的“施力物體”與“受力物體”，不論是有形或無形的；而且作用力的大小，與兩物體的相對位置有關。

從“宏觀”上來看，有些類型的力“似乎”是經由物體間的接觸而施加的，很容易確認施力物體。然而，就“微觀”而言，施力是不需要接觸的，但還是不難確認施力物體，也就是說，不難找到，造成受力物體動量改變的明確單一根源。就目前所知，有四種相互作用可以造成此類型的力：

(i) 電磁作用（electromagnetic interaction）；
(ii) 弱核作用（weak nuclear interaction）；
(iii) 強核作用（strong nuclear interaction）；
(iv) 引力作用（gravitational interaction）。

而前兩者可統一為“電弱作用（electroweak interaction）”。在“標準模型（the standard model）”下，前三者可統一為一種類型的力。物理學家正在嘗試將全部這四種相互作用，統一為一種類型，但目前尚未成功。

(2) 慣性力

施加於受力物體的，還有一種類型的力，稱為“慣性力”，它的根源無法追溯到某個明確的施力物體，例如，離心力。我們只能說它與物體本身的“慣性”有關，或者說，

> 慣性力是某“加速物體”與“除此加速物體外的整個宇宙”之間的作用力。

如此，認定“加速度”也是“相對的”，此即相當是所謂的“馬赫原理（Mach principle）”。就此而言，牛頓則認為“加速度”是“絕對的”。然而孰是孰非？似乎存乎一心，我們無法證實。

慣性力的大小，似乎跟受力物體與其他任何單一物體之間的距離無關。由於無法追溯慣性力的單一根源，因此稱之為“無源力”。注意，在前面“力”的定義中，所謂“淨力”，指的

是一切施加於此物體的力的總和，當然也包括慣性力。

舉例來說，考慮在“自由墜落”的昇降機中“球的運動”。如果在“昇降機座”裏觀察，球是靜止的，我們就說球不受“淨力”。更明確地說，在昇降機座裏，球除了受由地心引力造成的向下“作用力”外，還由於座本身的加速，而使球受到一個向上的“慣性力”，而此兩力的和為零。

這裏順便提“幾個”有趣的疑問：我們認為“質量”是“引力”的原因、“電量”是“電力”的原因、運動中的“電量”是“磁力”的原因，那麼為何運動中的“質量”沒有造成另一種力？“東西”有質量，為何“電量”沒質量？尤其是，“靜質（rest mass）”m含“能量”mc^2，而“靜電（static charge）”e卻不含能量。此外，“力”造成“加速”$\dot{\boldsymbol{v}} \equiv \ddot{\boldsymbol{x}}$，然而有沒有東西可直接造成“加加速”$\ddot{\boldsymbol{v}} \equiv \dddot{\boldsymbol{x}}$？由此可見，有許多現象，我們目前還無法作出合理的解釋。不過本書只限於談我們“認為”目前已經知道的。

H. 功

假設物體由位置$\boldsymbol{x}_1$移至位置$\boldsymbol{x}_2$的過程中，作用於此物體的“淨力”為$\boldsymbol{F}(\boldsymbol{x})$，則沿物體的“移動路徑”，對$\boldsymbol{F}(\boldsymbol{x})$的“線積分”稱為，淨力$\boldsymbol{F}(\boldsymbol{x})$對此物體所作的“功（work）”，

$$W_{12} \equiv \int_{\boldsymbol{x}_1}^{\boldsymbol{x}_2} \boldsymbol{F}(\boldsymbol{x}) \cdot d\boldsymbol{x}$$

I. 勢

在位標架裏，假設物體所感受到的力場$\boldsymbol{F}(\boldsymbol{x},t)$，可以利用某函$V(\boldsymbol{x},t)$的負“梯度”來表達，

$$\boldsymbol{F}(\boldsymbol{x},t) = -\nabla V(\boldsymbol{x},t)$$

則$V(\boldsymbol{x},t)$為此物體在力場$\boldsymbol{F}(\boldsymbol{x},t)$裏的“位能（potential energy）”，簡稱“勢（potential）”。

物體在力場裏的“勢”是一種“能量（energy）”，它可經由力場對物體作功，而轉化為“動能（kinetic energy）”。

因為勢$V(\boldsymbol{x},t)$是經由力場$\boldsymbol{F}(\boldsymbol{x},t)$，並以微分方程來定義的；換而言之，勢$V(\boldsymbol{x},t)$可以經由力場$\boldsymbol{F}(\boldsymbol{x},t)$的積分得到，所以在定義上，“勢”可以加上任一積分常數。因此，勢可算是一種“超描述（over-description）”，“絕對勢”沒有意義，只有“勢差”才有物理觀測上的意義。注意，就“宏觀”而言，並不是所有作用力都可寫成勢的“簡單”微分形式，例如，摩擦力。

假設某物體在不隨時刻t改變的力場$\boldsymbol{F}(\boldsymbol{x}) = -\nabla V(\boldsymbol{x})$裏，由位置$\boldsymbol{x}_1$移至位置$\boldsymbol{x}_2$，則此力場$\boldsymbol{F}(\boldsymbol{x})$對物體所作的“功”$W_{12}$，可用該物體在此力場裏不同位置的“勢差”來表達，

$$\begin{aligned}
W_{12} &\equiv \int_{\boldsymbol{x}_1}^{\boldsymbol{x}_2} \boldsymbol{F}(\boldsymbol{x})\cdot d\boldsymbol{x} \\
&= -\int_{\boldsymbol{x}_1}^{\boldsymbol{x}_2} [\nabla V(\boldsymbol{x})]\cdot d\boldsymbol{x} \\
&= -\int_{\boldsymbol{x}_1}^{\boldsymbol{x}_2} \left[\frac{\partial V(\boldsymbol{x})}{\partial x}dx + \frac{\partial V(\boldsymbol{x})}{\partial y}dy + \frac{\partial V(\boldsymbol{x})}{\partial z}dz\right] \\
&= -\int_{\boldsymbol{x}_1}^{\boldsymbol{x}_2} dV(\boldsymbol{x}) \\
&= V(\boldsymbol{x}_1) - V(\boldsymbol{x}_2)
\end{aligned}$$

因此，若物體所受的力場$\boldsymbol{F}(\boldsymbol{x})$，可以由物體的勢$V(\boldsymbol{x})$來決定，則此力場$\boldsymbol{F}(\boldsymbol{x})$稱為“保守力場（conservative force field）”。在保守力場裏，將物體沿“任意路徑”由$\boldsymbol{x}_1$移至$\boldsymbol{x}_2$所作的“功”，等於物體分別處於$\boldsymbol{x}_1$與$\boldsymbol{x}_2$的“勢差”。

J. 廣義勢

自然界有些力場，除了與物體所在的位置$\boldsymbol{x}$以及時刻t有關，還與物體的速度$\dot{\boldsymbol{x}} \equiv \boldsymbol{v} \equiv d\boldsymbol{x}/dt$有關。此時該力場就無法以僅含$\{\boldsymbol{x},t\}$的“勢函（potential function）”$V(\boldsymbol{x},t)$來表示。

> 假設與物體的位置$\boldsymbol{x}$、速度$\dot{\boldsymbol{x}}$、以及時刻t有關的力，其分量可由某函$U(\boldsymbol{x},\dot{\boldsymbol{x}},t)$，表達為如下形式：

$$F_i = -\frac{\partial U}{\partial x_i} + \frac{d}{dt}\left(\frac{\partial U}{\partial \dot{x}_i}\right)$$

則我們稱此種與速度$\dot{x}$有關的勢$U(x, \dot{x}, t)$，為“廣義勢（generalized potential）”。

K. 質能

我們將物體具有作“功”的某種潛在能力，稱為物體所含的“質能（mass energy 或 material energy）”。

(1) 靜質能

物體的“靜質能（rest-mass energy）”為物體的“靜質”m乘上光速c的平方：mc^2。

(2) 動質能

物體的“動質能（relativistic-mass energy）”或稱“相對質能”，為物體的“動質”M乘上光速c的平方：Mc^2。

L. 慣性座

在某位標架裏，若不受“外加作用力”的任何物體，都保持靜止或作等速運動，則此標架稱為“慣性座”。

這裏我們強調，所謂“作用力”，是指有明確“施力”物體與“受力”物體的力，當然不包括“慣性力”。作用力會隨著特定物體間距離的增大或減小而改變，而且根據經驗，只要某“特定物體”，在遠離其他一切物體的極限下，此“特定物體”就幾乎不受任何一般意義下的作用力。

理論上，我們可以“定義”：

相對於遙遠孤立星球，靜止不動的位標架，就是“慣性座”。

然而，就實際意義而言，這在觀測上是有困難的。

相對於任何慣性座作“等速運動”的位標架，也皆為慣性座。反過來說，在慣性座裏靜止、或作等速運動的物體，所受的一切“外加作用力”的總和必須為零。

總而言之，在“任意位標架”裏，改變物體動量的力有兩種類型：“作用力”與“慣性力”，而這兩種力都有可能存在。因此，在“任意位標架”裏，若物體速度改變，則可能是“作用力”、或“慣性力”、或二者共同導致的。然而，在“慣性座”裏，“慣性力”根本不存在；若物體速度改變，則一定是“作用力”導致的。因此，慣性座也可以定義為

不含任何慣性力的位標架，就是慣性座。

正因為如此，我們在慣性座裏考慮物體的運動，會比較單純。

一・四　統計描述

在本章〈第一・二節　世界的經典認知〉裏，我們已經定義了“物理系統”、“物理量”、以及描述物理量的“動力變數”。本節我們將介紹“統計系綜（statistical ensemble）”的概念，這在經典統計力學裏相當重要，而在量子力學裏，詮釋“波函（wave function）”的物理意義時，更是不可或缺。

A. 統計系綜

為了定義“物理系統”所處的“狀態”，即“物理態（physical state）”，在統計上，我們假想有供“取樣”的一組無限多個“等同物理系統（identical physical systems）”，總稱為“統計系綜”，簡稱“系綜”。這裏所謂的“等同物理系

> 統”，是指物理結構完全相同的系統。比如無限多個“單電子系統”，而這每個單電子系統的各自“狀態”，皆是經由明確定義的自然或人為設計的“等同程序（identical procedure）”所產生。

假設“物理系統”為“單電子”，則這供取樣的“系綜”，就代表“無限多個”單電子所構成的一個“抽象聚合”。當欲探討或觀測此單電子的“狀態”時，我們就在此“系綜”裏取樣。無限多次取樣“觀測”得到的“統計結果”，則是這個“單電子”的狀態；因此，我們說這個單電子的“狀態”，是由此“系綜”決定的。

特別提醒，“絕不可”將“系綜”當作是，由許多並存的物理系統組合而成的聚合。因此，在系綜裏，各個等同物理系統僅是“概率性存在”。

B. 系綜的數學模式

就系綜的“數學模式（mathematical model）”而言，“擲骰子”是一個很好的例子。在定義“系綜”時所談的“物理系統”，就是“擲出的骰子”，而“有明確定義的程序”就是指“擲骰子的方式”，包括骰子本身的結構、擲的人、用的力、擲的角度、擲到的桌面等等。譬如說，有一個“理想”的擲骰子機器，以確保每次擲的“方式”不變。無限多個“擲出的骰子”的總稱，就是一個“統計系綜”。擲出骰子的“點數”，就是要觀測的“物理屬性”。假設骰子本身結構均勻，擲的方式又是“純隨機（purely random）”的，不偏袒任何“點數”，則觀測點數的“均值（average value）”應為$(1+2+3+4+5+6)/6=3.5$。然而，想要實際得到此“系綜平均（ensemble average）”3.5，絲毫不差，就必須要以相同方式投擲無限多次。因此，必須有一整個系綜的“擲出的骰子”以備觀測，才能得到準確的“系綜平均”。我們將會在後面的數節裏，再談到其相關問題。

此外，我們需特別注意，一般而言，任何觀測必然得到

$\{1,2,3,4,5,6\}$中的“一個”值，而“系綜平均”3.5，通常並不等於任何“單次”觀測所得到的值。

就數學而言，“系綜”無非是一組“概率分佈（probability distribution）”，即$\{p_i\}\equiv\{p_1,p_2,\cdots,p_k\}$，而$p_i\geq 0$且$\sum_{i=1}^{k}p_i=1$。以抽獎為例：一等獎有$n_1$個、二等獎有$n_2$個、……、$k$等獎有$n_k$個。我們假設在“抽獎箱”裏共有$N=\sum_{i=1}^{k}n_i$個“籤”，則抽中各獎的概率分別為$\{p_i=n_i/N;\ i=1,2,\cdots,k\}$。“系綜”相當是這個“抽獎箱”，“取樣”就是來“抽獎”，每次得到的“觀測值”，就是每次抽到的“獎項”。

C. 系綜類別

根據是否有“相干性”，“系綜”分為“經典系綜（classical ensemble）”與“量子系綜（quantum ensemble）”。我們將在本書〈第三・一節　量子統計〉裏，詳細介紹“量子系綜”，並與“經典系綜”作對比；以上所舉例子，皆屬於“經典系綜”。

在經典系綜裏，我們以“概率”或“概密（probability density）”來描述觀測結果的分佈。然而，在量子系綜裏，我們將引入“複概率振幅（complex probability amplitude）”與“複概率密度振幅（complex probability-density amplitude）”，分別簡稱為“複概幅”與“複概密幅”，來描述觀測結果的分佈，而複概幅的“絕值（absolute value）”平方才等於“概率”。關於這點，我們將在本書〈第三・五節　系綜平均〉裏再作詳細介紹。

D. 經典系綜

對於某物理系統S的某物理量ω，我們以$\{|\omega_1\rangle,|\omega_2\rangle,\cdots\}$代表該物理系統的一切可能“微觀態（microscopic state）”，而任一微觀態$|\omega_n\rangle$，皆能最詳盡地描述此物理系統S所處的狀態。假設此物理系統S處於由“系綜”$\rho^{(\omega)}$所定義的“物理態”，而系

綜 $\rho^{(\omega)}$ 裏的無限多個等同物理系統 S，處於各個微觀態 $\{|\omega_1\rangle, |\omega_2\rangle, \cdots\}$ 的“概率”分別為 $\{p_1, p_2, \cdots\}$，我們特稱此“非相干”系綜 $\rho^{(\omega)}$ 為“經典系綜”。

然而，在量子力學裏，由經典系綜所定義的“混態符（mix-state operator）” $\rho^{(\omega)}$ 可表達為

$$\rho^{(\omega)} = \sum_n p_n |\omega_n\rangle\langle\omega_n|$$

關於“態符（state operator）”的詳細介紹，請參閱本書〈第三•四節 量子純態與混態〉。

不論物理系統處於“純態（pure state）”或“混態（mix state，或稱為 mixed state）”，“經典系綜”皆能同樣詳盡地描述此物理系統的狀態。因此，經典系綜裏的“微觀態”，既可為“純態”也可為“混態”。然而，由於混態原本就是由純態所構成的系綜，因此，為了以下討論明確起見，我們這裏以“純態”來代表經典系綜裏的“微觀態”。

E. 經典純態與混態

在本章〈第一・七・A 小節 物理態〉裏，我們將對“物理態”作明確定義，使其既適用於物理系統的“經典描述”，也適用於其“量子描述”。但此兩種描述的最大不同是：在經典描述裏，各個物理量觀測結果的“標準差（standard deviation）”，在理論上有可能同時趨近於零；但在量子描述裏，一般而言，各個物理量觀測結果的標準差，不可能同時趨近於零，除非這些物理量間彼此“相容”，即它們所對應的“測符（observable）”彼此“對易（commute）”。我們將在本章〈第一・五節 實驗觀測〉裏定義“期值（expectation value）”與“標準差”。

在經典力學裏，若任一物理量觀測結果的標準差皆為零，即每次觀測同一個物理量的結果皆為相同值，則此物理系統處於“經典純態（classical pure-state）”，否則其處於“經典混態（classical mix-state）”。“經典混態”可以當作是，由某些不

同的經典純態，按某種比例混合而成。因此，就經典混態而言，至少有一個物理量的標準差不為零。

更明確地說，就"理想實驗"而言，針對任何"經典純態"，僅作一次"理想觀測"所得到的值，與作無限次觀測所得到的期值，是完全相同的。換而言之，在理論上，對於"經典純態"的任何物理量，我們皆可設計一個趨近於"零標準差"的"理想實驗"。然而，針對"經典混態"，即使以"理想實驗"來觀測，還是有概率會得到不同觀測值。這是因為在理論上，"經典混態"可看作是由不同的"經典純態"混合而成。因此，在經典力學裏，一般的物理態有可能是經典混態，此時我們還是必須以物理量的"觀測期值"，來作為此物理量的觀測結果。當然，若僅針對經典純態，則我們可不必引進"期值"的概念。

F. 純態的期值定義

談到這裏，大家自然會想到，為何不直接以物理量$\{\omega, \lambda, \cdots\}$，而是以物理量的期值$\{\langle\omega\rangle, \langle\lambda\rangle, \cdots\}$，來定義純態呢？關於此問題，這裏我們先只作簡單說明。為了區別起見，我們將用下標"c"來標示在經典力學描述下的物理量，而無下標"c"的，就是在量子力學描述下的物理量。

就物理系統的"經典純態"而言，在"最理想"的實驗情況下，每次觀測任何同一個物理量ω_c的結果皆必然相同，因此，

$$\omega_c = \langle\omega_c\rangle$$

但在非理想實驗情況下，或在量子力學裏則不然。

根據量子力學描述，在實際觀測上，針對物理系統的同一個純態，即使在最理想的實驗情況下，每次觀測任何同一個物理量ω的結果，仍有可能不同。一般而言，在量子力學裏，每次觀測純態的任何同一個物理量ω的結果，並不一定等於此物理量ω的期值$\langle\omega\rangle$，

$$\omega \neq \langle\omega\rangle$$

而是每一種觀測結果，以特定的概率出現，即呈現為一個"概

率分佈”。若物理系統所處的狀態，恰好使得觀測物理量ω的標準差σ_ω趨近於零，即此純態正好趨近於“物理量ω的純態”，則每次觀測ω的結果，可能非常接近此物理量ω的期值$\langle\omega\rangle$，

$$\omega \approx \langle\omega\rangle$$

如此，經典與量子情況下的結果才會趨於一致。

總而言之，在量子力學裏，僅就“量子純態”而言，即使在理論上採用“理想實驗”，觀測任何物理量所得到的結果，通常也是一個“概率分佈”。然而，這並不是因為實驗不精確，而是因為物理態在本質上就有這種類似“經典混態”的特性。當物理系統趨近於或處於某個物理量的“徵態（eigenstate）”時，在理論上觀測此物理量，其標準差可趨近或等於零；然而即使在這種情況下，當我們觀測與此物理量互為“共軛”的另一個物理量時，所得到的結果必然會是一個“概率分佈”。例如，觀測“位置”與“動量”這兩個共軛物理量。

因此，以物理量的“期值”定義物理系統的一般純態，是必要的，而且如此的定義，可以同時適用於經典與量子情況。何況從“實際操作”的觀點來說，在一般實驗情況下，我們必須以觀測物理量的期值來確認經典的物理量。不僅如此，有些物理量可能觀測值的分佈，在經典力學裏是連續變化的，但在量子力學裏卻可能是非連續的，比如：角動量、能量等。在非連續情況下，觀測結果的期值，甚至可以不是任何一個可能的觀測值。例如，在〈第一・四・B 小節 系綜的數學模式〉裏，所舉的“擲骰子”的例子。

在量子力學裏，對於物理系統的混態，我們更需要以物理量的“期值”來定義。若物理系統處於混態，即使在經典力學描述下，也至少有一個物理量觀測值的標準差不等於零。因此，我們無法用此物理量的一個值，以經典的方式來描述此物理系統的這個物理量，而必須用此物理量的期值，以及其一切任意函的期值來描述。然而，在量子力學裏，即使是一般的“純態”，就已經需要用物理量的期值來描述，更何況是“混態”。

一・五 實驗觀測

“物理學”是一門實證的學問，一切“理論”必須以“實驗”為終極依據。然而，實驗過程的設計、實驗儀具的性能，尤其是，我們發現“自然”難以捉摸，再加上人為疏失等等，都局限了實驗的可信度與鑒別度。

實驗最基本的要件就是：對物理系統某個“物理量”作“觀測”的“設計”，以及對“觀測結果”的分析與解釋。我們將在〈附錄四 量子觀測理論〉裏，從量子力學的角度，簡單介紹觀測的基本原理。

請特別注意，本節將要嚴格定義的“期值”、“方差”、“標準差”，對“經典力學”與“量子力學”皆適用。然而，針對“量子力學”，為了突顯“基本概念”，我們選擇以較單純的“純態”為例來說明，因為其“明確公式”比較簡單。待到本書〈第三・五節 系綜平均〉，對“期值”作更深入的探討與闡述之後，即可將其“基本概念”，推廣應用到“混態”。

A. 理想實驗

為便於以後討論，我們“假想”由“上帝”來做實驗：針對物理系統的任何物理量，我們皆可設計一個“理想實驗”，以便於對此物理量作“理想觀測”，使得每次的觀測結果，要多精確就有多精確，無任何誤差。此外，我們還假設，在實驗儀具與過程的設計上，實驗本身對觀測對象的擾動，不會影響“當下”的觀測結果。注意，

本書後文談及的“觀測”，皆指“理想觀測”。

就“經典力學”而言，在“理想觀測”下，“純態”必然會得到“唯一”的觀測結果；因此，本節鉅細靡遺的討論，是為了也要能適用於“混態”。當然，在“非理想觀測”下，本節的討論也可適用於“經典純態”。

B. 期值

> 針對物理系統處於某狀態下的某物理量ω，作無限次觀測，所得結果的“均值”，定義為該物理量ω的“期值”$\langle\omega\rangle \equiv E(\omega)$。

為了避免觀測過程對物理系統的擾動，而影響其下次的觀測結果，我們假設每次觀測，皆是對另一個處於相同狀態下的全新“等同物理系統”，作相同的觀測。因此，我們需要假設有一組無限多個、處於相同狀態下的等同物理系統，即所謂“統計系綜”，來作為觀測對象。

在一般情況下，物理系統的物理量ω，會隨著時刻t而演化，因此，我們應該以動力變數$\omega(t)$來表示。同理，物理量ω的期值$\langle\omega\rangle$，也可能隨著t演化。因此，期值最好也以$\langle\omega(t)\rangle$來表示。然而，如上所述，

> 為了標記簡潔，本章將僅以不顯含t的ω與$\langle\omega\rangle$，來分別表示物理量$\omega(t)$與其期值$\langle\omega(t)\rangle$。

至於實際上，如何計算某物理量ω的期值$\langle\omega\rangle$呢？我們應該想像，在同一時刻t，有無限多個“實驗小組”，分別對無限多個處於相同狀態的“等同物理系統”作觀測。而針對同一個物理量ω，需要在同一時刻下，作無限多組同樣的觀測，才能計算其期值$\langle\omega\rangle$。假設第i個“實驗小組”觀測物理量ω所得到的值為ω_i，則我們可將期值$\langle\omega\rangle$表達為

$$\langle\omega\rangle = \lim_{N\to\infty}\frac{1}{N}\sum_{i=1}^{N}\omega_i$$

注意，若在同一時刻t，僅有一個“實驗小組”對該物理量ω作測量，則我們就無法確認此物理量ω的期值$\langle\omega\rangle$。在理想情況下，若要計算此物理量ω的期值$\langle\omega\rangle$，我們就必須首先要有無限多個、處於相同狀態的等同物理系統。此外，於同一時刻t，有無限多個“實驗小組”，“各自分別”對這無限多個物理系

統的物理量ω，各作“一次”獨立測量，如此得到無限多個測量值，就可歸納出一切可能結果的統計分佈$\{\omega_1, \omega_2, \cdots, \omega_i, \cdots\}$。最後，由此統計分佈，便可算出此物理量$\omega$於時刻$t$的期值$\langle\omega\rangle$。一般的“物理實驗”，只能“假設”都“近似”於此“理想狀況”。

C. 方差與標準差

> 物理量$(\omega-\langle\omega\rangle)^2$的期值$\langle(\omega-\langle\omega\rangle)^2\rangle=\langle\omega^2\rangle-\langle\omega\rangle^2$，稱為物理量$\omega$的“方差（variance）”$\mathrm{Var}(\omega)$。而此物理量$\omega$方差的“方根（square root）”$\sqrt{\mathrm{Var}(\omega)}$，稱為該物理量$\omega$的“標準差（standard deviation）”σ_ω。在甚多量子力學書裏，習慣上採用較不嚴謹的數學符號$\Delta\omega$代表標準差σ_ω。

假設ω_i代表物理量ω的某觀測值，則物理量ω的方差$\mathrm{Var}(\omega)$與標準差$\sigma_\omega\equiv\Delta\omega$分別為

$$\mathrm{Var}(\omega) \equiv \lim_{N\to\infty}\frac{1}{N}\sum_{i=1}^{N}\left(\omega_i-\langle\omega\rangle\right)^2$$

$$\sigma_\omega \equiv \Delta\omega = \sqrt{\mathrm{Var}(\omega)}$$

在統計上，“標準差”σ_ω可作為標示觀測值ω_i“分佈範圍”的量度：此分佈於單峰值的情況下，若觀測值ω_i偏離期值$\langle\omega\rangle$超過$\pm\sigma_\omega$，則觀測值ω_i出現的概率就會顯著減少；若偏離期值$\langle\omega\rangle$超過$\pm2\sigma_\omega$，則觀測值ω_i出現的概率，一般而言，就應該可以忽略。

請注意一個較“微妙”的細節：本節僅提到物理量ω的兩個期值$\langle\omega\rangle$與$\langle\omega^2\rangle$，而原則上，應該一般性地討論$\langle\omega^n\rangle=\langle\Omega^n\rangle$。這裏物理量$\omega$所對應的“測符”$\Omega$，將在本書〈第二・七節　物理系統的測符〉裏作明確定義。由於Ω的任意“函（function）”，必然可以展開為Ω的“冪級數（power series）”及其“解析拓展（analytic continuation）”。然而，在原則上，高次項Ω^n是否可提供除原來低次項以外的“獨立訊息”，端視“物理系統”的“自由度”而定。然而，只要能選擇適當的“一組完備相容測符集（a complete set of compatible observables）”，高次項$\langle\omega^n\rangle=$

$\langle \Omega^n \rangle$的問題，往往就會迎刃而解。在本章〈第一・七・D 小節 以期值確認物理態〉裏，將會給出幾個具體的實例。

一・六 物理量的概佈

首先，我們介紹數學“概率論（probability theory）”裏“混變數（random variable）”ω的“佈函（distribution function）”。然而，為了統一名詞：

> 數學裏“混變數”的“佈函”，在本書應用裏，皆特稱為“概率分佈（probability distribution）”，簡稱“概佈”。

A. 概佈

混變數ω的“梯函（step function）”$\theta(\omega-\omega_i)$的期值，稱為混變數ω的“概佈”$P(\omega)$，而ω_i代表混變數ω的某“觀測值”。因此，我們可將混變數ω的概佈$P(\omega)$寫為

$$P(\omega) = \lim_{N\to\infty} \frac{1}{N} \sum_{i=1}^{N} \theta(\omega-\omega_i)$$

此處的梯函定義為

$$\theta(\omega-\omega_i) \equiv \begin{cases} 1, & \omega \ge \omega_i \\ 0, & \omega < \omega_i \end{cases}$$

該定義尚包含了當$\omega=\omega_i$時的值$\theta(0)=1$，這與傳統的“亥維賽梯函（Heaviside step-function）”稍有不同。

混變數ω概佈$P(\omega)$的定義，於“經典力學”與“量子力學”皆適用，且代表觀測值$\omega_i \le \omega$的“總概率”，而ω可為任意實數。根據定義，我們不難證明，概佈$P(\omega)$具有如下特性：

(i) 假設$\omega < \omega'$，則觀測值ω_i位於開區間$(\omega, \omega']$的概率為$P(\omega') - P(\omega)$。

(ii) 概佈$P(\omega)$的極限為

$$P(-\infty) \equiv \lim_{\omega \to -\infty} P(\omega) = 0$$
$$P(+\infty) \equiv \lim_{\omega \to +\infty} P(\omega) = 1$$

(iii) 概佈$P(\omega)$為區間$[0,1]$上的“遞增函（monotonically increasing function）”：

$$0 \le P(\omega) \le 1$$
$$P(\omega) \le P(\omega'), \quad \omega < \omega'$$

(iv) 概佈$P(\omega)$於任意值ω_0的“右極限”必定存在，

$$\lim_{\omega \to \omega_0^+} P(\omega) = P(\omega_0)$$

此處我們強調，觀測值ω_i的一切分佈訊息，皆蘊含於“概佈”$P(\omega)$之中。此外，與將要定義的物理量觀測值的“概密”$\rho(\omega)$相比，概佈$P(\omega)$是較方便且容易定義的數學量，否則就需要利用“狄拉克δ函（Dirac-δ function）”，而狄拉克δ函在數學上的嚴格定義比較難懂。具體請參閱本書〈附錄五 狄拉克δ函〉。

要確認物理系統的狀態，我們就必須觀測此物理系統的物理量。在經典力學裏，本節於“理想觀測”下的論述，也可適用於“混態”。

在量子力學裏，即使以“理想實驗”來觀測物理態$|\psi\rangle \equiv |\psi(t)\rangle$的任何物理量$\omega$，於一般情況下，都只能得到一個“概佈”。注意，這裏“物理量”ω的“觀測值”，相當是數學上“混變數”ω的“呈現值”。

“概佈”可分為三種類型：“離散佈（discrete distribution）”、“連續佈（continuous distribution）”、以及兩者結合而成的“混合佈（mingled-distribution）”。我們以“概率”$p(\omega)$來表達“離散佈”，而以“概密”$\rho(\omega)$來表達“連續佈”。

當然，除了以“概率”$p(\omega)$或“概密”$\rho(\omega)$，來“完全描述”物理量ω的“概佈”外，我們還可以直接利用“概佈”$P(\omega)$來描述。由本小節前面的定義，我們不難得到概佈$P(\omega)$的量子力學表達式，

$$\begin{aligned} P(\omega) &\equiv Prob(\omega) \\ &= \langle\psi|\theta(\omega-\Omega)|\psi\rangle \end{aligned}$$

因此，觀測物理態$|\psi\rangle \equiv |\psi(t)\rangle$的物理量$\omega$，所得到的“概佈”$P(\omega)$，等於“梯函符（step-function operator）”$\theta(\omega-\Omega)$對物理態$|\psi\rangle$的期值。描述概佈$P(\omega)$最簡單的兩個指標，就是此物理量ω的期值$\langle\omega\rangle$與標準差σ_ω，其在量子力學裏的表達式，可參閱本書〈第三・二節 量子物理觀測〉。

在量子力學裏，即使我們已經採用“理想實驗”來觀測，但得到的仍可能為“概佈”，此情況並非是由於人為設計缺失或實驗誤差所導致。因此，每個物理量ω，皆必定對應一個“概佈”。然而，在量子力學裏，不同物理量的概佈之間，卻不一定相互獨立。

B. 概率與離散佈

在統計物理裏，我們以物理量ω的函$p(\omega)$，代表觀測值為ω的“概率”，並具有如下一般數學特性：

(i) $p(\omega) \geq 0$，　$\omega \in [-\infty, +\infty]$。

(ii) $p(\omega) > 0$的一切點ω所構成的集合S，必然“有限（finite）”或“可數（denumerable 或 countable）”。

(iii) $\sum_{\omega \in S} p(\omega) = 1$。

利用“概率”$p(\omega)$，我們可以定義“離散佈”$P_d(\omega)$為

$$P_d(\omega) = \sum_{\omega' \leq \omega} p(\omega')$$

現在舉幾個簡單的例子：假設在某種特殊情況下，每次觀測物理量ω的值皆為ω_0，則“概率”$p(\omega)$為

$$p(\omega) = \begin{cases} 1, & \omega = \omega_0 \\ 0, & \omega \neq \omega_0 \end{cases}$$

將此$p(\omega)$的表達式代入前式，可得

$$\begin{aligned} P_d(\omega) &= \sum_{\omega' \le \omega} p(\omega') = \begin{cases} 1, & \omega \ge \omega_0 \\ 0, & \omega < \omega_0 \end{cases} \\ &= \theta(\omega - \omega_0) \end{aligned}$$

此結果，與〈第一•六•A 小節　概佈〉裏的一般定義完全相同。

C. 概密與連續佈

在統計物理裏，“概密（probability density）”$\rho(\omega)$，是物理量ω的一個可積“非負函（non-negative function）”，其代表觀測值ω位於區間$(\omega, \omega + d\omega)$的概率。

利用“概密”$\rho(\omega)$，我們可以定義“連續佈”$P_c(\omega)$為

$$P_c(\omega) = \int_{-\infty}^{\omega} \rho(\omega')\, d\omega'$$

由此可得

$$P_c(\omega) - P_c(\omega_0) = \int_{\omega_0}^{\omega} \rho(\omega')\, d\omega'$$

在量子力學裏，我們更進而定義“複概密幅（complex probability-density amplitude）”$\psi(\omega)$，其與“概密”$\rho(\omega)$的關係為

$$\rho(\omega) \equiv |\psi(\omega)|^2$$

若已知連續佈$P_c(\omega)$，則概密$\rho(\omega)$可寫為

$$\begin{aligned} \rho(\omega) &= \lim_{d\omega \to 0} \frac{1}{d\omega} \left[P_c(\omega + d\omega) - P_c(\omega) \right] \\ &= \frac{d}{d\omega} P_c(\omega) \end{aligned}$$

假設在某種特殊情況下，觀測物理量 ω 所得到的值皆為 ω_0，則概密 $\rho(\omega)$ 為

$$\rho(\omega) = \delta(\omega - \omega_0)$$

此處 $\delta(\omega - \omega_0)$ 為狄拉克 δ 函，其數學特性請參閱〈附錄五 狄拉克 δ 函〉。

另一方面，根據〈第一・六・A 小節 概佈〉裏的一般定義，在此情況下，連續佈 $P_c(\omega)$ 可化簡為

$$P_c(\omega) = \theta(\omega - \omega_0)$$

將此式兩邊對 ω 微分，則可得概密 $\rho(\omega)$ 為

$$\begin{aligned}\rho(\omega) &= \frac{d}{d\omega} P_c(\omega) = \frac{d}{d\omega}\theta(\omega - \omega_0) \\ &= \delta(\omega - \omega_0)\end{aligned}$$

這與前述結果一致。

D. 混合佈

若某物理量 ω 的概佈 $P_m(\omega)$ 可寫為，“離散佈” $P_d(\omega)$ 與“連續佈” $P_c(\omega)$ 的“線疊加（linear superposition）”，

$$P_m(\omega) = aP_d(\omega) + bP_c(\omega)$$

此處實數 a 與 b 滿足如下關係：

(i) $0 < a < 1$ 與 $0 < b < 1$。

(ii) $a + b = 1$。

則稱類似此物理量 ω 的概佈 $P_m(\omega)$ 為“混合佈”。在量子力學裏，許多經常遇到的物理態，其物理量的概佈就是“混合佈”。

一・七 物理系統的狀態

A. 物理態

> “物理態”是指物理系統於某時刻的狀態，包括“純態”與“混態”，皆可由一組物理量的期值$\{\langle\omega\rangle,\langle\lambda\rangle,\cdots\}$來共同描述。然而，若要能詳盡地確認一個物理態，則這組期值必須是完備的。

注意，“物理態”是物理系統可以實際存在的狀態，否則就是“非物理態（unphysical state）”，具體請參閱〈第三•八•C小節 物理態與非物理態〉。上述這組完備的期值，包括此物理系統一切物理量的期值，以及這些物理量所組成的一切函的期值。在理論上，這些物理量及其一切函皆可被觀測。值得強調的是，一切物理量的任意函的期值，皆包含於這組期值$\{\langle\omega\rangle,\langle\lambda\rangle,\cdots\}$中。例如，任何物理量$\omega$的標準差$\sigma_\omega$，以及此物理量$\omega$的概佈$P(\omega)$或$\omega^n$等等，皆包含在內。當然，這組期值也可能包含重複訊息。

根據定義，這組完備的期值$\{\langle\omega\rangle,\langle\lambda\rangle,\cdots\}$，能詳盡且明確地描述此物理系統的物理態：若觀測兩個物理態，得到完全相同的一組期值$\{\langle\omega\rangle,\langle\lambda\rangle,\cdots\}$，則我們就稱這兩個物理態是“等同的”。反之，若兩個物理態等同，則觀測這兩個物理態，就必須得到完全相同的一組期值$\{\langle\omega\rangle,\langle\lambda\rangle,\cdots\}$。

換而言之，我們假設，這組完備的期值是對此物理系統所作的最為詳盡的描述。這裏我們無需刻意要求這組期值，是確認一個物理態所需的“最簡單扼要”的一組期值。如前所述，即使這組期值包含重複訊息也無所謂。然而，能“最簡單扼要”最好；若果然如此，則這組期值的“個數”，會正好是此物理系統的“自由度”。注意，雖然有時“自由度”與“維度”的“數值”相等，但它們卻是兩個不同的概念。

B. 物理態的統計性

我們應該強調，不論是在經典或量子情況下，也不論是純態或混態，“物理態”在基本上，必須借助其所對應的“統計系綜”特性來描述。在如此定義下，

> “物理態”是指，對某特定的一組無限多個等同物理系統作一切可能觀測，所得到的一切統計結果的總稱。

我們再次強調，所謂“等同物理系統”是指，經由同一個明確定義的程序產生的物理系統。因此，“物理態”與“產生這些物理系統的方式”，有直接且密不可分的關係。終究，“物理態”就是用來描述這些由相同程序產生的物理系統的狀態。當然，相同的物理態可能是由不同程序產生，然而相同程序必定產生相同的物理態。總而言之，“物理態”的定義，是建立於由相同程序所產生的無限多個等同物理系統之上，而由此明確的程序所產生的任何一個物理系統，我們都說它處於同一個“物理態”。值得注意的是，我們無需要求，這個“物理態”的定義，已對“物理態”作了最詳盡的分類。更需要體會的是，如此對“物理態”的哲學式定義，才是“量子糾纏（quantum entanglement）”現象最“關鍵”的源頭。

在量子力學裏，當物理系統處於某些“特定”的“純態”時，我們就可以找到一組物理量$\{\omega, \lambda, \cdots\}$，使得其“標準差”$\{\sigma_\omega, \sigma_\lambda, \cdots\}$皆同時等於零。換而言之，假設觀測這組物理量裏的任何一個物理量ω，則每次觀測的結果，必然等於某個特定值ω_0，使得

$$\langle\omega\rangle = \omega_0$$

$$\sigma_\omega = \sqrt{\langle(\omega-\langle\omega\rangle)^2\rangle} = \sqrt{\langle\omega^2\rangle-\langle\omega\rangle^2} = 0$$

就能夠詳盡地確認此“純態”而言，若這組物理量是“最簡單扼要”的一組，則這組物理量$\{\omega, \lambda, \cdots\}$所對應的測符$\{\Omega, \Lambda, \cdots\}$，就是“一組完備相容測符集（a complete set of compatible observables）”，而這組測符$\{\Omega, \Lambda, \cdots\}$的“個數”，就等於此物理系統的“自由度”。針對這點，我們將在本書〈第二・七・D小節 簡要完備相容測符集〉裏，再作比較詳細的說明。

假設此物理系統的自由度為N，在最簡單的情況下，最少

需要N個期值$\{\langle\omega\rangle, \langle\lambda\rangle, \cdots;\ \sigma_\omega=\sigma_\lambda=\cdots=0\}$，才能詳盡且明確地描述此物理“純態”。在較複雜的情況下，例如，當物理系統處於“混態”時，這組最簡單扼要的“期值個數”，就可能要增加很多，甚至無限多，如此才能詳盡且明確地描述此物理態。

C. 物理態的數學模式

我們以本章〈第一・四・B 小節　系綜的數學模式〉裏談及的“擲骰子”為例，來說明物理態的數學模式。若用“特製骰子”，使得每次擲出的點數必為六點，則用這種特製骰子所得到的就是“六點”的“純態”。然而，若以公平的方式擲出均勻的骰子，則可得到一、二、三、四、五、六點各佔1/6的“混態”。例如，我們將有磁性的一個骰子，擲到用電流控制磁性的一個特製桌面上。假設當電流開到無限大時，擲出的骰子皆為“六點”，即為“純態六”；若當電流關掉時，骰子每個點數出現的概率皆相等，則此種情況下得到的就是每點各佔1/6的“混態”。因此，借由控制電流大小，我們就可以得到不同的“混態”。例如，一點佔1/18、六點佔1/2、其餘點數各佔1/9的“混態”。因此，一個固定“電流值”與“磁場安排”，就確定了一個“明確產生程序”，也就定義了“某個”確定的“物理態”，每個如此擲出的骰子，不論點數多少，皆屬於“同一個”物理態。因為此物理態為一個“混態”，所以處於“同一個”物理態的骰子〔同一個“命”〕，點數卻有可能不同〔不同的“運”〕。

關於“物理態”，我們再舉一個更簡單的數學模式。假設我們從一口裝有紅豆與綠豆的袋子裏，隨機取出一粒豆子。從一口全裝紅豆的袋子裏取出的，必為紅豆；從一口全裝綠豆的袋子裏取出的，必為綠豆。然而，從一口“混裝紅綠豆”的袋子裏取出的，可能是紅豆、也可能是綠豆，取出紅豆或綠豆的概率，端視袋中的紅綠豆比例而定。

因此，從全裝紅豆的袋子裏取豆，就定義了這個“物理態”

為“紅純態”；從全裝綠豆的袋子裏取豆，就定義了這個“物理態”為“綠純態”；而從混裝紅綠豆的袋子裏取豆，則定義了這個“物理態”為“紅綠混態”。“每一個”裝有紅綠豆的袋子，皆確定了一個特定的“物理態”，而此物理態為何種“純態”或“混態”，端視袋中紅綠豆比例而定。

不論是在經典力學或量子力學裏，以上的例子都已足夠說明“純態”與“混態”的區別。以後我們會談到，在量子力學裏，即使是“純態”，也必須以“系綜”的概念來定義，不過這是一種嶄新的“量子系綜（quantum ensemble）”。換而言之，“量子力學”引進了一種嶄新的“量子骰子（quantum dice）”或稱“相干骰子（coherent dice）”，我們將在本書〈第三・一節 量子統計〉裏作詳細說明。確如愛因斯坦（A. Einstein, 1879-1955）所言，上帝不擲一般意義下的骰子，或稱“經典骰子（classical dice）”；但“上帝必須擲純隨機的量子骰子！”。

D. 以期值確認物理態

在本章〈第一・七・A 小節 物理態〉裏，我們從“實際操作”的觀點，定義了“物理態”。現在我們舉幾個範例來說明，如何由物理態的“定義”來“確認”一個物理態。

(1) 取豆範例

借用上小節裏，物理態的“取豆”例子：假設從一口混裝紅綠豆的袋中隨機取出豆子。此時“確認”一個“物理態”，就相當是由取出豆子顏色〔物理量〕的期值，來確定袋中紅綠豆的比例〔物理態〕。我們知道，此物理態不隨時刻t改變，並且僅有一個物理量“顏色”可供觀測。當然，我們必須作無限多次觀測，才能確定顏色的“期值”。為便於定量化，我們以“動力變數”S來描述“顏色”：$S=1$表示豆子為“紅色”，而$S=0$表示豆子為“綠色”。我們可由隨機取出豆子的“顏色期值”$\langle S\rangle$，來確定袋子裏紅綠豆的比例。例如，

(i) $\langle S\rangle=0.5$表示紅豆與綠豆各一半。

(ii) $\langle S\rangle=0.6$表示紅豆佔60%、綠豆佔40%。

(iii) $\langle S\rangle=0.2$表示紅豆佔20%、綠豆佔80%。

有趣的是，在此簡單例子裏，由於僅有兩種可能的顏色，因此，我們只需知道顏色S的期值$\langle S\rangle$，便可確認此物理態，即袋中紅綠豆的比例。不過，要得到“絕對精確”的期值$\langle S\rangle$，原則上就需要作無限多次觀測。

當確認此“紅綠豆袋”的“物理態”時，我們注意到兩點：

(i) 有一個可供觀測的“物理量”S——豆色。

(ii) 系統僅有一個未知訊息，即一個“自由度”，屬於“一維”的問題；因此，僅需觀測一個測符的期值——$\langle S\rangle$，就能“確認”系統的物理態。

當然，就這個淺顯的例子而言，只要觀測“紅豆”所佔的“比例”即可。不過，如前所述，我們目前是想僅由物理量的“期值”來確認物理態。由於我們約定“綠豆”的色值$S=0$，因此，期值$\langle S\rangle$也就等於紅豆所佔比例。

(2) 取球範例

再舉一個稍微複雜一點的例子：在混裝{紅，黃，藍}三種色球的袋裏取球。當確認此“色球袋”的“物理態”時，我們也注意到幾點：

(i) 有一個可供觀測的“物理量”S——球色。

(ii) 系統有兩個未知訊息，即兩個“自由度”，屬於“二維”的問題；因此，必須觀測“兩個”獨立測符的期值，才能“確認”此系統的物理態。

(iii) 在原則上，以“球色”S所構成的任何“函”$F(S)$的“期值”$\langle F(S)\rangle$，也“可能”包含“獨立”於$\langle S\rangle$的

訊息，是否獨立就要視具體問題而定。然而，s 的任何函皆可用 s 的“冪級數”及其“解析拓展（analytic continuation）”來表達；因此，可以從 s^n $(n=1,2,3,\cdots)$ 中選取“兩個”獨立的“相容測符（compatible observables）”，而目前最簡單的選擇就是 s 與 s^2。

我們假設紅球的 s 值為 a，黃球為 b，藍球為 c；經過從袋中無限多次取球觀測的結果為 $\langle S\rangle$ 與 $\langle S^2\rangle$。若 $\{$紅,黃,藍$\}$ 色球比例為 $\{p_1,p_2,p_3\}$，而 $p_1+p_2+p_3=1$，則可計算得到

$$p_1 = \frac{1}{(a-b)(a-c)}\left\{\langle S^2\rangle - (b+c)\langle S\rangle + bc\right\}$$

$$p_2 = \frac{1}{(b-c)(b-a)}\left\{\langle S^2\rangle - (c+a)\langle S\rangle + ca\right\}$$

$$p_3 = \frac{1}{(c-a)(c-b)}\left\{\langle S^2\rangle - (a+b)\langle S\rangle + ab\right\}$$

如此，由測得的 $\langle S\rangle$ 與 $\langle S^2\rangle$，就可“確認”此“色球袋”的“物理態”，即袋子裏三種色球的比例。

此範例的計算結果，也可應用於前述“紅綠豆袋”的情況：若紅豆的 s 值為 a，綠豆為 b，$\{$紅,綠$\}$ 豆比例為 $\{p_1,p_2\}$，而 $p_1+p_2=1$，則由 $p_3=0$ 求出 $\langle S^2\rangle$ 後，將這些結果代入上述 p_1 與 p_2 的表達式，可得

$$p_1 = \frac{\langle S\rangle - b}{a-b}$$

$$p_2 = \frac{\langle S\rangle - a}{b-a}$$

在“紅綠豆”的情況下，由 $a=1, b=0$，得 $p_1=\langle S\rangle, p_2=1-\langle S\rangle$；果然，僅需知道 $\langle S\rangle$ 即可確認物理態，而 $\langle S^2\rangle$ 為“重複”的訊息。

(3) 擲骰子範例

再者，我們以“擲骰子”為例。當然，這也是一個不隨時

刻t改變的物理態，且有一個物理量〔點數〕可供觀測，但有六種可能的情況。我們當然也要作無限多次觀測才能確認其“物理態”，即各點數出現的概率。我們以“點數”N為動力變數，而“物理態”$\boldsymbol{p} \equiv \{p_1, p_2, p_3, p_4, p_5, p_6\}$代表各點數$N$出現的概率。

(i) 假設$\langle N \rangle = 1$，則必然得到$\boldsymbol{p} = \{1, 0, 0, 0, 0, 0\}$。因此，此骰子處於“1 點純態”。

(ii) 假設$\langle N \rangle = 2$，則由此值我們無法決定$\boldsymbol{p}$的值，因為$\boldsymbol{p} = \{0,1,0,0,0,0\}$、或$\boldsymbol{p} = \{a, 1-2a, a, 0, 0, 0\}$且$(a > 0, 1-2a > 0)$、或其它無限種可能情況，皆滿足$\langle N \rangle = 2$。不過，若我們還知道標準差$\sigma_N = 0$，則各點數$N$出現的概率必為$\boldsymbol{p} = \{0, 1, 0, 0, 0, 0\}$。

因此，在第(ii)種情況下，除$\langle N \rangle = 2$外，我們還需計算$n > 2$的$\langle N^n \rangle$以獲取更多訊息，如此才能“確認”此擲出骰子的“物理態”。例如，擲骰子無限多次，以得到$\langle N^n \rangle$ $(n = 1,2,3,4,5)$這五個期值的訊息，便可確認任何情況下的“物理態”$\boldsymbol{p}$。

更一般地，我們假設擲骰子所得點數N的值為$\{a, b, c, d, e, f\}$，對應概率依次為$\{p_1, p_2, p_3, p_4, p_5, p_6\}$，而$p_1 + p_2 + p_3 + p_4 + p_5 + p_6 = 1$。若以$\langle N \rangle, \langle N^2 \rangle, \langle N^3 \rangle, \langle N^4 \rangle, \langle N^5 \rangle$代表五個觀測“期值”，則計算可得

$$p_1 \equiv \frac{A}{B}$$

$$\begin{aligned} A = {} & \langle N^5 \rangle - (b+c+d+e+f)\langle N^4 \rangle \\ & + (bc+cd+de+ef+fb+bd+df+fc+ce+eb)\langle N^3 \rangle \\ & - (def+efb+fbc+bcd+cde+fce+ceb+ebd+bdf+dfc)\langle N^2 \rangle \\ & + (cdef+defb+efbc+fbcd+bcde)\langle N \rangle - bcdef \end{aligned}$$

$$B = (a-b)(a-c)(a-d)(a-e)(a-f)$$

其餘概率p_2, p_3, p_4, p_5的計算結果依此類推。

當然，就此簡單的特例情況，由於僅有一個可供觀測的“物

理量”N〔點數〕，因此確認“物理態”$\boldsymbol{p}=\{p_i\}$最簡單的方法，就是直接觀測p_i。

這裏我們除了展示，觀測“期值”$\langle N^n\rangle$與骰子點數的“概率”$\boldsymbol{p}=\{p_1,p_2,p_3,p_4,p_5,p_6\}$之間的關係外，還要强調一點：

> 在量子理論裏，供觀測的物理量N所對應的“測符”N，與N的次方N^n所對應的“測符”N^n，彼此是“對易”的；換而言之，“物理量”N與N^n是“相容”的，可算是“兄弟”物理量。

“相容”的觀念是“量子理論”所引進的“新觀念”，其含義是不排斥、不抵觸已有的訊息，也可能會提供額外有用的訊息。例如，“位置測符”$\boldsymbol{X}$與“動量測符”$\boldsymbol{P}$彼此“不相容”；因此，導致“位置”與“動量”這兩個物理量間的“不確定關係（indeterminacy relation）”。

一・八 慣性時空轉換

A. 慣性時空座

當討論物理系統在位空間裏隨時刻t的演化時，我們通常將一維的“時標（time coordinate）”t與“三維慣性座”，組合成一個四維的“慣性時空座”(t,x,y,z)，在不致混淆的情況下，我們也將此“四維”座簡稱為“慣性座”。

為了適用於“相對論”，並且使慣性座裏的各座標量度一致，我們通常將t乘上光在真空中的速率c，當作是此慣性座裏“時位矢（spacetime vector）”$(ct,x,y,z)\equiv(x_0,x_1,x_2,x_3)\equiv(ct,\boldsymbol{x})$的“時分量（time-component 或 temporal component）”或“第零維座標”：$x_0\equiv ct$。而將一般的三維“位標（position coordinates）”，當作是此慣性座的“第一、二、三維座標”：$x_1\equiv x,\ x_2\equiv y,\ x_3\equiv z$，並稱之為“位分量（position-component 或 spatial components）”。

在如此定義的“慣性座”裏，“時位矢”又稱為“四矢（four-vector）”。

B. 時空轉換

通常我們選定一個“四維”的“慣性座”，來描述物理系統在位空間裏，隨時刻t的演化。我們稱此慣性座為，描述該物理系統的“原始慣性座”O，或於本章內，簡稱為“舊座”O。假設另一個慣性座與此舊座之間，可能有相對平移、轉向、勻速、或三者的任意組合，則我們稱此座為“轉換慣性座”O'，於本章內簡稱為“新座”O'。我們以符號“τ”，代表此兩慣性座O與O'之間的關係，並通稱為“時空轉換（spacetime transformation）”。

時空轉換τ，可以當作是運作於座標$\{\boldsymbol{x},t\}$上的“算符”，其最一般的形式為

$$\boldsymbol{x} \xrightarrow{\tau} \boldsymbol{x}' \equiv \boldsymbol{x}'(\boldsymbol{x},t)$$

$$t \xrightarrow{\tau} t' \equiv t'(\boldsymbol{x},t)$$

$$\{\boldsymbol{x}',t'\} = \tau\{\boldsymbol{x},t\}$$

就算符的意義而言，τ可以運作於任何代表座標的“變數”或“算符”上，而符號τ的定義，則完全是由其運作效應來顯示。

注意，慣性座之間的時空轉換τ，有時稱為時空的“對稱轉換（symmetry transformation）”，但此“對稱”僅對觀察者所處的“慣性座”或“物理律”而言，並不意味著此慣性座所描述的“物理系統”或其“狀態”必須具有某種“對稱性”。

符合相對論的時空轉換，特稱為“洛倫茲時空轉換（Lorentz transformation of spacetime）”，簡稱“洛倫茲轉換”，其明確表達式，請參閱〈附錄二　相對論時空結構〉。在低相對速度情況下，洛倫茲轉換可簡化為“伽利略轉換”，這就是下小節要仔細討論的內容。

C. 基本伽利略轉換

在低相對速率$\upsilon \equiv |\boldsymbol{\upsilon}|$的情況下，我們取極限$\upsilon/c << 1$，並忽略含$O(\upsilon/c)^2$與$O(\upsilon/c)(x/ct)$及其以上的高次項，則“洛倫茲轉換”可簡化為“伽利略轉換”。任意的伽利略轉換τ，可以明白地用“轉向”$\boldsymbol{\omega}$、“位移（position displacement 或 position translation 或 translation）”$\boldsymbol{d}$、“勻速（uniform velocity）”$\boldsymbol{\upsilon}$、以及“時移（time displacement 或 time translation）”s等“參量”表達為

$$\begin{pmatrix} \boldsymbol{x}' \\ t' \end{pmatrix} \equiv \tau \begin{pmatrix} \boldsymbol{x} \\ t \end{pmatrix} = \begin{pmatrix} R_{\omega}\boldsymbol{x} + \boldsymbol{d} + \boldsymbol{\upsilon}\, t \\ t + s \end{pmatrix}$$

此處$R_{\boldsymbol{\omega}} \equiv R_{\omega\hat{\boldsymbol{n}}}$為“轉向符（rotation operator）”，表示以$\hat{\boldsymbol{n}} \equiv \boldsymbol{\omega}/|\boldsymbol{\omega}|$方向為軸、右旋$\omega \equiv |\boldsymbol{\omega}|$角度。因此，一個任意的伽利略轉換，以下簡稱“轉換”，含十個轉換參量。我們可用轉換τ的參量，來表達轉換的效應，

$$\tau = \{s, \boldsymbol{\upsilon}, \boldsymbol{d}, \boldsymbol{\omega}\}$$

而“恆等轉換（identity transformation）”以參量表達則為

$$I = \{0, 0, 0, 0\}$$

在特殊情況下，轉換可以是純“時移轉換（time-displacement transformation）”或純“位置轉換（position transformation）”，簡稱“位換”。對於“位標”改變、而時標不變的“位換”，我們採用符號$\tau_{\boldsymbol{x}}$來表達，特稱為“位置轉換符（position-transformation operator）”，簡稱“位換符”，

$$\{\boldsymbol{x}, t\} \xrightarrow{\tau_{\boldsymbol{x}}} \{\boldsymbol{x}', t\}$$

$$\tau_{\boldsymbol{x}} \begin{pmatrix} \boldsymbol{x} \\ t \end{pmatrix} = \begin{pmatrix} \boldsymbol{x}' \\ t \end{pmatrix}$$

由於“位換”又包括：“勻速”、“位移”、與“轉向”，所以我們將以特定算符$\tau_s, \tau_{\boldsymbol{\upsilon}}, \tau_{\boldsymbol{d}}, \tau_{\boldsymbol{\omega}}$，分別代表以上各種特定轉換。

(1) 時移轉換

為了明確表達，位標不變、而僅平移“時標”原點的轉換，我們採用符號τ_s，並特稱之為“時移轉換（time-displacement transformation）”，

$$\{\boldsymbol{x}, t\} \xrightarrow{\tau_s} \{\boldsymbol{x}, t+s\}$$

$$\tau_s \begin{pmatrix} \boldsymbol{x} \\ t \end{pmatrix} = \begin{pmatrix} \boldsymbol{x} \\ t+s \end{pmatrix}$$

若以轉換參量表達則為

$$\tau_s = \{s, 0, 0, 0\}$$

(2) 勻速轉換

時標不變、而“位標”原點作勻速運動的轉換，稱為“勻速轉換（uniform-speed transformation）”τ_{υ}，

$$\{\boldsymbol{x}, t\} \xrightarrow{\tau_{\upsilon}} \{\boldsymbol{x}+\boldsymbol{\upsilon} t, t\}$$

$$\tau_{\upsilon} \begin{pmatrix} \boldsymbol{x} \\ t \end{pmatrix} = \begin{pmatrix} \boldsymbol{x}+\boldsymbol{\upsilon} t \\ t \end{pmatrix}$$

以轉換參量表達則為

$$\tau_{\upsilon} = \{0, \boldsymbol{\upsilon}, 0, 0\}$$

(3) 位移轉換

時標不變、而平移“位標”原點的轉換，稱為“位移轉換（position-displacement transformation）”τ_d，

$$\{\boldsymbol{x}, t\} \xrightarrow{\tau_d} \{\boldsymbol{x}+\boldsymbol{d}, t\}$$

$$\tau_d \begin{pmatrix} \boldsymbol{x} \\ t \end{pmatrix} = \begin{pmatrix} \boldsymbol{x}+\boldsymbol{d} \\ t \end{pmatrix}$$

以轉換參量表達則為

$$\tau_d = \{0, 0, \boldsymbol{d}, 0\}$$

(4) 轉向轉換

時標不變、而將“三維位座”轉向的轉換，稱為“轉向轉換（rotation transformation）” τ_ω，

$$\{\boldsymbol{x}, t\} \xrightarrow{\tau_\omega} \{R_\omega \boldsymbol{x}, t\}$$

$$\tau_\omega \begin{pmatrix} \boldsymbol{x} \\ t \end{pmatrix} = \begin{pmatrix} R_\omega \boldsymbol{x} \\ t \end{pmatrix}$$

以轉換參量表達則為

$$\tau_\omega = \{0, 0, 0, \boldsymbol{\omega}\}$$

為了符號表達方便，我們有時也以 τ_R 代表此類轉換：$\tau_R \equiv \tau_\omega$。

(5) 逆轉換

任意轉換 τ 的“逆轉換（inverse transformation）” τ^{-1}，仍為轉換，所以也可用參量通式表達為

$$\tau^{-1} = \{s', \boldsymbol{\upsilon}', \boldsymbol{d}', \boldsymbol{\omega}'\}$$

而逆轉換 τ^{-1} 必須滿足：

$$\tau^{-1}\tau = \tau\tau^{-1} = I$$

假設轉換 τ 將座標 $\{\boldsymbol{x}, t\}$ 變為 $\{\boldsymbol{x}', t'\}$，

$$\begin{pmatrix} \boldsymbol{x}' \\ t' \end{pmatrix} \equiv \tau \begin{pmatrix} \boldsymbol{x} \\ t \end{pmatrix} = \begin{pmatrix} R\boldsymbol{x} + \boldsymbol{d} + \boldsymbol{\upsilon}\, t \\ t + s \end{pmatrix}$$

逆轉換 τ^{-1} 再將座標 $\{\boldsymbol{x}', t'\}$ 變為 $\{\boldsymbol{x}'', t''\}$，

$$\begin{pmatrix} \boldsymbol{x}'' \\ t'' \end{pmatrix} \equiv \tau^{-1} \begin{pmatrix} \boldsymbol{x}' \\ t' \end{pmatrix} = \begin{pmatrix} R'\boldsymbol{x}' + \boldsymbol{d}' + \boldsymbol{\upsilon}'\, t' \\ t' + s' \end{pmatrix}$$

此處為了簡潔，我們採用簡化標記：$R \equiv R_\omega$，$R' \equiv R_{\omega'}$。

順便提及，若將順序反過來，先以逆轉換τ^{-1}將座標$\{\boldsymbol{x}, t\}$變為$\{\boldsymbol{x}', t'\}$，再用轉換τ將座標$\{\boldsymbol{x}', t'\}$變為$\{\boldsymbol{x}'', t''\}$，也可以得到與以上兩式類似的表達式。

若$\{\boldsymbol{x}'', t''\} = \{\boldsymbol{x}, t\}$，則滿足$\tau^{-1}\tau = \tau\tau^{-1} = I$，由此可得如下關係式：

$$
\begin{aligned}
& s' + s = s + s' = 0 \\
& \boldsymbol{\upsilon}' + R'\boldsymbol{\upsilon} = \boldsymbol{\upsilon} + R\boldsymbol{\upsilon}' = 0 \\
& \boldsymbol{d}' + R'\boldsymbol{d} + \boldsymbol{\upsilon}'s = \boldsymbol{d} + R\boldsymbol{d}' + \boldsymbol{\upsilon}s' = 0 \\
& R'R = RR' = 1
\end{aligned}
$$

此處在標記上，為了與“恆等轉換”$\tau = I$區別起見，“恆等轉向符（rotation operator of identity）”以“1”表示：$R_0 \equiv 1$。由以上關係式，我們可以推導出逆轉換τ^{-1}的參量為

$$
\begin{aligned}
& s' = -s \\
& \boldsymbol{\upsilon}' = -R_{-\boldsymbol{\omega}}\boldsymbol{\upsilon} \\
& \boldsymbol{d}' = R_{-\boldsymbol{\omega}}(\boldsymbol{\upsilon}s - \boldsymbol{d}) \\
& \boldsymbol{\omega}' = -\boldsymbol{\omega}
\end{aligned}
$$

(6) 基本轉換

在一般情況下，我們以“τ_ε”代表任意一個單參量ε的轉換，而此處下標“ε”，可以是“時移”與“位換”的十個參量$\{s, \boldsymbol{\upsilon}, \boldsymbol{d}, \boldsymbol{\omega}\}$中的任何一個。這十個單一參量$\{s, \boldsymbol{\upsilon}, \boldsymbol{d}, \boldsymbol{\omega}\}$所對應的轉換依次為

$$
\begin{array}{lll}
\tau_s & & \\
\tau_{\upsilon\hat{x}}, & \tau_{\upsilon\hat{y}}, & \tau_{\upsilon\hat{z}} \\
\tau_{d\hat{x}}, & \tau_{d\hat{y}}, & \tau_{d\hat{z}} \\
\tau_{\omega\hat{x}}, & \tau_{\omega\hat{y}}, & \tau_{\omega\hat{z}}
\end{array}
$$

我們特稱這些僅有單一參量的轉換為“基本轉換（elementary transformation）”。

我們可將本小節剛開始所定義的一般轉換，

$$\tau = \{s, \boldsymbol{\upsilon}, \boldsymbol{d}, \boldsymbol{\omega}\}$$

分解為依序四個轉換的乘積，

$$\begin{aligned}\tau &= \tau_s\,\tau_\upsilon\,\tau_{\boldsymbol{d}}\,\tau_\omega \\ &= \{s, 0, 0, 0\}\,\{0, \boldsymbol{\upsilon}, 0, 0\}\,\{0, 0, \boldsymbol{d}, 0\}\,\{0, 0, 0, \boldsymbol{\omega}\}\end{aligned}$$

其中“勻速轉換”τ_υ，可以再分解為三個“基本轉換”的乘積，

$$\begin{aligned}\tau_\upsilon &\equiv \tau_{\upsilon_x\hat{\boldsymbol{x}}+\upsilon_y\hat{\boldsymbol{y}}+\upsilon_z\hat{\boldsymbol{z}}} \\ &= \tau_{\upsilon_x\hat{\boldsymbol{x}}}\,\tau_{\upsilon_y\hat{\boldsymbol{y}}}\,\tau_{\upsilon_z\hat{\boldsymbol{z}}}\end{aligned}$$

特別注意，此分解式在考慮相對論的情況下不成立。此外，“位移轉換”$\tau_{\boldsymbol{d}}$必定可再分解為

$$\begin{aligned}\tau_{\boldsymbol{d}} &\equiv \tau_{d_x\hat{\boldsymbol{x}}+d_y\hat{\boldsymbol{y}}+d_z\hat{\boldsymbol{z}}} \\ &= \tau_{d_x\hat{\boldsymbol{x}}}\,\tau_{d_y\hat{\boldsymbol{y}}}\,\tau_{d_z\hat{\boldsymbol{z}}}\end{aligned}$$

至於“轉向轉換”$\tau_{\boldsymbol{\omega}}$的分解，則比較複雜。根據〈附錄六・四・C小節 轉向公式一〉，我們有如下結果，

$$\begin{aligned}\tau_{\boldsymbol{\omega}} &\equiv \tau_{\omega\hat{\boldsymbol{n}}(\theta,\varphi)} \\ &= \tau_{\varphi\hat{\boldsymbol{z}}}\,\tau_{\theta\hat{\boldsymbol{y}}}\,\tau_{\omega\hat{\boldsymbol{z}}}\,\tau_{-\theta\hat{\boldsymbol{y}}}\,\tau_{-\varphi\hat{\boldsymbol{z}}}\end{aligned}$$

此處(θ, φ)為“單位矢（unit vector）”$\hat{\boldsymbol{n}} \equiv \boldsymbol{\omega}/|\boldsymbol{\omega}|$的“極角（polar angle）”與“輻角（azimuthal angle）”。

(7) 微轉換

當某轉換的參量，與恆等轉換的參量，僅有極小差異時，我們稱此轉換為“微轉換（infinitesimal transformation）”。但在此次小節裏，我們仍以符號τ_ε代表，此處ε代表此參量及其數量級。

假設任意的微轉換可表示為如下形式：

$$\tau_\varepsilon = \{s, \boldsymbol{\upsilon}, \boldsymbol{d}, \boldsymbol{\omega}\}$$

此處$s, \boldsymbol{\upsilon}, \boldsymbol{d}, \boldsymbol{\omega}$皆代表“微量（infinitesimal）”。則此微轉換τ_ε的逆轉換τ_ε^{-1}，可以由其通式求得，

$$\tau_\varepsilon^{-1} = \{-s, -\boldsymbol{\upsilon}, -\boldsymbol{d}, -\boldsymbol{\omega}\} + O(\varepsilon^2)$$

此處ε代表參量$s, \boldsymbol{\upsilon}, \boldsymbol{d}, \boldsymbol{\omega}$的數量級。

在一般情況下，轉向符R_ω的明確表達式相當複雜，而“微轉向符（infinitesimal rotation operator）”則有較簡單的形式。對於以$\hat{\boldsymbol{n}} \equiv \boldsymbol{\omega}/|\boldsymbol{\omega}|$方向為軸、右旋$\omega$角的“微轉向符”$R_\omega$，我們可以將其效應寫為

$$\boldsymbol{x} \xrightarrow{R_\omega} \boldsymbol{x}' = \boldsymbol{x} + \boldsymbol{\omega} \times \boldsymbol{x} + O(\omega^2)$$

所以“微轉向符”R_ω可以表達為

$$R_\omega = (1 + \boldsymbol{\omega} \times) + O(\omega^2)$$

而其“微逆轉向符”$R_{-\omega}$則為

$$R_{-\omega} = (1 - \boldsymbol{\omega} \times) + O(\omega^2)$$

D. 伽利略轉換對易關係

為了便於敘述，我們將“慣性座”簡稱為“座”。將原始座O作先後不同的兩次轉換，所得到的轉換座O_{21}，與將這兩次轉換的先後順序對調，所得到的轉換座O_{12}，通常不一樣。更明確地說，我們首先將原始座O作轉換τ_1，得到轉換座O_1，然後再對O_1作轉換τ_2，得到轉換座O_{21}。現在如果將轉換τ_1與τ_2的先後順序對調，也就是說，先將原始座O作轉換τ_2，得到轉換座O_2，然後再對O_2作轉換τ_1，得到轉換座O_{12}。在一般情況下，轉換座O_{21}與O_{12}是不一樣的。我們可用數學式表示如下：

$$\tau_1\{\boldsymbol{x}, t\} = \{\boldsymbol{x}_1, t_1\}$$

$$\tau_2\{\boldsymbol{x}_1, t_1\} = \{\boldsymbol{x}_{21}, t_{21}\}$$

$$\tau_2\{\boldsymbol{x}, t\} = \{\boldsymbol{x}_2, t_2\}$$

$$\tau_1\{\boldsymbol{x}_2, t_2\} = \{\boldsymbol{x}_{12}, t_{12}\}$$

在一般情況下，$\{\boldsymbol{x}_{21}, t_{21}\} \neq \{\boldsymbol{x}_{12}, t_{12}\}$，因此這兩個轉換$\tau_1$與$\tau_2$通常“不

對易”，也就是說，其“對易子（commutator）”不為零：$[\tau_1, \tau_2] \equiv \tau_1\tau_2 - \tau_2\tau_1 \neq 0$。

採用轉換τ的參量表達式，我們就可推導得到各個基本轉換τ之間的“對易關係”。詳細推導請參閱〈附錄七 伽利略轉換對易關係〉，這裏將最終結果列出如下：

$$[\tau_s, \tau_{s'}]=0,\ [\tau_s, \tau_{\boldsymbol{\upsilon}}]=(I-\tau_{\boldsymbol{\upsilon} s})\tau_s\tau_{\boldsymbol{\upsilon}},\ [\tau_s, \tau_{\boldsymbol{d}}]=0,\ [\tau_s, \tau_{\boldsymbol{\omega}}]=0$$

$$[\tau_{\boldsymbol{\upsilon}}, \tau_{\boldsymbol{\upsilon}'}]=0,\qquad [\tau_{\boldsymbol{\upsilon}}, \tau_{\boldsymbol{d}}]=0,\ [\tau_{\boldsymbol{\upsilon}}, \tau_{\boldsymbol{\omega}}]=(I-\tau_{R\boldsymbol{\upsilon}-\boldsymbol{\upsilon}})\tau_{\boldsymbol{\upsilon}}\tau_{\boldsymbol{\omega}}$$

$$[\tau_{\boldsymbol{d}}, \tau_{\boldsymbol{d}'}]=0,\ [\tau_{\boldsymbol{d}}, \tau_{\boldsymbol{\omega}}]=(I-\tau_{R\boldsymbol{d}-\boldsymbol{d}})\tau_{\boldsymbol{d}}\tau_{\boldsymbol{\omega}}$$

$$[\tau_{\boldsymbol{\omega}}, \tau_{\boldsymbol{\omega}'}]\neq 0$$

此處$[\tau_{\boldsymbol{\omega}}, \tau_{\boldsymbol{\omega}'}]$沒有簡單的表達通式，只有當轉向角極小時，此對易關係才能作適度的簡化。至於$[\tau_{\boldsymbol{\omega}}, \tau_{\boldsymbol{\omega}'}]$的明確表達式，請參閱〈附錄六・七節 轉向符的對易關係〉。

以十個參量$\{s, \boldsymbol{\upsilon}, \boldsymbol{d}, \boldsymbol{\omega}\}$表達的轉換$\tau$，可分解為

$$\begin{aligned}\tau &= \tau_s\,\tau_{\boldsymbol{\upsilon}}\,\tau_{\boldsymbol{d}}\,\tau_{\boldsymbol{\omega}}\\ &= \tau_s\,\tau_{\upsilon_x\hat{\boldsymbol{x}}}\,\tau_{\upsilon_y\hat{\boldsymbol{y}}}\,\tau_{\upsilon_z\hat{\boldsymbol{z}}}\,\tau_{d_x\hat{\boldsymbol{x}}}\,\tau_{d_y\hat{\boldsymbol{y}}}\,\tau_{d_z\hat{\boldsymbol{z}}}\,\tau_{\varphi\hat{\boldsymbol{z}}}\,\tau_{\theta\hat{\boldsymbol{y}}}\,\tau_{\omega\hat{\boldsymbol{z}}}\,\tau_{-\theta\hat{\boldsymbol{y}}}\,\tau_{-\varphi\hat{\boldsymbol{z}}}\end{aligned}$$

此處(θ, φ)為矢$\hat{\boldsymbol{n}} \equiv \boldsymbol{\omega}/|\boldsymbol{\omega}|$的極角與輻角。注意，$\tau_{\boldsymbol{\omega}} \equiv \tau_{\omega_x\hat{\boldsymbol{x}}+\omega_y\hat{\boldsymbol{y}}+\omega_z\hat{\boldsymbol{z}}} \neq \tau_{\omega_x\hat{\boldsymbol{x}}}\,\tau_{\omega_y\hat{\boldsymbol{y}}}\,\tau_{\omega_z\hat{\boldsymbol{z}}}$。由轉換$\tau$的分解式，我們很容易推導出其逆轉換$\tau^{-1}$為

$$\tau^{-1} = \tau_{-\boldsymbol{\omega}}\,\tau_{-\boldsymbol{d}}\,\tau_{-\boldsymbol{\upsilon}}\,\tau_{-s}$$

利用本小節總結的對易關係，我們可以證明：此逆轉換τ^{-1}，與〈第一・八・C 小節 基本伽利略轉換(5)〉裏的逆轉換完全相同。

第二章 量子數學基礎

在經典力學描述裏，無“稟賦結構（intrinsic structure）”的粒子所滿足的“運動方程（equation of motion）”，為位置 x 對時刻 t 的“二階微分方程”。因此，粒子狀態的演化，可以由兩個積分常數，也就是粒子的“位置”與“動量”來確定。換而言之，一個粒子的狀態，可以由位置與動量所組成的六維空間裏的“一個點”，即“一個六維矢”，來確定。在一般有“約束關係（constraint 或 constraint relation）”限制的情況下，一個粒子於任意時刻 t 的狀態，可以由“廣義位置（generalized position）” $\boldsymbol{q}$ 與“廣義動量（generalized momentum）” $\boldsymbol{p}$ 所組成的“廣義相空間（generalized phase space）” $\{\boldsymbol{q}, \boldsymbol{p}\}$ 裏的一個矢來確定。粒子狀態隨時刻 t 的演化，則對應於廣義相空間 $\{\boldsymbol{q}, \boldsymbol{p}\}$ 裏的一條隨 t 演化的軌跡曲線，稱為“相跡（phase path）”。總而言之，在經典力學裏，粒子狀態隨 t 的演化，可以由“實矢空間（real vector space）”裏的一個矢隨 t 的演化來描述。這就是描述“經典粒子”運動的“數學表述（mathematical formalism）”。

在量子力學裏描述粒子運動的“數學模式”，與經典力學裏的模式稍微有點類似，但“實矢空間”必須推廣為“複矢空間（complex vector space）”。此外，由於量子力學將“粒子描述（particle description）”改為“波動描述（wave description）”，也就是由“孤立局域（isolated local）”拓展為“全域相干（global coherent）”。因此，我們將“位空間”裏代表質點的“矢”，推廣為“函空間（function space）”裏代表“波函（wave function）” $\psi(\boldsymbol{x},t)\equiv\langle \boldsymbol{x}|\psi(t)\rangle$ 的抽象“態矢（state vector）” $|\psi(t)\rangle$，而此“函空間”也就是所謂的“希爾伯特空間（Hilbert space）”。注意，“波動描述”就已經引入“相干性”，而量子力學更拓展為“複波動描述（complex-wave description）”，不過本書仍逕簡稱其為“波動描述”。

一・ 矢空間
- A. 矢空間定義
- B. 矢相加公理
- C. 矢乘標公理

二・ 矢空間的基
- A. 線獨立矢集
- B. 完備線獨立矢集
- C. 矢基
- D. 矢分量

三・ 矢空間拓撲結構
- A. 極限矢與空間完備性
- B. 矢內積
- C. 量度空間
- D. 稠密

四・ 希爾伯特空間
- A. 希爾伯特空間定義
- B. 矢與伴矢
- C. 泛函定義的矢內積
- D. 矢的模
- E. 施瓦茲不等式
- F. 三角不等式
- G. 矢規化
- H. 可規矢
- I. 物理矢

五・ 簡單粒子的希空間
- A. 勒貝格平方可積
- B. 希空間 $\mathbf{L}^2(\mathbf{R})$
- C. 希空間 $\mathbf{L}^2(\mathbf{R}^3)$

六・ 算符
- A. 零符
- B. 恆等符
- C. 逆符
- D. 線符
- E. 反線符
- F. 伴符
- G. 自伴符與反自伴符
- H. 厄米符與反厄米符
- I. 幺正符與反幺正符
- J. 矢外積
- K. 對易子
- L. 反易子

七・ 物理系統的測符
- A. 測符
- B. 測符徵程
- C. 相容測符集
- D. 簡要完備相容測符集
- E. 共徵基

八・ 希爾伯特空間表象
- A. 離散表象
- B. 連續表象
- C. 混合表象
- D. 表象範例

二‧一　矢空間

在量子力學裏，用來描述物理系統隨時刻t演化的數學形式，為複矢空間裏“複矢（complex vector）”$|\psi(t)\rangle$對t的“一階微分方程”，而此“複矢”$|\psi(t)\rangle$代表物理系統的狀態，特稱為“態矢”。此態矢$|\psi(t)\rangle$的“一階微分方程”相當是，經典力學在“哈密頓表述（Hamiltonian formalism）”下的“哈密頓運動方程（Hamilton equation of motion）”，簡稱“哈密頓方程（Hamilton equation）”。於是，在“希爾伯特空間”裏，以“態矢”對應“物理態”、以“測符”對應“物理量”，這就是本書“量子數學（quantum mathematics）”的核心結構。在量子力學裏，我們將經典力學裏“位置”$\boldsymbol{x}$對時刻t的“二階”微分方程，約化為“態矢”$|\psi(t)\rangle$對時刻t的“一階”微分方程，然而，卻將經典力學裏的“實矢”推展為“複矢”，如此正好彌補了降低“階數”所導致的缺失。不過，這種由“實”到“複”的拓展，是一種大膽的假設，並非邏輯推演的結果。

以“類比邏輯”更明確地說，“位置”$\boldsymbol{x}$對t的“二階微分方程”，可等價於“位置”$\boldsymbol{x}$與“速度”$d\boldsymbol{x}/dt$構成的兩個聯立“一階微分方程”，這也等價於“位置”$\boldsymbol{x}$與“動量”$\boldsymbol{p}$的兩個聯立“一階微分方程”，即“哈密頓方程”。進而再將$\boldsymbol{x}$與$\boldsymbol{p}$，以適當的“複數”形式，結合為“複動力變數”的“一階微分方程”。如此，將粒子$\boldsymbol{x}(t)$的“粒動（particle motion）”，拓展為波函$\psi(\boldsymbol{x},t)$的“波動（wave motion）”，則可得到波函$\psi(\boldsymbol{x},t)\equiv\langle\boldsymbol{x}|\psi(t)\rangle$對$t$的“薛定諤方程”，而波函$\psi(\boldsymbol{x},t)$隱含粒子“位置”$\boldsymbol{x}$與“動量”$\boldsymbol{p}$的“分佈訊息”，而且“陰陽”交融在一起。

在目前的量子理論裏，關於“由實到複”的拓展，尚無合理的解釋，但似乎可由〈附錄二　相對論時空結構〉裏的“虛軸表述（imaginary-axis formalism）”，略窺端倪：

> 就複數的“z平面”而言，“閔時空（Minkowski spacetime）”裏的“時軸（t-axis）”與“位軸（$\boldsymbol{x}$-axis）”間的“相位差（phase difference）”為$\pi/2$。

> 因此，“位置” x 與“動量” p “相位因子（phase factor）”間的差為 $e^{i\pi/2}=i$；同理，“動量” p 與“能量” E 相位因子間的差也為 i。

其實，在近代物理理論裏，對“光”的“波動描述”包含“電場”與“磁場”，它們也可組合成一個“複電磁場（complex electromagnetic field）”。如此“由實到複”的拓展，確實呼應量子力學對粒子的“複波動描述（complex-wave description）”。

很顯然，“矢空間”的概念及其特性，是由三維的“歐幾里德空間（Euclidean space）”，或經典力學裏的“組態流形（configuration manifold）”所抽象得到的。在許多“物理數學（physical mathematics）”專書裏，對“矢空間”皆有系統性的詳細討論，所以本章僅作提綱式的介紹。

A. 矢空間定義

> “線矢空間（linear vector space）” **V**，簡稱“矢空間（vector space）”，為“矢（vectors）”、“標（scalars）”、以及“矢相加公理（axioms of vector addition）”與“矢乘標公理（axioms of scalar-vector multiplication）”，所共同定義的“抽象空間”。

本書將“矢空間”裏的向量或矢量，簡稱為“矢”。它可以是“位空間”裏的“矢”，也可以代表“函”、“矩陣”、或任何具體或抽象的“元件”。“矢相加公理”與“矢乘標公理”，可明確闡述如下。

B. 矢相加公理

假設 $\boldsymbol{A}, \boldsymbol{B}, \boldsymbol{C}$ 為“矢空間” **V** 裏的任意三矢，則這三矢的相加，滿足下列公理：

(i) “封閉性”： $\boldsymbol{A}+\boldsymbol{B}$ 也是空間 **V** 裏的矢。

(ii) “交換性”： $\boldsymbol{A}+\boldsymbol{B}=\boldsymbol{B}+\boldsymbol{A}$

(iii)“結合性”：$(\boldsymbol{A}+\boldsymbol{B})+\boldsymbol{C}=\boldsymbol{A}+(\boldsymbol{B}+\boldsymbol{C})$

(iv) 在空間 $\mathbf{V}$ 裏，有唯一的“零矢（null vector 或 zero vector）”0：

$$\boldsymbol{A}+0=0+\boldsymbol{A}=\boldsymbol{A}$$

(v) 在空間 $\mathbf{V}$ 裏，有唯一的“逆矢（inverse vector）”：

$$\boldsymbol{A}+(-\boldsymbol{A})=(-\boldsymbol{A})+\boldsymbol{A}=0$$

C. 矢乘標公理

某“標域（scalar field）”裏的任意兩標 α,β，與矢空間 $\mathbf{V}$ 裏的任意兩矢 $\boldsymbol{A},\boldsymbol{B}$ 的乘積，滿足下列公理：

(i) $\alpha\boldsymbol{A}$ 也是空間 $\mathbf{V}$ 裏的矢。

(ii) $\alpha(\boldsymbol{A}+\boldsymbol{B})=\alpha\boldsymbol{A}+\alpha\boldsymbol{B}$

(iii) $(\alpha+\beta)\boldsymbol{A}=\alpha\boldsymbol{A}+\beta\boldsymbol{A}$

(iv) $(\alpha\beta)\boldsymbol{A}=\alpha(\beta\boldsymbol{A})$

(v) $1\boldsymbol{A}=\boldsymbol{A}$

若在此空間 $\mathbf{V}$ 裏，與矢相乘的標屬於“複標域（complex scalar field）”，則我們特稱此空間 $\mathbf{V}$ 為“複矢空間”，在不致混淆的情況下，我們通常還是簡稱之為“矢空間”。

二・二　矢空間的基

A. 線獨立矢集

假設 $\{\boldsymbol{v}_1,\boldsymbol{v}_2,\cdots,\boldsymbol{v}_N\}$ 為某矢空間裏的 N 個矢，而 $\{\alpha_1,\alpha_2,\cdots,\alpha_N\}$ 為任意 N 個標。若唯一能使以下“線疊加（linear superposition）”，俗稱“線組合（linear combination）”，

$$\alpha_1\boldsymbol{v}_1+\alpha_2\boldsymbol{v}_2+\cdots+\alpha_N\boldsymbol{v}_N$$

為“恆零（vanishes identically）”的條件是

$$\alpha_1 = \alpha_2 = \cdots = \alpha_N = 0$$

則我們稱這組矢$\{\upsilon_1, \upsilon_2, \cdots, \upsilon_N\}$為“線獨立矢集（set of linearly independent vectors）”。

注意，僅$\{\upsilon_1, \upsilon_2\}$，$\{\upsilon_1, \upsilon_3\}$，$\{\upsilon_2, \upsilon_3\}$各自分別為“線獨立（linearly independent）”，並不表示這組矢$\{\upsilon_1, \upsilon_2, \upsilon_3\}$為“線獨立”。很明顯的一個例子就是，在二維平面上，彼此不平行的三矢，其任意兩矢，皆彼此線獨立，但這組三矢卻並非線獨立，因為其中的任一矢，皆可表示為其餘兩矢的線疊加。

B. 完備線獨立矢集

假設某矢集$S = \{\upsilon_1, \upsilon_2, \cdots, \upsilon_N\}$為矢空間$\mathbf{V}$裏的“線獨立矢集”。若在此空間$\mathbf{V}$裏，找不到另一個“線獨立矢集”$S'$，使得$S$為$S'$的“真子集（proper subset）”：$S \subset S'$，則我們稱這組“線獨立矢集”$S$是“完備”的。

在數學上有一種錯誤的說法：在矢空間$\mathbf{V}$裏，含獨立矢最多的“線獨立矢集”，必然為“完備線獨立矢集（complete set of linearly independent vectors）”。

然而，如果這最多的“個數”是一個“無窮數”，則這樣的說法就不妥當，而應該改說成“包容最廣（most extensive）”的“線獨立矢集”。例如，一個無窮多維矢空間$\mathbf{V}$，去掉其中某一維空間後，仍然是一個無窮多維矢空間$\mathbf{V}'$。就其所包含線獨立矢的“個數”而言，這兩個空間是相同的，皆為“無窮個”，但很明顯，空間$\mathbf{V}$要比空間$\mathbf{V}'$“包容更廣”，也就是說，空間$\mathbf{V}'$為空間$\mathbf{V}$的真子集：$\mathbf{V}' \subset \mathbf{V}$。

C. 矢基

在N維矢空間$\mathbf{V}$裏，任何“完備線獨立矢集”$\{\upsilon_1, \upsilon_2, \cdots, \upsilon_N\}$，皆可以用來展開此空間裏的任意矢$\boldsymbol{A}$，

$$A = \sum_{i=1}^{N} \alpha_i \upsilon_i$$

此處 N 可以是“無窮數”。我們稱這組“完備線獨立矢集” $\{\upsilon_1, \upsilon_2, \cdots, \upsilon_N\}$ 為此 N 維矢空間 **V** 裏的一個“矢基（vector basis）”，而稱此“矢基”裏的矢為“基矢（basis vectors）”。

注意，當“矢”代表“函”時，則我們可特稱這些矢為“基函（basis functions）”。

D. 矢分量

在 N 維矢空間 **V** 裏，任意矢 A 在此空間裏某“基” $\{\upsilon_1, \upsilon_2, \cdots, \upsilon_N\}$ 上的展開係數 $\{\alpha_1, \alpha_2, \cdots, \alpha_N\}$，稱為矢 A 在此基上的“分量”，簡稱“矢分量（vector components）”。

注意，矢分量可以是實數或複數，完全由定義此矢空間的“標域”來決定：若其標域為“實”，則矢分量為實數；若其標域為“複”，則矢分量可為實數或複數。一個“抽象”的矢 A，可由此矢 A 在任何基 $\{\upsilon_1, \upsilon_2, \cdots, \upsilon_N\}$ 上的分量 $\{\alpha_1, \alpha_2, \cdots, \alpha_N\}$，完全明確且“具體地”決定，而且矢 A 與其“全部分量” $\{\alpha_1, \alpha_2, \cdots, \alpha_N\}$ 之間，是“一一對應”的。也就是說，分量 $\{\alpha_1, \alpha_2, \cdots, \alpha_N\}$ 為矢 A 的一個“表象（representation）”。

二・三　矢空間拓撲結構

本章前兩節所討論的，皆是有關矢空間的“代數結構（algebraic structure）”。本節將討論矢空間的“拓撲結構（topological structure）”。

A. 極限矢與空間完備性

假設在矢空間 **V** 裏，任何“矢序列（sequence of vectors）” $\{A_n\}$ 所收斂到的“極限矢（limit vector）”

$\boldsymbol{A}$，也屬於此空間 V，則我們稱此矢空間 V 為“完備的”。

任何有限維的矢空間，一定是完備的，但無限維的矢空間，卻不一定是完備的。注意，在本章〈第二・二節 矢空間的基〉裏談及“線獨立矢集”的“基矢完備性（completeness of basis vectors）”，與這裏所談到的“矢空間”的“空間完備性（completeness of space）”，是兩個完全不同的“完備概念”。前者是有關“基矢集（set of basis vector）”的完備性，而後者是有關“含極限矢”的完備性。

另一個值得注意的是，在何種條件下，我們才能確認矢序列$\{\boldsymbol{A}_n\}$的極限矢$\boldsymbol{A}$呢？在數學上，這不是一個可以簡單回答的問題。關於這點，請參閱本書〈附錄五 狄拉克δ函〉。

B. 矢內積

在矢空間 V 裏，兩矢$\boldsymbol{A}$與$\boldsymbol{B}$的“內積（inner product 或 scalar product）”$\boldsymbol{A}\cdot\boldsymbol{B}$，可以利用其“分量”定義為

$$\boldsymbol{A}\cdot\boldsymbol{B} \equiv \sum_{i=1}^{N} \alpha_i^* \beta_i$$

此處$\{\alpha_1, \alpha_2, \cdots, \alpha_N\}$與$\{\beta_1, \beta_2, \cdots, \beta_N\}$分別代表，矢$\boldsymbol{A}$與$\boldsymbol{B}$在矢空間 V 裏同一個“基”上的分量。

注意，這裏定義的“矢內積（inner product of vectors）”，是所謂的“複型（complex-type）”，既適用於“複矢空間”，也適用於“實矢空間”。值得提醒的是，在矢空間 V 裏，任意矢的“模（norm）”與“方位”、矢的“規化（normalization）”、矢之間的“正交性（orthogonality）”等概念，皆必須在“矢內積”的基礎上來定義。

C. 量度空間

“內積”賦於空間“量度（metric）”，因此，含“內積”

定義的矢空間，我們稱之為“量度矢空間（metric vector space）”，或簡稱“量度空間（metric space）”。

D. 稠密

假設s為某“量度空間”v的“子空間（subspace）”。若空間v裏的任何矢，必然為其子空間s裏某“矢序列”的“極限矢”，則我們稱子空間s在“量度空間”v裏為“稠密的（dense）”。

例如，“有理數域”在“實數域”裏是稠密的。

二・四 希爾伯特空間

A. 希爾伯特空間定義

> “希爾伯特空間”H，簡稱“希空間”，是完備的“量度複矢空間（metric complex vector space）”。

因為希空間是“複矢空間”，所以希空間裏的任意一個標，可以為複數或實數。而這裏決定希空間“量度”的“複型矢內積”，我們將在本章〈第二・四・C小節 泛函定義的矢內積〉裏再作公理式的定義。

在數學上，希空間通常是“無限維”；但物理上的希空間既可以是無限維的，也容許是有限維的。每個物理系統，皆有其專屬的希空間，然而不同的物理系統，卻可能具有相同特性的希空間。這裏，我們舉例來說明：假設“物理系統A”代表一個電子在外加場為$V(\boldsymbol{x})$的位空間裏運動，而“物理系統B”代表一個電子在外加場為$W(\boldsymbol{x})$的位空間裏運動。在量子力學裏，這兩個物理系統A與B顯然不同，因為它們各自的外加場不同，但這兩個物理系統，通常卻具有相同特性的希空間。這是因為希空間裏的矢，只是用來描述物理系統裏的電子，而非外加場。

在本書〈第三章 量子物理描述〉裏，我們會談到，希空間裏的“矢”代表物理系統中粒子的“狀態”，並且由粒子的“波函”來描述。但粒子的波函僅為“粒子位標”的函，而與“外加場”無關。因此，在任何特定時刻t，粒子的波函不包含外加場的訊息。當然，不同的外加場，會使粒子的波函隨時刻t作不同的演化，而這“不同的演化”，歸因於不同的外加場所構成的不同“哈密頓”，也就是不同的“時移生成子（time-displacement generator）”或稱“演化生成子（evolution generator）”，簡稱“時移子”或“演化子”，請參閱本書〈第四章 量子力學推導〉。

我們將採用“狄拉克標記（Dirac notations）”，來標示希空間裏的“矢”與“算符”。在本章〈第二‧五節 簡單粒子的希空間〉裏，我們將舉幾個簡單的“希空間”特例。

B. 矢與伴矢

在“狄拉克標記”描述下，希空間裏的“矢”$|\psi\rangle$，特稱為“括矢（ket vector）”。又因其用來描述此空間所對應物理系統的狀態，所以我們又特稱其為“態矢”。由希空間裏的一切“括矢”所構成的空間，又稱為“括空間（ket space）”。

括矢$|\psi\rangle$的“伴矢（adjoint vector）”$\langle\psi|$，稱為“包矢（bra space）”。由希空間裏的一切“包矢”所構成的空間，稱為“包空間（bra space）”。括空間與包空間，互為彼此的“伴空間（adjoint space）”。在數學上，矢$|\psi\rangle$的伴矢$\langle\psi|$，代表的是“線標泛函（linear scalar functional）”，與此有關的詳細說明，請參閱本書〈附錄五 狄拉克δ函〉。

C. 泛函定義的矢內積

任意兩矢$|\psi\rangle$與$|\phi\rangle$的“內積”$\langle\psi|\phi\rangle$，可定義為滿足下列公理的“雙線泛函（bilinear functional）”：

(i) $\langle\psi|\psi\rangle \geq 0$； 僅當$|\psi\rangle = 0$時，等號才成立。

(ii) $\langle\psi|\phi\rangle = \langle\phi|\psi\rangle^*$

(iii) $\langle\psi|c_1\phi_1+c_2\phi_2\rangle=c_1\langle\psi|\phi_1\rangle+c_2\langle\psi|\phi_2\rangle$

注意，此處矢內積是一個“複標（complex scalar）”，屬於希空間的“複標域”。關於“泛函（functional）”的一般定義，請參閱〈附錄五 狄拉克δ函〉。對照“張量分析（tensor analysis）”裏的“張量”，“包矢”$\langle\psi|$對應“協變張量（covariant tensor）”，“括矢”$|\phi\rangle$對應“逆變張量（contravariant tensor）”，而“矢內積”對應協變張量與逆變張量的“縮併（contraction）”。

D. 矢的模

任意矢$|\psi\rangle$的“模（norm）”$\|\psi\|$，定義為

$$\|\psi\| \equiv \sqrt{\langle\psi|\psi\rangle}$$

而我們稱$\|\psi\|^2 \equiv \langle\psi|\psi\rangle$為“模方（norm square）”。

E. 施瓦茲不等式

任意兩矢$|\psi\rangle$與$|\phi\rangle$，必然滿足“施瓦茲不等式（Schwarz inequality）”，

$$\|\psi\|\cdot\|\phi\| \geq |\langle\psi|\phi\rangle|$$

而僅當$|\phi\rangle=\alpha|\psi\rangle$，且$\alpha$為標時，等號才成立。其證明如下：

首先，我們假設$|\psi\rangle$或$|\phi\rangle$為零矢，則此“不等式”成立。其次，考慮由非零的$|\psi\rangle$與$|\phi\rangle$線疊加而成的矢$|\chi\rangle$，

$$|\chi\rangle = |\phi\rangle - \frac{\langle\psi|\phi\rangle}{\langle\psi|\psi\rangle}|\psi\rangle$$

我們將$|\chi\rangle$的“模方”$\|\chi\|^2$化簡如下，

$$\begin{aligned}\|\chi\|^2 &= \langle\chi|\chi\rangle \\ &= \langle\phi|\phi\rangle - \frac{\langle\psi|\phi\rangle}{\langle\psi|\psi\rangle}\langle\phi|\psi\rangle - \frac{\langle\phi|\psi\rangle}{\langle\psi|\psi\rangle}\langle\psi|\phi\rangle + \frac{\langle\phi|\psi\rangle\langle\psi|\phi\rangle}{\langle\psi|\psi\rangle\langle\psi|\psi\rangle}\langle\psi|\psi\rangle\end{aligned}$$

$$= \langle\phi|\phi\rangle - \frac{\langle\psi|\phi\rangle\langle\phi|\psi\rangle}{\langle\psi|\psi\rangle}$$

$$= \frac{1}{\|\psi\|^2}\left[\|\psi\|^2\|\phi\|^2 - |\langle\psi|\phi\rangle|^2\right]$$

由於$|\chi\rangle$的模方$\|\chi\|^2$必然為非負，因此，“施瓦茲不等式”得證。

在三維矢空間裏，施瓦茲不等式相當是，任意兩矢$\boldsymbol{A}$與$\boldsymbol{B}$滿足不等式：$|\boldsymbol{A}|\cdot|\boldsymbol{B}|\geq \boldsymbol{A}\cdot\boldsymbol{B}$，而僅當$\boldsymbol{B}=\alpha\boldsymbol{A}$，且$\alpha$為標時，等號才成立。

F. 三角不等式

任意兩矢$|\psi\rangle$與$|\phi\rangle$，必然滿足“三角不等式（triangle inequality）”，

$$\|\psi\| + \|\phi\| \geq \|\psi+\phi\|$$

而僅當$|\phi\rangle=\alpha|\psi\rangle$，且$\alpha$為“實標”時，等號才成立。其證明如下：

首先，我們化簡下式，

$$(\|\psi\| + \|\phi\|)^2 - \|\psi+\phi\|^2$$

$$= \|\psi\|^2 + \|\phi\|^2 + 2\|\psi\|\cdot\|\phi\| - \|\psi\|^2 - \|\phi\|^2 - \langle\psi|\phi\rangle - \langle\phi|\psi\rangle$$

$$= 2\|\psi\|\cdot\|\phi\| - \langle\psi|\phi\rangle - \langle\phi|\psi\rangle$$

並利用複數$c\equiv\langle\psi|\phi\rangle$必然滿足的不等式：$c+c^*\leq 2|c|$，可得

$$(\|\psi\|+\|\phi\|)^2 - \|\psi+\phi\|^2 \geq 2\|\psi\|\cdot\|\phi\| - 2|\langle\psi|\phi\rangle|$$

再利用“施瓦茲不等式”，則“三角不等式”得證。

G. 矢規化

矢的“規化”，可分為兩類：

(i) 若矢$|\psi\rangle$的模等於 1，則我們稱其為“模規矢（norm-normalized vector）”。而此種規化，我們特稱為“模規（norm normalization）”，或稱為“克羅內克δ規（Kronecker-δ normalization）”。

(ii) 某些矢的模“發散”，因此，這些矢的模不存在，無法“模規”。然而，在模不存在的矢裏，有些矢卻可以利用“狄拉克δ函（Dirac-δ function）”來規化，我們特稱此種規化為“狄拉克δ規（Dirac-δ normalization）”，或稱“狄規（D-normalization）”。關於“狄拉克δ函”的詳細討論，請參閱本書〈附錄五 狄拉克δ函〉。

H. 可規矢

若矢$|\psi\rangle$乘上某標α，可使得矢$\alpha|\psi\rangle$規化，則我們就稱此矢$|\psi\rangle$為“可規矢（normalizable vector）”。

注意，在本書的討論裏，所謂的“可規（normalizable）”，包括“克羅內克δ規”與“狄拉克δ規”。為便於運算，通常我們都先將可規矢“規化”。因此，除特殊情況外，當我們提到一個可規矢，“通常”是指一個已規化的矢。

I. 物理矢

物理系統在原則上可以實際呈現的狀態，稱為“物理態”，而代表此物理態的矢必定是“可模規（norm normalizable）”的矢，特稱為“物理矢（physical vector）”。

我們所定義的希空間，通常只包含“模規”的物理矢。然而，如果希空間還包含“狄拉克δ規”的矢，則運算會方便許多，而且也不影響運算過程的嚴謹性。因此，為便於數學運算，我們將一般的希空間擴展，使其包括一切“可規矢”。此種擴展的希空間稱為“配備希空間（rigged Hilbert space）”。然而為了行文簡潔，我們仍然簡稱“配備希空間”為“希空間”，具體請參閱〈附錄五 狄拉克δ函〉。因此，以後當我們提到希空間裏的“矢”時，不僅包括“模規矢”，而且還包括“狄規矢”。

二・五 簡單粒子的希空間

A. 勒貝格平方可積

假設$\psi(x_1,x_2,\cdots,x_N)$為N個實變數$(x_1,x_2,\cdots,x_N)$在某區間D上的“複函（complex function）”。若此複函$\psi(x_1,x_2,\cdots,x_N)$的絕值平方，在此區間的“勒貝格積分值”有限，

$$\int_D d^N\boldsymbol{x}\,\left|\psi(x_1\cdots x_N)\right|^2$$
$$\equiv \int_D d^N\boldsymbol{x}\;\psi^*(x_1\cdots x_N)\,\psi(x_1\cdots x_N) \;<\; \infty$$

則我們稱此複函在區間D內為“勒貝格平方可積（Lebesque square-integrable 或 $\mathbf{L}^2$-integrable）”。

注意，在一般量子力學書的討論裏，所謂的“平方可積”，皆指“勒貝格平方可積”，而“勒貝格積分（Lebesque integral）”的定義，請參閱“高等微積分”的專書。

B. 希空間 $\mathbf{L}^2$ (R)

實變數x的一切平方可積複函$\psi(x)$，構成希空間$\mathbf{L}^2(\mathbf{R})$。在此空間$\mathbf{L}^2(\mathbf{R})$裏，任意兩矢$|\psi\rangle$與$|\phi\rangle$的內積，定義為

$$\langle\psi|\phi\rangle \equiv \int dx\;\psi^*(x)\phi(x)$$

此處符號$\mathbf{L}^2$表示“勒貝格平方可積”，而符號$\mathbf{R}$代表“一維位空間”$x\in[-\infty,\infty]$。希空間$\mathbf{L}^2(\mathbf{R})$可以用來描述位空間$\mathbf{R}$裏的一個“簡單粒子”。

C. 希空間 $\mathbf{L}^2(\mathbf{R}^3)$

在三維位空間 $\mathbf{R}^3$ 裏，一個簡單粒子的希空間，是由實變數 $\boldsymbol{x} \equiv (x, y, z)$ 的一切“勒貝格平方可積複函（Lebesgue square-integrable complex functions）”$\psi(\boldsymbol{x})$ 所構成的複矢空間。在此空間 $\mathbf{L}^2(\mathbf{R}^3)$ 裏，任意兩矢 $|\psi\rangle$ 與 $|\phi\rangle$ 的內積，定義為

$$\langle\psi|\phi\rangle \equiv \int d^3x \; \psi^*(\boldsymbol{x})\phi(\boldsymbol{x})$$

此處我們以符號 $\mathbf{L}^2(\mathbf{R}^3)$ 表示此希空間。

二・六 算符

我們以符號 Ω 代表任意“算符（operator）”，簡稱“符”，而符 Ω 運作於任意矢 $|\psi\rangle$ 上的效應是，將此矢 $|\psi\rangle$ 對應於另一矢 $|\phi\rangle$，

$$\Omega|\psi\rangle \equiv |\Omega\psi\rangle \equiv |\phi\rangle$$

此處矢 $|\psi\rangle$ 經符 Ω 運作後，所變成的矢 $|\phi\rangle$，是由符 Ω 的定義來決定的，而 $|\phi\rangle$ 是一方便的符號，用來代表矢 $|\Omega\psi\rangle$。以下我們將一些具有特定性質的符，簡單定義如下。

A. 零符

若符 Z 運作於任意矢 $|\psi\rangle$，皆得到“零矢”0，

$$Z|\psi\rangle = 0$$

則我們稱符 Z 為“零符（null operator 或 zero operator）”，而我們通常以“0”代表零符，即 $0 \equiv Z$。

任意符 Ω 與零符 0 的和，必然等於此符 Ω 本身，

$$\Omega + 0 = 0 + \Omega = \Omega$$

而任意符 Ω 與其本身的“差”，必然等於零符 0，

$$\Omega - \Omega = 0$$

B. 恆等符

若符 I 運作於任意矢 $|\psi\rangle$ 上的效應是，仍得到完全相同的矢 $|\psi\rangle$，

$$I|\psi\rangle = |\psi\rangle$$

則我們稱符 I 為“恆等符（identity operator）”。

C. 逆符

若符 Ω 與 Λ 的“定義域”相同，而且

$$\Omega\Lambda = \Lambda\Omega = I$$

則我們稱符 Ω 與 Λ，互為彼此的“逆符（inverse operator）”。通常我們以符號“Ω^{-1}”代表符 Ω 的“逆符”，因此，$\Omega\Omega^{-1} = \Omega^{-1}\Omega = I$。

特別注意，兩符 Ω 與 Σ 的“乘積” $\Omega\Sigma$ 的逆符為

$$(\Omega\Sigma)^{-1} = \Sigma^{-1}\Omega^{-1}$$

D. 線符

若符 Ω 滿足如下條件：

(i) $\Omega\left(|\psi\rangle + |\phi\rangle\right) = \Omega|\psi\rangle + \Omega|\phi\rangle$

(ii) $\Omega\left(\alpha|\psi\rangle\right) = \alpha\Omega|\psi\rangle$

則我們稱此符 Ω 為“線符（linear operator）”。

E. 反線符

若符 Ω 滿足如下條件：

(i) $\Omega\left(|\psi\rangle + |\phi\rangle\right) = \Omega|\psi\rangle + \Omega|\phi\rangle$

(ii) $\Omega\left(\alpha|\psi\rangle\right)=\alpha^{*}\Omega|\psi\rangle$

則我們稱此符Ω為“反線符（antilinear operator）”。

量子力學裏常見的符，皆具有“線符”或“反線符”的特性。

F. 伴符

若符Ω的定義域為“稠密”的，且與另一個符Λ滿足下式，

$$\langle\Lambda\psi|\phi\rangle = \langle\psi|\Omega\phi\rangle$$

則我們稱符Λ為Ω的“伴符（adjoint operator）”。通常我們以“$\Omega^{\dagger}$”代表符Ω的“伴符”。此處矢$|\psi\rangle$與$|\phi\rangle$，分別為符Λ與Ω定義域裏的任意一個矢，而符Ω與Λ的“值域”皆不超出希空間。

注意，兩個符Ω與Λ的“乘積”$\Omega\Lambda$的伴符為

$$(\Omega\Lambda)^{\dagger} = \Lambda^{\dagger}\Omega^{\dagger}$$

G. 自伴符與反自伴符

若符Ω與其伴符$\Omega^{\dagger}$的定義域相同，而且對此兩符定義域裏的任何矢$|\psi\rangle$，皆有$\Omega^{\dagger}|\psi\rangle=\Omega|\psi\rangle$，則我們稱符$\Omega$為“自伴符（self-adjoint operator）”，並以“算符等式（operator equation）”$\Omega^{\dagger}=\Omega$來表示。

若$\Omega^{\dagger}|\psi\rangle = -\Omega|\psi\rangle$，則我們稱符$\Omega$為“反自伴符（anti-self-adjoint operator）”，並以算符等式$\Omega^{\dagger} = -\Omega$來表示。

注意，兩自伴符Ω與Λ的“乘積”$\Omega\Lambda$，一般並不一定是自伴符，

$$(\Omega\Lambda)^{\dagger} = \Lambda^{\dagger}\Omega^{\dagger} = \Lambda\Omega \neq \Omega\Lambda$$

H. 厄米符與反厄米符

若任意符 Ω 滿足以下兩條件：

(i) 符 Ω 的定義域 $\mathbf{D}(\Omega)$ 為稠密的。

(ii) $\langle \Omega\psi|\phi\rangle = \langle\psi|\Omega\phi\rangle$，而 $|\psi\rangle$ 與 $|\phi\rangle$ 為 $\mathbf{D}(\Omega)$ 裏的任意兩矢。

則我們稱符 Ω 為“厄米符（hermitian operator）”。若條件(ii)改為 $\langle \Omega\psi|\phi\rangle = -\langle\psi|\Omega\phi\rangle$，則我們稱符 Ω 為“反厄米符（anti-hermitian operator）”。

將“厄米符”與“自伴符”作比較，我們就會發現，自伴符一定是厄米符，但厄米符不一定是自伴符。簡單地說，自伴符除了要滿足厄米符的條件外，還要滿足 $\mathbf{D}(\Omega^\dagger) = \mathbf{D}(\Omega)$。因此，在數學上，對自伴符的數學特性要求更嚴格。但在物理學裏，習慣上“錯誤地”逕稱“自伴符”為“厄米符”，或將“自伴”與“厄米”當作同義詞；或者說，

物理上的“厄米符”，應當稱為數學的“自伴符”。

I. 幺正符與反幺正符

若任意符 Ω 的定義域 $\mathbf{D}(\Omega)$ 與值域 $\mathbf{R}(\Omega)$，皆為整個希空間，

$$\mathbf{D}(\Omega) = \mathbf{R}(\Omega) = \mathbf{H}$$

並且符 Ω 運作於此希空間裏的任意矢 $|\psi\rangle$ 後，保持此矢 $|\psi\rangle$ 的模不變，

$$\|\psi\| = \|\Omega\psi\|$$

則我們稱符 Ω 為“幺正符（unitary operator）”或“酉符”。

若幺正符 Ω 為“反線符”，則我們稱符 Ω 為“反幺正符（anti-unitary operator）”或“反酉符”。

J. 矢外積

我們稱“符” $|\psi\rangle\langle\phi|$ 為，矢 $|\psi\rangle$ 與 $|\phi\rangle$ 的“外積（outer product）”。此符 $|\psi\rangle\langle\phi|$ 運作於任意矢 $|\chi\rangle$ 上的效應是，先取矢 $|\phi\rangle$ 與 $|\chi\rangle$ 的內積

$\langle\phi|\chi\rangle$，然後再乘上矢$|\psi\rangle$，

$$\big(|\psi\rangle\langle\phi|\big)|\chi\rangle = |\psi\rangle\langle\phi|\chi\rangle \equiv \big(\langle\phi|\chi\rangle\big)|\psi\rangle$$

換而言之，外積$|\psi\rangle\langle\phi|$運作於“任意”矢$|\chi\rangle$上的效應是，將此矢$|\chi\rangle$變為矢$|\psi\rangle$乘上標$\langle\phi|\chi\rangle$。

注意，符$|\psi\rangle\langle\phi|$的“定義域”$\mathbf{D}\big(|\psi\rangle\langle\phi|\big)$為整個希空間$\mathbf{H}$，而其“值域”$\mathbf{R}\big(|\psi\rangle\langle\phi|\big)$為希空間$\mathbf{H}$裏僅含矢$\alpha|\psi\rangle$的“子空間”，

$$\mathbf{D}\big(|\psi\rangle\langle\phi|\big) = \mathbf{H}$$
$$\mathbf{R}\big(|\psi\rangle\langle\phi|\big) = \big\{\alpha|\psi\rangle\big\} \subset \mathbf{H}$$

因此，“外積符（outer-product operator）”為一個“多對一”的“投影符（projection operator）”，或稱“映射符（mapping operator）”。任意線符或反線符，一定可以表達成“矢外積”的“線疊加”。

K. 對易子

任意兩符Ω與Λ的“對易子（commutator）”$[\Omega,\Lambda]$，定義為

$$[\Omega,\Lambda] \equiv \Omega\Lambda - \Lambda\Omega$$

此式稱為符Ω與Λ的“對易關係（commutation relation）”。若此對易子等於“零符”，即$\Omega\Lambda = \Lambda\Omega$，則我們稱符$\Omega$與$\Lambda$“對易（commute）”。

注意，兩自伴符Ω與Λ的“對易子”$[\Omega,\Lambda]$為“反自伴符”。

L. 反易子

任意兩符Ω與Λ的“反易子（anticommutator）”$\{\Omega,\Lambda\}$，定義為

$$\{\Omega,\Lambda\} \equiv \Omega\Lambda + \Lambda\Omega$$

此式也稱為符Ω與Λ的“反易關係（anticommutation relation）”。若此反易子等於“零符”，即$\Omega\Lambda = -\Lambda\Omega$，則稱符$\Omega$與$\Lambda$“反易（anticommute）”。兩自伴符$\Omega$與$\Lambda$的“反易子”$\{\Omega, \Lambda\}$為“自伴符”。

特別注意，

> 為了便於稱呼，本書將“對易關係”與“反易關係”，統稱為“對置關係（permutation relation）”。

最後我們再次強調，若無特別聲明，以上所談到的“符”皆為“線符”或“反線符”。具體而言，零符、恆等符、逆符、伴符、自伴符、厄米符、幺正符皆為“線符”，而反自伴符、反厄米符、反幺正符皆為“反線符”。

二・七 物理系統的測符

A. 測符

> 物理系統的任何物理量ω，皆對應於其希空間裏的一個“自伴符”Ω，我們特稱此自伴符Ω為“測符（observable）”。

例如，以後我們將要談到的“位符（position operator）”$\boldsymbol{X}$、“動符（momentum operator）”$\boldsymbol{P}$、“角動符（angular-momentum operator）”$\boldsymbol{J}$、以及“哈密頓（Hamiltonian）”H，皆為“測符”。每一個物理量ω，也稱為動力變數，皆對應一個測符Ω。

“物理量”ω所代表的“物理屬性（physical attribute）”，可由“物理概念（physical concept）”來定義，而其所對應的“動力變數”ω與“測符”Ω，則是作數學運算的“數學量”，它們之間的關係可表示如下：

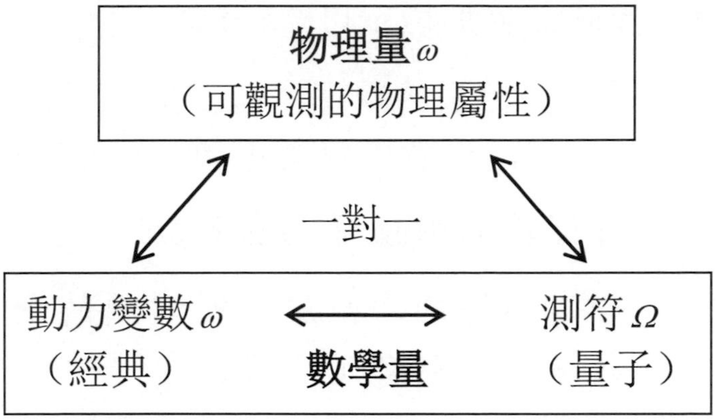

注意，狄拉克（P. A. M. Dirac, 1902-1984）以“observable”同時代表“物理量”本身，以及在量子力學裏針對此物理量所引進的“測符”。為了避免敘述上的混淆，這裏的“observable”僅指“測符” Ω，並且對應於“物理量” ω，而在經典力學裏針對此物理量 ω 所引進的“動力變數”，則仍然以物理量的符號 ω 來代表。

B. 測符徵程

若測符 Ω 運作於 $|\psi\rangle$ 上的效應是，將其變成標 ω 乘上 $|\psi\rangle$，

$$\Omega|\psi\rangle = \omega|\psi\rangle$$

則我們稱此等式為測符 Ω 的“本徵方程（eigen equation）”，簡稱“徵程”，而稱 $|\psi\rangle$ 為測符 Ω 的“徵態（eigenstate）”。稱此標 ω 為測符 Ω 的“徵值（eigenvalue）”，而稱一切徵值為“徵值譜（eigenvalue spectrum）”。為了標記明確，我們通常以此徵值 ω 來標示對應的“徵態”，即 $|\omega\rangle \equiv |\psi\rangle$，而將此徵程寫成

$$\Omega|\omega\rangle = \omega|\omega\rangle$$

本書在標記上，一般以“大寫字母”代表“測符”，而以其對應的“小寫字母”，代表此符的“徵值”。

> 若兩個或兩個以上的徵態具有相同的徵值，則我們稱這些徵態為“簡併徵態（degenerate eigenstates）”。

對於簡併徵態，我們需另加標示以區分這些徵態。

以下我們列舉一些相關的定理，但由於篇幅所限，此處略去這些定理的證明過程，讀者可查閱相關的量子數學專書。

(i) 定理一：自伴符的徵值皆為實數。

(ii) 定理二：若自伴符的兩徵態，所對應的兩徵值不同，則這兩徵態必定正交。

(iii) 定理三：在有限維的希空間裏，自伴符必定具有一組完備的徵態。

然而，在無限維的希空間裏，自伴符卻不一定具有一組完備的徵態，甚至可能沒有任何"可模規"的徵態。

(iv) 定理四：在"配備希空間（rigged Hilbert space）"裏，自伴符必定具有一組完備的徵態。

請參閱本章〈第二・四・I 小節 物理矢〉與本書〈附錄五 狄拉克δ函〉。當然，這些徵態必定是"可規矢"，可能是"模規"或"狄規"。請參閱本章〈第二・四・H 小節 可規矢〉。

(v) 定理五：若兩自伴符Ω與Λ對易，且分別具有完備的一組徵態，則我們必定可以找到一組完備的矢，同時是這兩自伴符Ω與Λ的徵態。如此我們稱這組矢為兩自伴符Ω與Λ的"共徵態（co-eigenstate 或 simultaneous eigenstate）"。

此定理也可以推廣到兩個以上彼此對易的自伴符，請參閱本章〈第二・七・E 小節 共徵基〉。此外，此定理的逆定理也成立：

若兩自伴符Ω與Λ具有一組完備的共徵態，則這兩自伴符Ω與Λ必然對易。

(vi) 定理六：幺正符的任何徵值，皆為絕值等於 1 的複數。

測符Ω所對應的動力變數ω的“值域”，為測符Ω的一切徵值$\{\omega_i\}$。要注意，物理系統實際存在的狀態$|\psi\rangle$，特稱為“物理態”，通常皆可表示為任何測符“徵態”$\{|\omega_i\rangle\}$的線疊加。就如同“三維空間”裏的“矢”與“座”無關，但我們可以利用任意“座”裏沿各座軸方向“單位矢”的“線疊加”，來描述一個“矢”。更何況，描述“物理態”$|\psi\rangle$的“矢”，還是“三維空間”裏無限多個“矢”的“線疊加”。

至於描述物理系統的“動力變數”ω與“測符”Ω之間的明確關係，請參閱本書〈第三•三節 物理態的動力描述〉，現簡列如下表：

物理系統	**物理態**	
描述方式	經典ψ	量子$\lvert\psi\rangle$
數學量	動力變數ω	測符Ω
物理量	徵值$\{\omega\}$	徵值$\{\omega_1,\omega_2,\omega_3,\cdots\}$
觀測值	單值	多值
測出態	徵態ψ_ω 單態	徵態$\{\lvert\omega_1\rangle,\lvert\omega_2\rangle,\lvert\omega_3\rangle,\cdots\}$ 多態
概率	$\{p\}$ $p=1$	$\{p_1,p_2,p_3,\cdots\}$；　$p_i\equiv\lvert\langle\omega_i\lvert\psi\rangle\rvert^2$ $p=\sum_i p_i=1$

C. 相容測符集

若一組測符$\{\Omega,\Lambda,\cdots\}$“彼此對易”，則我們稱這組測符為一組“相容測符集（set of compatible observables）”。

注意，這裏的“彼此對易”是指，這組符集裏的任何兩測符皆對易。

假設兩測符Ω與Λ，分別對應於某物理系統的兩物理量ω與λ。若Ω與Λ對易，則在原則上，此物理系統就有可能處於這兩測符的“共徵態”。若針對測符Ω與Λ的某個共徵態作“理想觀測”，即實驗本身的“鑒別度”不受技術上的局限，則觀測物理量ω與λ的“標準差”：σ_ω與σ_λ，可以同時為零。請參閱本書〈第一・五節 實驗觀測〉。換而言之，觀測物理量ω與λ，是彼此“相容”的，或者說，觀測這兩個物理量時呈現的結果，彼此之間沒有必要關聯。因此，當我們說兩“相容”測符時，這裏所謂的“相容”，就是針對“觀測”的意義來談的。

當然，測符Ω與Λ的某共徵態$|\omega_i \lambda_i\rangle$，有可能是“不可模規的”。因此，物理系統實際呈現的狀態，就不可能處於此不可模規的共徵態。然而，即使在這種情況下，根據本書〈第三・四節 量子純態與混態〉裏的說明，我們在原則上，仍然可以使物理系統的實際狀態，無限趨近於此共徵態$|\omega_i \lambda_i\rangle$。要想讓觀測的“標準差”$\sigma_\omega$與$\sigma_\lambda$，同時無限地趨近於零，就要使得“同時”觀測物理量$\omega$與$\lambda$所得到的“概佈（probability distribution）”，要多集中於ω_i與λ_i，就有多集中於ω_i與λ_i。因此，即使測符Ω與Λ的共徵態$|\omega_i \lambda_i\rangle$，有可能“不可模規”，也不會改變原有的結論：“觀測物理量ω與λ”是相容的。關於觀測的原理，請參閱本書〈附錄四 量子觀測理論〉。

D. 簡要完備相容測符集

對於一組相容測符集$\{\Omega, \Lambda, \cdots\}$，若除了這組相容測符集$\{\Omega, \Lambda, \cdots\}$裏的符本身所構成的函之外，再無其它符可與這組相容測符集裏的每一個符皆對易，則我們稱這組相容測符集$\{\Omega, \Lambda, \cdots\}$是“完備的（complete）”。若這測符集又是“最簡單扼要的（compact）”，則更稱其為“簡要完備相容測符集（compact complete compatible observable set）”。

若物理系統由無“稟賦結構”的粒子所組成，則在其簡要完備相容測符集裏，一切測符的“個數”，必定等於此物理系統的“自由度”。

以“一個”無稟賦結構的粒子為例，其“自由度”就等於位空間 $\boldsymbol{x} \equiv \{x, y, z\}$ 的維度：“三”。在量子力學裏，我們以位空間裏位符 $\boldsymbol{X} \equiv \{X, Y, Z\}$ 的徵態 $\{|\boldsymbol{x}\rangle\}$ 為“基”，來描述“一個”粒子的運動。因為我們直覺上的位空間為“三維”，而此粒子又無其它維度，所以我們“假設”位符 $\boldsymbol{X}$ 的“三個”分量 $\{X, Y, Z\}$ 彼此對易，並且是完備的。即使將位符 $\boldsymbol{X} \equiv \{X, Y, Z\}$ 轉換為另一組不同的簡要完備相容測符集，其相容測符的“個數”，也不會改變。就當前例子而言，由於不論是在經典或量子情況下，我們皆以直覺上的“自由度”為基礎作“假設”，所以相容測符的個數，當然也就等於經典的自由度或“位空間”的維度。

現在，我們再舉一個有“自旋（spin）”的粒子為例。此粒子除了三維位空間的自由度外，尚有“自旋”的自由度。由於“假設”“自旋角動量（spin angular-momentum）”與“軌角動量（orbital angular-momentum）”的數學特性類似，而軌角動量的自由度為“二”，所以任何自旋皆代表另外“兩個”自由度。因此，若不考慮其“反粒子（anti-particle）”，則此粒子的總自由度就為“五”。也就是說，任何單一的一種自旋粒子，其自由度為五。換而言之，自旋粒子的“簡要完備相容測符集”裏測符的個數，必然為五。若再考慮不同於此“粒子”本身的“反粒子”，則又要增加一個自由度，如此總自由度就為“六”。

E. 共徵基

數學上可以證明，任何自伴符一切徵態的集合是完備的，因此，任何自伴符的這組完備徵態，皆可以當作“基態（basis states）”。注意，不要將“基態”與“底態（ground state）”

混淆；“底態”是指能量最低的態。

然而，在一般情況下，基態中的有些徵態是“簡併”的；也就是說，有兩個或兩個以上的徵態，具有相同的徵值。若確是如此，則我們僅以任何一個自伴符的徵值來標定“基態”，就難免會不明確。

根據上小節的討論，在物理系統的簡要完備相容測符集裏，相容測符的個數，等於此物理系統的經典“自由度”。因此，簡要完備相容測符集$\{\Omega, \Lambda, \cdots\}$裏的一切“共徵態”$\{|\omega, \lambda, \cdots\rangle\}$，就是“基態”的一個很方便的選擇。在數學上，我們可以證明，這些共徵態所對應的一組徵值$\{\omega, \lambda, \cdots\}$，可以明確地區分每一個基態。因此，我們通常利用“簡要完備相容測符集”裏的一切“共徵態”作為“基態”，所有這些“基態”構成一個“共徵基（co-eigen basis）”，以展開希空間裏的任何矢。

二・八 希爾伯特空間表象

希爾伯特空間裏的矢$|\psi\rangle$與符Ω，皆可利用此空間的任何“矢基（vector basis）”$\{|i\rangle\}$來展開，並以其展開係數$\{\psi_i\} \equiv \{\langle i|\psi\rangle\}$以及$\{\Omega_{ij}\} \equiv \{\langle i|\Omega|j\rangle\}$，來明確地描述此空間裏的矢$|\psi\rangle$與符$\Omega$。希空間的這種表述方式，我們稱為希空間的“$|i\rangle$表象”。

由本章〈第二・二・C 小節 矢基〉裏，對矢空間的“基”所作的定義，我們知道，基可以有無限多種選擇。除了分立的“離散基（discrete basis）”外，還有無限的“連續基（continuous basis）”。例如，以$\{|x\rangle; -\infty < x < +\infty\}$來展開任意矢$|\psi\rangle$，

$$|\psi\rangle = \int_{-\infty}^{\infty} dx\, |x\rangle\langle x|\psi\rangle \equiv \int_{-\infty}^{\infty} dx\, \psi(x)|x\rangle$$

而此矢$|\psi\rangle$在“矢基”$\{|x\rangle\}$上的“分量”為$\psi(x) \equiv \langle x|\psi\rangle$。

A. 離散表象

本小節我們先討論“離散表象（discrete representation）”。

(1) 矢與符的展開

假設$|\psi\rangle$為希空間裏的任何矢，而Ω為任何符。以“離散正規基（discrete orthonormal basis）”$\{|i\rangle;\ i=1, 2, \cdots\}$為例，我們分別將此“矢基”$\{|i\rangle;\ i=1, 2, \cdots\}$的“正規關係（orthonormality relation）”與“完備關係（completeness relation）”，以及矢$|\psi\rangle$與符Ω的展開式，簡要說明如下：

(i) 正規關係

$$\langle i|j\rangle = \delta_{ij}$$

(ii) 完備關係

$$\sum_i |i\rangle\langle i| = I$$

(iii) 矢展開式

$$|\psi\rangle = I|\psi\rangle = \sum_i |i\rangle\langle i|\psi\rangle \equiv \sum_i \psi_i\,|i\rangle$$

(iv) 符展開式

$$\begin{aligned}\Omega &= I\Omega I \\ &= \sum_{ij} |i\rangle\langle i|\Omega|j\rangle\langle j| \\ &\equiv \sum_{ij} \Omega_{ij}|i\rangle\langle j|\end{aligned}$$

此處$\Omega_{ij} \equiv \langle i|\Omega|j\rangle$稱為符$\Omega$的“核（kernel）”，$|i\rangle\langle j|$為“基符（basis operators）”，而$\{|i\rangle\langle j|\}$構成“符基（operator basis）”。任何符Ω的核Ω_{ij}，皆具有“方陣（square matrix）”形式。若符在某特定表象下，具有如下性質，

$$\Omega_{ij} = \delta_{ij}\,\Omega_i$$

則符Ω具有“對角陣（diagonal matrix）”形式，

$$\Omega = \sum_i \Omega_i |i\rangle\langle i|$$

(2) 矢分量、內積、外積、與符運作

在離散正規基$\{|i\rangle;\ i=1,2,\cdots\}$的表象裏，我們定義任何矢$|\psi\rangle$的分量、內積、與外積，以及任何符$\Omega$對矢$|\psi\rangle$的運作如下：

(i) 矢分量

$$\langle i|\psi\rangle \equiv \psi_i\,, \quad i=1,2,3,\cdots$$

(ii) 矢內積

$$\langle\phi|\psi\rangle = \sum_i \langle\phi|i\rangle\langle i|\psi\rangle$$
$$\equiv \sum_i \phi_i^* \psi_i$$

(iii) 矢外積

$$|\phi\rangle\langle\psi| = \sum_{ij} |i\rangle\langle i|\phi\rangle\langle\psi|j\rangle\langle j|$$
$$\equiv \sum_{ij} \phi_i \psi_j^* |i\rangle\langle j|$$

(iv) 符運作

$$\langle i|\Omega|\psi\rangle = \sum_j \langle i|\Omega|j\rangle\langle j|\psi\rangle\,, \quad i=1,2,3,\cdots$$
$$\equiv \sum_j \Omega_{ij}\psi_j$$

若$\Omega_{ij}=\delta_{ij}\Omega_i$，則

$$\langle i|\Omega|\psi\rangle = \Omega_i\psi_i\,, \quad i=1,2,3,\cdots$$

B. 連續表象

我們也可以選擇“連續正規基（continuous orthonormal basis）”，來展開希空間裏的任何矢$|\psi\rangle$與任何符Ω，即“連續表象（continuum representation）”。

(1) 矢與符的展開

以連續正規基$\{|x\rangle; -\infty < x < +\infty\}$為例，我們列舉此連續基的正規關係與完備關係，以及矢$|\psi\rangle$與符Ω的展開式如下：

(i) 正規關係

$$\langle x|x'\rangle = \delta(x-x')$$

(ii) 完備關係

$$\int dx\ |x\rangle\langle x| = I$$

(iii) 矢展開式

$$|\psi\rangle = I|\psi\rangle = \int dx\ |x\rangle\langle x|\psi\rangle \equiv \int dx\ \psi(x)|x\rangle$$

(iv) 符展開式

$$\begin{aligned}\Omega &= I\Omega I \\ &= \int dx \int dx'\ |x\rangle\langle x|\Omega|x'\rangle\langle x'| \\ &\equiv \int dx \int dx'\ |x\rangle\, \Omega(x,x')\, \langle x'|\end{aligned}$$

此處$\Omega(x,x') \equiv \langle x|\Omega|x'\rangle$稱為符$\Omega$的“核”，而$|x\rangle\langle x'|$為“基符”。若$\Omega$在某特定表象下，具有如下性質，

$$\Omega(x,x') = \delta(x-x')\Omega(x)$$

則稱Ω為“局符（local operator）”，此時符Ω就具有對角陣形式，

$$\Omega = \int dx\ \Omega(x)\,|x\rangle\langle x|$$

(2) 矢分量、內積、外積、與符運作

在連續正規基$\{|x\rangle; -\infty < x < +\infty\}$的表象裏，我們定義任何矢$|\psi\rangle$的分量、內積、與外積，以及任何符$\Omega$對矢$|\psi\rangle$的運作如下：

(i) 矢分量

$$\langle x|\psi\rangle \equiv \psi(x)$$

(ii) 矢內積

$$\begin{aligned}\langle\phi|\psi\rangle &= \int dx\ \langle\phi|x\rangle\langle x|\psi\rangle \\ &= \int dx\ \phi^*(x)\psi(x)\end{aligned}$$

(iii) 矢外積

$$\begin{aligned}|\phi\rangle\langle\psi| &= \int dx\int dx'\ |x\rangle\langle x|\phi\rangle\langle\psi|x'\rangle\langle x'| \\ &\equiv \int dx\int dx'\ \phi(x)\psi^*(x')\,|x\rangle\langle x'|\end{aligned}$$

(iv) 符運作

$$\begin{aligned}\langle x|\Omega|\psi\rangle &= \int dx'\ \langle x|\Omega|x'\rangle\langle x'|\psi\rangle \\ &= \int dx'\ \Omega(x,x')\,\psi(x')\end{aligned}$$

若 $\Omega(x, x') = \delta(x-x')\Omega(x)$，則可得

$$\langle x|\Omega|\psi\rangle = \Omega(x)\,\psi(x)$$

C. 混合表象

若矢空間的“基”，由“離散基態（discrete basis states）”與“連續基態（continuum basis states）”混合組成，如此得到的表象，則稱為“混合表象（mixed representation）”。例如，下小節談到的“能量表象（energy representation）”。

D. 表象範例

以不同的“基（basis）”展開，就會得到不同的“表象”，而通常我們選擇的是“正規基（orthonormal basis）”，因為利用其作運算會比較簡單。在一般情況下，最方便的基，是“完備相容測符集”的一切共徵態所構成的“基”。以一個無稟賦結構的粒子為例，像這樣的完備相容測符集，就可以選為 $\{\boldsymbol{X}\}\equiv\{X, Y, Z\}$、或 $\{\boldsymbol{P}\}\equiv\{P_x, P_y, P_z\}$、或 $\{H, \boldsymbol{J}^2, J_z\}$ 等。注意，針對任何一個無“內部結構”、也無“稟賦結構”的物理系統而言，這組相容測符集裏測符的個數，必定等於此物理系統的經典“自

由度”。以下我們介紹數種一般常用的表象。

(1) 位表象

在“位表象（position representation 或 x-representation 或 coordinate representation）”裏，我們以位符 $\boldsymbol{X}$ 的一切徵態 $\{|\boldsymbol{x}\rangle\}$ 為基，即 $\{|i\rangle\}=\{|\boldsymbol{x}\rangle\}$。

(2) 動量表象

在“動量表象（momentum representation 或 p-representation）”裏，我們以動符 $\boldsymbol{P}$ 的一切徵態 $\{|\boldsymbol{p}\rangle\}$ 為基，即 $\{|i\rangle\}=\{|\boldsymbol{p}\rangle\}$。

(3) 能量表象

在“能量表象”裏，我們以哈密頓 H 的一切徵態 $\{|E\rangle\}$ 為基，即 $\{|i\rangle\}=\{|E\rangle\}$。或者，以 $\{H, \boldsymbol{J}^2, J_z\}$ 的一切共徵態為基，即 $\{|i\rangle\}=\{|Ejm\rangle\}$。在探討物理態隨時刻 t 的演化時，共徵態 $\{|Ejm\rangle\}$ 是個很方便的基。因此，“能量表象” $\{|Ejm\rangle\}$ 通常用來分析“量子躍遷（quantum transition）”。氫原子裏電子的能量表象，屬於前述的“混合表象”。

(4) 佔數表象

在“佔數表象（occupation-number representation）”或稱“N 表象（N-representation）”裏，我們將“基態” $|i\rangle$ 稱為 i“軌（orbital 或 orbit）”。

假設某物理系統在 i 軌上的粒數為 n_i，則我們稱 n_i 為 i 軌的“佔數（occupation number）”。而此物理系統一切軌的佔數 $\{n_i\}\equiv\{n_1, n_2, n_3, \cdots\}$，可以確定此物理系統的一種狀態，稱為“組態（configuration）”。我們將所有軌的佔數排成一個序列，以代表這個“組態”，

$$|n_1\, n_2 \cdots n_i \cdots\rangle$$

隨著時刻t的推演，此物理系統可以借由“增”或“減”某些特定軌上的粒子，來改變此物理系統的“組態”；我們分別以“增符（creation operator 或 production operators）”與“減符（annihilation operator 或 destruction operators）”來表達粒子的“增減”。因此，這也就描述了此物理系統隨時刻t的演化。在某些情況下，甚至“總粒數（total particle number）”也可以改變。

物理系統的任意一個物理態$|\Psi(t)\rangle$，皆可寫為一切可能組態的“線疊加”，

$$|\Psi(t)\rangle = \sum_{\{n_1 n_2 \cdots n_i \cdots\}} a_{n_1 n_2 \cdots n_i \cdots}(t)\, |n_1 n_2 \cdots n_i \cdots\rangle$$

此處展開係數$a_{n_1 n_2 \cdots n_i \cdots}(t)$為隨時刻$t$改變的複數。

在$\boldsymbol{x}$表象裏，基本符的“運作方式”通常分為，“微分”與“積分”兩大類，而“加減”與“乘除”，作為算術運算的基礎，並不另計於不同的運作方式內。

在N表象裏，基本符的兩大“運作方式”則改為

(i) 軌粒子的“增符”，以$C_1^\dagger, C_2^\dagger, \cdots, C_i^\dagger, \cdots$來表示。
(ii) 軌粒子的“減符”，以$C_1, C_2, \cdots, C_i, \cdots$來表示。

增符“$C_i^\dagger$”運作於i軌，會使此軌增加一個粒子；而減符“C_i”運作於i軌，會使此軌減少一個粒子。N表象為“量子場論（quantum field theory）”裏最方便的表象，其較詳細的內容及其應用，請參閱本書〈第六章 量子場論簡介〉與〈第八章 量子躍遷方程〉。

第三章 量子物理描述

首先，我們必須強調，截至本章結束，我們並未推導“量子力學”，僅是在量子理論下，總結如何描述物理系統的狀態，為“推導”量子力學預作準備。其實，本章是架構量子力學“最關鍵”的物理基礎：挖好陰陽渠道，構建“複波函（complex wave function）”及其相關“態符”的“物理詮釋（physical interpretation）”，而複波函的虛部為“陰波”、實部為“陽波”。

本章我們將首先嚴格定義“量子系綜”，並將其與“經典系綜”作仔細比較。接著，我們在量子物理情況下，討論對物理量的觀測，並定義物理量的“期值”與“標準差”。

其次，我們將在本章〈第三・三節 物理態的動力描述〉裏，分別介紹在經典與量子情況下，如何描述“物理態”。在〈第三・四節 量子純態與混態〉裏，我們介紹量子的純態與混態，以及用來代表物理態的“態符”，並具體且明確地說明“純態符（pure-state operator）”與“混態符（mix-state operator）”。隨後，在〈第三・五節 系綜平均〉與〈第三・六節 物理量的不確定關係〉裏，我們將解釋如何在“經典系綜平均（classical ensemble average）”與“量子系綜平均（quantum ensemble average）”下，利用動力變數對“物理態”作定量描述。在〈第三・七節 物理態的量子系綜詮釋〉裏，將對物理態的量子描述以及物理量的量子觀測作總結。最後，在〈第三・八節 測符徵態的分類〉裏，我們討論物理系統的各種狀態。

至於“物理態”的“運動方程”，即“複波函”隨時刻t的“演化”：我們將分別於本書〈第四・五・A 小節 態時移符〉與〈第五・一節 狄拉克方程的建立〉，推導“薛定諤運動方程”與“狄拉克運動方程”的明確表達式。

三・一 量子統計

在本書〈第一・四節 統計描述〉裏，我們已經介紹了“統計系綜”的概念，並在此基礎上定義了“物理態”，而且還重點闡述了在經典力學情況下，如何描述物理系統的狀態，包括經典的“純態（pure state）”與“混態（mix state）”。此外，還簡單說明了其在經典與量子情況下的區別，並強調以物理量的“期值”來定義“物理態”的必要性。

在〈第一・五節 實驗觀測〉裏，我們已經討論了對物理量的觀測，並利用經典“統計系綜”來定義物理量的“期值”、“方差”、與“標準差”。

在〈第一・六節 物理量的概佈〉裏，我們利用“概率論”裏“混變數（random variable）”的“佈函（distribution function）”，定義了物理量的“概佈（probability distribution）”。接著，我們介紹了在經典描述下的“概率”與“概密”，以及在量子描述下的“複概幅”與“複概密幅”。由於一個無稟賦結構的粒子，其“相空間”$\{\boldsymbol{x},\boldsymbol{p}\}$必須有“六個”自由度，才能完整地描述粒子的狀態，而“實三維空間（real three-dimensional space）”$\mathbf{R}^3$裏“複波函”$\psi(\boldsymbol{x},t)$的分佈，正好滿足這個要求。此外，如本書〈第二・一節 矢空間〉所述，在相對論時空結構裏，“位置”$\boldsymbol{x}$與”動量” $\boldsymbol{p}$間的相位因子差為“i”，這也顯示出“複波函”$\psi(\boldsymbol{x},t)$是一個合理的“猜想”。

在〈第一・七節 物理系統的狀態〉裏，我們從“實際操作”的觀點出發，利用物理量的期值，對“物理態”作了嚴格定義，使其在經典與量子物理上皆適用。

如何鉅細靡遺，“精確”且“完整”地描述一個物理系統的狀態，是本章的核心。通過本書〈第二章 量子數學基礎〉，我們有了更“精確”描述物理世界的工具。本章，我們將在“量子物理（quantum physics）”的情況下，來進一步詳細討論，如何描述物理系統的“量子態（quantum state）”。

總之，在“量子物理”的描述下，任何物理系統的狀態分為純態與混態。“純態”必然為“量子系綜（quantum ensemble）”，而“混態”由“純態”以“經典系綜”的方式，按比例混合而成。上帝精通“經典物理”，在擲出任何“經典骰子”之前，上帝都能盤算得到其結果。因此，如愛因斯坦所言：“上帝不擲骰子”。他說的骰子是指“經典骰子”，投擲此骰子的結果，可由“經典物理”運算得到。

然而，愛因斯坦卻沒有想到：由於“量子物理”裏的“波”是“複波（complex wave）”，亦是“陰陽波”即“陰波”加“陽波”。因此，物理系統的基本狀態——“純態”，為“量子系綜”所描述；原則上，其觀測結果是絕對無法由理性的邏輯推知。上帝必須等擲完“量子骰子”後，才能知道其結果。因此，

上帝必須擲“量子骰子”！

A. 量子系綜

在本書〈第一・四節 統計描述〉裏，我們已經定義了“非相干”的經典系綜。這裏，我們嘗試在量子物理裏，嚴格定義一種“相干系綜（coherent ensemble）”如次：

> 假設物理系統 S 處於純態 $|\psi\rangle$，而對於任何物理量 ω，微觀態 $\{|\omega_1\rangle, |\omega_2\rangle, \cdots\}$ 皆代表一組完備的“正規基態（orthonormal basis states）”，則我們可利用“量子系綜”來定義純態符 ρ_ψ，以描述此純態 $|\psi\rangle$。在此量子系綜裏，有無限多個等同物理系統 S，它們處於這組微觀態 $\{|\omega_1\rangle, |\omega_2\rangle, \cdots\}$ 的“複概幅”為 $\{a_1, a_2, \cdots\}$，而 $a_n \equiv \langle\omega_n|\psi\rangle$。由量子系綜所定義的“純態符” ρ_ψ，可表達為
>
> $$\rho_\psi = \left(\sum_n |\omega_n\rangle a_n\right)\left(\sum_m a_m^* \langle\omega_m|\right) = \sum_{nm} a_n a_m^* |\omega_n\rangle\langle\omega_m| = |\psi\rangle\langle\psi|$$

注意，在量子物理裏，任意兩個“分立態（discrete state）” $|\phi\rangle$ 與 $|\psi\rangle$，其內積 $\langle\phi|\psi\rangle$ 代表態矢 $|\psi\rangle$ 裏所含態矢 $|\phi\rangle$ 的“複概幅”，而複概幅的“絕值（absolute value）”平方 $|\langle\phi|\psi\rangle|^2$，我們稱為“概率”。若兩態矢 $|\phi\rangle$ 與 $|\psi\rangle$ 皆為“連續態（continuum state）”，則 $\langle\phi|\psi\rangle$ 代表“複概密幅”，而其絕值平方 $|\langle\phi|\psi\rangle|^2$ 代表“概密”。

此外我們強調，對於另一個物理量 λ，我們也可用量子系綜來定義同一個純態符 ρ_ψ，

$$\rho_\psi = \left(\sum_n |\lambda_n\rangle b_n\right)\left(\sum_m b_m^* \langle\lambda_m|\right); \quad b_n \equiv \langle\lambda_n|\psi\rangle$$
$$= \sum_{nm} b_n b_m^* |\lambda_n\rangle\langle\lambda_m| = |\psi\rangle\langle\psi|$$

B. 經典系綜與量子系綜

在量子物理裏，我們將經典系綜裏的“實概率”，分解並推廣為“複概幅”。此外，我們提出一個相當有趣的觀點：在架構態符 ρ 時，對於“非相干”的“經典系綜”，我們是先對各微觀態取外積 $|\omega_n\rangle\langle\omega_n|$，然後再對此外積與概率 p_n 的乘積求和，即“加權求和”：$\rho = \rho^{(\omega)} \equiv \sum_n p_n |\omega_n\rangle\langle\omega_n|$；而對於“相干”的“量子系綜”，我們是先對各微觀態 $|\omega_n\rangle$ 與其複概幅 $a_n \equiv \langle\omega_n|\psi\rangle$ 的乘積求和：$\sum_n |\omega_n\rangle\langle\omega_n|\psi\rangle$，然後再取其外積：$\rho = \rho_\psi \equiv \left(\sum_n |\omega_n\rangle\langle\omega_n|\psi\rangle\right) \times \left(\sum_m \langle\psi|\omega_m\rangle\langle\omega_m|\right) = |\psi\rangle\langle\psi|$。

換而言之，若我們可以將“概率” p_n 分解為“複概幅”的絕值平方 $p_n = |\langle\omega_n|\psi\rangle|^2$，而定義其“微觀態分量”為 $|b_n\rangle \equiv |\omega_n\rangle\langle\omega_n|\psi\rangle$，則“經典系綜”與“量子系綜”的異同，可由其所定義的“態符”更清楚地對照如下：

(i) 經典系綜：先取“外積”，再“求和”，

$$\rho^{(\omega)} = \sum_n |b_n\rangle\langle b_n|$$
$$= \sum_n |\langle\omega_n|\psi\rangle|^2 |\omega_n\rangle\langle\omega_n|$$

$$= \sum_n p_n |\omega_n\rangle\langle\omega_n|$$

此處微觀態分量$|b_n\rangle$內在的“相因子”，在“外積”運算中，相互抵消。

(ii) 量子系綜：先“求和”，再取“外積”，

$$\begin{aligned}\rho_\psi &= \left(\sum_n |b_n\rangle\right)\left(\sum_m \langle b_m|\right) \\ &= \left(\sum_n |\omega_n\rangle\langle\omega_n|\psi\rangle\right)\left(\sum_m \langle\psi|\omega_m\rangle\langle\omega_m|\right) \\ &= |\psi\rangle\langle\psi|\end{aligned}$$

此處微觀態分量$|b_n\rangle$內在的“相因子”，在“求和”運算中，引進了“相干性”。

三・二 量子物理觀測

A. 量子期值

在經典物理裏，純態的物理量ω在任何時刻t，僅呈現“一個”值，因此，衹需要一個“變數”$\omega(t)$。然而，在量子物理裏，不論純態或混態，物理量ω在任何“一個”時刻t，都可能為許多不同的值ω_i，而每個值ω_i以一定的“概率”p_i呈現，這就需要用到類似於數學上“混變數”的技巧。量子物理的方法是，令物理量ω對應一個“測符（observable）”Ω，其“徵程（eigen equation）”決定此物理量ω可能呈現的一切值$\{\omega_i\}$，

$$\Omega|\omega_i\rangle = \omega_i|\omega_i\rangle$$

此處ω_i為Ω的“徵值（eigenvalue）”，而$|\omega_i\rangle$為Ω的“徵態（eigenstate）”。觀測“物理態”$|\psi(t)\rangle$的物理量ω時，呈現ω_i的“概率”為

$$p_i = \left|\langle\omega_i|\psi(t)\rangle\right|^2$$

此處$\langle\omega_i|\psi(t)\rangle$為“複概幅”。

因此，於時刻t觀測物理系統的物理量ω，所得到的“量子期值（quantum expectation value）”$\langle\omega\rangle$，仍簡稱為“期值”。在理論上，利用此物理系統所處的純態$|\psi\rangle \equiv |\psi(t)\rangle$，以及物理量$\omega$所對應的測符$\Omega$，可將期值$\langle\omega\rangle$表達為

$$\begin{aligned}\langle\omega\rangle &\equiv \langle\Omega\rangle = \langle\psi|\Omega|\psi\rangle \\ &= \sum_{ij}\langle\psi|\omega_i\rangle\langle\omega_i|\Omega|\omega_j\rangle\langle\omega_j|\psi\rangle \\ &= \sum_i \omega_i\langle\psi|\omega_i\rangle\langle\omega_i|\psi\rangle \\ &= \sum_i \omega_i|\langle\omega_i|\psi\rangle|^2\end{aligned}$$

B. 量子標準差

在量子力學裏，於時刻t觀測物理系統的物理量ω，所得到的“量子標準差（quantum standard deviation）”σ_ω，仍簡稱為“標準差”。利用此物理系統所處的純態$|\psi\rangle \equiv |\psi(t)\rangle$，以及物理量$\omega$所對應的測符$\Omega$，可將標準差$\sigma_\omega$表達為

$$\begin{aligned}\sigma_\omega^2 &= \langle\psi|(\Omega-\langle\Omega\rangle)^2|\psi\rangle \equiv \left\langle(\Omega-\langle\Omega\rangle)^2\right\rangle \\ &= \langle\Omega^2\rangle - \langle\Omega\rangle^2\end{aligned}$$

針對物理量ω，我們可定義另一個物理量$\omega' \equiv \omega - a$，而其對應的測符$\Omega'$為

$$\Omega' \equiv \Omega - a$$

此處a為任意實數。物理量ω'的期值$\langle\omega'\rangle$與標準差$\sigma_{\omega'}$分別為

$$\begin{aligned}\langle\omega'\rangle &= \langle\psi|\Omega'|\psi\rangle \\ &= \langle\psi|\Omega-a|\psi\rangle \\ &= \langle\Omega\rangle - a \\ &= \langle\omega\rangle - a \\ \sigma_{\omega'}^2 &= \langle\psi|(\Omega'-\langle\Omega'\rangle)^2|\psi\rangle = \langle\Omega'^2\rangle - \langle\Omega'\rangle^2 \\ &= \left\langle(\Omega-a-\langle\Omega\rangle+a)^2\right\rangle \\ &= \left\langle(\Omega-\langle\Omega\rangle)^2\right\rangle \\ &= \sigma_\omega^2\end{aligned}$$

因此，將測符Ω轉換為Ω'，可以看作是，將描述物理系統的“座標軸”ω，沿“正ω方向”平移a，然而，物理量ω'的標準差不變，即$\sigma_{\omega'}=\sigma_{\omega}$。

若假設$a=\langle\Omega\rangle$，則相關的測符Ω'為

$$\Omega' \equiv \Omega - \langle \Omega \rangle$$

因此，我們也可將物理量ω的方差σ_{ω}^2，即標準差σ_{ω}的平方，表達為物理量ω'^2的“期值”，

$$\begin{aligned}\sigma_{\omega}^2 &= \langle\psi|\,(\Omega - \langle\Omega\rangle\,)^2\,|\psi\rangle \\ &\equiv \left\langle\Omega'^2\right\rangle \\ &\equiv \left\langle\omega'^2\right\rangle\end{aligned}$$

或者表達為態矢$\Omega'|\psi\rangle$的“模”，

$$\begin{aligned}\sigma_{\omega}^2 &= \langle\psi|\,(\Omega - \langle\Omega\rangle\,)^2\,|\psi\rangle \\ &= \langle\psi|\,\Omega'^2\,|\psi\rangle \\ &= \langle\Omega'\psi|\Omega'\psi\rangle \\ &= \|\Omega'\psi\|^2 \equiv \|(\Omega - \langle\Omega\rangle\,)\psi\|^2\end{aligned}$$

注意，此處利用了測符Ω的“自伴性”：$\langle\psi|\Omega\Lambda|\psi\rangle=\langle\Omega\,\psi|\Lambda\psi\rangle$。

三・三 物理態的動力描述

在本書〈第一・七・A 小節 物理態〉裏，我們已經對“物理態”作了定義。那麼，該如何描述“物理態”呢？本節我們將詳細說明，為何在經典力學裏僅需以“動力變數”來描述物理態，而在量子力學裏就必須以“測符”及其“徵值”與“徵態”來描述。

A. 測符的物理意義

“測符”是希空間裏的“自伴符”，並對應於物理系統的

某個“物理量”。這當然是“量子力學”所特有的情形，然而為何“經典力學”不需要測符呢？

若嘗試將“測符”的概念，引進到經典力學裏，我們就會發現：對純態而言，觀測測符Ω對應的物理量ω，所得到的結果，僅有唯一的值。這與一般“代數變數”的性質完全類似。因此，我們可直接以一個代數變數ω來表示該物理量。換而言之，在經典力學裏，我們無需考慮“觀測結果”呈現的“概率”問題，而僅以一個“代數變數”，即“動力變數”，來表達。當我們看到動力變數符號“ω”時，就知道是針對此特定物理量ω作觀測；而當我們看到動力變數ω的值時，就知道指的是對此物理量ω的觀測結果。針對經典力學裏的“純態”，“測符”這個概念，是多餘且不必要的。

在量子力學裏，也有此種特殊情況：當物理系統恰好處於要觀測物理量ω所對應測符Ω的“徵態”時，則我們的觀測結果僅有一個可能值，即為此徵態的“徵值”。也就是說，針對物理系統的某些物理態，當我們對同一個物理量作重複觀測，所得到的一切可能結果〔其實皆為唯一值〕，與此物理量之間有“一一對應〔一個物理量對應一個數值〕”關係。此時，我們就可用一個動力變數來表示該物理量。

然而，在量子力學裏，對於物理系統的一般物理態，此種簡單的對應關係不成立，每個物理量ω皆對應“許多值”，代表許多可能的觀測結果$\{\omega_i\}$，並且每個數值ω_i，又各有其出現的“概率”p_i。要表示如此複雜的關係，當然僅用一個代數變數是不夠的。因此，我們要引進“測符”Ω，而此測符Ω的一切徵值$\{\omega_i\}$，就是所有可能觀測到的結果。此外，還需引進“態符”ρ_ψ或“態矢”$|\psi\rangle$，而測符“徵態”$|\omega_i\rangle$與“態矢”$|\psi\rangle$內積的絕值平方$|\langle\omega_i|\psi\rangle|^2$，代表徵值$\omega_i$出現的“概率”$p_i$，即物理量$\omega$的“概佈（probability distribution）”。

總而言之，在量子物理裏，由於“觀測”與“概佈”的這種對應關係，使得我們必須區分，物理態的“觀測結果”所呈現的“範圍”與“概率”。因此，我們必須分別引進，代表觀測運作的“測符”與蘊含觀測結果的“物理態”；“測符”界定了觀測的可能結果，而“測符”與“物理態”共同界定了觀測結果的概佈。

此外，我們還要強調，在量子力學裏，當我們對物理態的任意兩個物理量進行觀測時，“可能”不會同時得到這兩個物理量的“確定值”。某物理量ω的“確定值”，指的是其標準差$\sigma_\omega = 0$，即$\omega = \langle\omega\rangle$。或者說，觀測這兩個物理量的標準差不會同時為零。這是因為這兩個物理量所對應的測符，可能是不相容的。此處“不相容”，在數學上指的是，在考慮兩算符Ω與Λ的乘積$\Omega\Lambda$時，若將其乘積順序對調$\Lambda\Omega$，則$\Omega\Lambda \neq \Lambda\Omega$。因此，我們無法找到一組態矢，使其同時是這兩算符的徵態。

然而，在“經典力學”裏，由於“忽略”觀測結果在“微尺度”上的差異，因此當我們對任意兩個物理量同時作觀測時，皆可以得到各自唯一的“近似確定值”。也就是說，在“經典極限”下，當某個態矢為某測符的徵態時，它同時也可“近似”作為其它任意測符的徵態。換而言之，該測符與其它任意測符都是“近似相容”的。

B. 經典動力變數

在經典力學裏，於任意時刻t，對純態的任意物理量ω作觀測，所得到的觀測結果$\omega_c(t)$，必定近似等於觀測的“均值（average value）”$\langle\omega_c(t)\rangle$。也就是說，每個物理量的觀測結果，在實際觀測時所能容忍的“鑒別度”範圍內，皆僅有一個可能值。以“經典動力變數（classical dynamical variable）”$\omega_c(t)$表示為

$$\omega_c(t) = \langle\omega_c(t)\rangle$$

因此，用一組完備的動力變數，就足以描述經典的“純態”。

C. 量子動力變數

在量子力學裏，不論物理系統處於純態或混態，對其任何物理量ω的觀測結果，則一定是此物理量ω所對應測符Ω的一切徵值$\{\omega_n\}$之一，

$$\omega(t) = \omega_n$$

這就是為什麼，對每個物理量僅作一次觀測，是不可能決定量子力學所描述的物理態的。

若物理系統處於純態$|\psi(t)\rangle$，則我們觀測物理量ω的平均結果，即物理量ω的期值，等於其所對應的測符Ω對態矢$|\psi(t)\rangle$取如下陣元，

$$\langle\omega(t)\rangle = \langle\psi(t)|\Omega|\psi(t)\rangle$$

上式清晰地表達了一個概念：物理系統"量子動力變數（quantum dynamical variable）" $\omega(t)$的期值$\langle\omega(t)\rangle$，是由其對應的測符Ω與態矢$|\psi(t)\rangle$，所共同決定的，也就是由其"觀測運作"與"觀測對象"共同決定。注意，此處期值$\langle\omega(t)\rangle$有可能不等於任何一個徵值ω_n，這是經典與量子動力變數截然不同的地方。

D. 動力變數的依時性

這裏順便提及，若動力變數$\omega(t)$的期值$\langle\omega(t)\rangle$隨時刻t改變，則此動力變數$\omega(t)$所對應的物理量ω，通常有三種可能情況：

(i) 物理量ω具有"顯依時性（explicit *t*-dependence）"。
(ii) 物理量ω具有"隱依時性（implicit *t*-dependence）"。
(iii) 物理量ω同時具有"顯依時性"與"隱依時性"。

此處"顯依時性"、或稱"外在依時性"，表示此物理量ω所對應的測符Ω本身為時刻t的函，而物理態$|\psi\rangle$與t無關；"隱依時性"、或稱"內在依時性"，表示物理態$|\psi(t)\rangle$隨t改變，而此物理量ω所對應的測符Ω與t無關。但也有的情況是，測符Ω與物理態$|\psi(t)\rangle$皆隨t改變。

動力變數的依時性，是一個相當有趣的問題，應該留待建立量子力學之後再來探討。這在本書〈附錄八 量子力學動象〉裏有詳細闡述。

E. 動力變數的運動方程

若經典粒子處於某特定時刻t的“純態”，則可由動力變數$\boldsymbol{x}_c(t) \equiv \langle \boldsymbol{x}_c(t) \rangle$與其導數$d\boldsymbol{x}_c(t)/dt \equiv d\langle \boldsymbol{x}_c(t) \rangle/dt$，共六個實數完全確定。然而，在量子力學裏，對應的六個實數：$\langle \psi(t)|\boldsymbol{X}|\psi(t) \rangle$與$d\langle \psi(t)|\boldsymbol{X}|\psi(t) \rangle/dt$，卻不能完全確定粒子的物理態$|\psi(t)\rangle$。事實上，我們需要知道在$\boldsymbol{x}$表象裏，波函$\langle \boldsymbol{x}|\psi(t) \rangle$的所有值。也就是說，態矢$|\psi(t)\rangle$必須由“無窮可數個”複數來確定。不過，對於一個具有某特定形狀與線寬的“波包（wave packet）”，前述量子力學裏的六個實數值，可分別代表波包的平均位置與平均動量。至於此波包的形狀、線寬等詳細特徵，就需要額外無限多個實數來描述。僅就描述物理態時所需要的“實數數目”而言，這與我們在經典力學裏對波動的描述相當。

無論是在經典或量子力學裏，粒子的物理態，皆是依循其哈密頓$H(t)$而隨時刻t演化的。若忽略實際觀測中必然存在的微觀“鑒別度”，則經典粒子在任意時刻t，都僅能佔一個位置$\boldsymbol{x}_c(t)$。因此，經典粒子的“軌跡”$\boldsymbol{x}_c(t) \equiv \langle \boldsymbol{x}_c(t) \rangle$及其在此軌跡上移動的速率$d\boldsymbol{x}_c(t)/dt \equiv d\langle \boldsymbol{x}_c(t) \rangle/dt$，就是此粒子狀態隨時刻$t$變化的記錄，這對應於量子力學裏的$\langle \psi(t)|\boldsymbol{X}|\psi(t) \rangle$與$d\langle \psi(t)|\boldsymbol{X}|\psi(t) \rangle/dt$。然而，在量子力學裏，波函$\langle \boldsymbol{x}|\psi(t) \rangle$代表粒子在時刻$t$、出現於位置$\boldsymbol{x}$的“複概密幅”，而$\boldsymbol{x}$可為位空間裏的任何位置。因此，在一般情況下，量子力學所描述的粒子，也就沒有所謂的“軌跡”可言。

總而言之，單個粒子的經典力學方程，是實變數$\boldsymbol{x}(t)$對時刻t的“二階微分方程”，需要t_0時刻的兩個“實矢變數（real vector variables）”或六個“實數”：$\boldsymbol{x}(t_0)$與$d\boldsymbol{x}(t)/dt|_{t=t_0}$作為初始條件。而單個粒子的量子力學方程，是波函$\psi(\boldsymbol{x},t)$對時刻$t$的“一階微分方程”，需要$t_0$時刻的波函$\psi(\boldsymbol{x},t_0)$作為初始條件。然而，一個

連續函$\psi(x, t_0)$，卻代表“無窮可數個”複數。因此，量子力學描述的狀態，要比經典力學描述的狀態，需要更多更多的訊息，甚至多出無窮多個訊息：“量子態（quantum state）”比“經典態（classical state）”更難以捉摸。反過來說，量子力學描述的物理態，要比經典力學描述的物理態，詳細得多！

為了說明如何從量子力學的描述，過渡到經典力學的描述，我們考慮一個無稟賦結構粒子的“波包函（wave-packet function）”$\psi(x,t) \equiv \langle x|\psi(t)\rangle$隨時刻$t$的演化。若只談波包的平均位置與平均速度，而不談此波包的詳細結構，如形狀、線寬等，則我們可用兩個獨立實變數：$\langle x(t)\rangle \equiv \langle\psi(t)|X|\psi(t)\rangle$與$d\langle x(t)\rangle/dt \equiv d\langle\psi(t)|X|\psi(t)\rangle/dt$，來分別描述此波包函$\psi(x, t)$的“平均位置”與“平均速度”。依照此簡化描述，由原來一個“複函（complex function）”$\psi(x, t)$對時刻t的一階微分方程，就可以推導出含$\langle x(t)\rangle$與$d\langle x(t)\rangle/dt$“兩個”實變數對時刻t的一階微分方程，即所謂的“量子哈密頓運動方程（quantum Hamilton equation of motion）”。

但請注意，在推導這“兩個”實變數對t的一階微分方程時，無需作任何近似。因為我們只描述此波包許許多多特性中的兩種：“平均位置”與“平均速度”，所以就可由複函的描述，簡化為兩個實變數的描述。若此粒子還滿足“經典極限條件（classical limit condition）”，則這兩個方程就可簡化為經典的“哈密頓運動方程”，簡稱“哈密頓方程”。而經典的“哈密頓方程”為，$\langle x(t)\rangle$對時刻t的二階微分方程，這與“牛頓運動方程”一樣。此即為“量子力學運動方程”，過渡到“經典力學運動方程”的簡單敘述。

三·四　量子純態與混態

每個物理系統，皆有其對應的希空間；而每個物理量皆有其對應的測符，較為重要的測符有：“態符（state operator）”、“位符（position operator）”、“動符（momentum operator）”、“角動符（angular-momentum operator）”、“哈密頓（hamiltonian）”等。現在，我們先定義描述物理系統狀態的“態符”ρ。由於態符ρ具有統計分佈意義，因而亦稱為“統計符（statistical operator）”；又由於態符ρ代表概密，因而亦稱為“密符（density operator）”，即一般所謂的“密陣（density matrix）”。

假設“測符Ω”代表對“物理量ω”的“觀測”，則觀測物理系統處於某狀態ρ的物理量ω，所得到的期值$\langle\omega\rangle_\rho$，可用測符$\Omega$與態符$\rho$表達為

$$\langle\omega\rangle_\rho \equiv \langle\Omega\rangle_\rho \equiv \frac{tr\{\Omega\rho\}}{tr\{\rho\}}$$

此處的符號$tr\{\Lambda\}$，代表先將括弧內的算符Λ以任意“基（basis）”表達為方陣形式Λ，再計算方陣Λ的對角元之“和”，稱為算符或方陣Λ的“對角和（trace 或 spur）”或稱“跡”。我們之所以用上式來表達“觀測物理量”ω所得到的“期值”$\langle\omega\rangle_\rho$，其理由見本章〈第三・五節 系綜平均〉。

由一組期值$\{\langle\omega\rangle_\rho, \langle\lambda\rangle_\rho, \cdots\}$所確認的“物理態”$\rho$，與相應的數學量“態符”$\rho$之間存在“一一對應”關係：

$$\text{物理態}\,\rho \quad \xleftrightarrow[\text{一對一}]{} \quad \text{態符}\,\rho$$

$$\{\langle\omega\rangle_\rho, \langle\lambda\rangle_\rho, \cdots\} \quad \xleftrightarrow[\text{一對一}]{} \quad \{\langle\Omega\rangle_\rho, \langle\Lambda\rangle_\rho, \cdots\}$$

要能代表一個物理態，態符必須滿足三個條件：

(i) 規化：$tr\{\rho\} = 1$；
(ii) 自伴：$\rho = \rho^\dagger$；
(iii) 非負：$\langle\chi|\rho|\chi\rangle \geq 0$，對其希空間裏的任意態矢$|\chi\rangle$皆成立。

假設態符ρ已規化，則物理量ω的期值$\langle\omega\rangle_\rho$為

$$\langle\omega\rangle_\rho \equiv \langle\Omega\rangle_\rho \equiv tr\{\Omega\rho\}$$

為了便於討論與運算，有時我們也採用“未規化（unnormalized）”的態符、或“狄拉克δ規（Dirac-δ normalization）”的態符。注意，此處“未規化”是指“可規化但未規化”。若採用狄拉克δ規的態符ρ，則此態符ρ必定可表達為某“模規（norm normalization）”態符ρ_ε的極限，

$$\rho = \lim_{\varepsilon \to \varepsilon_0} \rho_\varepsilon$$

而使得任意物理量ω的期值$\langle\omega\rangle_\rho$，皆可表達為如下極限形式，

$$\langle\omega\rangle_\rho = \lim_{\varepsilon \to \varepsilon_0} \frac{tr\{\Omega\,\rho_\varepsilon\}}{tr\{\rho_\varepsilon\}}$$

以上我們僅討論了態符ρ的數學特性,及其在運作時所代表的物理意義。關於態符ρ的具體形式，我們將在以下數小節裏，作詳細說明。

A. 純態符

若物理系統的態符可表達為，某態矢$|\psi\rangle$與其本身的“外積”，

$$\rho_\psi \equiv |\psi\rangle\langle\psi|$$

則此物理系統處於“純態”，此態符ρ_ψ為“純態符”，而稱$|\psi\rangle$為“態矢”。此後，除特殊情況外，我們皆假設態矢已模規。當然，如本節前言最後所述，為便於運算，這裏也可採用“狄拉克δ規矢（Dirac-δ normalization vector）”，在運算處理上，它與“模規矢（norm normalization vector）”一樣。

當物理系統處於純態ρ_ψ時，我們可用希空間裏的模規矢$|\psi\rangle$來描述此純態，而純態符ρ_ψ與模規矢$|\psi\rangle$之間的對應關係為

$$\text{純態}\ \rho_\psi \quad \underset{\text{一對無窮多}}{\longleftrightarrow} \quad e^{i\theta}|\psi\rangle,\ \theta\text{為任意實數}$$

$$\{\langle\omega\rangle_\psi, \langle\lambda\rangle_\psi, \cdots\} \quad \underset{\text{一對一}}{\longleftrightarrow} \quad \{\langle\Omega\rangle_\psi, \langle\Lambda\rangle_\psi, \cdots\}$$

在純態$\rho_\psi \equiv |\psi\rangle\langle\psi|$的情況下，物理量$\omega$的期值可改寫為如下形式，

$$\langle\omega\rangle_\psi \equiv \langle\Omega\rangle_\psi \equiv \frac{\langle\psi|\Omega|\psi\rangle}{\langle\psi|\psi\rangle}$$

在物理系統所對應的希空間裏，任何“態矢”$|\psi\rangle$，皆可構成一個態符$\rho_\psi \equiv |\psi\rangle\langle\psi|$，以表示此系統的一個“純態”。反之，物理系統的任何“純態”，皆對應其希空間裏的一個含任意相因子$e^{i\theta}$的“態矢”$e^{i\theta}|\psi\rangle$。特別注意，不同相位θ的態矢，皆具有一組相同的期值$\{\langle\omega\rangle_\psi, \langle\lambda\rangle_\psi, \cdots\}$，因此，它們皆對應此物理系統的同一個純態。

總而言之，對於物理系統的純態，我們除了可利用態符$\rho_\psi \equiv |\psi\rangle\langle\psi|$來描述外，還可用態矢$|\psi\rangle$來描述。不過，當用態矢$|\psi\rangle$來代表物理系統的純態時，還可乘上一個含任意實數相位θ的“相位因子”$e^{i\theta}$。此外，我們也可用“任何”一組正交“基”$\{|\phi_i\rangle\}$，將態矢$|\psi\rangle$表達為

$$|\psi\rangle = \sum_i c_i |\phi_i\rangle$$

而其對應的態符ρ_ψ就變為

$$\rho_\psi = \sum_{ij} c_i c_j^* |\phi_i\rangle\langle\phi_j|$$

由於態矢$|\psi\rangle$可含任意“相因子”，而態符ρ_ψ不含；因此，“態矢”$|\psi\rangle$是對物理態ψ的“超描述（over-description）”，“態符”ρ_ψ是對物理態ψ的“恰描述（just-description）”，而“經典力學”對物理態ψ的描述是“略描述（under-description）”。

B. 混態符

在上小節裏，我們談到物理系統的“某些”物理態，可用具有特定形式的態符$\rho_\psi \equiv |\psi\rangle\langle\psi|$來描述，並且稱“這些”物理態為“純態”。然而，物理系統一般物理態的態符ρ，卻無法表達成$|\psi\rangle\langle\psi|$的形式，我們稱這些物理態為“混態”，而稱此態符ρ為“混態符”。當然一般來說，“純態”也可算是“混態”的特

例，但為敘述上明確起見，

本書中所謂的“混態”，僅指“非純態”。

代表物理系統“任何”物理態的態符ρ，皆可用其希空間裏的“任何”一組正交“基”$\{|\omega_i\rangle\}$的外積，表達為

$$\rho = \sum_{ij} \rho_{ij} |\omega_i\rangle\langle\omega_j|$$

此處展開係數ρ_{ij}為，態符ρ在基$\{|\omega_i\rangle\}$下的“陣元”，

$$\rho_{ij} \equiv \langle\omega_i|\rho|\omega_j\rangle$$

這裏，我們姑且利用“分立基”，或稱“離散基”，為例來表達，當然也可利用“連續基”為例來表達，只是在標記上較為繁瑣。態符ρ所必須滿足的三個條件，可較明確地寫為

(i) 規化：$\sum_i \rho_{ii} = 1$；

(ii) 自伴：$\rho_{ij} = \rho_{ji}^* \equiv (\rho_{ij})^\dagger$，即厄米陣的“厄米對稱（hermitian symmetry）”；

(iii) 非負：$\sum_{ij} \rho_{ij} \langle\psi|\omega_i\rangle\langle\omega_j|\psi\rangle \geq 0$，對任意態矢$|\psi\rangle$。

態符ρ在某基$\{|\omega_i\rangle\}$下的矩陣(ρ_{ij})，為一個“自伴陣（self-adjoint matrix）”，必然是“厄米陣（hermitian matrix）”。在數學上，“自伴陣”(ρ_{ij})必定可由一組舊基$\{|\omega_i\rangle\}$轉換到一組新基$\{|\lambda_i\rangle\}$，來將其“對角化（diagonalized）”。假設態符陣$\rho\equiv(\rho_{ij})$對角化後的“對角陣元（diagonal matrix element）”為p_i，而對角化後的“新基”為$\{|\lambda_i\rangle\}$。若要求$\langle\lambda_i|\rho|\lambda_j\rangle = p_i\delta_{ij}$，則新基$\{|\lambda_i\rangle\}$與態符$\rho$必定滿足如下關係，

$$\rho|\lambda_i\rangle = p_i|\lambda_i\rangle$$

此即“態符”ρ的“徵程”：$|\lambda_i\rangle$為“徵態”，而p_i為其“徵值”。因此，我們可利用態符ρ的徵值p_i與徵態$|\lambda_i\rangle$，將態符ρ表達為“對角陣”形式，

$$\rho = \rho^{(\lambda)} \equiv \sum_i p_i |\lambda_i\rangle\langle\lambda_i|$$

此處我們特地以加上標“(λ)”的態符 $\rho^{(\lambda)}$，來顯示態符 ρ 的“本徵表象（eigen representation）”。由舊基 $\{|\omega_i\rangle\}$ 到新基 $\{|\lambda_i\rangle\}$ 的轉換是唯一的，因為 $\{p_i\}$ 與 $\{|\lambda_i\rangle\}$ 恰好分別為態符 $\rho^{(\lambda)}$ 的“徵值”與“徵態”。而態符 ρ 所必須滿足的三個條件，在其“本徵表象”下，可進一步簡化為

(i) 規化： $\sum_i p_i = 1$

(ii) 自伴： $p_i = p_i^*$

(iii) 非負： $p_i \geq 0$

此處規化態符 $\rho^{(\lambda)}$ 的徵值 p_i 為實數，而 $0 \leq p_i \leq 1$，且 $\sum_i p_i = 1$。

由態符 $\rho^{(\lambda)}$ 的對角陣形式可知，我們可將一般的態符 ρ，當作是由其相應的純態符 $\{|\lambda_i\rangle\langle\lambda_i|\}$，按 $\{p_i\}$ 的統計比例混合而成，也正因為如此，我們稱一般的態符為“混態符”。

但要特別注意，每一個特定的“混態符” $\rho^{(\lambda)}$，各有其所對應的一系列純態符 $\{|\lambda_i\rangle\langle\lambda_i|\}$，而這每一系列的純態符 $\{|\lambda_i\rangle\langle\lambda_i|\}$，僅對這些特定的混態是完備的；不過，由“矢基（vector basis）” $\{|\lambda_i\rangle\}$ 所構成的一切“符基（operator basis）” $\{|\lambda_i\rangle\langle\lambda_j|\}$，卻對任何算符皆是“完備的”，請注意此處的下標。

更明確地說，混態 $\rho^{(\lambda)}$ 由一系列純態符 $\{|\lambda_i\rangle\langle\lambda_i|\}$ 構成，而混態 $\rho^{(\beta)}$ 由一系列純態符 $\{|\beta_i\rangle\langle\beta_i|\}$ 構成。在一般情況下，此混態 $\rho^{(\beta)}$ 是“無法”由一系列純態符 $\{|\lambda_i\rangle\langle\lambda_i|\}$，按“任何”比例混合而成。然而，我們必定可將混態 $\rho^{(\beta)}$ 表達為

$$\rho^{(\beta)} \equiv \sum_i q_i |\beta_i\rangle\langle\beta_i| = \sum_{ij} b_{ij} |\lambda_i\rangle\langle\lambda_j|$$

這是因為“完備”的“符基” $\{|\lambda_i\rangle\langle\lambda_j|\}$，可展開任何“算符”。

當然，純態符是一般態符的特例。若在某特定“正交基（orthogonal basis）”下，態符 ρ 的陣元可表達為

$$\rho_{ij} = c_i c_j^*$$

則此態符 ρ 為“純態符”，如本章〈第三・四・A 小節 純態符〉所述。但在一般情況下，只有將態符陣 $\rho \equiv (\rho_{ij})$ 對角化後，才知道是否為純態符：若對角化後，對角陣元僅有一個不為零，則此態符 ρ 為“純態符”，否則為“混態符”。

C. 純態與混態的判別

然而，我們該如何判別態符 ρ 所代表的物理態，是“純態”還是“混態”呢？以下我們介紹幾種判別方法：

(i) 若態符 ρ 可表達為，某態矢 $|\psi\rangle$ 與其本身的外積：$\rho_\psi \equiv |\psi\rangle\langle\psi|$，則此態符 ρ 所描述的物理態必為“純態”，否則為“混態”。以模規的態符 ρ 為例，若其徵值 $\{p_i\}$ 裏，僅有一個值為 1，而其餘值皆為 0，則此態符 ρ 所描述的物理態為“純態”，否則為“混態”。換而言之，在態符 ρ 的一切徵值 $\{p_i\}$ 裏，若有兩個或兩個以上的徵值不為零，則此態符 ρ 所描述的物理態為“混態”，否則為“純態”。很顯然，態矢 $|\psi\rangle$ 為態符 $\rho_\psi \equiv |\psi\rangle\langle\psi|$ 的徵態，其徵值為 1。

(ii) 利用態符 ρ 的對角陣形式，我們可計算 ρ^2，

$$\begin{aligned}\rho^2 &= \sum_{ij} p_i\, p_j |\lambda_i\rangle\langle\lambda_i|\lambda_j\rangle\langle\lambda_j| \\ &= \sum_i p_i^2 |\lambda_i\rangle\langle\lambda_i|\end{aligned}$$

若 $\rho^2 = \rho$，則規化態符 ρ 所描述的物理態必為“純態”；反之，若規化態符 ρ 所描述的物理態為純態，則 $\rho^2 = \rho$。於是，我們有如下判別方法：

在任意表象下，規化態符 ρ 所描述的物理態為“純態”的“充要條件”為 $\rho^2 = \rho$；若 $\rho^2 \neq \rho$，則 ρ 代表“混態”。

(iii) 取規化態符ρ與ρ^2的“跡”：$tr(\rho)=\sum_i p_i=1$與$tr(\rho^2)=\sum_i p_i^2$，由此可得

$$tr(\rho^2)\le tr(\rho)$$

此處僅當ρ代表純態時，等號才成立。由於方陣的“跡”不隨基的轉換而改變，所以這也是判別“純態”與“混態”的一個方法：

在任意表象下，規化態符ρ必定滿足$tr(\rho^2)\le 1$。若$tr(\rho^2)=1$，則態符ρ代表“純態”；若$tr(\rho^2)<1$，則態符ρ代表“混態”。

(iv) 綜上所述，在任意表象下，若規化態符ρ與ρ^2具有完全相同的對角陣元，則態符ρ代表純態，否則為混態。因此，最簡便的判別方法如下：

在任意表象下，若規化態符ρ裏任意一行陣元的絕值平方和，皆等於此行的對角陣元，

$$\sum_j |\rho_{ij}|^2=\rho_{ii}$$

則態符ρ代表“純態”，否則代表“混態”。

D. 純態的等效經典系綜

假設在量子力學裏，物理系統處於純態$\rho_\psi\equiv|\psi\rangle\langle\psi|$，而我們要觀測此物理系統的物理量$\omega$。物理量$\omega$對應於測符$\Omega$，則可將純態矢$|\psi\rangle$，以“測符”$\Omega$的一切徵態$\{|\omega_1\rangle,|\omega_2\rangle,\cdots\}$展開為

$$|\psi\rangle=\sum_n|\omega_n\rangle\langle\omega_n|\psi\rangle$$

僅就“觀測物理量ω”而言，我們可將此物理系統的純態矢$|\psi\rangle$，看作是由“等效”的經典系綜$\rho_\psi^{(\omega)}$所定義的物理態，而“等效經典系綜（effective classical ensemble）”$\rho_\psi^{(\omega)}$裏的無限多個等同物理系統，處於各個微觀態$\{|\omega_1\rangle,|\omega_2\rangle,\cdots\}$的概率分別為$\{|\langle\omega_1|\psi\rangle|^2,$

$\left|\langle\omega_2|\psi\rangle\right|^2, \cdots\}$。因此，觀測物理量$\omega$所得到的期值$\langle\omega\rangle_\psi$，等於物理量$\omega$對“等效經典系綜”$\rho_\psi^{(\omega)}$的平均，

$$\begin{aligned}\langle\omega\rangle_\psi &\equiv \langle\psi|\Omega|\psi\rangle \\ &= \sum_n \langle\psi|\Omega|\omega_n\rangle\langle\omega_n|\psi\rangle \\ &= \sum_n \langle\psi|\omega_n\rangle\omega_n\langle\omega_n|\psi\rangle \\ &= \sum_n \left|\langle\omega_n|\psi\rangle\right|^2 \omega_n\end{aligned}$$

然而，假設我們要觀測的物理量λ對應於測符Λ，則可將物理系統的純態矢$|\psi\rangle$，以“測符”Λ的一切徵態$\{|\lambda_1\rangle, |\lambda_2\rangle, \cdots\}$展開為

$$|\psi\rangle = \sum_n |\lambda_n\rangle\langle\lambda_n|\psi\rangle$$

僅就觀測物理量λ而言，我們可用一個“等效經典系綜”$\rho_\psi^{(\lambda)}$來定義純態矢$|\psi\rangle$。而“等效經典系綜”$\rho_\psi^{(\lambda)}$裏無限多個物理系統，處於微觀態$\{|\lambda_1\rangle, |\lambda_2\rangle, \cdots\}$的概率分別為$\left\{\left|\langle\lambda_1|\psi\rangle\right|^2, \left|\langle\lambda_2|\psi\rangle\right|^2, \cdots\right\}$。因此，我們觀測物理量$\lambda$所得到的期值$\langle\lambda\rangle_\psi$，等於物理量$\lambda$對“等效經典系綜”$\rho_\psi^{(\lambda)}$的平均，

$$\begin{aligned}\langle\lambda\rangle_\psi &\equiv \langle\psi|\Lambda|\psi\rangle \\ &= \sum_n \langle\psi|\Lambda|\lambda_n\rangle\langle\lambda_n|\psi\rangle \\ &= \sum_n \langle\psi|\lambda_n\rangle\lambda_n\langle\lambda_n|\psi\rangle \\ &= \sum_n \left|\langle\lambda_n|\psi\rangle\right|^2 \lambda_n\end{aligned}$$

由此可知，我們用來定義“純態”$\rho_\psi \equiv |\psi\rangle\langle\psi|$的“等效經典系綜”並不唯一：僅就觀測物理量$\omega$而言，等效經典系綜為$\rho_\psi^{(\omega)}$，而僅就觀測物理量$\lambda$而言，等效經典系綜為$\rho_\psi^{(\lambda)}$等等。根據想要觀測的物理量而定，純態$\rho_\psi \equiv |\psi\rangle\langle\psi|$可對應無限多個不同的“等效經典系綜”。因此，在量子力學裏，“純態”對應的“系綜”，可以說是一個“相干系綜”。

三・五 系綜平均

探討物理量的觀測，就必然涉及到“系綜平均（ensemble average）”。在本書〈第一・四節 統計描述〉裏，我們簡單介紹了“系綜”概念。本節我們將對“經典系綜”、“量子系綜”、以及“系綜平均”，作更深層次的探討與闡述。特別是，我們將介紹在量子力學裏，必須要引進的“複概幅”這個新概念。

A. 量子平均與經典平均

假設我們針對物理系統的物理量λ，定義一個由“經典系綜”$\rho^{(\lambda)}$所描述的“混態”$\rho^{(\lambda)}=\sum_i p_i|\lambda_i\rangle\langle\lambda_i|$，此處$|\lambda_i\rangle$為物理量$\lambda$所對應測符$\Lambda$的徵態。則我們觀測任何一個與$\lambda$不同的物理量$\omega$，所得到的結果為何呢？

混態符$\rho^{(\lambda)}=\sum_i p_i|\lambda_i\rangle\langle\lambda_i|$可看作，由純態符$\{|\lambda_i\rangle\langle\lambda_i|\}$按$\{p_i\}$比例混合而成。首先，我們計算物理量$\omega$在純態$|\lambda_i\rangle$“等效經典系綜”下的系綜平均，或一般稱為物理量$\omega$在“純態”$|\lambda_i\rangle$下的“期值”$\langle\lambda_i|\Omega|\lambda_i\rangle$，這裏我們刻意改稱為“量子系綜平均（quantum ensemble average）”，簡稱“量子平均（quantum average）”，

$$
\begin{aligned}
\langle\lambda_i|\Omega|\lambda_i\rangle &= \sum_n \langle\lambda_i|\Omega|\omega_n\rangle\langle\omega_n|\lambda_i\rangle \\
&= \sum_n \langle\lambda_i|\omega_n\rangle\omega_n\langle\omega_n|\lambda_i\rangle \\
&= \sum_n |\langle\omega_n|\lambda_i\rangle|^2\,\omega_n
\end{aligned}
$$

注意，此處利用“線疊加原理（principle of linear superposition）”，我們將微觀態$|\lambda_i\rangle$分解為測符Ω之徵態$|\omega_i\rangle$的“線疊加”。其次，我們計算物理量ω在“混態”$\rho^{(\lambda)}=\sum_i p_i|\lambda_i\rangle\langle\lambda_i|$下的“經典系綜平均（classical ensemble average）”，簡稱“經典平均（classical average）”，

$$\langle\omega\rangle_\rho = \sum_i p_i \langle\lambda_i|\Omega|\lambda_i\rangle$$

特別注意，一般習慣上也有逕稱“經典系綜平均”為“系綜平均”。綜合以上兩式，我們觀測混態$\rho^{(\lambda)} = \sum_i p_i|\lambda_i\rangle\langle\lambda_i|$的物理量$\omega$，所得到的期值$\langle\omega\rangle_\rho$為

$$\langle\omega\rangle_\rho = \sum_i p_i \sum_n |\langle\omega_n|\lambda_i\rangle|^2 \omega_n$$

即：對任何物理量ω，先作“量子平均”，再作“經典平均”。

以上我們討論了，基於物理量λ，來定義“經典系綜”$\rho^{(\lambda)}$，而要觀測的是與λ不同的另一個物理量ω。

現在我們討論，在此經典系綜$\rho^{(\lambda)}$裏，要觀測的物理量恰好也是λ。如前所述，假設物理系統處於由“經典系綜”所描述的“混態”$\rho^{(\lambda)} = \sum_i p_i|\lambda_i\rangle\langle\lambda_i|$，則觀測物理量$\lambda$所得到的期值$\langle\lambda\rangle_\rho$，為純態期值$\langle\lambda_i|\Lambda|\lambda_i\rangle$對經典系綜$\rho^{(\lambda)}$的“經典平均”，

$$\langle\lambda\rangle_\rho = \sum_i p_i \langle\lambda_i|\Lambda|\lambda_i\rangle = \sum_i p_i \lambda_i$$

此處純態期值$\langle\lambda_i|\Lambda|\lambda_i\rangle$，也就是物理量$\lambda$對純態$|\lambda_i\rangle$所作的“量子平均”。這裏若不利用$\Lambda|\lambda_i\rangle = \lambda_i|\lambda_i\rangle$，而借助本小節第一式，即量子平均公式，當然也可以得到相同結果，

$$\begin{aligned}\langle\lambda_i|\Lambda|\lambda_i\rangle &= \sum_n |\langle\lambda_n|\lambda_i\rangle|^2 \lambda_n \\ &= \sum_n \delta_{ni}\lambda_n \\ &= \lambda_i\end{aligned}$$

因此，綜合以上兩式，我們觀測“混態”$\rho^{(\lambda)} = \sum_i p_i|\lambda_i\rangle\langle\lambda_i|$的物理量$\lambda$，所得到的“期值”$\langle\lambda\rangle_\rho$為

$$\langle\lambda\rangle_\rho = \sum_i p_i \lambda_i$$

也就是說，在基於物理量λ所定義的“經典系綜”$\rho^{(\lambda)}$裏，觀測

物理量λ自身，這種情況的“量子平均”再簡單不過，我們只需對所觀測的物理量λ作“經典平均”。

總而言之，利用規化“態符”的對角陣形式$\rho = \sum_i p_i |\lambda_i\rangle\langle\lambda_i|$，我們可將任何物理量$\omega$的期值$\langle\omega\rangle_\rho$表達為

$$\begin{aligned}\langle\omega\rangle_\rho &\equiv \langle\Omega\rangle_\rho \\ &= \sum_i p_i \langle\lambda_i|\Omega|\lambda_i\rangle \equiv \sum_i p_i \langle\omega\rangle_{\lambda_i} \\ &= \sum_i p_i \sum_n |\langle\omega_n|\lambda_i\rangle|^2 \omega_n\end{aligned}$$

此處測符Ω對態符ρ的“徵態”$|\lambda_i\rangle$求期值$\langle\lambda_i|\Omega|\lambda_i\rangle \equiv \langle\omega\rangle_{\lambda_i}$這個運算，特稱為對物理量$\omega$的“量子平均”；而$\langle\omega\rangle_{\lambda_i}$乘以徵態$|\lambda_i\rangle$的“概率”$p_i$並求和的運算，特稱為對物理量$\omega$的“經典平均”。

B. 量子平均的必要性

我們再次強調，不論是在經典力學或量子力學裏，任何微觀態$|\omega_n\rangle$，皆代表我們對此物理系統S的狀態所需作的最詳盡描述。例如，考慮物理系統S是一個無稟賦結構的粒子。在經典力學裏，由此粒子明確且唯一的“位置”與“動量”$\{\boldsymbol{x}, \boldsymbol{p}\}$，我們就可確認一個“微觀態”，而在量子力學裏，由此粒子明確且唯一的“位分佈（position distribution）”，就能確認一個“微觀態”。注意，狄拉克δ函$\delta^3(\boldsymbol{x}-\boldsymbol{x}_0)$為“位分佈”在數學上的極限；在此極限下，明確且唯一的“位置”$\boldsymbol{x}_0$，就可確認一個“微觀態”。

因此，在經典力學裏，要得到一個物理量ω的觀測期值$\langle\omega\rangle$，只需對該物理量ω作“經典平均”，而在量子力學裏，不僅要作“經典平均”，而且還要作“量子平均”。例如，在上述量子力學的例子裏，若能確認粒子的“位置”〔對應於〈第三・五・A小節　量子平均與經典平均〉裏提到的測符Λ〕，則要想進一步得到與“動量”〔對應於測符Ω〕有關的訊息，就只能借助“量子平均”來作統計上的處理。

順便提到，在量子力學裏，若不考慮系統的內部結構或稟賦結構，則我們可用“複函”$\psi(x) \equiv \langle x|\psi\rangle$所代表的一個“位分佈”，來確認一個物理態。然而，這樣就需要知道獨立的“兩個實函”：$\mathrm{Re}\{\psi(x)\}$與$\mathrm{Im}\{\psi(x)\}$。這與在經典力學裏確定一個物理態，需要“兩個實數”：“位置”與“動量”，恰好呼應。只不過在將“經典力學”推廣到“量子力學”的過程中，我們將“點——實數”推廣為“分佈——實函”而已。

總而言之，物理量的期值是通過對物理系統作“系綜平均”所得。再次強調，為便於分析，系綜平均又可分為“經典系綜平均”與“量子系綜平均”，分別簡稱為“經典平均”與“量子平均”。一般在習慣上，也有將“經典系綜平均”，簡稱為“系綜平均”，但因其容易與一般的“系綜平均”概念混淆，故本書不採用此稱呼。

以此簡化術語來說，當求物理量的期值時：在“經典力學”情況下，只需作“經典平均”；而在“量子力學”情況下，不僅要作“經典平均”，而且還要再作“量子平均”。然而，我們在觀念上必須澄清，所謂“量子平均”，其實指的是“量子系綜平均”，這也可當作是一般“系綜平均”概念的推廣。

我們不難理解，物理系統的“混態”必須在“統計系綜”的基礎上來定義。也就是說，我們必須以“無限”多個“等同物理系統”，在其微觀態上的統計分佈〔經典系綜〕來定義混態。

然而，在量子力學裏，即使“純態”也必須在統計系綜〔量子系綜〕的基礎上來定義，更何況“混態”。之所以如此是因為，量子力學對物理系統所能作的最詳盡描述，就是以“概佈（probability distribution）”來表達每個物理量的觀測結果；即使在極限條件下，能夠有“明確且唯一”預測值的物理量“個數”，也僅是其在經典力學情況下的一半。例如，在上述例子裏，確認一個物理態，經典力學需要“位置”與“動量”兩個“物理量”，而量子力學只需要“位置”的“分佈”，即“位置概率分佈”這一個“物理量”。

由於在經典力學裏，對純態的每個物理量，皆可以有明確且唯一的預測值。因此，對於經典的純態，我們可不必在統計系綜的基礎上來定義，而只需對單個物理系統定義即可。當然，對於經典的混態，還是需要借助統計系綜來定義。

三・六 物理量的不確定關係

A. 廣義不確定關係

假設在時刻t，觀測同一個物理態$|\psi\rangle \equiv |\psi(t)\rangle$的任意兩個物理量$\omega$與$\lambda$，所得到的標準差為

$$\sigma_\omega^2 = \langle (\Omega - \langle\Omega\rangle)\psi | (\Omega - \langle\Omega\rangle)\psi \rangle = \langle \Omega'\psi | \Omega'\psi \rangle \equiv \| \Omega'\psi \|^2$$

$$\sigma_\lambda^2 = \langle (\Lambda - \langle\Lambda\rangle)\psi | (\Lambda - \langle\Lambda\rangle)\psi \rangle = \langle \Lambda'\psi | \Lambda'\psi \rangle \equiv \| \Lambda'\psi \|^2$$

利用“施瓦茲不等式”，

$$\|\Omega'\psi\| \cdot \|\Lambda'\psi\| \geq |\langle \Omega'\psi | \Lambda'\psi \rangle|$$

以及複數c滿足的不等式：$2|c| \geq |c - c^*|$，我們可得

$$\begin{aligned}\|\Omega'\psi\| \cdot \|\Lambda'\psi\| &\geq \frac{1}{2} |\langle \Omega'\psi | \Lambda'\psi \rangle - \langle \Lambda'\psi | \Omega'\psi \rangle| \\ &= \frac{1}{2} |\langle \psi | \Omega'\Lambda' | \psi \rangle - \langle \psi | \Lambda'\Omega' | \psi \rangle| \\ &= \frac{1}{2} |\langle \psi | [\Omega', \Lambda'] | \psi \rangle| \\ &= \frac{1}{2} |\langle \psi | [\Omega, \Lambda] | \psi \rangle|\end{aligned}$$

於是，最終得到如下不等式，

$$\sigma_\omega \sigma_\lambda \geq \frac{1}{2} |\langle [\Omega, \Lambda] \rangle|$$

若$\left|\langle[\Omega, \Lambda]\rangle\right| \neq 0$，則此不等式代表於同一時刻$t$，物理態$|\psi(t)\rangle$的兩個物理量$\omega$與$\lambda$各自的標準差$\sigma_\omega$與$\sigma_\lambda$，所必須滿足的“廣義不確定關係（generalized indeterminacy relation）”。

這裏，我們再次強調，“期值”$\langle\omega\rangle$與$\langle\lambda\rangle$分別代表觀測值ω_i與λ_i的期值，而“標準差”σ_ω與σ_λ分別代表觀測值ω_i與λ_i分佈範圍的量度：通常偏離“期值”正負一個“標準差”，觀測值出現的概率會顯著減少，而偏離超過正負兩個標準差，觀測值出現的概率就可忽略。

B. 相容物理量的觀測

假設測符Ω與Λ滿足符恆等式：$[\Omega, \Lambda]=0$，也就是說，對於任一物理態$|\psi(t)\rangle$，我們皆可得到$\langle\psi(t)|\,[\Omega, \Lambda]\,|\psi(t)\rangle=0$，則根據本章〈第三・六・A 小節　廣義不確定關係〉裏的最後一個式子，可得

$$\sigma_\omega \sigma_\lambda \geq 0$$

因此，任意一個物理態$|\psi(t)\rangle$的標準差σ_ω與σ_λ，彼此不受限制，也就是說，σ_ω與σ_λ之間沒有不確定關係。之所以此種情況下不存在不確定關係，其原因可說明如下。

若兩測符Ω與Λ之間彼此對易，$[\Omega, \Lambda]=0$，則它們就可以有“共徵態（co-eigenstate）”$|\omega, \lambda\rangle$。當物理系統處於任意徵態$|\omega, \cdots\rangle$時，此物理系統也可同時處於任意徵態$|\cdots, \lambda\rangle$。因此，觀測ω的概佈$\rho(\omega)$與觀測λ的概佈$\rho(\lambda)$之間，可以無任何關聯。

更明確地說，若$[\Omega, \Lambda]=0$，並給定任意兩個概佈$\rho(\omega)$與$\rho(\lambda)$，則我們必定可以找到某物理態$|\psi(t)\rangle$，使得其物理量ω的分佈為$\rho(\omega)=\left|\langle\omega|\psi(t)\rangle\right|^2$，而物理量$\lambda$的分佈為$\rho(\lambda)=\left|\langle\lambda|\psi(t)\rangle\right|^2$。因此，我們對兩個物理量$\omega$與$\lambda$的觀測是“彼此相容的”，而且稱$\omega$與$\lambda$為“相容物理量（compatible physical quantity）”，稱測符Ω與Λ為“相容測符（compatible observables）”。

C. 不相容物理量的觀測

現在，我們考慮測符Ω與Λ彼此不對易的情況：$[\Omega, \Lambda] \neq 0$。也就是說，至少對於有些物理態$|\psi(t)\rangle$，期值$\langle\psi(t)|\,[\Omega, \Lambda]\,|\psi(t)\rangle \neq 0$，則我們可得上述“廣義不確定關係”，

$$\sigma_\omega \sigma_\lambda \geq \frac{1}{2}\left|\langle [\Omega, \Lambda] \rangle\right|$$

以一維位空間裏的粒子為例，其“動符（momentum operator）”P與“位符（position operator）”X的對易關係為

$$[X, P] = i\hbar$$

請參閱本書〈第四・八・D 小節　位符與態換子對易關係(1)〉，於是我們得到“位動不確定關係（position-momentum indeterminacy relation）”，

$$\sigma_x \sigma_p \geq \frac{\hbar}{2}$$

此不等式也代表所謂的“海森伯不確定原理（Heisenberg indeterminacy principle）”。然而，在公元 1927 年，<u>海森伯</u>（W. K. Heisenberg, 1901-1976）提出此不等式時，尚無量子力學的“統計詮釋”，因此，包括<u>海森伯</u>本人在內，當時應該無人了解此不等式的正確物理涵義。

此外，我們必須澄清與此相關的兩個重要概念：

(i) 標準差σ_x與σ_p，並不代表由於“同時”觀測位置x與動量p所導致的“誤差”。儘管“同時”觀測兩物理量確實有技術上的困難，但標準差σ_x和σ_p，與是否“同時”觀測完全無關。換而言之，物理態$|\psi(t)\rangle$是由某特定時刻t的“量子系綜”所定義，而標準差σ_x與σ_p為時刻t此量子系綜所固有的統計特性，與技術上如何測量無關。標準差σ_x與σ_p也可以說是“理想觀測”的結果，是“理想實驗”所能達到的極限，而我們假設“理想觀測”沒有任何誤差。

總而言之，“不確定關係”的存在，並非“觀測過

失”。因為粒子的運動必須由“波”來描述，所以於同時刻σ_x與σ_p皆為零的物理態根本不存在。因此，我們改稱其為“不確定關係”，而非隱含“錯誤”觀念的舊稱呼：“測不準關係（uncertainty relation）”，以免讀者誤解為“觀測技術”所導致的過錯。

(ii) 在“相對力學（relativistic mechanics）”裏，我們將時刻t與位置$\boldsymbol{x}$合併為一個“四矢（four-vector）”$(ct, \boldsymbol{x})$，而將能量E與動量$\boldsymbol{p}$也合併為一個“四矢”$(E, c\boldsymbol{p})$。因此，人們往往誤以為“時能不確定關係（time-energy indeterminacy relation）”，

$$\Delta t_{\omega}\, \sigma_E \geq \frac{\hbar}{2}$$

與剛才提到的“位動不確定關係”有類似的物理意義。然而，在“目前”的量子力學表述裏，時刻t不是物理系統所特有的“物理量”，因此它沒有對應的“動力變數”與“測符”。也就是說，“時刻”t不屬於物理系統的一個可觀測物理量，而是獨立於物理系統之外的一個萬物共有的“客觀參量”。因此，Δt_{ω}不是用來定義“物理態”的“量子系綜”所固有的統計特性，自然也就不代表時刻t的“標準差”。

當然，也有可能，將來我們會發現，“時刻”t確實是屬於物理系統的一個可觀測物理量，如此我們就必須引入“時符（time operator）”，而“目前”的量子力學表述，則必須作適度的修正。

三・七 物理態的量子系綜詮釋

本章我們分別在經典物理與量子物理的情況下，討論了如何描述物理系統的狀態，這是其核心問題。為了明確起見，所有討論皆是在“理想”情況下闡述的。

首先，我們想要描述物理系統的一個狀態，就必須要建立在“系綜”的基礎之上。因此，我們定義一般的“系綜”，為“假想”的無限多個“等同物理系統”的總稱。注意，此處的每“一個”等同物理系統皆指，由明確定義的相同程序所產生的、物理結構完全相同的“一個”物理系統。

“系綜”又分為“經典系綜”與“量子系綜”，前者可稱為“非相干系綜”，而後者可稱為“相干系綜”。在經典系綜裏，針對“離散佈”或“連續佈”，我們分別以“概率”或“概密”來描述觀測結果的分佈，比如在“擲骰子”的例子裏，觀測“點數”這個物理量的分佈；而在量子系綜裏，針對“離散佈”或“連續佈”，我們分別以“複概幅”或“複概密幅”來描述觀測結果的分佈。

其次，針對某特定物理量ω，我們可以定義一個“系綜”。在此系綜裏，我們對任何物理量進行觀測，包括物理量ω，以及除ω外的任何其它物理量λ。於一般情況下，在針對某特定物理量ω定義的系綜裏，我們觀測某物理量λ的結果，皆為一個“分佈”，可用“概佈”$P(\lambda)$來表達。在經典物理裏，針對“離散佈”或“連續佈”，我們也可分別用“概率”$p(\lambda)$或“概密”$\rho(\lambda)$來表達此分佈。然而，在量子物理裏，我們必須利用“複概幅”或“複概密幅”來表達觀測某物理量的分佈。另外，針對觀測物理量λ，我們還可假想有無窮多個觀察者，分別對此系綜裏的這無窮多個等同物理系統，作獨立的“理想觀測”，由此就可以得到該物理量λ的“期值”、“方差”、“標準差”、…等。

總之，我們可以在“系綜”的基礎上來定義“物理態”：物理系統於時刻t的狀態，可由一組“完備的”物理量“期值”來詳盡地描述，而這組物理量的“個數”在可能最少的情況下，恰好就等於此物理系統的“自由度”。要想得到這組完備的物理量期值，我們就必須要在對應於此“物理態”的系綜裏，對其無窮多個“等同物理系統”分別作觀測。因此，“物理態”本身就已經包含了系綜的特質。物理態又可分為“純態”與“混態”。經典的“純態”可直接對單個物理系統來定義，而經典“混態”就必須在“經典系綜”的基礎上來定義；然而，在量子物理裏，“純態”只需在“量子系綜”的基礎上來定義，而“混態”必須同時在“經典系綜”與“量子系綜”的基礎上來定義。

在經典物理裏，不論是“純態”或“混態”，我們僅利用一個“實變數”$\omega(t)$，就可以詳盡地描述物理系統處於t時刻的物理態：對於經典純態，每次的觀測結果皆為同一個值，因此，其“觀測值”等於“期值”，而其“標準差”為零；對於經典混態，每次觀測結果皆以特定概率出現。值得注意的是，在經典物理裏，“觀測結果”的一切訊息，皆蘊含於“實變數”$\omega(t)$。

然而，在量子物理裏，針對物理系統的物理態，不論是“純態”或“混態”，我們皆可利用“態符”ρ來表達：對於量子純態，我們一定可用某態矢$|\alpha\rangle$或純態符$\rho_\alpha \equiv |\alpha\rangle\langle\alpha|$來表達；對於量子混態，就必須利用混態符$\rho^{(\beta)} \equiv \sum_i q_i |\beta_i\rangle\langle\beta_i| = \sum_{ij} b_{ij} |\alpha_i\rangle\langle\alpha_j|$來表達。

在量子物理裏，由於對物理量的觀測結果通常為一個“概佈”，所以我們必須要將觀測結果的“範圍”與“概率”分開來處理。在量子觀測理論裏，我們假設物理系統的“物理量”，皆對應其希空間裏的“測符”。我們以“測符”Ω來代表對“物理量”ω的“觀測運作”，以此測符Ω的一切“徵值”$\{\omega_n\}$來代表一切可能觀測結果的“範圍”，而每個“徵值”出現的“概率”，則由此物理系統的“態符”ρ與測符Ω的“徵態”$\{|\omega_n\rangle\}$，來共同決定。遇到這種情況，就必須要借助數學裏的“混變數”概念，而且更複雜！因為我們必須要將“混變數”推廣為“相干混變數（coherence random variable）”，這是數學家從來都沒有想像到的概念。因此，最簡單的解決辦法，就是引進“測符”與其“徵程”，以及“量子觀測理論”。

假設我們想要同時觀測多個物理量，若它們之間彼此“不相容”，即其所對應的測符彼此不對易，則這幾個物理量的“標準差”就不可能同時為零，因而就有了著名的“不確定關係”，如“位動不確定關係”。然而，在經典物理裏，不存在此種不確定關係，即不同物理量皆彼此“相容”。

探討物理量的觀測，就必然牽涉到“系綜平均”。系綜平均又可分為“經典平均”和“量子平均”，它們與“經典系綜”和“量子系綜”有著密不可分的聯繫。當我們在觀測某個物理量並得到其“期值”時，在經典物理情況下，只需作“經典平均”即可，但在量子物理情況下，必須要先作“量子平均”，然後再作“經典平均”。

在經典力學裏，位置動力變數$\boldsymbol{x}(t)$隨時刻t的演化，就描述了物理系統隨時刻t的演化，此即為“哈密頓運動方程”或“牛頓運動方程”。而在量子力學裏，位符$\boldsymbol{X}(t)$的期值$\langle\boldsymbol{X}(t)\rangle$隨時刻$t$的演化，即為“量子哈密頓運動方程”。

三・八 測符徵態的分類

A. 粒子的靜止態

在討論物理系統的各種狀態前，我們先來談一個粒子處於最簡單的經典狀態——“靜粒子（static particle 或 particle at rest）”。“牛頓第一定律”說，動者恆動，靜者恆靜。當某粒子不受任何外力作用時，此粒子不是“靜止”，就是作“等速運動”。在日常生活經驗裏，“靜止物體”的概念，相當容易理解，也似乎很容易定義。當然，這裏所謂的“靜止”是指“相對靜止”，也就是針對某一個參考座而言的“靜止”。那麼，物體“靜止”的本質是什麼呢？在日常的宏觀經驗裏是指，任何時候去觀測它，它皆處於同一個相對位置，其相對位置不隨時刻t改變，也就是它的相對速度為零，此即為在宏觀裏所謂的“靜止”。

然而，在微觀或量子力學的世界裏，“靜止”的定義要複

雜得多。在任何同一個特定時刻，觀測同一個粒子的“位置”，即物理量 x，通常都會得到許多不同的結果，我們唯一能確定的是，粒子出現於各個可能位置上的概佈。如果我們想以“一個”位矢，來大致地定義粒子的“位置”，則最明確且適當的方式，就是借助“位符” X 的期值。因此，若粒子“位符” X 的期值不隨時刻 t 改變，即 $d\langle\psi(t)|X|\psi(t)\rangle/dt=0$，我們就定義該粒子“靜止”。不過，這樣會產生新的問題：代表粒子靜止於某位置 $x_0\equiv\langle\psi(t)|X|\psi(t)\rangle$ 的物理態 $|\psi_0(t)\rangle$，有無窮多個。首先，我們注意到，有許多不同的物理態，其粒子的平均“位置”都在 x_0 不動，但其“位置”的概佈曲線，卻可以有寬窄不同、形狀不同，甚至概佈本身，也可以隨時刻 t 改變。

其次，就是粒子的“速度”問題。由前面的討論，我們可以體會到，“速度”只能以“位符期值的時變率”來定義。根據本書〈第四・八・F 小節　態換子的物理意義(2)〉可知，粒子的“速符（velocity operator）” V 與“動符” P，在最簡單的情況下，是正比關係 $P=mV$，而 m 為粒子的質量。在一般情況下，有可能是 $P=mV+A(X)$，而 $A(X)$ 為位符 X 的函。然而，在相對論情況下，則更為複雜，具體請參閱本書〈附錄二・六・D 小節　四動符〉。此處為便於討論，我們姑且以動符 P，代表粒子速符 V 的的某種量度。注意，位符 X 的“正則動符（canonical-momentum operator）”，就是這裏所指的動符 P，而我們稱 mV 為“力學動符（mechanical-momentum operator）”。

觀測粒子的“動量” p，與觀測“位置” x 的情況非常類似。我們會得到許多不同的動量值，並且每個值以一定的概率出現。同樣地，如果我們想以“單個矢”，來大致地定義粒子的“動量”，則最適當的就是借助“動符” P 的期值。假設我們限定粒子的動量 p 為零，就是限定粒子動符 P 的期值為零，

$$\langle\psi_0(t)|P|\psi_0(t)\rangle = 0$$

但是動量的概佈還是可以不同，也就是說，滿足上式的物理態 $|\psi_0(t)\rangle$ 有無限多個。如此一來，我們就有許多各式各樣的“靜粒

子”了。

我們或許可以嘗試將“靜止態（static state）”的範圍縮小，例如，限定“靜止態”在位空間裏的概佈$|\langle \boldsymbol{x}|\psi(t)\rangle|^2$不隨時刻$t$改變。這樣一來，“靜止態”就必須是“駐態（stationary state）”，即不顯依時刻t的哈密頓H徵態。關於“駐態”，可參閱本章〈第三・八・G小節 駐態與播態〉。此外，我們再限定“靜止態”動量與角動量的期值，都必須為零。雖然動量或角動量期值為零的態，在位空間裏的概佈，可能不隨t改變，但還可以有“移動”或“原地旋轉”的動態平衡現象。即使受如此嚴格條件限制的態，當我們去量度它的“動量”時，卻不一定為零，而只不過是其動量概佈的期值為零而已。只有在位置測量的標準差σ_x趨近於無限大時，才有可能使得動量分佈集中於零附近，而σ_p趨近於零。因此，無論如何也不可能達到經典“完全靜止”的要求。

B. 基態

> 在物理系統的希空間裏，一組完備的“線獨立態（linearly independent states）”，可構成此希空間裏的一個“態基（state basis）”，而我們稱這些態為“基態（basis states）”。

注意，不要將“基態”與“底態（ground state）”混淆，“底態”是指“總能量”最低的態，當然可能有很多最低能量相同的“底態”，即底態“簡併”。而這裏定義的“基態”，是一個完全不同的概念。“基”相當是希空間裏的“座標系”或“標架”，而其所包含的“基態”相當於“座軸”上的“單位矢”，可用來作“物理標示”與“數學運算”。任意測符的一切徵態所構成的“集（set）”，皆可當作“基”。然而，有些教科書裏所謂的“基態”，實際上指的是“底態”，注意不要混淆。

C. 物理態與非物理態

“物理態”是指，物理系統可以實際呈現的狀態。狀態要能夠實際呈現，就必須是“可模規”的。對於由“等同粒子（identical particles）”所構成的物理系統而言，物理態還必須滿足“稱化（symmetrization）”的條件，即此物理態必須是“對稱態（symmetric state）”或“反稱態（antisymmetric state）”。

“非物理態”是指，在物理系統的希空間裏，除物理態以外的任何態。這些非物理態，雖然不能夠實際呈現，但有些可以利用它們來作數學運算。

我們必須強調，只有“可模規”的態，才可能是物理態。任意測符的徵態，皆可當作基態，但卻不一定是物理態。

D. 純態與混態

依據“相干性”，物理態可分為“純態（pure state）”與“混態（mix state）”。假設某態可用“一個態矢”或“一個波函”來代表，則我們稱此態為“純態”，否則稱為“混態”。

為便於數學運算，此處定義的純態與混態，可以是物理態或非物理態。關於物理上可以實現的純態與混態，在本書〈第一・四節　統計描述〉與本章〈第三・四節　量子純態與混態〉裏，已經討論很多，此處不再贅述。

然而，我們還要再次強調，在量子力學裏，“混態”必須在“量子系綜”與“經典系綜”的基礎上來定義；而“純態”只需在“量子系綜”的基礎上來定義。

E. 分立態與連續態

測符的徵態，依據其徵值是否連續，可區分為“分立態（discrete state）”與“連續態（continuum state）”：若某徵值的“鄰域”只要足夠小，就不含其它徵值，則我們稱其對應的徵態為“分立態”或“離散態”，否則就稱為“連續態”。

注意，分立態與連續態，只是對測符的徵態作分類，並非對物理態作分類，因為連續態無法“模規”，所以不是物理態。

F. 束縛態與散射態

依據在位空間的“局域性”，態可分為“束縛態（bound state）”與“散射態（scattering state）”。假設某態被局限於位空間裏的一個有限體積內，則無論這“有限體積”有多大，我們皆稱此態為“束縛態”，否則就稱其為“散射態”。局限的條件為

$$\lim_{x \to \pm\infty} x^n \psi(x) = 0$$

此處n為任意正整數，而$\psi(x)$為其“波函”。注意，分立態一定是束縛態，連續態一定是散射態。

G. 駐態與播態

依據概佈是否隨時刻t而改變，態可區分為“駐態（stationary state）”與“播態（progressive state 或 propagating state）”、或分別稱為“定態”與“行態”。假設某態在位空間的概佈，不隨t改變，則我們稱此態為“駐態”，否則就稱為“播態”。

若某物理系統的哈密頓H不顯含時刻t，則其徵態就是駐態。這是因為不顯含t的哈密頓H，其徵態在位空間的概佈不隨t改變。請注意，先決條件是，其哈密頓H必須不顯含t。換而言之，若某物理系統的哈密頓$H(t)$顯含t，則此物理系統就不可能有駐態。

假設$|\psi(t)\rangle$代表一個“駐態”，則$|\psi(t)\rangle$有一個有趣的特性：一切不顯含t的測符$\{\Omega, \Lambda, \cdots\}$之期值$\{\langle\psi(t)|\Omega|\psi(t)\rangle, \langle\psi(t)|\Lambda|\psi(t)\rangle, \cdots\}$、以及這些測符$\{\Omega, \Lambda, \cdots\}$所構成函$F(\Omega, \Lambda, \cdots)$的期值，皆不隨$t$改變，

$$\langle\psi(t)|F(\Omega, \Lambda, \cdots)|\psi(t)\rangle = \text{不含} t \text{ 的常量}$$

注意，此處$|\psi(t)\rangle$為“駐態”。然而，請勿將“駐態”與“運動常量（constant of motion）”這兩個概念混淆。若某物理量ω為某物理系統的“運動常量”，則不論該物理系統處於何種狀態，此物理量ω的期值，即此物理量ω所對應測符Ω的期值，皆不隨t改變。

現在，我們以“總能量”為例，將“駐態”與“運動常量”的區別說明如次：假設某物理系統的總能量E為“運動常量”，則不論此物理系統是處於駐態或播態，其哈密頓H的期值$\langle\psi(t)|H|\psi(t)\rangle$，皆不隨時刻$t$改變。不過，對於“播態”而言，其總能量對應的動力變數$E(t)$，為時刻t的非連續多值函。換而言之，若總能量是“運動常量”，則在某特定時刻t，每次觀測“播態”的總能量，並非都得到同一個結果，而是依特定的概佈，可能得到許多不同的結果，但總能量的期值，卻不隨t改變。然而，對於“駐態”而言，其總能量對應的動力變數$E(t)$，為不隨t改變的常數。由於駐態恰好是總能量的徵態，因此，觀測駐態的總能量的“標準差”為$\sigma_E = 0$。另一方面，即使物理量“位置”不是某物理系統的“運動常量”，但若此物理系統處於“駐態”，則其“位置”的概佈，就不隨t改變。

駐態可能是分立態，也可能是連續態，因此，它不一定是束縛態。同樣地，播態可能是分立態或連續態，也可能是束縛態。當然，駐態就是總能量的徵態，而播態一定不是總能量的徵態。束縛態可能是駐態或播態，散射態也可能是駐態或播態。

以上關於態的分類，看起來似乎很複雜，其實只是針對態的不同特性，加以分類。因此，就不同的分類而言，同一個態可以有許多不同的名稱。

第四章 量子力學推導

生活在宏世界裏的人類，所體認或觀測到的物理量及其間的規律，通常是許多微過程在“宏時間（macroscopic time）”內呈現的“系綜平均現象（ensemble-average phenomena）”。因此，我們由日常生活經驗或觀測宏世界，所歸納得到的概念及理論，當然不一定適用於微世界。而眾多微物體的“微規律（microscopic laws）”，也可能在平均之下喪失其稟賦結構，而呈現嶄新的行為“模式”。因此，描述微世界的自然律，不可能僅由宏世界的經驗或觀測得到，此時就必須借助“直覺（intuition）”的延伸來猜臆了。

僅有極少數微過程的直接效應，可以在“宏尺度（macroscopic scale）”下觀測到，例如，布朗運動、超導現象、液態氦的超流現象等。然而，人們可以借助特別設計的儀具，來觀測微過程。請參閱本書〈附錄四 量子觀測理論〉。

假設宇宙裏任何東西的本質，皆以“粒子”的形式“局域（local）”存在。對於不同的“慣性觀察者”而言，當觀測這個東西的“位置”與“動量”時，依據其實際的狀態，其規律皆呈現為宇宙“全域（global）”裏“絕對隨機（absolutely random）”的特定“概率分佈”。此即所謂的“波粒二象性”，這與華夏傳統的“陰陽觀”不謀而合：時為“陰”、空為“陽”，動量為“陰”、位置為“陽”，波為“陰”、粒為“陽”。

此外，數學上描述特定“概率分佈”的“波函”$\psi(\boldsymbol{x},t)\equiv \psi_R(\boldsymbol{x},t)+i\,\psi_I(\boldsymbol{x},t)$，也是由“陰波”$\psi_I(\boldsymbol{x},t)$與“陽波”$\psi_R(\boldsymbol{x},t)$組成。本章我們將嘗試由“波函”的基本“時空轉換”，一步步地推導“量子力學”。在邏輯形式上，我們將利用公設的方法，奢望能做到如數學裏幾何學般的那樣“近乎”完美。

一・物理公設系統
A. 數學邏輯公設
B. 物理運算公設
C. 觀測事實公設

二・量子力學公設
A. 對應公設
B. 相容公設
C. 稱化公設
D. 對等公設
E. 光速公設

三・觀察者的物理世界
A. 對等觀測
B. 對等測符
C. 對等量子描述
D. 維格納定理

四・物理態的時空轉換
A. 態時間平移
B. 態位置轉換
C. 態換符
D. 態換子
E. 態換符方程與通解
F. 物理時空的態轉換

五・態換符一般表達式
A. 態時移符
B. 態位移符
C. 態轉向符
D. 態勻速符

六・時空轉換與態換符
A. 時移
B. 位換
C. 一般轉換
D. 均勻時空的態換符

七・態換子對易關係
A. 態換符對易關係
B. 態換子間的代數結構
C. 態換子對易關係

八・動力測符
A. 位符
B. 速符
C. 時空轉換下的測符
D. 位符與態換子對易關係
E. 速符與勻速子對易關係
F. 態換子的物理意義
G. 外加場中粒子的測符

四・一 物理公設系統

人們借助感官上對自然界的直觀認知，而“歸納”出許多“物理概念”，如時間、空間、質量、速度、溫度、光、聲、電、磁等。通過對自然或人為的物理現象的觀察及測量，人們更體認到，各個物理概念彼此間有許多關係及規律。分析這些依經驗而建立的關係及規律，人們“歸納”出物理概念間的一些基本關係，即所謂“物理律（physical law）”，如刻卜勒行星運行律、波義耳氣體律等。

為了瞭解與簡化這些物理律，人們又引進新的物理概念，如動量、角動量、動能、勢能、熵等，並嘗試以更簡單、更少的物理概念，及其彼此間的關係，來解釋由觀測所歸納出的物理律。此即所謂“物理理論”，如經典力學、氣體動力理論、相對論、量子力學等。

一般說來，“物理理論”較“物理律”，在形式上更抽象，適用範圍更廣。通常，我們可以將物理理論建立於“公設系統（postulate system）”之上。然而，在數學上有所謂的

“哥德爾不完備定理（Gödel incompleteness theorem）”：

(i) 不完備性：在任何有限“形式系統（formal system）”內，必定有某個無法判定是否正確的“命題（statement）”。

(ii) 不一致性：在任何有限形式系統內，無法證明此系統本身的“一致性（consistency）”。

舉個很簡單且方便體會的例子：“公設系統”猶如一個“開區間”(0, 1)，此區間的兩個極限值“0”與“1”，不在此“開區間”內。換而言之，在一根兩端無限延伸的軸上，永遠找不到此軸的兩個“端點”。

根據哥德爾不完備定理，“公設系統”顯然有內在的先天缺失，這或許代表人類在形式上認知的極限。除此“認知極限”

的缺失外，“公設系統”在應用上，仍然有總結“理論框架”的方便性。在物理理論裏，公設大致可分為三大類：“數學邏輯公設（postulate of mathematical logic）”、“物理運算公設（postulate of physical operation）”、“觀測事實公設（postulate of observational fact）”。

A. 數學邏輯公設

這類公設是有關物理理論的“數學模式（mathematical models）”、及其“邏輯”的假設，涉及一些數學量及其彼此間的關係與運算法則。在一般物理理論裏，這一類型的公設經常是隱而不提的。例如，量子理論利用到數學裏的“希爾伯特空間（Hilbert space）”，簡稱“希空間”，而希空間的特性及相關運算法則，我們就不再另以公設方式列出。又例如，某理論利用“複數”作運算，我們也不必再列出複數運算的公理。

B. 物理運算公設

這類公設是有關“物理概念”與“數學量”間的對應關係。這一類型的公設，確立了“物理概念”與作運算用的“數學量”之間的對應，及其間的相互轉化關係。也就是說，這個對應關係，將“物理概念”轉化成可作運算的“數學量”，使“物理理論”轉化成“數學模式”。依據此數學模式，經過數學運算的“邏輯推演〔心靈上的直觀認知〕”，即所謂的“數學演繹（mathematical deduction）”，我們可以對實際的物理現象作分析。在此邏輯推演過程中，使用的數學量及運算法則，並不一定要有物理觀測上的意義。但最後推演出來，以數學量來表達的結論，可利用物理與數學的對應關係，再轉化回物理概念，此時便可驗證物理理論的適用性。

因為此類公設能將“物理概念”間的關係，轉化為“數學模式”作運算、以分析物理現象並驗證物理理論，所以“物理概念”與“數學量”間的“對應轉化關係”，便成了連接“物理理論”與“物理世界”的橋樑。如果缺少了這種對應轉化關係，則物理理論只是數學式，而無物理內涵與意義。這種對應轉化關係，猶如“解析幾何”溝通了“代數”與“幾何”，使得代數方程與幾何圖形可以相互轉化。因此，代數在邏輯推演上的嚴密，配合幾何在圖形結構上的直觀，而相得益彰，有如數學家華羅庚（1910-1985）所言：

> 數缺形時少直觀，形少數時難入微，
> 數形結合百般好，隔離分家萬事非。

這種“物理概念”與“數學量”間的對應轉化關係，有時非常簡單且容易理解；例如，在“經典力學”裏，粒子的“位置”〔物理概念〕與“實數”〔數學量〕之間的對應關係。但也有些對應關係較抽象，不容易體會；例如，在“量子力學”裏，物理系統的“狀態”〔物理概念〕與希空間裏的“矢”〔數學量〕之間的對應關係。然而，只要經由“物理理論”推導出來的一切可觀測的結論，與真實物理世界的現象符合，我們就認定此物理理論是正確的。

C. 觀測事實公設

這類公設是對觀測結果直接或間接的陳述。例如，“狹義相對論”的兩個公設皆屬於此種類型。這類公設必須建立在觀測的基礎上，否則就無實質的物理意義。而且這類公設愈精簡愈好，如此才能由較少的觀測事實，預測較多的物理現象。

四 • 二 量子力學公設

為了推導量子力學，我們已在本章〈第四 •一節 物理公設系統〉裏，首先闡述以“公設系統”建立物理理論的方法，然後再討論自然律應該要滿足的公設。

如果我們以公設系統來建立微觀理論，這些公設當然有可能不符合宏觀的經驗或觀測。然而，在宏尺度下，由微觀理論所推演出來的宏觀結果，卻不能違反宏觀現象。我們將在本節給出量子力學的五個公設，即：“對應公設（postulate of correspondence）”、“相容公設（postulate of compatibility）”、“稱化公設（postulate of symmetrization）”、“對等公設（postulate of equivalence）””、與“光速公設（postulate of light speed）”。當然，建立“狹義相對論”時所依據的“對等公設”與“光速公設”，在推導量子力學時也應該成立。

處於不同慣性座的任意兩位觀察者，他們對同一個物理系統的同一個狀態，會有兩個不同的描述，稱為彼此的“對等描述（equivalent descriptions）”，而本章將討論這兩個不同描述之間的“轉換關係”，並且以“態換符（state-transformation operator）”來表達此轉換關係。利用本書〈第一・八・D 小節 伽利略轉換對易關係〉裏“時空轉換”間的對易關係，可以推導出不同“態換符”間的對易關係，更進而得到不同“態換符”的“生成子（generator）”間的“對易關係”。如此，我們就可構建出，一切“東西”在“宇宙”裏的一切“現象”，也就完成了“量子力學”的基本架構。

為此，我們首先將在本章〈第四・三節 觀察者的物理世界〉裏，闡述“對等量子描述（equivalent quantum descriptions）”及其相關的概念。在〈第四・三・D 小節 維格納定理〉裏將介紹，針對同一個物理系統的同一個狀態，兩位不同觀察者的描述間，所必須滿足的“幺正轉換（unitary transformation）”關係。其次，我們將在數學上定義“態換符”、與其“生成子”特稱為“態換子（state-transformation generator）”，並得到態換符所滿足的方程及其通解。最後，我們將分別在時移、位移、轉向、與勻速這四類基本的伽利略轉換下，推導其各自態換符與態換子的明確形式，以及它們各自間的對易關係。

總之，我們在日常生活經驗裏，根據對粒子運動的觀測，歸納出一些法則，從而構成了所謂的“經典力學”。在經典力學裏，為了便於描述，我們首先定義一些“動力變數”，以代表所要觀測的“物理量”。然而，在量子力學裏，對觀測結果的“範圍”與“概率”，卻必須分開詳細處理。

根據實驗證實，對於同一個“物理態”ρ，觀測同一個“物理量”ω，可能會得到不同的“數值”$\{\omega_i\}\equiv\{\omega_1,\omega_2,\cdots\}$，而且各數值以特定“概率”$\{p_i\}\equiv\{p_1,p_2,\cdots\}$呈現。因此，在量子力學理論裏，我們以“測符”$\Omega$代表對物理量$\omega$的“觀測”。測符$\Omega$的“徵值”$\{\omega_i\}$為其一切可能觀測到的“數值”，也就是觀測結果呈現的“範圍”；而測得特定數值ω_i的“概率”p_i，也就是觀測結果呈現的“概率”，當然與“物理態”ρ以及“測符”Ω皆有關係。為了保持“物理量”ω與“測符”Ω間的“一一對應”關係，測符Ω必須具有數學“概率論”裏“混變數（random variable）”的特性。具體請參閱〈第一・六節　物理量的概佈〉。

就“量子純態”$\rho=|\psi\rangle\langle\psi|$而言，通常我們以態矢$|\psi\rangle$代表觀測對象的狀態，而以測符$\Omega$代表觀測物理量$\omega$的“運作”。觀測得到的一切可能值的“範圍”$\{\omega_i\}$，完全由“測符”$\Omega$決定，而觀測得到特定數值的“概率”$\{p_i\}\equiv\left\{|\langle\omega_i|\psi\rangle|^2\right\}$，則是由觀測對象的狀態$|\psi\rangle$，以及物理量$\omega$所對應的“測符”$\Omega$，來共同決定。

更明確地說，一個物理態$|\psi\rangle$，經歷某種觀測運作Ω，可能會呈現出許多不同的結果$\{\omega_i\}$，而這各種不同的結果，皆以各自的概率$\{p_i\}$來呈現。在量子力學裏，我們以測符Ω的徵值$\{\omega_i\}$及其相應的徵態$\{|\omega_i\rangle\}\equiv\{|\omega_1\rangle,|\omega_2\rangle,\cdots\}$，來代表觀測的一切可能結果，而以態矢$|\psi\rangle$與特定徵態$|\omega_i\rangle$內積的絕值平方$p_i\equiv|\langle\omega_i|\psi\rangle|^2$，來代表此特定結果$\omega_i$呈現的“概率”。因此，觀測“物理態”$\rho$的“物理量”$\omega$，猶如擲一個“量子骰子（quantum dice）”ρ_ω。

在本章〈第四・八節　動力測符〉裏，我們將先定義量子力學裏最基本的“動力測符（dynamical observable）”——“位符（position operator）”。其次，以“位符”來定義“速符（velocity operator）”。然後，分別在位移、轉向、與勻速轉換下，推導其各“態換子（state-transformation generator）”與“位符”間的對易關係，以及“速符”與“勻速子（uniform-speed generator）”間的對易關係。最後，對以上“態換子”給出適切的物理意義，並在外加場中，對這些“動力測符”作適當的修正。

在一般傳統上，我們將“量子力學公設”分為九大項來敘述：“物理態”、“物理量”、“觀測”、“量子化”、“演化”、“相容性”、“稱化”、“對等性”、“光速”。具體請參閱本書〈附錄九 量子力學舊公設〉。我們可以將這些公設精簡約化為五大項：“對應公設”、“相容公設”、“稱化公設”、“對等公設”、“光速公設”，現分述如次。

A. 對應公設：物理系統對應希爾伯特空間

> 處於“純態”的物理系統，於時刻 t 的一切訊息，皆蘊含於此物理系統所對應的希空間裏的一個“可規態矢（normalizable state-vector）”$|\psi(t)\rangle$。針對此物理系統的某物理量 ω 作觀測，其可能結果的訊息，皆蘊含於其希空間裏的一個“測符”Ω，而任一觀測結果出現的概率，則由此態矢 $|\psi(t)\rangle$ 與測符 Ω 共同決定。我們稱此公設為“希空間公設（postulate of Hilbert space）”或“對應公設”。

假設測符 Ω 的徵程為

$$\Omega|\omega_n\rangle = \omega_n|\omega_n\rangle, \qquad n = 1,2,3,\cdots$$

此處 $|\omega_n\rangle$ 代表徵值為 ω_n 的徵態。我們觀測物理量 ω，所得結果必然為測符 Ω 的一切徵值 $\{\omega_n\}$ 之一。然而，於時刻 t 作觀測，測得 ω_n 的概率 $|c_n(t)|^2$ 為

$$|c_n(t)|^2 \equiv |\langle\omega_n|\psi(t)\rangle|^2$$

而在剛測得 ω_n 時，此物理系統處於徵態 $|\omega_n\rangle$。

B. 相容公設：微觀宏觀相容性

在宏尺度下，微世界與宏世界的自然律必須相容，即所謂“相容公設”。

其實此公設的基本精神，與玻爾（N. H. D. Bohr, 1885-1962）的“對應原理（principle of correspondence）”相當。在“宏條件（macroscopic conditions）”下，任何微世界的自然律，都必須以經典力學、經典電磁學、或經典統計力學為依歸。就宏世界而言，這些經典理論已經過嚴密檢驗而且相當圓滿，並自成一套完整的理論體系。就廣義而言，此公設也包括，在一般意義下必須滿足的“物理條件（physical constant）”。因此，相容公設是必要的，並且其歸類於本章前面〈第四・一節 物理公設系統〉裏的“觀測事實公設”。

C. 稱化公設

由“等同粒子（identical particles）”所構成的物理系統，僅能以“對稱”或“反稱”的狀態存在。

“對稱”與“反稱”的定義如次：假設我們以$1, 2, \cdots, N$來標示N個等同粒子，而以$|\psi_{12\cdots N}(t)\rangle$代表這$N$個等同粒子所構成的物理系統的狀態。其次，我們定義“交換符（exchange operator）”Q_{ij}的運作效應為，將粒子“i”與粒子“j”的指標對調。假設$|\psi_{12\cdots N}(t)\rangle$是交換符$Q_{ij}$的徵態，則有

$$
\begin{aligned}
Q_{ij}\left|\psi_{12\cdots i\cdots j\cdots N}(t)\right\rangle &= \left|\psi_{12\cdots j\cdots i\cdots N}(t)\right\rangle \\
&= \pm\left|\psi_{12\cdots i\cdots j\cdots N}(t)\right\rangle
\end{aligned}
$$

此式對於任意兩個指標(i, j)皆成立。在上式裏，當正號成立時，則交換符Q_{ij}的徵值為$+1$，我們就稱$|\psi_{12\cdots N}(t)\rangle$為“對稱態（symmetric state）”；而當負號成立時，則交換符Q_{ij}的徵值為-1，我們就稱$|\psi_{12\cdots N}(t)\rangle$為“反稱態（antisymmetric state）”。

關於"交換符"的詳細介紹，請參閱〈附錄十 粒子態的稱化〉。

"等同粒子系統的狀態必須對稱化或反稱化"的概念，源自於"泡利不相容原理（Pauli exclusion principle）"，是原子殼層結構的理論基礎。根據此公設，希空間裏任意一個可模規矢，並非都是物理上實際可存在的狀態。因此，物理系統的狀態，僅對應希空間裏一切可模規矢中的極少部分。由此可見，等同粒子系統所允許存在的量子態，比起所允許存在的經典態，要少得多。這個公設，屬於本章〈第四・一節 物理公設系統〉裏所討論的"觀測事實公設"，它代表對觀測事實的陳述：

> 實驗上從未觀測到既非"對稱"亦非"反稱"的物理態。

假設某類粒子構成的等同粒子系統以"對稱態"存在，則此類粒子稱為"玻子（boson）"，滿足"玻色–愛因斯坦統計"；若某類粒子構成的等同粒子系統以"反稱態"存在，則此類粒子稱為"費子（fermion）"，滿足"費米–狄拉克統計（Fermi-Dirac statistics）"。這裏所謂的"粒子"可以是"基本粒子（elementary particle）"，也可以是"複合粒子（composite particle）"。

實驗上還發現，具有零或整數自旋的粒子，都是玻子，而具有半整數自旋的粒子，都是費子。公元1940年，泡利（W. E. Pauli, 1900-1958）在"相對量子場論（relativistic quantum field theory）"的基礎上，證明了自旋與統計之間的必然關聯。

由於等同粒子系統的交換符Q_{ij}，與此系統的哈密頓$H(t)$對易，

$$\left[Q_{ij}, H(t)\right] = 0$$

因此，交換符Q_{ij}為"運動常量"。根據本章〈第四・八・F 小節 態換子的物理意義(4)〉，哈密頓$H(t)$是"態演化符（evolution operator of state）"$U(t', t)$的生成子，所以物理系統交換符Q_{ij}的徵值，不隨時刻t改變。換而言之，若等同粒子系統處於對稱態，則永遠處於對稱態；若處於反稱態，則永遠處於反稱態。

此外，由於交換符Q_{ij}與哈密頓$H(t)$對易，所以在交換等同粒子前後，等同粒子系統的能量徵態，本來應該是“簡併”的。然而，現在根據“稱化公設”，等同粒子系統的狀態，若不是“對稱”的，就是“反稱”的，而且必為兩者之一。因此，稱化公設就消除或避免了這種“簡併”。

D. 對等公設：物理律的不變性

> 在任意兩慣性座裏，對任何同一物理現象所作的描述，皆彼此對等，此即所謂“對等公設”。

關於“對等描述”的意義，我們將在本章〈第四・三・C 小節 對等量子描述〉裏作詳細說明。

根據我們的日常生活經驗，若某些觀察者之間唯一不同的是，他們所處慣性座的“原點”位置不同，或其座軸的“方位”不同，則我們就不可能分辨出，其中任何一位觀察者有任何特殊的地方。

依據“對等公設”，若兩觀察者所處的慣性座之間的轉換關係為“對稱轉換”〔定義見〈第一・八・B 小節 時空轉換〉〕，則這兩觀察者對一切物理現象的描述，就應該彼此“對等”。

由於此公設屬於本章〈第四・一節 物理公設系統〉裏的“觀測事實公設”，因此必須以實驗觀測來驗證。如果我們能夠找到一個“絕對靜止”的座標系，則此公設就不成立。然而到目前為止，幾乎所有物理學家都承認此公設。在哥白尼（M. Kopernik, 1473-1543）時代、甚或更早，哲學家們就早已把此公設當作基本假設，尤其龐卡瑞（J. H. Poincaré, 1854-1912）更是強調這個公設。愛因斯坦則以此公設，作為其“狹義相對論”的第一個公設。

E. 光速公設：光速恆定性

> 在真空裏，光的速率與其光源的運動無關，此即所謂“光速公設”。

當然，只有在推導“相對量子力學（relativistic quantum mechanics）”時，我們才需要光速公設。

“對等公設”與“光速公設”皆屬於“觀測事實公設”，這也是愛因斯坦借以推導出“狹義相對論”的兩個公設。不過，在愛因斯坦提出光速公設時，此公設在實驗上尚未充分得到決定性的證實。其實早在愛因斯坦之前，龐卡瑞就猜想，光速可能是物理粒子的速率極限。

以較明確的數學語言來敘述，最後這兩個公設可改寫為：

(i) 在不同慣性座裏，描述自然律的方程形式不變。
(ii) 光在真空中的傳播，滿足“麥克斯韋方程（Maxwell equations）”。

然而就邏輯而言，這兩個公設為充分但非必要。例如，光的傳播方式或許不依循麥克斯韋方程，但光在真空裏的速率，仍然必須符合實驗事實：光速與光源的運動無關。

四・三 觀察者的物理世界

一切物理律，皆是建立於“承認客觀物理世界存在”的基礎上。也就是相信，有許多觀察者，觀測同一個客觀存在的物理世界，而這些觀察者各自借助其與物理世界的交互作用，根據其各自的認知，來定性、定量地描述這個物理世界及其規律。這也就是在這些觀察者眼裏的“物理態面面觀（facets of physical state）”。

以上這段話，就是〈附錄十一・三節 座標轉換〉裏所說的“被動觀（passive point of view）”。同一個物理態“被動地”讓處於不同“時空位置”的兩位“觀察者”O與O'觀測，得到兩個不同的“描述”$|\psi\rangle$與$|\psi'\rangle$。將描述$|\psi\rangle$轉換到描述$|\psi'\rangle$的“映射”，我們稱為物理態的“被動轉換（passive transformation）”。

反之，假設觀察者O所描述的“物理態”$|\psi\rangle$本身固定不變，

而只是主動地轉移到另一個不同的"時空位置";若此觀察者O觀測這個轉移後的物理態,所得到的描述為$|\psi'\rangle$,則由描述$|\psi\rangle$轉換到描述$|\psi'\rangle$的映射,我們稱為物理態的"主動轉換(active transformation)",而此觀點就稱為"主動觀(active point of view)"。"主動觀"祇有一個觀察者,而"被動觀"有不同的觀察者觀測。

A. 對等觀測

在定義"對等觀測(equivalent observations)"之前,首先介紹幾個相關的物理概念。

(i) 等同物理系統

假設某觀察者O以明確的定義來確認一個物理系統,而另一觀察者O'以相同定義,也來確認另一個物理系統。我們稱分別由O與O'所確認的這兩個物理系統,為"等同物理系統(identical physical systems)"。

(ii) 對等操作程序

假設某觀察者O執行一個有明確定義的"操作程序(operational procedure)"Ω,而這個操作程序,可以是自然或人為的。另一觀察者O',也執行對他本身來說,與觀察者O定義相同的操作程序Ω'。我們稱這兩個操作程序Ω與Ω',互相對應且為"對等操作程序(equivalent operational procedures)"。注意,針對同一個觀察者而言,我們就特稱為"等同程序(identical procedure)"。

(iii) 對等物理態

假設某觀察者O,經由一個有明確定義的操作程序Ω,使一個物理系統達到某個"物理態"A;另一觀察者O',以對等的操作程序Ω',使一個等同物理系統,也達到某個"物理態"A'。我們稱,由O所確認的態A,與O'所確認的態A',互相對應且為"對等物理態

（equivalent physical states）”。

就“主動觀”而言，假設觀察者O以某操作程序Ω觀測物理系統轉移之後的“物理態”，得到描述$|\psi'\rangle$。而另一個觀察者O'以對等操作程序Ω'，觀測等同物理系統的對等“物理態”，也得到描述$|\psi'\rangle$。我們就稱，“O觀測$|\psi'\rangle$”與“O'觀測$|\psi'\rangle$”是“對等觀測”。

B. 對等測符

在量子描述裏，觀測物理量ω，相當於執行一個操作程序Ω。而在量子數學裏，我們以其對應的唯一算符Ω，代表對應於物理量ω的測符；例如，位符$\boldsymbol{X}$對應於位置$\boldsymbol{x}$。觀測物理量ω，所得一切“可能值”為測符Ω的一切“徵值”$\{\omega_1, \omega_2, \cdots, \omega_i, \cdots\}$，特稱為測符$\Omega$的“徵值譜（eigenvalue spectrum）”，而所得一切“可能態”為測符Ω的一切“徵態”$\{|\omega_1\rangle, |\omega_2\rangle, \cdots, |\omega_i\rangle, \cdots\}$。

換而言之，假設針對某物理系統的物理態$|\psi\rangle$測量其物理量ω，測得值為ω_i的概率為$|\langle\omega_i|\psi\rangle|^2$，此處$|\omega_i\rangle$為徵值$\omega_i$所對應的徵態，而剛測量到$\omega_i$時，此物理系統處於徵態$|\omega_i\rangle$；事實上，若測得物理量$\omega$的值為$\omega_i$，則“斷定”此物理系統“其實”處於純態$|\omega_i\rangle$。關於觀測的量子理論，我們在〈附錄四 量子觀測理論〉裏，作了更進一步的具體說明，並且也在〈附錄九 量子力學舊公設〉裏的公設三談及。

若Ω與Ω'代表對等觀測的操作程序，則在量子力學裏，Ω與Ω'就代表“對等測符（equivalent observables）”。觀察者O'觀測同樣這個物理量ω，所得到的一切可能結果，為測符Ω'的一切徵值$\{\omega_1, \omega_2, \cdots, \omega_i, \cdots\}$，這些值當然應該與$\Omega$的徵值完全相同。

注意，對於此處物理量的符號“ω”，因為描述同一個物理屬性，所以用同一個符號ω來代表，而不用“ω'”。當然，在同一個座裏，互相對應的兩個徵態$|\omega_i\rangle$與$|\omega_i'\rangle$的描述必然不同。

若觀察者O'也觀測物理態$|\psi'\rangle$的物理量ω，則測得值為ω_i的概率為$|\langle\omega_i'|\psi'\rangle|^2$。注意，徵態$|\omega_i'\rangle$的徵值為$\omega_i$而非$\omega_i'$。因此，觀察者$O'$所觀測的態，應寫作$|\omega_i\rangle'$與$|\psi\rangle'$，較為恰當。但為了簡潔，我們採用如下標記，

$$|\omega_i'\rangle \equiv |\omega_i\rangle'$$

$$|\psi'\rangle \equiv |\psi\rangle'$$

C. 對等量子描述

假設兩位觀察者O與O'，分別觀測其周遭的一切物理現象。如果對於一切對等觀測，他們得到的結果數值完全相同，則我們就稱，觀察者O與O'對一切物理現象的描述，互相對應且為“對等描述”。

現在以量子描述為例，來具體說明“對等描述”。假設某觀察者O，觀測某物理系統由態$|\psi\rangle$轉變為態$|\phi\rangle$的概率。而另一觀察者O'，也作對等的觀測，記錄等同物理系統由對等態$|\psi'\rangle$轉變為對等態$|\phi'\rangle$的概率。如果他們觀測到的概率相等，則表示為

$$|\langle\phi|\psi\rangle|^2 = |\langle\phi'|\psi'\rangle|^2$$

現在進一步假設，他們對一切可能的物理態都作觀測，而且觀測到的概率皆相等。由於在量子力學裏，對物理系統的一切描述，皆可用$|\langle\phi|\psi\rangle|^2$的形式來表達，因此我們就稱，觀察者$O$與$O'$，對一切物理現象的量子描述，互相對應且為“對等量子描述”。

現在定義了“對等量子描述”，那麼在何種“數學條件”下，兩位觀察者的描述會“對等”呢？我們將在下小節裏，仔細談談這個問題。

D. 維格納定理

對於兩位不同的觀察者O與O'而言，如果他們所觀測的物理世界相同，則觀察者O對物理世界的描述，與觀察者O'對物

理世界的描述，至少必須是一一對應的。具體而言，假設觀察者 O 對物理系統某個物理態的描述是 $|\psi\rangle$，而觀察者 O' 對於等同物理系統的對等態的描述是 $|\psi'\rangle$，則 $|\psi\rangle$ 與 $|\psi'\rangle$ 必須是一一對應的。若此種對應關係，可保持“希空間”裏一切態矢的模不變，則我們就說這兩位觀察者對物理世界的描述，是“對等的”。在本章〈第四・三・C 小節　對等量子描述〉裏，我們曾經從實際操作觀點出發，對此作過比較詳盡的定義。

假設存在某種“對應關係”或“映射”或“轉換”，

(i) 可將希空間裏的一切態矢，一對一地“映射到”此希空間裏的一切態矢，

$$|\psi\rangle \xleftrightarrow{\text{一對一}} |\psi'\rangle$$

定義域　　　　　值域

此對應關係的定義域與值域，皆為整個希空間；在“微分幾何（differential geometry）”裏，此映射既是“單射（injection）”又是“滿射（surjection）”，即所謂的“雙射（bijection 或 one-to-one and onto）”或稱“一一對應”。

(ii) 可保持一切態矢的模不變，

$$\sqrt{\langle\psi|\psi\rangle} = \sqrt{\langle\psi'|\psi'\rangle}$$

滿足這兩個條件的“轉換”，除了定義態矢時的任意相因子 $e^{i\alpha}$ 外，必定可用“幺正符（unitary operator）”、或“反幺正符（anti-unitary operator）”來表達。這就是所謂的

“維格納定理（Wigner theorem）”：

假設某種一一對應關係 $|\psi\rangle \leftrightarrow |\psi'\rangle$，可保持希空間裏一切態矢的模不變 $\|\psi\| = \|\psi'\|$，則一定可以找到唯一的算符 U，使得在希空間裏，任意兩態矢 $|\phi\rangle$ 與 $|\psi\rangle$，必定滿足如下等式，

$$\langle\phi'|\psi'\rangle = \langle U\phi|U\psi\rangle = \begin{cases} \langle\phi|\psi\rangle, & \text{若}U\text{為幺正符；} \\ \langle\phi|\psi\rangle^*, & \text{若}U\text{為反幺正符。} \end{cases}$$

注意，這裏所謂的態矢，包括“可模規（norm normalizable）”與“可狄規（Dirac-δ normalizable）”，也就是說，不只包括“物理態矢（physical state vector）”。

就數學觀點而言，維格納定理告訴我們，任何此種對應關係或轉換，一定可以用希空間裏的一個幺正符或反幺正符來表達。在物理上，維格納定理告訴我們，“對等描述”之間的對應關係，必定可以用幺正符或反幺正符來表達，而無需考慮其他可能性。由此亦可知，在本章〈第四・三・A 小節　對等觀測〉裏代表對等觀測的測符 Ω 與 Ω'，相當是數學上的“相似轉換（similarity transformation）”，請參閱〈附錄六・四・A 小節　相似轉換〉。

任何一種特定的對應關係，究竟是屬於“幺正（unitary）”還是“反幺正（anti-unitary）”，則必須用其他方法來檢驗。以後將會知道，不同慣性座間的“平移”、“轉向”、“宇反（position-inversion 或 space-inversion）”，以及“電荷軛（charge conjugation）”等轉換，屬於“幺正”。而“時逆（time reversal）”轉換，則屬於“反幺正”。注意，幺正符為“線性（linearity）”，反幺正符為“反線性（antilinearity）”，而只有當 U 為幺正符時，才滿足下式，

$$U^\dagger U = UU^\dagger = 1$$

四・四　物理態的時空轉換

當今的“量子力學”與“統計決定論”是“一致的”。換而言之，於任意時刻 t，明確給定物理系統的狀態 $\psi(\boldsymbol{x},t) \equiv \langle\boldsymbol{x}|\psi(t)\rangle$，則此物理系統於“過去”與“未來”的狀態，在統計上就已完全“決定”，這就是“命（fate）”中注定。不過，即使有同樣的“命”，卻可能會有不同的“運（luck）”。“注定”的是擲某

個“量子骰子”，而擲出的“點數”，則要看“運”。“上帝”通曉你的“命”，但你會得到什麼“點數”，上帝也得等擲完“量子骰子”後才知道。然而，“運”究竟是由誰控制的？“天”都不知道！

總之，物理系統從“過去”到“未來”，其狀態的統計訊息，完全由“慣性時空座”裏態矢或態符的“演化”決定。我們現在再來探討“態矢”的轉換。物理系統的轉換是指，在一個“固定慣性座”裏，將物理系統作平移、轉向、或勻速轉換。這就是本書〈附錄十一 主動與被動轉換〉裏所謂的“主動轉換”。在量子力學裏，為了維持原來的“物理量度（physical measurement）”不變，物理系統的轉換，就必須在其希空間裏，保持一切態矢的模不變。根據“維格納定理”，保持模不變的轉換，一定可以用幺正符或反幺正符來表達。

> 在慣性座裏，我們將描述物理系統的態矢$|\psi(t)\rangle$作轉換的幺正符或反幺正符，稱為“態換符（state-transformation operator）”。

更明確地說，我們“定義”態換符$U(\tau)$的運作效應為，將物理系統的態矢$|\psi(t)\rangle$，轉換為新態矢$|\psi'(t)\rangle$，

$$\text{(i)}\ |\psi'(t)\rangle \equiv U(\tau)|\psi(t)\rangle$$

在此觀點下，物理系統動，而座不動；也就是說，在一個“固定座（fixed coordinate system）”裏，態矢$|\psi(t)\rangle$轉換為新態矢$|\psi'(t)\rangle$。注意，在此定義下，新態矢$|\psi'(t)\rangle$的時標t不改變。換句話說，我們定義此態換符$U(\tau)$的效應是，使新波函ψ'在時空點$\{\boldsymbol{x}', t'\}$的值，除“全相位（overall phase）”$e^{i\alpha}$外，等於舊波函ψ在同一個座裏系統變動前所對應時空點$\{\boldsymbol{x}, t\}$的值，

$$\text{(ii)}\ \psi'(\boldsymbol{x}', t') \equiv e^{i\alpha}\psi(\boldsymbol{x}, t)$$

注意，由以上(i)式可證明(ii)式，反之亦然。根據〈第一・八・B小節 時空轉換〉所述，此處$\{\boldsymbol{x}', t'\}$與$\{\boldsymbol{x}, t\}$之間的“函關係”，

是由態換符$U(\tau)$裏的指標τ來定義的，而$\alpha \equiv \alpha(\tau)$為某實數，代表全相位差，在一般情況下，可選取為零，使$e^{i\alpha}=1$。注意，這裏並未要求$|\psi'(t)\rangle$為$|\psi(t)\rangle$的對等態。

上述等式(ii)的物理意義是，在慣性座裏，原物理系統的狀態，除“全相位因子”$e^{i\alpha}$外，原封不動地，由點$\{\boldsymbol{x},t\}$移到點$\{\boldsymbol{x}',t'\}$。更仔細地說，在“位標（position coordinate）”裏，除全相位外，舊波函保持著原來的“形狀”，但可能改變了位置、座向、相對速度、或三者的任意組合，並由$\boldsymbol{x}$轉換到了$\boldsymbol{x}'$；在“時標（time coordinate）”裏，t時刻的舊波函整體移到了t'時刻，使得t'時刻物理系統的狀態，與t時刻物理系統的狀態完全相同。

態換符$U(\tau)$裏的τ，就是本書〈第一・八・B 小節 時空轉換〉裏，所定義的轉換τ，

$$\{\boldsymbol{x},t\} \xrightarrow{\tau} \{\boldsymbol{x}',t'\}$$

在非相對論情況下，$\{\boldsymbol{x},t\}$與$\{\boldsymbol{x}',t'\}$間的函關係，可以明確表示為

$$\begin{pmatrix} \boldsymbol{x}' \\ t' \end{pmatrix} = \tau \begin{pmatrix} \boldsymbol{x} \\ t \end{pmatrix} = \begin{pmatrix} R\boldsymbol{x}+\boldsymbol{d}+\boldsymbol{\upsilon}t \\ t+s \end{pmatrix}$$

現在，我們將新舊兩個物理系統，即轉換前的物理系統P與轉換後的物理系統P'，之間的相對幾何關係，以平面圖形示意如下，而圖中$\{\boldsymbol{x}_0,t_0\}$代表物理系統的某個“參考點（reference point）”。

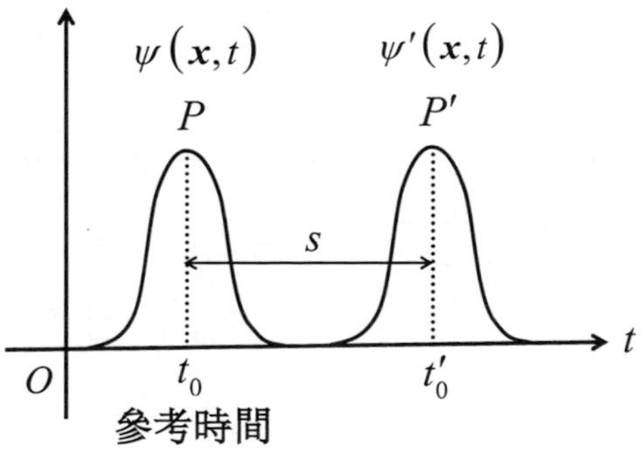

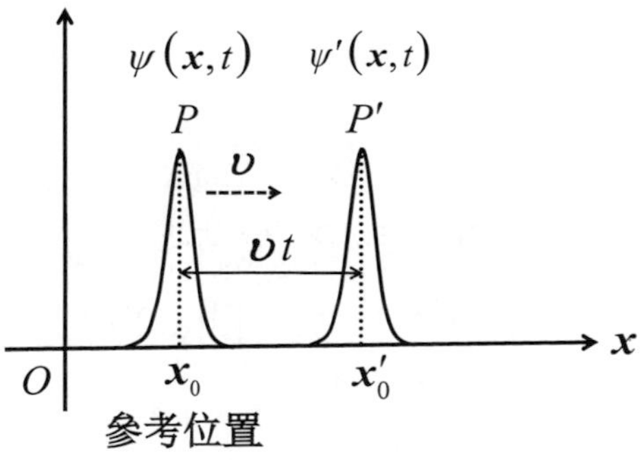

時移：$t_0' = t_0 + s$　　　　匀速：$\boldsymbol{x}_0' = \boldsymbol{x}_0 + \boldsymbol{\upsilon}t$

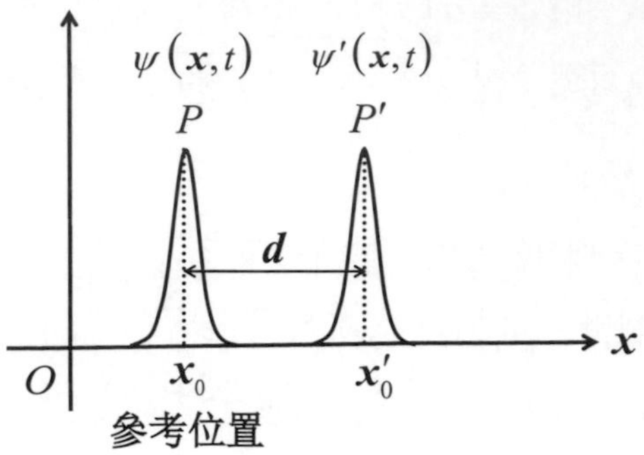

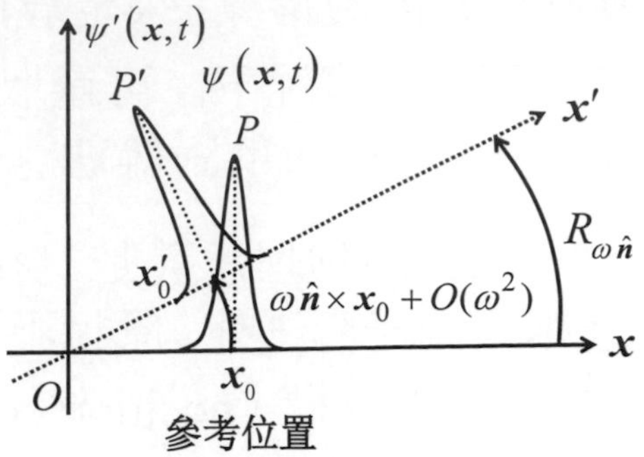

位移：$\boldsymbol{x}_0' = \boldsymbol{x}_0 + \boldsymbol{d}$　　　　轉向：$\boldsymbol{x}_0' = R_{\omega\hat{\boldsymbol{n}}}\,\boldsymbol{x}_0 = \boldsymbol{x}_0 + \omega\,\hat{\boldsymbol{n}}\times\boldsymbol{x}_0 + O(\omega^2)$

以下我們分別就物理系統的時間平移、位置轉換、以及一般轉換，仔細討論如次。

A. 態時間平移

現在，我們要討論的態換符，是在“位分佈（position distribution）”不變的情況下，將t時刻的舊波函ψ移到t'時刻，使新波函ψ'在$\{\boldsymbol{x}, t'\}$的值，除“全相位因子”$e^{i\alpha}$外，等於舊波函ψ在$\{\boldsymbol{x}, t\}$的值，

$$\psi'(\boldsymbol{x}, t') = e^{i\alpha}\,\psi(\boldsymbol{x}, t)$$

我們以τ_s代表時移轉換，

$$\begin{pmatrix}\boldsymbol{x}'\\ t'\end{pmatrix} = \tau_s\begin{pmatrix}\boldsymbol{x}\\ t\end{pmatrix} = \begin{pmatrix}\boldsymbol{x}\\ t+s\end{pmatrix}$$

(1) 態時移符形式

更具體地說，假設態換符$U(\tau_s)$將態矢$|\psi(t)\rangle$，沿“時軸”正方向平移s，使平移後態矢$|\psi'(t)\rangle$隨t的演化過程，相對於原態矢$|\psi(t)\rangle$的演化過程，有時間s的“延遲”，再乘上“全相位因子”$e^{i\alpha}$。以數學式表達為

$$\begin{aligned}\langle \boldsymbol{x}|\psi'(t)\rangle &= \langle \boldsymbol{x}|U(\tau_s)|\psi(t)\rangle\\ &= e^{i\alpha}\left\langle \boldsymbol{x}\middle|\psi\left(\tau_s^{-1}t\right)\right\rangle\end{aligned}$$

將此式中的t以t'代替，可得

$$\begin{aligned}\langle \boldsymbol{x}|\psi'(t')\rangle &= \langle \boldsymbol{x}|U(\tau_s)|\psi(t')\rangle \\ &= e^{i\alpha}\langle \boldsymbol{x}|\psi(\tau_s^{-1}t')\rangle \\ &= e^{i\alpha}\langle \boldsymbol{x}|\psi(t)\rangle\end{aligned}$$

這也就是本小節的第一個式子。由於在“位分佈”不變的情況下，此式對任意$|\boldsymbol{x}\rangle$皆滿足，所以態換符$U(\tau_s)$的運作效應可簡單表示為

$$\begin{aligned}|\psi'(t')\rangle &= U(\tau_s)\,|\psi(t')\rangle \\ &= e^{i\alpha}|\psi(\tau_s^{-1}t')\rangle \\ &= e^{i\alpha}|\psi(t)\rangle\end{aligned}$$

因此，就“主動觀”而言，態換符$U(\tau_s)$運作於態矢$|\psi(t')\rangle$上的效應，可以當作是，將態矢$|\psi(t')\rangle$的函形式，由ψ改為ψ'，而保持時標t'不變。不過，就“被動觀”而言，態換符$U(\tau_s)$的運作效應，也可以當作是，將態矢$|\psi(t')\rangle$中的參數t'改為$\tau_s^{-1}t'=t$，再乘上全相位因子$e^{i\alpha}$，而保持ψ的函形式不變。

由以上敘述可見，若已知態矢$|\psi(t)\rangle$隨t的演化過程，就可推得態換符$U(\tau_s)$的形式；反之，若已知態換符$U(\tau_s)$的形式，也可推導出態矢$|\psi(t)\rangle$隨t的演化。

(2) 態時移符運作

為了運作明確，我們現在將態換符$U(\tau_s)$明白地寫成

$$U(\tau_s) \equiv U(\tau_s^{-1}t, t)$$

此式裏的t，代表態換符$U(\tau_s)$所運作的態矢$|\psi(t)\rangle$的時標t。若運作在態矢$|\psi(t')\rangle$上，則態換符$U(\tau_s)$應該寫成$U(\tau_s^{-1}t', t')$。例如，態換符$U(\tau_s)$運作在態矢$|\psi(t')\rangle$上，且已知$t'=\tau_s t$，則我們可得

$$\begin{aligned} U(\tau_s)\,|\psi(t')\rangle &\equiv U(\tau_s^{-1}t', t')\,|\psi(t')\rangle \\ &= U(t, t')\,|\psi(t')\rangle \\ &= e^{i\alpha}\,|\psi(t)\rangle \end{aligned}$$

請特別注意此處t與t'的順序。這裏態換符$U(t,t')$的寫法，就是一般量子力學書裏常見的形式，它可用來串連不同時刻的態矢。再次強調，態換符$U(t,t')$運作於態矢$|\psi(t')\rangle$上的效應，可當作是將態矢$|\psi(t')\rangle$中的參數t'改為$\tau_s^{-1}t'=t$，再乘上全相位因子$e^{i\alpha}$。

假設在特殊情況下，態換符$U(\tau_s)$僅與s有關，而與其所運作的時標值無關，則我們可將上式改寫為

$$\begin{aligned} U(\tau_s)\,|\psi(t')\rangle &\equiv U_{(t'-\tau_s^{-1}t')}\,|\psi(t')\rangle \equiv U_s|\psi(t')\rangle \\ &= e^{i\alpha}\,|\psi(t'-s)\rangle \\ &= e^{i\alpha}\,|\psi(t)\rangle \end{aligned}$$

此處第一行“態換符”的下標$(t'-\tau_s^{-1}t')$，所代表的量為

$$\begin{aligned} t'-\tau_s^{-1}t' &\equiv (\text{時間參數}) - \tau_s^{-1}(\text{時間參數}) \\ &= (\text{時間參數}) - \left[(\text{時間參數}) - s\right] \\ &= s \end{aligned}$$

就“主動觀”而言，在“同一個”觀察者眼裏，“物理系統”沿“時軸”遷移，態換符$U(t,t')$可稱為“態時間平移符（time-displacement operator of state）”，簡稱為“態時移符”。這是因為態換符$U(t,t')$運作在態矢$|\psi(t')\rangle$上的效應，也可以說是，將t時刻的物理系統，“原封不動地”移到t'時刻，

$$\begin{aligned} U(t,t')\,|\psi(t')\rangle &= e^{i\alpha}\,|\psi(t)\rangle \\ &\equiv |\psi'(t')\rangle \end{aligned}$$

而就“被動觀”而言，“時間”流逝不捨晝夜，我們特稱態換符$U(t,t')$為“態時間演化符（time-evolution operator of state）”，簡稱“態演化符（evolution operator of state）”。這是因為其運作在態矢$|\psi(t')\rangle$上的效應是，將t'時刻的態矢$|\psi(t')\rangle$，變換為t時

刻的態矢$|\psi(t)\rangle$，相當於有不同時刻的“兩個”觀察者，

$$U(t,t')\,|\psi(t')\rangle = e^{i\alpha}|\psi(t)\rangle$$

關於態換符$U(t,t')$的“主動”與“被動”兩種觀點，請參閱〈附錄十一 主動與被動轉換〉。

(3) 態時移符範例

就“主動”意義而言，我們舉個例子：如果$t=$公元1879 年，$t'=$公元1955 年，而$|\psi(t)\rangle$代表嬰兒時期的愛因斯坦，$|\psi(t')\rangle$代表晚年的愛因斯坦，則“時空旅行機器”裏的態換符$U(t,t')$，運作在晚年愛因斯坦$|\psi(t')\rangle$上的效應是，使愛因斯坦返老還童；讓重活一次的愛因斯坦$|\psi'(t')\rangle$，與我們一起跨越到廿一世紀，此處假設我們的狀態不變。也就是說，態換符$U(1879, 1955)$仿照原來的愛因斯坦“ψ”，創造一個新的愛因斯坦“ψ'”，而以原來的愛因斯坦“ψ”在公元 1879 年時的嬰兒狀態$|\psi(1879)\rangle$，當作是新創造的愛因斯坦“ψ'”在公元 1955 年時的狀態，並以此嬰兒狀態，開始新創造的愛因斯坦$|\psi'(1955)\rangle$的一生：

$$\begin{aligned} U(1879,\ 1955)\,|\psi(1955)\rangle &= e^{i\alpha}|\psi(1879)\rangle \\ &\equiv |\psi'(1955)\rangle \end{aligned}$$

順便提及，這裏討論的只是數學形式，而就物理科技而言，“時間旅行機器”不符合當前的科學邏輯，因此，是不可能做到的。

總而言之，要指明某一特定的態換符$U(\tau_s)$，一般地說，必須給定其所運作的態矢$|\psi(t)\rangle$裏的時標t，以及時移量s，而其運作效應為

$$\begin{aligned} U(\tau_s)\,|\psi(t)\rangle &\equiv U\left(\tau_s^{-1}t, t\right)|\psi(t)\rangle \\ &= U(t-s, t)\,|\psi(t)\rangle \\ &= e^{i\alpha}\,|\psi(t-s)\rangle \end{aligned}$$

注意，此處態換符$U\left(\tau_s^{-1}t, t\right)$不僅與時移量$s$有關，而且還與時標$t$

有關。將不同時刻 t 的態矢 $|\psi(t)\rangle$，在時軸 t 上作平移的態換符 $U(\tau_s) \equiv U(\tau_s^{-1}t, t)$，一般而言，彼此都不同。

前面提到，如果在特殊情況下，態換符 $U(\tau_s)$ 僅與時移量 s 有關，而與時標 t 及 t' 無關，則在標示運作效應時只要給定時移量 s 即可，

$$\begin{aligned} U(\tau_s)\,|\psi(t)\rangle &\equiv U_{(t\,-\,\tau_s^{-1}t)}\,|\psi(t)\rangle \\ &= U_s\,|\psi(t)\rangle \\ &= e^{i\alpha}\,|\psi(t-s)\rangle \end{aligned}$$

注意，我們特意將此式第一行右邊態換符 U 的下標定為 $(t-\tau_s^{-1}t) = t-(t-s)=s$，以展示態換符 $U(\tau_s)$ 與時標 t 無關；因此，對含任何時標 t 的態矢，其態換符 U_s 的形式皆相同。

B. 態位置轉換

假設某態換符 $U(\tau_{\boldsymbol{x}})$ 的運作效應是，將位符 $\boldsymbol{X}$ 的徵態 $|\boldsymbol{x}\rangle$，轉換為另一個徵態 $|\boldsymbol{x}'\rangle$，

$$|\boldsymbol{x}'\rangle = U(\tau_{\boldsymbol{x}})\,|\boldsymbol{x}\rangle$$

此處態換符 $U(\tau_{\boldsymbol{x}})$ 裏的 $\tau_{\boldsymbol{x}}$，代表的函關係為

$$\begin{pmatrix} \boldsymbol{x}' \\ t' \end{pmatrix} = \tau_{\boldsymbol{x}} \begin{pmatrix} \boldsymbol{x} \\ t \end{pmatrix} = \begin{pmatrix} \tau_{\boldsymbol{x}}(\boldsymbol{x}) \\ t \end{pmatrix}$$

注意，這裏態換符 $U(\tau_{\boldsymbol{x}})$ 的相位定義，並非唯一選擇。其原因是，位符 $\boldsymbol{X}$ 的徵態 $|\boldsymbol{x}\rangle$，乘上任意相位 $e^{iF(\boldsymbol{x})}$，仍是 $\boldsymbol{X}$ 的徵態，而這些新徵態 $e^{iF(\boldsymbol{x})}|\boldsymbol{x}\rangle$ 不改變原來舊徵態 $|\boldsymbol{x}\rangle$ 的模與正交性質。在本章〈第四‧五‧B 小節　態位移符〉裏，我們將會對這點再作說明。

此外，在"非相對論極限（non-relativistic limit）"下，慣性座間的相對速率甚小於光速，$|\boldsymbol{v}| \ll c$。因為"時間"是絕對不變的，所以物理態除了可在時間軸上作平移外，只能有"位置轉換（position transformation）"，簡稱"位換"，包括：位移、

轉向、與勻速轉換。因此，在推導“相對量子力學”時，這點必須作修正。

(1) 態位換符形式

以目前對“態位換符（position-transformation operator of state）” $U(\tau_{\boldsymbol{x}})$的定義，我們有如下結果，

$$U(\tau_{\boldsymbol{x}})\,|\boldsymbol{x}\rangle = |\boldsymbol{x}'\rangle = |\tau_{\boldsymbol{x}}\boldsymbol{x}\rangle$$
$$U(\tau_{\boldsymbol{x}})\,|\boldsymbol{x}'\rangle = |\tau_{\boldsymbol{x}}\boldsymbol{x}'\rangle$$

因為“態位換符” $U(\tau_{\boldsymbol{x}})$為幺正符，所以利用$U^{\dagger}U=1$可得

$$U^{\dagger}(\tau_{\boldsymbol{x}})\,|\boldsymbol{x}'\rangle = U^{\dagger}(\tau_{\boldsymbol{x}})\,U(\tau_{\boldsymbol{x}})\,|\boldsymbol{x}\rangle = |\boldsymbol{x}\rangle = |\tau_{\boldsymbol{x}}^{-1}\boldsymbol{x}'\rangle$$
$$U^{\dagger}(\tau_{\boldsymbol{x}})\,|\boldsymbol{x}\rangle = |\tau_{\boldsymbol{x}}^{-1}\boldsymbol{x}\rangle$$

對以上四式，取其“伴矢（adjoint vector）”，則為

$$\langle\boldsymbol{x}|\,U^{\dagger}(\tau_{\boldsymbol{x}}) = \langle\boldsymbol{x}'| = \langle\tau_{\boldsymbol{x}}\boldsymbol{x}|$$
$$\langle\boldsymbol{x}'|\,U^{\dagger}(\tau_{\boldsymbol{x}}) = \langle\tau_{\boldsymbol{x}}\boldsymbol{x}'|$$
$$\langle\boldsymbol{x}'|\,U(\tau_{\boldsymbol{x}}) = \langle\boldsymbol{x}| = \langle\tau_{\boldsymbol{x}}^{-1}\boldsymbol{x}'|$$
$$\langle\boldsymbol{x}|\,U(\tau_{\boldsymbol{x}}) = \langle\tau_{\boldsymbol{x}}^{-1}\boldsymbol{x}|$$

特別注意，以上公式僅適用於態矢的位標部分，若轉換τ還包括對時標t的轉換，則必須要將態換符$U(\tau)$對時標的運作效應，一併考慮進去。此處態位換符$U(\tau_{\boldsymbol{x}})$的運作效應，是由$\boldsymbol{x}'$與$\boldsymbol{x}$的函關係決定的，也就是由函$\tau_{\boldsymbol{x}}(\boldsymbol{x})$的形式決定，而與其運作對象無關，即與態矢$|\boldsymbol{x}\rangle$無關。然而，為了明白地表達態位換符$U(\tau_{\boldsymbol{x}})$對徵態$|\boldsymbol{x}\rangle$的運作效應，有時，我們也可採用以下標記來表示，

$$U(\tau_{\boldsymbol{x}}) \equiv U(\tau_{\boldsymbol{x}}\boldsymbol{x},\boldsymbol{x}) \equiv U(\boldsymbol{x}',\boldsymbol{x})$$

請將此式，與〈第四・四・A 小節　態時間平移(2)〉裏“時移”的情況作對照，$U(\tau_s)\equiv U(\tau_s^{-1}t,t)$。

(2) 態位換符運作

一般地說，假設態位換符$U(\tau_{\boldsymbol{x}})$運作在任何態矢$|\psi(t)\rangle$上，得

到態矢$|\psi'(t)\rangle$，

$$|\psi'(t)\rangle = U(\tau_{\boldsymbol{x}})\,|\psi(t)\rangle$$

因為$U(\tau_{\boldsymbol{x}})$是幺正符，所以其對應的轉換，保持一切態矢的模不變。當然，在幺正符$U(\tau_{\boldsymbol{x}})$的轉換下，任意兩態矢$|\phi(t)\rangle$與$|\psi(t)\rangle$的“內積”，也是不變的，

$$\langle\phi'(t)|\psi'(t)\rangle = \langle\phi(t)|\,U^{\dagger}(\tau_{\boldsymbol{x}})\,U(\tau_{\boldsymbol{x}})\,|\psi(t)\rangle = \langle\phi(t)|\,\psi(t)\rangle$$

$$|\phi'(t)\rangle = U(\tau_{\boldsymbol{x}})\,|\phi(t)\rangle$$

在$|\phi(t)\rangle=|\boldsymbol{x}\rangle$的情況下，$|\phi'(t)\rangle=e^{i\alpha}|\boldsymbol{x}'\rangle$，即引進相位因子$e^{i\alpha}$，

$$e^{i\alpha}\,|\boldsymbol{x}'\rangle = U(\tau_{\boldsymbol{x}})\,|\boldsymbol{x}\rangle$$

此處α為某實數，代表可能的全相位差。因此，由以上內積不變表達式，我們可得如下結果，

$$\langle\boldsymbol{x}'|\psi'(t)\rangle = e^{i\alpha}\,\langle\boldsymbol{x}|\psi(t)\rangle$$

以上兩式的物理意義如次：態位換符$U(\tau_{\boldsymbol{x}})$的運作，使希空間裏每一個位符$\boldsymbol{X}$的徵態$|\boldsymbol{x}\rangle$，一對一地映射到一個新徵態$e^{i\alpha}|\boldsymbol{x}'\rangle$；而同樣這個態位換符$U(\tau_{\boldsymbol{x}})$，由於其幺正符性質，使得物理系統的位置波函$\psi(\boldsymbol{x},t)$，形狀不變地在空間移轉了位置、座向，以及改變全相位，成為新的位置波函$\psi'(\boldsymbol{x},t)$。注意，這裏新舊兩個波函，皆以$\boldsymbol{x}$表象來表達，也就是說，函的自變量皆為$\boldsymbol{x}$。因為舊波函$\psi(\boldsymbol{x},t)$有可能移轉了位置、座向，以及改變全相位，所以在相同的$\boldsymbol{x}$表象裏，也就是在同一個座裏，當然新波函$\psi'(\boldsymbol{x},t)$與舊波函$\psi(\boldsymbol{x},t)$，在形式上會有不同。然而，舊波函ψ在位置$\boldsymbol{x}$上的值，即$\psi(\boldsymbol{x},t)\equiv\langle\boldsymbol{x}|\psi(t)\rangle$，除全相位因子$e^{i\alpha}$外，必須等於新波函$\psi'$在位置$\boldsymbol{x}'$上的值，即$\psi'(\boldsymbol{x}',t)\equiv\langle\boldsymbol{x}'|\psi'(t)\rangle$。這裏新波函$\psi'(\boldsymbol{x},t)$的形式，可以用舊波函$\psi(\boldsymbol{x},t)$的形式來表達，

$$\begin{aligned}\psi'(\boldsymbol{x},t) &\equiv \langle\boldsymbol{x}|\psi'(t)\rangle \\ &= \langle\boldsymbol{x}|\,U(\tau_{\boldsymbol{x}})\,|\psi(t)\rangle \\ &= e^{i\alpha}\,\langle\tau_{\boldsymbol{x}}^{-1}\boldsymbol{x}|\psi(t)\rangle \\ &\equiv e^{i\alpha}\,\psi(\tau_{\boldsymbol{x}}^{-1}\boldsymbol{x},t)\end{aligned}$$

此處第三個等號利用了$\langle \boldsymbol{x}|U(\tau_x)=e^{i\alpha}\langle \tau_x^{-1}\boldsymbol{x}|$，而此式也表達了“主動位置轉換”與“被動位置轉換”間的關係。

C. 態換符

這裏再將以上對物理系統的轉換，綜合說明如次。假設$|\psi(t)\rangle$為希空間裏，處於時刻t的任意態矢。因為$\langle \boldsymbol{x}|\psi(t)\rangle \equiv \psi(\boldsymbol{x},t)$，所以我們通常以符號“$\psi$”代表波函$\psi(\boldsymbol{x},t)$的形式。因此，在標記上，態換符$U(\tau)$運作在態矢$|\psi(t)\rangle$上，僅改變其波函形式，而其座標$\{\boldsymbol{x},t\}$保持不變，

$$\begin{aligned}\langle \boldsymbol{x}|U(\tau)|\psi(t)\rangle &\equiv \langle \boldsymbol{x}|\,\psi'(t)\rangle \\ &\equiv \psi'(\boldsymbol{x},t)\end{aligned}$$

在實際內涵上，轉換後的新波函$\psi'(\boldsymbol{x},t)$，可由其與已知舊波函$\psi(\boldsymbol{x},t)$之間的關係來定義。也就是說，新波函$\psi'(\boldsymbol{x},t)$在一切點$\{\boldsymbol{x},t\}$上的值，可用舊波函$\psi(\boldsymbol{x},t)$在一切點$\{\boldsymbol{x},t\}$上的值來定義。我們將態換符$U(\tau)$對物理系統的運作效應，定義為

$$\begin{aligned}\langle \boldsymbol{x}|\psi'(t)\rangle &\equiv \langle \boldsymbol{x}|U(\tau)|\psi(t)\rangle \\ &= e^{i\alpha}\langle \tau^{-1}\boldsymbol{x}|\psi(\tau^{-1}t)\rangle\end{aligned}$$

此式也明確表達了，“主動”轉換〔態矢動〕與“被動”轉換〔座動〕之間的關係。此式也可直接以函的形式表達為

$$\psi'(\boldsymbol{x},t) = e^{i\alpha}\,\psi(\tau^{-1}\boldsymbol{x},\tau^{-1}t)$$

若將點$\{\boldsymbol{x},t\}$代換為點$\{\boldsymbol{x}',t'\}$，再利用$\tau\{\boldsymbol{x},t\}=\{\boldsymbol{x}',t'\}$，則可得

$$\psi'(\boldsymbol{x}',t') = e^{i\alpha}\,\psi(\tau^{-1}\boldsymbol{x}',\tau^{-1}t') = e^{i\alpha}\,\psi(\boldsymbol{x},t)$$

總結以上所述如下：

> 在標記上，態換符$U(\tau)$將ψ的形式轉換為ψ'，
>
> $$|\psi'(t)\rangle \equiv U(\tau)\,|\psi(t)\rangle$$
>
> 在實際內涵上，對於轉換$\tau\{\boldsymbol{x},t\}=\{\boldsymbol{x}',t'\}$，態換符$U(\tau)$定義為

$$\langle \boldsymbol{x}'|U(\tau)|\psi(t')\rangle \equiv \langle \boldsymbol{x}'|\psi'(t')\rangle$$
$$= e^{i\alpha}\langle \boldsymbol{x}|\psi(t)\rangle$$

在特殊情況下，將態矢僅作“位置轉換”的態換符$U(\tau_{\boldsymbol{x}})$定義為

$$\langle \boldsymbol{x}'|U(\tau_{\boldsymbol{x}})|\psi(t)\rangle \equiv \langle \boldsymbol{x}'|\psi'(t)\rangle, \quad \tau_{\boldsymbol{x}}\{\boldsymbol{x}, t\} = \{\boldsymbol{x}', t\}$$
$$= e^{i\alpha}\langle \boldsymbol{x}|\psi(t)\rangle$$

而將態矢僅作“時移”的態換符$U(\tau_s)$定義為

$$\langle \boldsymbol{x}|U(\tau_s)|\psi(t')\rangle \equiv \langle \boldsymbol{x}|\psi'(t')\rangle, \quad \tau_s\{\boldsymbol{x}, t\} = \{\boldsymbol{x}, t'\}$$
$$= e^{i\alpha}\langle \boldsymbol{x}|\psi(t)\rangle$$

由於以上兩式分別對任意$|\psi(t)\rangle$與$\langle \boldsymbol{x}|$皆成立，因此可以更簡潔地寫為

$$\langle \boldsymbol{x}'|U(\tau_{\boldsymbol{x}}) = e^{i\alpha}\langle \boldsymbol{x}|$$
$$U(\tau_s)|\psi(t')\rangle = e^{i\alpha}|\psi(t)\rangle$$

注意，在定義態換符$U(\tau)$時，本小節的全相位差α，一般皆可選取為零，即$e^{i\alpha}=e^0=1$，僅有少數例外。本章後半部分還會再談到這點。

D. 態換子

不同慣性座之間的關係，可以由十個參量來確定，這包括：一個時移量s、相對速度$\boldsymbol{v}$的三個分量、位移$\boldsymbol{d}$的三個分量，以及轉向$\boldsymbol{\omega}$的三個分量。就座標轉換τ的每一個參量而言，其所對應的態換符$U(\tau)$，皆具有相似的代數性質。針對這點，我們說明如下。

假設某特定態換符，對應於某“一個連續參量”由ε變到ε'，並且可寫成$U(\varepsilon', \varepsilon)$的形式，而$\varepsilon'$與$\varepsilon$為此連續參量的任意“兩個值”，並且滿足“邊界條件”，

$$U(\varepsilon, \varepsilon) = 1$$

以及“串聯關係”或稱串為一個群的“群性（group property）”，

$$U(\varepsilon'',\varepsilon) = U(\varepsilon'',\varepsilon')\,U(\varepsilon',\varepsilon)$$

例如，十個參量$\{s, \upsilon_i, d_i, \omega_i\,; i = x, y, z\}$各自對應的態換符$U(\varepsilon',\varepsilon)$，可寫成如下形式，

$$U(s',s)\text{，}\quad U(\upsilon_i',\upsilon_i)\text{，}\quad U(d_i',d_i)\text{，}\quad U(\omega_i',\omega_i)\text{，}\quad i = x, y, z$$

此處下標“i”，代表直角座標的三個分量。將$U(\varepsilon',\varepsilon)$對$U(\varepsilon,\varepsilon)$展開，可得

$$\begin{aligned} U(\varepsilon',\varepsilon) &= U(\varepsilon,\varepsilon) + \left.\frac{dU(\varepsilon',\varepsilon)}{d\varepsilon'}\right|_{\varepsilon'=\varepsilon}(\varepsilon'-\varepsilon) + O(\varepsilon'-\varepsilon)^2 \\ &= 1 \mp \frac{i}{\hbar}G(\varepsilon)(\varepsilon'-\varepsilon) + O(\varepsilon'-\varepsilon)^2 \end{aligned}$$

注意，此處$U(\varepsilon',\varepsilon)$裏的$\varepsilon'$與$\varepsilon$，是“單一參量”的“兩個值”，而非兩個參量。這裏算符$G(\varepsilon)$定義為

$$G(\varepsilon) \equiv \pm i\hbar \left.\frac{dU(\varepsilon',\varepsilon)}{d\varepsilon'}\right|_{\varepsilon'=\varepsilon}$$

而定義裏的任意常量，我們選取為$\hbar \equiv h/2\pi$，“有理普朗克常數（rationalized Planck constant）”，簡稱“有理普常數”，在不致混淆的情況下，逕稱“普常數”。我們稱$G(\varepsilon)$為“態換符$U(\varepsilon',\varepsilon)$的生成子”，簡稱“態換子（state-transformation generator）”。這裏在定義態換子$G(\varepsilon)$時，除虛數“i”與“普常數”$\hbar$外，對特定參量ε，還可作“$\pm$”不同的選擇，這是為了使態換子$G(\varepsilon)$，能對應於經典力學裏定義的動量、角動量、哈密頓量等。

　　同理，我們也可將算符$U^\dagger(\varepsilon',\varepsilon)$展開為

$$U^\dagger(\varepsilon',\varepsilon) = 1 \pm \frac{i}{\hbar}G^\dagger(\varepsilon)(\varepsilon'-\varepsilon) + O(\varepsilon'-\varepsilon)^2$$

因為態換符$U(\varepsilon',\varepsilon)$是幺正符，所以可得

$$
\begin{aligned}
1 &= U(\varepsilon',\varepsilon)U^\dagger(\varepsilon',\varepsilon) \\
&= 1 \mp \frac{i}{\hbar}\left[G(\varepsilon) - G^\dagger(\varepsilon)\right](\varepsilon'-\varepsilon) + O(\varepsilon'-\varepsilon)^2
\end{aligned}
$$

因此，態換子$G(\varepsilon)$必須為自伴符，

$$
G(\varepsilon) = G^\dagger(\varepsilon)
$$

E. 態換符方程與通解

將上小節裏態換符$U(\varepsilon',\varepsilon)$的串聯關係，兩邊先對$\varepsilon''$求導數，然後令$\varepsilon''=\varepsilon'$，可得

$$
\left.\frac{dU(\varepsilon'',\varepsilon)}{d\varepsilon''}\right|_{\varepsilon''=\varepsilon'} = \left.\frac{dU(\varepsilon'',\varepsilon')}{d\varepsilon''}\right|_{\varepsilon''=\varepsilon'} U(\varepsilon',\varepsilon)
$$

再將上式右邊的導數部分，以態換子$G(\varepsilon')$代替，則可得態換符$U(\varepsilon',\varepsilon)$所滿足的方程為

$$
i\hbar\frac{dU(\varepsilon',\varepsilon)}{d\varepsilon'} = \pm G(\varepsilon')U(\varepsilon',\varepsilon)
$$

若態換子$G(\varepsilon')$已知，則態換符$U(\varepsilon',\varepsilon)$可由此微分方程，以及邊界條件$U(\varepsilon,\varepsilon)=1$求得。

我們可以在形式上，求解態換符$U(\varepsilon',\varepsilon)$的微分方程，將態換符$U(\varepsilon',\varepsilon)$用其態換子$G(\varepsilon)$來表達。在一般情況下，態換子$G(\varepsilon)$含參量$\varepsilon$，而滿足邊界條件$U(\varepsilon,\varepsilon)=1$的態換符$U(\varepsilon',\varepsilon)$可寫成

$$
U(\varepsilon',\varepsilon) = 1 \mp \frac{i}{\hbar}\int_{\varepsilon}^{\varepsilon'} G(\varepsilon_1)U(\varepsilon_1,\varepsilon)\,d\varepsilon_1
$$

通過迭代，可以得到態換符$U(\varepsilon',\varepsilon)$的形式為

$$
\begin{aligned}
U(\varepsilon',\varepsilon) &= 1 \mp \frac{i}{\hbar}\int_{\varepsilon}^{\varepsilon'} G(\varepsilon_1)\left[1 \mp \frac{i}{\hbar}\int_{\varepsilon}^{\varepsilon_1} G(\varepsilon_2)U(\varepsilon_2,\varepsilon)\,d\varepsilon_2\right]d\varepsilon_1 \\
&= 1 \mp \frac{i}{\hbar}\int_{\varepsilon}^{\varepsilon'} d\varepsilon_1\, G(\varepsilon_1) + \left(\mp\frac{i}{\hbar}\right)^2 \int_{\varepsilon}^{\varepsilon'} d\varepsilon_1 \int_{\varepsilon}^{\varepsilon_1} d\varepsilon_2\, G(\varepsilon_1)G(\varepsilon_2) + \cdots
\end{aligned}
$$

因此，態換符$U(\varepsilon',\varepsilon)$的通解可表達為如下無窮級數，

$$U(\varepsilon',\varepsilon) = 1+\sum_{n=1}^{\infty}\left(\mp\frac{i}{\hbar}\right)^n \int_{\varepsilon}^{\varepsilon'} d\varepsilon_1 \int_{\varepsilon}^{\varepsilon_1} d\varepsilon_2 \cdots \int_{\varepsilon}^{\varepsilon_{n-1}} d\varepsilon_n\, G(\varepsilon_1)\, G(\varepsilon_2) \cdots G(\varepsilon_n)$$

在特殊情況下，我們可將此通解，化簡為較簡單的形式。

(i) 若態換子$G(\varepsilon)$含參量ε，且$\left[G(\varepsilon_1), G(\varepsilon_2)\right]=0$，而$\varepsilon_1$與$\varepsilon_2$為任意參量；則我們可得

$$\int_{\varepsilon}^{\varepsilon'} d\varepsilon_1 \int_{\varepsilon}^{\varepsilon_1} d\varepsilon_2 \cdots \int_{\varepsilon}^{\varepsilon_{n-1}} d\varepsilon_n\, G(\varepsilon_1)\, G(\varepsilon_2) \cdots G(\varepsilon_n)$$

$$= \frac{1}{n!}\left(\int_{\varepsilon}^{\varepsilon'} d\varepsilon_1\, G(\varepsilon_1)\right)^n, \qquad n = 1, 2, 3, \cdots$$

因此，態換符$U(\varepsilon',\varepsilon)$的通解可簡化為

$$U(\varepsilon',\varepsilon) = e^{\mp\frac{i}{\hbar}\int_{\varepsilon}^{\varepsilon'} d\varepsilon_1\, G(\varepsilon_1)}$$

而且$U^{\dagger}(\varepsilon',\varepsilon) = U(\varepsilon,\varepsilon')$。

(ii) 若態換子$G(\varepsilon)$不含參量ε，則對上式直接積分可得

$$U(\varepsilon',\varepsilon) = e^{\mp\frac{i}{\hbar}(\varepsilon'-\varepsilon)G}$$

因為參量ε為連續實數，所以在一般情況下，“微轉換（infinitesimal transformation）”的態換符$U(\varepsilon',\varepsilon)$一定可以寫成

$$U(\varepsilon+\Delta,\varepsilon)\big|_{\Delta\sim 0} = 1+\sum_{n=1}^{\infty}\frac{1}{n!}\left[\mp i\, G(\varepsilon)\Delta/\hbar\right]^n, \quad \Delta\sim 0$$

$$= e^{\mp i\, G(\varepsilon)\Delta/\hbar}$$

此外，由於態換符$U(\varepsilon',\varepsilon)$的生成子$G(\varepsilon)$為自伴符，因此，其“逆符（inverse operator）”具有如下形式，

$$U^{-1}(\varepsilon',\varepsilon) = U^{\dagger}(\varepsilon',\varepsilon)$$

$$= 1+\sum_{n=1}^{\infty}\left(\pm\frac{i}{\hbar}\right)^n \int_{\varepsilon}^{\varepsilon'} d\varepsilon_1 \int_{\varepsilon}^{\varepsilon_1} d\varepsilon_2 \cdots \int_{\varepsilon}^{\varepsilon_{n-1}} d\varepsilon_n\, G(\varepsilon_n) \cdots G(\varepsilon_2) G(\varepsilon_1)$$

F. 物理時空的態轉換

我們從一開始就假設，用來描述周遭物理世界的“三維物理幾何空間（three-dimensional physical geometry space）” $(x_1, x_2, x_3) \equiv (x, y, z)$，在“位置”與“座向”上，皆為“均勻”。這是因為在物理世界裏，所有不均勻的東西，都可定義為客觀存在的物理系統的一部分，所以剩下的是，空無一物的“物理幾何空間”。例如，“一個帶電粒子在不均勻的電磁場裏運動”，可看作是由“帶電粒子”與“不均勻電磁場”組合而成的一個“複合系統（composite system）”，在均勻的三維物理幾何空間裏運動。

當描述一個理想的孤立系統、或宇宙裏“萬物整體”運動時，我們也“假設”時標是均勻的。因此，在此種情況下，時標的原點，就可任意選取。只要我們預先假設質能可互換但不滅，而且所考慮的物理系統，其所包含的有形或無形的實體，不隨時標 t 增加或減少，而成為一個封閉的物理系統。像這樣的情形，“時標 t 均勻”就是一個合理的假設。當然，前提就是必須“假設”，宇宙的存在既沒有時間起點，也沒有時間終點。

然而，在描述非孤立系統時，由於不是封閉系統，其外在環境可能隨 t 改變，因此時標 t 就可能不均勻。此時，如果改變時標原點，非孤立系統的狀態，隨 t 的演化過程，就可能改變。

例如，我們考慮一個原子，在質子所造成的“外加場”裏運動，其相對運動的情形，如下圖所示：

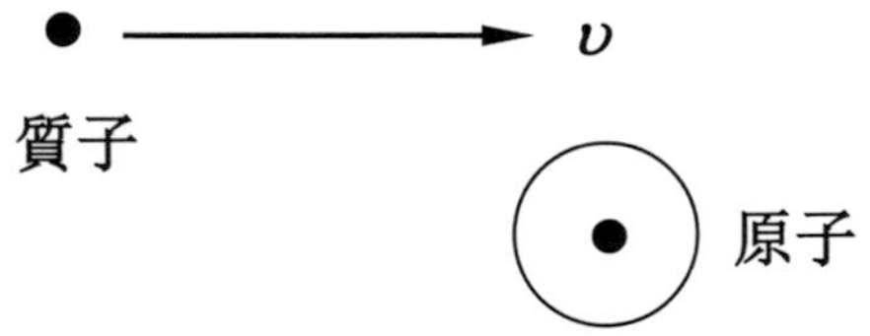

不論是在經典力學或量子力學的處理下，假設我們所考慮的“物理系統”，只包括質子所造成的外加場以及原子，但不包括質子本身。則在此原子所處的空間裏，質子所造成的外加場，隨 t

先增強後減弱。如果在不同時刻t，給予原子相同的初始狀態，則原子隨後對t的演化過程，就會隨著當時外加場的強弱，而有所不同。因此，選取不同的時標“原點”，就會得到不同的結果，原子的時標t就不是均勻的。

追根究底，之所以會這樣的原因是，由於我們考慮的物理系統，其所包括的有形〔原子〕與無形〔場〕的實體，會隨t增加或減少。在質能可互換但不滅的假設下，就這個例子而言，由於外加場的改變，導致了我們所考慮的物理系統的總能量，會隨t而改變。

然而，如果我們把質子與原子合起來，當作一個理想的孤立系統，則此新物理系統，就是一個封閉系統。在此種情況下，原子與質子的時標t就是均勻的。

在本章〈第四・八・F 小節 態換子的物理意義〉裏將會知道，在量子力學裏，我們把物理系統的“演化子”H，定義為“哈密頓”。因此，物理系統的狀態隨t的演化，與物理系統的哈密頓H有關：若物理系統的時標t均勻，則哈密頓H不隨t改變；如果時標t不均勻，則哈密頓H就會呈現“顯依時性”。以後我們將會論證，哈密頓H的物理意義就是：其“期值”代表此物理系統的“平均總能量”。

現在，我們討論物理系統在慣性座裏的轉換。假設時空是均勻的，則時空裏的任何一點都應該沒有特殊性，因此態換符$U(\varepsilon',\varepsilon)$在時空任何一點的微轉換，除了可以造成態矢有全相位因子$e^{i\alpha}$的差別外，都應該具有相同形式。正是因為可以有相位差異，所以“時空任何一點都沒有特殊性”。然而，這並不意味著，態換符$U(\varepsilon',\varepsilon)$在每個時空點的態換子$G(\varepsilon)$都相等。當然，如果時空是均勻的，則態換符$U(\varepsilon',\varepsilon)$的態換子$G(\varepsilon)$與$\varepsilon$無關，此時的態換符$U(\varepsilon',\varepsilon)$可定義為

$$U(\varepsilon',\varepsilon) = e^{\mp i\,(\varepsilon'-\varepsilon)\,G/\hbar}$$

但此形式只是一種方便的選擇，而非唯一的選擇。以位移為例，

像這樣的選擇，與位符的徵態在特定時刻的相位定義有關。這對應於經典力學裏，就是在“正則轉換（canonical transformation）”下，廣義動量轉換形式的選擇。

四・五 態換符一般表達式

A. 態時移符

如本章〈第四・四・A 小節 態時間平移(2)〉裏所述，就“主動觀”而言，將態矢$|\psi(t)\rangle$在時軸上由t移至t'的態換符$U(t',t)$，稱為“態時移符”。然而，就“被動觀”而言，同樣此態換符$U(t',t)$，將時刻t的態矢$|\psi(t)\rangle$，演變為時刻t'的態矢$|\psi(t')\rangle$，因此，又可稱為“態演化符”。假設態時移符$U(t',t)$對態矢$|\psi(t)\rangle$的運作，定義為

$$|\psi(t')\rangle = U(t',t)\,|\psi(t)\rangle$$

將上式兩邊對時刻t'求導數，然後取極限$t'=t$，可得

$$\begin{aligned} i\hbar\frac{d}{dt}|\psi(t)\rangle &= i\hbar\frac{dU(t',t)}{dt'}\bigg|_{t'=t}\,|\psi(t)\rangle \\ &= H(t)\,|\psi(t)\rangle \end{aligned}$$

此處$H(t)$代表態時移符$U(t',t)$的“生成子”，稱為“時移生成子（time-displacement generator）”或“演化生成子（evolution generator）”，簡稱“時移子”或“演化子”。此微分方程可以當作是，態矢$|\psi(t)\rangle$所滿足的“演化方程”。

將此“態演化方程”與基矢$|\boldsymbol{x}\rangle$作內積，則可將上式左邊改寫成

$$\left\langle \boldsymbol{x}\left| i\hbar\frac{d}{dt}\right|\psi(t)\right\rangle = i\hbar\frac{\partial}{\partial t}\langle \boldsymbol{x}|\psi(t)\rangle$$

因此，在$\boldsymbol{x}$表象裏，我們得到

$$i\hbar\frac{\partial}{\partial t}\langle\boldsymbol{x}|\psi(t)\rangle = \langle\boldsymbol{x}|H(t)|\psi(t)\rangle$$
$$= \int d^3x'\ \langle\boldsymbol{x}|\,H(t)\,|\boldsymbol{x}'\rangle\langle\boldsymbol{x}'|\psi(t)\rangle$$

此方程代表波函$\psi(\boldsymbol{x},t)\equiv\langle\boldsymbol{x}|\psi(t)\rangle$在位空間裏的“積分方程”。

假設在$\boldsymbol{x}$表象裏，演化子$H(t)$為“局符（local operator）”，則其“核（kernel）”可寫為

$$\langle\boldsymbol{x}|H(t)|\boldsymbol{x}'\rangle = \delta^3(\boldsymbol{x}-\boldsymbol{x}')H_{\boldsymbol{x}'}(t)$$

於是，演化子$H(t)$對態矢$|\psi(t)\rangle$的運作，在$\boldsymbol{x}$表象裏可寫成如下形式，

$$\langle\boldsymbol{x}|H(t)|\psi(t)\rangle = H_{\boldsymbol{x}}(t)\ \langle\boldsymbol{x}|\psi(t)\rangle$$

因此，在$\boldsymbol{x}$表象裏，態演化方程就可寫成

$$i\hbar\frac{\partial}{\partial t}\langle\boldsymbol{x}|\psi(t)\rangle = H_{\boldsymbol{x}}(t)\ \langle\boldsymbol{x}|\psi(t)\rangle$$

或者以一般較熟悉的形式表達為

$$i\hbar\frac{\partial}{\partial t}\psi(\boldsymbol{x},t) = H_{\boldsymbol{x}}(t)\,\psi(\boldsymbol{x},t)$$

我們將在本章〈第四・八・F 小節 態換子的物理意義(4)〉裏，推導滿足“伽利略轉換”的$H_{\boldsymbol{x}}(t)$，此時上式就是所謂的“薛定諤運動方程（Schrödinger equation of motion）”，簡稱“薛定諤方程（Schrödinger equation）”。然而，在本書〈第五章 相對量子力學〉裏，我們將推導滿足“洛倫茲轉換”的$H_{\boldsymbol{x}}(t)$，此時同樣這個方程，就又稱為“狄拉克方程（Dirac equation）”。

由本章〈第四・四・E 小節 態換符方程與通解〉可知，態時移符$U(t',t)$滿足如下方程，

$$i\hbar\frac{dU(t',t)}{dt'} = H(t')\,U(t',t)$$

在一般情況下，態時移符$U(t',t)$可以利用其時移子$H(t)$，表達為無窮級數，

$$U(t',t) = 1+\sum_{n=1}^{\infty}\left(-\frac{i}{\hbar}\right)^n \int_t^{t'} dt_1 \int_t^{t_1} dt_2 \cdots \int_t^{t_{n-1}} dt_n\, H(t_1)H(t_2)\cdots H(t_n)$$

但在特殊情況下，此式可作如下簡化：

(i) 若時移子 $H(t)$ 含 t，且 $\left[H(t_1), H(t_2)\right]=0$，而 t_1 與 t_2 為任意值，則可得

$$U(t',t) = e^{-\frac{i}{\hbar}\int_t^{t'} dt_1\, H(t_1)}$$

(ii) 若時移子 $H(t)$ 不含 t，則上式進一步簡化為

$$U(t',t) = e^{-i(t'-t)H/\hbar}$$

注意，在本章〈第四・四・A 小節　態時間平移(2)〉最後所定義的 U_s，為與時間參數無關的態時移符，現在可表達為

$$\begin{aligned} U(\tau_s) &\equiv U\left(\tau_s^{-1}t, t\right) \equiv U(t-s, t) \\ &= e^{isH/\hbar} \\ &\equiv U_s \end{aligned}$$

B. 態位移符

在希空間裏，因為算符對任何態矢的運作，皆可以由此算符對“基態（basis state）”的運作來定義，所以我們可以將位符 $\boldsymbol{X}$ 的徵態 $|\boldsymbol{x}\rangle$ 當作“基態”，並以此來定義一切算符的運作。又因為“態換符” $U(\varepsilon',\varepsilon)$ 的運作，取決於其“態換子” $G(\varepsilon)$ 的運作，所以態換子 $G(\varepsilon)$ 對徵態 $|\boldsymbol{x}\rangle$ 的運作，就可以決定此希空間裏，態換符 $U(\varepsilon',\varepsilon)$ 對任何態矢的運作。

為便於討論“位換” $\tau_{\boldsymbol{x}}$ 所對應的“態換符” $U(\tau_{\boldsymbol{x}})$，我們暫時採用如下標記：

$$U(\boldsymbol{x}',\boldsymbol{x}) \equiv U(\tau_{\boldsymbol{x}})$$

而態換符 $U(\boldsymbol{x}',\boldsymbol{x})$ 對基態 $|\boldsymbol{x}\rangle$ 的運作，可定義為

$$U(\boldsymbol{x}',\boldsymbol{x})\,|\boldsymbol{x}\rangle = e^{i[F(\boldsymbol{x}')-F(\boldsymbol{x})]}\,|\boldsymbol{x}'\rangle$$

此處$F(\boldsymbol{x})$為$\boldsymbol{x}$的任意實函。

假設上式中的$\boldsymbol{x}'$相對於$\boldsymbol{x}$，有一個平移量$\boldsymbol{d}$，

$$\boldsymbol{x}' = \boldsymbol{x}+\boldsymbol{d}$$

此時的態換符$U(\boldsymbol{x}',\boldsymbol{x})=U(\boldsymbol{x}+\boldsymbol{d},\boldsymbol{x})$，將基態$|\boldsymbol{x}\rangle$作位移$\boldsymbol{d}$後轉換為$e^{i[F(\boldsymbol{x}+\boldsymbol{d})-F(\boldsymbol{x})]}|\boldsymbol{x}+\boldsymbol{d}\rangle$，我們稱為“態位移符（translation operator of state 或 position-displacement operator of state）”。根據本書〈第四・四・E 小節 態換符方程與通解〉，我們將態位移符$U(\boldsymbol{x}',\boldsymbol{x})$的生成子$\boldsymbol{P}$，稱為“位移生成子（translation generator 或 position-displacement generator）”，簡稱“位移子”，定義為

$$\boldsymbol{P} \equiv i\hbar\nabla_{\boldsymbol{x}'}U(\boldsymbol{x}',\boldsymbol{x})\big|_{\boldsymbol{x}'=\boldsymbol{x}}$$

此位移子$\boldsymbol{P}$在$\boldsymbol{x}$表象裏的“核”，可根據其定義推導出來，

$$\begin{aligned}
\langle\boldsymbol{x}|\boldsymbol{P}|\boldsymbol{x}'\rangle &= i\hbar\langle\boldsymbol{x}|\,\nabla_{\boldsymbol{x}''}U(\boldsymbol{x}'',\boldsymbol{x}')\,|\boldsymbol{x}'\rangle_{\boldsymbol{x}''=\boldsymbol{x}'}\\
&= i\hbar\nabla_{\boldsymbol{x}''}\langle\boldsymbol{x}|\,U(\boldsymbol{x}'',\boldsymbol{x}')\,|\boldsymbol{x}'\rangle_{\boldsymbol{x}''=\boldsymbol{x}'}\\
&= i\hbar\nabla_{\boldsymbol{x}''}\left\{e^{i[F(\boldsymbol{x}'')-F(\boldsymbol{x}')]}\langle\boldsymbol{x}|\boldsymbol{x}''\rangle\right\}_{\boldsymbol{x}''=\boldsymbol{x}'}\\
&= -\langle\boldsymbol{x}|\boldsymbol{x}'\rangle f(\boldsymbol{x}')+i\hbar\nabla_{\boldsymbol{x}'}\langle\boldsymbol{x}|\boldsymbol{x}'\rangle\\
&= -\langle\boldsymbol{x}|\boldsymbol{x}'\rangle f(\boldsymbol{x})-i\hbar\nabla\langle\boldsymbol{x}|\boldsymbol{x}'\rangle
\end{aligned}$$

此處定義$f(\boldsymbol{x})\equiv\hbar\nabla F(\boldsymbol{x})$。因此，位移子$\boldsymbol{P}$對態矢$|\psi\rangle$的運作為

$$\begin{aligned}
\langle\boldsymbol{x}|\boldsymbol{P}|\psi\rangle &= \int d^3x'\,\langle\boldsymbol{x}|\boldsymbol{P}|\boldsymbol{x}'\rangle\langle\boldsymbol{x}'|\psi\rangle\\
&= -f(\boldsymbol{x})\langle\boldsymbol{x}|\psi\rangle - i\hbar\int d^3x'\,\nabla\langle\boldsymbol{x}|\boldsymbol{x}'\rangle\langle\boldsymbol{x}'|\psi\rangle\\
&= -f(\boldsymbol{x})\langle\boldsymbol{x}|\psi\rangle - i\hbar\nabla\int d^3x'\,\langle\boldsymbol{x}|\boldsymbol{x}'\rangle\langle\boldsymbol{x}'|\psi\rangle\\
&= \{-f(\boldsymbol{x})-i\hbar\nabla\}\,\langle\boldsymbol{x}|\psi\rangle
\end{aligned}$$

注意，位移子$\boldsymbol{P}$為“局符”，其在$\boldsymbol{x}$表象裏的核$\langle\boldsymbol{x}|\boldsymbol{P}|\boldsymbol{x}'\rangle$，可改寫為正比於狄拉克$\delta$函的形式，

$$\langle\boldsymbol{x}|\boldsymbol{P}|\boldsymbol{x}'\rangle = \delta^3(\boldsymbol{x}-\boldsymbol{x}')\left\{-f(\boldsymbol{x}')-i\hbar\nabla_{\boldsymbol{x}'}\right\}$$

注意，若把上式大括號裏的$\boldsymbol{x}'$換成$\boldsymbol{x}$，對其結果無影響。關於狄拉克δ函的性質，請參閱本書〈附錄五 狄拉克δ函〉。利用上式，位移子$\boldsymbol{P}$對態矢$|\psi\rangle$的運作效應，可更簡潔地寫為

$$\begin{aligned}\langle \boldsymbol{x}|\boldsymbol{P}|\psi\rangle &= \int d^3x'\,\delta^3(\boldsymbol{x}-\boldsymbol{x}')\left\{-f(\boldsymbol{x}') - i\hbar\nabla_{\boldsymbol{x}'}\right\}\langle \boldsymbol{x}'|\psi\rangle \\ &= \left\{-f(\boldsymbol{x}) - i\hbar\nabla\right\}\langle \boldsymbol{x}|\psi\rangle\end{aligned}$$

因此，位移子$\boldsymbol{P}$的$\boldsymbol{x}$表象，即$\boldsymbol{P}_{\boldsymbol{x}}$，具有“局符”的形式，

$$\boldsymbol{P}_{\boldsymbol{x}} = -f(\boldsymbol{x}) - i\hbar\nabla$$

為了標記簡潔,通常將$\boldsymbol{P}_{\boldsymbol{x}}$的下標$\boldsymbol{x}$略去,只要我們在運算過程中,不要忘記，它其實是位移子$\boldsymbol{P}$的$\boldsymbol{x}$表象。為了使位移子$\boldsymbol{P}$的形式簡單起見，我們可以通過選擇相位，使$f(\boldsymbol{x}) \equiv \hbar\nabla F(\boldsymbol{x}) =$常量$=0$，而最簡單的選擇是$F(\boldsymbol{x})=0$。因此，我們定義態換符$U(\boldsymbol{x}',\boldsymbol{x})$對基態$|\boldsymbol{x}\rangle$的運作為

$$|\boldsymbol{x}'\rangle = U(\boldsymbol{x}',\boldsymbol{x})\,|\boldsymbol{x}\rangle$$

而位移子$\boldsymbol{P}$的$\boldsymbol{x}$表象，可化簡為

$$\boldsymbol{P} = -i\hbar\nabla$$

此處位移子$\boldsymbol{P}$不顯含$\boldsymbol{x}$。根據本章〈第四・四・E 小節 態換符方程與通解〉最後態換符的簡化形式，在上述相位選擇下，將物理系統的態矢$|\psi(t)\rangle$，在位空間裏作平移$\boldsymbol{d}$的態位移符$U(\tau_{\boldsymbol{d}})$，就具有如下形式，

$$\begin{aligned}U(\tau_{\boldsymbol{d}}) &\equiv U(\tau_{\boldsymbol{d}}\boldsymbol{x},\boldsymbol{x}) \equiv U(\boldsymbol{x}+\boldsymbol{d},\boldsymbol{x}) \\ &= e^{-i\boldsymbol{d}\cdot\boldsymbol{P}/\hbar} \\ &= U_{\boldsymbol{d}}\end{aligned}$$

> 請特別注意，在一般量子力學書裏，本小節的結果，是被當成“基本假設”；而在本書裏，我們是從更基本的“對稱原理（symmetry principle）”出發，在“均勻的三維物理幾何空間”裏，推導得到的。

C. 態轉向符

假設在本章〈第四・五・B 小節 態位移符〉裏討論的態換符$U(\boldsymbol{x}', \boldsymbol{x})$裏，$\boldsymbol{x}'$與$\boldsymbol{x}$的轉換關係為“轉向”，

$$\boldsymbol{x}' = R_{\varpi}\,\boldsymbol{x}$$

則在相位簡化$F(\boldsymbol{x})=0$下，即$|\boldsymbol{x}'\rangle = U(\boldsymbol{x}', \boldsymbol{x})|\boldsymbol{x}\rangle$，此態換符可用其生成子$\boldsymbol{J}$，稱為“轉向生成子（rotation generator）”，簡稱“轉向子”，表示為

$$\begin{aligned} U(\tau_{\varpi}) &\equiv U(\tau_{\varpi}\,\boldsymbol{x}, \boldsymbol{x}) \equiv U(R_{\varpi}\boldsymbol{x}, \boldsymbol{x}) \\ &= e^{-i\,\boldsymbol{\varpi}\cdot\boldsymbol{J}/\hbar} \\ &\equiv U_{\varpi} \end{aligned}$$

注意，此處轉向子$\boldsymbol{J}$不顯含$\boldsymbol{x}$。此態換符$U(\tau_{\varpi})$稱為“態轉向符（rotation operator of state）”，運作在物理系統的態矢$|\psi(t)\rangle$上的效應是：在位空間裏，以$\hat{\boldsymbol{n}} \equiv \boldsymbol{\omega}/|\boldsymbol{\omega}|$為軸，將此態矢$|\psi(t)\rangle$右旋$\omega \equiv |\boldsymbol{\omega}|$角度。

D. 態勻速符

假設在本章〈第四・五・B 小節 態位移符〉裏討論的態換符$U(\boldsymbol{x}', \boldsymbol{x})$裏，$\boldsymbol{x}'$與$\boldsymbol{x}$的轉換關係為“相對勻速”，

$$\boldsymbol{x}' = \boldsymbol{x} + \boldsymbol{\upsilon}\,t$$

因為轉換後的位標$\boldsymbol{x}'$，為轉換前的位標$\boldsymbol{x}$與時標t的線性組合，所以此類轉換，又稱為“時空轉換”。在相位簡化$F(\boldsymbol{x})=0$下，即$|\boldsymbol{x}'\rangle = U(\boldsymbol{x}', \boldsymbol{x})\,|\boldsymbol{x}\rangle$，此態換符$U(\boldsymbol{x}', \boldsymbol{x})$可利用其生成子$\boldsymbol{G}$，稱為“勻速生成子（uniform-speed generator）”，簡稱“勻速子”，表示為

$$\begin{aligned} U(\tau_{\upsilon}) &\equiv U(\tau_{\upsilon}\boldsymbol{x}, \boldsymbol{x}) \equiv U(\boldsymbol{x}+\boldsymbol{\upsilon}\,t, \boldsymbol{x}) \\ &= e^{i\,\boldsymbol{\upsilon}\cdot\boldsymbol{G}/\hbar} \\ &\equiv U_{\upsilon} \end{aligned}$$

注意，此處勻速子$\boldsymbol{G}$不顯含$\boldsymbol{x}$。此態換符$U(\tau_{\boldsymbol{\upsilon}})$稱為“態勻速符（uniform-speed operator of state）”，運作在物理系統態矢$|\psi(t)\rangle$上的效應是，賦予此態矢一個相對速度$\boldsymbol{\upsilon}$。例如，假設$\langle \boldsymbol{x}|\psi(t)\rangle$代表平均位置於$\boldsymbol{x}_0$靜止不動的一個波包，則$\langle \boldsymbol{x}|U(\tau_{\boldsymbol{\upsilon}})|\psi(t)\rangle$代表以速度$\boldsymbol{\upsilon}$行進的一個波包，而其平均位置在$\boldsymbol{x}_0+\boldsymbol{\upsilon}t$。

四・六 時空轉換與態換符

在舊“原始座”與新“轉換座”裏，分別觀察同一個物理系統，就相當於是在這個舊“原始座”裏，將這個物理系統作相反平移、相反轉向、相反勻速、或三者任意組合的轉換。根據維格納定理，轉換前後的這兩個物理系統狀態之間，必定可用一個態換符來表達。因此，對舊“原始座”作任何一個轉換τ，必定對應於將物理系統作轉換的一個“態換符”$U(\tau)$，

$$\tau \longleftrightarrow U(\tau)$$

$$\{\boldsymbol{x}, t\} \xrightarrow{\ \tau\ } \{\boldsymbol{x}', t'\} = \tau\{\boldsymbol{x}, t\}$$

$$|\psi(t)\rangle \xrightarrow{\ U(\tau)\ } |\psi'(t)\rangle = U(\tau)\,|\psi(t)\rangle$$

在$\boldsymbol{x}$表象裏，態換符$U(\tau)$的運作效應是，將$\psi(\boldsymbol{x}, t) \equiv \langle \boldsymbol{x}|\psi(t)\rangle$的函形式改變為另一個函形式$\psi'(\boldsymbol{x}, t) \equiv \langle \boldsymbol{x}|\psi'(t)\rangle = \langle \boldsymbol{x}|U(\tau)|\psi(t)\rangle$。談到這裏，我們僅說，函的形式由$\psi$變為$\psi'$，而並沒有明確地給出$\psi'$函的形式是什麼。為了明確地給出$\psi'$函的形式，我們將轉換$\tau$所對應的態換符$U(\tau)$，定義為滿足下式的幺正符，

$$\langle \boldsymbol{x}|U(\tau)|\psi(t)\rangle = e^{i\alpha}\langle \tau^{-1}\boldsymbol{x}|\psi(\tau^{-1}t)\rangle$$

此處$|\psi(t)\rangle$代表任一態矢，而α為任意實數。在一般情況下，我們通常作最簡單的選擇$\alpha=0$，即$e^{i\alpha}=1$。由上式絕值的平方，我們得到

$$|\psi'(\boldsymbol{x},t)|^2 = |\langle \tau^{-1}\boldsymbol{x}|\psi(\tau^{-1}t)\rangle|^2$$

此等式的物理意義是，在固定座裏來看，一個“移轉”了位置與座向的物理系統，除了其全相位可改變 $e^{i\alpha}$ 外，就像是物理系統不動，而座作了一個“相反移轉”。上述兩個等式，決定了態換符 $U(\tau)$ 運作於任意態矢 $|\psi(t)\rangle$ 後，對態矢 $|\psi(t)\rangle$ 產生的效應。至於等式中的 $\boldsymbol{x}$ 與 t，僅是將此運作效應，以變數 $\boldsymbol{x}$ 與 t 表達而已，所以 $\boldsymbol{x}$ 與 t 是所謂的“啞標（dummy index）”。因此，本節第二個式子中的 $\boldsymbol{x}$ 與 t，也可換成轉換後的新座標 $\boldsymbol{x}'$ 與 t' 表達為

$$\langle \boldsymbol{x}'|U(\tau)|\psi(t')\rangle = e^{i\alpha}\langle \tau^{-1}\boldsymbol{x}'|\psi(\tau^{-1}t')\rangle$$

$$\langle \boldsymbol{x}'|\psi'(t')\rangle = e^{i\alpha}\langle \boldsymbol{x}|\psi(t)\rangle$$

$$\psi'(\boldsymbol{x}', t') = e^{i\alpha}\psi(\boldsymbol{x}, t)$$

上述等式的物理意義是：除全相位 $e^{i\alpha}$ 外，在原始座 O 裏，ψ 處於 $\{\boldsymbol{x}, t\}$ 點的值，等於在轉換後的新座 O' 裏，ψ' 處於 $\{\boldsymbol{x}', t'\}$ 點的值。而 $\{\boldsymbol{x}, t\}$ 點的值與 $\{\boldsymbol{x}', t'\}$ 點的值之間的關係為

$$\{\boldsymbol{x}', t'\} = \tau\{\boldsymbol{x}, t\}$$

此處物理意義的相對幾何關係，如下圖所示：

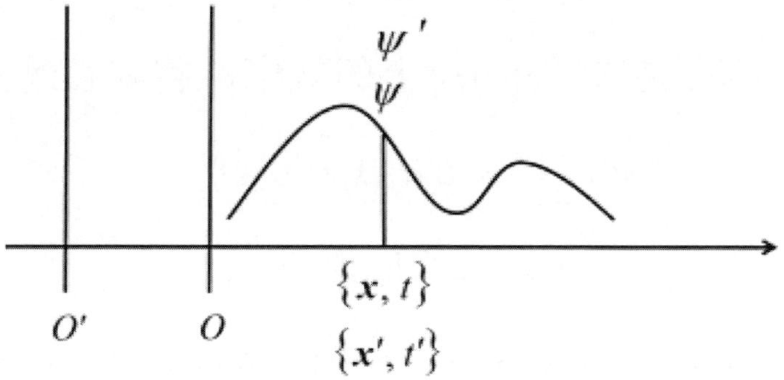

此處我們再次強調，在一般情況下，我們選擇全相位 $e^{i\alpha}=1$。

特別注意，本節到目前為止，對物理系統本身的對稱性，並未作任何假設。有時我們說：“兩個觀察者，針對同一個事件……”。但何謂同一個事件？上述關係 $\psi'(\boldsymbol{x}', t') = e^{i\alpha}\psi(\boldsymbol{x}, t)$，就定義了同一個事件，並預設了客觀世界的存在性。至於有關 $\psi(\boldsymbol{x}, t)$ 的演化規律，即所謂物理律，則尚未作任何假設。

在量子力學裏，若假設$|\psi(\boldsymbol{x},t)|^2$代表可觀測的“概密（probability density）”，則$|\psi'(\boldsymbol{x}',t')|^2=|\psi(\boldsymbol{x},t)|^2$代表，兩個不同的觀察者，觀測同一個事件的同一個物理量，所得結果的“概密”相等。

綜上所述，我們將轉換τ與態換符$U(\tau)$之間的對應，再次明確地綜合如下。

A. 時移

考慮位置$\boldsymbol{x}$不變的轉換τ_s，

$$\tau_s\{\boldsymbol{x},t\}=\{\boldsymbol{x},t+s\}$$

則其所對應的態換符$U(\tau_s)$，必須滿足下式，

$$\begin{aligned}\langle\boldsymbol{x}|U(\tau_s)|\psi(t)\rangle &= \langle\tau_s^{-1}\boldsymbol{x}|\psi(\tau_s^{-1}t)\rangle\\ &= \langle\boldsymbol{x}|\psi(t-s)\rangle\end{aligned}$$

因為對於任意$|\boldsymbol{x}\rangle$此式皆成立，所以我們得到

$$U(\tau_s)|\psi(t)\rangle=|\psi(t-s)\rangle$$

以態換符$U(\tau_s)$運作於態矢$|\psi(t)\rangle$上的效應，將其表達為

$$|\psi(t-s)\rangle=U(t-s,t)|\psi(t)\rangle$$

因此，時移轉換τ_s與其所對應的態換符$U(\tau_s)$為

$$\tau_s\{\boldsymbol{x},t\}=\{\boldsymbol{x},t+s\}\longleftrightarrow U(\tau_s^{-1}t,t)\equiv U(t-s,t)$$

B. 位換

考慮時刻t不變的轉換$\tau_{\boldsymbol{x}}$，

$$\tau_{\boldsymbol{x}}\{\boldsymbol{x},t\}=\{\boldsymbol{x}',t\}$$

此處的“位置轉換”，簡稱“位換”，包括位移、轉向、與勻速。根據本節一開始所述的定義，位換$\tau_{\boldsymbol{x}}$所對應的態換符$U(\tau_{\boldsymbol{x}})$，

必須滿足下式，

$$\begin{aligned}\langle \boldsymbol{x}|U(\tau_{\boldsymbol{x}})|\psi(t)\rangle &= \langle \tau_{\boldsymbol{x}}^{-1}\boldsymbol{x}|\psi(\tau_{\boldsymbol{x}}^{-1}t)\rangle \\ &= \langle \tau_{\boldsymbol{x}}^{-1}\boldsymbol{x}|\psi(t)\rangle\end{aligned}$$

將上式中的位標 $\boldsymbol{x}$ 代以 $\boldsymbol{x}'$，可得

$$\begin{aligned}\langle \boldsymbol{x}'|U(\tau_{\boldsymbol{x}})|\psi(t)\rangle &= \langle \tau_{\boldsymbol{x}}^{-1}\boldsymbol{x}'|\psi(\tau_{\boldsymbol{x}}^{-1}t)\rangle \\ &= \langle \boldsymbol{x}|\psi(t)\rangle\end{aligned}$$

注意上式中 $\tau_{\boldsymbol{x}}$ 的下標 $\boldsymbol{x}$，只是用來標示 $\tau_{\boldsymbol{x}}$ 為“位換符”，因此，不需要作 $\boldsymbol{x}\to\boldsymbol{x}'$ 代換。又因為對於任意的 $|\psi(t)\rangle$，上式都必須成立，所以我們可得如下等式，

$$\langle \boldsymbol{x}| = \langle \boldsymbol{x}'|U(\tau_{\boldsymbol{x}})$$

由於 $U(\tau_{\boldsymbol{x}})U^{\dagger}(\tau_{\boldsymbol{x}})=1$，因此可得

$$\langle \boldsymbol{x}'| = \langle \boldsymbol{x}|U^{\dagger}(\tau_{\boldsymbol{x}})$$

再取以上兩式的“伴矢”，可得

$$\begin{aligned}|\boldsymbol{x}\rangle &= U^{\dagger}(\tau_{\boldsymbol{x}})|\boldsymbol{x}'\rangle \\ |\boldsymbol{x}'\rangle &= U(\tau_{\boldsymbol{x}})|\boldsymbol{x}\rangle\end{aligned}$$

這與本章〈第四・四・B 小節　態位置轉換(1)〉裏的結果完全相同。若將態換符 $U(\tau_{\boldsymbol{x}})$ 以其運作於基態 $|\boldsymbol{x}\rangle$ 上的效應來表達，即 $U(\tau_{\boldsymbol{x}})\equiv U(\boldsymbol{x}',\boldsymbol{x})$，則我們得到

$$|\boldsymbol{x}'\rangle = U(\boldsymbol{x}',\boldsymbol{x})|\boldsymbol{x}\rangle$$

因此，位換 $\tau_{\boldsymbol{x}}$ 與其所對應的態換符 $U(\tau_{\boldsymbol{x}})$ 為

$$\tau_{\boldsymbol{x}}\{\boldsymbol{x},t\} = \{\boldsymbol{x}',t\} \longleftrightarrow U(\tau_{\boldsymbol{x}}) \equiv U(\boldsymbol{x}',\boldsymbol{x})$$

C. 一般轉換

考慮任意轉換 τ，

$$\tau\{\boldsymbol{x}, t\} = \{\boldsymbol{x}', t'\}$$

我們有如下對應關係，

$$\tau\{\boldsymbol{x}, t\} = \{\boldsymbol{x}', t'\} \longleftrightarrow U(\tau \boldsymbol{x}, \tau^{-1} t;\ \boldsymbol{x}, t)$$

D. 均勻時空的態換符

在“位置”與“座向”皆均勻的時空裏，轉換τ、及其所對應的態換符$U(\tau)$，在低相對速度$\boldsymbol{\upsilon}$的情況下，即非相對論情況下，可以綜合為如下表：

時空轉換τ_ε	態換符$U(\tau_\varepsilon)$	態換子$G(\varepsilon)$
時移： $t \to t+s$	$U(t-s, t) = e^{i s H/\hbar} \equiv U_s$	H
勻速： $\boldsymbol{x} \to \boldsymbol{x}+\boldsymbol{\upsilon} t$	$U(\boldsymbol{x}+\boldsymbol{\upsilon} t, \boldsymbol{x}) = e^{i \boldsymbol{\upsilon}\cdot\boldsymbol{G}/\hbar} \equiv U_{\boldsymbol{\upsilon}}$	$\boldsymbol{G}$
位移： $\boldsymbol{x} \to \boldsymbol{x}+\boldsymbol{d}$	$U(\boldsymbol{x}+\boldsymbol{d}, \boldsymbol{x}) = e^{-i \boldsymbol{d}\cdot\boldsymbol{P}/\hbar} \equiv U_{\boldsymbol{d}}$	$\boldsymbol{P}$
轉向： $\boldsymbol{x} \to R_{\boldsymbol{\varpi}} \boldsymbol{x}$	$U(R_{\boldsymbol{\varpi}}\boldsymbol{x}, \boldsymbol{x}) = e^{-i \boldsymbol{\varpi}\cdot\boldsymbol{J}/\hbar} \equiv U_{\boldsymbol{\varpi}}$	$\boldsymbol{J}$

請特別注意此表中，各個態換符$U(\tau)$裏的正負號。在定義態換子時所採用的正負號〔請參閱〈第四・四・D 小節 態換子〉〕，是為了配合以後賦予各個態換子的物理意義時，能夠與經典力學裏我們所熟悉的物理量相對應。如果對於時標t而言，時空不均勻，則此處的態換符$U(t-s, t)$就無法寫成簡單的指數形式。

現在我們將態換符$\{U_s, U_{\boldsymbol{\upsilon}}, U_{\boldsymbol{d}}, U_{\boldsymbol{\varpi}}\}$的運作效應再綜合如下：

$$U_s\,|\psi(t)\rangle = U(t-s, t)\,|\psi(t)\rangle = |\psi(t-s)\rangle$$

$$U_{\boldsymbol{\upsilon}}\,|\boldsymbol{x}\rangle = U(\boldsymbol{x}+\boldsymbol{\upsilon} t, \boldsymbol{x})\,|\boldsymbol{x}\rangle = |\boldsymbol{x}+\boldsymbol{\upsilon} t\rangle$$

$$U_{\boldsymbol{d}}\,|\boldsymbol{x}\rangle = U(\boldsymbol{x}+\boldsymbol{d}, \boldsymbol{x})\,|\boldsymbol{x}\rangle = |\boldsymbol{x}+\boldsymbol{d}\rangle$$

$$U_{\boldsymbol{\varpi}}\,|\boldsymbol{x}\rangle = U(R_{\boldsymbol{\varpi}}\boldsymbol{x}, \boldsymbol{x})\,|\boldsymbol{x}\rangle = |R_{\boldsymbol{\varpi}}\boldsymbol{x}\rangle$$

四・七 態換子對易關係

A. 態換符對易關係

假設在作轉換τ_1後，緊接著再作一次轉換τ_2，而$\tau_2\tau_1$合起來的效應，與僅作一次轉換τ_3的效應相等，

$$\tau_1\{\boldsymbol{x},t\} = \{\boldsymbol{x}',t'\}$$
$$\tau_2\{\boldsymbol{x}',t'\} = \{\boldsymbol{x}'',t''\}$$
$$\tau_3\{\boldsymbol{x},t\} = \{\boldsymbol{x}'',t''\}$$

因此，作兩次轉換$\tau_2\tau_1$後，所觀測的物理系統狀態，應該與僅作一次轉換τ_3後，所觀測的物理系統狀態完全相同。假設$\tau \leftrightarrow U_0(\tau)$代表“時空轉換”與“態轉換（state transformation）”之間某特定的對應關係，則描述物理系統狀態的態矢之間有如下關係，

$$U_0(\tau_1)|\psi\rangle = |\psi'\rangle$$
$$U_0(\tau_2)|\psi'\rangle = |\psi''\rangle$$
$$U_0(\tau_3)|\psi\rangle = |\psi'''\rangle$$

然而，態矢乘上任何全相位因子$e^{i\alpha}$，皆可代表同一個物理態，因此，$|\psi''\rangle$與$|\psi'''\rangle$之間，尚可能有一個“全相位因子”的差異，

$$|\psi''\rangle = e^{i\alpha}|\psi'''\rangle$$

此處α為某實數相位。因此，態換符$U_0(\tau_1), U_0(\tau_2), U_0(\tau_3)$之間有如下關係，

$$U_0(\tau_1)U_0(\tau_2) = e^{i\alpha}U_0(\tau_3)$$

因為在定義τ與$U_0(\tau)$之間的對應關係時，可以選擇任意的全相位，所以α的選擇，可以根據形式上或標記上的方便來決定。因此，我們可以利用此特定的對應$\tau \leftrightarrow U_0(\tau)$為基準，任意重新定義轉換$\tau$與態換符$U(\tau)$之間的對應關係。也就是說，將原來的對應關係，

$$\tau \longleftrightarrow U_0(\tau)$$

改寫為新的對應關係，

$$\tau \longleftrightarrow U(\tau) = e^{i\,\alpha(\tau)}\,U_0(\tau)$$

而$\alpha(\tau)$為某“實相位（real phase）”，使得不同態換符之間的關係，在形式或標記上更簡潔，例如，$U(\tau_1)U(\tau_2)=U(\tau_3)$。稍後就會看到，在絕大多數情況下，只要適當地選取相位，皆可得到如此簡潔形式，但在某些特殊情況下，則不可能。

當然，一般地說，或許會認為相位$\alpha(\tau)$也有可能隨態換符$U(\tau)$所運作的態矢$|\psi(t)\rangle$不同，而作不同的定義。但是根據“維格納定理”，對應於轉換τ的態換符$U(\tau)$，必須是幺正符，所以態換符$U(\tau)$也必須是線性的。因此，相位$\alpha(\tau)$的定義，就不能與態換符$U(\tau)$所運作的態矢$|\psi(t)\rangle$有關。

B. 態換子間的代數結構

由本書〈第一・八・D 小節　伽利略轉換對易關係〉可知，任意轉換τ_1與τ_2的對易關係，也可用下式表達，

$$\tau_1\,\tau_2\,\tau_1^{-1}\,\tau_2^{-1} = \tau_5$$

由轉換τ與態換符$U(\tau)$之間的對應關係，可以得到

$$U(\tau_1)\,U(\tau_2)\,U^{\dagger}(\tau_1)\,U^{\dagger}(\tau_2) = e^{i\alpha}\,U(\tau_5)$$

如前所述，為了形式或標記上的方便，我們重新定義$\tau \leftrightarrow U(\tau)$的對應關係，並且儘可能使$\alpha=0$。根據本書〈附錄十二　態換子對易關係〉裏的討論，我們就會知道，只有在少數情況下，無法使$\alpha=0$。

假設轉換τ_1, τ_2, τ_5皆為單一參量的轉換，而其所對應的態換符$U(\tau_1), U(\tau_2), U(\tau_5)$的生成子，各為$G_1, G_2, G_5$。利用本書〈附錄十二・一節　算符公式〉裏的公式，我們得到生成子間的基本代數

結構，

$$[G_1, G_2] = i c_1 G_5 + i c_2 I$$

此處 c_1 為某實數，視 G_1 與 G_2 而定，而 c_2 也為某實數，與相位 α 的定義有關。

C. 態換子對易關係

由於生成子 $\boldsymbol{G}, \boldsymbol{P}, \boldsymbol{J}, H$ 之間的對易關係，必須同時成立，所以相位 α 的選擇必須滿足"一致性"，因此，對易關係裏 c_1 和 c_2 的值也就受到限制。利用算符的"賈可比恆等式（Jacobi identity）"，

$$[A, [B, C]] + [B, [C, A]] + [C, [A, B]] = 0$$

我們可得這些對易關係同時成立的"一致性條件（consistency condition）"。具體推導過程見本書〈附錄十二 態換子對易關係〉。這裏，我們列出最終結果如下：

$$[H, H] = 0,\quad [H, G_\alpha] = -i\hbar P_\alpha,\quad [H, P_\alpha] = 0,\quad [H, J_\alpha] = 0$$

$$[G_\alpha, G_\beta] = 0,\quad [G_\alpha, P_\beta] = i\hbar\delta_{\alpha\beta} m I,\quad [G_\alpha, J_\beta] = i\hbar\varepsilon_{\alpha\beta\gamma} G_\gamma$$

$$[P_\alpha, P_\beta] = 0,\quad [P_\alpha, J_\beta] = i\hbar\varepsilon_{\alpha\beta\gamma} P_\gamma$$

$$[J_\alpha, J_\beta] = i\hbar\varepsilon_{\alpha\beta\gamma} J_\gamma$$

特別注意，這些對易關係，皆是針對"均勻時空（homogeneous spacetime）"的態換符及其態換子，而得到的結果。若考慮粒子在外加力場裏的運動，則對易關係 $[H, G_\alpha]$, $[H, P_\alpha]$ 與 $[H, J_\alpha]$，必須作適當調整。以上各式中的 $\delta_{\alpha\beta}$ 為"克羅內克 δ 函（Kronecker-δ function）"，其定義為

$$\delta_{\alpha\beta} \equiv \begin{cases} 1, & \alpha = \beta \\ 0, & \alpha \neq \beta \end{cases}$$

而 $\varepsilon_{\alpha\beta\gamma}$ 為"勒維-契維塔張量（Levi-Civita tensor）"，其定義為

$$\varepsilon_{\alpha\beta\gamma} \equiv \begin{cases} 1, & \alpha\beta\gamma \text{為} xyz \text{之"偶換(even permutation)"} \\ -1, & \alpha\beta\gamma \text{為} xyz \text{之"奇換(odd permutation)"} \\ 0, & \text{其他} \end{cases}$$

四・八 動力測符

A. 位符

我們在日常生活經驗裏最直接、最基本的物理量，就是“位置座標”，簡稱“位標”。因此，“位置算符”，簡稱“位符”，就是我們首先要明確定義的“測符”。

(1) 位符定義

> 在“薛定諤動象（Schrödinger picture）”裏，我們以不顯含時刻 t 的“位符” $\boldsymbol{X} \equiv \{X, Y, Z\}$，對應於一個粒子在慣性座裏的“位置”。並“假設”此位符 $\boldsymbol{X}$ 的三個分量 $\{X, Y, Z\}$ 彼此“相容”，因此，它們彼此對易，

$$[X, Y] = [X, Z] = [Y, Z] = 0$$

關於量子力學的“動象（motion picture 或 picture）”，請參閱本書〈附錄八 量子力學動象〉。現在我們來談談，在何種情況下，可以假設位符 $\boldsymbol{X}$ 滿足以上對易關係？根據日常生活經驗，一個“完全自由”的粒子，其位置的三個座標值 (x, y, z) 之間毫無關聯。就“概率論”而言，好比在一副 52 張橋牌裏抽出一張牌，而這張牌是否為“K”，與這張牌是否為“黑桃”，毫無關聯。也就是說，牌的“號碼”與其“花色”無關，它們屬於兩個不同的“自由度”。然而這張牌是“K”與這張牌是“2”就有關係，因為如果這張牌是“K”就不會是“2”、是“2”就不會是“K”。

話說回來，經驗告訴我們，在某個“座”裏，即便知道一

個“完全自由”的粒子在$x=3.5$公分處，但這個粒子的y或z座標，卻仍然有可能等於任何值。於是自由粒子所處位置的三個座標值(x, y, z)之間可以毫無關聯。因此，在量子力學裏，我們假設位符$\boldsymbol{X}$的三個分量$\{X, Y, Z\}$彼此對易是合理的。注意，就此處推理而言，“狹義相對論”裏的“閔可夫斯基時空”$\{ct, x, y, z\}$，就不是完全獨立的“四維時空”。

(2) 位符徵程

在慣性座裏，為了描述一個粒子的“位置”，我們以$\boldsymbol{X} \equiv \{X, Y, Z\}$代表不隨時刻$t$改變的“位符”。由於“假設”位符$\boldsymbol{X}$的三個分量$\{X, Y, Z\}$間彼此對易，所以它們具有“共徵態”。因此，我們可將位符$\boldsymbol{X}$的徵程，寫為矢形式，

$$\boldsymbol{X}|\boldsymbol{x}\rangle = \boldsymbol{x}|\boldsymbol{x}\rangle$$

此處$|\boldsymbol{x}\rangle$代表位符$\boldsymbol{X}$的徵態，$\boldsymbol{x}$代表其相應的徵值。此外，我們還假設徵值$\boldsymbol{x} \equiv \{x, y, z\}$的取值範圍為“連續無限實距離（continuous unbounded real distance）”，

$$-\infty < x < +\infty$$
$$-\infty < y < +\infty$$
$$-\infty < z < +\infty$$

請特別注意，此處我們定義的位符$\boldsymbol{X}$“不顯依時”，也就是“薛定諤動象”下的基本測符。反而言之，若“位符”$\boldsymbol{X}$不顯含時刻t，則選擇的“動象”就是“薛定諤動象”。請參閱〈附錄八　量子力學動象〉。因此，位符$\boldsymbol{X}$的三個分量是否對易，與我們所選擇的“動象”也有關係。

B. 速符

根據本章〈第四・八・A 小節　位符〉，我們對薛定諤動象裏“位符”$\boldsymbol{X}$的定義作推論。在我們的日常生活經驗裏，粒子速度$\boldsymbol{v}(t)$的均值$\langle \boldsymbol{v}(t) \rangle$，當然就是量子力學裏，位符$\boldsymbol{X}$的期值$\langle \boldsymbol{X} \rangle$對時刻$t$的“變率（rate of change）”。另一方面，假設我們以$\boldsymbol{V}$

代表“速符（velocity operator）”，則速符$\boldsymbol{V}$的期值$\langle \boldsymbol{V}\rangle$，就應該與“位符期值$\langle \boldsymbol{X}\rangle$對$t$的變率”代表同一個物理量，

$$\begin{aligned}\langle\psi(t)|\boldsymbol{V}|\psi(t)\rangle &= \langle\boldsymbol{\upsilon}(t)\rangle \\ &= \frac{d}{dt}\langle\psi(t)|\boldsymbol{X}|\psi(t)\rangle\end{aligned}$$

此處$|\psi(t)\rangle$代表任意物理態。

利用本章〈第四・五・A 小節 態時移符〉裏，態矢$|\psi(t)\rangle$所滿足的演化方程，我們可得

$$i\hbar\frac{d}{dt}|\psi(t)\rangle = H|\psi(t)\rangle$$

$$-i\hbar\frac{d}{dt}\langle\psi(t)| = \langle\psi(t)|H$$

注意，因為時刻t為“外在參量”，所以d/dt不是希空間裏的算符，因此，對第一式取“伴（adjoint）”可得第二式，而且第二式裏的d/dt無需與$|\psi(t)\rangle$對調前後位置。將此兩式，代入前面速符$\boldsymbol{V}$的定義式，則速符$\boldsymbol{V}$的期值可改寫為

$$\begin{aligned}\langle\psi(t)|\boldsymbol{V}|\psi(t)\rangle &= \left[\frac{d}{dt}\langle\psi(t)|\right]\boldsymbol{X}|\psi(t)\rangle + \langle\psi(t)|\boldsymbol{X}\left[\frac{d}{dt}|\psi(t)\rangle\right] \\ &= \frac{i}{\hbar}\langle\psi(t)|\,[H,\boldsymbol{X}]\,|\psi(t)\rangle\end{aligned}$$

因為上式對任意物理態$|\psi(t)\rangle$皆成立，所以上式可改寫為“算符等式”，於是速符$\boldsymbol{V}$具有如下形式，

$$\boldsymbol{V} = \frac{i}{\hbar}[H,\boldsymbol{X}]$$

因此，“速符”$\boldsymbol{V}$的明確形式，必須由“時移子”H與“位符”$\boldsymbol{X}$的“對易子”來決定。然而，由於目前時移子H的形式尚未確定，所以速符$\boldsymbol{V}$的明確形式，也容後決定。

C. 時空轉換下的測符

假設有許多不同的觀察者，他們彼此間的差異為“時空轉換”；因此，當他們觀測同一個物理系統的同一個物理量時，在一般情況下，皆會得到不同的期值。於是，就這些觀察者而言，他們各自與其觀測所對應的測符，彼此不同。例如，兩位不同的觀察者O與O'，觀察者O觀測物理量ω的測符為Ω，而觀察者O'觀測同一個物理量ω的測符為Ω'。針對同一個物理態$|\psi(t)\rangle$，這兩觀察者O與O'所得到的物理量ω的期值，分別為

$$\langle\psi(t)|\Omega|\psi(t)\rangle \quad 與 \quad \langle\psi(t)|\Omega'|\psi(t)\rangle$$

因為這兩個期值，在一般情況下不相等，所以測符Ω與Ω'也就不相等。然而，如果已知Ω的形式，則Ω'應該具有什麼形式呢？

首先來談一般情形。假設u為任意“幺正符”，則我們可將測符Ω對任意兩態矢$|\phi\rangle$與$|\psi\rangle$的陣元，作如下轉換，

$$\begin{aligned}\langle\phi|\Omega|\psi\rangle &= \langle\phi|u^\dagger u\,\Omega\, u^\dagger u|\psi\rangle \\ &= \langle\phi'|\Omega'|\psi'\rangle\end{aligned}$$

此處我們定義$|\phi'\rangle\equiv u|\phi\rangle$，$|\psi'\rangle\equiv u|\psi\rangle$，$\Omega'\equiv u\Omega u^\dagger$。就轉換後的態矢$|\phi'\rangle$與$|\psi'\rangle$而言，由於測符$\Omega'$所扮演的角色，與測符$\Omega$於轉換前在態矢$|\phi\rangle$與$|\psi\rangle$裏所扮演的角色“類似”。因此，我們稱測符$\Omega$與$\Omega'$互為彼此的“相似測符（similar observable）”。關於“相似測符”，請參閱本書〈附錄六・四・A 小節 相似轉換〉。

如果對觀察者O'而言，態矢$|\phi'\rangle$與$|\psi'\rangle$恰好是觀察者O之$|\phi\rangle$與$|\psi\rangle$的“對等物理態”〔參閱本章〈第四・三・A 小節 對等觀測〉〕，則就觀察者O與O'而言，我們特稱此兩“相似測符”Ω與Ω'，互為彼此的“對等測符”。

在本章〈第四・三節 觀察者的物理世界〉裏，若觀察者O與O'之間的差異為“時空轉換”τ，則態矢$|\psi(t)\rangle$與$|\psi'(t)\rangle$的關係為$|\psi'(t)\rangle=U(\tau)\,|\psi(t)\rangle$。在一般情況下，由於觀察者$O'$眼中之$|\psi'(t)\rangle$，並非觀察者$O$眼中之$|\psi(t)\rangle$的“對等態”，因此，測符$\Omega$與$\Omega'=U(\tau)\Omega U^\dagger(\tau)$僅互為彼此的“相似測符”。

若換作假設$|\psi'(t)\rangle = U^{\dagger}(\tau)\,|\psi(t)\rangle = U^{-1}(\tau)\,|\psi(t)\rangle$，則觀察者$O'$眼中之$|\psi'(t)\rangle$，恰好是觀察者$O$眼中之$|\psi(t)\rangle$的“對等態”。因此，測符$\Omega$與$\Omega' = U^{\dagger}(\tau)\Omega U(\tau)$互為彼此的“對等測符”。

D. 位符與態換子對易關係

彼此間有相對“時空轉換”的兩觀察者，當他們觀測同一個物理態相對於自身的“位置”時，當然會得到不同的期值。因此，彼此間有“時空轉換”的觀察者，他們的“位符”就不同。由上小節可知，觀察者O與O'的“對等位符（equivalent position operator）”分別為

$$\boldsymbol{X} \quad 與 \quad \boldsymbol{X}' = U^{\dagger}(\tau)\boldsymbol{X}U(\tau)$$

然而，我們僅考慮不隨時刻t改變的“位置轉換”，簡稱“位換”$\tau_{\boldsymbol{x}}$。假設觀察者O'與O之間的差異，為“位換”$\tau_{\boldsymbol{x}}$，則對於任一物理態$|\psi(t)\rangle$，觀察者O'的位符$\boldsymbol{X}'$的期值為

$$\begin{aligned}\langle\psi(t)|\boldsymbol{X}'|\psi(t)\rangle &= \langle\psi(t)|U^{\dagger}(\tau_{\boldsymbol{x}})\,\boldsymbol{X}U(\tau_{\boldsymbol{x}})\,|\psi(t)\rangle \\ &= \int d^3x\,\langle\psi(t)|\boldsymbol{x}\rangle\left\langle\boldsymbol{x}\middle|U^{\dagger}(\tau_{\boldsymbol{x}})\boldsymbol{X}U(\tau_{\boldsymbol{x}})\middle|\psi(t)\right\rangle\end{aligned}$$

在此積分式子裏，最右邊因式，可以變換為如下形式，

$$\begin{aligned}\left\langle\boldsymbol{x}\middle|U^{\dagger}(\tau_{\boldsymbol{x}})\boldsymbol{X}U(\tau_{\boldsymbol{x}})\middle|\psi(t)\right\rangle &= \left\langle\tau_{\boldsymbol{x}}\boldsymbol{x}\middle|\boldsymbol{X}U(\tau_{\boldsymbol{x}})\middle|\psi(t)\right\rangle \\ &= (\tau_{\boldsymbol{x}}\boldsymbol{x})\left\langle\tau_{\boldsymbol{x}}\boldsymbol{x}\middle|U(\tau_{\boldsymbol{x}})\middle|\psi(t)\right\rangle \\ &= (\tau_{\boldsymbol{x}}\boldsymbol{x})\left\langle\tau_{\boldsymbol{x}}^{-1}\tau_{\boldsymbol{x}}\boldsymbol{x}\middle|\psi(t)\right\rangle \\ &= (\tau_{\boldsymbol{x}}\boldsymbol{x})\left\langle\boldsymbol{x}\middle|\psi(t)\right\rangle\end{aligned}$$

此處利用了公式$\langle\boldsymbol{x}|U^{\dagger}(\tau_{\boldsymbol{x}}) = \langle\boldsymbol{x}'| = \langle\tau_{\boldsymbol{x}}\boldsymbol{x}|$，$\langle\boldsymbol{x}'|U(\tau_{\boldsymbol{x}}) = \langle\boldsymbol{x}| = \langle\tau_{\boldsymbol{x}}^{-1}\boldsymbol{x}'|$與$\langle\boldsymbol{x}|\,\boldsymbol{X} = \langle\boldsymbol{x}|\,\boldsymbol{x}$。因此，觀察者$O'$觀測物理態$|\psi(t)\rangle$的位置$\boldsymbol{x}'$，所得到的期值，可改寫為

$$\begin{aligned}\langle\psi(t)|\boldsymbol{X}'|\psi(t)\rangle &= \int d^3x\,\langle\psi(t)|\boldsymbol{x}\rangle\,(\tau_{\boldsymbol{x}}\boldsymbol{x})\,\langle\boldsymbol{x}|\psi(t)\rangle \\ &= \langle\psi(t)|\,(\tau_{\boldsymbol{x}}\boldsymbol{X})\,|\psi(t)\rangle\end{aligned}$$

此處$\tau_{\boldsymbol{x}}$僅運作於位標“$\boldsymbol{x}$”或位符“$\boldsymbol{X}$”。由於上式對於任意物

理態$|\psi(t)\rangle$皆成立，所以我們可得“算符恆等式”，

$$U^{\dagger}(\tau_{x})\boldsymbol{X}U(\tau_{x}) = \tau_{x}\boldsymbol{X}$$

現在分別就位移、轉向、勻速，討論此算符恆等式如下。

(1) 位移觀察者

若觀察者O'與O之間的轉換為“位移”，即$U(\tau_{x})=U(\tau_{d})\equiv e^{-i\boldsymbol{d}\cdot\boldsymbol{P}/\hbar}$，因此，位符$\boldsymbol{X}'$為

$$e^{i\boldsymbol{d}\cdot\boldsymbol{P}/\hbar}\boldsymbol{X}e^{-i\boldsymbol{d}\cdot\boldsymbol{P}/\hbar} = \boldsymbol{X}+\boldsymbol{d}I \qquad \text{(A)}$$

此處I為“恆等符（identity operator）”。利用算符公式，

$$e^{-B}Ae^{B} = A+[A,B]+\frac{1}{2!}\big[[A,B],B\big]+\frac{1}{3!}\Big[\big[[A,B],B\big],B\Big]+\cdots$$

我們可以將(A)式左邊改寫為

$$e^{i\boldsymbol{d}\cdot\boldsymbol{P}/\hbar}\boldsymbol{X}e^{-i\boldsymbol{d}\cdot\boldsymbol{P}/\hbar} = \boldsymbol{X}-[\boldsymbol{X},i\boldsymbol{d}\cdot\boldsymbol{P}]/\hbar+O(d^{2})$$

將上式與(A)式作比較，可得

$$[\boldsymbol{X},\boldsymbol{d}\cdot\boldsymbol{P}] = i\hbar\boldsymbol{d}I$$

以直角座標分量表達，則為

$$\Big[X_{\alpha},\sum_{\beta}d_{\beta}P_{\beta}\Big] = i\hbar d_{\alpha}I$$

由於此式對任意位移$\boldsymbol{d}$皆成立，所以我們可再去掉與$\boldsymbol{d}$相關的因子，而化簡為

$$\big[X_{\alpha},P_{\beta}\big] = i\hbar\,\delta_{\alpha\beta}I$$

(2) 轉向觀察者

若觀察者O'與O之間的轉換為“轉向”，則$U(\tau_{x})=U(\tau_{\boldsymbol{\varpi}})\equiv e^{-i\boldsymbol{\varpi}\cdot\boldsymbol{J}/\hbar}$，因此，位符$\boldsymbol{X}'$為

$$e^{i\boldsymbol{\omega}\cdot\boldsymbol{J}/\hbar}\boldsymbol{X}e^{-i\boldsymbol{\omega}\cdot\boldsymbol{J}/\hbar} = R_{\omega}\boldsymbol{X}$$
$$= \boldsymbol{X} + \boldsymbol{\omega}\times\boldsymbol{X} + O(\omega^2)$$

此式左邊為

$$e^{i\boldsymbol{\omega}\cdot\boldsymbol{J}/\hbar}\boldsymbol{X}e^{-i\boldsymbol{\omega}\cdot\boldsymbol{J}/\hbar} = \boldsymbol{X} - [\boldsymbol{X},\, i\boldsymbol{\omega}\cdot\boldsymbol{J}]/\hbar + O(\omega^2)$$

因此，我們得到

$$[\boldsymbol{X}, \boldsymbol{\omega}\cdot\boldsymbol{J}] = i\hbar\boldsymbol{\omega}\times\boldsymbol{X}$$

由於此式對於任意$\boldsymbol{\omega}$皆成立，因此可化簡為

$$[X_\alpha, J_\beta] = i\hbar\varepsilon_{\alpha\beta\gamma}X_\gamma$$

(3) 勻速觀察者

若觀察者O'與O之間的轉換為“勻速”，則$U(\tau_x)=U(\tau_\upsilon)\equiv e^{i\boldsymbol{\upsilon}\cdot\boldsymbol{G}/\hbar}$，因此，位符$\boldsymbol{X}'$為

$$e^{-i\boldsymbol{\upsilon}\cdot\boldsymbol{G}/\hbar}\boldsymbol{X}e^{i\boldsymbol{\upsilon}\cdot\boldsymbol{G}/\hbar} = \boldsymbol{X} + \boldsymbol{\upsilon}\,t\,I$$

此式左邊為

$$e^{-i\boldsymbol{\upsilon}\cdot\boldsymbol{G}/\hbar}\boldsymbol{X}e^{i\boldsymbol{\upsilon}\cdot\boldsymbol{G}/\hbar} = \boldsymbol{X} + [\boldsymbol{X}, i\boldsymbol{\upsilon}\cdot\boldsymbol{G}]/\hbar + O(\upsilon^2)$$

因此，我們得到

$$[\boldsymbol{X}, \boldsymbol{\upsilon}\cdot\boldsymbol{G}] = -i\hbar\boldsymbol{\upsilon}tI$$

由於此式對於任意$\boldsymbol{\upsilon}$皆成立，因此可化簡為

$$[G_\alpha, X_\beta] = i\hbar t\,\delta_{\alpha\beta}\,I$$

E. 速符與勻速子對易關係

由本章〈第四・八・D 小節　位符與態換子對易關係(3)〉可

知，

$$U^{\dagger}(\tau_{\boldsymbol{\upsilon}})\boldsymbol{X}\,U(\tau_{\boldsymbol{\upsilon}}) = \boldsymbol{X} + \boldsymbol{\upsilon}\,t\,I$$

對於任意物理態$|\psi(t)\rangle$，有如下關係式，

$$\langle\psi(t)|\,U^{\dagger}(\tau_{\boldsymbol{\upsilon}})\boldsymbol{X}\,U(\tau_{\boldsymbol{\upsilon}})\,|\psi(t)\rangle = \langle\psi(t)|\boldsymbol{X}|\psi(t)\rangle + \boldsymbol{\upsilon}\,t$$

將上式兩邊對時刻t求導數，可得

$$\frac{d}{dt}\langle\psi(t)|\,U^{\dagger}(\tau_{\boldsymbol{\upsilon}})\boldsymbol{X}\,U(\tau_{\boldsymbol{\upsilon}})\,|\psi(t)\rangle = \frac{d}{dt}\langle\psi(t)|\boldsymbol{X}|\psi(t)\rangle + \boldsymbol{\upsilon}$$

根據“速符”的定義，我們可將上式改寫為

$$\langle\psi_{\boldsymbol{\upsilon}}(t)|\boldsymbol{V}|\psi_{\boldsymbol{\upsilon}}(t)\rangle = \langle\psi(t)|\,\boldsymbol{V}|\psi(t)\rangle + \boldsymbol{\upsilon}$$

此處$|\psi_{\boldsymbol{\upsilon}}(t)\rangle$定義為

$$|\psi_{\boldsymbol{\upsilon}}(t)\rangle \equiv U(\tau_{\boldsymbol{\upsilon}})\,|\psi(t)\rangle$$

因此，對於速符$\boldsymbol{V}$，可得如下等式，

$$\langle\psi(t)|\,U^{\dagger}(\tau_{\boldsymbol{\upsilon}})\boldsymbol{V}\,U(\tau_{\boldsymbol{\upsilon}})\,|\psi(t)\rangle = \langle\psi(t)|\,(\boldsymbol{V} + \boldsymbol{\upsilon}\,I)\,|\psi(t)\rangle$$

我們也可將此式化簡為“算符恆等式”，

$$\begin{aligned}\boldsymbol{V}' &\equiv U^{\dagger}(\tau_{\boldsymbol{\upsilon}})\boldsymbol{V}\,U(\tau_{\boldsymbol{\upsilon}})\\ &= \boldsymbol{V} + \boldsymbol{\upsilon}\,I\end{aligned}$$

利用本章〈第四・八・D 小節　位符與態換子對易關係(3)〉裏的運算技巧，我們可得

$$[\boldsymbol{V}, \boldsymbol{\upsilon}\cdot\boldsymbol{G}] = -i\hbar\boldsymbol{\upsilon}I$$

由於此式對於任意$\boldsymbol{\upsilon}$皆成立，因此可化簡為

$$\left[G_{\alpha}, V_{\beta}\right] = i\hbar\delta_{\alpha\beta}I$$

F. 態換子的物理意義

時空轉換τ之間的對易關係，可以直接由我們對“時刻”與“位置”的觀察推論得到。要做到這點並不難，因為在數學上，我們可以利用實數來處理“時空座標”。利用“時空轉換”τ之間的對易關係，以及“時空轉換”τ與“態換符”$U(\tau)$之間的對應關係，我們可以推論得到“態換符”$U(\tau)$之間的對易關係。然而，由於態矢可含有任意“全相位因子”，所以態換符$U(\tau)$之間的對易關係，較不易推導。不過，態換符$U(\tau)$在數學上的基本結構，完全由“態換子”來決定。因此，“態換符”$U(\tau)$之間的對易關係，也就決定了其“態換子”$\{\boldsymbol{G}, \boldsymbol{P}, \boldsymbol{J}, H\}$之間的對易關係。

為了能將“態換子”$\{\boldsymbol{G}, \boldsymbol{P}, \boldsymbol{J}, H\}$以“動力測符”來表達，我們在本章〈第四・八・B 小節 速符〉的分析裏，以〈第四・八・A 小節 位符〉裏所定義的“位符”$\boldsymbol{X}$為基礎，經推論得知，對易子$i[H, \boldsymbol{X}]/\hbar$在觀測的意義上，就是速符$\boldsymbol{V}$。下面，我們將利用〈第四・八・D 小節 位符與態換子對易關係〉裏的結果，以位符$\boldsymbol{X}$與速符$\boldsymbol{V}$來表達各態換子。這裏我們首先考慮勻速子$\boldsymbol{G}$的形式。

(1) 質位符

根據本章〈第四・七・C 小節 態換子對易關係〉與〈第四・八・D 小節 位符與態換子對易關係〉裏的結果，我們有以下兩組對易關係，

$$\left[G_\alpha, P_\beta\right] = i\hbar\delta_{\alpha\beta}\, mI$$

$$\left[X_\alpha, P_\beta\right] = i\hbar\delta_{\alpha\beta}\, I$$

由此可知，勻速子$\boldsymbol{G}$具有如下形式，

$$\boldsymbol{G} = m\boldsymbol{X} + \boldsymbol{g}$$

此處$\boldsymbol{g}$代表可與$\boldsymbol{P}$對易的任意算符，

$$\left[g_\alpha, P_\beta\right] = 0$$

另外，利用〈第四・八・D 小節　位符與態換子對易關係〉裏，$\boldsymbol{G}$ 與 $\boldsymbol{X}$ 的對易關係，我們可得

$$\left[g_\alpha, X_\beta\right] = i\hbar t\, \delta_{\alpha\beta} I$$

將上式與對易關係 $\left[P_\alpha, X_\beta\right] = -i\hbar\delta_{\alpha\beta} I$ 作比較，我們可將 $\boldsymbol{g}$ 寫為

$$\boldsymbol{g} = -\boldsymbol{P}t + \boldsymbol{f}$$

而算符 $\boldsymbol{f}$ 與 $\{\boldsymbol{X}, \boldsymbol{P}\}$ 皆對易，

$$\left[f_\alpha, X_\beta\right] = 0$$

$$\left[f_\alpha, P_\beta\right] = 0$$

假設我們所考慮的粒子，除三維位空間的自由度外，並無其它自由度，則可以證明，任何與 $\{\boldsymbol{X}, \boldsymbol{P}\}$ 皆對易的算符，必定為“恆等符”I 的倍數，請詳見本書〈附錄十三　符集的不可約性〉。因此，勻速子 $\boldsymbol{G}$ 的通式可寫為

$$\boldsymbol{G} = m\boldsymbol{X} - \boldsymbol{P}t + \boldsymbol{b}I$$

由〈第四・七・C 小節　態換子對易關係〉與〈第四・八・D 小節　位符與態換子對易關係〉，我們得到三組對易關係，

$$\left[G_\alpha, J_\beta\right] = i\hbar\varepsilon_{\alpha\beta\gamma} G_\gamma$$

$$\left[P_\alpha, J_\beta\right] = i\hbar\varepsilon_{\alpha\beta\gamma} P_\gamma$$

$$\left[X_\alpha, J_\beta\right] = i\hbar\varepsilon_{\alpha\beta\gamma} X_\gamma$$

將 $\boldsymbol{G}$ 的通式代入此處第一式，再利用後面兩式，可得

$$i\hbar\varepsilon_{\alpha\beta\gamma}\left(mX_\gamma - P_\gamma t\right) + \left[b_\alpha, J_\beta\right] = i\hbar\varepsilon_{\alpha\beta\gamma} G_\gamma$$

然後利用 $\boldsymbol{G}$ 的通式，可得

$$\left[b_\alpha, J_\beta\right] = i\hbar\varepsilon_{\alpha\beta\gamma} b_\gamma I$$

因為常量b_α必定與$\boldsymbol{J}$對易，所以上式左邊等於零，使得$\boldsymbol{b}=0$。因此，我們最後得到

$$\boldsymbol{G} = m\boldsymbol{X} - \boldsymbol{P}t$$

上式表示，在$t=0$時刻，勻速子$\boldsymbol{G}$等於位符$\boldsymbol{X}$乘上常量m。在本小節後面，我們將會知道，常量m的“量綱”必須為“質量”，唯有如此各生成子的物理意義才能與經典力學完全對應。為便於敘述，我們先將此常量m，暫且當作是“粒子質量”。

令“量綱（dimension）”或稱“因次”的符號為

$$M \equiv \text{質量}$$

$$L \equiv \text{長度}$$

$$T \equiv \text{時刻}$$

因為$\boldsymbol{\upsilon}\cdot\boldsymbol{G}/\hbar$為“無量綱（dimensionless）”的量，所以$\boldsymbol{G}$的量綱為ML。由於在經典力學裏沒有現成的物理量名詞與之對應，因此我們姑且稱“勻速子”$\boldsymbol{G}$為“質位符（mass-position operator）”。

(2) 動符

借助經典力學的經驗，首先將“位移子”$\boldsymbol{P}$定義為位符$\boldsymbol{X}$的“正則軛動符（canonically-conjugate momentum operator）”，又稱“正則動符”或“線動符（linear momentum operator）”，簡稱為“動符（momentum operator）”。其次我們再證明，作如此定義的適切性。由本章〈第四・七・C 小節 態換子對易關係〉可知，在沒有外加場的情況下，

$$\left[G_\alpha, H\right] = i\hbar P_\alpha$$

$$\left[P_\alpha, H\right] = 0$$

在〈第四・八・F 小節 態換子的物理意義(1)〉裏，我們曾得到，無“稟賦結構”粒子的質位符$\boldsymbol{G}$，將$\boldsymbol{G}$的此表達式代入以上兩式，

可得

$$\frac{\boldsymbol{P}}{m} = \frac{i}{\hbar}[H, \boldsymbol{X}]$$

另外，由〈第四・八・B 小節 速符〉可知，速符$\boldsymbol{V}$具有如下形式，

$$\boldsymbol{V} = \frac{i}{\hbar}[H, \boldsymbol{X}]$$

比較以上兩式，我們就可將位移子$\boldsymbol{P}$表達為

$$\boldsymbol{P} = m\boldsymbol{V}$$

另一方面，對應於經典力學，我們定義粒子的“力學動符”為

$$\boldsymbol{P}_{mech} \equiv m\boldsymbol{V}$$

因此，在“無”外加場的情況下，“位移子”$\boldsymbol{P}$必定等於粒子的“力學動符”$\boldsymbol{P}_{mech}$。一般地說，位移子$\boldsymbol{P} \neq \boldsymbol{P}_{mech}$，但在“有”外加場時，$\boldsymbol{P}$仍然有可能等於$\boldsymbol{P}_{mech}$。我們將會在〈第四・八・G 小節 外加場中粒子的測符〉裏談到這點。

為了運算與標記上的方便，我們定義“波數符（wavenumber operator）”$\boldsymbol{K}$為

$$\boldsymbol{K} \equiv \boldsymbol{P}/\hbar$$

而動符$\boldsymbol{P}$的量綱為MLT^{-1}，普常數$\hbar$的量綱為ML^2T^{-1}。因此，“波數”$\boldsymbol{k} \equiv \boldsymbol{p}/\hbar$的量綱為$L^{-1}$。

(3) 角動符

對應於經典力學，我們將“轉向子”$\boldsymbol{J}$定義為“角動符（angular-momentum operator）”。換句話說，“角動符”就定義為“位置轉向”下態轉向符U_{ϖ}的“轉向子”$\boldsymbol{J}$。

現在我們以算符$\boldsymbol{L}$代表乘積$\boldsymbol{X} \times \boldsymbol{P}$，

$$\boldsymbol{L} \equiv \boldsymbol{X} \times \boldsymbol{P}$$

則由〈第四・八・D 小節 位符與態換子對易關係(1)〉裏的結果，我們可得

$$\begin{aligned}\left[L_\alpha, P_\beta\right] &= \left[\sum_{\delta\,\gamma} \varepsilon_{\alpha\delta\gamma} X_\delta P_\gamma,\ P_\beta\right] \\ &= \sum_{\delta\,\gamma} \varepsilon_{\alpha\delta\gamma} \left[X_\delta, P_\beta\right] P_\gamma \\ &= i\hbar \sum_{\delta\,\gamma} \varepsilon_{\alpha\delta\gamma}\, \delta_{\delta\beta} P_\gamma \\ &= i\hbar \sum_{\gamma} \varepsilon_{\alpha\beta\gamma} P_\gamma\end{aligned}$$

利用“愛因斯坦求和定則”省略對 γ 求和的標記，上式可改寫為

$$\left[L_\alpha, P_\beta\right] = i\hbar\varepsilon_{\alpha\beta\gamma} P_\gamma$$

同理可得

$$\left[L_\alpha, X_\beta\right] = i\hbar\varepsilon_{\alpha\beta\gamma} X_\gamma$$

另外由〈第四・七・C 小節 態換子對易關係〉與〈第四・八・D 小節 位符與態換子對易關係〉，我們還知道，

$$\left[J_\alpha, P_\beta\right] = i\hbar\varepsilon_{\alpha\beta\gamma} P_\gamma$$

$$\left[J_\alpha, X_\beta\right] = i\hbar\varepsilon_{\alpha\beta\gamma} X_\gamma$$

利用以上四組對易關係，我們就可將轉向子 $\boldsymbol{J}$ 寫成如下形式，

$$\boldsymbol{J} = \boldsymbol{L} + \boldsymbol{f}$$

此處 $\boldsymbol{f}$ 為與 $\boldsymbol{X}$ 及 $\boldsymbol{P}$ 皆對易的算符，

$$\left[f_\alpha, X_\beta\right] = 0$$

$$\left[f_\alpha, P_\beta\right] = 0$$

　　對無“稟賦結構”的粒子而言，因為 $\{\boldsymbol{X}, \boldsymbol{P}\}$ 是一個“不可約符集（irreducible-operator set）”，所以與 $\{\boldsymbol{X}, \boldsymbol{P}\}$ 皆對易的 $\boldsymbol{f}$，

必定是“恆等符” I 的倍數。因此，我們可將轉向子 $\boldsymbol{J}$ 改寫為

$$\text{(i)}\ \boldsymbol{J} = \boldsymbol{L} + \boldsymbol{c}I$$

此處 $\boldsymbol{c}$ 為某常量。由轉向子 $\boldsymbol{J}$ 的對易關係，我們已經知道，

$$\text{(ii)}\ \left[J_\alpha, J_\beta\right] = i\hbar\varepsilon_{\alpha\beta\gamma} J_\gamma$$

然而，另外由〈第四・八・D 小節　位符與態換子對易關係〉的結果，我們可得

$$\text{(iii)}\ \left[L_\alpha, L_\beta\right] = i\hbar\varepsilon_{\alpha\beta\gamma} L_\gamma$$

由於恆等符與任何算符對易，所以上述(i), (ii), (iii)三個等式同時成立的條件為 $\boldsymbol{c} = 0$。於是，無“稟賦結構”粒子的“轉向子” $\boldsymbol{J}$，具有如下形式，

$$\boldsymbol{J} = \boldsymbol{X} \times \boldsymbol{P} \equiv \boldsymbol{L}$$

因此，“角動符” $\boldsymbol{J}$ 的形式，在通常情況下，與經典力學裏角動量的形式相同。注意，本節的推導與是否存在“外加場”無關。

(4) 哈密頓

在經典力學裏，物理系統的“哈密頓函（Hamiltonian function）”，是對此物理系統作“時移正則轉換”的“生成子”。因此，我們定義物理系統的“哈密頓符（Hamilton operator）”為此物理系統的“演化子” H，簡稱為“哈密頓（Hamiltonian）”。現在我們嘗試將“哈密頓” H，以位符 $\boldsymbol{X}$ 與動符 $\boldsymbol{P}$ 來表達。

根據〈第四・八・F 小節　態換子的物理意義(2)〉裏的結果，在無外加場情況下，我們得到

$$[\boldsymbol{X}, H] = i\hbar \frac{\boldsymbol{P}}{m}$$

現在以算符 T 代表 $\boldsymbol{P}^2/2m$，

$$T \equiv \frac{\boldsymbol{P}^2}{2m}$$

則算符 T 滿足下式，

$$[\boldsymbol{X}, T] = i\hbar \frac{\boldsymbol{P}}{m}$$

由以上這兩個對易式，演化子 H 必定可改寫為如下形式，

$$H = T + W$$

此處待定算符 W 必須與位符 $\boldsymbol{X}$ 對易，

$$[W, \boldsymbol{X}] = 0$$

另外由本章〈第四・七・C 小節 態換子對易關係〉可知，自由粒子的演化子 H 與位移子 $\boldsymbol{P}$ 對易，

$$[H, \boldsymbol{P}] = 0$$

而演化子 H 所含的算符 $T \equiv \boldsymbol{P}^2/2m$ 必然與動符 $\boldsymbol{P}$ 對易，因此，算符 W 與動符 $\boldsymbol{P}$ 也對易，

$$[W, \boldsymbol{P}] = 0$$

現在採用與〈第四・八・F 小節 態換子的物理意義(3)〉類似的論證方式：因為 $\{\boldsymbol{X}, \boldsymbol{P}\}$ 是一個“不可約符集”，而 W 與 $\{\boldsymbol{X}, \boldsymbol{P}\}$ 皆對易，所以算符 W 必定為某常量乘上恆等符，因此，無“稟賦結構”的自由粒子，其“演化子”，或稱“哈密頓”，H 為

$$H = \frac{1}{2m}\boldsymbol{P}^2 + E_0 I$$

此處 E_0 為某常量。因此，“哈密頓” H，對應於經典力學裏自由粒子的“哈密頓函”。

G. 外加場中粒子的測符

現在，我們考慮一個無“稟賦結構”的粒子，在外加場中

運動。因為在任意特定時刻t，此物理系統態矢$|\psi\rangle$的“x表象”，即波函$\psi(\boldsymbol{x}) \equiv \langle \boldsymbol{x}|\psi\rangle$，僅與此粒子本身的“自由度”有關，而與“外加場”無關，所以在位空間裏將態矢$|\psi\rangle$作“位移”或“轉向”，當然與是否存在“外加場”無關。同理，在$t=0$時刻，將態矢$|\psi\rangle$作“匀速”的改變，也與是否存在外加場無關。因此，生成子$\{\boldsymbol{G}(0), \boldsymbol{P}, \boldsymbol{J}\}$彼此間的對易關係，與是否有外加場無關。

這裏為了明確表示，在一般情況下，匀速子$\boldsymbol{G}$是一個含時刻t的算符，我們改用符號“$\boldsymbol{G}(t)$”，而$\boldsymbol{G}(0)$代表$t=0$時刻的匀速子$\boldsymbol{G}$。此外，位移子$\boldsymbol{P}$與轉向子$\boldsymbol{J}$是不顯含t的算符。然而，隨著時刻t的改變，粒子態矢$|\psi(t)\rangle$的演化卻與“外加場”有關。因此，演化子$H(t)$與其他生成子$\{\boldsymbol{G}(t), \boldsymbol{P}, \boldsymbol{J}\}$間的對易關係，會因外加場的存在而改變。

在〈第四・八・F 小節 態換子的物理意義(1)〉裏，推導匀速子$\boldsymbol{G}(t)$的明確形式時，除了利用位符$\boldsymbol{X}$與生成子$\{\boldsymbol{G}(t), \boldsymbol{P}, \boldsymbol{J}\}$間的對易關係外，還利用了在無外加場的情況下，生成子$\{\boldsymbol{G}(t), \boldsymbol{P}, \boldsymbol{J}\}$彼此之間的對易關係。因此，生成子$\boldsymbol{G}(t)$的表達式，在一般情況下，也會因外加場的存在而改變，只有當$t=0$時刻，$\boldsymbol{G}(0)=m\boldsymbol{X}$與是否有外加場無關。

由〈第四・七・C 小節 態換子對易關係〉與〈第四・八・E 小節 速符與匀速子對易關係〉裏的結果可知，

$$\left[G_\alpha(0),\, V_\beta(0)\right] = i\hbar\delta_{\alpha\beta} I$$

$$\left[G_\alpha(0),\, P_\beta\right] = i\hbar\delta_{\alpha\beta} m I$$

因此，我們可得以下對易關係，

$$\left[\boldsymbol{G}(0),\, \boldsymbol{V}(0) - \boldsymbol{P}/m\right] = 0$$

因為匀速子$\boldsymbol{G}(0)=m\boldsymbol{X}$，所以此對易關係可改寫為

$$\left[\boldsymbol{X},\, \boldsymbol{V}(0) - \boldsymbol{P}/m\right] = 0$$

由於目前所考慮的粒子，除了三維位空間的自由度外，沒有其它“稟賦自由度（intrinsic degree of freedom）”，所以位符 $\boldsymbol{X} \equiv \{X, Y, Z\}$ 本身，就構成一組“完備相容測符集” $\{X, Y, Z\}$。因為與完備相容測符集對易的任何算符，必定可表達為此集合中算符的函，所以“速符”必定具有如下形式，

$$\boldsymbol{V}(0) = \frac{1}{m}\{\boldsymbol{P} - \boldsymbol{A}(\boldsymbol{X})\}$$

此處 $\boldsymbol{A}(\boldsymbol{X})$ 為位符 $\boldsymbol{X}$ 的函。

假設在有外加場的情況下，粒子的態矢 $|\psi(t)\rangle$ 隨 t 的演化，仍然完全由演化子 $H(t)$ 決定。因此，態矢 $|\psi(t)\rangle$ 的運動方程形式可寫為

$$i\hbar\frac{d}{dt}|\psi(t)\rangle = H(t)|\psi(t)\rangle$$

這與沒有外加場的情況完全相同。但哈密頓 $H(t)$ 本身的形式，卻因外加場的存在而改變。由於態矢 $|\psi(t)\rangle$ 的運動方程沒有改變，所以在位符 $\boldsymbol{X}$ 與哈密頓 $H(t)$ 表達下，速符 $\boldsymbol{V}(t)$ 形式也就不改變，

$$\boldsymbol{V}(t) = \frac{i}{\hbar}[H(t), \boldsymbol{X}]$$

依據速符 $\boldsymbol{V}(0)$ 的明確表達式，我們假設，

$$[\boldsymbol{X}, H(t)] = i\frac{\hbar}{m}\{\boldsymbol{P} - \boldsymbol{A}(\boldsymbol{X}, t)\}$$

利用以上對易式，仿照〈第四・八・F 小節 態換子的物理意義 (4)〉裏的解法，我們可以得到哈密頓 $H(t)$ 的通解。

現在，我們介紹另一種解法：對於一個無“稟賦結構”的粒子，可以證明如下對易式成立，

$$[\boldsymbol{X}, F(\boldsymbol{X}, \boldsymbol{P}, t)] = i\hbar\frac{\partial F(\boldsymbol{X}, \boldsymbol{P}, t)}{\partial \boldsymbol{P}}$$

此處 $F(\boldsymbol{X}, \boldsymbol{P}, t)$ 為 $\{\boldsymbol{X}, \boldsymbol{P}, t\}$ 的任意函。利用此算符公式，我們可以

得到哈密頓$H(t)$的微分方程為

$$\frac{\partial H(t)}{\partial \boldsymbol{P}} = \frac{1}{m}\{\boldsymbol{P} - \boldsymbol{A}(\boldsymbol{X}, t)\}$$

由此微分方程，就可以得到哈密頓$H(t)$的通解，

$$H(t) = \frac{1}{2m}\{\boldsymbol{P} - \boldsymbol{A}(\boldsymbol{X}, t)\}^2 + \phi(\boldsymbol{X}, t)$$

此處$\boldsymbol{A}(\boldsymbol{X}, t)$與$\phi(\boldsymbol{X}, t)$，皆為“位符”$\boldsymbol{X}$與“時間參數”$t$的任意實函，而其明確形式，則由粒子所處的外加場決定。

一個質量m電量e的粒子，在外加電磁場$\{\phi, \boldsymbol{A}\}$中運動，其經典力學裏的哈密頓函H_C為

$$H_C = \frac{1}{2m}\left(\boldsymbol{p} - \frac{e}{c}\boldsymbol{A}\right)^2 + e\phi$$

與此形式作比較，本章量子力學裏“哈密頓”H的物理意義就昭然若揭了。但要注意，電磁場的情況只可以說是一般算符$\boldsymbol{A}(\boldsymbol{X}, t)$與$\phi(\boldsymbol{X}, t)$的一個特例。而算符$\boldsymbol{A}(\boldsymbol{X}, t)$與$\phi(\boldsymbol{X}, t)$也應該可以包括除電磁場以外的其它外加場。因此，在一般情況下，$\boldsymbol{A}(\boldsymbol{X}, t)$與$\phi(\boldsymbol{X}, t)$並沒有必要滿足“麥克斯韋方程”。

第五章 相對量子力學

在本書〈第一章 經典物理概論〉裏，我們初步探討了“物理時空幾何（geometry of physical spacetime）”，也就是“慣性時空座”的“代數”與“拓撲”結構。首先，我們假設在低相對速度下，這些慣性座之間的轉換關係為“伽利略轉換”。在伽利略轉換下，“時空結構（spacetime structure）”符合我們的宏觀經驗。此外，在伽利略轉換下，“經典力學”的形式也不變。然而，由“光速c恆定”的觀測結果，我們否定了“伽利略轉換”的一般廣泛適用性。當慣性座間的相對速率υ接近光速c時，慣性座之間的轉換就必須改為“洛倫茲轉換”，而伽利略轉換為洛倫茲轉換在低相對速率$\upsilon/c \ll 1$下的極限。

為了使經典力學的形式在洛倫茲轉換下保持不變，我們必須對經典力學作“相對論修正（relativistic correction）”，而作此修正後的力學，我們稱之為“相對力學（relativistic mechanics）”。以符合伽利略轉換的“物理時空幾何”為基礎，所推導得到的“量子力學”，在慣性座間的相對速率υ接近光速c時的形式，當然不具有洛倫茲不變性。以“洛倫茲轉換”為基礎，推導出來的量子力學，則特稱為“相對量子力學”。

一• 狄拉克方程的建立

A. 狄拉克-哈密頓
B. 狄拉克-哈密頓的數學特性
C. 狄拉克方程

二• 狄拉克符的數學特性

A. 徵程
B. 矩陣表象
C. 狄拉克 γ 陣

三• 協變標記

A. 四動符
B. 狄拉克方程的協變形式
C. 狄拉克空間

四• 矩陣符

A. 矩陣符定義
B. 泡利陣表象
C. 狄拉克 Γ 陣
D. 狄拉克 Γ 陣表象

五• 基本力學符

A. 動符
B. 自旋符
C. 角動符
D. 質符
E. 宇稱符
F. 哈密頓
G. 衍生符

六• 角稱符

A. 泡利角稱符
B. 球旋函
C. 角動符共徵態
D. 球旋函的位表象
E. 狄拉克角稱符
F. $\{K, J_z\}$的共徵態

七• 狄拉克方程的解

A. 外加場的狄拉克方程
B. 狄拉克測符
C. 自由空間的基態
D. 中心場基態

八• 狄拉克態的洛倫茲轉換

A. 慣性座的狄拉克方程
B. 座標轉換
C. 狄拉克旋子轉換
D. 時逆與宇反
E. 時移與位移
F. 轉向
G. 促轉
H. 總結

五・一 狄拉克方程的建立

在本書〈附錄二 相對論時空結構〉裏，我們詳細介紹了符合洛倫茲轉換的時空幾何。原則上，以此時空幾何為基礎，我們可以仿照本書〈第四章 量子力學推導〉，推導符合“洛倫茲轉換”的態換符及其生成子，並得到它們之間的對易關係，從而建立“相對量子力學”。然而，該推導過程太過繁瑣。因此，在非相對論性的“量子力學”基礎上，本章我們依循狄拉克跳躍式的思路，來簡易推導具有“洛倫茲協變性（Lorentz covariance）”的“狄拉克方程”；而其後發現，此方程僅能描述一個“自旋1/2”粒子。

當然，具有洛倫茲協變性的量子方程還有很多。例如，描述“自旋零”粒子的“克萊因-戈登方程（Klein-Gordon equation）”、描述“靜質零、自旋1/2”粒子的“魏爾方程（Weyl equation）”、描述兩個“自旋1/2”粒子的“貝塔-薩彼特方程（Bethe-Salpeter equation）”等，由於實用性以及篇幅所限，本書僅介紹“狄拉克方程”。

A. 狄拉克-哈密頓

現在我們來嘗試推導，一個自由粒子在均勻時空裏的“相對哈密頓（relativistic Hamiltonian）”。然而，本章僅限於“狄拉克-哈密頓（Dirac-Hamiltonian）”的推導，而此“相對哈密頓”也僅適用於“自旋1/2”粒子，例如，電子、質子、中子等。

根據本書〈第四・五・A 小節 態時移符〉與〈第四・八・F 小節 態換子的物理意義(4)〉裏的結果，在量子力學裏，哈密頓 $H(t)$ 定義為，態矢 $|\psi(t)\rangle$ 的“時移子”。因此，哈密頓 $H(t)$ 必須滿足如下方程，

$$i\hbar\frac{d}{dt}|\psi(t)\rangle = H(t)|\psi(t)\rangle$$

在 x 表象裏則寫為

$$i\hbar\frac{\partial}{\partial t}\psi(\boldsymbol{x},t)=H_{\boldsymbol{x}}(t)\,\psi(\boldsymbol{x},t)$$

此處$H_{\boldsymbol{x}}(t)$代表哈密頓$H(t)$的“$\boldsymbol{x}$表象”。為了簡化標記，在不致混淆的情況下，此後我們仍將$H_{\boldsymbol{x}}(t)$簡寫為“$H(t)$”。

以下我們將推導，在$\boldsymbol{x}$表象裏，“相對哈密頓”$H(t)$的具體形式，也就是以座標$(ct,\boldsymbol{x})\equiv(ct,x,y,z)$來表達相對哈密頓$H(t)$。

處於均勻時空裏的物理系統，其哈密頓H與“時標”t無關，即此哈密頓H不顯含時刻t。假設我們所考慮的物理系統，就是一個“自由”粒子，則其哈密頓H不顯含“位標”$\boldsymbol{x}$。由於要滿足“洛倫茲協變性”，所以在不同“慣性座”裏，上述方程的形式，在“洛倫茲轉換”下，必須保持不變。此外，此方程已含對t的一階導數，所以形式上“較簡單”的哈密頓H，最好也只含對$\boldsymbol{x}$的一階導數。當然，這個假設只是一個“充分條件”，並不是必要的，而僅僅是一種較簡單且方便的“假設”。利用不同的充分條件，我們應該還可以得到其他“相對哈密頓”。

根據以上假設，在$\boldsymbol{x}$表象裏，此相對哈密頓H具有如下簡單形式，

$$\begin{aligned}H&=\left(a_1\frac{\partial}{\partial x}+a_2\frac{\partial}{\partial y}+a_3\frac{\partial}{\partial z}\right)+b\\&\equiv-i\hbar c\boldsymbol{\alpha}\cdot\nabla+mc^2\beta\end{aligned}$$

此處右邊第一項裏的“∇”包含對$\boldsymbol{x}$的“一階導數”，而第二項不含任何導數，也就是任何導數的“零次項”。我們假設，$\boldsymbol{\alpha}\equiv(\alpha_1,\alpha_2,\alpha_3)$與$\beta$代表四個“常量符（constant operator）”，現在先暫時統稱為“狄拉克符（Dirac operators）”。這裏所謂“常量”的意義，僅指不含座標$x\equiv(ct,x,y,z)$及其導數。為了將$\boldsymbol{\alpha}$與β定義為“無量綱”的狄拉克符，我們特地將因子$\hbar c$與mc^2分離出來。此外，為了使$\boldsymbol{\alpha}$與β本身的性質以及它們之間的關係，變得比較簡單，我們從第一項裏分離出一個虛數因子$-i$。具有如此形式的哈密頓，我們要求其方程滿足洛倫茲協變性的充分條件，並且稱此相對哈密頓為“狄拉克-哈密頓”。

B. 狄拉克-哈密頓的數學特性

(1) 自伴性

首先，由於此哈密頓H是態換符$U(\tau)$的“生成子”，在“主動觀”下稱其為“時移子（time-displacement generator）”，而在“被動觀”下稱其為“演化子（evolution generator）”；因此，根據本書〈第四・四・D 小節 態換子〉裏的結論，$U(\tau)$為幺正符，而H必須為“自伴符（self-adjoint operator）”。在此形式的哈密頓H裏，$\hbar c$與mc^2皆為常數，而$-i\nabla$已經具有自伴符形式，因此，最簡單的“假設”就是，狄拉克符$\boldsymbol{\alpha}$與β皆為“自伴符”，

$$\boldsymbol{\alpha}^\dagger = \boldsymbol{\alpha}$$
$$\beta^\dagger = \beta$$

此處，我們必須強調兩點：

(i) 狄拉克符$\{\alpha_1, \alpha_2, \alpha_3, \beta\}$不顯含座標$x \equiv (ct, \boldsymbol{x})$及其一階導數$\partial_\alpha \equiv \{\partial/\partial(ct), \boldsymbol{\nabla}\}$，至於其明確形式，我們尚未作任何界定。

(ii) 雖然我們將三個狄拉克符$\{\alpha_1, \alpha_2, \alpha_3\} \equiv \boldsymbol{\alpha}$以“矢式（vector form）”來表示，但$\boldsymbol{\alpha}$在位標$(x, y, z)$轉換下，其三個分量$\{\alpha_1, \alpha_2, \alpha_3\}$間的轉換，與位空間裏一般“矢符（vector operator）”分量間的轉換並不相同。其實，$\boldsymbol{\alpha}$在座標$x \equiv (ct, \boldsymbol{x})$轉換下，如何改變，我們也尚未作任何界定。以矢的符號$\boldsymbol{\alpha}$代表$\{\alpha_1, \alpha_2, \alpha_3\}$，目前只是為了標記上的方便。然而，我們可以證明，狄拉克符$\boldsymbol{\alpha}$對粒子態$|\psi(t)\rangle$的期值$\langle\psi(t)|\boldsymbol{\alpha}|\psi(t)\rangle$，確實代表粒子速度$\boldsymbol{\upsilon}$除以光速$c$的均值$\langle\boldsymbol{\upsilon}\rangle/c$。更明確地說，我們可以證明，$c\boldsymbol{\alpha}$為“自旋1/2”粒子的“速符（velocity operator）”。因此，期值$\langle\psi(t)|c\boldsymbol{\alpha}|\psi(t)\rangle$在位空間裏的轉換，確實有如一般的“矢”。

(2) 反易性

在“量子力學”裏，就處於某純態$|\psi(t)\rangle$的自由粒子而言，其“能量”E與“動量”$\boldsymbol{p}$，分別等於“哈密頓”H與“動符”$\boldsymbol{P}$的期值，

$$E = \langle\psi(t)|H|\psi(t)\rangle$$
$$\boldsymbol{p} = \langle\psi(t)|\boldsymbol{P}|\psi(t)\rangle$$

而根據“宏觀”的“相對力學”，自由粒子的“能量”E與“動量”$\boldsymbol{p}$，滿足“能動關係（energy-momentum relation）”：

$$E^2 = \boldsymbol{p}^2c^2 + m^2c^4$$

於是，我們“似乎”應假設$\langle\psi(t)|H|\psi(t)\rangle^2 = \langle\psi(t)|\boldsymbol{P}|\psi(t)\rangle^2 c^2 + m^2c^4$。然而，我們實際卻“假設”：

> 在相對量子力學裏，對於任何純態$|\psi(t)\rangle$，“哈密頓”H與“動符”$\boldsymbol{P}$滿足如下“能動關係”：

$$\langle\psi(t)|H^2|\psi(t)\rangle = \langle\psi(t)|\boldsymbol{P}^2|\psi(t)\rangle c^2 + m^2c^4$$

如此假設，並不違背前述“宏觀”的“相對力學”結果，因為在“宏觀極限”下，“純態”$|\psi(t)\rangle \approx |\psi_c(t)\rangle$的任何物理量$\omega$，其“標準差”$\sigma_\omega$必須為零，

$$\begin{aligned}\sigma_\omega^2 &\equiv \langle(\Omega - \langle\Omega\rangle)^2\rangle \\ &= \langle\psi(t)|\Omega^2|\psi(t)\rangle - \langle\psi(t)|\Omega|\psi(t)\rangle^2 \\ &\approx \langle\psi_c(t)|\Omega^2|\psi_c(t)\rangle - \langle\psi_c(t)|\Omega|\psi_c(t)\rangle^2 = 0\end{aligned}$$

因此，在此“宏觀極限”下，我們有如下關係式，

$$\langle\psi_c(t)|H^2|\psi_c(t)\rangle = \langle\psi_c(t)|H|\psi_c(t)\rangle^2$$

$$\langle\psi_c(t)|\boldsymbol{P}^2|\psi_c(t)\rangle = \langle\psi_c(t)|\boldsymbol{P}|\psi_c(t)\rangle^2$$

由於我們假設，對任何態矢$|\psi(t)\rangle$，H與$\boldsymbol{P}$的“能動關係”皆成立，因此，我們得到如下“算符恆等式”，

$$H^2 = \boldsymbol{P}^2c^2 + m^2c^4$$

因為“動符”$\boldsymbol{P}$就是“位移子（position-displacement generator）”，所以根據本書〈第四・五・B 小節　態位移符〉裏的結果，動符$\boldsymbol{P}$的$\boldsymbol{x}$表象為

$$\boldsymbol{P} = -i\hbar\nabla$$

而在本章〈第五・一・A 小節　狄拉克-哈密頓〉裏，也已假設“哈密頓”H的$\boldsymbol{x}$表象形式。因此，將H與$\boldsymbol{P}$的$\boldsymbol{x}$表象皆代入上述“算符恆等式”，我們得到

$$\left(-i\hbar c\boldsymbol{\alpha}\cdot\nabla + mc^2\beta\right)\left(-i\hbar c\boldsymbol{\alpha}\cdot\nabla + mc^2\beta\right) = -\hbar^2c^2\nabla^2 + m^2c^4$$

將上式左邊展開，並利用

$$\boldsymbol{\alpha}\cdot\nabla = \alpha_1\frac{\partial}{\partial x} + \alpha_2\frac{\partial}{\partial y} + \alpha_3\frac{\partial}{\partial z}$$

$$\nabla^2 = \frac{\partial^2}{\partial x^2} + \frac{\partial^2}{\partial y^2} + \frac{\partial^2}{\partial z^2}$$

我們不難證明，若要求以上“算符恆等式”成立，則四個“狄拉克符”$\{\alpha_1, \alpha_2, \alpha_3, \beta\}$，必須滿足如下關係式，

$$\alpha_i\,\alpha_k + \alpha_k\,\alpha_i = 2\delta_{ik}, \qquad i, k = 1, 2, 3$$

$$\beta^2 = 1$$

$$\alpha_i\,\beta + \beta\,\alpha_i = 0$$

以上這些關係式，也可寫成如下“反易關係（anticommutation relations）”形式，

$$\{\alpha_i, \alpha_k\} \equiv \alpha_i\,\alpha_k + \alpha_k\,\alpha_i = 0, \qquad \begin{cases} i \neq k \\ i, k = 1, 2, 3 \end{cases}$$

$$\{\alpha_i, \alpha_i\} = \{\beta, \beta\} = 2$$

$$\{\alpha_i, \beta\} \equiv \alpha_i\,\beta + \beta\,\alpha_i = 0$$

C. 狄拉克方程

總結以上兩小節的結果，我們利用單個“自由粒子”的“狄拉克-哈密頓” H，就可以得到單個“自由粒子”波函 $\psi(\boldsymbol{x},t)$ 的演化方程，

$$i\hbar\frac{\partial}{\partial t}\psi(\boldsymbol{x},t) = H\psi(\boldsymbol{x},t) = \left(c\boldsymbol{\alpha}\cdot\boldsymbol{P} + mc^2\beta\right)\psi(\boldsymbol{x},t)$$

此即所謂的“狄拉克方程”，或以希空間裏的態矢 $|\psi(t)\rangle$ 表達為

$$i\hbar\frac{d}{dt}|\psi(t)\rangle = \left(c\boldsymbol{\alpha}\cdot\boldsymbol{P} + mc^2\beta\right)|\psi(t)\rangle$$

而此狄拉克方程裏的“常量符” $\boldsymbol{\alpha}$ 與 β，分別特稱為“狄拉克 $\boldsymbol{\alpha}$ 符（Dirac-$\boldsymbol{\alpha}$ operators）”與“狄拉克 β 符（Dirac-β operator）”，它們必須“自伴”且“反易”。然而，我們不需要知道狄拉克符 $\{\boldsymbol{\alpha},\beta\}$ 的明確表達式，就已經可以得到狄拉克方程的一切數學特性。不過，當我們要作實際計算時，如果知道狄拉克符 $\{\boldsymbol{\alpha},\beta\}$ 的明確表達式，就會方便很多。而狄拉克符 $\{\boldsymbol{\alpha},\beta\}$ 的明確表達式，完全可以從其“自伴性”與“反易性”推導得到。

注意，我們可以證明，上述狄拉克方程能描述一個自旋1/2的自由粒子，至於其證明，請參閱一般針對“相對量子力學”方面的專書。

五・二　狄拉克符的數學特性

利用狄拉克符 $\{\boldsymbol{\alpha},\beta\}$ 的“反易性”，我們就可以得到其一般數學特性。

A. 徵程

狄拉克符 $\{\boldsymbol{\alpha},\beta\}$ 的徵值皆為 ±1，其證明過程如下。假設狄拉克 β 符的“徵程（eigen equation）”為

$$\beta u_a = a u_a$$

此處a代表“徵值（eigenvalue）”，而u_a代表徵值a所對應的“徵態（eigenstate）”。利用$\beta^2=1$及上述徵程，我們可得

$$u_a = \beta^2 u_a = \beta a u_a = a^2 u_a$$

也就是說，$a^2=1$。因此，β的徵值a為± 1。同理可證，$\{\alpha_1, \alpha_2, \alpha_3\}$的徵值皆為$\pm 1$。

B. 矩陣表象

我們稱狄拉克符$\{\boldsymbol{\alpha},\beta\}$的“矩陣表象（matrix representation）”為“狄拉克陣（Dirac matrices）”$\{\boldsymbol{\alpha},\beta\}$，其數學特性如下所述。

(i) 狄拉克陣$\{\boldsymbol{\alpha},\beta\}$的“跡（trace）”為零。其證明過程如下：

由於$\alpha_i\beta+\beta\alpha_i=0$，所以$\alpha_i\beta=-\beta\alpha_i$。對此式兩邊左乘$\alpha_i$，再利用$\alpha_i^2=1$，可得

$$\beta = -\alpha_i \beta \alpha_i$$

在狄拉克符$\{\boldsymbol{\alpha},\beta\}$的矩陣表象下，再對其取“跡”$tr()$，可得

$$tr(\beta) = -tr(\alpha_i\beta\alpha_i) = -tr(\beta\alpha_i\alpha_i) = -tr(\beta)$$

上式第二個等號利用了公式$tr(AB)=tr(BA)$。因此，$tr(\beta)=0$。同理可證，$tr(\alpha_1)=tr(\alpha_2)=tr(\alpha_3)=0$。

(ii) 狄拉克陣$\{\boldsymbol{\alpha},\beta\}$的維度為“偶數”。其證明如下：

假設狄拉克陣$\{\boldsymbol{\alpha},\beta\}$的維度為$N$。由於$\alpha_i\beta+\beta\alpha_i=0$，所以$\alpha_i\beta=-\beta\alpha_i=-I\beta\alpha_i$，此處$I$代表$4\times4$“恆等陣（identity matrix）”。對其兩邊取“行列式”det( )，可得

$$\det(\alpha_i\beta) = \det(-I\beta\alpha_i)$$

$$\begin{aligned}\det(\alpha_i)\det(\beta) &= \det(-I)\det(\beta)\det(\alpha_i)\\ &= (-)^N\det(\beta)\det(\alpha_i)\end{aligned}$$

因此，N 必為偶數。上述第二式利用了公式：$\det(AB)=\det(A)\det(B)$。

C. 狄拉克 γ 陣

(i) 狄拉克符 $\{\boldsymbol{\alpha},\beta\}$ 的一切“乘積”，可以構成 16 個“線獨立”符。關於此性質的證明，讀者可參閱一般“相對量子力學”方面的專書。

(ii) 狄拉克符 $\{\boldsymbol{\alpha},\beta\}$ 矩陣表象的維度為 4 或 4 的整數倍。其證明過程如下：

由本章〈第五・二・B 小節 矩陣表象〉裏的性質(ii)可知，狄拉克符 $\{\boldsymbol{\alpha},\beta\}$ 矩陣表象的維度必須為“偶數”，而 2×2 矩陣最多只能構成 4 個線獨立的矩陣。因此，狄拉克符 $\{\boldsymbol{\alpha},\beta\}$ 矩陣表象的維度為 4 的整數倍，我們通常選擇最小的維度 4。

(iii) 狄拉克符 $\{\boldsymbol{\alpha},\beta\}$ 的“矩陣表象”，可以有無數種不同的選擇，一般最常用的為

$$\alpha_i=\begin{pmatrix}0 & \sigma_i\\ \sigma_i & 0\end{pmatrix},\quad \beta=\begin{pmatrix}\sigma_0 & 0\\ 0 & -\sigma_0\end{pmatrix}$$

此處 σ_0 為 2×2 恆等陣，而 σ_i 為“泡利陣(Pauli matrices)”，

$$\sigma_0\equiv\begin{pmatrix}1 & 0\\ 0 & 1\end{pmatrix}$$

$$\sigma_1\equiv\sigma_x=\begin{pmatrix}0 & 1\\ 1 & 0\end{pmatrix}$$

$$\sigma_2\equiv\sigma_y=\begin{pmatrix}0 & -i\\ i & 0\end{pmatrix}$$

$$\sigma_3\equiv\sigma_z=\begin{pmatrix}1 & 0\\ 0 & -1\end{pmatrix}$$

關於“泡利陣”的定義，請參閱本書〈附錄十四 泡利算符〉。事實上，泡利陣可以有無數種表象，上述表象是以$\{\boldsymbol{\sigma}^2, \sigma_z\}$的共徵態為“基”，一般稱其為“標準表象（the standard representation）”。

由於在應用上，我們通常利用狄拉克符$\{\boldsymbol{\alpha}, \beta\}$的“矩陣表象”來作運算。因此，我們在習慣上分別逕稱$\boldsymbol{\alpha}$與β為“狄拉克$\boldsymbol{\alpha}$陣”與“狄拉克β陣”。

(iv) 借由狄拉克$\{\boldsymbol{\alpha},\beta\}$陣的“乘積”，我們定義“狄拉克$\gamma$符（Dirac-$\gamma$ operators）”，或稱“狄拉克γ陣（Dirac-γ matrices）”$(\gamma^\mu) \equiv (\gamma^0, \boldsymbol{\gamma}) \equiv (\gamma^0, \gamma^1, \gamma^2, \gamma^3)$為

$$\gamma^0 \equiv \beta = \begin{pmatrix} \sigma_0 & 0 \\ 0 & -\sigma_0 \end{pmatrix}$$

$$\gamma^k \equiv \beta\alpha_k = \begin{pmatrix} 0 & \sigma_k \\ -\sigma_k & 0 \end{pmatrix}, \quad k = 1, 2, 3$$

狄拉克γ符為“常量符”，而且我們很容易證明，

$$(\gamma^0)^\dagger = \gamma^0$$

$$(\gamma^k)^\dagger = -\gamma^k, \quad 或 \quad \boldsymbol{\gamma}^\dagger = -\boldsymbol{\gamma}$$

因此，γ^0為“厄米符（hermitian operator）”或“厄米陣（hermitian matrix）”，而γ^k為“反厄米符（anti-hermitian operators）”或“反厄米陣（anti-hermitian matrices）”。在上式中，我們將三個狄拉克符$\{\gamma^1, \gamma^2, \gamma^3\}$合併寫成“矢式”，

$$\boldsymbol{\gamma} \equiv \gamma^1\hat{\boldsymbol{x}} + \gamma^2\hat{\boldsymbol{y}} + \gamma^3\hat{\boldsymbol{z}} \equiv (\gamma^1, \gamma^2, \gamma^3)$$

“狄拉克陣$\{\boldsymbol{\alpha}, \beta\}$”的“反易關係”，可以利用“狄拉克$\gamma$陣”更簡潔地表達為

$$\begin{aligned}\{\gamma^\mu, \gamma^\nu\} &\equiv \gamma^\mu\gamma^\nu + \gamma^\nu\gamma^\mu \\ &= 2g^{\mu\nu}I\end{aligned}$$

此處I為“4×4恆等陣”，而$g^{\mu\nu}$為閔時空的“量度張量（metric tensor）”。在概念上，這“4×4空間”稱為“狄拉克稟賦空間（Dirac-intrinsic space）”，可當作是2×2“泡利自旋空間（Pauli-spin space）”與2×2“粒反粒空間（particle-antiparticle space）”的“直積（direct product）”。

五・三 協變標記

A. 四動符

根據〈附錄二・六・D 小節 四動符〉裏對“四動符（four-momentum operator）”P的定義，以及本章〈第五・一・C 小節 狄拉克方程〉裏“狄拉克–哈密頓”H的形式，我們可將“四動符”P寫為

$$(P^{\mu}) \equiv \left(i\hbar\frac{1}{c}\frac{\partial}{\partial t}, -i\hbar\nabla\right) \equiv (H/c, \boldsymbol{P})$$

$$(P_{\mu}) \equiv \left(i\hbar\frac{1}{c}\frac{\partial}{\partial t}, i\hbar\nabla\right) \equiv (H/c, -\boldsymbol{P})$$

此處$\boldsymbol{P}$為三維位空間裏的“動符”。我們也可定義“四動量（four momentum）”動力變數p的分量p^{μ}與p_{μ}分別為

$$\begin{aligned}(p^{\mu}) &\equiv (p^0, p^1, p^2, p^3) \\ &\equiv (E/c, p_x, p_y, p_z) \\ &\equiv (E/c, \boldsymbol{p}) \\ (p_{\mu}) &\equiv (p_0, p_1, p_2, p_3) \\ &\equiv (E/c, -p_x, -p_y, -p_z) \\ &\equiv (E/c, -\boldsymbol{p})\end{aligned}$$

此處E為總能量。

B. 狄拉克方程的協變形式

利用〈附錄二・六・D 小節　四動符〉裏的“四微分（four-differential）”∂與“四動符”P，以及本章〈第五・二節　狄拉克符的數學特性〉裏“狄拉克γ符”的“協變形式（covariant form）”，我們可將一個“自旋1/2”自由粒子的“狄拉克方程”改寫為

$$\left(ic\hbar\partial_0 + ic\hbar\gamma^0\boldsymbol{\gamma}\cdot\nabla - mc^2\gamma^0\right)\psi(x) = 0$$

此處“非粗字體”的“x”代表時空的“四座標（four-coordinate）”$x \equiv (ct, \boldsymbol{x})$，而波函$\psi(\boldsymbol{x}, t)$則改寫為

$$\psi(x) \equiv \psi(\boldsymbol{x}, t)$$

對上述狄拉克方程左乘γ^0，我們可得

$$\left(ic\hbar\gamma^0\partial_0 + ic\hbar\boldsymbol{\gamma}\cdot\nabla - mc^2\right)\psi(x) = 0$$

利用$(\partial_\mu) \equiv (\partial_0, \nabla)$與$(\gamma^\mu) \equiv (\gamma^0, \boldsymbol{\gamma})$，可得

$$\left(ic\hbar\gamma^\mu\partial_\mu - mc^2\right)\psi(x) = 0$$

再利用$(P_\mu) \equiv i\hbar(\partial_\mu)$，可得

$$\left(c\,\gamma^\mu P_\mu - mc^2\right)\psi(x) = 0$$

我們可更進一步，定義“費曼叉（Feynman slash）”標記為

$$\not{P} \equiv \gamma^\mu P_\mu$$

因此，狄拉克方程還可簡寫為

$$\left(c\not{P} - mc^2\right)\psi(x) = 0$$

由於在“相對論單位（relativistic units）”裏，$\hbar = c = 1$，所以狄拉克方程可以寫成更簡潔的形式，

$$(\not{P} - m)\psi(x) = 0$$

C. 狄拉克空間

我們在本書〈第四・八・A 小節 位符〉裏，曾對三維物理幾何位空間裏的“位符”，作過詳細介紹，為了便於參考，我們將重要結論重述如次。

在位空間裏，任何物理系統最基本的觀測量，就是“位符”$\boldsymbol{X}$，其所滿足的“徵程”為

$$\boldsymbol{X}|\boldsymbol{x}\rangle = \boldsymbol{x}|\boldsymbol{x}\rangle$$

此處$\boldsymbol{X} \equiv \{X, Y, Z\}$代表一組“相容測符”。我們假設位符$\boldsymbol{X}$的“徵值”$\boldsymbol{x} \equiv \{x, y, z\}$為“無限連續實數”，

$$-\infty < x < +\infty$$

$$-\infty < y < +\infty$$

$$-\infty < z < +\infty$$

則我們不難證明，在“$\boldsymbol{x}$表象”裏，位符$\boldsymbol{X}$的“徵態”$|\boldsymbol{x}\rangle$為

$$\langle \boldsymbol{x}'|\boldsymbol{x}\rangle = \delta^3(\boldsymbol{x}'-\boldsymbol{x})$$

此處$\delta^3(\boldsymbol{x}'-\boldsymbol{x})$為“狄拉克$\delta$函”，請參閱〈附錄五 狄拉克$\delta$函〉。

我們以動力變數$\boldsymbol{x}$代表“複合系統”的“動量中心（center of momentum）”位置，簡稱“動心”。對於任何“自旋1/2”系統，若不考慮其“內部結構”或“稟賦結構”，則我們可將其當作“自旋1/2質點”。

本章我們僅討論“自旋1/2系統”。以電子為例，將位符$\boldsymbol{X}$的徵態$|\boldsymbol{x}\rangle$拓展為$|\boldsymbol{x}\mu\rangle$。此處$\mu = 0, 1, 2, 3$，稱為“稟賦標（intrinsic index）”，而電子的稟賦結構，隱含了“自旋1/2”與“粒反粒軛（particle-antiparticle conjugation）”，可歸結為“四個”線獨立的“基態（basis states）”。在此情況下，平常的單分量“括矢（ket vector）”$|\boldsymbol{x}\rangle$就拓展為四分量“括矢”，

$$|\boldsymbol{x}\rangle \to |\boldsymbol{x}\mu\rangle, \qquad \mu = 0, 1, 2, 3$$

此處$(|\boldsymbol{x}\mu\rangle)$為$4\times1$矩陣，也就是“豎陣（column matrix）”。因此，平常的三維“位空間”就拓展為，“位空間”與“狄拉克稟賦空間”的“直積”，簡稱為“狄拉克空間（Dirac space）”。

在電子的“靜止座（rest frame）”裏，前兩分量對應於“正能解”，而後兩分量對應於“負能解”。在應用上，為了標記簡潔，在不致混淆的情況下，一般習慣上將括矢$|\boldsymbol{x}\mu\rangle$的指標“$\mu$”省略，還是直接簡寫為$|\boldsymbol{x}\rangle$。

在此狄拉克空間裏，位符$\boldsymbol{X}$可明確寫為

$$\boldsymbol{X} \equiv \boldsymbol{X} \otimes \begin{pmatrix} 1 & 0 & 0 & 0 \\ 0 & 1 & 0 & 0 \\ 0 & 0 & 1 & 0 \\ 0 & 0 & 0 & 1 \end{pmatrix} \equiv \boldsymbol{X} \otimes \begin{pmatrix} \sigma_0 & 0 \\ 0 & \sigma_0 \end{pmatrix}$$

此處σ_0為2×2“恆等陣”或稱“恆等符”；而位符$\boldsymbol{X}$的2×2“塊式（block-form）”，一般稱為其“解式（split-form）”。在上式中，我們明確寫出了位符$\boldsymbol{X}$後加上的2×2與4×4“恆等陣”，然而在一般情況下皆可省略，因為它們作用於“狄拉克空間”裏的任何矢，皆保持其不變。

五・四 矩陣符

A. 矩陣符定義

在位空間裏，任意“標符（scalar operator）”一般皆為“複數”。然而，在“泡利空間（Pauli space）”裏，任意標符皆可用“複（complex）”的2×2“矩陣符（matrix operator）”來表示。同理，在“狄拉克空間”裏，任意“標符”皆為複的4×4“矩陣符”。

在“泡利自旋空間”裏，2×2恆等陣σ_0與泡利陣$\boldsymbol{\sigma}$構成“符基（operator basis）”。換而言之，任意2×2“標陣（scalar matrix）”，皆可以利用$\{\sigma_0, \boldsymbol{\sigma}\}$來展開。狄拉克陣$\gamma^\mu \equiv \{\gamma^0, \gamma^1, \gamma^2, \gamma^3\} \equiv \{\gamma^0, \boldsymbol{\gamma}\}$為“狄拉克稟賦空間”裏的基本標符；在狄拉克稟賦空間裏，任意4×4標陣，皆可以利用“狄拉克Γ陣”$\{\Gamma_n\} \equiv \{\Gamma_1, \Gamma_2, \cdots, \Gamma_{16}\}$作為“符基”來展開。關於“狄拉克$\Gamma$陣”的定義，請參閱本章〈第

五・四・C 小節 狄拉克 Γ 陣〉。

這裏應該特別注意，“泡利空間”與“泡利自旋空間”的區別，以及“狄拉克空間”與“狄拉克稟賦空間”的區別：

> “泡利空間”為位空間與“泡利自旋空間”的直積。
> “狄拉克空間”為位空間與“狄拉克稟賦空間”的直積。

B. 泡利陣表象

在“泡利自旋空間”裏，以泡利陣 $\{\boldsymbol{\sigma}^2, \sigma_3\}$ 的共徵態為“態基（state basis）”，可得到“符基（operator basis）”$\{\sigma_0, \boldsymbol{\sigma}\}$ 的“標準表象”，

$$\sigma_0 \equiv \begin{pmatrix} 1 & 0 \\ 0 & 1 \end{pmatrix}, \quad \sigma_1 \equiv \begin{pmatrix} 0 & 1 \\ 1 & 0 \end{pmatrix}, \quad \sigma_2 \equiv -i \begin{pmatrix} 0 & 1 \\ -1 & 0 \end{pmatrix}, \quad \sigma_3 \equiv \begin{pmatrix} 1 & 0 \\ 0 & -1 \end{pmatrix}$$

C. 狄拉克 Γ 陣

“狄拉克 γ 陣” $\gamma^\mu \equiv \{\gamma^0, \boldsymbol{\gamma}\}$，可構成一個“超複數集（set of hypercomplex numbers）”，並滿足“反易關係”：$\gamma^\mu\gamma^\nu + \gamma^\nu\gamma^\mu = 2g^{\mu\nu}I$，我們稱此超複數集為“克里福代數（Clifford algebra）”，以 $g^{\mu\nu}$ 為“量度”的任何空間，皆具有如此代數結構。

“狄拉克 γ 陣”所有可能的“和”或“積”，可構成 16 個線獨立的矩陣 $\{\Gamma_n\} \equiv \{\Gamma_1, \Gamma_2, \cdots, \Gamma_{16}\}$，稱為“狄拉克 Γ 陣（Dirac-Γ matrices）”。儘管我們習慣上稱“$\{\Gamma_n\} \equiv \{\Gamma_1, \Gamma_2, \cdots, \Gamma_{16}\}$”為“矩陣”，但最好應看作是“狄拉克稟賦空間”裏的“抽象符（abstract operators）”。當然，這些抽象符可用矩陣來表達。

在一般“相對量子力學”專書裏，定義這 16 個線獨立的 Γ 陣為 $\{I, \gamma^\mu, \sigma^{\mu\nu}, \gamma_5, \lambda^\mu\}$：

$$\sigma^{\mu\nu} \equiv \frac{i}{2}\left(\gamma^\mu\gamma^\nu - \gamma^\nu\gamma^\mu\right) = i\gamma^\mu\gamma^\nu, \qquad \mu \neq \nu$$

$$\gamma_5 \equiv \gamma^5 \equiv i\gamma^0\gamma^1\gamma^2\gamma^3$$

$$\lambda^{\mu} \equiv \gamma^{\mu}\gamma_5\,; \qquad \lambda_{\mu} = g_{\mu\nu}\lambda^{\nu}$$

此處I為4×4恆等陣，而$g_{\mu\nu}$的形式請參閱〈附錄二・六・B 小節量度張量〉。在應用上，為了與一般“力學量”有更好的對應，我們也可以定義這 16 個線獨立的Γ陣為$\{I, \beta, \gamma_5, \lambda^0, \boldsymbol{\alpha}, \boldsymbol{\gamma}, \boldsymbol{\Sigma}, \boldsymbol{\lambda}\}$：

$$\beta \equiv \gamma^0$$

$$\boldsymbol{\alpha} \equiv \gamma^0\boldsymbol{\gamma} = -\boldsymbol{\gamma}\gamma^0\,; \qquad \alpha_i = i\sigma_{0i} = -i\sigma^{0i} = \gamma^0\gamma^i = -\gamma^i\gamma^0$$

$$\boldsymbol{\Sigma} \equiv \frac{i}{2}\boldsymbol{\gamma}\times\boldsymbol{\gamma} = \gamma_5\boldsymbol{\alpha} = \boldsymbol{\alpha}\gamma_5 = -i\,\gamma^1\gamma^2\gamma^3\boldsymbol{\gamma}\,; \qquad \varepsilon_{ijk}\Sigma_k = \sigma_{ij} = \sigma^{ij}$$

$$\lambda^0 \equiv \gamma_0\gamma_5 = \lambda_0$$

$$\boldsymbol{\lambda} \equiv \boldsymbol{\gamma}\gamma_5$$

此處上下標i, j, k皆可為1, 2, 或3。

D. 狄拉克 Γ 陣表象

狄拉克Γ陣為“不可約”的4×4矩陣。由於所有不同的4×4矩陣表象，在“幺正轉換（unitary transformation）”下，皆“等價”。因此，若已知“γ陣”的4×4“矩陣式（matrix form）”，則根據Γ陣的定義，就可以直接得到“Γ陣”的“矩陣式”。在研究文獻裏，Γ陣的“矩陣表象”大致可分為如下三類。

(1) 標準表象

在“標準表象”下，狄拉克Γ陣可利用2×2“符基”$\{\sigma_0, \boldsymbol{\sigma}\}$，裂解為“塊式”，

$$I = \sigma_0\begin{pmatrix}1&0\\0&1\end{pmatrix}, \quad \gamma_5 = \sigma_0\begin{pmatrix}0&1\\1&0\end{pmatrix}, \quad \lambda^0 = \sigma_0\begin{pmatrix}0&1\\-1&0\end{pmatrix}, \quad \beta = \sigma_0\begin{pmatrix}1&0\\0&-1\end{pmatrix}$$

$$\boldsymbol{\Sigma} = \boldsymbol{\sigma}\begin{pmatrix}1&0\\0&1\end{pmatrix}, \quad \boldsymbol{\alpha} = \boldsymbol{\sigma}\begin{pmatrix}0&1\\1&0\end{pmatrix}, \quad \boldsymbol{\gamma} = \boldsymbol{\sigma}\begin{pmatrix}0&1\\-1&0\end{pmatrix}, \quad \boldsymbol{\lambda} = \boldsymbol{\sigma}\begin{pmatrix}1&0\\0&-1\end{pmatrix}$$

本書以及多數量子力學書皆採用此表象。我們再次強調，在泡利自旋空間裏，任何2×2“常數陣”，皆可以利用$\{\sigma_0, \boldsymbol{\sigma}\}$來展開。而在狄拉克稟賦空間裏，任何$4\times4$“常數陣”，皆可以利用 16

個狄拉克 Γ 陣來展開。

(2) 手徵表象

在“手徵表象（chiral representation）”或稱“魏爾表象（Weyl representation）”下，狄拉克 Γ 陣可表達為

$$I = \sigma_0 \begin{pmatrix} 1 & 0 \\ 0 & 1 \end{pmatrix},\quad \gamma_5 = \sigma_0 \begin{pmatrix} -1 & 0 \\ 0 & 1 \end{pmatrix},\quad \lambda^0 = \sigma_0 \begin{pmatrix} 0 & 1 \\ -1 & 0 \end{pmatrix},\quad \beta = \sigma_0 \begin{pmatrix} 0 & 1 \\ 1 & 0 \end{pmatrix}$$

$$\boldsymbol{\Sigma} = \boldsymbol{\sigma} \begin{pmatrix} 1 & 0 \\ 0 & 1 \end{pmatrix},\quad \boldsymbol{\alpha} = \boldsymbol{\sigma} \begin{pmatrix} -1 & 0 \\ 0 & 1 \end{pmatrix},\quad \boldsymbol{\gamma} = \boldsymbol{\sigma} \begin{pmatrix} 0 & 1 \\ -1 & 0 \end{pmatrix},\quad \boldsymbol{\lambda} = \boldsymbol{\sigma} \begin{pmatrix} 0 & 1 \\ 1 & 0 \end{pmatrix}$$

請注意，以上僅是許多不同手徵表象中的一種。此“手徵表象”的所有矩陣 $\{\gamma_C^\mu\}$ 與上述“標準表象”的相應矩陣 $\{\gamma_S^\mu\}$ 之間，可通過“幺正轉換” $\gamma_C^\mu = U_C \gamma_S^\mu U_C^\dagger$ 相互聯繫，

$$U_C = \frac{1}{\sqrt{2}} \begin{pmatrix} \sigma_0 & -\sigma_0 \\ \sigma_0 & \sigma_0 \end{pmatrix}$$

(3) 馬約若納表象

在“馬約若納表象（Majorana representation）”裏，γ^μ 為純虛數，

$$\gamma^0 = \sigma_2 \begin{pmatrix} 0 & 1 \\ 1 & 0 \end{pmatrix},\qquad \gamma^1 = i\sigma_1 \begin{pmatrix} 0 & 1 \\ 1 & 0 \end{pmatrix},$$

$$\gamma^2 = i\,\sigma_0 \begin{pmatrix} 1 & 0 \\ 0 & -1 \end{pmatrix},\quad \gamma^3 = i\sigma_3 \begin{pmatrix} 0 & 1 \\ 1 & 0 \end{pmatrix}$$

依據狄拉克 Γ 陣的定義，我們就可得到其具體的“矩陣式”。值得注意的是，在此種表象下，“狄拉克方程”為實數方程。

“馬約若納表象”的這四個矩陣 $\{\gamma_M^\mu\}$ 與上述“標準表象”的相應矩陣 $\{\gamma_S^\mu\}$ 之間，可通過“幺正轉換” $\gamma_M^\mu = U_M \gamma_S^\mu U_M^\dagger$ 相互聯繫，而

$$U_M = \frac{1}{\sqrt{2}}\begin{pmatrix} \sigma_2 & -i\,\sigma_0 \\ \sigma_0 & i\,\sigma_2 \end{pmatrix}$$

五・五 基本力學符

A. 動符

(1) 位空間的動符

根據本書〈第四・五・B 小節 態位移符〉裏的結果，任何物理系統的“線動符（linear-momentum operator）”或稱“正則動符（canonical-momentum operator）”，簡稱“動符（momentum operator）”$\boldsymbol{P}$，定義為位空間裏此系統的“位移子”。在$\boldsymbol{x}$表象裏，動符$\boldsymbol{P}$一般可明確表達為

$$\boldsymbol{P} = -f(\boldsymbol{x}) - i\hbar\nabla$$

此處$f(\boldsymbol{x})$與位符$\boldsymbol{X}$徵態$|\boldsymbol{x}\rangle$的相位選擇有關，最單純的選擇是$f(\boldsymbol{x})=0$，而$\nabla \equiv \partial/\partial\boldsymbol{x}$代表在“動心座（center-of-momentum frame）”裏對位置$\boldsymbol{x}$的微分。

(2) 泡利動符

泡利空間裏的動符$\boldsymbol{P}$，我們稱為“泡利動符（Pauli momentum operator）”，可明確表達為

$$\boldsymbol{P} \equiv \boldsymbol{P}\otimes\sigma_0 = -i\,\hbar\nabla\otimes\begin{pmatrix} 1 & 0 \\ 0 & 1 \end{pmatrix}$$

此處應該特別注意，動符$\boldsymbol{P}=-i\hbar\nabla$只運作於位空間，而我們通常省略上式中的$2\times2$恆等陣$\sigma_0$。當然，分別定義於“位空間”與“自旋空間（spin space）”裏的算符，彼此對易。

(3) 狄拉克動符

狄拉克空間裏的動符$\boldsymbol{P}$，我們稱為“狄拉克動符（Dirac

momentum operator）”，逕簡稱“動符”，可明確表達為

$$\boldsymbol{P} \equiv \boldsymbol{P} \otimes I = -i\hbar\nabla\otimes\begin{pmatrix}1&0&0&0\\0&1&0&0\\0&0&1&0\\0&0&0&1\end{pmatrix} = -i\hbar\nabla\otimes\begin{pmatrix}\sigma_0&0\\0&\sigma_0\end{pmatrix}$$

此處以“細體”I代表的4×4恆等陣，只運作於“狄拉克稟賦空間”。為了標記簡潔，我們也可將動符$\boldsymbol{P}$表達式裏的恆等陣I省略。也就是說，不論“泡利動符”或“狄拉克動符”，通常皆可簡寫為$\boldsymbol{P}$。

B. 自旋符

(1) 泡利自旋符

在泡利空間裏，自旋1/2物理系統的“泡利自旋符（Pauli-spin operator）”$\boldsymbol{s}$定義為

$$\boldsymbol{s} \equiv \frac{\hbar}{2}\boldsymbol{\sigma}$$

此處$\boldsymbol{\sigma}$為泡利陣。

相容測符集$\{\boldsymbol{s}^2, s_z\}$的共徵態$\{\chi_\mu\}\equiv\{|s\mu\rangle\}$，稱為“泡利旋子（Pauli spinor）”。我們通常選擇泡利旋子$\{\chi_\mu\}$作為“態基”，將“泡利自旋符”$\boldsymbol{s}$表達為矩陣式，

$$\boldsymbol{s}^2\chi_\mu = s(s+1)\hbar^2\chi_\mu, \qquad s\equiv\frac{1}{2}$$
$$s_z\chi_\mu = \mu\hbar\chi_\mu, \qquad \mu=\pm\frac{1}{2}$$

如前所述，泡利自旋符的此種表象，稱為“標準表象”。注意，為了與“狄拉克空間”的測符作區分，本章我們以“小寫字母”來標示“泡利空間”的測符，而以“大寫字母”來標示“狄拉克空間”的測符。

(2) 狄拉克自旋符

在狄拉克空間裏，自旋1/2物理系統的“狄拉克自旋符（Dirac-spin operator）” $\boldsymbol{S}$ 定義為

$$\boldsymbol{S} \equiv \frac{\hbar}{2}\boldsymbol{\Sigma} \equiv \frac{\hbar}{2}\boldsymbol{\sigma}\begin{pmatrix}1 & 0\\ 0 & 1\end{pmatrix}$$

注意，“狄拉克自旋符” $\boldsymbol{S}$ 與“泡利自旋符” $\boldsymbol{s}$ 之間的關係為

$$\boldsymbol{S} = \boldsymbol{s}\begin{pmatrix}1 & 0\\ 0 & 1\end{pmatrix}$$

此處 2×2 恆等陣代表“粒反粒空間（particle-antiparticle space）”的“恆等符”。

C. 角動符

由本書〈第四・八・F 小節　態換子的物理意義(3)〉可知，“角動符（angular-momentum operator）” $\boldsymbol{J}$，就是系統的“轉向子（rotation generator）”。“複合系統”的角動符 $\boldsymbol{J}$，稱為“總角動符（total angular-momentum operator）”，包括 $\boldsymbol{L}$ 與 $\boldsymbol{S}$ 兩部分，

$$\boldsymbol{J} = \boldsymbol{L} + \boldsymbol{S}$$

$$\boldsymbol{L} = \boldsymbol{X} \times \boldsymbol{P}$$

此處算符 $\boldsymbol{L}$，描述此複合系統在“動心座”裏的“轉向效應（rotation effect）”，稱為“軌角動符（orbital angular-momentum operator）”，而狄拉克自旋符 $\boldsymbol{S}$，描述此複合系統“稟賦結構”的“轉向效應”，又稱為“自旋角動符（spin angular-momentum operator）”，或簡稱為“自旋符（spin operator）”。

(1) 複合系統的角動符對易關係

根據〈第四・七・C 小節　態換子對易關係〉，任何三維物理系統的“轉向子” $\boldsymbol{J}$，又稱“角動符”，皆滿足如下對易關係，

$$\left[J_\alpha, J_\beta\right] = i\hbar\,\varepsilon_{\alpha\beta\gamma} J_\gamma$$

此處$J_\alpha, J_\beta, J_\gamma$各為$\{J_x, J_y, J_z\}$裏的任一分量。僅就角動符$\boldsymbol{J}$而言，此系統具有“兩個”自由度：極角$\theta$與輻角$\varphi$。若選擇相容測符集為$\{\boldsymbol{J}^2, J_\alpha\}$，則其對易關係可證明如次。

$$\begin{aligned}
\left[\boldsymbol{J}^2,\ J_\alpha\right] &= \left[J_\alpha^2 + J_\beta^2 + J_\gamma^2,\ J_\alpha\right] = \left[J_\beta^2,\ J_\alpha\right] + \left[J_\gamma^2,\ J_\alpha\right] \\
&= J_\beta\left[J_\beta,\ J_\alpha\right] + \left[J_\beta,\ J_\alpha\right]J_\beta + J_\gamma\left[J_\gamma,\ J_\alpha\right] + \left[J_\gamma,\ J_\alpha\right]J_\gamma \\
&= i\hbar\,\varepsilon_{\beta\alpha\gamma}\left(J_\beta J_\gamma + J_\gamma J_\beta\right) + i\hbar\,\varepsilon_{\gamma\alpha\beta}\left(J_\gamma J_\beta + J_\beta J_\gamma\right) \\
&= i\hbar\left(\varepsilon_{\beta\alpha\gamma} + \varepsilon_{\gamma\alpha\beta}\right)\left(J_\beta J_\gamma + J_\gamma J_\beta\right) \\
&= 0
\end{aligned}$$

此處$\boldsymbol{J}^2 \equiv J_x^2 + J_y^2 + J_z^2$。因此，含兩個“子系統”的“複合系統”，有“四個”自由度；可選擇“四個”獨立的相關角動符，即可構成一組“簡要完備相容測符集”。

假設$\boldsymbol{L}$與$\boldsymbol{S}$為兩個不同系統的角動符，而總角動符為$\boldsymbol{J} \equiv \boldsymbol{L} + \boldsymbol{S}$。因此，可以證明：

$$\left\{\boldsymbol{J}^2, \boldsymbol{L}^2, \boldsymbol{S}^2, \boldsymbol{J}\cdot\boldsymbol{L}, \boldsymbol{J}\cdot\boldsymbol{S}, \boldsymbol{L}\cdot\boldsymbol{S}\right\}$$

為一組“相容測符集”，即其中任意兩測符皆彼此對易，而此測符集可有“簡併”的“共徵態”。例如，$|(LS)j\rangle$。若再加上測符集$\{J_x, J_y, J_z, L_x, L_y, L_z, S_x, S_y, S_z\}$中的任一測符，即可消除“角動量”的簡併。例如，選取相容測符集$\{\boldsymbol{L}^2, \boldsymbol{S}^2, \boldsymbol{J}^2, J_z\}$，其“共徵態”為

$$|(LS)jm\rangle = \sum_{M\mu} |LMS\mu\rangle\langle LMS\mu|(LS)jm\rangle$$

此處以$\{\boldsymbol{L}^2, L_z, \boldsymbol{S}^2, S_z\}$的共徵態$|LMS\mu\rangle$展開$|(LS)jm\rangle$，而展開係數$\langle LMS\mu|(LS)jm\rangle$為“CG 係數（Clebsch-Gordan coefficients 或 CG coefficients）”。

(2) 泡利總角動符

泡利空間裏的總角動符 $\boldsymbol{j}$，稱為"泡利總角動符（Pauli total angular-momentum operator）"，可明確表達為

$$\boldsymbol{j} = \boldsymbol{l} + \boldsymbol{s} \equiv \boldsymbol{l} \otimes \sigma_0 + I_p \otimes \boldsymbol{s}$$
$$\boldsymbol{l} \equiv \boldsymbol{X} \times \boldsymbol{P}, \quad \boldsymbol{s} \equiv \frac{\hbar}{2}\boldsymbol{\sigma}$$

此處 2×2 恆等陣 σ_0 為"泡利自旋空間"的"恆等符"，而 I_p 代表"位空間"的"恆等符"，通常皆可省略不寫。

與本章〈第五・五・B 小節 自旋符(1)〉類似，在泡利空間裏，我們可利用 $\{\boldsymbol{j}^2, j_z\}$ 的共徵態 $\{|jm\rangle\}$，與 $\{\boldsymbol{l}^2, l_z\}$ 的共徵態 $\{|lM\rangle\}$，

$$\boldsymbol{j}^2|jm\rangle = j(j+1)\hbar^2|jm\rangle; \qquad \boldsymbol{l}^2|lM\rangle = l(l+1)\hbar^2|lM\rangle$$
$$j_z|jm\rangle = m\hbar|jm\rangle; \qquad l_z|lM\rangle = M\hbar|lM\rangle$$

分別將總角動符 $\boldsymbol{j}$ 與軌角動符 $\boldsymbol{l}$，表達為矩陣式。

(3) 狄拉克總角動符

狄拉克空間裏的總角動符 $\boldsymbol{J}$，稱為"狄拉克總角動符（Dirac total angular-momentum operator）"，可以利用其相應的"軌角動符" $\boldsymbol{L}$ 與"狄拉克自旋符 $\boldsymbol{S}$"表達為

$$\boldsymbol{J} = \boldsymbol{L} + \boldsymbol{S} \equiv \boldsymbol{L} \otimes I + I_p \otimes \boldsymbol{S}$$
$$\boldsymbol{L} \equiv \boldsymbol{X} \times \boldsymbol{P}, \quad \boldsymbol{S} \equiv \frac{\hbar}{2}\boldsymbol{\Sigma}$$

此處 4×4 恆等陣 I 為"狄拉克稟賦空間"的"恆等符"，而通常 I 與 I_p 皆可省略不寫。

與上小節類似，我們也可以利用 $\{\boldsymbol{J}^2, J_z\}$ 的共徵態 $\{|JM_J\rangle\}$，與 $\{\boldsymbol{L}^2, L_z\}$ 的共徵態 $\{|LM_L\rangle\}$，

$$\boldsymbol{J}^2|JM_J\rangle = J(J+1)\hbar^2|JM_J\rangle; \qquad \boldsymbol{L}^2|LM_L\rangle = L(L+1)\hbar^2|LM_L\rangle$$
$$J_z|JM_J\rangle = M_J\hbar|JM_J\rangle; \qquad L_z|LM_L\rangle = M_L\hbar|LM_L\rangle$$

分別將總角動符 $\boldsymbol{J}$ 與軌角動符 $\boldsymbol{L}$，表達為矩陣式。

(4) 角動符的位表象

在“泡利空間”裏，總角動符$\{j^2, j_z\}$的共徵態$\{|jm\rangle\}$，也可以利用軌角動符$\{l^2, l_z\}$的共徵態$\{|lM\rangle\}$，與泡利自旋符$\{s^2, s_z\}$的共徵態$\{\chi_\mu\} \equiv \{|s\mu\rangle\}$之間的耦合得到。我們稱$\chi_\mu$為“泡利旋子”；而軌角動符共徵態$|lM\rangle$的“位表象”$\langle \boldsymbol{x}|lM\rangle$，正比於“球諧函（spherical harmonics）”$Y_{lM}(\hat{\boldsymbol{x}})$，

$$Y_{lM}(\hat{\boldsymbol{x}}) \equiv \langle \hat{\boldsymbol{x}}|lM\rangle \equiv \langle \hat{\boldsymbol{r}}|lM\rangle \equiv Y_{lM}(\hat{\boldsymbol{r}}) \equiv Y_{lM}(\theta,\varphi)$$

由於所謂的“狄拉克稟賦空間”，隱含“自旋1/2空間”與“粒反粒空間”，因此，在狄拉克空間的位表象裏，軌角動符$\{\boldsymbol{L}^2, L_z\}$的共徵態$\{|LM_L\rangle\}$，與狄拉克自旋符$\{\boldsymbol{S}^2, S_z\}$的共徵態$\{|SM_S\rangle\}$之間的組合結構，甚為複雜。當我們在〈第五・六・B小節 球旋函〉裏引入“球旋函（spherical spin function）”後，會具體來說明如何解決這個問題。

D. 質符

(1) 動質符

在狄拉克空間裏，我們定義自旋1/2物理系統的“動質符（relativistic-mass operator）”$\hat{M}$為

$$\hat{M}c^2 \equiv c\boldsymbol{\alpha}\cdot\boldsymbol{P} + mc^2\beta$$

注意，量子力學裏的“動質符”，對應於經典力學裏的“動質（relativistic mass）”。由此可得

$$\begin{aligned}\hat{M}^2c^4 &= \left(c\boldsymbol{\alpha}\cdot\boldsymbol{P} + mc^2\beta\right)^2 \\ &= c^2(\boldsymbol{\alpha}\cdot\boldsymbol{P})^2 + m^2c^4\beta^2 \\ &= c^2\boldsymbol{P}^2 + m^2c^4\end{aligned}$$

此處第二個等號利用了反易關係：$\{\alpha_i, \beta\} = 0$ 且 $i = 1,2,3$。此關係

式對應於“狹義相對論”裏的“能動關係”。

孤立物理系統的“靜質（rest mass）” m，可以利用其總能量 E_0 定義為

$$m \equiv E_0/c^2$$

對“靜質”的定義，請參閱本書〈第一・三・E 小節　質量(2)〉。我們應該注意，總能量 E_0 可包括任何形式的能量；例如，孤立系統各組合成份的質能、勢能、輻射能等。

(2) 動質符的徵程

我們可將“動質符” $\hat{M}$ 的徵程先暫時表達為

$$\hat{M}|a\rangle = a|a\rangle$$

此處 a 為動質符 $\hat{M}$ 的徵值。由此徵程，我們可得

$$\begin{aligned}\hat{M}^2c^4|a\rangle &\equiv \left(c^2\boldsymbol{P}^2 + m^2c^4\right)|a\rangle \\ &= a^2c^4|a\rangle\end{aligned}$$

由此可知，動質符 $\hat{M}$ 的徵態也為 $\boldsymbol{P}^2$ 的徵態，

$$\boldsymbol{P}^2|a\rangle = p^2|a\rangle$$

此處我們以 p^2 來代表 $\boldsymbol{P}^2$ 的徵值，且 $p \geq 0$。因此，動質符 $\hat{M}$ 的徵值 a 可寫為

$$a = \pm\sqrt{p^2/c^2 + m^2} \equiv \pm M$$

此處我們定義 $M \equiv \sqrt{p^2/c^2 + m^2} > 0$。

我們進一步定義“質號符（mass-sign operator）” $\hat{M}_\varepsilon$ 為

$$\hat{M}_\varepsilon \equiv \hat{M}/|\hat{M}| \equiv \hat{M}/\sqrt{\hat{M}^\dagger\hat{M}}$$

通過將動質符 $\hat{M}$ 的徵態 $|a\rangle$，明確表達為 $|a\rangle \equiv |\varepsilon M\rangle$，$\varepsilon = \pm 1$，我們可以得到“質號符” $\hat{M}_\varepsilon$ 的徵程，

$$\hat{M}_\varepsilon|\varepsilon M\rangle = \varepsilon|\varepsilon M\rangle, \qquad \varepsilon = \pm 1$$

此處ε為“質號符”$\hat{M}_\varepsilon$的徵值。

因此，“動質符”$\hat{M}$的徵程可明確寫為

$$\hat{M}|\varepsilon M\rangle = \varepsilon M|\varepsilon M\rangle, \quad \varepsilon = \pm 1$$

此處的“正實標（positive real scalar）”M，定義為物理系統的“動質”，其定義可參閱本書〈第一・三・E 小節 質量(3)〉。$\varepsilon = \pm 1$分別表示徵態$|\varepsilon M\rangle$為“正能態（positive-energy state）”或“負能態（negative-energy state）”。

E. 宇稱符

(1) 宇稱

在位空間裏，“位標（position coordinate）”$\boldsymbol{x}$的“佈函（distribution function）”$f(\boldsymbol{x})$的形式，可以具有某種與“宇反（position inversion）”相關的對稱性，我們稱之為“宇反對稱（position-inversion symmetry 或 space-inversion symmetry）”，簡稱“宇稱（parity）”。具體而言，若$f(-\boldsymbol{x}) = f(\boldsymbol{x})$，則我們稱$f(\boldsymbol{x})$具有“偶宇稱（even parity）”或“正宇稱”；若$f(-\boldsymbol{x}) = -f(\boldsymbol{x})$，則我們稱$f(\boldsymbol{x})$具有“奇宇稱（odd parity）”或“負宇稱”。

(2) 位空間的宇稱符

假設在位空間裏，“慣性座”$O(\boldsymbol{x}, t)$裏的觀察者O，確認某物理系統的態為$|\psi(t)\rangle$，而經由“宇反轉換（space-inversion transformation）”後的“宇反慣性座（space-inverted inertial system）”$O'(\boldsymbol{x}', t') \equiv O(-\boldsymbol{x}, t)$裏的觀察者$O'$，確認同樣這個態為$|\psi'(t)\rangle$。於是，我們定義“宇稱符（parity operator）”Π將$|\psi(t)\rangle$轉換為$|\psi'(t)\rangle$，

$$|\psi'(t)\rangle = \Pi|\psi(t)\rangle$$

此處Π必須為“幺正符”，即$\Pi^\dagger \Pi = \Pi \Pi^\dagger = I_p$。在$\boldsymbol{x}$表象裏，上式可表達為

$$\psi'(\boldsymbol{x}, t) = \Pi\, \psi(\boldsymbol{x}, t), \quad 或 \quad \psi'(\boldsymbol{x}', t) = \psi(\boldsymbol{x}, t)$$

或以“基態（basis state）” $|\boldsymbol{x}\rangle$ 表達為

$$|\boldsymbol{x}'\rangle = \Pi|\boldsymbol{x}\rangle = |-\boldsymbol{x}\rangle$$

在 $\boldsymbol{x}$ 表象裏，態 $\langle\boldsymbol{x}|\psi(t)\rangle \equiv \psi(\boldsymbol{x},t)$ 可以為“多分量函（multi-component function）”。但若 $\psi(\boldsymbol{x},t)$ 為“單分量函”，則宇稱符 Π 就僅為“宇反符（space-inversion operator）” $P_s(\boldsymbol{x}\to-\boldsymbol{x})$，

$$\Pi = P_s \equiv P_s(\boldsymbol{x}\to-\boldsymbol{x})$$

注意，在一般情況下，“宇稱符” Π 並不簡單地只等於“宇反符” P_s。

根據定義，“宇稱符” Π 僅有兩個徵值：1與–1。更明確地說，在 $\boldsymbol{x}$ 表象裏，徵值為1的徵態具有“偶宇稱”，而徵值為–1的徵態具有“奇宇稱”。以波函 $\psi(\boldsymbol{x},t)$ 為例，“宇稱符” Π 的“徵程”為

$$\Pi\left[\psi(\boldsymbol{x},t)\pm\psi(-\boldsymbol{x},t)\right] = \pm\left[\psi(\boldsymbol{x},t)\pm\psi(-\boldsymbol{x},t)\right]$$

(3) 泡利宇稱符

在泡利空間裏，態 $|\psi\rangle$ 皆為“二分量函（two-component function）”，其 $\boldsymbol{x}$ 表象為

$$\langle\boldsymbol{x}|\psi\rangle \equiv \psi(\boldsymbol{x}) \equiv \begin{pmatrix}\phi_1(\boldsymbol{x})\\ \phi_2(\boldsymbol{x})\end{pmatrix}$$

泡利空間裏的宇稱符 Π，稱為“泡利宇稱符（Pauli parity operator）”。我們可以證明，泡利宇稱符 Π 可表達為

$$\Pi \equiv \sigma_0 \otimes P_s(\boldsymbol{x}\to-\boldsymbol{x})$$

(4) 狄拉克宇稱符

在狄拉克空間裏，態 $|\psi\rangle$ 皆為“四分量函（four-component function）”，其 $\boldsymbol{x}$ 表象為

$$\langle \boldsymbol{x}|\psi\rangle \equiv \psi(\boldsymbol{x}) \equiv \begin{pmatrix} \psi_1(\boldsymbol{x}) \\ \psi_2(\boldsymbol{x}) \end{pmatrix};\quad \psi_1(\boldsymbol{x}) \equiv \begin{pmatrix} \phi_0(\boldsymbol{x}) \\ \phi_1(\boldsymbol{x}) \end{pmatrix},\quad \psi_2(\boldsymbol{x}) \equiv \begin{pmatrix} \phi_2(\boldsymbol{x}) \\ \phi_3(\boldsymbol{x}) \end{pmatrix}$$

此處$\psi_1(\boldsymbol{x})$俗稱為“大量（large component）”，$\psi_2(\boldsymbol{x})$俗稱為“小量（small component）”。

在物理理論裏，“相對論性方程（relativistic equation）”的形式必須不隨“洛倫茲轉換”而改變。具體而言，假設慣性座裏的觀察者O，以波函$\psi(\boldsymbol{x},t)$來描述一個物理系統，而此波函$\psi(\boldsymbol{x},t)$滿足“狄拉克方程”；另一個慣性座裏的觀察者O'，以波函$\psi'(\boldsymbol{x}',t')$來描述同一個物理系統，則波函$\psi'(\boldsymbol{x}',t')$必須滿足相同形式的狄拉克方程。換而言之，針對同一個物理系統，兩個慣性座裏的觀察者O與O'，所得到的“物理律”必須“相同”。此種情況，我們稱之為“狄拉克方程的洛倫茲協變性”。

在此要求下，我們可以證明，若於某時刻t，觀察者O對某物理系統狀態的描述為$\psi(\boldsymbol{x})$，則“宇反觀察者”O'對同一個物理系統的同一個狀態的描述必為$\psi'(\boldsymbol{x}')=\beta\,\psi(\boldsymbol{x})$，而$\beta$為“狄拉克$\beta$符”。若我們假設$\boldsymbol{x}'=P_s\boldsymbol{x}=-\boldsymbol{x}$且$P_s^2=1$，則可得

$$\psi'(\boldsymbol{x}') = \beta\,\psi(\boldsymbol{x}) = \beta P_s^2\,\psi(\boldsymbol{x}) = \beta P_s\,\psi(P_s\boldsymbol{x}) = \beta P_s\,\psi(\boldsymbol{x}')$$

由於$\beta^2P_s^2=1$，所以我們很容易證明，符βP_s的徵值只能取±1，因此βP_s的徵程可寫為

$$\beta P_s\,\psi_\pm(\boldsymbol{x}) = \pm\,\psi_\pm(\boldsymbol{x})$$

此處$\psi_\pm(\boldsymbol{x})$為符βP_s的“徵態”，而其“徵值”為±1。

假設針對物理系統的某狀態，觀察者O所描述的波函為$\psi(\boldsymbol{x})$，而宇反觀察者O'所描述的波函為$\psi'(\boldsymbol{x}')=\beta P_s\,\psi(\boldsymbol{x}')$；如此，在觀察者$O$的描述裏，符$\beta P_s$的徵值為1的徵態$\psi_+(\boldsymbol{x})$，就對應於宇反觀察者$O'$描述裏的$\psi_+(\boldsymbol{x}')$，也就是直接將波函$\psi_+$的“位標”由$\boldsymbol{x}$改寫為$\boldsymbol{x}'$。同理，在觀察者$O$的描述裏，符$\beta P_s$的徵值為$-1$的徵態$\psi_-(\boldsymbol{x})$，在宇反觀察者$O'$的描述裏則應為$-\psi_-(\boldsymbol{x}')$。

總而言之，狄拉克空間裏的“狄拉克宇稱符（Dirac parity

operator）”Π，通常逕簡稱為“宇稱符”，其定義為

$$\Pi \equiv \beta P_s \equiv \begin{pmatrix} \sigma_0 & 0 \\ 0 & -\sigma_0 \end{pmatrix} P_s(\boldsymbol{x} \to -\boldsymbol{x})$$

注意，在狄拉克空間裏，具有“偶〔奇〕宇稱”的態$\psi(\boldsymbol{x}) \equiv \{\psi_1(\boldsymbol{x}), \psi_2(\boldsymbol{x})\}$，其“大量”$\psi_1(\boldsymbol{x})$必為“偶〔奇〕宇稱”，而其“小量”$\psi_2(\boldsymbol{x})$必為“奇〔偶〕宇稱”。也就是說，大量與小量的宇稱恰好相反。

F. 哈密頓

就“主動觀”而言，任何物理系統的“哈密頓”H可定義為，此系統的“時移子”，即：此物理系統“整體”沿“時軸”作“平移”。就“被動觀”而言，任何物理系統的哈密頓H可定義為，此系統的“演化子”，即：此物理系統隨“時刻”t的“演化”。具體請參閱本書〈第四・八・F 小節　態換子的物理意義(4)〉。

假設帶電荷e自旋1/2的某個物理系統，處於“外加場”$A^\mu \equiv (\phi, \boldsymbol{A})$中，而$\phi$與$\boldsymbol{A}$分別為“標勢（scalar potential）”與“矢勢（vector potential）”，則在狄拉克空間裏，此物理系統的哈密頓H為

$$\begin{aligned} H &= \hat{M}c^2 + e(\phi - \boldsymbol{\alpha}\cdot\boldsymbol{A}) \\ &= c\boldsymbol{\alpha}\cdot\left(\boldsymbol{P} - \frac{e}{c}\boldsymbol{A}\right) + e\phi + mc^2\beta \\ \hat{M}c^2 &\equiv c\boldsymbol{\alpha}\cdot\boldsymbol{P} + mc^2\beta \end{aligned}$$

此處e與$\hat{M}$分別為此物理系統的“總電荷”與“動質符”；當不考慮電荷e本身的“自作用（self-interaction）”，也不考慮外加場A^μ的“動力行為（dynamical behavior）”，即保持外加場A^μ不變，則$e(\phi-\boldsymbol{\alpha}\cdot\boldsymbol{A})$代表此物理系統與外加場$A^\mu$的相互作用。

當然，在無“外加場”的“自由狄拉克空間（free Dirac space）”裏，帶電荷e自旋1/2的任何物理系統，其哈密頓H_{free}

為

$$H_{free} = \hat{M}c^2$$
$$\equiv c\boldsymbol{\alpha}\cdot\boldsymbol{P} + mc^2\beta$$

G. 衍生符

(1) 方根符

若任意兩符Λ與Ω滿足下式，

$$\Lambda^2 = \Omega$$

則我們稱符Ω的“方根（square root）”$\Lambda \equiv \sqrt{\Omega}$，為“方根符（square-root operator）”。注意，符Λ僅在符Ω的定義域上才有意義。

(2) 逆符

若任意兩符Λ與Ω滿足下式，

$$\Lambda\Omega = \Omega\Lambda = I$$

此處I為“恆等符”，則我們稱符Λ與Ω，互為彼此的“逆符（inverse operator）”。符Ω的逆符可表示為$\Lambda \equiv \Omega^{-1} \equiv 1/\Omega$。注意，符$\Omega$的逆符$\Lambda$，僅在符$\Omega$的定義域上才有意義。同理，符$\Lambda$的逆符$\Omega$，僅在符$\Lambda$的定義域上才有意義。換而言之，符$\Lambda$與$\Omega$互為彼此的逆符，也僅在它們相同的定義域上才有意義。

(3) 矢符

任何三維的“矢符（vector operator）”$\boldsymbol{\Lambda}$，可定義為

$$\boldsymbol{\Lambda} \equiv \Lambda_x\hat{\boldsymbol{x}} + \Lambda_y\hat{\boldsymbol{y}} + \Lambda_z\hat{\boldsymbol{z}}$$

此處$\{\hat{\boldsymbol{x}}, \hat{\boldsymbol{y}}, \hat{\boldsymbol{z}}\}$為三維“直角座（rectangular coordinate system）”的“單位矢”，而$\{\Lambda_x, \Lambda_y, \Lambda_z\} \equiv \{A, B, C\}$僅可視為三個符$A, B, C$的組合，因為此處我們並沒有界定矢符$\boldsymbol{\Lambda}$在“位置轉換”下的性

質。

(4) 標符的模

不含“方向”的符，可稱為“標符（scalar operator）” Ω，其“模”定義為

$$|\Omega| \equiv \sqrt{\Omega^{\dagger}\Omega}$$

此處 $\Omega^{\dagger}$ 為符 Ω 的自伴符。

(5) 號符

非零標符 Ω 與其模 $|\Omega|$ 的“商” Ω_{ε}，

$$\Omega_{\varepsilon} \equiv \Omega/|\Omega|$$

稱為此符 Ω 的“號符（sign operator）”。注意，符 Ω 必須為非零符，即 $|\Omega| \neq 0$。

(6) 矢符的模

“矢符” $\boldsymbol{\Lambda}$ 的模，定義為

$$|\boldsymbol{\Lambda}| \equiv \sqrt{\boldsymbol{\Lambda}^{\dagger} \cdot \boldsymbol{\Lambda}}$$

(7) 方位符

“矢符” $\boldsymbol{\Lambda}$ 的“方位符（orientation operator）” $\hat{\boldsymbol{\Lambda}}$，定義為

$$\hat{\boldsymbol{\Lambda}} \equiv \boldsymbol{\Lambda}/|\boldsymbol{\Lambda}|$$

最後，我們將本章介紹的所有算符之間的“對置關係（permutation relations）”，以及其所滿足的恆等式，列於本書〈附錄十五　算符公式〉。

五・六 角稱符

A. 泡利角稱符

在泡利空間裏，我們定義“泡利角稱符（Pauli angular-symmetry operator）” $\hat{k}$ 為

$$\hat{k} \equiv \frac{1}{\hbar}\boldsymbol{\sigma}\cdot\boldsymbol{l}+1 \equiv \frac{1}{\hbar}\boldsymbol{\sigma}\cdot\boldsymbol{j}-\frac{1}{2}$$

此處“泡利陣” $\boldsymbol{\sigma}$ 與“泡利自旋符” $\boldsymbol{s}$ 的關係為 $\boldsymbol{s} \equiv \hbar\boldsymbol{\sigma}/2$，而總角動符 $\boldsymbol{j} \equiv \boldsymbol{l}+\boldsymbol{s}$。“泡利角稱符” $\hat{k}$ 隱含“自旋角動量”與“軌角動量”方向“平行”或“反行”的訊息。

由於“泡利空間”為“位空間”與“泡利自旋空間”的“直積”，所以此總角動符 $\boldsymbol{j}$，其實應該如本章〈第五・五・C 小節角動符(2)〉所述，可明確寫為

$$\boldsymbol{j} \equiv \boldsymbol{l}\otimes\sigma_0+I_p\otimes\boldsymbol{s}$$

此處 2×2 恆等陣 σ_0 為“泡利自旋空間”裏的“恆等符”，而 I_p 為“位空間”裏的“恆等符”。

假設“泡利角稱符” $\hat{k}$ 的“徵態”為 ψ_κ，則其“徵程”為

$$\hat{k}\,\psi_\kappa = \kappa\,\psi_\kappa$$

此處 $\hat{k}$ 的徵值 κ 稱為“角稱量子數（angular-symmetry quantum number）”。注意，有些書上定義“泡利角稱符” $\hat{k}$ 的徵程為 $\hat{k}\,\psi_{\kappa'} = -\kappa'\,\psi_{\kappa'}$，這與本書定義的徵值 κ，相差一個負號，即 $\kappa' = -\kappa$。此外，我們可證明如下“算符等式”，

$$\boldsymbol{j}^2 = \left(\hat{k}-\frac{1}{2}\right)\left(\hat{k}+\frac{1}{2}\right)\hbar^2$$

$$\boldsymbol{l}^2 = \hat{k}\left(\hat{k}-1\right)\hbar^2$$

因此可得

$$\boldsymbol{j}^2\,\psi_\kappa = \left(\kappa-\frac{1}{2}\right)\left(\kappa+\frac{1}{2}\right)\hbar^2\,\psi_\kappa$$

$$\boldsymbol{l}^2\,\psi_\kappa = \kappa(\kappa-1)\hbar^2\,\psi_\kappa$$

$$\boldsymbol{s}^2\,\psi_\kappa = s(s+1)\hbar^2\,\psi_\kappa\,,\qquad s\equiv\frac{1}{2}$$

我們可以證明$\{\boldsymbol{j}^2, \boldsymbol{l}^2, \boldsymbol{s}^2, \boldsymbol{j}\cdot\boldsymbol{l}, \boldsymbol{j}\cdot\boldsymbol{s}, \boldsymbol{l}\cdot\boldsymbol{s}\}$為一組“相容測符集”，而且可選擇$\psi_\kappa$為此組測符集的“共徵態”，

$$\boldsymbol{j}^2\,\psi_\kappa = j(j+1)\,\hbar^2\,\psi_\kappa$$

$$\boldsymbol{l}^2\,\psi_\kappa = l(l+1)\hbar^2\,\psi_\kappa$$

$$(\boldsymbol{j}\cdot\boldsymbol{l})\,\psi_\kappa = \frac{1}{2}\left\{j(j+1) + l(l+1) - \frac{3}{4}\right\}\hbar^2\,\psi_\kappa$$

$$(\boldsymbol{j}\cdot\boldsymbol{s})\,\psi_\kappa = \frac{1}{2}\left\{j(j+1) + \frac{3}{4} - l(l+1)\right\}\hbar^2\,\psi_\kappa$$

$$(\boldsymbol{l}\cdot\boldsymbol{s})\,\psi_\kappa = \frac{1}{2}\left\{j(j+1) - l(l+1) - \frac{3}{4}\right\}\hbar^2\,\psi_\kappa$$

對於徵態ψ_κ，總角動符$\boldsymbol{j}^2$蘊含其“泡利空間”的“轉向對稱（rotation symmetry）”，軌角動符$\boldsymbol{l}^2$蘊含其位空間的“宇反對稱（position-inversion symmetry）”以及“轉向對稱”，而自旋符$\boldsymbol{s}^2$蘊含其稟賦結構，即“泡利自旋空間”的“轉向對稱”。

我們可以證明，泡利角稱符$\hat{k}$的徵值κ為非零整數$\{\pm 1, \pm 2, \cdots\}$，而每個徵值κ皆可以代表兩個徵值的組合：$\kappa \equiv \{j, l\} \equiv \{j(j+1)\hbar^2, l(l+1)\hbar^2\}$，或

$$j = |\kappa| - \frac{1}{2}$$

$$l = \begin{cases} \kappa-1, & \kappa > 0 \\ -\kappa, & \kappa < 0 \end{cases}$$

特別注意，此處我們定義：

(i) $\kappa > 0$代表“平行自旋（parallel spin）”，即“自

旋空間”角動量s與“位空間”角動量l同方向。

(ii) $\kappa<0$代表“反行自旋（anti-parallel spin）”，即“自旋空間”角動量s與“位空間”角動量l反方向。

再次强調，這與有些量子力學書上定義的恰好相反，因為那些書上定義“泡利角稱符”$\hat{k}$的“徵程”為$\hat{k}\,\psi_{\kappa'}=-\kappa'\psi_{\kappa'}$，所以與本書定義的徵值$\kappa$，相差一個“負號”，$\kappa'=-\kappa$。請參閱本小節一開始的説明。選擇採行“本書定義”的理由是：

> 我們希望$\kappa>0$對應“平行”，而$\kappa<0$對應“反行”，如此，在直觀上才比較自然一致。

我們利用泡利角稱符$\hat{k}$的徵態ψ_κ，很容易可以推導出宇稱符$\Pi=\beta P_s$的徵態$|\kappa\rangle$，

$$\Pi|\kappa\rangle=\pi|\kappa\rangle,\qquad \pi\equiv(-)^l$$

$$|\kappa\rangle=\begin{pmatrix}C_1\,\psi_\kappa\\ C_2\,\psi_{-\kappa}\end{pmatrix}$$

此處C_1與C_2為任意複數，而徵值l與κ的關係為：當$\kappa>0$時，$l=\kappa-1$；當$\kappa<0$時，$l=-\kappa$。注意，這裏的符號$\pi\equiv(-)^l$，它不代表“圓周率”。此結果的證明，詳見本章〈第五•六•E 小節 狄拉克角稱符〉。

B. 球旋函

在泡利空間裏，根據本書〈附錄十五•二•C 小節 泡利空間的對易子〉，可得$\left[\hat{k},\,j_z\right]=0$，所以“符集（operator set）”$\{\hat{k},\,j_z\}$具有共徵態$\{\Omega_{\kappa m}\}$，

$$\hat{k}\,\Omega_{\kappa m}\equiv\kappa\,\Omega_{\kappa m}$$

$$\hat{j}_z\, \Omega_{\kappa m} \equiv m\hbar\, \Omega_{\kappa m}$$

我們稱此共徵態 $\Omega_{\kappa m}$ 為“球旋函（spherical spin function）”。以後就會知道，在處理“高能量子碰撞”問題時，採用球旋函 $\Omega_{\kappa m}$ 會很方便。

為了當前討論需要，我們在此明確定義“球旋函”為

$$\begin{aligned}\Omega_{\kappa m} &\equiv \left|(ls)\,jm\right\rangle = I_{ls}\left|(ls)\,jm\right\rangle \\ &= \sum_{M\mu} \left|lMs\mu\right\rangle\left\langle lMs\mu\right|(ls)\,jm\rangle \\ &\equiv \sum_{M\mu} \left|lM\right\rangle\left|s\mu\right\rangle\left\langle lMs\mu\right|jm\rangle\end{aligned}$$

此處 $I_{ls} = \sum_{M\mu}|lMs\mu\rangle\langle lMs\mu|$ 為角動量 $\{\boldsymbol{l}, \boldsymbol{s}\}$ “子空間”裏的“恆等符”，而展開係數 $\langle lMs\mu|\,jm\rangle \equiv \langle lMs\mu|(ls)\,jm\rangle$ 稱為“CG 係數”。早在“量子力學”建立前，數學家就已經探討過此種“數學量”；軌角動符 $\{\boldsymbol{l}^2, l_z\}$ 的徵態 $|lM\rangle$，與自旋符 $\{\boldsymbol{s}^2, s_z\}$ 的徵態 $\chi_\mu \equiv |s\mu\rangle$，耦合成為總角動符 $\{\boldsymbol{j}^2, j_z\}$ 的徵態 $|(ls)\,jm\rangle$，也就是 $\Omega_{\kappa m} \equiv |(ls)\,jm\rangle \equiv |\,jm\rangle$。注意，“角稱量子數” κ 實際上可以代表兩個量子數 $\{j, l\}$。

C. 角動符共徵態

為了便於參考，我們現在綜合各類型的角動符及其徵態如次。泡利空間裏的總角動符 $\boldsymbol{j}$，為軌角動符 $\boldsymbol{l}$ 與自旋符 $\boldsymbol{s}$ 之和，

$$\boldsymbol{j} \equiv \boldsymbol{l} + \boldsymbol{s}$$

$$\boldsymbol{l} \equiv \boldsymbol{X} \times \boldsymbol{P} \equiv \left(\boldsymbol{X} \times \boldsymbol{P}\right) \otimes \sigma_0$$

$$\boldsymbol{s} \equiv \frac{\hbar}{2}\boldsymbol{\sigma} \equiv 1 \otimes \frac{\hbar}{2}\boldsymbol{\sigma}$$

更明確地說，此處的“軌角動符” $\boldsymbol{l}$ 相當是“位空間”裏的算符 $\boldsymbol{X} \times \boldsymbol{P}$ 與“泡利自旋空間”裏 2×2 “恆等陣” σ_0 的直積；而“自旋符” $\boldsymbol{s}$ 相當是“位空間”裏的“恆等符” 1 與“泡利自旋空間”

裏 2×2 “泡利陣” σ 的直積，再乘上 $\hbar/2$。

以上這些算符的“徵程”依次為

$$l^2|lM\rangle = l(l+1)\hbar^2|lM\rangle$$

$$l_z|lM\rangle = M\hbar|lM\rangle, \qquad M = -l, -l+1, \cdots, l-1, l$$

$$\boldsymbol{s}^2\chi_\mu = s(s+1)\hbar^2\chi_\mu, \qquad s \equiv 1/2$$

$$s_z\chi_\mu = \mu\hbar\chi_\mu, \qquad \mu = \pm 1/2$$

$$\boldsymbol{j}^2\Omega_{\kappa m} = j(j+1)\hbar^2\Omega_{\kappa m}, \qquad \Omega_{\kappa m} \equiv |(ls)jm\rangle$$

$$j_z\Omega_{\kappa m} = m\hbar\Omega_{\kappa m}, \qquad m = -j, -j+1, \cdots, j-1, j$$

此處為了符合一般定則的習慣，我們以 $\chi_\mu \equiv |s\mu\rangle$ 代替 $|1/2, \mu\rangle$，以 $s(s+1)$ 代替其數值 $3/4$，而 $s \equiv 1/2$。特別注意，此處的徵態 $|lM\rangle$ 就是本章〈第五・五・C 小節 角動符(2)〉裏定義的 $|lM\rangle$。為了標記簡潔，在不致混淆情況下，以後我們會將徵態 $\Omega_{\kappa m} \equiv |(ls)jm\rangle$ 裏的“角動量子數（angular-momentum quantum number）” (ls) 省略，而且在 CG 係數 $\langle lMs\mu|jm\rangle \equiv \langle lMs\mu|(ls)jm\rangle$ 裏也省略 (ls)。

D. 球旋函的位表象

事實上，我們在本節一開始，就已經定義“泡利角稱符” $\hat{k}$ 為

$$\begin{aligned}\hat{k} &\equiv \frac{1}{\hbar}\boldsymbol{\sigma}\cdot\boldsymbol{l} + 1 \equiv \frac{1}{\hbar}\boldsymbol{\sigma}\cdot\boldsymbol{j} - \frac{1}{2} \\ &\equiv \frac{2}{\hbar^2}\boldsymbol{s}\cdot\boldsymbol{l} + 1 \equiv \frac{2}{\hbar^2}\boldsymbol{s}\cdot\boldsymbol{j} - \frac{1}{2}\end{aligned}$$

接着還定義了“泡利角稱符” $\hat{k}$ 的“徵態” $\Omega_{\kappa m}$，並且特稱其為“球旋函”，而泡利角稱符 $\hat{k}$ 的徵值 κ 就是“角稱量子數”。

在 $\boldsymbol{x}$ 表象或位表象裏，“球旋函”具有如下形式，

$$\begin{aligned}\Omega_{\kappa m}(\hat{\boldsymbol{x}}) &\equiv \langle \hat{\boldsymbol{x}}|\kappa m\rangle \equiv \Omega_{\kappa m}(\hat{\boldsymbol{r}}) \equiv \Omega_{\kappa m}(\theta,\varphi)\\ &= \sum_{M\mu}\langle \hat{\boldsymbol{r}}|lMs\mu\rangle\langle lMs\mu|jm\rangle\\ &= \sum_{M\mu}\langle \hat{\boldsymbol{r}}|lM\rangle\chi_\mu\langle lMs\mu|jm\rangle\\ &\equiv \sum_{M\mu}Y_{lM}(\hat{\boldsymbol{r}})\chi_\mu\langle lMs\mu|jm\rangle\end{aligned}$$

此處$\langle\hat{\boldsymbol{r}}|lM\rangle\equiv Y_{lM}(\hat{\boldsymbol{r}})\equiv Y_{lM}(\theta,\varphi)$為“球諧函”，$\chi_\mu\equiv|s\mu\rangle$為“泡利旋子（Pauli spinor）”，也就是一般教科書裏所稱的電子“泡利自旋函（Pauli-spin function）”，可寫成2×1矩陣〔豎陣〕式，

$$\boldsymbol{s}^2\chi_\mu = s(s+1)\hbar^2\chi_\mu$$

$$s_z\chi_\mu = \mu\hbar\chi_\mu, \qquad \mu=\pm 1/2$$

$$\chi_{1/2}\equiv\begin{pmatrix}1\\0\end{pmatrix}, \qquad \chi_{-1/2}\equiv\begin{pmatrix}0\\1\end{pmatrix}$$

球旋函$\Omega_{\kappa m}$的徵程為

$$\hat{k}\Omega_{\kappa m} = \kappa\Omega_{\kappa m}$$

$$\boldsymbol{j}^2\Omega_{\kappa m} = j(j+1)\hbar^2\Omega_{\kappa m}$$

$$j_z\Omega_{\kappa m} = m\hbar\Omega_{\kappa m}$$

$$\boldsymbol{s}^2\Omega_{\kappa m} = s(s+1)\hbar^2\Omega_{\kappa m}$$

$$\begin{aligned}\boldsymbol{l}^2\Omega_{\kappa m} &= l(l+1)\hbar^2\Omega_{\kappa m}, \qquad \kappa\equiv\{j,l\}\\ &= \kappa(\kappa-1)\hbar^2\Omega_{\kappa m}\end{aligned}$$

此處κ為“非零整數”，而$s\equiv 1/2$。

如此，在泡利空間裏，我們以球旋函$\Omega_{\kappa m}$為“基態（basis state）”，將“泡利角稱符”$\hat{k}$的任一徵態$\psi_\kappa(\boldsymbol{r})$展開為

$$\psi_\kappa(\boldsymbol{r}) = \sum_m\phi_{\kappa m}(r)\,\Omega_{\kappa m}(\hat{\boldsymbol{r}})$$

此處的展開係數$\phi_{\kappa m}(r)$代表，徵態$\psi_{\kappa}(\boldsymbol{r})$在$\boldsymbol{x}$表象裏的“單分量徑函（one-component radial functions）”。

E. 狄拉克角稱符

狄拉克空間裏的“角稱符”K，我們稱為“狄拉克角稱符（Dirac angular-symmetry operator）”。在不致混淆的情況下，一般逕簡稱K為“角稱符”，其定義為

$$K \equiv \begin{pmatrix} \hat{k} & 0 \\ 0 & -\hat{k} \end{pmatrix} \equiv \beta \hat{k} \equiv \beta \left(\frac{1}{\hbar} \boldsymbol{\Sigma} \cdot \boldsymbol{L} + 1 \right) \equiv \beta \left(\frac{1}{\hbar} \boldsymbol{\Sigma} \cdot \boldsymbol{J} - \frac{1}{2} \right)$$

此處$\hat{k}$為本節一開始定義的“泡利角稱符”。“狄拉克角稱符”K的徵程為

$$K|\kappa\rangle = \kappa|\kappa\rangle$$

在本書裏，“狄拉克角稱符”K的徵態寫為$|\kappa\rangle$；
而“泡利角稱符”$\hat{k}$的徵態寫為ψ_{κ}，以示區別。

角稱符K的徵態$|\kappa\rangle$，也可以利用“泡利角稱符”$\hat{k}$的徵態ψ_{κ}，表達為

$$|\kappa\rangle = \begin{pmatrix} C_1 \psi_{\kappa} \\ C_2 \psi_{-\kappa} \end{pmatrix}$$

此處C_1與C_2為任意複數。$|\kappa\rangle$的正交規化條件為

$$\langle \kappa' | \kappa \rangle = \delta_{\kappa' \kappa}$$

$$|C_1|^2 + |C_2|^2 = 1$$

而角稱符K的徵程，可明確證明如次，

$$K \begin{pmatrix} C_1 \psi_{\kappa} \\ C_2 \psi_{-\kappa} \end{pmatrix} = \beta \hat{k} \begin{pmatrix} C_1 \psi_{\kappa} \\ C_2 \psi_{-\kappa} \end{pmatrix} = \beta \begin{pmatrix} \kappa C_1 \psi_{\kappa} \\ -\kappa C_2 \psi_{-\kappa} \end{pmatrix} = \kappa \begin{pmatrix} C_1 \psi_{\kappa} \\ C_2 \psi_{-\kappa} \end{pmatrix}$$

此式左邊可變為

$$LHS = \beta\kappa\begin{pmatrix} C_1\,\psi_\kappa \\ -C_2\,\psi_{-\kappa} \end{pmatrix} = \Pi P_s\,\kappa\begin{pmatrix} C_1\,\psi_\kappa \\ -C_2\,\psi_{-\kappa} \end{pmatrix} = \Pi\,(-)^l\,\kappa\begin{pmatrix} C_1\,\psi_\kappa \\ C_2\,\psi_{-\kappa} \end{pmatrix}$$

因此，狄拉克空間裏宇稱符 $\Pi \equiv \beta P_s$ 的“徵程”為

$$\Pi|\kappa\rangle = (-)^l|\kappa\rangle$$

此處宇稱符 Π 的徵值 $(-)^l$，代表“宇稱”可為±1，而 l 為“狄拉克角稱符” K 的徵態 $|\kappa\rangle$ 中“大量” ψ_κ 的“軌角動量子數（orbital angular-momentum quantum number）”。

與泡利空間裏的情況類似，我們可以證明：狄拉克角稱符 K 的徵態 $|\kappa\rangle$ 必為總角動符 $\boldsymbol{J}^2$ 的徵態，

$$\boldsymbol{J}^2|\kappa\rangle = \left(\kappa-\frac{1}{2}\right)\left(\kappa+\frac{1}{2}\right)\hbar^2|\kappa\rangle \equiv j(j+1)\hbar^2|\kappa\rangle$$

此處量子數 j 與 κ 的關係為 $j = |\kappa| - 1/2$，這也與泡利空間裏的情況相同。

F. $\{K, J_z\}$的共徵態

由〈附錄十五・二・G 小節　狄拉克空間的對易子〉可知 $[K, J_z] = 0$；因此，我們可將 $\{K, J_z\}$ 的“共徵程（co-eigen equations）”寫為

$$K|\kappa m\rangle = \kappa|\kappa m\rangle$$

$$J_z|\kappa m\rangle = m\hbar|\kappa m\rangle$$

利用泡利空間裏的“球旋函” $\Omega_{\kappa m}$，我們得到“徵態” $|\kappa m\rangle$ 為

$$|\kappa m\rangle = \begin{pmatrix} G\Omega_{\kappa m} \\ iF\Omega_{-\kappa m} \end{pmatrix}$$

此處展開係數 G 與 F 皆為“單分量”；而相因子 i 與“時逆對稱（time-reversal symmetry）”有關，其選擇是為了以後的方便。我們可以證明，角稱符 K 徵態 $|\kappa m\rangle$ 的上述形式，實際上滿足 $\{K, J_z\}$ 的共徵程。在 $\boldsymbol{x}$ 表象裏，$|\kappa m\rangle$ 具有如下明確形式，

$$\langle \boldsymbol{x}|\kappa m\rangle \equiv \langle \boldsymbol{r}|\kappa m\rangle = \begin{pmatrix} G(r)\Omega_{\kappa m}(\hat{\boldsymbol{r}}) \\ iF(r)\Omega_{-\kappa m}(\hat{\boldsymbol{r}}) \end{pmatrix}$$

此處$\hat{\boldsymbol{r}} \equiv (\theta, \varphi) \equiv$(極角, 輻角)。我們可以證明，通過選定相位因子，可以使$G(r)$與$F(r)$為“徑變數（radial variable）”r的“實函”。

五・七 狄拉克方程的解

A. 外加場的狄拉克方程

在量子力學框架裏，因為“粒子數守恆（conservation of particle number）”，所以我們無法對狄拉克方程的“負能解（negative-energy solution）”，作出合理的解釋，因而必須借助量子場論。然而，在“量子場論”裏，我們必須將“量子力學”裏的“狄拉克方程”看作是“場方程（field equation）”，猶如“麥克斯韋方程”般，將其當作是構築“基態”的方程。

若質量m電量e自旋1/2粒子，處於“外加（external）”的“光子場（photon field）”$A_\mu^{ext} \equiv (\phi^{ext}, \boldsymbol{A}^{ext})$中，則其所滿足的狄拉克方程及其哈密頓$H$為

$$i\hbar\frac{\partial}{\partial t}\psi(x,t) = H\,\psi(x,t)$$

$$H = c\boldsymbol{\alpha}\cdot\left(\boldsymbol{P} - \frac{e}{c}\boldsymbol{A}^{ext}\right) + e\phi^{ext} + mc^2\beta$$

$$\boldsymbol{P} = -i\hbar\nabla$$

此處“狄拉克$\boldsymbol{\alpha}$陣”與“狄拉克β陣”分別為

$$\boldsymbol{\alpha} = \gamma^0\boldsymbol{\gamma} = \begin{pmatrix} 0 & \boldsymbol{\sigma} \\ \boldsymbol{\sigma} & 0 \end{pmatrix}, \qquad \beta = \gamma^0$$

請特別注意，在一般情況下，當構築“基態”時，由於“光電系統（photon-electron system）”自身所造成的“光子場”A_μ，與A_μ^{ext}相比，通常可近似為零，即$A_\mu + A_\mu^{ext} \approx A_\mu^{ext}$；因此，在上述狄拉克方程裏，僅剩下外加場$A_\mu^{ext}$。然而，雖然$A_\mu$的效應對“基態”

構築的影響很小，但可將其當作“微擾”來處理，如此才可導致“自發輻射（spontaneous emission）”等現象。

B. 狄拉克測符

針對自旋1/2粒子，若再加上考慮其“稟賦結構”，則總共有“六維自由度”：物理幾何“位空間”三維、“自旋”引進二維，而“粒反粒軛”再引進一維，共六維。因此，我們需要選擇六個彼此對易的“獨立測符”來構成一組“簡要完備相容測符集”，並將其共徵態作為無“簡併”的“基態”，來描述此粒子。像這樣的“測符集”有多種選項，這裏我們先列出一些常用的測符如次。

(i) 位符：$\boldsymbol{X}$

(ii) 哈密頓：H

(iii) 動符：$\boldsymbol{P}$

(iv) 軌角動符：$\boldsymbol{L} \equiv \boldsymbol{l} \equiv \boldsymbol{X} \times \boldsymbol{P},\ \boldsymbol{L}^2,\ L_z$

(v) 狄拉克自旋符：$\boldsymbol{S} \equiv \hbar\boldsymbol{\Sigma}/2,\ \boldsymbol{S}^2,\ S_z$

此處$\boldsymbol{\Sigma}$為“狄拉克$\boldsymbol{\Sigma}$陣”。

(vi) 總角動符：$\boldsymbol{J} \equiv \boldsymbol{L}+\boldsymbol{S},\ \boldsymbol{J}^2,\ J_z$

(vii) 角稱符：

$$K \equiv \beta\boldsymbol{\Sigma}\cdot\boldsymbol{L}/\hbar+\beta$$
$$\equiv \beta\boldsymbol{\Sigma}\cdot\boldsymbol{J}/\hbar-\frac{1}{2}\beta$$

(viii) 宇稱符：$\Pi \equiv \beta P_s$

此處P_s為“宇反符”。

(ix) 模符：$|\Omega| \equiv \sqrt{\Omega^2}$

此處Ω為任意測符；若$\boldsymbol{\Omega}$為“矢符”，則$\boldsymbol{\Omega}^2 \equiv \boldsymbol{\Omega}\cdot\boldsymbol{\Omega}$。

(x) 號符：$\Lambda_\varepsilon \equiv \Lambda/|\Lambda|$

此處Λ為任意測符。

(xi) 方位符： $\hat{\boldsymbol{D}} \equiv \boldsymbol{D}/|\boldsymbol{D}|$

此處 $\boldsymbol{D}$ 為任意“矢符”。

(xii) E 號符： $H_{\varepsilon} \equiv H/|H| \equiv H/\sqrt{H^2}$

(xiii) 旋符： $J_{\hat{P}} \equiv \boldsymbol{J}\cdot\hat{\boldsymbol{P}} \equiv \boldsymbol{J}\cdot\boldsymbol{P}/|\boldsymbol{P}|$

此即為“旋動符（helicity operator）”，簡稱“旋符”，其物理意義為“總角動符” $\boldsymbol{J}$ 在“動符” $\boldsymbol{P}$ 上的投影，隱含總角動符 $\boldsymbol{J}$ 與動符 $\boldsymbol{P}$ 的相對方向；對於“有靜質（massive）”與“零靜質（massless）”的粒子皆適用。然而，對於“有靜質粒子”，因為

$$\boldsymbol{J}\cdot\boldsymbol{P} = (\boldsymbol{L}+\boldsymbol{S})\cdot\boldsymbol{P} = (\boldsymbol{X}\times\boldsymbol{P}+\boldsymbol{S})\cdot\boldsymbol{P} = \boldsymbol{S}\cdot\boldsymbol{P}$$

且 $\boldsymbol{S} = \hbar\boldsymbol{\Sigma}/2$，所以“旋符” $J_{\hat{P}}$ 可簡化為

$$J_{\hat{P}} = \boldsymbol{S}\cdot\hat{\boldsymbol{P}} = S_{\hat{P}} = \hbar\left(\boldsymbol{\Sigma}\cdot\hat{\boldsymbol{P}}\right)/2$$

C. 自由空間的基態

在“自由空間（free space）”裏，單電子的哈密頓為

$$H = c\boldsymbol{\alpha}\cdot\boldsymbol{P} + mc^2\beta$$

我們可選擇一組“簡要完備相容測符集” $\{H, \boldsymbol{P}, S_{\hat{P}}, \boldsymbol{S}^2\}$ 的共徵態 $|E\boldsymbol{p}\lambda\rangle \equiv |E\boldsymbol{p}\lambda s\rangle$ 作為“基態”，此處標記省略自旋 $s \equiv 1/2$。注意，由於電子為“有靜質”粒子，故其旋符為 $J_{\hat{P}} = S_{\hat{P}}$。因此，我們有如下“共徵程”，

$$H|E\boldsymbol{p}\lambda\rangle = E|E\boldsymbol{p}\lambda\rangle$$

$$\boldsymbol{P}|E\boldsymbol{p}\lambda\rangle = \boldsymbol{p}|E\boldsymbol{p}\lambda\rangle$$

$$S_{\hat{P}}|E\boldsymbol{p}\lambda\rangle = \lambda|E\boldsymbol{p}\lambda\rangle, \qquad \lambda = \pm 1$$

$$\boldsymbol{S}^2|E\boldsymbol{p}\lambda\rangle = s(s+1)\hbar^2|E\boldsymbol{p}\lambda\rangle, \qquad s \equiv 1/2$$

此處 λ 代表此粒子的“旋性（helicity）”。

解以上聯立方程，我們可求得基態 $|E\boldsymbol{p}\lambda\rangle$ 的“ $\boldsymbol{x}$ 表象”為

$$\langle \boldsymbol{x} | E\boldsymbol{p}\lambda \rangle = \frac{1}{\sqrt{(2\pi\hbar)^3}} e^{i\,\boldsymbol{p}\cdot\boldsymbol{x}/\hbar}\, u_{E\,\boldsymbol{p}\lambda}$$

此處$(2\pi\hbar)^{-3/2}$為三維“狄拉克δ函”的“規化因子（normalization factor）”，我們將會在〈第七・二・B 小節　基態〉裏再次談及。上式裏的$u_{E\,\boldsymbol{p}\lambda}$為電子波函的“稟賦部（intrinsic part）”，我們稱之為“狄拉克稟賦函（Dirac-intrinsic function）”，簡稱“狄拉克旋子（Dirac spinor）”，其形式為

$$u_{E\,\boldsymbol{p}\lambda} = \begin{pmatrix} \sqrt{\dfrac{M+\varepsilon\, m}{2M}} \\ \varepsilon\,\lambda\sqrt{\dfrac{M-\varepsilon\, m}{2M}} \end{pmatrix} \chi_{\lambda/2}$$

這也就是本章〈第五・三・C 小節　狄拉克空間〉裏$|\boldsymbol{x}\mu\rangle$的四個分量。此處$M$為“動質”、$\lambda$為“旋性”；$\chi_{\lambda/2} \equiv \chi_{\pm 1/2}$為電子的“泡利旋子”；$\varepsilon \equiv E/|E|$代表能量$E$的“正負號”，而

$$\begin{aligned} |E| &= \sqrt{\boldsymbol{p}^2 c^2 + m^2 c^4} \\ &= M c^2 = m c^2 \Big/ \sqrt{1-\boldsymbol{\upsilon}^2/c^2} \end{aligned}$$

我們也可定義“E號符”為（E-sign operator）$H_\varepsilon \equiv H/|H| \equiv H\big/\sqrt{H^2}$，而$\varepsilon = \pm 1$恰好為$H_\varepsilon$的兩個“徵值”，且對應有兩個“徵態”，

$$H_\varepsilon |E\boldsymbol{p}\lambda\rangle = \varepsilon |E\boldsymbol{p}\lambda\rangle$$

然而，在此情況下，六個獨立測符為$\{H, P_x, P_y, P_z, S_{\hat{\boldsymbol{p}}}, \boldsymbol{S}^2\}$；因為$H_\varepsilon$的訊息已隱含在$H$內，所以無需再加$H_\varepsilon$。徵態$|E\boldsymbol{p}\lambda\rangle$的“正規條件（orthonormality condition）”為

$$\begin{aligned} \langle E'\boldsymbol{p}'\lambda' | E\boldsymbol{p}\lambda \rangle &= \delta_{E'E}\, \delta^3(\boldsymbol{p}'-\boldsymbol{p})\, \delta_{\lambda'\lambda} \\ u^\dagger_{E'\boldsymbol{p}\lambda'}\, u_{E\,\boldsymbol{p}\lambda} &= \delta_{E'E}\, \delta_{\lambda'\lambda} \end{aligned}$$

D. 中心場基態

在“四勢（four-potential）”$A^\mu = \{\phi = \phi(r),\ \boldsymbol{A} = 0\}$的“外加中

心場”裏，我們可以定義“勢能”為$V \equiv V(r) \equiv e\phi(r)$，則單電子的哈密頓$H$為

$$H = c\boldsymbol{\alpha}\cdot\boldsymbol{P} + V + mc^2\beta$$

若選擇一組“完備相容測符集”$\{H, K, J_z, \boldsymbol{S}^2\}$的共徵態$|E\kappa m\rangle \equiv |E\kappa ms\rangle$作為基態，則可得如下共徵程，

$$H|E\kappa m\rangle = E|E\kappa m\rangle$$

$$K|E\kappa m\rangle = \kappa|E\kappa m\rangle$$

$$J_z|E\kappa m\rangle = m\hbar|E\kappa m\rangle$$

$$\boldsymbol{S}^2|E\kappa m\rangle = s(s+1)\hbar^2|E\kappa m\rangle\,, \qquad s \equiv 1/2$$

此處$\kappa \equiv (j, l)$代表“兩個”自由度，隨後將會再次談及。請特別注意，此處哈密頓H相當於其“模符（magnitude operator）”$|H|$與“E號符（E-sign operator）”H_ε這“兩個”測符，而角稱符K也相當於“總角動符”$\boldsymbol{J}^2$與“宇稱符”Π這“兩個”測符。因此，此測符集$\{H, K, J_z, \boldsymbol{S}^2\}$總共恰好相當是“六個”測符。

解以上聯立方程，我們可求得“基態”$|E\kappa m\rangle$的“$\boldsymbol{x}$表象”為

$$\psi_{E\kappa m}(\boldsymbol{r}) \equiv \psi_{E\kappa m}(\boldsymbol{x}) \equiv \langle \boldsymbol{x}|E\kappa m\rangle = \frac{1}{r}\begin{pmatrix} G_{E\kappa}\,\Omega_{\kappa m} \\ i\,F_{E\kappa}\,\Omega_{-\kappa m} \end{pmatrix}$$

此即為〈第五・六・F 小節 $\{K, J_z\}$的共徵態〉裏談及的$\langle \boldsymbol{x}|\kappa m\rangle$的一個特例。這裏我們作幾點說明：

(i) $\Omega_{\kappa m}$為泡利空間裏的“球旋函”。

(ii) $G_{E\kappa} \equiv G_{E\kappa}(r)$與$F_{E\kappa} \equiv F_{E\kappa}(r)$皆為徑變數$r$的“實函”，可以通過求解“中心場狄拉克方程”得到。

(iii) 通常$G_{E\kappa}$與$F_{E\kappa}$分別稱為“大量” 與“小量”；針對具有一般常見動量的電子，大小量之比的數量級約為$F/G \sim \alpha = 1/137$，而對於“正子（positron）”則恰好相反，即$G/F \sim 1/137$，其中$\alpha \equiv e^2/\hbar c$為“細構常數

（fine-structure constant）”。

(iv) 為標記簡潔清晰，我們從上式中分離出因子$1/r$與i。

在$\boldsymbol{x}$表象裏的“球旋函”$\Omega_{\kappa m} \equiv \Omega_{\kappa m}(\hat{\boldsymbol{r}}) \equiv \Omega_{\kappa m}(\theta, \varphi)$，可與“非相對論量子力學（non-relativistic quantum mechanics）”裏的“球諧函（spherical harmonic）”$\langle \hat{\boldsymbol{r}}|lm\rangle \equiv Y_{lm}(\hat{\boldsymbol{r}}) \equiv Y_{lm}(\theta, \varphi)$作對應：由本章〈第五・六・D 小節 球旋函的位表象〉可知，

$$
\begin{aligned}
\Omega_{\kappa m} &\equiv \langle \hat{\boldsymbol{r}}|\kappa m\rangle \equiv \langle \hat{\boldsymbol{r}}|(ls)\,jm\rangle \\
&= \sum_{M\mu} \langle \hat{\boldsymbol{r}}|lMs\mu\rangle \langle lMs\mu|(ls)\,jm\rangle \\
&\equiv \sum_{M\mu} Y_{lM}(\hat{\boldsymbol{r}})\,\chi_\mu \langle lMs\mu|\,jm\rangle
\end{aligned}
$$

此處$\langle lMs\mu|\,jm\rangle \equiv \langle lMs\mu|(ls)\,jm\rangle$為“CG 係數”，$\chi_\mu$為“泡利旋子”，也就是一般量子力學書裏的電子“泡利自旋函”。

以下將展示通過求解“中心場狄拉克方程”，來得到“徑函（radial function）”$G_{E\kappa} \equiv G_{E\kappa}(r)$與$F_{E\kappa} \equiv F_{E\kappa}(r)$。由〈第五・六節 角稱符〉可知，球旋函$\Omega_{\kappa m}$具有如下性質，

$$
\begin{aligned}
\hat{k}\Omega_{\kappa m} &= \kappa \Omega_{\kappa m} \\
\boldsymbol{j}^2 \Omega_{\kappa m} &= j(j+1)\hbar^2 \Omega_{\kappa m} \\
j_z \Omega_{\kappa m} &= m\hbar \Omega_{\kappa m} \\
\boldsymbol{l}^2 \Omega_{\kappa m} &= l(l+1)\hbar^2 \Omega_{\kappa m} \\
\boldsymbol{s}^2 \Omega_{\kappa m} &= s(s+1)\hbar^2 \Omega_{\kappa m}, \qquad s \equiv 1/2
\end{aligned}
$$

$$
\begin{aligned}
\int d\hat{\boldsymbol{r}}\; \Omega^\dagger_{\kappa' m'} \Omega_{\kappa m} &\equiv \int_{-1}^{1} d(\cos\theta) \int_0^{2\pi} d\varphi\; \Omega^\dagger_{\kappa' m'} \Omega_{\kappa m} \\
&= \delta_{\kappa' \kappa}\, \delta_{m' m}
\end{aligned}
$$

此處測符$\{\hat{k}, \boldsymbol{j}, \boldsymbol{l}, \boldsymbol{s}\}$皆定義於“泡利空間”，

$$
\hat{k} \equiv \frac{1}{\hbar}\boldsymbol{\sigma}\cdot\boldsymbol{l} + 1 \equiv \frac{1}{\hbar}\boldsymbol{\sigma}\cdot\boldsymbol{j} - \frac{1}{2}
$$

$$\boldsymbol{j} \equiv \boldsymbol{l} + \boldsymbol{s}$$

$$\boldsymbol{l} \equiv \boldsymbol{X} \times \boldsymbol{P}$$

$$\boldsymbol{s} \equiv \frac{1}{2}\hbar\boldsymbol{\sigma}$$

通過將“中心場狄拉克方程”分解為“角部（angular part）”與“徑部（radial part）”，我們就可以得到徑函$G_{E\kappa}$與$F_{E\kappa}$所滿足的“耦合徑方程（coupled radial equations）”為

$$\hbar c\left(-\frac{d}{dr} - \frac{\kappa}{r}\right)F_{E\kappa} + \left(V + mc^2\right)G_{E\kappa} = EG_{E\kappa}$$

$$\hbar c\left(\frac{d}{dr} - \frac{\kappa}{r}\right)G_{E\kappa} + \left(V - mc^2\right)F_{E\kappa} = EF_{E\kappa}$$

若先定義如下矩陣，

$$u_{E\kappa} \equiv u_{E\kappa}(r) \equiv \begin{pmatrix} G_{E\kappa} \\ F_{E\kappa} \end{pmatrix}$$

$$h_\kappa \equiv \begin{pmatrix} V + mc^2 & \hbar c\left(-\dfrac{d}{dr} - \dfrac{\kappa}{r}\right) \\ \hbar c\left(\dfrac{d}{dr} - \dfrac{\kappa}{r}\right) & V - mc^2 \end{pmatrix}$$

我們可將上述“耦合徑方程”簡化為“矩陣符”h_κ的徵程，

$$h_\kappa u_{E\kappa} = Eu_{E\kappa}$$

在中心場裏，我們稱電子的基態$\psi_{E\kappa m}(\boldsymbol{r})$為“狄拉克軌（Dirac orbital）”，它可由一組量子數$\{E, \kappa, m\}$來完全描述，其中“角稱量子數”κ代表一對量子數，

$$\kappa \equiv (j, l)$$

此處j為“狄拉克軌”的“總角動量子數（total angular-momentum quantum number）”；l為大量$G_{E\kappa}\Omega_{\kappa m}/r$的“軌角動量子數”，而$(-)^l$代表“狄拉克軌”的“宇稱”，

$$\Pi\,\psi_{E\kappa m} = (-)^l\,\psi_{E\kappa m}\ ,\qquad \Pi \equiv \beta P_s$$

請參閱〈第五‧六‧E 小節 狄拉克角稱符〉。由〈第五‧六‧A 小節 泡利角稱符〉可知，“角稱量子數”κ所蘊含的訊息為

$$j = |\kappa| - \frac{1}{2}$$

$$l = \begin{cases} \kappa - 1, & \kappa > 0 \\ -\kappa, & \kappa < 0 \end{cases}$$

此處$\kappa > 0$表示“自旋角動量”s與“軌角動量”l“平行”，而$\kappa < 0$表示“自旋角動量”s與“軌角動量”l“反行”。再次提醒，

> 本書定義$\kappa > 0$代表“平行自旋”，而$\kappa < 0$代表“反行自旋”，這與某些量子力學書上的定義相反。

任意“狄拉克軌”的“宇稱”與“轉向對稱”，皆可以利用如下標記來表示：

$$l = \begin{pmatrix} 0 & 1 & 2 & 3 & 4 & \cdots \\ s & p & d & f & g & \cdots \end{pmatrix}$$

此處l可以表示“狄拉克軌”的“宇稱”，以及其“大量”的“軌角動量”，而j代表“狄拉克軌”的“總角動量”。我們明確列出首先幾個“狄拉克軌”的標記如下：

κ	1	−1	2	−2	3	−3	4
j	1/2	1/2	3/2	3/2	5/2	5/2	7/2
l	0	1	1	2	2	3	3
宇稱	偶	奇	奇	偶	偶	奇	奇
標記	$s_{1/2}$	$p_{1/2}$	$p_{3/2}$	$d_{3/2}$	$d_{5/2}$	$f_{5/2}$	$f_{7/2}$
	s	p^*	p	d^*	d	f^*	f

五・八 狄拉克態的洛倫茲轉換

A. 慣性座的狄拉克方程

根據量子力學基本假設，不同慣性座裏的觀察者所觀測到的“物理律”必須相同，也就是說，物理律不隨慣性座的不同而改變。假設某慣性座裏的觀察者O，以波函$\psi(x)$來描述靜質m自旋1/2的某粒子，則由〈第五・三・B 小節 狄拉克方程的協變形式〉可知，其所滿足的狄拉克方程為

$$\left(ic\hbar\gamma^{\mu}\partial_{\mu}-mc^{2}\right)\psi(x)=0$$

此處$x\equiv(ct,\boldsymbol{x})$，而“狄拉克$\gamma$陣”$\{\gamma^{\mu}\}$滿足如下等式，

$$\gamma^{\mu}\gamma^{\nu}+\gamma^{\nu}\gamma^{\mu}=2g^{\mu\nu}I$$

此處I為4×4恆等陣。在“標準表象”下的狄拉克γ陣為

$$\left(\gamma^{\mu}\right)\equiv\left(\gamma^{0},\boldsymbol{\gamma}\right)$$

$$\gamma^{0}=\begin{pmatrix}\sigma_{0} & 0\\ 0 & -\sigma_{0}\end{pmatrix},\quad \boldsymbol{\gamma}=\begin{pmatrix}0 & \boldsymbol{\sigma}\\ -\boldsymbol{\sigma} & 0\end{pmatrix}$$

針對上述粒子的同一個狀態，另一個不同慣性座裏的觀察者O'，以波函$\psi'(x')$來描述，則波函$\psi'(x')$也必須滿足相同形式的狄拉克方程，

$$\left(ic\hbar\gamma'^{\mu}\partial'_{\mu}-mc^{2}\right)\psi'(x')=0$$

與$\{\gamma^{\mu}\}$類似，此處的狄拉克γ陣$\{\gamma'^{\mu}\}$也滿足如下關係，

$$\gamma'^{\mu}\gamma'^{\nu}+\gamma'^{\nu}\gamma'^{\mu}=2g^{\mu\nu}I$$

我們可以證明，$\{\gamma^{\mu}\}$與$\{\gamma'^{\mu}\}$之間必然為“幺正轉換”關係。

因此，就狄拉克方程而言，我們可以選用相同的狄拉克γ陣$\{\gamma^{\mu}\}$來表達，

$$\left(i c \hbar \gamma^{\mu} \partial'_{\mu} - m c^{2}\right) \psi'(x') = 0$$

此處∂'_{μ}為“四微分”，其定義請參閱本書〈附錄二・六・D 小節　四動符〉。

B. 座標轉換

假設我們分別以“四座標”$x \equiv (x^{\mu}) \equiv (ct, \boldsymbol{x})$與$x' \equiv (x'^{\mu}) \equiv (ct', \boldsymbol{x}')$，來描述同一個粒子在兩個不同慣性座裏，呈現的狀態$\psi(x)$與$\psi'(x')$，而四座標$x$與$x'$之間滿足洛倫茲轉換，即

$$x' = \tau x$$

或以“協變標記（covariant notations）”表達為

$$x'^{\nu} = a^{\nu}{}_{\mu} x^{\mu} + d^{\nu}$$

此處$a^{\nu}{}_{\mu} a^{\mu}{}_{\sigma} = \delta^{\nu}{}_{\sigma}$。在“矩陣表象”裏，我們可得

$$x' = A x + d$$

$$x' \equiv (x'^{\nu}) \equiv (ct', \boldsymbol{x}') \equiv \begin{pmatrix} x'^{0} \\ x'^{1} \\ x'^{2} \\ x'^{3} \end{pmatrix}, \qquad x \equiv (x^{\nu}) \equiv (ct, \boldsymbol{x}) \equiv \begin{pmatrix} x^{0} \\ x^{1} \\ x^{2} \\ x^{3} \end{pmatrix}$$

$$A \equiv \left(a^{\nu}{}_{\mu}\right) \equiv \begin{pmatrix} a^{0}{}_{0} & a^{0}{}_{1} & a^{0}{}_{2} & a^{0}{}_{3} \\ a^{1}{}_{0} & a^{1}{}_{1} & a^{1}{}_{2} & a^{1}{}_{3} \\ a^{2}{}_{0} & a^{2}{}_{1} & a^{2}{}_{2} & a^{2}{}_{3} \\ a^{3}{}_{0} & a^{3}{}_{1} & a^{3}{}_{2} & a^{3}{}_{3} \end{pmatrix}, \qquad d \equiv (d^{\nu}) \equiv (cs, \boldsymbol{d}) \equiv \begin{pmatrix} d^{0} \\ d^{1} \\ d^{2} \\ d^{3} \end{pmatrix}$$

此處我們仍稱矩陣A為“轉向陣（rotation matrix）”，不過這裏A代表的是“時空轉向（spacetime rotation）”，而$(s, \boldsymbol{d})$代表“時移”與“位移”。利用本書〈附錄二・六・D 小節　四動符〉裏對“四微分”的定義，我們可得四座標x與x'各自對應四微分∂_{μ}與∂'_{ν}間的關係為

$$\partial_{\mu} \equiv \frac{\partial}{\partial x^{\mu}} = \frac{\partial x'^{\nu}}{\partial x^{\mu}} \frac{\partial}{\partial x'^{\nu}} = a^{\nu}{}_{\mu} \partial'_{\nu}$$

C. 狄拉克旋子轉換

對於同一個粒子，不同慣性座裏的觀察者O與O'分別以波函$\psi(x)$與$\psi'(x')$來描述。一般來說，這兩個函的形式當然不同，$\psi(x)\neq\psi'(x)$，但其滿足如下關係，

$$\psi'(x') = \Gamma\,\psi(x)$$

此處“狄拉克旋子轉換符（Dirac-spinor transformation operator）”Γ，僅運作於波函$\psi(x)$的四維“狄拉克稟賦空間”。注意，如此定義的波函$\psi'(x')$，描述該粒子在位空間裏的“概佈（probability distribution）”不能變，但允許波函$\psi(x)$的四個分量，可以重新“線疊加”為$\psi'(x')$的四個新分量。

如上所述，在不同慣性座裏的觀察者O與O'，所得到的狄拉克方程分別為本章〈第五‧八‧A 小節 慣性座的狄拉克方程〉裏的第一式與最後一式。利用上小節裏四微分∂_μ與∂'_ν間的關係以及$x'=\tau x$，可將第一式轉換為

$$\left(ic\hbar\gamma^\mu a^\nu{}_\mu \partial'_\nu - mc^2\right)\psi\left(\tau^{-1}x'\right) = 0$$

再利用$\psi'(x')=\Gamma\,\psi(x)$與$\Gamma^{-1}\Gamma=\Gamma\,\Gamma^{-1}=I$，可將最後一式轉換為

$$\left(ic\hbar\Gamma^{-1}\gamma^\nu\,\Gamma\partial'_\nu - mc^2\right)\psi\left(\tau^{-1}x'\right) = 0$$

此處還利用了$\partial'_\nu\Gamma=\Gamma\partial'_\nu$。通過對比這兩個方程，我們發現“狄拉克旋子轉換符”Γ必須滿足下式，

$$\Gamma^{-1}\gamma^\nu\,\Gamma = \gamma^\mu a^\nu{}_\mu$$

若“狄拉克方程”滿足“洛倫茲協變性”，則對於任何洛倫茲轉換，我們必定可以找到某個“狄拉克旋子轉換符”Γ，以保證不同慣性座裏的觀察者得到相同形式的狄拉克方程。反之，也就保證了“狄拉克方程”的“洛倫茲協變性”。以下就來確認，我們確實可以找到對應的“狄拉克旋子轉換符”Γ。

D. 時逆與宇反

對於"時逆轉換（time-reversal transformation）"，$A=-(g^{\mu\nu})$ 且 $d\equiv(cs,\boldsymbol{d})=0$，因此可得

$$\Gamma=\pm\gamma^1\gamma^2\gamma^3 \quad 或 \quad \Gamma=\pm i\gamma^1\gamma^2\gamma^3$$

對於"宇反轉換（space-inversion transformation）"，$A=(g^{\mu\nu})$ 且 $d\equiv(cs,\boldsymbol{d})=0$，因此可得

$$\Gamma=\pm\gamma^0 \quad 或 \quad \Gamma=\pm i\gamma^0$$

E. 時移與位移

對於"時移轉換（time-displacement transformation）"或"位移轉換（position-displacement transformation）"，$A=(\delta_{\mu\nu})$ 且 $d\equiv(cs,\boldsymbol{d})\neq0$，因此我們可以選擇 $\Gamma=I$。

F. 轉向

對於"齊次常洛倫茲轉換（homogeneous proper Lorentz transformation）"，即 $\det(A)=1$ 且 $d\equiv(cs,\boldsymbol{d})=0$，我們可以證明，其"微轉換（infinitesimal transformation）"為

$$a^{\nu}{}_{\mu}=g^{\nu}{}_{\mu}+\delta\lambda^{\nu}{}_{\mu}$$

而其對應的"狄拉克旋子轉換符"Γ 為

$$\Gamma=1-\frac{i}{4}\sigma_{\mu\nu}\,\delta\lambda^{\mu\nu}$$

此處 $\delta\lambda^{\mu\nu}=-\delta\lambda^{\nu\mu}$ 為"微變（infinitesimal variation）"，而 $\sigma_{\mu\nu}$ 定義為

$$\begin{aligned}\sigma_{\mu\nu}&\equiv\frac{i}{2}[\gamma_\mu,\gamma_\nu]\\&=i\gamma_\mu\gamma_\nu,\quad \mu\neq\nu\end{aligned}$$

對於“有限轉向（finite rotation）”，我們可以通過一系列連續的“微轉向”，來架構其“轉向陣（rotation matrices）”A_ω，

$$
\begin{aligned}
A_\omega &= e^{\omega \cdot \boldsymbol{I}} \\
&= 1 + (\hat{\boldsymbol{\omega}} \cdot \boldsymbol{I}) \sin\omega + (\hat{\boldsymbol{\omega}} \cdot \boldsymbol{I})^2 (1 - \cos\omega)
\end{aligned}
$$

此處$\boldsymbol{\omega}$為位空間裏的“轉向矢（rotation vector）”，代表以矢$\boldsymbol{\omega}$為軸，沿順時方向轉$\omega = |\boldsymbol{\omega}|$角度的轉換，而$\hat{\boldsymbol{\omega}} \equiv \boldsymbol{\omega}/\omega$。

在位空間裏，慣性座“轉向”的“矩陣矢（matrices vector）”$\boldsymbol{I} \equiv (I_x, I_y, I_z)$為

$$
I_x = \begin{pmatrix} 0 & 0 & 0 & 0 \\ 0 & 0 & 0 & 0 \\ 0 & 0 & 0 & -1 \\ 0 & 0 & 1 & 0 \end{pmatrix}, \quad
I_y = \begin{pmatrix} 0 & 0 & 0 & 0 \\ 0 & 0 & 0 & 1 \\ 0 & 0 & 0 & 0 \\ 0 & -1 & 0 & 0 \end{pmatrix}, \quad
I_z = \begin{pmatrix} 0 & 0 & 0 & 0 \\ 0 & 0 & -1 & 0 \\ 0 & 1 & 0 & 0 \\ 0 & 0 & 0 & 0 \end{pmatrix}
$$

此即“齊次常洛倫茲群（homogeneous proper Lorentz group）”裏“轉向子”的矩陣表象，且滿足如下對易關係，

$$
\left[I_i, I_j\right] = \varepsilon_{ijk} I_k
$$

因此，4×4的轉向陣A_ω可明確寫為

$$
A_\omega = \begin{pmatrix} 1 & 0 & 0 & 0 \\ 0 & & & \\ 0 & (& R_\omega &) \\ 0 & & & \end{pmatrix}
$$

此處位空間裏3×3“轉向陣”R_ω的具體形式，請參閱本書〈附錄六・五節 轉向符的矩陣表象〉。

在“狄拉克空間”裏，“轉向陣”A_ω所對應的“狄拉克旋子轉換符”Γ_ω為

$$\begin{aligned}\Gamma_{\omega} &= e^{-i\,\boldsymbol{\omega}\cdot\boldsymbol{\Sigma}/2}\\ &= \cos\left(\frac{\omega}{2}\right)-i(\hat{\boldsymbol{\omega}}\cdot\boldsymbol{\Sigma})\sin\left(\frac{\omega}{2}\right)\end{aligned}$$

此處狄拉克$\boldsymbol{\Sigma}$陣為

$$\boldsymbol{\Sigma}=\begin{pmatrix}\boldsymbol{\sigma} & 0\\ 0 & \boldsymbol{\sigma}\end{pmatrix}$$

我們再次強調，此處“狄拉克空間”定義為“位空間”與“狄拉克稟賦空間”的“直積”。

值得一提的是，這與我們在日常生活裏的體驗並無區別：“觀察者O”本身作“轉向$-\boldsymbol{\omega}$”，或者將其所描述的“物理系統”作“轉向$\boldsymbol{\omega}$”，這兩種轉換的效果，對“觀察者O”而言，是完全相同的。

如〈附錄六　三維轉向〉所述，我們也可利用“歐拉矢（Euler vector）”$\boldsymbol{p}\equiv(\gamma,\beta,\alpha)$或對應的“歐拉角（Euler angle）”$(\alpha,\beta,\gamma)$，來定義轉向陣，

$$A(\alpha,\beta,\gamma)=e^{\alpha L_z}\,e^{\beta L_y}\,e^{\gamma L_z}$$

此處“轉向陣”$A(\alpha,\beta,\gamma)$所對應的“狄拉克旋子轉換符”$\Gamma(\alpha,\beta,\gamma)$為

$$\begin{aligned}\Gamma(\alpha,\beta,\gamma) &= \Gamma_{\alpha\hat{z}}\,\Gamma_{\beta\hat{y}}\,\Gamma_{\gamma\hat{z}}\\ &= \cos\left(\frac{\beta}{2}\right)\cos\left(\frac{\alpha+\gamma}{2}\right)+i\,\Sigma_x\sin\left(\frac{\beta}{2}\right)\sin\left(\frac{\alpha-\gamma}{2}\right)\\ &\quad -i\,\Sigma_y\sin\left(\frac{\beta}{2}\right)\cos\left(\frac{\alpha-\gamma}{2}\right)-i\,\Sigma_z\cos\left(\frac{\beta}{2}\right)\sin\left(\frac{\alpha+\gamma}{2}\right)\end{aligned}$$

G. 促轉

“勻速轉換”又稱為“促轉（boost rotation）”。對於任何“有限促轉（finite boost-rotation）”，我們可通過一系列“微促轉（infinitesimal boost-rotation）”，來建構其“轉向陣”A_{υ}，

$$
\begin{aligned}
A_{\upsilon} &= e^{\boldsymbol{b}\cdot\boldsymbol{K}} \\
&= 1+(\hat{\boldsymbol{\upsilon}}\cdot\boldsymbol{K})\sinh b+(\hat{\boldsymbol{\upsilon}}\cdot\boldsymbol{K})^2(\cosh b-1) \\
&= 1+\gamma\beta(\hat{\boldsymbol{\upsilon}}\cdot\boldsymbol{K})+(\gamma-1)(\hat{\boldsymbol{\upsilon}}\cdot\boldsymbol{K})^2 \\
&= \begin{pmatrix} \gamma & C_1 & C_2 & C_3 \\ C_1 & 1-A_1 & -B_3 & -B_1 \\ C_2 & -B_3 & 1-A_2 & -B_2 \\ C_3 & -B_1 & -B_2 & 1-A_3 \end{pmatrix}
\end{aligned}
$$

此處各參量定義為

$$
\begin{aligned}
A_1 &= \frac{1}{4}(1-\gamma)(1-\cos 2\theta)(1+\cos 2\varphi) \\
A_2 &= \frac{1}{4}(1-\gamma)(1-\cos 2\theta)(1-\cos 2\varphi) \\
A_3 &= \frac{1}{2}(1-\gamma)(1+\cos 2\theta) \\
B_1 &= \frac{1}{2}(1-\gamma)\sin 2\theta\cos\varphi \\
B_2 &= \frac{1}{2}(1-\gamma)\sin 2\theta\sin\varphi \\
B_3 &= \frac{1}{4}(1-\gamma)(1-\cos 2\theta)\sin 2\varphi \\
C_1 &= \gamma\beta\sin\theta\cos\varphi \\
C_2 &= \gamma\beta\sin\theta\sin\varphi \\
C_3 &= \gamma\beta\cos\theta
\end{aligned}
$$

有趣的是，此處參數$\{A_1, A_2, A_3, B_1, B_2, B_3, C_1, C_2, C_3\}$與本書〈附錄六・五節 轉向符的矩陣表象〉裏三維位空間“轉向陣”R_{ω}的參數形式非常類似，僅需作替換：$\gamma\beta \leftrightarrow \sin\omega$與$\gamma \leftrightarrow \cos\omega$。上式中的$(\upsilon, \theta, \varphi)$為相對速度$\boldsymbol{\upsilon}$的“極座標（polar coordinate）”；$\boldsymbol{b}$為“時位平面（time-position plane）”上代表“促轉（boost rotation）”的“促轉矢（boost rotation vector）”，而且可以利用相對速度$\boldsymbol{\upsilon}$定義為

$$\boldsymbol{b} = \hat{\boldsymbol{\upsilon}} \tanh^{-1}\beta$$
$$\beta \equiv |\boldsymbol{\upsilon}|/c\,, \qquad \gamma = 1\Big/\sqrt{1-\beta^2}$$

此處$\hat{\boldsymbol{\upsilon}} = \boldsymbol{\upsilon}/|\boldsymbol{\upsilon}|$，而“矩陣矢”$\boldsymbol{K} \equiv (K_x, K_y, K_z)$可以產生“促轉”，其定義為

$$K_x = \begin{pmatrix} 0 & 1 & 0 & 0 \\ 1 & 0 & 0 & 0 \\ 0 & 0 & 0 & 0 \\ 0 & 0 & 0 & 0 \end{pmatrix}, \quad K_y = \begin{pmatrix} 0 & 0 & 1 & 0 \\ 0 & 0 & 0 & 0 \\ 1 & 0 & 0 & 0 \\ 0 & 0 & 0 & 0 \end{pmatrix}, \quad K_z = \begin{pmatrix} 0 & 0 & 0 & 1 \\ 0 & 0 & 0 & 0 \\ 0 & 0 & 0 & 0 \\ 1 & 0 & 0 & 0 \end{pmatrix}$$

此即齊次常洛倫茲群裏“促轉子（boost rotation generator）”的一種“矩陣表象”，而且“矩陣矢”$\boldsymbol{K}$滿足如下對易關係，

$$\left[K_i, K_j\right] = -\,\varepsilon_{ijk} I_k$$
$$\left[I_i, K_j\right] = \varepsilon_{ijk} K_k$$

在慣性座裏“促轉”或稱“勻速轉換”的情況下，其“時位轉向（time-position rotation）”的時空“轉向陣”A_υ所對應的“狄拉克旋子轉換符”Γ_υ，可通過下式求得，

$$\begin{aligned}\Gamma_{\boldsymbol{\upsilon}} &= e^{\boldsymbol{b}\cdot\boldsymbol{\alpha}/2} \\ &= \cosh(b/2) + (\hat{\boldsymbol{\upsilon}}\cdot\boldsymbol{\alpha})\sinh(b/2) \\ &= \frac{1}{\sqrt{2}}\begin{pmatrix} \sqrt{\gamma+1} & \sqrt{\dfrac{\gamma-1}{\gamma+1}}\;\hat{\boldsymbol{\upsilon}}\cdot\boldsymbol{\sigma} \\ \sqrt{\dfrac{\gamma-1}{\gamma+1}}\;\hat{\boldsymbol{\upsilon}}\cdot\boldsymbol{\sigma} & \sqrt{\gamma+1} \end{pmatrix}\end{aligned}$$

此處狄拉克$\boldsymbol{\alpha}$陣為

$$\boldsymbol{\alpha} = \begin{pmatrix} 0 & \boldsymbol{\sigma} \\ \boldsymbol{\sigma} & 0 \end{pmatrix}$$

我們再次強調，若將觀察者O“沿$\boldsymbol{b}$軸轉向$-b$角度”，而成為觀察者O'；他們描述同一個物理系統，觀察者O看到的是$\psi(x)$，而觀察者O'看到的是$\psi'(x')$。則原來的觀察者O所描述的物理系統，對觀察者O'而言，就猶如將此物理系統“沿$\boldsymbol{b}$軸轉向b角度”。

H. 總結

總而言之，由十個獨立的連續參量$\{s, \boldsymbol{\upsilon}, \boldsymbol{d}, \boldsymbol{\omega}\}$所得到的一切“洛倫茲轉換”$\tau$，以及“時逆（time reversal）”與“宇反（space inversion）”轉換，我們皆可以利用“狄拉克旋子轉換符”Γ來表達。因此，這就證明了，單個自旋1/2“自由粒子”所滿足的狄拉克方程，符合“洛倫茲協變性”。

若單個帶電e自旋1/2粒子，處於四勢$A^{\mu} \equiv (\phi, \boldsymbol{A})$中，則可通過對“自由空間”裏的狄拉克方程作如下替換：

$$i\hbar\partial^{\mu} \longrightarrow i\hbar\partial^{\mu} - \frac{e}{c}A^{\mu}$$

來得到一般情況下的狄拉克方程協變形式，

$$\left\{c\gamma_{\mu}\left(i\hbar\partial^{\mu} - \frac{e}{c}A^{\mu}\right) - mc^2\right\}\psi(x) = 0$$

或以$\boldsymbol{x}$表象裏的“哈密頓形式（Hamiltonian form）”寫為

$$i\hbar\frac{\partial}{\partial t}\psi(x) = H\psi(x)$$

此處哈密頓H為

$$H = c\boldsymbol{\alpha}\cdot\left(-i\hbar\nabla - \frac{e}{c}\boldsymbol{A}\right) + e\phi + \beta mc^2$$

也可明確稱為“狄拉克–哈密頓”。注意，此處$\beta = \gamma^0$為“狄拉克β陣”，而不是洛倫茲轉換裏的參量$\beta \equiv |\boldsymbol{\upsilon}|/c$。

在“無外加場”的“自由”狄拉克方程裏，考慮外加場A^{μ}之後，並不會影響狄拉克方程的洛倫茲協變性，因為∂^{μ}與A^{μ}皆為“四矢（four-vector）”。“狄拉克方程”的洛倫茲協變性，還隱含了“狄拉克–哈密頓”H的洛倫茲協變性。由於狄拉克–哈密頓H是“態演化符”$U(t', t)$的生成子，所以態演化符$U(t', t)$也就滿足洛倫茲協變性。一般而言，若系統的動力學滿足洛倫茲協變性，則描述此系統的方程也就滿足洛倫茲協變性。

第六章 量子場論簡介

針對某特定物理問題時，例如，打枱球或桌球：若球的“幾何形狀”、“體積大小”、與“內部結構”，皆非我們關注的特徵，則可稱此物理系統為“粒子”。儘管此“粒子”仍然有其“稟賦屬性（intrinsic properties）”；例如，形狀、體積、能量、質量、動量、電荷、磁矩、自旋、角動量等。

任何物理系統的“本質”皆為“粒子”，但皆遵循“波動”的“規律”，我們稱之為“波粒二象性（particle-wave duality）”。換而言之，任何物理系統，不論大小，我們“偵測到總是粒子”，但其行為“總遵循波動規律”；絕不是在有些情況下像“粒子”、在有些情況下又像“波動”。例如，針對某個電子，當你看到它的時候，它總是作為“整體”處於某個位置；也就是說，我們永遠不會僅看到“半個”電子在某處，而“同時”另外“半個”電子在他處。單個電子的行為“總是”滿足狄拉克方程，而不是“有時”滿足。

也就是說，當研究電子的“動力行為”時，它總是呈現為波函的“概幅（probability amplitude）”。一個電子在其“靜止座（rest frame）”裏，其“波”的“某部分”與“波”的“其它部分”，不論相距多遠，皆以整體的形式“糾纏（tangle）”在一起。不論效應大小、或針對“幾個”電子，這種現象皆存在，可稱之為“量子糾纏 （quantum entanglement）”。

什麼是“量子場論（quantum field theory）”？簡單講，宇宙裏的任何“東西”都以“場”的形式充滿“整個”宇宙，且以“波動”的方式隨時間“同步”演化。當觀測它的時候，它就以“粒子”與“反粒子”的形式呈現。由“波動”呈現的衆多“粒子”，當然也就有“量子化（quantization）”，以及“複線疊加（complex linear superposition）”與“量子糾纏”的現象。

一• 量子力學到量子場論

A. 場傳遞無需介質
B. 場的粒數可增減
C. 場為局域因果場
D. 場具自旋且兼含反粒子
E. 場可重整
F. 量子場論的適用性

二• 粒子運動的量子化

A. 拉格朗治函
B. 作用量
C. 動跡
D. 哈密頓極值原理
E. 拉格朗治方程
F. 粒子運動的哈密頓表述
G. 位置與動量的對易關係
H. 量子力學

三• 場的拉格朗治表述

A. 廣義座標
B. 廣義速度
C. 位形空間
D. 動形跡
E. 位形空間的哈密頓原理
F. 拉格朗治密度
G. 場的拉格朗治
H. 場的哈密頓原理

四• 場的正則量子化步驟

五• 量子場的基態

A. 量子軌
B. 佔數態

六• 場量子化

A. 軌符
B. 軌符對置關係
C. 軌符運作
D. 場符
E. 場符對置關係
F. 場符運作

七• 多粒系統的場描述

A. 基態
B. 多粒態
C. N 表象
D. 數密符與數符
E. 量子力學算符的 N 表象
F. 多粒態的 $\boldsymbol{x}$ 表象

八• 量子電動力學

A. 拉格朗治密度
B. 電子的光子場方程
C. 狄拉克方程
D. 應用

六•一 量子力學到量子場論

由於認定“經典粒子”動力行為的規律為“波動”，而波動有“量子化”的特徵，例如弦的振動。如此導致粒子運動的量子化，從而建立了“量子力學”，並成功破解了當時的“原子光譜”謎團。人們很自然地想將量子力學應用到，由許多微觀粒子構成的“經典場（classical field）”。量子力學的靈感來自光的“波(電磁波)粒(光子)二象性”，電磁場的量子化也就成為下一個探討的目標。尤其是，電磁場的經典方程——“麥克斯韋方程（Maxwell equations）”，也是“相對論”的靈感源頭。

將“經典電磁場（classical electromagnetic field）”量子化，得到“量子電動力學（quantum electrodynamics，簡稱 QED）”，為“量子場論”的“原型（prototype）”。早期人們簡稱“粒子量子化（particle quantization）”為“量子化”，而俗稱“波動量子化（wave quantization）”為“第二量子化（second quantization）”，本書逕稱後者為“場量子化（field quantization）”，以免有“二次量子化”或“再次量子化”的誤解。

以“場”代表任何數目的等同“粒子”與其“反粒子”的“波動”，並將其量子化所得到的理論，稱為“量子場論”。我們還必須强調一點：“量子場論”並不取代“量子力學”；而衹是擴大了量子力學的適用範圍，使得量子力學在適當情況下，也可應用於“粒子數不守恆”的現象。

總之，“量子場論”的應用範圍更廣泛，為“量子力學”的推廣。在量子力學滿足的公設下，量子場論還有額外的寬限，以下我們分數項，簡述如次。

A. 場傳遞無需介質

人類與萬物共存的“時空（spacetime）”，在中國古代叫作“太虛（Taixu）”，在西方現代叫作“閔可夫斯基時空（Minkowski spacetime）”，簡稱“閔時空”。它到底是什麼

“東西”？三百多年來，人們認為“太虛”裏充滿一種神秘的假想物質，即“以太（ether）”。然而，“以太”又是什麼東西？至今沒有答案！人們僅能體認到，假想作為“電磁場介質”的“以太”，具有非常特異和難以想像的“機械性質”，不可能是我們所知道的任何東西。

“知之為知之，不知為不知，是知也。”目前，物理學家習慣稱“太虛”為“真空（vacuum）”，可算是一切“場”的“能底態（energy ground state）”。任何已知東西在“真空”中穿行無阻；此外，更認定在“真空”中,“光”的速度c與“光源”的運動無關，而且為定值$c = 2.99792458 \times 10^{10}$厘米/秒。總之，人們放棄追尋傳遞電磁場的“介質”，轉而“假設”光子的運動，無需介質。以我們目前的認知，宇宙裏的一切東西皆具有“波粒二象性”：其本質為“粒子”，規律為“波動”。描述一個“東西”佔據的“位置”，可以小到趨近時空裏的一個“點(粒子)”，也可以大到趨近無涯的“宇宙(場)”。因此，我們假設：

> 代表任何“粒子”的“波動”，通稱為“場”，而任何“場”的存在與傳遞無需“介質”，或稱其介質為“真空”。

其實，沒有“東西”，何來“位置”；沒有“演化”，何來“時間”。“真空”到底是“什麼東西演化”，目前仍是未解之謎。

B. 場的粒數可增減

在嘗試將“電磁場”量子化的進程裏，人們體會到電磁場對應的能量粒子為“光子”，而且在電磁場與其他場的相互作用過程中，光子的數目可能即刻“增或減”。因此，我們假設：

> 在量子場論描述下，物理過程中各類型的粒子數可以不守恆。即：在適當條件下，物理過程中的粒子數可增可減。

C. 場為局域因果場

(i) 閔可夫斯基時空裏的座標$\{ct, \mathbf{x}\} \equiv \{ct, x, y, z\}$為

$$-\infty < ct < +\infty$$
$$-\infty < x < +\infty$$
$$-\infty < y < +\infty$$
$$-\infty < z < +\infty$$

此處c為真空裏的光速，而(t, x, y, z)皆為“連續參數（continuous parameters）”。閔時空的定義及其特性，請參閱〈附錄二•六節 閔可夫斯基時空〉。

(ii) 以閔時空裏任何一點為“參考點（reference point）”，可將閔時空分為三個區域：“類時區（time-like region）”、“類空區（space-like region）”、與“類光區（light-like region）”，詳見本書〈附錄二•七節 事件的相關性〉。場$\psi(\mathbf{x},t)$在參考點處的變化，與類空區裏其他點處的場變化，無因果關係，而因果關係的傳遞速率，以光速為上限。

(iii) 場為閔時空裏的連續可微函$\psi(\mathbf{x},t)$，而$\psi(\mathbf{x},t)$在時空點$(ct, \mathbf{x})$的變化，僅與此時空點“鄰域”的特性有關。

因此，場$\psi(\mathbf{x},t)$為“局域因果場（local causal field）”，且必然滿足閔時空裏的波動微分方程。

D. 場具自旋且兼含反粒子

在量子場論的應用裏，我們發現：在“洛倫茲不變性（Lorentz invariance）”、“負能態疑難”、“正模疑難”、以及“因果律”的配合下，導致場具有如下性質。

任何“粒子”的場必定具有稟賦自由度——“自旋”，而且兼含“反粒子”。

(i) “整自旋（integer spin）”粒子，特稱“玻子（boson）”，依循“玻色-愛因斯坦統計（Bose-Einstein statistics）”。

(ii) “半整自旋(half-integer spin)”粒子，特稱“費子(fermion)”，依循“費米-狄拉克統計(Fermi-Dirac statistics)”。

“量子場論”若要與“相對論”兼容，則量子場除了有自旋外，還必須含“反粒子”。關於這些結果的推論，請查閱量子場論專著。

E. 場可重整

在“場量子化”的過程中，因不可避免地出現了“無窮大”，而遭遇到理論上的危機，最終利用“重整化（renormalization）”方法得以解決，雖然此方法並不盡如人意。因此，我們至少要求，

場必須可重整。

關於“相對量子場論（relativistic quantum field theory）”的“重整化”，絕非三言兩語就可交代清楚，有興趣的讀者可參閱量子場論專著。

F. 量子場論的適用性

雖然量子場論成功地解釋了許多現象，但它顯然還遠非物理學家心目中的“終極理論（the final theory）”。“有效”描述強弱核作用與電磁作用的$SU(3)\times SU(2)\times U(1)$“規範場論（gauge field theory）”，即所謂的“標準模型（the standard model）”，祇能看成是適用於目前實驗上能量所及的“低能近似理論（low-energy approximation theory）”。此外，“標準模型”尚未能將“引力作用”納入其中，更別說“暗物質（dark matter）”與“暗能量（dark energy）”。

量子場論另一個明顯的缺失，就是將“粒子”當成是沒有“體積”的東西來處理。也許物理學家不想見到的“無窮大”皆由此而生。

六・二 粒子運動的量子化

A. 拉格朗治函

在“單一粒子”的經典力學“拉格朗治表述（Lagrangian formalism）”裏，粒子的“拉格朗治函（Lagrange function）”，簡稱為“拉格朗治（Lagrangian）”。在簡單的情況下，可以將拉格朗治定義為粒子的“動能（kinetic energy）”T減“勢能（potential energy）”V，

$$L(\boldsymbol{x},\dot{\boldsymbol{x}},t) \equiv T-V$$

此處拉格朗治$L(\boldsymbol{x},\dot{\boldsymbol{x}},t) \equiv L[\boldsymbol{x}(t),\dot{\boldsymbol{x}}(t),t]$一般為位置$\boldsymbol{x}$、速度$\dot{\boldsymbol{x}}$、與時刻$t$的函。

B. 作用量

粒子在時間$\Delta t = t_f - t_i$內運動的“作用量（action）”S_{fi}，定義為

$$S_{fi} \equiv S_{fi}[\boldsymbol{x},\dot{\boldsymbol{x}}] \equiv \int_{t_i}^{t_f} dt\, L(\boldsymbol{x},\dot{\boldsymbol{x}},t)$$

C. 動跡

在“閔時空”裏，粒子隨時刻t所經過的“軌跡”$\boldsymbol{x}(t)$與沿軌跡移動的速度$\dot{\boldsymbol{x}}(t)$，合稱為粒子的“動力軌跡（dynamical path）”$[\boldsymbol{x}(t),\dot{\boldsymbol{x}}(t)]$，簡稱“動跡”。

D. 哈密頓極值原理

在 1834-1835 年間，哈密頓（W. R. Hamilton, 1805-1865）綜合前人提出的衆多“極值原理（extremum principle）”，建立了“哈密頓極值原理（Hamilton extremum principle）”：

> 在時間$\Delta t = t_f - t_i$內，粒子由端點$\boldsymbol{x}(t_i)$到$\boldsymbol{x}(t_f)$的實際動跡的“作用量”，必然為粒子通過此兩端點，

一切可能動跡的“極值”。

E. 拉格朗治方程

早年歐拉（L. Euler, 1707-1783）曾在微積分的“變分原理（variational principle）”裏，提出“歐拉方程（Euler equation）”。隨後於公元 1788 年，拉格朗治（J.-L. Lagrange, 1736-1813）將此方程應用到經典力學，得到所謂的“歐拉-拉格朗治方程（Euler-Lagrange equation）”，簡稱“拉格朗治方程（Lagrange equation）”。在“動跡”的端點 $\boldsymbol{x}(t_i)$ 與 $\boldsymbol{x}(t_f)$ 保持不變的條件下，我們利用“哈密頓極值原理”，對“作用量” S_{fi} 作變分，

$$\delta S_{fi}[\boldsymbol{x}, \dot{\boldsymbol{x}}] = \delta\int_{t_i}^{t_f} dt\, L(\boldsymbol{x}, \dot{\boldsymbol{x}}, t) = 0$$

就可將粒子的“拉格朗治方程”表達如次，

$$\frac{\partial L}{\partial \boldsymbol{x}} - \frac{d}{dt}\left(\frac{\partial L}{\partial \dot{\boldsymbol{x}}}\right) = 0$$

此處 $\delta S_{fi}[\boldsymbol{x}, \dot{\boldsymbol{x}}]$ 代表對通過端點 $\boldsymbol{x}(t_i)$ 到 $\boldsymbol{x}(t_f)$ 的一切可能“動跡” $[\boldsymbol{x}, \dot{\boldsymbol{x}}]$ 作變分。

F. 粒子運動的哈密頓表述

在“拉格朗治表述”裏，描述粒子運動的“微分方程”，與在“牛頓表述（Newton formalism）”裏“力”所造成的運動方程，是等價的；這兩個方程都是“位置” $\boldsymbol{x}$ 對時刻 t 的一個“二階”微分方程，即方程裏含 $\{\boldsymbol{x}, \dot{\boldsymbol{x}}, \ddot{\boldsymbol{x}}\}$。就“數學”而言，這“一個”二階方程相當是“兩個”相互耦合的“一階”微分方程。換而言之，“一個”應變數 $\boldsymbol{x}$ 的二階微分方程，可改寫為應變數 $\boldsymbol{x}$ 與 $\dot{\boldsymbol{x}}$ 相互“耦合”的“兩個”一階微分方程。當然，與“二階”微分方程相比，“一階”微分方程在形式上要更簡單些。然而，“兩個”應變數 $(\boldsymbol{x}, \dot{\boldsymbol{x}})$ 中的 $\dot{\boldsymbol{x}}$，其實對應的是“動量” $\boldsymbol{p} \equiv m\dot{\boldsymbol{x}}$；以粒子的動量為“陰”、位置為“陽”。因此，在抽象概念上，陰陽對稱，也更優美。這也就是後來“哈密頓表述（Hamiltonian formalism）”的精髓所在。現將粒子運動的哈密頓表述簡述如次。

首先定義“位置”$\boldsymbol{x}$的“正則軛動量（canonically-conjugate momentum）”，簡稱“正則動量（canonical momentum）”，

$$\boldsymbol{p} \equiv \frac{\partial L}{\partial \dot{\boldsymbol{x}}}$$

其次，利用數學裏的“勒讓德轉換（Legendre transformation）”，來定義“哈密頓函（Hamiltonian function）”，簡稱“哈密頓（Hamiltonian）”$H(\boldsymbol{x}, \boldsymbol{p}, t)$，

$$H(\boldsymbol{x}, \boldsymbol{p}, t) \equiv \dot{\boldsymbol{x}} \cdot \boldsymbol{p} - L(\boldsymbol{x}, \dot{\boldsymbol{x}}, t)$$

此處$\dot{\boldsymbol{x}}$與$\boldsymbol{p}$的“對換關係”為

$$\dot{\boldsymbol{x}} = \frac{\partial H(\boldsymbol{x}, \boldsymbol{p}, t)}{\partial \boldsymbol{p}} \equiv \left.\frac{\partial}{\partial \boldsymbol{p}}\right|_{\boldsymbol{x},\, t = constant} H(\boldsymbol{x}, \boldsymbol{p}, t)$$

$$\boldsymbol{p} = \frac{\partial L(\boldsymbol{x}, \dot{\boldsymbol{x}}, t)}{\partial \dot{\boldsymbol{x}}} \equiv \left.\frac{\partial}{\partial \dot{\boldsymbol{x}}}\right|_{\boldsymbol{x},\, t = constant} L(\boldsymbol{x}, \dot{\boldsymbol{x}}, t)$$

如前所述，對時刻t的“二階”拉格朗治方程，可看成由兩個獨立應變數$(\boldsymbol{x}, \dot{\boldsymbol{x}})$相互耦合的“一階”方程。再利用“勒讓德轉換”將$(\boldsymbol{x}, \dot{\boldsymbol{x}})$轉換為新的獨立應變數$(\boldsymbol{x}, \boldsymbol{p})$，同時將“拉格朗治”$L(\boldsymbol{x}, \dot{\boldsymbol{x}}, t)$轉換為“哈密頓”$H(\boldsymbol{x}, \boldsymbol{p}, t)$，

$$\begin{aligned}
\frac{d\boldsymbol{p}}{dt} &\equiv \frac{d}{dt}\left\{\frac{\partial L(\boldsymbol{x}, \dot{\boldsymbol{x}}, t)}{\partial \dot{\boldsymbol{x}}}\right\} \\
&= \frac{\partial L(\boldsymbol{x}, \dot{\boldsymbol{x}}, t)}{\partial \boldsymbol{x}} \equiv \left.\frac{\partial}{\partial \boldsymbol{x}}\right|_{\dot{\boldsymbol{x}},\, t = c} L(\boldsymbol{x}, \dot{\boldsymbol{x}}, t) \\
&= \left.\frac{\partial}{\partial \boldsymbol{x}}\right|_{\dot{\boldsymbol{x}},\, t = c} \{\boldsymbol{p} \cdot \dot{\boldsymbol{x}} - H(\boldsymbol{x}, \boldsymbol{p}, t)\} \\
&= \frac{\partial \boldsymbol{p}}{\partial \boldsymbol{x}} \cdot \dot{\boldsymbol{x}} - \left.\frac{\partial}{\partial \boldsymbol{x}}\right|_{\dot{\boldsymbol{x}},\, t = c} H(\boldsymbol{x}, \boldsymbol{p}, t)
\end{aligned}$$

注意，此處第二個等號利用了拉格朗治方程，而最後一行的第

二項為

$$\begin{aligned}
\left.\frac{\partial}{\partial \boldsymbol{x}}\right|_{\dot{\boldsymbol{x}}, t=c} H(\boldsymbol{x}, \boldsymbol{p}, t) &\equiv \left.\frac{\partial}{\partial \boldsymbol{x}}\right|_{\dot{\boldsymbol{x}}, t=c} H\left[\boldsymbol{x}, \boldsymbol{p}(\boldsymbol{x}, \dot{\boldsymbol{x}}, t), t\right] \\
&= \left.\frac{\partial}{\partial \boldsymbol{x}}\right|_{\boldsymbol{p}, t=c} H(\boldsymbol{x}, \boldsymbol{p}, t) + \frac{\partial \boldsymbol{p}}{\partial \boldsymbol{x}} \cdot \left.\frac{\partial}{\partial \boldsymbol{p}}\right|_{\boldsymbol{x}, t=c} H(\boldsymbol{x}, \boldsymbol{p}, t) \\
&= \frac{\partial H(\boldsymbol{x}, \boldsymbol{p}, t)}{\partial \boldsymbol{x}} + \frac{\partial \boldsymbol{p}}{\partial \boldsymbol{x}} \cdot \frac{\partial H(\boldsymbol{x}, \boldsymbol{p}, t)}{\partial \boldsymbol{p}} \\
&= \frac{\partial H(\boldsymbol{x}, \boldsymbol{p}, t)}{\partial \boldsymbol{x}} + \frac{\partial \boldsymbol{p}}{\partial \boldsymbol{x}} \cdot \dot{\boldsymbol{x}}
\end{aligned}$$

此處最後等式利用了前述$\dot{\boldsymbol{x}}$與$\boldsymbol{p}$的“對換關係”。因此，我們得到

$$\begin{aligned}
\frac{d\boldsymbol{p}}{dt} &= \frac{\partial \boldsymbol{p}}{\partial \boldsymbol{x}} \cdot \dot{\boldsymbol{x}} - \left.\frac{\partial}{\partial \boldsymbol{x}}\right|_{\dot{\boldsymbol{x}}, t=c} H(\boldsymbol{x}, \boldsymbol{p}, t) \\
&= \frac{\partial \boldsymbol{p}}{\partial \boldsymbol{x}} \cdot \dot{\boldsymbol{x}} - \frac{\partial H(\boldsymbol{x}, \boldsymbol{p}, t)}{\partial \boldsymbol{x}} - \frac{\partial \boldsymbol{p}}{\partial \boldsymbol{x}} \cdot \dot{\boldsymbol{x}} \\
&= -\frac{\partial H(\boldsymbol{x}, \boldsymbol{p}, t)}{\partial \boldsymbol{x}}
\end{aligned}$$

最後，我們可將粒子運動的“拉格朗治方程”，改寫成“陰陽對稱”、形式優美的“哈密頓運動方程（Hamilton equation of motion）”，

$$\begin{aligned}
\frac{d\boldsymbol{x}}{dt} &= \frac{\partial H(\boldsymbol{x}, \boldsymbol{p}, t)}{\partial \boldsymbol{p}} \\
\frac{d\boldsymbol{p}}{dt} &= -\frac{\partial H(\boldsymbol{x}, \boldsymbol{p}, t)}{\partial \boldsymbol{x}}
\end{aligned}$$

在“狹義相對論”的閔時空裏，確定“量度張量（metric tensor）”$g_{\mu\nu}$的時刻t與位置$\boldsymbol{x}$分量間的“相對負號”，與上述第二個方程的“負號”相呼應。請特別注意，將粒子運動的兩個獨立“應變數”，由$(\boldsymbol{x}, \dot{\boldsymbol{x}})$轉換為$(\boldsymbol{x}, \boldsymbol{p})$後，$\boldsymbol{p}$不僅是$\dot{\boldsymbol{x}}$的函，也是$\boldsymbol{x}$與$t$的函。反過來說，當以$(\boldsymbol{x}, \dot{\boldsymbol{x}})$為獨立應變數時，$\dot{\boldsymbol{x}}$就是$(\boldsymbol{x}, \boldsymbol{p}, t)$的函。

粒子運動的此“哈密頓表述”，又稱為經典力學的“正則

表述（canonical formalism）”，而總結此表述的“哈密頓運動方程”，又稱為“正則運動方程（canonical equations of motion）”。

G. 位置與動量的對易關係

公元 1925 年，經由海森伯、玻恩（M. Born, 1882-1970）、約旦（E. P. Jordan, 1902-1980）、狄拉克的先後努力，最終確定了“位置矩陣（position matrix）” $\mathbf{x}$ 與“動量矩陣（momentum matrix）” $\mathbf{p}$ 之間的“對易關係”，

$$\mathbf{p}\,\mathbf{x} - \mathbf{x}\,\mathbf{p} = \frac{h}{2\pi i}$$

此處 h 為普朗克常數。此對易關係稱為“正則量子化條件（canonical quantization condition）”。從此建立了量子力學的“矩陣力學（matrix mechanics）”表述。

H. 量子力學

將一個粒子運動作“量子化”得到的“量子力學”，通常歸結為，$(\boldsymbol{x}, \boldsymbol{p})$ 所對應的算符 $(\boldsymbol{X}, \boldsymbol{P})$ 必須滿足如下對易關係，

$$\left[X_\alpha, P_\beta\right] = i\hbar\delta_{\alpha\beta}$$

此處 X_α, P_β 為 $\boldsymbol{X}$ 與 $\boldsymbol{P}$ 的直角分量。詳見本書〈第四・八・D 小節位符與態換子對易關係(1)〉。若對一個“含 N 個等同粒子”的系統作量子化，則其中與“某個”粒子有關的一切算符間的對易關係，必然以上述對易關係為基礎；而“不同”粒子的算符間，皆彼此對易。

六・三　場的拉格朗治表述

上節已談過“單一粒子”的情況，本節我們首先回顧“N 粒子系統”的情況。

A. 廣義座標

“廣義座標（generalized coordinates）”為“粒子系統”的一組“動力變數”。在任何時刻，這組座標皆可以用來確認，此粒子系統裏一切粒子在幾何位置空間裏所處的位置。

“廣義座標”不必是實際幾何位置空間裏的座標。例如，假設我們考慮的粒子系統，在三維空間裏由 N 個粒子組成，則描述這 N 個粒子所處位置的座標有 $3N$ 個，即 $\boldsymbol{x} \equiv \{x_1, x_2, \cdots, x_{3N}\}$。若此 $3N$ 個座標必須滿足 M 個“約束關係（constraints）”，則此系統只有 $k \equiv 3N - M$ 個自由度。在約束條件下，以“廣義座標” $\boldsymbol{q} \equiv \{q_1, q_2, \cdots, q_k\}$ 代表這 k 個自由度，

$$q_\alpha = q_\alpha(\boldsymbol{x}), \quad \alpha = 1, 2, \cdots, k$$

在形式上，粒子的實際幾何位置座標 $\boldsymbol{x}$，為 $k + M = 3N$ 個函〔k 個 $q_\alpha(\boldsymbol{x})$ 與 M 個約束關係〕合起來的“逆函（inverse function）”，

$$x_\beta = x_\beta(\boldsymbol{q}), \quad \beta = 1, 2, \cdots, 3N$$

B. 廣義速度

廣義座標對時刻 t 的導數 $\dot{\boldsymbol{q}}(t) \equiv \{\dot{q}_1(t), \dot{q}_2(t), \cdots, \dot{q}_k(t)\}$ 稱為“廣義速度（generalized velocity）”。

C. 位形空間

由“廣義座標” $\boldsymbol{q} \equiv \{q_1, q_2, \cdots, q_k\}$ 裏含的 k 個獨立參數所構成的空間，稱為“位形空間（configuration space）”。

D. 動形跡

粒子系統的狀態，隨時刻 t 的演化，在“位形空間”裏劃出一條曲線，此曲線及其上粒子系統的運行速度，稱為“動形跡（dynamical configuration path）” $[\boldsymbol{q}(t),\dot{\boldsymbol{q}}(t)]$。以數學式表示，就是以時刻 t 為參數的一條曲線，以及其上粒子系統的速度，

$$\boldsymbol{q}(t) \equiv \{q_1(t), q_2(t), \cdots, q_k(t)\}$$
$$\dot{\boldsymbol{q}}(t) \equiv \{\dot{q}_1(t), \dot{q}_2(t), \cdots, \dot{q}_k(t)\}$$

E. 位形空間的哈密頓原理

在位形空間裏，於任何時間 $\Delta t = t_f - t_i$ 內，粒子系統由端點 $\boldsymbol{q}(t_i)$ 至 $\boldsymbol{q}(t_f)$ 的實際動形跡的“作用量”，為通過這兩端點的一切可能動形跡的“極值”。

F. 拉格朗治密度

當“粒子系統”的粒子數多到難以計數，即 $N \to \infty$，甚至可以視為“位置空間”裏一個“連續分佈”的“物質系統”時，則此系統的“拉格朗治” L 在形式上，可由“局域拉格朗治密度（local Lagrangian density）” $\mathcal{L}(\boldsymbol{x},t)$ 在“全域（global）”上的積分來得到，

$$L \equiv \int d^3x \, \mathcal{L}(\boldsymbol{x},t)$$

G. 場的拉格朗治

在某“慣性座”的“閔可夫斯基時空”表述下，“含時刻 t 的距離”與位置 $\boldsymbol{x}$ 結合為四維時空裏的“四矢” $x \equiv (x^\mu) \equiv (ct, \boldsymbol{x})$。關於“慣性座”與“閔可夫斯基時空”的介紹，請分別參閱本書〈第一・八・A 小節　慣性時空座〉與〈附錄二　相對論時空結構〉。

在此情況下，我們以“場符（field operator）” $\psi(x) \equiv \psi(\boldsymbol{x},t)$ 作為此粒子系統的“廣義座標”，則“拉格朗治密度（Lagrangian density）” $\mathcal{L}(\boldsymbol{x},t)$ 可表達為 $\mathcal{L}[\psi, \partial_\mu \psi, x] \equiv \mathcal{L}[\psi(x), \partial_\mu \psi(x), x]$。注意，原來“$N$ 粒子系統”中各粒子的“位置座標” $\{x_1(t), x_2(t), \cdots, x_{3N}(t)\}$

為“單一”時變數 t 的“函”，如今改成“廣義座標” $\psi(x)$ 為“四維時空”裏“四矢” x 的函。在任意“慣性座”裏，場的“拉格朗治密度” $\mathcal{L}\left[\psi,\partial_\mu\psi,x\right]$ 為“洛倫茲不變量（Lorentz invariant）”，而整個場的“拉格朗治” L，則定義為“拉格朗治密度” $\mathcal{L}\left[\psi,\partial_\mu\psi,x\right]$ 對四維時空裏三維“位置” $\mathbf{x}$ 的積分，

$$L \equiv \int d^3x\, \mathcal{L}\left[\psi,\partial_\mu\psi,x\right]$$

H. 場的哈密頓原理

利用場的“拉格朗治” L，可將場的“作用量” S_{fi} 寫為

$$\begin{aligned} S_{fi} &\equiv \int_{t_i}^{t_f} dt\, L \\ &= \int_{t_i}^{t_f} dt \int d^3x\, \mathcal{L}\left[\psi,\partial_\mu\psi,x\right] \end{aligned}$$

則場的“哈密頓極值原理”寫為

$$\delta S_{fi} = \delta\int_{t_i}^{t_f} dt \int d^3x\, \mathcal{L}\left[\psi,\partial_\mu\psi,x\right] = 0$$

或更一般地寫為

$$S \equiv \int d^4x\, \mathcal{L}\left[\psi,\partial_\mu\psi,x\right]$$

$$\delta S \equiv \delta\int d^4x\, \mathcal{L}\left[\psi,\partial_\mu\psi,x\right] = 0$$

注意，在作“變分” δS 的過程中，閔時空裏四維體積表面上的項，保持不變。因此，場的拉格朗治方程為

$$\partial_\mu \frac{\partial\mathcal{L}}{\partial\left(\partial_\mu\psi\right)} - \frac{\partial\mathcal{L}}{\partial\psi} = 0$$

六・四　場的正則量子化步驟

物理科學的發展是一個“試錯過程（try-and-error process）”：人類的感官，把對某些自然現象的認知，抽象歸納為“物理律”，並且經過多方驗證以建立其適用性。然後再將某些“物理律”

合併在一個“物理理論”框架下。最後將此理論推廣應用到一切可能的情況；若其預測結果與觀測事實不符，則再尋求可能的修正，以改進“理論”。

在一般情況下，物理理論的基礎往往以“數學式”或“微分方程”為結論。例如，“狹義相對論”以“洛倫茲轉換”表達，“量子力學”以“薛定諤方程”表示，費子的“相對量子力學”以“狄拉克方程”代表，“電動力學”以“麥克斯韋方程”為總結，等等。

基於“場”的拉格朗治方程，我們仿照粒子運動的量子化，就可作“場量子化”。然而，依據進一步的理論分析與實驗觀測，場分為兩大類：“玻子場（boson field）”與“費子場（fermion field）”。在本章〈第六・八節 量子電動力學〉裏，接著將嘗試以“麥克斯韋方程”與“狄拉克方程”為範例，介紹量子場論裏的“正則量子化步驟（canonical quantization procedure）”。現將一般步驟列出如下：

(i) 針對特定“場”，尋找具有適當“對稱性”的“拉格朗治密度” $\mathcal{L}\left[\psi,\partial_{\mu}\psi,x\right]$，使得經由“哈密頓極值原理”推導出的“拉格朗治方程”，即為充分檢驗過的基本“場方程”。

(ii) 利用“場方程”，選擇一組“完備相容測符集”的一切“共徵態” $\{|i\rangle\}$ 作為“基態（basis states）”，構成此場的“完備正規基（complete orthonormal basis）”。我們特稱這些“基態”為“量子軌（quantum orbits）”，而量子軌上的粒數稱為“佔數（occupation numbers）”。

(iii) 利用全部量子軌的“佔數”，定義“量子場”的“佔數態（occupation-number states）”，而一切佔數態構成“佔數空間（occupation-number space）”。

(iv) 在佔數空間裏，定義使“佔數”增減的“軌符（orbital

operators）”與“場符（field operators）”。

(v) 針對“玻子場”，要求“軌符”或“場符”滿足“對易關係”。針對“費子場”，要求它們滿足“反易關係”。

以上過程就是以“局域拉格朗治密度”為“基本假設”的“場”的“正則量子化步驟”。以下數節我們將以實例作詳細介紹。

六・五 量子場的基態

A. 量子軌

不論是針對“費子”或“玻子”，我們皆可選擇一組“完備相容測符集”的“共徵態”$\{|i\rangle\}$，作為“量子場（quantum field）”的“基態”，稱為“量子軌”，而這組軌$\{|i\rangle\}$不顯含時刻t。為便於敘述，我們稱$|i\rangle$為“i軌”，並且假設這組軌$\{|i\rangle\}$是“正規完備（orthonormal and complete）”的，

(i) $\langle i|j\rangle = \delta_{ij}$

(ii) $\sum_i |i\rangle\langle i| = I$

為了便於指認，我們定義這些軌$|i\rangle$的“$\boldsymbol{x}$表象”為

$$u_i(\boldsymbol{x}) \equiv \langle \boldsymbol{x}|i\rangle$$

在一般情況下，$u_i(\boldsymbol{x})$甚至可以具有“多分量”。這裏的“i”是“標示”不同狀態的“指標”，而“$\boldsymbol{x}$”是“描述”狀態的“位置變數”。

針對“費子”，我們稱$u_i(\boldsymbol{x})$為“狄拉克軌（Dirac orbital）”。為了明確顯示“稟賦自由度（intrinsic degrees of freedom）”，我們將“狄拉克軌”明確寫為$u_i(\boldsymbol{x}\sigma)$，而通常逕“簡稱”$\sigma$為“自旋變數”，實際上“稟賦自由度”也包含“粒反粒軛（particle-antiparticle conjugation）”。然而，也有一些作

者將“自旋變數”σ寫為下標，即$u_{i\sigma}(\boldsymbol{x}) \equiv u_i(\boldsymbol{x}\sigma)$。嚴格說來，如此標示並不妥，因為不該將自旋“變數”σ，看作是標示自旋“狀態”的指標s。就如同，不要將“角變數（angular variables）”(θ,φ)與標示“角動狀態”的“角動量子數（angular-momentum quantum numbers）”(l,m)混為一談。包含“自旋變數”σ的狄拉克軌$u_i(\boldsymbol{x}\sigma)$，應該明確表達為

$$u_{is}(\boldsymbol{x}\sigma) \equiv \langle \boldsymbol{x}\sigma | is \rangle$$

注意，此處我們將“自旋變數”σ與“位置變數”$\boldsymbol{x}$寫在一起，而將“自旋量子數（spin quantum number）”s與其它“態指標”i寫在一起，如此就不會產生混淆。然而，為了標記簡潔，我們通常省略指標s與σ，仍直接將“狄拉克軌”$u_{is}(\boldsymbol{x}\sigma)$簡寫為

$$u_i(\boldsymbol{x}) \equiv u_{is}(\boldsymbol{x}\sigma)$$

換而言之，以i隱含s，以$\boldsymbol{x}$隱含σ，

$$i \equiv is$$
$$\boldsymbol{x} \equiv \boldsymbol{x}\sigma$$

B. 佔數態

我們將“N個等同粒子”的態定義為

$$|n_1\, n_2 \cdots n_i \cdots\rangle$$

此“N粒子態”的i軌上有n_i個粒子，而$\sum_i n_i = N$。我們稱$\{n_1\, n_2 \cdots n_i \cdots\}$為“佔數”，而稱如此定義的態為“佔數態”。

為了討論的完整性，我們定義“無粒子”的狀態為“真空態（vacuum state）”，

$$|0\rangle \equiv |\phi\rangle \equiv |0\,0 \cdots 0 \cdots\rangle$$

當然，這也是“量子場”的一個可能的“狀態”，只是在這個狀態下，場的“舞台”上沒有粒子罷了。

六・六 場量子化

在量子場論裏，“波動”的最佳描述是“軌符”，而“粒子”的最佳描述是“場符”。由於在傳統“量子力學”裏，首先引入了“位符” X 與“動符” P 的“量子化關係”，所以在“量子場論”對宇宙的描述裏，將“軌符”與“場符”的“量子化關係”，稱為“第二量子化表述”；此“第二”稱呼，是相對於之前量子力學的“粒子量子化（particle quantization）”而言，並非需要對物理系統作“兩次”量子化。這純粹是為了區分“量子化”概念提出的“先後”順序；本書將“第二量子化”逕稱為“場量子化”，以免引起誤解。換句話說，先前的“量子化”是針對“粒子”，而後來的“量子化”是針對“場”，其實“場量子化”也概括處理了“粒子量子化”。

A. 軌符

在量子場論裏，我們不將 x 表象裏的“微分”與“積分”作為基本運算符，而是直接新引入兩類算符：“增符（creation operators 或 production operators）”與“減符（annihilation operators 或 destruction operators）”。我們特稱這些算符為“軌符”：

(i) 增符：$C_1^\dagger, C_2^\dagger, \cdots, C_i^\dagger, \cdots$

(ii) 減符：$C_1, C_2, \cdots, C_i, \cdots$

B. 軌符對置關係

軌符 C_i 與 $C_j^\dagger$ 滿足如下“對置關係(permutation relations)”：

(i) 玻子：

$$\left[C_i, C_j^\dagger\right] = \delta_{ij}$$

$$\left[C_i, C_j\right] = \left[C_i^\dagger, C_j^\dagger\right] = 0$$

此處 $[\Omega, \Lambda] \equiv \Omega\Lambda - \Lambda\Omega$，稱為“對易子”。

(ii) 費子：

$$\left\{C_i, C_j^\dagger\right\} = \delta_{ij}$$
$$\left\{C_i, C_j\right\} = \left\{C_i^\dagger, C_j^\dagger\right\} = 0$$

此處$\{\Omega,\Lambda\} \equiv \Omega\Lambda + \Lambda\Omega$，稱為“反易子”。

C. 軌符運作

我們定義“軌符”C_i與$C_i^\dagger$的“基本運作”為

$$C_i^\dagger|0\rangle = |0\cdots 0 1_i 0\cdots\rangle \equiv |1_i\rangle$$
$$C_i|1_i\rangle = |0\rangle$$
$$|1_i 1_j\rangle = C_i^\dagger C_j^\dagger|0\rangle$$

此處$|n_k\rangle$的下標“k”，表示k軌有n_k個粒子。由於軌符$C_i^\dagger$與C_i涉及i軌上粒子的“增”與“減”，而“軌道”又代表“概幅”於“位空間”全範圍的“分佈”，是“類波（wave-like）”的。因此，若將軌符$C_i^\dagger$與C_i稱為“波符（wave operators）”，似乎更為貼切。

請特別注意，此處談及的“增”與“減”，並非物理上的“動態過程（dynamic process）”，而僅僅是一種數學上的“靜態描述（static description）”。換而言之，衹是改換“態”的“標籤”罷了。

此外，分別針對“玻子”與“費子”，我們還可以推導出“軌符”$C_i^\dagger$與C_i的運作所滿足的一般數學公式。

(i) 玻子：

$$C_i|n_1 n_2\cdots n_i\cdots\rangle = \sqrt{n_i}\,|n_1 n_2\cdots(n_i-1)\cdots\rangle$$
$$C_i^\dagger|n_1 n_2\cdots n_i\cdots\rangle = \sqrt{n_i+1}\,|n_1 n_2\cdots(n_i+1)\cdots\rangle$$

此處任意k軌的佔數$n_k \geq 0$。

(ii) 費子：

$$C_i \left| n_1\, n_2 \cdots n_i \cdots \right\rangle = (-)^{P_i}\, n_i \left| n_1\, n_2 \cdots (n_i - 1) \cdots \right\rangle$$

$$C_i^\dagger \left| n_1\, n_2 \cdots n_i \cdots \right\rangle = (-)^{P_i} (1 - n_i) \left| n_1\, n_2 \cdots (n_i + 1) \cdots \right\rangle$$

此處任意k軌的佔數n_k，必須僅限於 0 或 1，而且"相因子"裏的P_i 為

$$P_i = \sum_{k=1}^{i-1} n_k$$

D. 場符

我們分別以"軌符"$C_i^\dagger$與C_i的特定"線疊加"，來定義"增場符（creation field operator）"$\psi^\dagger(\boldsymbol{x})$與"減場符（annihilation field operator）"$\psi(\boldsymbol{x})$，

$$\psi^\dagger(\boldsymbol{x}) \equiv \sum_i u_i^\dagger(\boldsymbol{x})\, C_i^\dagger$$

$$\psi(\boldsymbol{x}) \equiv \sum_i u_i(\boldsymbol{x})\, C_i$$

如前所述，我們將"自旋變數"σ與"自旋量子數"s省略，而採用簡寫$u_i^\dagger(\boldsymbol{x}) \equiv u_{is}^\dagger(\boldsymbol{x}\sigma)$與$u_i(\boldsymbol{x}) \equiv u_{is}(\boldsymbol{x}\sigma)$。

注意，在〈第六・三節 場的拉格朗治表述〉裏，為了保持"協變形式"，我們定義"場符"$\psi(x) \equiv \psi(\boldsymbol{x},t)$為"四矢"$x \equiv (ct, \boldsymbol{x})$的"函"。但在本節裏，為了便於運算，我們選用不含時刻t的"軌符"$(C_i^\dagger, C_i)$與"場符"$\left(\psi^\dagger(\boldsymbol{x}), \psi(\boldsymbol{x})\right)$。而由$\psi(x)$到$\psi(\boldsymbol{x})$為不同"動象"之間的轉換，請參閱〈附錄八 量子力學動象〉。

E. 場符對置關係

(i) "玻子"的場符$\psi(\boldsymbol{x})$與$\psi^\dagger(\boldsymbol{x})$，滿足如下"對易關係"：

$$\left[\psi(\boldsymbol{x}\alpha), \psi^\dagger(\boldsymbol{x}'\beta)\right] = \delta_{\alpha\beta}\, \delta^3(\boldsymbol{x} - \boldsymbol{x}')$$

$$\left[\psi(\boldsymbol{x}\alpha), \psi(\boldsymbol{x}'\beta)\right] = \left[\psi^\dagger(\boldsymbol{x}\alpha), \psi^\dagger(\boldsymbol{x}'\beta)\right] = 0$$

或簡寫為

$$\left[\psi(\boldsymbol{x}),\, \psi^{\dagger}(\boldsymbol{x}')\right] = \delta^{3}(\boldsymbol{x}-\boldsymbol{x}')$$
$$\left[\psi(\boldsymbol{x}),\, \psi(\boldsymbol{x}')\right] = \left[\psi^{\dagger}(\boldsymbol{x}),\, \psi^{\dagger}(\boldsymbol{x}')\right] = 0$$

此處隱含了“自旋變數”α或β。

(ii) “費子”的場符$\psi(\boldsymbol{x})$與$\psi^{\dagger}(\boldsymbol{x})$，滿足如下“反易關係”：

$$\left\{\psi(\boldsymbol{x}\,\alpha),\, \psi^{\dagger}(\boldsymbol{x}'\beta)\right\} = \delta_{\alpha\beta}\, \delta^{3}(\boldsymbol{x}-\boldsymbol{x}')$$
$$\left\{\psi(\boldsymbol{x}\alpha),\, \psi(\boldsymbol{x}'\beta)\right\} = \left\{\psi^{\dagger}(\boldsymbol{x}\alpha),\, \psi^{\dagger}(\boldsymbol{x}'\beta)\right\} = 0$$

或簡寫為

$$\left\{\psi(\boldsymbol{x}),\, \psi^{\dagger}(\boldsymbol{x}')\right\} = \delta^{3}(\boldsymbol{x}-\boldsymbol{x}')$$
$$\left\{\psi(\boldsymbol{x}),\, \psi(\boldsymbol{x}')\right\} = \left\{\psi^{\dagger}(\boldsymbol{x}),\, \psi^{\dagger}(\boldsymbol{x}')\right\} = 0$$

此處隱含了“自旋變數”α或β。

F. 場符運作

我們可以證明，“增場符”$\psi^{\dagger}(\boldsymbol{x})$於“$\boldsymbol{x}$位置”上，增加一個粒子，而“減場符”$\psi(\boldsymbol{x})$於“$\boldsymbol{x}$位置”上，減少一個粒子，即

$$\psi^{\dagger}(\boldsymbol{x})|0\rangle = |\boldsymbol{x}\rangle$$
$$\psi(\boldsymbol{x})|\boldsymbol{x}\rangle = |0\rangle$$

因此，與前述“軌符”$C_i^{\dagger}$和C_i的新名稱“波符”相對應，我們應該稱“場符”$\psi^{\dagger}(\boldsymbol{x})$與$\psi(\boldsymbol{x})$為“粒符（particle operators）”。然而，為了保持傳統上的稱呼，在本書裏，我們仍稱$C_i^{\dagger}$與C_i為“軌符”，實際上是“波符”；而稱$\psi^{\dagger}(\boldsymbol{x})$與$\psi(\boldsymbol{x})$為“場符”，實際上是“粒符”。

我們再次強調，“軌符”$C_i^{\dagger}$或C_i的運作，代表於“i軌”分別增加或減少一個粒子，而“場符”$\psi^{\dagger}(\boldsymbol{x})$或$\psi(\boldsymbol{x})$的運作，代表於“$\boldsymbol{x}$位置”分別增加或減少一個粒子。也就是說，“軌符”明確表達粒子於位空間的“概佈”，但未明確表達粒子的“位置”；而“場符”明確表達粒子的“位置”，但未明確表達粒

子的“概佈”。此外還需再次特別提醒，此處所謂的“增加”與“減少”，並非實際的製造或毀滅過程，而祇是改換標籤、清點賬目。

六・七 多粒系統的場描述

先舉一個“神龍活現”的譬喻：假設空間中僅有“電子場”，也就是一條“龍”，但經常“見首〔粒〕不見尾〔波〕”；一片“剝落的鱗片”猶如一個“電子”，而“鱗片剝落處”猶如一個“正子”。在深厚瀰漫的雲霧中，“電子”與“正子”不時地“若隱若現”，而描述這“一條龍”的就是“狄拉克場方程（Dirac-field equation）”。

總而言之，在量子場論裏，“場方程”才是最基本的方程。也就是說，原來在“量子力學”裏“單個”自旋1/2粒子“波函”所滿足的狄拉克方程，在“量子場論”裏，則重新詮釋為描述自旋1/2粒子的“場方程”。在總“電量”守恆條件下，此場方程可以描述，含任意個“電子”與其“反粒子〔正子〕”所構成的系統，而且允許粒子有“增減”。然而，因為“量子力學”要求“粒子數守恆”，所以在處理粒子數改變的物理過程時，必須利用“量子場論”的詮釋；例如，“光吸收（photoabsorption）”、“光輻射（photoemission）”、“光離（photoionization）”、“電捕熒光（electron-capture fluorescence）”，以及“電子正子對生（electron-positron pair production）”等。

A. 基態

任意“多粒系統”的佔數態$|n_1\, n_2 \cdots n_i \cdots\rangle$，滿足如下“正規關係”與“完備關係”，

$$\langle n_1'\, n_2' \cdots n_i' \cdots | n_1\, n_2 \cdots n_i \cdots \rangle = \delta_{n_1' n_1} \delta_{n_2' n_2} \cdots \delta_{n_i' n_i} \cdots$$

$$\sum_{\{n_1\, n_2 \cdots n_i \cdots\}} |n_1\, n_2 \cdots n_i \cdots\rangle \langle n_1\, n_2 \cdots n_i \cdots| = I$$

此處針對同一類型的粒子，而“Σ”代表對所有可能的“佔數”以及對不同的“總粒數” $N \equiv \sum_i n_i$ 求和。因此，一切可能的佔數態$\{|n_1 n_2 \cdots n_i \cdots\rangle\}$就構成了“佔數空間”裏的“基態”。我們簡稱此空間為“N空間”，而$0 \le N < \infty$。

B. 多粒態

“多粒系統”的任何狀態$|\Psi\rangle$，皆可以利用“佔數態”$\{|n_1 n_2 \cdots n_i \cdots\rangle\}$作為“基態”來展開，

$$|\Psi\rangle = \sum_{\{n_i\}} a_{\{n_i\}} |n_1 n_2 \cdots n_i \cdots\rangle$$

為了標記簡潔，此處我們採用簡寫$\{n_i\} \equiv \{n_1 n_2 \cdots n_i \cdots\}$。注意，在“量子力學”裏，系統的任何狀態$|\Psi\rangle$隨時刻$t$的演化，皆必須滿足“總粒數”$N$守恆；然而，在“量子場論”裏，允許總粒數$N$“可變”，所以此“$N$空間”也作了相應的擴展。

C. N表象

利用靈活可變的“佔數”來表達“多粒態（many-particle state）”，我們就可消除對“總粒數”N的限制。此優點促使“佔數表象（occupation-number representation）”，簡稱“N表象（N-representation）”，成為“量子場”的“標準表象”。

D. 數密符與數符

利用場符$\psi^\dagger(\boldsymbol{x})$與$\psi(\boldsymbol{x})$，我們可以定義“數密符（number-density operator）”$\rho(\boldsymbol{x})$為

$$\rho(\boldsymbol{x}) \equiv \psi^\dagger(\boldsymbol{x})\psi(\boldsymbol{x})$$

注意，此處“數密符”僅針對“位置”$\boldsymbol{x}$鄰域附近“粒子數”的密度而言，與〈第七・一・C小節　密陣表述〉裏針對“態分佈”的“密符”不同。我們將“數符（number operator）”$\hat{N}$定義為，數密符$\rho(\boldsymbol{x})$對整個“位空間”的積分，

$$\begin{aligned}\hat{N} &\equiv \int d^3x\ \rho(\boldsymbol{x}) \equiv \int d^3x\ \psi^{\dagger}(\boldsymbol{x})\psi(\boldsymbol{x}) \\ &= \sum_{ij} C_i^{\dagger}C_j \int d^3x\ u_i^{\dagger}(\boldsymbol{x})u_j(\boldsymbol{x}) \\ &= \sum_i C_i^{\dagger}C_i \\ &\equiv \sum_i \hat{N}_i\end{aligned}$$

此處數符 $\hat{N}$ 頭上的符號“ ˆ ”，明確指其為“算符”；此外，我們還定義 i 軌的“數符” $\hat{N}_i$ 為

$$\hat{N}_i \equiv C_i^{\dagger}C_i$$

E. 量子力學算符的 N 表象

在“量子場論”裏，任意算符 $\hat{\Omega}$ 的“N 表象” $\hat{\Omega}^{(1)}$ 與 $\hat{\Omega}^{(2)}$，皆可以利用“量子力學”裏其所對應的“$\boldsymbol{x}$ 表象” $\hat{\Omega}(\boldsymbol{x})$ 推導得到，

(i) “單粒符（one-particle operator）”：

$$\hat{\Omega}^{(1)} = \int d^3x\ \psi^{\dagger}(\boldsymbol{x})\hat{\Omega}(\boldsymbol{x})\psi(\boldsymbol{x})$$

相當於量子力學裏的算符，

$$\sum_{n=1}^{N} \hat{\Omega}(\boldsymbol{x}_n) = \hat{\Omega}(\boldsymbol{x}_1) + \cdots + \hat{\Omega}(\boldsymbol{x}_N)$$

(ii) “雙粒符（two-particle operator）”：

$$\hat{\Omega}^{(2)} = \frac{1}{2}\int d^3x_1 \int d^3x_2\ \psi^{\dagger}(\boldsymbol{x}_1)\psi^{\dagger}(\boldsymbol{x}_2)\hat{\Omega}(\boldsymbol{x}_1,\boldsymbol{x}_2)\psi(\boldsymbol{x}_2)\psi(\boldsymbol{x}_1)$$

相當於量子力學裏的算符，

$$\sum_{n<m}^{N} \hat{\Omega}(\boldsymbol{x}_n,\boldsymbol{x}_m) = \hat{\Omega}(\boldsymbol{x}_1,\boldsymbol{x}_2) + \cdots + \hat{\Omega}(\boldsymbol{x}_{N-1},\boldsymbol{x}_N)$$

注意，此處積分裏場符的順序為 $\psi^{\dagger}(1)\psi^{\dagger}(2)$ 与 $\psi(2)\psi(1)$。

由此可知，在“量子場論”裏，任意算符的“N 表象”皆不顯含總粒數 N，這恰好體現了 N 的可變性。

F. 多粒態的 $\boldsymbol{x}$ 表象

任意多粒態的“$\boldsymbol{x}$表象”可以寫為

$$|\boldsymbol{x}_1\boldsymbol{x}_2\cdots\boldsymbol{x}_N\rangle = \frac{1}{\sqrt{N!}}\psi^\dagger(\boldsymbol{x}_1)\psi^\dagger(\boldsymbol{x}_2)\cdots\psi^\dagger(\boldsymbol{x}_N)\,|0\rangle$$

此處$1/\sqrt{N!}$為“規化常數（normalization constant）”。請特別注意，由場符的對置關係可知，針對“玻子”，“多粒態”$|\boldsymbol{x}_1\boldsymbol{x}_2\cdots\boldsymbol{x}_N\rangle$為“對稱”，而針對“費子”則為“反稱”。

六・八 量子電動力學

A. 拉格朗治密度

在量子場論裏，由電子場與光子場構成的“複合系統（composite system）”，可以利用“拉格朗治密度”來描述，

$$\mathcal{L} = \mathcal{L}_D + \mathcal{L}_{em} + \mathcal{L}_{int}$$

此處$\mathcal{L}_D$為“電子場”部分，$\mathcal{L}_{em}$為“光子場”部分，$\mathcal{L}_{int}$為電子場與光子場之間的“作用”部分。這三部分可分別寫為

$$\mathcal{L}_D = \bar{\psi}\left(ic\hbar\gamma^\mu\partial_\mu - mc^2\right)\psi$$

$$\mathcal{L}_{em} = -\frac{1}{16\pi}F_{\mu\nu}F^{\mu\nu}$$

$$\mathcal{L}_{int} = -e\,\bar{\psi}\gamma^\mu\psi A_\mu$$

此處採用“高斯單位（Gaussian units）”，而c為“光速”，m為電子的“靜質”。ψ與$\bar{\psi}\equiv\psi^\dagger\gamma^0$分別為“電子場符（electron field operator）”與其“伴軛（adjoint conjugate）”，其物理意義請參閱本章〈第六・六・F 小節 場符運作〉；$F^{\mu\nu}\equiv\partial^\mu A^\nu-\partial^\nu A^\mu$為光子場的“場強符（field-strength operator）”；$A^\mu\equiv(\phi,\boldsymbol{A})$為“四勢（four-potential）”，而$\phi$為“標勢”，$\boldsymbol{A}$為“矢勢”；$\gamma^\mu\equiv(\gamma^0,\boldsymbol{\gamma})$為“狄拉克$\gamma$陣”，其“標準表象”為

$$\gamma^0 = \begin{pmatrix} \sigma_0 & 0 \\ 0 & -\sigma_0 \end{pmatrix}, \quad \boldsymbol{\gamma} = \begin{pmatrix} 0 & \boldsymbol{\sigma} \\ -\boldsymbol{\sigma} & 0 \end{pmatrix}$$

此處$\{\sigma_0,\boldsymbol{\sigma}\}$為2×2“泡利基（Pauli basis）”，其中σ_0為2×2恆等陣。

B. 電子的光子場方程

若將“拉格朗治密度”$\mathcal{L}$對“四勢”A^μ作“變分”，則我們可以得到“場強符”$F^{\nu\mu}$所滿足的方程，

$$\partial_\nu F^{\nu\mu} = \frac{4\pi}{c} j^\mu$$

此即為光子場所滿足的方程，稱為“電子的光子場方程（equation of photon field for electron）”。此處“電四流（electric 4-current）”$j^\mu \equiv (c\rho, \boldsymbol{j})$定義為

$$j^\mu \equiv ec\,\bar{\psi}\gamma^\mu\psi$$

而ρ與$\boldsymbol{j}$分別為“電荷密（electric charge-density）”與“電流密（electric current-density）”。電四流j^μ必然滿足“連續方程（continuity equation）”，

$$\partial_\mu j^\mu = 0$$

此式可直接通過“場方程（field equation）”得到，它也說明了“電荷流守恆（charge-current conservation）”的必然性。

電場$\boldsymbol{E}$與磁場$\boldsymbol{B}$，可以利用四勢$A^\mu \equiv (\phi, \boldsymbol{A})$表達為

$$\boldsymbol{E} = -\nabla\phi - \frac{1}{c}\frac{\partial \boldsymbol{A}}{\partial t}$$

$$\boldsymbol{B} = \nabla \times \boldsymbol{A}$$

因此，本小節第一式就是“非齊次麥克斯韋方程（inhomogeneous Maxwell equations）”，

$$\nabla \cdot \boldsymbol{E} = 4\pi\rho$$

$$\nabla \times \boldsymbol{B} - \frac{1}{c}\frac{\partial \boldsymbol{E}}{\partial t} = \frac{4\pi}{c}\boldsymbol{j}$$

此兩式分別表達“庫倫律(Coulomb law)”與“安培律(Ampere law)”。在“洛倫茲規(Lorentz gauge)”下，四勢A^μ滿足“洛倫茲條件(Lorentz condition)”$\partial_\mu A^\mu = 0$。因此，利用本小節第一式與$F^{\nu\mu} \equiv \partial^\nu A^\mu - \partial^\mu A^\nu$，我們可以得到$A^\mu$所滿足的“波動方程(wave equation)”為

$$\partial_\nu \partial^\nu A^\mu = \frac{4\pi}{c} j^\mu$$

然而，在處理“輻射過程(radiation process)”時，我們一般採用“庫倫規 (Coulomb gauge)”，又稱“橫規(transverse gauge)”或“輻射規(radiation gauge)”，此時“矢勢”$\boldsymbol{A}$滿足$\nabla \cdot \boldsymbol{A} = 0$。

我們還可以利用“場強符”$F_{\sigma\lambda}$，定義“伴場強符(dual field-strength operator)”$\mathcal{F}^{\mu\nu}$為

$$\mathcal{F}^{\mu\nu} \equiv \frac{1}{2}\varepsilon^{\mu\nu\sigma\lambda} F_{\sigma\lambda}$$

此處$\mu, \nu, \sigma, \lambda$代表$0,1,2,3$或$ct, x, y, z$，而$\varepsilon^{\mu\nu\sigma\lambda}$為“單位反稱四階張量(unit antisymmetric fourth-rank tensor)”，其定義為

$$\varepsilon^{\mu\nu\sigma\lambda} \equiv \begin{cases} 1, & \mu\nu\sigma\lambda \text{為}0123\text{之偶置換} \\ -1, & \mu\nu\sigma\lambda \text{為}0123\text{之奇置換} \\ 0, & \text{其他} \end{cases}$$

場強符$F^{\mu\nu}$與$F_{\sigma\lambda}$的關係為$F^{\mu\nu} = g^{\mu\sigma} g^{\nu\lambda} F_{\sigma\lambda}$，$g^{\mu\nu}$為“量度張量”，其定義請參閱本書〈附錄二・六・B 小節 量度張量〉；伴場強符$\mathcal{F}^{\nu\mu}$的分量，在形式上可以通過對場強符$F^{\nu\mu}$作$\boldsymbol{E} \to \boldsymbol{B}$與$\boldsymbol{B} \to -\boldsymbol{E}$替換得到。“伴場強符”$\mathcal{F}^{\mu\nu}$必然滿足如下方程，

$$\partial_\mu \mathcal{F}^{\mu\nu} = 0$$

此式即為“齊次麥克斯韋方程（homogeneous Maxwell equations）”，而在一般電磁學教科書裏則寫為

$$\nabla \cdot \boldsymbol{B} = 0$$

$$\nabla \times \boldsymbol{E} + \frac{1}{c}\frac{\partial \boldsymbol{B}}{\partial t} = 0$$

此處第一式表達“無磁單極（absence of magnetic monopole）”的經驗事實，第二式為“法拉第律（Faraday law）”。

將本小節第一式的“非齊次”與上述“齊次”麥克斯韋方程結合，所構成的“方程組”，一般統稱為真空裏的“麥克斯韋方程”。於採行適當的電磁單位下，在介質裏的“麥克斯韋方程”，可“提綱式”地簡寫為

$$\nabla \cdot \boldsymbol{D} = \rho$$

$$\nabla \times \boldsymbol{E} + \frac{\partial \boldsymbol{B}}{\partial t} = 0$$

$$\nabla \cdot \boldsymbol{B} = 0$$

$$\nabla \times \boldsymbol{H} - \frac{\partial \boldsymbol{D}}{\partial t} = \boldsymbol{j}$$

在“均勻線性介質”裏，此處 $\boldsymbol{D} = \varepsilon \boldsymbol{E}$ 為“電位移矢（electric displacement vector）”，$\boldsymbol{H} = \boldsymbol{B}/\mu$ 為“磁場”，而 $\boldsymbol{E}$ 與 $\boldsymbol{B}$ 分別為“電場強度（electric field-intensity）”與“磁場強度（magnetic field-intensity）”。但在早期，人們卻稱 $\boldsymbol{H}$ 為“磁場強度”，$\boldsymbol{B}$ 為“磁感應強度（magnetic induction intensity）”。

值得指出的是，<u>麥克斯韋</u>（J. C. Maxwell, 1831-1879）最關鍵的貢獻是引進“位移電流（displacement current）”$\partial \boldsymbol{D}/\partial t$，從而導出了形式簡潔優美對稱且符合“洛倫茲轉換”的麥克斯韋方程。與“位移電流”相對應，$\boldsymbol{j}$ 稱為“導電流密（conduction-current density）”，但在不致混淆情況下，逕稱為“電流密”。關於此的詳細討論，請參閱電磁學專書。

C. 狄拉克方程

若將本節一開始定義的“拉格朗治密度”$\mathcal{L}$對“電子場符”ψ的“伴軛”$\bar{\psi}$作“變分”，則我們可以得到“電子場符”ψ所滿足的方程，

$$\gamma^{\mu}\left(ic\partial_{\mu}-eA_{\mu}\right)\psi-mc^{2}\psi=0$$

稱為“電子場方程（equation of electron field）”，這與“相對量子力學”裏“波函”ψ所滿足的狄拉克方程，在形式上完全一致，請參閱本書〈第五・七節　狄拉克方程的解〉與〈第五・八・A 小節　慣性座的狄拉克方程〉。只不過這裏是從“量子場論”的觀點來看待：將“波函”ψ解釋為 “場符”ψ。

在“電子光子場”裏，要想描述其“動力行為”，就必須求解“電子場方程”與“光子場方程”的“耦合方程組”，即一併求解聯立的“狄拉克方程”與“麥克斯韋方程”。

然而，請特別注意，由於此“輻射場（radiation field）”A_{μ}由電子所造成，且與“電四流”j^{μ}相互耦合，所以不能把輻射場A_{μ}當作“外加場”來處理，而必須當作此動力系統“稟賦”的場。

例如，在“光離”過程中，我們必須把入射光子場與出射電子場，作為整個“碰撞系統（colliding system）”本身所具有的場來處理。換而言之，可首先求解含“輻射場”A_{μ}的狄拉克方程，以得到電四流j^{μ}。針對“類氫原子”而言，此A_{μ}加上原子核造成的四勢A_{μ}^{ext}後，其所滿足的場方程為

$$\gamma^{\mu}\left(ic\partial_{\mu}-eA_{\mu}-eA_{\mu}^{ext}\right)\psi-mc^{2}\psi=0$$

即通過將電子場方程中的A_{μ}改為$A_{\mu}+A_{\mu}^{ext}$，就自然地包含了“輻射躍遷過程（radiative transition process）”。然而，在求解電子場符ψ時，可僅保留原子核所造成的A_{μ}^{ext}，因為相對於A_{μ}^{ext}，由電子本身所造成的A_{μ}甚小，可忽略。若將此時的A_{μ}當作“微擾”來處理，則“自發輻射（spontaneous emission）”過程的合理性才能得到解釋。

D. 應用

在量子電動力學架構下，我們可以處理絕大部分日常遇到的物理問題。本書〈第七章 量子碰撞理論〉與〈第八章 量子躍遷方程〉，將在形式上探討這些問題的“精確解”。然而，直接求解“耦合多體方程（coupled many-body equations）”有實際的困難。在“數學”上，一般採用微擾的方式展開為無窮級數，再逐項計算。

確切地說，我們退而求其次，在量子場論裏，利用“傳播子（propagator）”，以“費曼圖（Feynman diagram）”來分析物理過程，也就是將物理過程分解為“協變微擾理論（covariant perturbation theory）”裏，數學展開式所對應的衆多費曼圖。如此，確實提供了更直觀且簡單易懂的物理圖像；然而在物理概念上，卻不宜將一個實際的“物理整體過程”，人為地當成無限多個假想的“數學組合過程”。這方面的處理方式，請查閱有關“費曼圖”的專著。

第七章 量子碰撞理論

本書前五章已經推導出“相對量子力學”，第六章介紹了“量子場論”的基礎理論，拓展了量子力學的應用範圍。本章將以“量子碰撞理論（quantum collision theory）”為例，來展示“相對量子力學”與“量子場論”的應用。

宇宙萬事萬物的現象，無非就是物理系統“平衡過程（equilibrium process）”的呈現，而任何“熱力系統（thermodynamic system）”皆是通過“碰撞”來趨於“平衡態（equilibrium state）”。事實上，關於“碰撞”的研究很多，例如：探討基本相互作用、多體系統“相關效應（correlation effect）”等。除了對“碰撞”過程的基礎研究外，碰撞過程還廣泛應用於天體物理、等離子體物理、與輻射物理。由於大多數的碰撞過程研究，都是針對“截面（cross sections）”，因此人們往往忽略了，要全面理解“碰撞動力學（collision dynamics）”，所必須探討的一些重要細節。例如，碰撞學中的“極化（polarization）”與“角佈（angular distribution）”，能夠揭示碰撞動力學裏相當重要的許多“相干信息（coherent information）”。

本章，我們將利用“波包碰撞（wave-packet collision）”，來描述碰撞過程裏的“基本反應（elementary reaction）”。由於“波包（wave packet）”往往可代表在特定實驗條件下的實際物理系統，因此它能夠與實驗條件明確對應，但又不失其物理嚴謹性。此外，我們將簡單介紹，碰撞學裏的“極化”與“角佈”。從基本理論開始，我們就採用“旋性表述（helicity formalism）”，以描述“碰撞系統（colliding systems）”的“自旋極化（spin polarization）”及其精細結構，而此方法特別適用於粒子間的“高能碰撞（high-energy collision）”。

一• 量子碰撞基本理論

A. 碰撞過程的一般描述
B. 基本反應
C. 密陣表述

二• 孤立系統的演化

A. 物理態的波包描述
B. 基態
C. 波函規化
D. 波包函
E. 波包演化
F. μ 個波包演化

三• 粒子碰撞演化

A. 作物碰撞
B. 作用動象
C. 作物融合
D. 相干態
E. 產物生成
F. 散射幅
G. 散射陣
H. 反應觀測

四• 旋性表述

A. 球座
B. 光子極化
C. 電子極化
D. 相對論性旋態
E. 極化密陣

五• 量子碰撞方程

A. 碰撞參考座
B. 密陣碰撞方程

六• 原子碰撞範例

A. 非極化原子光離
B. 原子電捕熒光
C. $J = 1/2$ 極化原子光離
D. 多極躍遷光離
E. 碰撞的雙角關聯
F. 二元反應

七• 碰撞類型間的對稱

A. 躍遷概率守恆
B. 輻射躍遷的協變性
C. 光吸收與光輻射
D. 光離與電捕熒光

八• 碰撞理論總結

七・一 量子碰撞基本理論

物理學研究的是，宇宙的本質及其規律。宇宙中存在的一切東西，在本質上皆為“粒”，且皆遵循“波”的規律，我們稱之為“波粒二象性”。就此意義上來說，我們可以把任何物理系統稱為“粒子”，它要麼是“基本粒子”，要麼是“複合粒子”，例如：電子、光子、中子、原子、分子、團簇等，甚至宏觀的“東西”。所有的物理與化學現象，“本質”上都涉及“粒子”碰撞，且其過程必然嚴格遵循“波”的“規律”。

A. 碰撞過程的一般描述

具體來說，在量子力學裏，我們以“波函”$\Psi(t)$來描述所有參與碰撞的粒子，再以波函疊加成眾多“波包”，以對應整個碰撞系統。唯有如此，我們才能將碰撞過程的數學描述，與真實的物理過程作嚴格對應，且不失其數學嚴謹性。

由於本章主要針對的範例，是物質間的“電磁作用”，因此我們將探討由電子、質子、原子核、與光子所組成的系統。在描述上，我們將以“量子場論”來表述電子場與光子場的相互作用，而在“原子尺度”範圍，既忽略原子核內的超微觀效應，包括“強核作用”與“弱核作用”，又忽略超宏觀的“引力作用”。不過，本章的理論架構，應當也能推廣應用於任何相互作用的碰撞過程。

為了不失一般性，我們將始終採行“旋性表述”。若需近似處理，則可作“泡利近似（Pauli approximation）”〔見本章〈第七・四・D 小節 相對論性旋態(2)〉〕，甚至考慮其“非相對論極限”。

採用旋性表述，有如下優點：

(i) 包含所有高階“相對論效應（relativistic effects）”，特別是針對高能物理問題。
(ii) 在不同慣性座間，可作洛倫茲轉換，這也與光子場的處理方式一致。

(iii) 可有效處理粒子的“產生”與“湮滅”。

(iv) 可更簡潔且優美地分析極化現象。

B. 基本反應

假設我們所考慮的複合系統，一開始分為μ個獨立部分，統稱為“反應物”或“作物（reactants）”$\mathcal{R}$，隨後因其各部分的初始運動條件，而融合在一起。假設碰撞融合後，此複合系統又接著分離為ν個獨立部分，統稱為“生成物”或“產物（products）”$\mathcal{P}$。如果我們對作物$\mathcal{R}$與產物$\mathcal{P}$進行全面觀測分析，就可以得到碰撞成份間相互作用的訊息。

此類“碰撞過程”，或稱“反應”，當然也包括，在某特定時刻，一個不穩定系統分解衰變為兩個或更多部分。對衰變產物進行觀測，就可獲得複合系統內各部分間相互作用的訊息。

具體而言，假設某“基本反應”可表示為

$$\mathbf{A} + \mathbf{B} + \mathbf{C} + \cdots \longrightarrow \mathbf{F} + \mathbf{G} + \mathbf{H} + \cdots$$

此處$\{\mathbf{A},\mathbf{B},\mathbf{C},\cdots\}$所代表的$\mu$個粒子為“作物”$\mathcal{R}$，而$\{\mathbf{F},\mathbf{G},\mathbf{H},\cdots\}$所代表的$\nu$個粒子為“產物”$\mathcal{P}$。再次強調，如前所述，這裏所謂的粒子$\{\mathbf{A},\mathbf{B},\mathbf{C},\cdots;\mathbf{F},\mathbf{G},\mathbf{H},\cdots\}$，可以是基本粒子，如電子、光子、質子…，也可以是複合粒子，如原子、原子核、分子…，或任何“東西”。此類反應可以描述熒光現象、原子電離、電荷轉移、或一般化學反應等。其碰撞過程可用下圖示意：

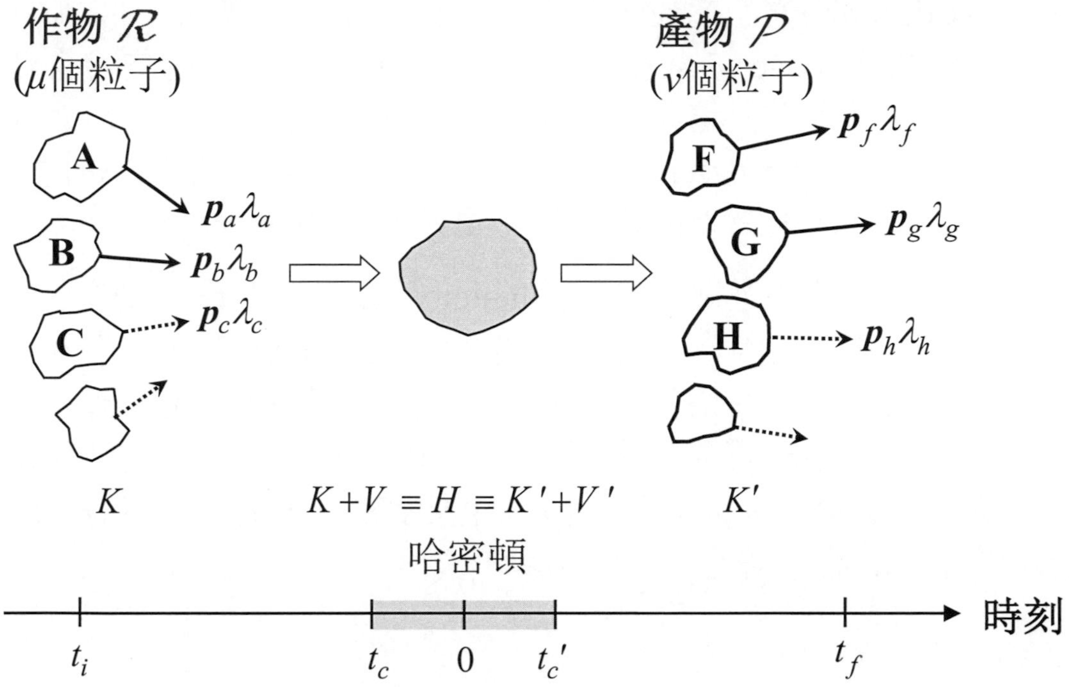

此處t_i為μ個“作物”處於完全分離狀態下的某時刻，t_f為ν個“產物”處於完全分離狀態下的某時刻。t_c為μ個作物開始融合而其間相互作用$V\neq 0$的時刻；$t=0$為所有作物與產物的波包處於最大重疊的時刻；而t_c'為ν個產物完全分離而其間相互作用$V'=0$的時刻。

C. 密陣表述

不論是作物或產物，任何一個粒子的“態”，皆可以利用“密符（density operator）”ρ表示，故又稱為“態符（state operator）”，

$$\rho=\sum_{mn}\rho_{mn}|\phi_m\rangle\langle\phi_n|$$

此處ρ_{mn}為密符ρ在某“正規基（orthonormal basis）”$\{|\phi_n\rangle\}$上的“陣元（matrix element）”。因此，“密符”ρ的矩陣表象，也可稱為“密陣（density matrix）”$\rho\equiv(\rho_{mn})$。

不論粒子是處於“純態”或“混態”，“密陣”ρ皆“恰描

述（just-describe）”此粒子的態。相比之下，“態矢”$|\psi\rangle$卻一方面“超描述（over-describe）”此粒子的態，因為態矢可含任意“全相位因子”，這是實驗上測不到的；而另一方面，態矢又“略描述（under-describe）”粒子的系綜本質。然而，密陣ρ所提供的信息，則為“恰描述”，正好不多也不少。

此外，我們將選擇“旋態（helicity states）”作為密符ρ矩陣表象的“基”，因為“旋性表述（helicity formalism）”不僅其數學形式優美，在洛倫茲轉換下有簡單的轉換公式，而且不論是有靜質或零靜質的粒子皆一概適用。在上圖中，我們就是以動量和“旋量（helicity）”$\{\boldsymbol{p}_a, \lambda_a\}$表示粒子**A**的態，以$\{\boldsymbol{p}_b, \lambda_b\}$表示粒子**B**的態，等等。

七・二　孤立系統的演化

A. 物理態的波包描述

假設某物理系統與宇宙其它部分的相互作用可忽略，則我們稱此系統為“孤立系統（isolated system）”。在理論處理實際現象時，我們常將系統局限於某個位置範圍內，並假設此系統與宇宙其它部分無相互作用，而局限於這有限位置範圍內的系統，可用“波包”來描述。

為了研究波包隨時刻t的演化，我們通常利用某些“基態（basis states）”將波包展開。因為系統哈密頓H的徵態，隨t的演化比較單純，所以我們選擇H的徵態為基態。在一般碰撞過程中，由於波包沿直線運動，因此，我們也選擇$\boldsymbol{P}$的徵態為基態。事實上，我們也很容易證明，孤立系統的“總哈密頓”H，與其“總動符”$\boldsymbol{P}$對易，

$$[H, \boldsymbol{P}] = 0$$

這不難理解：根據〈第四・八・F 小節　態換子的物理意義〉，由於“總哈密頓”就是“總時移子”，而“總動符”就是“總

位移子”，對均勻時空裏的孤立系統而言，它們本該對易。

為了明確表達基態，我們也考慮與$\{H, \boldsymbol{P}\}$皆對易的其他一切獨立相容測符A，從而以“完備相容測符集”$\{H, \boldsymbol{P}, A\}$的一切“共徵態”作為“基態”。於隨後討論中，在不致混淆的情況下，以“波包”描述的單個孤立系統，我們皆簡稱其為“粒子”。

B. 基態

我們選擇粒子的“基態”為

$$\chi_{\boldsymbol{q}a} \equiv \chi_{\boldsymbol{q}a}(\boldsymbol{r}) = \frac{1}{\sqrt{(2\pi)^3}} e^{i\boldsymbol{q}\cdot\boldsymbol{r}} u_{\boldsymbol{q}a}$$

請參閱本書〈第五・七・C 小節　自由空間的基態〉。此處$(2\pi)^{-3/2}$為“狄拉克δ函”的規化因子，即一般連續態常用的規化因子；$\boldsymbol{q}$與$\boldsymbol{r}$分別為“動心座（center-of-momentum frame 或 CM frame）”裏，粒子的動量與座標；在形式上，a代表所需的其它一切測符A的徵值。為標記簡潔，我們採用某特定“單位”，使得$\hbar = 1$。關於“連續態規化”與“動心座”的定義，將容後詳細說明。

上式中的$u_{\boldsymbol{q}a}$，為描述粒子“內部結構（internal structure）”的波函。在一般情況下，“內部結構”的波函$u_{\boldsymbol{q}a}$也與動量$\boldsymbol{q}$有關，其規化條件為

$$u^{\dagger}_{\boldsymbol{q}a'} u_{\boldsymbol{q}a} = \delta_{a'a}$$

若粒子是一個分子，則$u_{\boldsymbol{q}a}$就是描述分子轉動、振動、極化、與電子態的波函。若粒子是一個原子，則$u_{\boldsymbol{q}a}$就是描述原子所有電子態的波函。若粒子是一個電子，則$u_{\boldsymbol{q}a}$就是此電子的“稟賦波函（intrinsic wavefunction）”。

在甚早於碰撞前，假設此粒子的“哈密頓”為K，因此，基態$\chi_{\boldsymbol{q}a}$滿足如下共徵程，

$$K\chi_{\boldsymbol{q}a} = \varepsilon_{\boldsymbol{q}a}\chi_{\boldsymbol{q}a}$$

$$P\chi_{qa} = q\chi_{qa}$$

而其規化條件為

$$\int d^3r\ \chi^{\dagger}_{q'a'}\chi_{qa} = \delta^3(q'-q)\delta_{a'a}$$

此處我們應該注意，能量ε_{qa}與動量q滿足“能動關係（energy-momentum relation）”，

$$\varepsilon^2_{qa} \equiv M^2c^4 = m^2c^4 + q^2c^2$$

此處m為粒子的“等效靜質（effective restmass）”，而M為對應的“等效動質（effective relativistic mass）”。若粒子有稟賦結構，則靜質m還應包括與u_{qa}有關的內部“作用能（interaction energy）”；因此，能量ε_{qa}與a的相關性，隱含於m。

C. 波函規化

在“位空間”裏，找到粒子的總概率是有限的，此約束條件意味着，描述實際“物理”粒子的波函$\psi(x,t) \equiv \langle x|\psi(t)\rangle$，其模$\|\psi(t)\|$必須是有限的，

$$\begin{aligned}\|\psi(t)\|^2 &\equiv \langle\psi(t)|\psi(t)\rangle \\ &= \int d^3x\ \langle\psi(t)|x\rangle\langle x|\psi(t)\rangle \\ &\equiv \int d^3x\ |\psi(x,t)|^2\ < \infty\end{aligned}$$

此處，“∞”為“擴實數系（extended real-number system）”$[-\infty,\infty]$裏的“虛點（virtual point）”，它並非一切有限實數組成的“實數系”$(-\infty,\infty)$裏的點。此種“物理波函（physical wavefunction）”可規化為 1，特稱為“可模規（norm normalizable）”。

然而，有些“數學波函（mathematical wavefunction）”的模並非有限，但其廣泛應用於量子力學的“配備希空間（rigged Hilbert space）”裏。例如，動量徵態$\langle x|p\rangle = (2\pi)^{-3/2}e^{ip\cdot x}$。為了數學運算處理方便，我們在基態裏，也包含此類“模無窮大”的波函，此類波函可通過“狄拉克δ函”來規化，關於“狄拉克δ

函”的定義，請參閱本書〈附錄五 狄拉克δ函〉。然而，值得注意的是，在散射理論裏，對“模規（norm normalization）”即“克羅內克δ規（Kronecker-δ normalization）”波函的某些結論，對“狄規（D-normalization）”即“狄拉克δ規（Dirac-δ normalization）”波函卻不適用。測符的一切“離散”徵態，模皆有限，可通過“克羅內克δ函（Kronecker-δ function）”規化，而其“連續”徵態只能通過“狄拉克δ函”規化。在位空間裏，離散徵態也稱為“束縛態”，連續徵態也稱為“散射態”。

在散射理論裏，“連續徵態”可以在不同“尺度（scale）”上作規化，常見的有三類：

(i) 位置尺（position scale）： $\langle \boldsymbol{x}|\boldsymbol{x}_0\rangle$

$$\int d^3x\langle \boldsymbol{x}_0'|\boldsymbol{x}\rangle\langle \boldsymbol{x}|\boldsymbol{x}_0\rangle = \delta^3\left(\boldsymbol{x}_0'-\boldsymbol{x}_0\right)$$

(ii) 動量尺（momentum scale）：$\langle \boldsymbol{x}|\boldsymbol{p}\rangle$

$$\int d^3x\langle \boldsymbol{p}'|\boldsymbol{x}\rangle\langle \boldsymbol{x}|\boldsymbol{p}\rangle = \delta^3\left(\boldsymbol{p}'-\boldsymbol{p}\right)$$

(iii) 能量尺（energy scale）： $\langle \boldsymbol{x}|E\rangle$

$$\int d^3x\langle E'|\boldsymbol{x}\rangle\langle \boldsymbol{x}|E\rangle = \delta^3(E'-E)$$

在建構自由粒子的“波包態（wave-packet state）”時，動量徵態$\langle \boldsymbol{x}|\boldsymbol{p}\rangle$非常有用，而能量徵態$\langle \boldsymbol{x}|E\rangle$，可用於計算“束縛態”的“陣元”。這些不同的規化之間，具有如下轉換關係，

$$\delta^3\left(\boldsymbol{p}'-\boldsymbol{p}\right) = \frac{1}{p^2}\delta\left(p'-p\right)\delta^2\left(\hat{\boldsymbol{p}}'-\hat{\boldsymbol{p}}\right)$$

$$\delta\left(p'-p\right) = \left|\frac{dE}{dp}\right|\delta(E'-E) = \frac{p}{|E|}\delta(E'-E)$$

此處$p=|\boldsymbol{p}|$， $\hat{\boldsymbol{p}}=\boldsymbol{p}/|\boldsymbol{p}|$。

正如在經典力學裏作“量綱分析（dimension analysis）”時，一般物理量可用“基本物理量”來作分類，如“質量”M、“長度”L、“時間”T、“電流”I等。我們將用“量綱”來分析

“可規矢（normalizable vector）”，而配備希空間裏的可規矢，既可為克羅內克δ規，也可為狄拉克δ規。於是，我們有如下“量綱分析”結果：

(i) 若$|\boldsymbol{x}\rangle$滿足$\langle \boldsymbol{x}'|\boldsymbol{x}\rangle = \delta^3(\boldsymbol{x}'-\boldsymbol{x})$，則

$$|\boldsymbol{x}\rangle \sim \frac{1}{\sqrt{d^3x}}$$

(ii) 若$|\boldsymbol{p}\rangle$滿足$\langle \boldsymbol{p}'|\boldsymbol{p}\rangle = \delta^3(\boldsymbol{p}'-\boldsymbol{p})$，則

$$|\boldsymbol{p}\rangle \sim \frac{1}{\sqrt{d^3p}}$$

(iii) 若$|E\rangle$滿足$\langle E'|E\rangle = \delta(E'-E)$，則

$$|E\rangle \sim \frac{1}{\sqrt{dE}}$$

因此，波函$\psi(\boldsymbol{x},t) \equiv \langle \boldsymbol{x}|\psi(t)\rangle$的量綱為$1/\sqrt{d^3x}$，由此可得

$$|\psi(\boldsymbol{x},t)|^2 \equiv \langle \psi(t)|\boldsymbol{x}\rangle\langle \boldsymbol{x}|\psi(t)\rangle \sim \frac{1}{d^3x}$$

這與通常的解釋一致，即：於某特定時刻t，在位置$\boldsymbol{x}$的鄰域內找到粒子的“概密（probability density）”為$|\psi(\boldsymbol{x},t)|^2$。類此，波函$\langle \boldsymbol{x}|E\rangle$與$\langle \boldsymbol{x}|\boldsymbol{p}\rangle$的量綱如次：

$$\langle \boldsymbol{x}|E\rangle \sim \frac{1}{\sqrt{d^3x\, dE}}$$

$$\langle \boldsymbol{x}|\boldsymbol{p}\rangle \sim \frac{1}{\sqrt{d^3x\, d^3p}}$$

D. 波包函

在位空間裏，一個動量為$\boldsymbol{p}$的粒子，其“概幅（probability amplitude）”具有如下波包形式，

$$X_a \equiv X_{pa}(\boldsymbol{r}) = G(\boldsymbol{r})\chi_{pa}$$

此處“包絡函（envelope function）” $G(\boldsymbol{r}) \equiv G_{\boldsymbol{d}}(\boldsymbol{r})$的中心為$\boldsymbol{r}=\boldsymbol{d}$、體積為$V_0$，而在體積$V_0$外隨即平滑減小至零。因此，在空間內找到粒子的概率，就局限於以$\boldsymbol{r}=\boldsymbol{d}$為中心的體積$V_0$內。就微尺度而言，我們所談的波包卻很大，或者更明確地說，波包的“線寬（linear width）” W甚大於粒子的“德布羅意波長（de Broglie wavelength）” $h/|\boldsymbol{p}|$，

$$W \gg \frac{h}{|\boldsymbol{p}|}$$

此處W就是前式中包絡函$G(\boldsymbol{r})$的尺寸大小。

假設此波包$X_a \equiv X_{pa}(\boldsymbol{r})$已規化為 1，即$\int d^3r\ X_{pa}^\dagger(\boldsymbol{r}) X_{pa}(\boldsymbol{r}) = 1$，則利用$u_{pa}^\dagger u_{pa} = 1$可得

$$\int d^3r\ |G(\boldsymbol{r})|^2 = (2\pi)^3$$

我們以基態χ_{qa}將波包X_a展開為

$$X_a = \int d^3q\ A(\boldsymbol{q}) \chi_{qa}$$

此處$A(\boldsymbol{q})$為“動量佈函（momentum distribution function）”，也稱為“動量空間（momentum space）”裏的“波函”。利用本章〈第七・二・B 小節 基態〉裏的第一式與本小節第一式，可將此波函$A(\boldsymbol{q})$寫為

$$\begin{aligned} A(\boldsymbol{q}) &\equiv A_{\boldsymbol{p}}(\boldsymbol{q}) = \int d^3r\ \chi_{qa}^\dagger X_a \\ &= \frac{1}{(2\pi)^3} \int d^3r\ e^{-i(\boldsymbol{q}-\boldsymbol{p})\cdot \boldsymbol{r}} G(\boldsymbol{r}) u_{qa}^\dagger u_{pa} \end{aligned}$$

而其規化條件為

$$\int d^3q\ |A(\boldsymbol{q})|^2 = 1$$

“假設”在前式$G(\boldsymbol{r}) \neq 0$的d^3r積分範圍內，稟賦結構u_{qa}對於動量$\boldsymbol{q}$的變化可忽略，從而$u_{qa}^\dagger u_{pa} \approx u_{pa}^\dagger u_{pa} = 1$，則我們可得到$A(\boldsymbol{q})$與$G(\boldsymbol{r})$間的“傅立葉轉換（Fourier transformation）”，

$$A(\boldsymbol{q}) \approx \frac{1}{(2\pi)^3} \int d^3r\ e^{-i(\boldsymbol{q}-\boldsymbol{p})\cdot \boldsymbol{r}}\ G(\boldsymbol{r})$$

然而，在當前討論中，我們卻沒必要作如此假設。

在動量空間裏，波函 $A(\boldsymbol{q})$ 是中心為 $\boldsymbol{q}=\boldsymbol{p}$ 的動量波包，其寬度約為 h/W，也就是說，動量波包在 $\boldsymbol{p}$ 值附近的分佈寬度約為 $|\Delta\boldsymbol{q}|=h/W$，必然滿足“位動不確定關係”。因為在位空間裏，我們已經假設波包的尺寸 W 甚大於粒子的德布羅意波長 $h/|\boldsymbol{p}|$，所以我們得到

$$|\boldsymbol{p}| \gg \frac{h}{W} = |\Delta\boldsymbol{q}|$$

這個條件也確保在宏條件下，波包的“形狀變化”通常可忽略不計。當然，“波包”絕非哈密頓 K 或動符 $\boldsymbol{P}$ 的“徵態”。

E. 波包演化

對於一個哈密頓為 K 的孤立粒子，若 $t=0$ 時刻描述此粒子的波包為 X_a，則任意時刻 t 的波包 $\phi_a(t)$，就可明確寫為

$$\begin{aligned}\phi_a(t) &= e^{-iKt}\phi_a(0) = e^{-iKt}X_a \\ &= \int d^3q\, A(\boldsymbol{q})e^{-i\varepsilon_{qa}t}\chi_{\boldsymbol{q}a}\end{aligned}$$

此處最後利用了 $K\chi_{\boldsymbol{q}a}=\varepsilon_{\boldsymbol{q}a}\chi_{\boldsymbol{q}a}$ 與 $X_a=\int d^3q\, A(\boldsymbol{q})\chi_{\boldsymbol{q}a}$。我們將 $\varepsilon_{\boldsymbol{q}a}$ 對 $\boldsymbol{p}$ 作“泰勒展開（Taylor’s expansion）”，

$$\varepsilon_{\boldsymbol{q}a} = \varepsilon_{\boldsymbol{p}a} + (\boldsymbol{q}-\boldsymbol{p})\cdot\boldsymbol{\upsilon} + O(\boldsymbol{q}-\boldsymbol{p})^2$$

此處 $\boldsymbol{\upsilon}$ 為波包的“群速（group velocity）”，

$$\boldsymbol{\upsilon} \equiv \nabla_{\boldsymbol{p}}\,\varepsilon_{\boldsymbol{p}a}$$

假設波包隨時刻 t 擴散或收縮的高階效應，可忽略不計，則我們可得

$$\begin{aligned}\phi_a(t) &\approx e^{-i\varepsilon_{pa}t}\int d^3q\, A(\boldsymbol{q})e^{-i(\boldsymbol{q}-\boldsymbol{p})\cdot\boldsymbol{\upsilon}t}\chi_{\boldsymbol{q}a} \\ &= e^{-i\varepsilon_{pa}t}G(\boldsymbol{r}-\boldsymbol{\upsilon}t)\chi_{\boldsymbol{p}a}\end{aligned}$$

$$\varepsilon_{\boldsymbol{q}a} = \varepsilon_{\boldsymbol{p}a} + (\boldsymbol{q}-\boldsymbol{p})\cdot\boldsymbol{\upsilon} + O(\boldsymbol{q}-\boldsymbol{p})^2$$

此處利用了$\int d^3q\, A(\boldsymbol{q})\chi_{\boldsymbol{q}a} = X_a = G(\boldsymbol{r})\chi_{\boldsymbol{p}a}$。換而言之，若波包的擴散或收縮可忽略，則波包的“包絡函”$G(\boldsymbol{r}-\boldsymbol{\upsilon}t)$就大約形狀不變地，以群速$\boldsymbol{\upsilon}=\boldsymbol{p}/M$運動。也就是說，可找到粒子的區域，約略形狀不變地以速度$\boldsymbol{\upsilon}$運動。因此，我們已經證明，$\phi_a(t)$在$t=0$時刻的局域，約略代表一個形狀不變的波包以速度$\boldsymbol{\upsilon}$運動。

F. μ個波包演化

現在，我們將以上對單個波包的處理，推廣至$\mu>1$個波包的情況。假設初始這μ個粒子完全分離，它們之間沒有任何相互作用，此時系統的等效總哈密頓為K。與單個粒子情況類似，我們也可架構μ個粒子系統的波包態，僅需將單個粒子情況下的方程，作μ個粒子解釋即可，

$$\begin{aligned}
\chi_{\boldsymbol{q}a} &\equiv \chi_{\boldsymbol{q}_1 a_1}\cdots\chi_{\boldsymbol{q}_\mu a_\mu}\\
&\equiv \left[\frac{1}{(2\pi)^{3/2}}e^{i\boldsymbol{q}_1\cdot\boldsymbol{r}_1}u_{\boldsymbol{q}_1 a_1}\right]\cdots\left[\frac{1}{(2\pi)^{3/2}}e^{i\boldsymbol{q}_\mu\cdot\boldsymbol{r}_\mu}u_{\boldsymbol{q}_\mu a_\mu}\right]
\end{aligned}$$

$$\int d^3r\, G(\boldsymbol{r}) \equiv \int d^3r_1\cdots d^3r_\mu\, G_1(\boldsymbol{r}_1)\cdots G_\mu(\boldsymbol{r}_\mu)$$

$$\int d^3q\, A(\boldsymbol{q}) \equiv \int d^3q_1\cdots d^3q_\mu\, A_1(\boldsymbol{q}_1)\cdots A_\mu(\boldsymbol{q}_\mu)$$

$$\delta^3(\boldsymbol{q}'-\boldsymbol{q}) \equiv \delta^3(\boldsymbol{q}_1'-\boldsymbol{q}_1)\cdots\delta^3(\boldsymbol{q}_\mu'-\boldsymbol{q}_\mu)$$

$$K\chi_{\boldsymbol{q}a} = E_a\chi_{\boldsymbol{q}a}$$

$$K \equiv K_1+\cdots+K_\mu\,;\qquad E_a \equiv \varepsilon_{\boldsymbol{q}_1 a_1}+\cdots+\varepsilon_{\boldsymbol{q}_\mu a_\mu}$$

$$\boldsymbol{P}\chi_{\boldsymbol{q}a} = \boldsymbol{P}_a\chi_{\boldsymbol{q}a}$$

$$\boldsymbol{P} \equiv \boldsymbol{P}_1+\cdots+\boldsymbol{P}_\mu\,;\qquad \boldsymbol{P}_a \equiv \boldsymbol{q}_1+\cdots+\boldsymbol{q}_\mu$$

因此，這μ個粒子的波包態$\phi_a(t)$可寫為

$$\begin{aligned}
\phi_a(t) &= e^{-iKt}X_a\\
&\equiv e^{-i(K_1+\cdots+K_\mu)t}\left[G_1(\boldsymbol{r}_1)\chi_{\boldsymbol{p}_1 a_1}\right]\cdots\left[G_\mu(\boldsymbol{r}_\mu)\chi_{\boldsymbol{p}_\mu a_\mu}\right]\\
&\approx e^{-i\varepsilon_{\boldsymbol{p}a}t}G(\boldsymbol{r}-\boldsymbol{\upsilon}t)\chi_{\boldsymbol{p}a}\\
&\equiv e^{-i\varepsilon_{\boldsymbol{p}_1 a_1}t}G_1(\boldsymbol{r}_1-\boldsymbol{\upsilon}_1 t)\chi_{\boldsymbol{p}_1 a_1}\cdots e^{-i\varepsilon_{\boldsymbol{p}_\mu a_\mu}t}G_\mu(\boldsymbol{r}_\mu-\boldsymbol{\upsilon}_\mu t)\chi_{\boldsymbol{p}_\mu a_\mu}
\end{aligned}$$

現就以上各式中的參量，作如下幾點說明：

(i) 以總哈密頓 K 與總動符 $\boldsymbol{P}$ 的共徵態 $\chi_{\boldsymbol{q}a}$，作為 μ 個粒子的基態；E_a 為總能量，而 $\boldsymbol{P}_a$ 為總動量。

(ii) X_a 為 μ 個粒子於 $t=0$ 時刻的波包，而 $\phi_a(t)$ 為 μ 個粒子於任意 t 時刻的波包。

(iii) $A(\boldsymbol{q})$ 為 μ 個粒子的“動量佈函”，$G(\boldsymbol{r})$ 為 μ 個粒子的“包絡函”，而 $\boldsymbol{\upsilon}$ 為 μ 個粒子的波包運動速度，即“群速”。

七・三 粒子碰撞演化

A. 作物碰撞

假設大約在 $t=0$ 時刻前後，這 μ 個粒子間發生碰撞。也就是說，在 $t=0$ 時刻全部這 μ 個波包深度重疊。因此，這 μ 個粒子所構成的作物系統 $\mathcal{R}$，其總哈密頓可寫為

$$H \equiv K + V$$

此處假設相互作用 V 的作用範圍為 R。因此，若這 μ 個粒子的間距皆大於 R，則 V 運作於這些粒子的“態矢”，就會得到“零矢（null vector）”。換而言之，粒子間距“皆”大於 R 的一切態，構成此碰撞過程所對應“希空間”裏的一個“子空間”，在此子空間裏，我們會得到 $H=K$。

B. 作用動象

當 $t<t_c$ 時，這 μ 個波包完全分離，則其“波函” $\Psi(t)$ 隨 t 的演化為

$$\Psi(t) = e^{-iK(t-t_i)}\Psi(t_i)$$

此處 t_i 為 $t<t_c$ 內的任何時刻。

為了將$\Psi(t)$中與K相關的演化，分離出來，我們對波函$\Psi(t)$作“幺正轉換”至“作用動象（interaction picture）”I，或稱“狄拉克動象（Dirac picture）”，則在此動象裏，這μ個波包的波函$\Psi_I(t)$為

$$\Psi_I(t) \equiv e^{iKt}\,\Psi(t)$$

此處特別以下標“I”標示作用動象。關於“量子力學動象”的具體定義，請參閱本書〈附錄八 量子力學動象〉。特別注意，只要這μ個波包保持完全分離，則其波函$\Psi_I(t)$就不顯含t，也就是不隨t改變。為便於後續推論，我們選擇t_i時刻這μ個波包的波函為

$$\Psi_I(t_i) = X_a$$

C. 作物融合

當這μ個粒子彼此足夠靠近、處於V的作用範圍R內後，這μ個波包的波函$\Psi_I(t)$隨t的演化可寫為

$$\Psi_I(t) = U(t,t_i)\Psi_I(t_i)$$

由本書〈第四・五・A 小節 態時移符〉裏的結果可知，在作用動象裏，上式的“態演化符（evolution operator of state）”$U(t,t_i)$可明確寫為

$$U(t,t_i) = 1 + i e^{iKt} e^{-iHt}\int_t^{t_i} dt'\, e^{iHt'}\, V e^{-iKt'}$$

在作用動象裏，於碰撞前甚久的某時刻t_i，由於$U(t_i,-\infty)X_a = X_a$，所以這μ個波包的波函$\Psi_I(t)$為

$$\Psi_I(t) = U(t,t_i)X_a = U(t,t_i)U(t_i,-\infty)X_a = U(t,-\infty)X_a$$

此處利用了態演化符$U(t,t_i)$的串聯關係：$U(t,-\infty) = U(t,t_i)U(t_i,-\infty)$。若$t=0$時刻，這$\mu$個粒子深度碰撞或融合，則此時整個碰撞系統的波函$\Psi_I(0)$可寫為

$$\Psi_I(0) = U(0,-\infty)X_a = \int d^3q\,A(\boldsymbol{q})U(0,-\infty)\chi_{\boldsymbol{q}a}$$

此處利用了 $X_a = \int d^3q\,A(\boldsymbol{q})\chi_{\boldsymbol{q}a}$，其中 $A(\boldsymbol{q})$ 為 μ 個粒子的“動量佈函”，而 $\chi_{\boldsymbol{q}a}$ 為 μ 個粒子的“基態”。

D. 相干態

從數學上講，內聚或外散波包的“絕熱演化（adiabatic evolution）”，與“量子場論”裏的“蓋爾曼−婁定理（Gell-Mann-Low theorem）”所描述的過程類似。

假設初始 $t=t_i$ 時刻，μ 個粒子的波函為 $\Psi_I(t_i)\equiv X_a$，則 $t=0$ 時刻，μ 個粒子的波函 $\Psi_I(0)$ 為

$$\Psi_I(0) = U(0,t_i)X_a = U(0,t_i)U(t_i,-\infty)X_a = U(0,-\infty)X_a = X_a - i\int_{-\infty}^{0} dt\; e^{iHt}Ve^{-iKt}X_a$$

此處利用了 $U(t_i,-\infty)X_a = X_a$。上式右邊第二項可進一步變為

$$-i\int_{-\infty}^{0} dt\; e^{iHt}Ve^{-iKt}X_a = -i\int d^3q\,A(\boldsymbol{q})\int_{-\infty}^{0} dt\; e^{iHt}Ve^{-iKt}\chi_{\boldsymbol{q}a} = -i\int d^3q\,A(\boldsymbol{q})\int_{-\infty}^{0} dt\; e^{i(H-E_a)t}V\chi_{\boldsymbol{q}a}$$

此處利用了 μ 個粒子完全分離時，總哈密頓 $H=K$ 所滿足的徵程 $K\chi_{\boldsymbol{q}a} = E_a\chi_{\boldsymbol{q}a}$，以及 $X_a = \int d^3q\,A(\boldsymbol{q})\chi_{\boldsymbol{q}a}$。特別注意，上式直接對 t 的積分，可能會得到不確定量。為此，我們在 μ 個粒子間的作用能 V 中添加相位因子 $e^{+\eta t}$，η 為某正實數，使得當 $H=E_a$ 時，積分的漸近行為滿足“解”的條件；待積分後，我們再要求 $\eta\to 0$，如此仍然符合所描述的物理現象。此方法特稱為“η 技法（η-technique）”。因此，若遇到 $U(0,\pm\infty)$ 為不確定量，則此方法可以補救一般積分結果的不確定性。因為 V 與 $\chi_{\boldsymbol{q}a}$ 不顯含時刻 t，所以通過添加相位因子 $e^{+\eta t}$，我們可將上式中對 t 的積分部分寫為

$$-i\int_{-\infty}^{0}dt\; e^{i(H-E_a)t}e^{+\eta t} = -i\int_{-\infty}^{0}dt\; e^{-i(E_a-H+i\eta)t} = \frac{1}{E_a-H+i\eta}$$

由此式我們可得$t=0$時刻，μ個粒子的波函$\Psi_I(0)=U(0,-\infty)X_a$為

$$\begin{aligned}U(0,-\infty)X_a &= \int d^3q\, A(\boldsymbol{q})\left[1+\lim_{\eta\to 0}\frac{1}{E_a-H+i\eta}V\right]\chi_{\boldsymbol{q}a}\\ &\equiv \int d^3q\, A(\boldsymbol{q})\left(1+G_H^{(+)}V\right)\chi_{\boldsymbol{q}a}\\ &= \int d^3q\, A(\boldsymbol{q})\psi_{\boldsymbol{q}a}^{(+)}\end{aligned}$$

此處$G_H^{(+)}$為“格林符（green operator）”，而上式中我們利用了〈附錄十六　格林符技法〉裏的結果。類此，也可得到$U(0,\infty)X_a$的結果。綜合以上，我們可得

$$\begin{aligned}U(0,\mp\infty)X_a &= \int d^3q\, A(\boldsymbol{q})U(0,\mp\infty)\chi_{\boldsymbol{q}a}\\ &= \int d^3q\, A(\boldsymbol{q})\left[1+\lim_{\eta\to 0}\frac{1}{E_a-H\pm i\eta}V\right]\chi_{\boldsymbol{q}a}\\ &= \int d^3q\, A(\boldsymbol{q})\psi_{\boldsymbol{q}a}^{(\pm)}\end{aligned}$$

因此，在“$\int d^3q\, A(\boldsymbol{q})$積分”裏，我們就證明了如下“ 等效公式”，

$$U(0,\mp\infty)\chi_{\boldsymbol{q}a} = \psi_{\boldsymbol{q}a}^{(\pm)}$$

假設總哈密頓H的徵態為$\psi_{\boldsymbol{q}a}^{(+)}$，且滿足“外散波（outgoing-wave）”的邊界條件，則其徵程為

$$H\psi_{\boldsymbol{q}a}^{(+)} = E_a\psi_{\boldsymbol{q}a}^{(+)}$$

因此可得

$$\begin{aligned}\Psi_I(0) &= U(0,-\infty)X_a\\ &= \int d^3q\, A(\boldsymbol{q})U(0,-\infty)\chi_{\boldsymbol{q}a}\\ &= \int d^3q\, A(\boldsymbol{q})\,\psi_{\boldsymbol{q}a}^{(+)}\end{aligned}$$

由於我們定義$\Psi(0)\equiv\Psi_I(0)$，因此，由這μ個粒子所構成的系統，於某時刻t的波函$\Psi(t)$為

$$\begin{aligned}\Psi(t) &= e^{-iHt}\Psi(0) \equiv e^{-iHt}\Psi_I(0)\\ &= e^{-iHt}\int d^3q\ A(\boldsymbol{q})\psi^{(+)}_{\boldsymbol{q}a}\\ &= \int d^3q\ A(\boldsymbol{q})e^{-iE_a t}\psi^{(+)}_{\boldsymbol{q}a}\end{aligned}$$

E. 產物生成

在位空間裏，假設於$t>t_c'$時刻，ν個“產物”完全分離，此時粒子間無相互作用，即$V'=0$，其等效總哈密頓為K'；而於$0<t<t_c'$時刻，這ν個粒子處於有限作用範圍R'內，粒子間的相互作用能為$V'\neq 0$。

因此，整個碰撞系統，即碰撞前為μ個粒子、碰撞後為ν個粒子，其總哈密頓H為

$$H \equiv K+V = K'+V'$$

我們假設在宏觀上的“觀測時間”往往甚大於“碰撞時間（collision time）”$t_c'-t_c$，而選擇產物ν個粒子的“基態”為

$$\chi_{\boldsymbol{q}b} \equiv \chi_{\boldsymbol{q}b}(\boldsymbol{r}) = \frac{1}{\sqrt{(2\pi)^3}}e^{i\boldsymbol{q}\cdot\boldsymbol{r}}u_{\boldsymbol{q}b}$$

此處$u_{\boldsymbol{q}b}$為描述粒子內部結構的波函。與碰撞前類似，碰撞後這ν個粒子完全分離時，其總哈密頓$H=K'$與總動符$\boldsymbol{P}$滿足如下共徵程，

$$\begin{aligned}K'\chi_{\boldsymbol{q}b} &= E_b\chi_{\boldsymbol{q}b}\\ \boldsymbol{P}\chi_{\boldsymbol{q}b} &= \boldsymbol{P}_b\chi_{\boldsymbol{q}b}\end{aligned}$$

在位空間裏，產物ν個粒子的波包態為X_b，可用基態$\chi_{\boldsymbol{q}b}$展開為

$$X_b = \int d^3q\ B(\boldsymbol{q})\chi_{\boldsymbol{q}b}$$

此處$B(\boldsymbol{q})$為動量佈函，亦稱為動量空間裏的波函。注意，對產物與作物“演化過程”的描述，在形式上完全相同，而它們的時間參數t僅相差“負號”。以上各式中參量的物理意義，可參

閱本章〈第七・二・F 小節 μ 個波包演化〉裏最後部分的説明。

F. 散射幅

觀測反應產物，實際上相當於“選擇”整個反應系統於碰撞後的狀態為特定量子態$\Psi'(t)$。碰撞後，我們定義新的“作用動象” I'，則在此新動象裏反應“產物”的波函$\Psi'_{I'}(t)$可寫為

$$\Psi'_{I'}(t) = e^{iK't}\,\Psi'(t)$$

注意，此處反應的“產物”，實際上就是上小節裏談及的“ν個粒子”，以下亦如是。因此可得

$$\Psi'_{I'}(t) = U'\left(t,t_f\right)\Psi'_{I'}\left(t_f\right)$$

與碰撞前的$U\left(t,t_i\right)$類似，此處碰撞後反應產物的“態演化符”$U'\left(t,t_f\right)$為

$$U'\left(t,t_f\right) = 1 + ie^{iK't}\,e^{-iHt}\int_t^{t_f} dt'\,e^{iHt'}\,V'e^{-iK't'}$$

由於我們對“作物”與“產物”的波包態，分別選擇“作用動象” I與I'，因此可得

$$\Psi(0) \equiv \Psi_I(0) = U(0,-\infty)\Psi_I(-\infty) = U(0,-\infty)X_a = \int d^3q\,A(\boldsymbol{q})\psi^{(+)}_{\boldsymbol{q}a}$$
$$\Psi'(0) \equiv \Psi'_{I'}(0) = U'(0,\infty)\Psi'_{I'}(\infty) = U'(0,\infty)X_b = \int d^3q'\,B(\boldsymbol{q}')\psi^{(-)}_{\boldsymbol{q}'b}$$

而於任意時刻t，作物與產物的波包態$\Psi(t)$與$\Psi'(t)$分別為

$$\Psi(t) = e^{-iHt}\,\Psi(0) = \int d^3q\,A(\boldsymbol{q})e^{-iE_a t}\,\psi^{(+)}_{\boldsymbol{q}a}$$
$$\Psi'(t) = e^{-iHt}\,\Psi'(0) = \int d^3q'\,B(\boldsymbol{q}')e^{-iE_b t}\,\psi^{(-)}_{\boldsymbol{q}'b}$$

此處“外散波” $\psi^{(+)}_{\boldsymbol{q}a}$與“內聚波（incoming-wave）” $\psi^{(-)}_{\boldsymbol{q}'b}$皆為總哈密頓$H$的徵態，

$$H\,\psi^{(+)}_{\boldsymbol{q}a} = E_a\,\psi^{(+)}_{\boldsymbol{q}a}$$
$$H\,\psi^{(-)}_{\boldsymbol{q}'b} = E_b\,\psi^{(-)}_{\boldsymbol{q}'b}$$

其徵值分別為E_a與E_b。因此，整個碰撞系統的“散射幅（scattering

amplitude）”可寫為

$$\langle \Psi'(t)|\Psi(t)\rangle = \langle \Psi'(0)|\Psi(0)\rangle$$

由此可知，於不同時刻t，上式的值皆為定值。但請特別注意，此處包矢與括矢必須選定同一個“時刻”t來計算散射幅，初學者往往容易在此犯錯。原則上，我們可選擇任意時刻t來計算“散射幅”。當然，選擇不同時刻t作計算得到的結果，原則上應該完全相同。為了便於在不同情況下作運算，我們列舉如下三個特定時刻，來計算散射幅：

(i)“範式（canonical-form）”：

$$\begin{aligned}\langle \Psi'(t)|\Psi(t)\rangle_{t=0} &\equiv \langle \Psi'(0)|\Psi(0)\rangle \\ &= \langle X_b|U'(\infty,0)U(0,-\infty)|X_a\rangle\end{aligned}$$

(ii)“前式（prior-form）”：

$$\begin{aligned}\langle \Psi'(t)|\Psi(t)\rangle_{t\to-\infty} &\equiv \langle \Psi'(-\infty)|\Psi(-\infty)\rangle \\ &= \langle X_b|U'(\infty,0)\,U(0,t)|X_a\rangle_{t\to-\infty} \\ &= \langle X_b|U'(\infty,0)\,e^{iHt}e^{-iKt}|X_a\rangle_{t\to-\infty}\end{aligned}$$

此處利用了$U(0,t)=e^{iHt}e^{-iKt}$。

(iii)“後式（post-form）”：

$$\begin{aligned}\langle \Psi'(t)|\Psi(t)\rangle_{t\to\infty} &\equiv \langle \Psi'(\infty)|\Psi(\infty)\rangle \\ &= \langle X_b|U'(t,0)\,U(0,-\infty)|X_a\rangle_{t\to\infty} \\ &= \langle X_b|e^{iK't}e^{-iHt}\,U(0,-\infty)|X_a\rangle_{t\to\infty}\end{aligned}$$

此處利用了$U'(t,0)=e^{iK't}e^{-iHt}$。

根據本書〈第四・四・E 小節 態換符方程與通解〉，此處態時移符$U'(0,\infty)$為幺正符，即$U'^{\dagger}(0,\infty)=U'^{-1}(0,\infty)=U'(\infty,0)$。實際上，由於計算不同時刻的波函，精確度會略有差異，所以選擇以上不同的“算式”，通常會得到不同的結果。

G. 散射陣

(1) S 陣

由本章〈第七・二・D 小節 波包函〉可知，“碰撞反應（collision reaction）”的“作物”$\mathcal{R}$與“產物”$\mathcal{P}$，可分別利用各自基態$\chi_{\boldsymbol{q}a}$與$\chi_{\boldsymbol{q}'b}$展開為

$$X_a = \int d^3q\, A(\boldsymbol{q})\chi_{\boldsymbol{q}a}$$

$$X_b = \int d^3q'\, B(\boldsymbol{q}')\chi_{\boldsymbol{q}'b}$$

若我們採用上小節裏的“範式”，並利用此兩式來計算散射幅，則可得

$$\langle\Psi'(0)|\Psi(0)\rangle = \int d^3q'\, d^3q\, B^*(\boldsymbol{q}')A(\boldsymbol{q})\left\langle\chi_{\boldsymbol{q}'b}\middle|U'(\infty,0)\,U(0,-\infty)\middle|\chi_{\boldsymbol{q}a}\right\rangle$$

此處我們定義“散射符（scattering operator）”S為

$$S \equiv U'(\infty,0)U(0,-\infty)$$

簡稱“S符（S-operator）”。因此，“散射陣（scattering matrix）”或簡稱“S陣（S-matrix）”可寫為

$$\langle b|S|a\rangle \equiv \left\langle\chi_{\boldsymbol{q}'b}\middle|S\middle|\chi_{\boldsymbol{q}a}\right\rangle$$

此處$\chi_{\boldsymbol{q}a}$為“作物”$\mathcal{R}$的“基態”，而$\chi_{\boldsymbol{q}'b}$為“產物”$\mathcal{P}$的“基態”，其具體形式請參閱本章〈第七・二・B 小節 基態〉與〈第七・三・E 小節 產物生成〉。由此可知，“S陣”$\langle b|S|a\rangle$與“散射幅”$\langle\Psi'(0)|\Psi(0)\rangle$之間的關係為

$$\langle\Psi'(0)|\Psi(0)\rangle = \int d^3q'\, d^3q\, B^*(\boldsymbol{q}')A(\boldsymbol{q})\ \langle b|S|a\rangle$$

以下我們將具體討論“S陣”。

由本書〈第四・五・A 小節 態時移符〉可知，此處的“態演化符”$U(0,-\infty)$與$U'(\infty,0)$具有如下形式，

$$U(0,t_i) = e^{iHt_i}e^{-iKt_i}$$

$$= 1 - i\int_{t_i}^{0} dt\, e^{iHt}\,Ve^{-iKt}, \qquad t_i < t_c$$

$$U'(t_f,0) = e^{iK't_f}\, e^{-iHt_f}$$
$$= 1 - i\int_0^{t_f} dt\, e^{iK't}\, V'\, e^{-iHt},\ \ t_f < t_c'$$

在“碰撞反應”裏，此處標定時刻$\{t_i, t_c, t_c', t_f\}$的定義，請參閱本章〈第七・一・B 小節 基本反應〉。很顯然，若取$t_i \to -\infty$且$t_f \to \infty$，則S陣裏其它時刻的大小數量級無關緊要。如本章〈第七・三・F 小節 散射幅〉所述，我們可以選擇在如下三個不同時刻，來明確展示或計算“S陣”$\langle b|S|a\rangle_{t_0}$：

(i) 範式： 由本章〈第七・三・D 小節 相干態〉可知，

$$\psi^{(+)}_{\boldsymbol{q}a} = U(0,-\infty)\,\chi_{\boldsymbol{q}a} \quad 與 \quad \psi^{(-)}_{\boldsymbol{q}'b} = U'(0,\infty)\,\chi_{\boldsymbol{q}'b}$$

因此可得

$$\langle b|S|a\rangle_0 = \left\langle \chi_{\boldsymbol{q}'b}\middle| U'(\infty,0)\,U(0,-\infty)\middle|\chi_{\boldsymbol{q}a}\right\rangle$$
$$= \left\langle \psi^{(-)}_{\boldsymbol{q}'b}\middle|\psi^{(+)}_{\boldsymbol{q}a}\right\rangle$$

(ii) 前式： 利用$U(0,t) = e^{iHt}e^{-iKt}$，可得

$$\langle b|S|a\rangle_{-\infty} = \left\langle \chi_{\boldsymbol{q}'b}\middle| U'(\infty,0)\,U(0,t)\middle|\chi_{\boldsymbol{q}a}\right\rangle_{t\to-\infty}$$
$$= \left\langle \psi^{(-)}_{\boldsymbol{q}'b}\middle| e^{iHt}e^{-iKt}\middle|\chi_{\boldsymbol{q}a}\right\rangle_{t\to-\infty}$$
$$= \left\langle \psi^{(-)}_{\boldsymbol{q}'b}\middle| e^{i(E_b-E_a)t}\middle|\chi_{\boldsymbol{q}a}\right\rangle_{t\to-\infty}$$

此處利用了$H\psi^{(-)}_{\boldsymbol{q}'b} = E_b\,\psi^{(-)}_{\boldsymbol{q}'b}$與$K\chi_{\boldsymbol{q}a} = E_a\,\chi_{\boldsymbol{q}a}$。

(iii) 後式： 同理，利用$U'(t,0) = e^{iK't}e^{-iHt}$，可得

$$\langle b|S|a\rangle_{\infty} = \left\langle \chi_{\boldsymbol{q}'b}\middle| U'(t,0)\,U(0,-\infty)\middle|\chi_{\boldsymbol{q}a}\right\rangle_{t\to\infty}$$
$$= \left\langle \chi_{\boldsymbol{q}'b}\middle| e^{iK't}e^{-iHt}\middle|\psi^{(+)}_{\boldsymbol{q}a}\right\rangle_{t\to\infty}$$
$$= \left\langle \chi_{\boldsymbol{q}'b}\middle| e^{i(E_b-E_a)t}\middle|\psi^{(+)}_{\boldsymbol{q}a}\right\rangle_{t\to\infty}$$

此處利用了$H\psi^{(+)}_{\boldsymbol{q}a} = E_a\,\psi^{(+)}_{\boldsymbol{q}a}$與$K'\chi_{\boldsymbol{q}'b} = E_b\,\chi_{\boldsymbol{q}'b}$。

(2) T 陣

利用“算符恆等式”，

$$\frac{1}{A} = \frac{1}{B}\left[1+(B-A)\frac{1}{A}\right]$$

我們可得

$$\frac{1}{E-H\pm i\eta} = \frac{1}{E-K'\pm i\eta}\left[1+V'\frac{1}{E-H\pm i\eta}\right]$$

此處利用了 $H=K'+V'$。因此，由本章〈第七・三・D 小節 相干態〉裏的結果可知，

$$\psi_{\boldsymbol{q}a}^{(+)} = \left[1+\lim_{\eta\to 0}\frac{1}{E_a-H+i\eta}V\right]\chi_{\boldsymbol{q}a}$$
$$= \left[1+\lim_{\eta\to 0}\frac{1}{E_a-K'+i\eta}T^{(+)}\right]\chi_{\boldsymbol{q}a}$$

此處定義“T 符（T-operator）”為

$$T^{(+)} \equiv T_{V'V}^{(+)}(E_a) \equiv \left[1+V'\frac{1}{E_a-H+i\eta}\right]V$$

基於以上結果，我們可以利用 $\chi_{\boldsymbol{q}'b}$ 將 $\psi_{\boldsymbol{q}a}^{(+)}$ 展開為

$$\psi_{\boldsymbol{q}a}^{(+)} = \chi_{\boldsymbol{q}a} + \sum_{\boldsymbol{q}'b}\chi_{\boldsymbol{q}'b}\lim_{\eta\to 0}\frac{1}{E_a-E_b+i\eta}\langle b|T^{(+)}|a\rangle$$

此處利用了 $K'\chi_{\boldsymbol{q}'b}=E_b\chi_{\boldsymbol{q}'b}$；上式“Σ”隱含，對“離散譜（discrete spectrum）”求和，以及對“連續譜（continuum spectrum）”積分。我們特稱 $\langle b|T^{(+)}|a\rangle$ 為“T 陣（T-matrix）”，

$$\langle b|T^{(+)}|a\rangle \equiv \left\langle \chi_{\boldsymbol{q}'b}\middle|T_{V'V}^{(+)}(E_a)\middle|\chi_{\boldsymbol{q}a}\right\rangle$$

因為總哈密頓 H 裏的動符 $\boldsymbol{P}$ 與算符 T 對易，所以可將此陣元作如下“因式分解（factorization）”，

$$\langle b|T^{(+)}|a\rangle \equiv \delta^3\left(\boldsymbol{P}_b-\boldsymbol{P}_a\right) T_{ba}^{(+)}$$

此處我們刻意從$\langle b|T^{(+)}|a\rangle$中分離出無窮大的量$\delta^3\left(\boldsymbol{P}_b-\boldsymbol{P}_a\right)$，以展示碰撞反應過程的“動量守恆（momentum conservation）”，而將有限量$T_{ba}^{(+)}$稱為“約化T陣（reduced T-matrix）”。從理論上講，針對特定反應，我們可以利用適當的“動力論（dynamical theory）”，來計算“約化T陣”。

經過類似推導，我們也可以得到

$$T^{(-)} \equiv T_{VV'}^{(-)}\left(E_b\right) \equiv \left[1+V\frac{1}{E_b-H-i\eta}\right]V'$$

$$\psi_{\boldsymbol{q}'b}^{(-)} = \chi_{\boldsymbol{q}'b} + \sum_{\boldsymbol{q}a}\chi_{\boldsymbol{q}a}\lim_{\eta\to 0}\frac{1}{E_b-E_a-i\eta}\langle a|T^{(-)}|b\rangle$$

$$\langle b|T^{(-)\dagger}|a\rangle \equiv \left\langle \chi_{\boldsymbol{q}'b}\left|T_{VV'}^{(-)\dagger}\left(E_b\right)\right|\chi_{\boldsymbol{q}a}\right\rangle \equiv \delta^3\left(\boldsymbol{P}_b-\boldsymbol{P}_a\right)T_{ba}^{(-)}$$

$$T^{(-)\dagger} \equiv V'+V'\frac{1}{E_b-H+i\eta}V$$

$$= V'-V+T^{(+)}，\quad E_a = E_b$$

(3) S 陣與 T 陣的關係

若我們選擇本章〈第七・三・G 小節 散射陣(1)〉裏的“後式”，來計算S陣，

$$\langle b|S|a\rangle_\infty = \left\langle \chi_{\boldsymbol{q}'b}\left|e^{i\left(E_b-E_a\right)t}\right|\psi_{\boldsymbol{q}a}^{(+)}\right\rangle_{t\to\infty}$$

由本章〈第七・三・G 小節 散射陣(2)〉可知，利用$\chi_{\boldsymbol{q}'b}$可將$\psi_{\boldsymbol{q}a}^{(+)}$展開為

$$\psi_{\boldsymbol{q}a}^{(+)} = \chi_{\boldsymbol{q}a} - \sum_{\boldsymbol{q}'b}\chi_{\boldsymbol{q}'b}\lim_{\eta\to 0}\frac{1}{E_b-E_a-i\eta}\langle b|T^{(+)}|a\rangle$$

並代入前式，可得

$$\langle b|S|a\rangle_\infty = \delta^3(\boldsymbol{q}'-\boldsymbol{q})\delta_{ba} - \left[\lim_{\eta\to 0}\frac{e^{i(E_b-E_a)t}}{E_b-E_a-i\eta}\right]_{t\to\infty}\langle b|T^{(+)}|a\rangle$$

在“波包詮釋（wave-packet interpretation）”下，上式裏的“δ_{ba}”就代表$X_b = X_a$。利用下式，

$$\lim_{t\to\pm\infty}\left[\lim_{\eta\to 0}\frac{e^{ixt}}{x\mp i\eta}\right] = \pm 2\pi i\,\delta(x)$$

此處$\delta(x)$為狄拉克δ函。我們可得

$$\langle b|S|a\rangle_\infty = \delta^3(\boldsymbol{q}'-\boldsymbol{q})\,\delta_{ba} - 2\pi i\,\delta(E_b-E_a)\langle b|T^{(+)}|a\rangle$$

以類似技巧，我們選擇本章〈第七・三・G 小節　散射陣(1)〉裏的“前式”，可以得到

$$\langle b|S|a\rangle_{-\infty} = \delta^3(\boldsymbol{q}'-\boldsymbol{q})\delta_{ba} - 2\pi i\,\delta(E_b-E_a)\langle b|T^{(-)\dagger}|a\rangle$$

因此，若保留〈第七・三・G 小節　散射陣(2)〉裏陣元$\langle b|T^{(+)}|a\rangle$與$\langle b|T^{(-)\dagger}|a\rangle$的因子$\delta^3(\boldsymbol{P}_b-\boldsymbol{P}_a)$，則代入以上兩式，可得“$S$陣”與“$T$陣”間的關係式，

$$\begin{aligned}\langle b|S|a\rangle_{\pm\infty} &= \delta^3(\boldsymbol{q}'-\boldsymbol{q})\delta_{ba} - 2\pi i\,\delta(E_b-E_a)\,\langle b|T^{(\pm)}|a\rangle \\ &= \delta^3(\boldsymbol{q}'-\boldsymbol{q})\delta_{ba} - 2\pi i\,\delta(E_b-E_a)\,\delta^3(\boldsymbol{P}_b-\boldsymbol{P}_a)\,T^{(\pm)}_{ba}\end{aligned}$$

請特別注意，此處展示碰撞系統的“總能量守恆（conservation of total energy）”$\delta(E_b-E_a)$和“總動量守恆（conservation of total momentum）”$\delta^3(\boldsymbol{P}_b-\boldsymbol{P}_a)$，與各個粒子的“稟賦自由度”無關。

更進一步，我們還可以證明$T^{(+)}_{ba} = T^{(-)}_{ba}$，從而可去掉上標“$+$”與“$-$”，但這僅在積分$\int d^3q' \int d^3q\, B^*(\boldsymbol{q}')A(\boldsymbol{q})$內才成立。

H. 反應觀測

假設整個反應系統，從初態X_a變為末態X_b，則其“躍遷概率（transition probability）”P_{ba}為

$$P_{ba} = \left|\langle X_b|S|X_a\rangle\right|^2 = \left|\int d^3q'\,d^3q\,B^*(\boldsymbol{q}')A(\boldsymbol{q})\,\langle b|S|a\rangle\right|^2$$

此處S陣為$\langle b|S|a\rangle \equiv \langle \chi_{q'b}|S|\chi_{qa}\rangle$。對躍遷概率$P_{ba}$的觀測，原則上可以包括："總截面（total cross-section）"、"微分截面（differential cross-section）"、"雙微截面（double differential cross-section）"、"叁微截面（triple differential cross-section）"、…，以及各別粒子的"極化"等。在通常實驗觀測條件下，所觀測的物理量與波包所採用的"包絡函"$G_i(\boldsymbol{r}_i)$無關，而只與"S陣"或"T陣"有關。"S陣"與"T陣"之間的關係，請參閱本章〈第七・三・G小節 散射陣(3)〉。從理論上講，針對特定反應，我們可應用"量子力學"，來計算"約化T陣"，此處"約化T陣"為針對不同觀測而約化後的"T陣"。所有物理上可觀測的物理量，皆可利用"約化T陣"來表達，而約化T陣也必然為有限值。

如果從約化T陣中，分離出"運行部（kinematic part）"，則我們可以利用"動力參數（dynamical parameters）"來表達所有可測物理量。這些"動力參數"僅與其所依據的"動力論"有關，而與"碰撞幾何（collision geometry）"、"極化"、"角佈"等無關。此計算模式有助於將不同"動力模型（dynamical model）"作比較，並且可將研究同類型"動力效應（dynamical effects）"的不同實驗，歸納關聯起來。

七・四 旋性表述

在描述碰撞問題時，我們採用周光召（1929-）首先提出的"旋性表述"，不僅其數學形式優美，對於有靜質或零靜質的粒子皆適用，而且在洛倫茲轉換下，有簡單的轉換公式。因此，在處理一般碰撞過程時，我們可選擇"相對論性旋態（relativistic helicity states）"作為"基態"，再利用"密陣"來表達物理系統的狀態。現在，我們先從介紹一個相當有用的標架——"球座"，開始談起。

A. 球座

在物理應用裏，我們常常需要選取方便的“座標系”，簡稱為“座”。如此可將物理問題，轉化為較簡單的數學模式來求解。針對不同物理問題，我們可選擇較適合處理各別問題的“座”。一般常用的座有：“笛卡兒座（Cartesian coordinate system）”或稱“直角座（rectangular coordinate system）”、“極座（polar coordinate system）”、“球座（spherical coordinate system）”，還有比較不常用的座，如“自然座（natural coordinate system）”、“橢圓座（elliptical coordinate system）”、“曲線座（curvilinear coordinate system）”等等。

然而，以上這些“座”，皆是針對“實矢（real vector）”來定義的。例如，三維空間裏的任意實矢$\boldsymbol{A}$，可用直角座的基矢$\{\hat{\boldsymbol{e}}_x,\hat{\boldsymbol{e}}_y,\hat{\boldsymbol{e}}_z\}$，表達為$\boldsymbol{A}=a_x\hat{\boldsymbol{e}}_x+a_y\hat{\boldsymbol{e}}_y+a_z\hat{\boldsymbol{e}}_z$。那麼，任意“複矢（complex vector）”該如何用座來表達呢？

為此，我們需要重新審視“座”的定義。針對複矢，為了在稱呼上作嚴格區分，我們將一般教科書裏所謂的“球座”改稱為“三維極座”。也就是說，“極座”可分為二維與三維兩種，而保留“球座”的名稱，即刻另有他用。

能處理複矢的“球座”，其基矢$\{\hat{\boldsymbol{e}}_q, q=0,\pm1\}$也稱為“球單位矢（spherical unit vectors）”，可以利用“直角座”的基矢$\{\hat{\boldsymbol{e}}_x,\hat{\boldsymbol{e}}_y,\hat{\boldsymbol{e}}_z\}$定義為

$$\begin{aligned}\hat{\boldsymbol{e}}_{\pm1} &\equiv \mp\frac{1}{\sqrt{2}}\left(\hat{\boldsymbol{e}}_x \pm i\,\hat{\boldsymbol{e}}_y\right)\\ \hat{\boldsymbol{e}}_0 &\equiv \hat{\boldsymbol{e}}_z\end{aligned}$$

而任意複矢$\boldsymbol{B}$，可利用此“複基矢（complex basis vectors）”，表達為

$$\boldsymbol{B} = \sum_{q=0,\pm1} b_q\,\hat{\boldsymbol{e}}_q$$

此處b_q為其“球分量（spherical components）”。在處理量子碰撞及高能問題時，由於“複基矢”本身是“不可約球張量（irreducible spherical-tensors）”，所以使用“球座”會很方便。

B. 光子極化

(1) 光子極化矢

應用最方便的“光子極化純態（photon polarization pure-state）”，是定義其“光子極化矢（photon polarization vector）” $\hat{\varepsilon}$ 為

$$\hat{\boldsymbol{\varepsilon}} = \hat{\boldsymbol{e}}_{+1}\, e^{-i\varphi/2} \cos(\theta/2) + \hat{\boldsymbol{e}}_{-1}\, e^{i\varphi/2} \sin(\theta/2)$$

此處 $\hat{e}_{\pm 1}$ 為某球座的“基（basis）”，其中“$\hat{e}_{+1}$”與“$\hat{e}_{-1}$”分別代表光子的“正旋態（positive-helicity state）”與“負旋態（negative-helicity state）”，且分別對應於“右極化（right polarization）”與“左極化（left polarization）”。

利用上述“光子極化矢” $\hat{\varepsilon}$ 的參數 θ，我們可對光子的“極化型（type of polarization）”進行分類，如下圖所示：

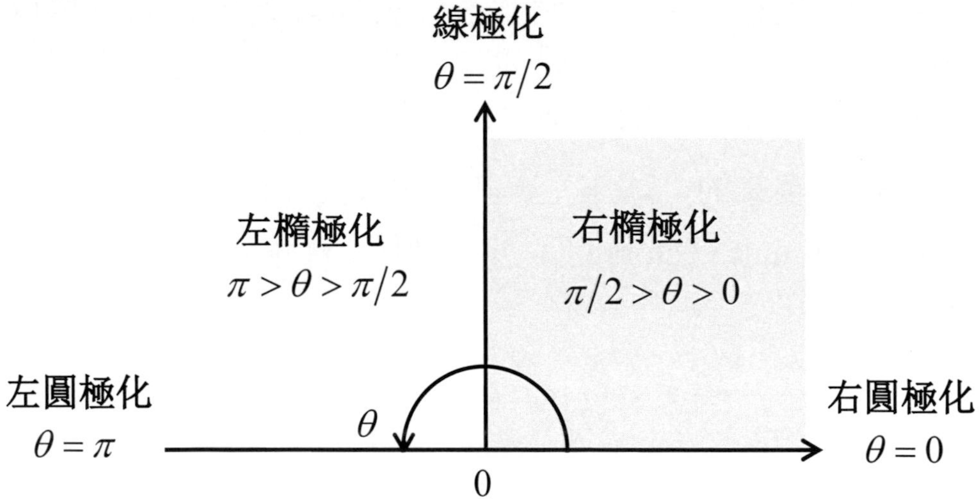

(i) 右圓極化（right circular pol.）： $\theta = 0$；

(ii) 右橢極化（right elliptical pol.）： $0 < \theta < \pi/2$；

(iii) 線極化（linear pol.）： $\theta = \pi/2$；

(iv) 左橢極化（left elliptical pol.）： $\pi/2 < \theta < \pi$；

(v) 左圓極化（left circular pol.）： $\theta = \pi$。

注意，在“量子光學（quantum optics）”與“量子電動力學”裏，“右極化”與“左極化”分別對應“正旋態”與“負旋態”，這與“經典光學（classical optics）”裏的定義恰好相反。

具體而言，若我們選擇平面電磁波進行的方向 $\boldsymbol{k}$ 為 Z 軸正向，則其電場 $\boldsymbol{E}$ 與磁場 $\boldsymbol{B}$ 的方向落在 XY 平面上，而且 $\boldsymbol{E}\perp\boldsymbol{B}$，$\boldsymbol{E}\times\boldsymbol{B}\propto\boldsymbol{k}$。隨著電磁波的行進，若其電場 $\boldsymbol{E}$ 的矢端點在空間的運行軌跡，恰好為“橢圓”，則代表此光子為“橢極化（elliptical polarization）”，而此橢圓“主軸（principal axis）”與 X 軸的夾角為 $\varphi/2$。在“線極化”情況下，電場 $\boldsymbol{E}$ 振動的方向即順著橢圓的“主軸”方向。若電磁波進行的方向 $\boldsymbol{k}$ 與其電場 $\boldsymbol{E}$ 旋轉的方向符合“右手定則”，則光子為“右橢極化”；若符合“左手定則”，則光子為“左橢極化”。如前所述，“圓極化（circular polarization）”與“線極化（linear polarization）”皆為“橢極化”的特例。

就“全極化光子（completely polarized photon）”而言，也就是光子的“純自旋態（pure spin-state）”或稱“全極化態（completely polarized state）”，其“極化密陣（polarization density matrix）” ρ_{pol} 為

$$\rho_{pol} = \frac{1}{2}\begin{pmatrix} 1+\cos\theta & e^{-i\varphi}\sin\theta \\ e^{i\varphi}\sin\theta & 1-\cos\theta \end{pmatrix}$$

而就“非極化光子（unpolarized photon）”而言，也就是光子的“全混自旋態（completely mixed spin-state）”或稱“非極化態（unpolarized state）”，其極化密陣 ρ_{unpol} 為

$$\rho_{unpol} = \frac{1}{2}\begin{pmatrix} 1 & 0 \\ 0 & 1 \end{pmatrix}$$

光子的任意極化態介於全極化與非極化之間。假設“全極化態” ρ_{pol} 佔比例為 p，而“非極化態” ρ_{unpol} 佔比例為 $(1-p)$，則我們可以利用三個參數 (p,θ,φ)，將任意“極化密陣” ρ_o 表達為

$$\begin{aligned}\rho_o &= p\rho_{pol} + (1-p)\rho_{unpol} \\ &= \frac{1}{2}\begin{pmatrix} 1+p\cos\theta & pe^{-i\varphi}\sin\theta \\ pe^{i\varphi}\sin\theta & 1-p\cos\theta \end{pmatrix}\end{aligned}$$

此處 p 表示光子的“極化度（degree of polarization）”，$0 \le p \le 1$；θ 表示“極化型”，$0 \le \theta \le \pi$；而 φ 表示“極化向（orientation of polarization）”，$0 \le \varphi < 2\pi$。此式與本章〈第七・四・E 小節 極化密陣(1)〉裏的結果相同，只不過為了標記簡潔，這裏我們假設“光強（photon intensity）” I_o 已規化為 1。

(2) 斯托克斯矢

“光子極化”也可以利用“斯托克斯矢（Stokes vector）” $\boldsymbol{S} \equiv \{S_1, S_2, S_3\}$ 來描述。若以 2×2 泡利陣 $\{\sigma_0, \boldsymbol{\sigma}\} \equiv \{\sigma_0, \sigma_1, \sigma_2, \sigma_3\}$ 為“基（basis）”，則可將光子的“極化密陣” ρ_o 展開為

$$\rho_o = \frac{1}{2} I_o \left[\sigma_0 + \boldsymbol{S}\cdot\boldsymbol{\sigma}\right]$$

$$I_o = tr\{\rho_o\}, \qquad \boldsymbol{S} = \frac{tr\{\rho_o \boldsymbol{\sigma}\}}{tr\{\rho_o\}}$$

此處 I_o 為“光強”，而“斯托克斯矢” $\boldsymbol{S}$ 恰好為泡利陣 $\boldsymbol{\sigma}$ 的“展開係數”。

利用前面以參數 (p, θ, φ) 描述的“極化密陣” ρ_o，我們可將“斯托克斯矢” $\boldsymbol{S} = \{S_1, S_2, S_3\}$ 表示為

$$S_1 = p\sin\theta\cos\varphi$$

$$S_2 = p\sin\theta\sin\varphi$$

$$S_3 = p\cos\theta$$

有趣的是，在前述的“光子極化矢” $\hat{\boldsymbol{\varepsilon}}$ 定義下，參數 (p, θ, φ) 恰好分別為斯托克斯矢 $\boldsymbol{S}$ 的“徑長（radial length）”、“極角（polar angle）”與“輻角（azimuthal angle）”。換句話說，斯托克斯矢 $\boldsymbol{S}$ 的“徑長” p 決定“極化度”，“極角” θ 決定“極化型”，而“輻角” φ 決定“極化向”。

C. 電子極化

(1) 電子自旋符

我們定義電子的“自旋符（spin operator）”$\boldsymbol{S}$為

$$\boldsymbol{S} \equiv \frac{1}{2}\hbar\boldsymbol{\Sigma}$$

此處$\boldsymbol{\Sigma} \equiv -i\boldsymbol{\alpha}\times\boldsymbol{\alpha}/2$為“狄拉克$\boldsymbol{\Sigma}$陣”。希望讀者不會將這裏定義的電子“自旋符”$\boldsymbol{S}$，與光子的“斯托克斯矢”$\boldsymbol{S}$混淆。在“標準表象”裏，

$$\beta = \begin{pmatrix} \sigma_0 & 0 \\ 0 & -\sigma_0 \end{pmatrix}, \quad \boldsymbol{\alpha} = \begin{pmatrix} 0 & \boldsymbol{\sigma} \\ \boldsymbol{\sigma} & 0 \end{pmatrix}, \quad \boldsymbol{\Sigma} = \begin{pmatrix} \boldsymbol{\sigma} & 0 \\ 0 & \boldsymbol{\sigma} \end{pmatrix}$$

此處$\{\sigma_0,\boldsymbol{\sigma}\} \equiv \{\sigma_0,\sigma_1,\sigma_2,\sigma_3\}$稱為$2\times2$“泡利符基（Pauli-operator basis）”。

(2) 電子線旋態

對於能量E動量$\boldsymbol{p}$的電子“純態”，我們可以直接利用“線動旋態（linear-momentum helicity state）”，簡稱“線旋態（linear helicity-state）”，作為其基態來描述。電子的“線旋態”可以表達為

$$\langle \boldsymbol{r}|E\boldsymbol{p}\lambda\rangle = \frac{1}{\sqrt{(2\pi)^3}}e^{i\boldsymbol{k}\cdot\boldsymbol{r}}u_{E\boldsymbol{p}\lambda} = \frac{1}{\sqrt{(2\pi)^3}}e^{i\boldsymbol{p}\cdot\boldsymbol{r}}u_{E\boldsymbol{p}\lambda}$$

$$E = \sqrt{\boldsymbol{p}^2c^2+m^2c^4} \equiv Mc^2$$

此處m與M分別為電子的“靜質”與“動質”，而$\lambda=\pm1$代表電子的“旋性（helicity）”。注意，這裏已選擇某特定單位，使$\hbar=1$，而$\boldsymbol{p}=\hbar\boldsymbol{k}=\boldsymbol{k}$。在本書〈第五・七・C 小節 自由空間的基態〉的公式裏，“電子”選用$\varepsilon=1$，而“正子（positron）”選用$\varepsilon=-1$；因此，電子線旋態裏的“狄拉克旋子”$u_{E\boldsymbol{p}\lambda}$可明確寫為

$$u_{E\boldsymbol{p}\lambda} = \begin{pmatrix} \sqrt{\dfrac{M+m}{2M}} \\ \lambda\sqrt{\dfrac{M-m}{2M}} \end{pmatrix} \chi_{\lambda/2}, \qquad \lambda = \pm 1$$

此處$\chi_{\lambda/2}$為電子的“泡利旋子”或稱“泡利自旋函”，而此式以$\boldsymbol{p}$為“量化軸（quantization axis）”。

電子“線旋態”的“正規條件（orthonormality condition）”為

$$\langle E\boldsymbol{p}'\lambda'|E\boldsymbol{p}\lambda\rangle = \delta^3(\boldsymbol{p}'-\boldsymbol{p})\,\delta_{\lambda'\lambda}$$

$$u^\dagger_{E\boldsymbol{p}\lambda'}u_{E\boldsymbol{p}\lambda} = \delta_{\lambda'\lambda}$$

$$\chi^\dagger_{\lambda'/2}\chi_{\lambda/2} = \delta_{\lambda'\lambda}$$

一般來說，對於特定$\{E,\boldsymbol{p}\}$的電子“混態”，我們必須利用“自旋密符（spin density-operator）”或稱“態符（state operator）”ρ_e來描述，

$$\rho_e = \sum_{\lambda'\lambda}\rho_{\lambda'\lambda}|E\boldsymbol{p}\lambda'\rangle\langle E\boldsymbol{p}\lambda|$$

此處我們選擇電子的線旋態$\{|E\boldsymbol{p}\lambda\rangle\}$作為基態，這也就是本書〈第五・七・C 小節 自由空間的基態〉裏的電子基態。

(3) 電子極化矢

在“狄拉克稟賦空間”裏，我們可以定義“電子極化矢（electron polarization vector）”$\mathscr{P}$為

$$\mathscr{P} \equiv \langle\boldsymbol{\Sigma}\rangle = \frac{tr\{\rho_e\boldsymbol{\Sigma}\}}{tr\{\rho_e\}}$$

此處$tr\{\Omega\}$代表在Ω的表象裏，對算符Ω“求跡”。

在以線旋態$\{|E\boldsymbol{p}\lambda\rangle\}$為“基態”的表象裏，電子的“自旋密陣（spin density-matrix）”ρ_e與狄拉克$\boldsymbol{\Sigma}$陣皆可表示為2×2矩陣，

$$\rho_e = (\rho_{\lambda'\lambda}) \equiv \begin{pmatrix} \rho_{11} & \rho_{1-1} \\ \rho_{-11} & \rho_{-1-1} \end{pmatrix}$$

$$\boldsymbol{\Sigma} = (\boldsymbol{\Sigma}_{\lambda'\lambda}) \equiv \begin{pmatrix} \boldsymbol{\Sigma}_{11} & \boldsymbol{\Sigma}_{1-1} \\ \boldsymbol{\Sigma}_{-11} & \boldsymbol{\Sigma}_{-1-1} \end{pmatrix}$$

對於某特定碰撞過程，若我們選擇“自由空間”裏的線旋態$\{|E\boldsymbol{p}\lambda\rangle\}$作為基態，則上式中“自旋密陣”$\rho_e$的陣元$\rho_{\lambda'\lambda}$，可通過$\rho_e = \sum_{\lambda'\lambda} \rho_{\lambda'\lambda} |E\boldsymbol{p}\lambda'\rangle\langle E\boldsymbol{p}\lambda|$來得到，

$$\rho_{\lambda'\lambda} \equiv \langle E\boldsymbol{p}\lambda'|\rho_e|E\boldsymbol{p}\lambda\rangle$$

而“狄拉克$\boldsymbol{\Sigma}$陣”的陣元$\boldsymbol{\Sigma}_{\lambda'\lambda}$可通過下式計算得到，

$$\boldsymbol{\Sigma}_{\lambda'\lambda} \equiv \langle E\boldsymbol{p}\lambda'|\boldsymbol{\Sigma}|E\boldsymbol{p}\lambda\rangle$$

由於已經選擇線旋態$\{|E\boldsymbol{p}\lambda\rangle\}$作為基態，因此，我們可將泡利自旋符$\boldsymbol{\sigma}$以$\sigma_{\hat{p}}$的徵態為其“表象”來表達。也就是說，我們選擇動量$\boldsymbol{p}$的方向為量化軸。當然，我們在定義極化矢$\mathscr{P}$時，就已經選擇線動量$\boldsymbol{p}$為量化軸。

總而言之，對於具有確定能量與動量$\{E,\boldsymbol{p}\}$的電子，我們只需在“狄拉克稟賦空間”$\{u_{E\boldsymbol{p}\lambda}\}$裏作如下運算，

$$\begin{aligned}
\boldsymbol{\Sigma}_{\lambda'\lambda} &\equiv u^{\dagger}_{E\boldsymbol{p}\lambda'} \boldsymbol{\Sigma}\, u_{E\boldsymbol{p}\lambda} \\
&= \left(\sqrt{\frac{M+m}{2M}}\chi^{\dagger}_{\lambda'/2} \quad \lambda'\sqrt{\frac{M-m}{2M}}\chi^{\dagger}_{\lambda'/2}\right)\begin{pmatrix} \boldsymbol{\sigma} & 0 \\ 0 & \boldsymbol{\sigma} \end{pmatrix}\begin{pmatrix} \sqrt{\frac{M+m}{2M}}\chi_{\lambda/2} \\ \lambda\sqrt{\frac{M-m}{2M}}\chi_{\lambda/2} \end{pmatrix} \\
&= \left(\sqrt{\frac{M+m}{2M}}\chi^{\dagger}_{\lambda'/2}\boldsymbol{\sigma} \quad \lambda'\sqrt{\frac{M-m}{2M}}\chi^{\dagger}_{\lambda'/2}\boldsymbol{\sigma}\right)\begin{pmatrix} \sqrt{\frac{M+m}{2M}}\chi_{\lambda/2} \\ \lambda\sqrt{\frac{M-m}{2M}}\chi_{\lambda/2} \end{pmatrix} \\
&= \left[\left(\frac{M+m}{2M}\right) + \lambda'\lambda\left(\frac{M-m}{2M}\right)\right]\chi^{\dagger}_{\lambda'/2}\boldsymbol{\sigma}\chi_{\lambda/2}
\end{aligned}$$

$$= \begin{cases} \boldsymbol{\sigma}_{\lambda\lambda}, & \lambda' = \lambda \\ \dfrac{m}{M}\boldsymbol{\sigma}_{\lambda'\lambda}, & \lambda' \neq \lambda \end{cases}, \qquad \boldsymbol{\sigma}_{\lambda'\lambda} \equiv \chi^{\dagger}_{\lambda'/2}\boldsymbol{\sigma}\chi_{\lambda/2}$$

因此，我們得到算符$\boldsymbol{\Sigma} \equiv \{\Sigma_x, \Sigma_y, \Sigma_z\}$的$2\times2$“矩陣表象”為

$$\Sigma_x = \frac{m}{M}\sigma_x = \frac{m}{M}\begin{pmatrix} 0 & 1 \\ 1 & 0 \end{pmatrix}$$

$$\Sigma_y = \frac{m}{M}\sigma_y = \frac{m}{M}\begin{pmatrix} 0 & -i \\ i & 0 \end{pmatrix}$$

$$\Sigma_z = \sigma_z = \begin{pmatrix} 1 & 0 \\ 0 & -1 \end{pmatrix}$$

注意，此處採用泡利陣$\boldsymbol{\sigma} \equiv \{\sigma_x, \sigma_y, \sigma_z\}$的“標準表象”，且因子$(m/M)$為

$$\frac{m}{M} = \sqrt{1 - \frac{\upsilon^2}{c^2}}$$

具有特定$\{E, \boldsymbol{p}\}$的電子態，不論是純態或混態，皆可以利用自旋密陣ρ_e來描述。如本章〈第七・四・E 小節　極化密陣(2)〉裏所述，我們可以利用2×2“泡利符基”$\{\sigma_0, \boldsymbol{\sigma}\} \equiv \{\sigma_0, \sigma_1, \sigma_2, \sigma_3\}$作為“矩陣基（matrix basis）”，將自旋密陣ρ_e展開為

$$\rho_e = \begin{pmatrix} \rho_{11} & \rho_{1-1} \\ \rho_{-11} & \rho_{-1-1} \end{pmatrix} = \frac{1}{2}I_e\left[\sigma_0 + \boldsymbol{\mathscr{P}} \cdot \boldsymbol{\sigma}\right]$$

此處I_e為“電子流強（electron current intensity）”，簡稱“電強”；而極化矢$\boldsymbol{\mathscr{P}}$就是泡利陣$\boldsymbol{\sigma}$的展開係數，

$$I_e \equiv tr\{\rho_e\} = \rho_{11} + \rho_{-1-1}$$

$$I_e\mathscr{P}_x = \frac{m}{M}(\rho_{1-1} + \rho_{-11})$$

$$I_e\mathscr{P}_y = i\frac{m}{M}(\rho_{1-1} - \rho_{-11})$$

$$I_e\mathscr{P}_z = \rho_{11} - \rho_{-1-1}$$

由於$m/M = \sqrt{1 - \upsilon^2/c^2}$，所以極化矢$\boldsymbol{\mathscr{P}}$的“橫量（transverse component）”$\{\mathscr{P}_x,\mathscr{P}_y\}$，與電子的“速度”$\upsilon$有關；但有趣的是，其“縱量（longitudinal component）”$\mathscr{P}_z$，與電子的“速度”υ無關。然而，在傳統上，因為電子的“極化矢”$\boldsymbol{\mathscr{P}}$定義於其“靜止座”裏，$\upsilon=0$，所以其橫量裏的因子$m/M=1$。

D. 相對論性旋態

一般而言，旋性為λ的粒子“角動量旋態（angular-momentum helicity state）”，簡稱“球旋態（spherical helicity-state）”$|k\lambda;jm\rangle$，可通過其“線旋態”$|\boldsymbol{k}\lambda\rangle$來架構，反之亦然。“球旋態”與“線旋態”統稱為“相對論性旋態”，它們之間的關係如下，

$$|k\lambda;jm\rangle = \sqrt{\frac{2j+1}{4\pi}}\int d\hat{\boldsymbol{k}}\, D^{(j)}_{m\lambda}\left(\hat{\boldsymbol{k}}\right)^{*}|\boldsymbol{k}\lambda\rangle$$

$$|\boldsymbol{k}\lambda\rangle = \sum_{jm}\sqrt{\frac{2j+1}{4\pi}}\, D^{(j)}_{m\lambda}\left(\hat{\boldsymbol{k}}\right)|k\lambda;jm\rangle$$

此處$\boldsymbol{k}\equiv\boldsymbol{p}/\hbar$，而其規化條件分別為

$$\langle\boldsymbol{k}\lambda|\boldsymbol{k}'\lambda'\rangle = \delta^3\left(\boldsymbol{k}'-\boldsymbol{k}\right)\delta_{\lambda\lambda'}$$

$$\langle k\lambda;jm|k'\lambda';j'm'\rangle = \frac{1}{k^2}\delta\left(k-k'\right)\delta_{\lambda\lambda'}\delta_{jj'}\delta_{mm'}$$

這裏我們將上式中的各參量，分別說明如下：

(i) $\{j,m\}$為角動符$\{\boldsymbol{J}^2,J_z\}$的量子數，此處$\boldsymbol{J}$為粒子的“總角動符（total angular-momentum operator）”，而m為其“磁量子數（magnetic quantum number）”。

(ii) λ代表“旋性（helicity）”。

(iii) $\boldsymbol{k}$為“波數矢（wavenumber vector）”，$k\equiv|\boldsymbol{k}|$代表$\boldsymbol{k}$的大小，而$\hat{\boldsymbol{k}}\equiv\boldsymbol{k}/|\boldsymbol{k}|$代表$\boldsymbol{k}$的“方位”。

(iv) $D^{(j)}_{m\lambda}(\boldsymbol{k})$為“轉向陣（rotation matrix）”，具體請參閱本書〈附錄六・五節 轉向符的矩陣表象〉。

(1) 光子旋態

光子最簡單的“線旋態”，可定義為“動量” $\boldsymbol{k}$ 與“旋量（helicity）” q 的“共徵態”，

$$\boldsymbol{A}_{\boldsymbol{k}\,q} \equiv \frac{1}{\sqrt{(2\pi)^3}}\,\hat{\boldsymbol{e}}_q\, e^{i\,\boldsymbol{k}\cdot\boldsymbol{r}}$$

此處“複矢” $\hat{\boldsymbol{e}}_q$ 為“球單位矢”。這裏我們再作幾點補充說明:

(i) 函 $e^{i\boldsymbol{k}\cdot\boldsymbol{r}}$ 為“平面波（plane wave）”。

(ii) 徵值 $q=+1$ 代表“右旋光（right-hand light）”，而 $q=-1$ 代表“左旋光（left-hand light）”。

(iii) 矢 $\boldsymbol{A}_{\boldsymbol{k}\,q}$ 的方位是球單位矢 $\hat{\boldsymbol{e}}_q$ 的方位，而非 $\boldsymbol{k}$ 的方位。

將光子的“線旋態”代入“球旋態”的公式，

$$\boldsymbol{A}_{k\,q;\,j\,m} = \sqrt{\frac{2j+1}{4\pi}}\int d\hat{\boldsymbol{k}}\; D^{(j)}_{mq}\left(\hat{\boldsymbol{k}}\right)^{*}\boldsymbol{A}_{\boldsymbol{k}\,q}$$

並利用規化的“磁多極（magnetic multipole）” $\boldsymbol{A}^{(M)}_{jm}$、“電多極（electric multipole）” $\boldsymbol{A}^{(E)}_{jm}$、與“縱多極（longitudinal multipole）” $\boldsymbol{A}^{(L)}_{jm}$ 的表達式，我們可得

$$\boldsymbol{A}_{k\pm1;\,j\,m} = \mp\frac{1}{\sqrt{2}}\left(\boldsymbol{A}^{(M)}_{jm} \pm i\,\boldsymbol{A}^{(E)}_{jm}\right)$$

$$\boldsymbol{A}_{k0;\,j\,m} = \boldsymbol{A}^{(L)}_{jm}$$

此處我們將“多極勢（multipole potentials）”簡稱為“多極（multipole）”，而 $\boldsymbol{A}_{k+1;\,jm}$ 与 $\boldsymbol{A}_{k-1;\,jm}$ 分別對應光子的“正旋態”與“負旋態”，$\boldsymbol{A}_{k0;\,jm}$ 在數學上獨立於 $\boldsymbol{A}_{k\pm1;\,jm}$，但並非光子的真實物理態，因為光子所代表的“電磁波”為“橫波（transverse wave）”。另外，上兩式中的上標“L,E,M”分別代表矢 $\boldsymbol{A}_{jm}$ 的“縱向”、“電”、“磁”三個相互垂直方向的分量。

(2) 電子旋態

根據本章〈第七・四・C小節　電子極化〉裏，對“電子極化”的討論，電子的“線旋態”在$\boldsymbol{x}$表象下為

$$\langle \boldsymbol{r}|\boldsymbol{k}\lambda\rangle \equiv \langle \boldsymbol{r}|E\boldsymbol{k}\lambda\rangle \equiv \langle \boldsymbol{r}|E\boldsymbol{p}\lambda\rangle = \frac{1}{\sqrt{(2\pi)^3}}\, e^{i\,\boldsymbol{k}\cdot\boldsymbol{r}}\, u_{E\boldsymbol{k}\lambda}$$

此處$u_{E\boldsymbol{k}\lambda}$代表電子的“稟賦結構”，簡稱“狄拉克旋子”。利用本節開始所述“線旋態”與“球旋態”之間的關係，我們可以得到電子的“球旋態”為

$$\langle \boldsymbol{r}|k\lambda;jm\rangle = \sqrt{\frac{2j+1}{4\pi}}\int d\,\hat{\boldsymbol{k}}\; D^{(j)}_{m\,\lambda/2}\left(\hat{\boldsymbol{k}}\right)^{*}\langle \boldsymbol{r}|\boldsymbol{k}\lambda\rangle = \sum_{i} i^{\,l}\sqrt{\frac{(2l+1)c^2}{kE(2j+1)}}\,\langle l\,0\,s\,\lambda/2|\,j\,\lambda/2\rangle\langle \boldsymbol{r}|\kappa m\rangle$$

此處c與E分別為“光速”與“總能量”；l與$s\equiv 1/2$分別為電子“軌角動量”$\boldsymbol{L}^2$與“自旋角動量”$\boldsymbol{S}^2$的量子數；而$\langle \boldsymbol{r}|\kappa m\rangle$為“能量尺（energy scale）”下“角稱符（angular-symmetry operator）”K的徵態，

$$\langle \boldsymbol{r}|\kappa m\rangle \equiv \psi_{\kappa m}(\boldsymbol{r}) \equiv \frac{1}{r}\begin{pmatrix} G_{\kappa m}(r)\Omega_{\kappa m}(\theta,\varphi) \\ i\,F_{\kappa m}(r)\Omega_{-\kappa m}(\theta,\varphi)\end{pmatrix}$$

此處我們稱κ為“角稱量子數（angular-symmetry quantum number）”，因為κ隱含“總角動量”$\sqrt{j(j+1)}\,\hbar$與“宇稱”$\pi\equiv(-)^l$的訊息；而$\Omega_{\kappa m}$為“球旋函（spherical spin function）”。關於“角稱符”與“球旋函”的詳細介紹，請參閱本書〈第五・六節　角稱符〉。在“泡利近似”下，我們可將$\langle \boldsymbol{r}|\kappa m\rangle$簡化為

$$\langle \boldsymbol{r}|\kappa m\rangle \approx \langle \boldsymbol{r}|(l s)\,jm\rangle = \sum_{M\,\nu}\langle lMs\,\nu|\,jm\rangle\langle \boldsymbol{r}|lM\rangle\,\chi_\nu$$

此處χ_ν為“泡利旋子”，其“矩陣表象”為

$$\chi_{1/2} = \begin{pmatrix} 1 \\ 0 \end{pmatrix}, \qquad \chi_{-1/2} = \begin{pmatrix} 0 \\ 1 \end{pmatrix}$$

E. 極化密陣

在碰撞過程中，當物理系統處於“混態”時，我們就必須用“密陣”來描述。當參與碰撞的物理系統處於“純態”時，我們“原則上”利用“單一波函”就足以描述此物理系統的狀態。然而，在實際情況下，採用“密陣表述（density-matrix formulation）”仍然是最方便且適當的。

談到“密陣表述”，首先就要明確究竟是哪個“物理量”的“密陣”？“能量密陣”、“動量密陣”、或“極化密陣”等等。目前我們特別考慮碰撞裏的“極化”，因此，我們將選定以“極化密陣”來表達極化混態。

其次，密陣的“基態”可以選擇為“純態”或“混態”。當然，為了“明確聚焦”，我們將選擇“極化純態”作為基態。

本小節我們將討論，如何利用密陣來描述光子、電子、與原子的極化。

(1) 光子

首先，我們來回顧光子的“極化”。通常我們利用“自旋密陣” ρ_o 可將光子的極化表示為

$$\begin{aligned}\rho_o \equiv \left(\rho_{q'q}\right) &= \begin{pmatrix} \rho_{11} & \rho_{1-1} \\ \rho_{-11} & \rho_{-1-1} \end{pmatrix} \\ &= \frac{1}{2} I_o \begin{pmatrix} 1+p\cos\theta & pe^{-i\varphi}\sin\theta \\ pe^{i\varphi}\sin\theta & 1-p\cos\theta \end{pmatrix}\end{aligned}$$

此處參量 $\{I_o, p, \theta, \varphi\}$ 的物理意義與取值範圍如下：

(i) 光強： I_o

(ii) 極化度： $0 \le p \le 1$

(iii) 極化型： $0 \le \theta \le \pi$

(iv) 極化向： $0 \le \varphi < 2\pi$

在本章〈第七・四・B 小節 光子極化〉裏，我們曾經對“光子極化”作過詳細討論。注意，為了在此後分析裏，與“電子”作區別，我們特別對“光子”的密陣 ρ_o 與光強 I_o，都加下標“o”。

光子的極化，也可用“斯托克斯矢” $\boldsymbol{S} = \{S_1, S_2, S_3\}$ 來表示。在數學上，我們可以利用“泡利符基（Pauli-operator basis）” $\{\sigma_0, \boldsymbol{\sigma}\} \equiv \{\sigma_0, \sigma_1, \sigma_2, \sigma_3\}$，將密陣 ρ_o 展開為

$$\rho_o = \frac{1}{2} I_o \left[\sigma_0 + \boldsymbol{S} \cdot \boldsymbol{\sigma}\right]$$

此處“光強” I_o 與“斯托克斯矢” $\boldsymbol{S}$ 分別為

$$I_o = tr\{\rho_o\}, \qquad \boldsymbol{S} = \frac{tr\{\rho_o \boldsymbol{\sigma}\}}{tr\{\rho_o\}}$$

為便於敘述，我們定義一個“四張量（four-component tensor）” S 為

$$S \equiv \left(S_\mu\right) \equiv \begin{pmatrix} S_0 \\ S_1 \\ S_2 \\ S_3 \end{pmatrix} \equiv \begin{pmatrix} 1 \\ S_x \\ S_y \\ S_z \end{pmatrix}$$

注意，我們以“加粗”字母來表示“三維矢”，而以“不加粗”字母來表示“四張量”。

(2) 電子

其次，我們回顧一下電子的極化。與光子極化類似，電子的極化也可以利用“自旋密陣” ρ_e 表示為

$$\rho_e \equiv \left(\rho_{\lambda'\lambda}\right) \equiv \begin{pmatrix} \rho_{11} & \rho_{1-1} \\ \rho_{-11} & \rho_{-1-1} \end{pmatrix}$$

同理，我們利用“泡利符基”$\{\sigma_0,\boldsymbol{\sigma}\}\equiv\{\sigma_0,\sigma_1,\sigma_2,\sigma_3\}$，可以將 2×2 密陣 ρ_e，在“形式”上展開為

$$\rho_e = \frac{1}{2}I_e\left[\sigma_0+\boldsymbol{\mathscr{P}}\cdot\boldsymbol{\sigma}\right]$$

$$I_e = tr\{\rho_e\}$$

$$\boldsymbol{\mathscr{P}} \equiv \frac{tr\{\rho_e\boldsymbol{\Sigma}\}}{tr\{\rho_e\}} = \frac{tr\{\rho_e\boldsymbol{\sigma}\}}{tr\{\rho_e\}}$$

此處 I_e 為“電強”，而 $\boldsymbol{\mathscr{P}}$ 恰好為電子的“極化矢”。在本章〈第七・四・C 小節 電子極化〉裏，我們已經對“電子極化”作過詳細討論。

與光子類似，我們也可以針對電子極化定義一個“四張量”$\mathscr{P}$ 為

$$\mathscr{P} \equiv \left(\mathscr{P}_\mu\right) \equiv \begin{pmatrix}\mathscr{P}_0\\ \mathscr{P}_1\\ \mathscr{P}_2\\ \mathscr{P}_3\end{pmatrix} \equiv \begin{pmatrix}1\\ \mathscr{P}_x\\ \mathscr{P}_y\\ \mathscr{P}_z\end{pmatrix}$$

(3) 原子

原子的極化密陣 ρ_A，可以利用總角動符 $\{\boldsymbol{J}^2,J_z\}$ 的共徵態 $\{|JM\rangle\}$ 表達為

$$\rho_A \equiv \left(\rho_{J'M',JM}\right) \equiv \left(\langle J'M'|\rho_A|JM\rangle\right)$$

一般說來，對於特定極化 $J'=J$，原子極化密陣 ρ_A 需要通過 $4J(J+1)$ 個“獨立測量”來確認。因此，我們將“泡利符基”推廣為“球陣基（spherical-matrix basis）”，其“球陣（spherical matrices）”定義為

$$T_{lm}(J'M',JM) = \sqrt{2l+1}\begin{pmatrix}J' & m & M\\ M' & l & J\end{pmatrix}$$

此等式右邊的“數陣（number matrix）”稱為“3-*jm* 係數（3-*jm* coefficient）”，它是“維格納 3*j* 係數（Wigner-3*j* coefficient）”

在“協變標記（covariant notations）”下的形式。然後，我們利用“球陣基（spherical-matrix basis）”$\{T_{lm}(J'M',JM)\}$，將原子的極化密陣 $\rho_A \equiv \left(\rho_{J'M',JM}\right)$ 展開，

$$\rho_{J'M',JM} = \sum_{lm} Q_{lm}(J'J)\, T_{lm}(J'M',JM)$$

此處展開係數 $Q_{lm}(J'J)$ 定義為“原子多極（atomic multipoles）”。

七・五 量子碰撞方程

A. 碰撞參考座

(1) 實驗座

任意慣性座，在本節稱為“實驗座（laboratory frame 或 LAB frame）”。

為了明確起見，我們以“二元碰撞（binary collision）”為例，考慮一般的碰撞過程：碰撞前，系統由子系統 **A** 和 **B** 組成；碰撞後，系統由子系統 **C** 和 **D** 組成，而 **A**, **B**, **C**, **D** 皆可為基本粒子或複合粒子，如電子、光子、原子、或離子等。在此基本碰撞過程裏，所有的子系統 **A**, **B**, **C**, **D**，皆以實驗座裏的線旋態表示，其碰撞過程如下圖(a)所示：

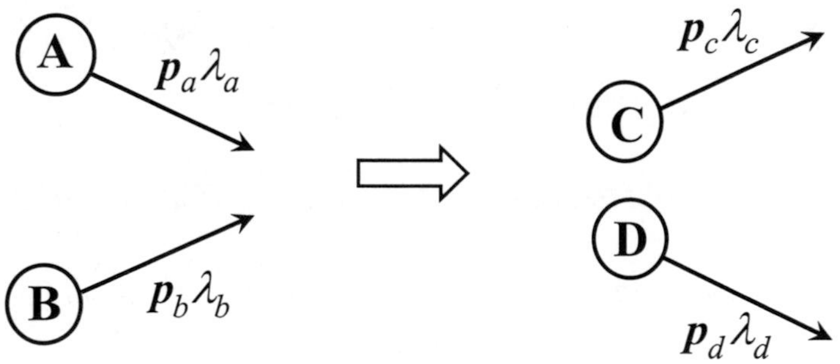

(a) 實驗座

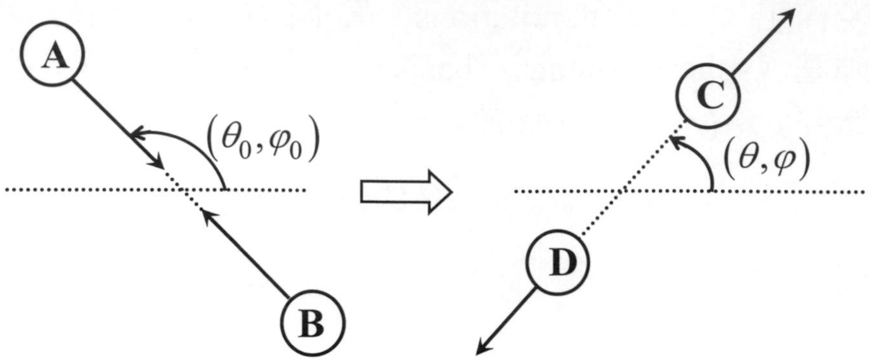

(b) 動心座

此處 $\boldsymbol{p}_\alpha$ 與 λ_α 分別為實驗座裏子系統 α 的動量與旋性。

在實驗座裏，以上基本碰撞過程的“S 陣”可寫為

$$\langle \boldsymbol{p}_c\lambda_c ; \boldsymbol{p}_d\lambda_d | S | \boldsymbol{p}_a\lambda_a ; \boldsymbol{p}_b\lambda_b \rangle$$

我們定義碰撞前後，整個系統的“總四動量（total four-momenta）”分別為 P 與 P'，

$$P = p_a + p_b \text{，} \qquad P' = p_c + p_d$$

此處 p_α 為系統 α 的“四動量”，$\alpha = a,b,c,d$。

(2) 動心座

> 在慣性座裏，由 μ 個粒子構成的系統，若其總動量 $\boldsymbol{P}$ 為零，則我們稱此慣性座為“動心座（center-of-momentum frame 或 CM frame）”。

因此，在實驗座與動心座裏，系統的總能量與總動量分別為

$$E^{LAB} = \sum_{i=1}^{\mu} E_i^{LAB} \text{，} \qquad \boldsymbol{P}^{LAB} = \sum_{i=1}^{\mu} \boldsymbol{P}_i^{LAB}$$

$$E^{CM} = \sum_{i=1}^{\mu} E_i^{CM} \text{，} \qquad \boldsymbol{P}^{CM} = \sum_{i=1}^{\mu} \boldsymbol{P}_i^{CM} = 0$$

此處假設 μ 個粒子各自完全獨立，否則在其總能量裏，還要包含粒子間的相互“作用能”。在實驗座裏，動心座的速度 $\boldsymbol{\upsilon}$ 為

$$\boldsymbol{\upsilon} = c^2 \boldsymbol{p}^{LAB} / E^{LAB}$$

在實驗座與動心座裹，系統的總能量與總動量滿足如下關係，

$$\begin{aligned} E^{CM} &= \gamma\left(E^{LAB} - \boldsymbol{\upsilon}\cdot\boldsymbol{p}^{LAB}\right) \\ \boldsymbol{p}_{/\!/}^{CM} &= \gamma\left(\boldsymbol{p}_{/\!/}^{LAB} - \frac{1}{c^2}\boldsymbol{\upsilon}\, E^{LAB}\right) \\ \boldsymbol{p}_{\perp}^{CM} &= \boldsymbol{p}_{\perp}^{LAB} \end{aligned}$$

此處$\gamma = 1/\sqrt{1-\upsilon^2/c^2}$，而下標“$/\!/$”與“$\perp$”分別表示，相對於速度$\boldsymbol{\upsilon}$，動量$\boldsymbol{p}$的“縱向”與“橫向”分量，或稱“平行”與“垂直”分量。事實上，以上關係式，即為“四動量”在實驗座與動心座間的洛倫茲轉換關係。在非相對論極限下，即$\upsilon \equiv |\boldsymbol{\upsilon}| \ll c$，動心座可約化為“質心座（center-of-mass frame）”。

在動心座裹，本小節一開始所考慮的碰撞過程如上圖(b)所示。(θ_0,φ_0)與(θ,φ)分別為，動心座裹碰撞前與後的“散射角（scattering angle）”。在動心座裹，整個碰撞系統的S陣以$\langle\theta\varphi\lambda_c\lambda_d|S(P)|\theta_0\varphi_0\lambda_a\lambda_b\rangle$來表示，其與實驗座裹的$S$陣，滿足如下關係，

$$\langle \boldsymbol{p}_c\lambda_c;\boldsymbol{p}_d\lambda_d|S|\boldsymbol{p}_a\lambda_a;\boldsymbol{p}_b\lambda_b\rangle = \frac{(2\pi)^6}{pp'}\sqrt{\upsilon\upsilon'}\,\delta^4(P'-P)\langle\theta\,\varphi\,\lambda_c\lambda_d|S(P)|\theta_0\,\varphi_0\,\lambda_a\lambda_b\rangle$$

此處$p \equiv |\boldsymbol{p}|$, $\upsilon \equiv |\boldsymbol{\upsilon}|$, $p' \equiv |\boldsymbol{p}'|$, $\upsilon' \equiv |\boldsymbol{\upsilon}'|$，而$\{\boldsymbol{p},\boldsymbol{\upsilon}\}$與$\{\boldsymbol{p}',\boldsymbol{\upsilon}'\}$分別為碰撞前與後，系統在動心座裹的“相對動量”與“相對速度”。碰撞過程的全部訊息，皆包含於S陣或約化T陣中。由本章〈第七・三・G 小節　散射陣(3)〉可知，S陣與約化T陣的關係為

$$S_{fi} = \delta_{fi} - 2\pi i\,\delta\left(P_0' - P_0\right) T_{fi}$$

此處P_0'與P_0分別代表四動量P'與P的零分量；下標“i”標示“初態（initial state）”，而“f”標示“末態（final state）”。

B. 密陣碰撞方程

我們假設碰撞系統的“初態密陣”為ρ_i，則此系統的“末態密陣”ρ_f滿足的“碰撞方程（collision equation）”可寫為

$$\rho_f = S_{fi}\,\rho_i\,S_{fi}^{\dagger}$$

此處S_{fi}為本章〈第七・五・A 小節 碰撞參考座(2)〉裏談到的"S陣"或稱"散射陣"，由此就可得到碰撞過程的"散射幅"。

以下我們以"激原子（excited atom）"的"光輻射（photoemission）"過程為例來說明。原子光輻射過程的"散射幅"S可寫為

$$S\left(q, J_f M_f; J_i M_i\right) \equiv \sqrt{\frac{\omega}{2\pi c}}\left\langle J_f M_f \right| \sum_{i=1}^{N} \boldsymbol{\alpha}_i \cdot \hat{\boldsymbol{e}}_q^{*}\, e^{-i\boldsymbol{k}\cdot\boldsymbol{r}_i} \left| J_i M_i \right\rangle$$

此處J_f與M_f分別為"退激原子（de-excited atom）"的總角動量子數與總磁量子數，而$|J_i M_i\rangle$代表原子初始的"激態（excited state）"；N為該原子所含的電子數；$\boldsymbol{\alpha}_i$為狄拉克$\boldsymbol{\alpha}$陣；$\hat{\boldsymbol{e}}_q$與$\boldsymbol{k}$分別為輻射光子的"極化矢"與"波數矢"。

若我們以密陣$\rho_{J_i' M_i' J_i M_i}$來描述"激原子"的初態，則散射後此系統的密陣為

$$\rho_{q'q, J_f' M_f' J_f M_f} = \sum_{J_i' M_i' J_i M_i} S\left(q', J_f' M_f'; J_i' M_i'\right) \rho_{J_i' M_i' J_i M_i}\, S^{*}\left(q, J_f M_f; J_i M_i\right)$$

值得注意的是，當散射過程涉及"複合粒子"時，如原子或離子等，則上式中的"S陣"就包含了散射系統的"運行結構（kinematic structure）"與"動力效應"，並且兩者相互糾纏在一起。此時就會涉及"角動耦合（angular-momentum coupling）"的問題，其代數推導會變得極複雜；遇到此種情況，我們就可採用"角動耦合圖解法（graphical method for angular-momentum couplings）"，具體請參閱本書〈附錄十七 角動耦合圖解法〉。

針對原子的某特定"角動態（angular-momentum state）"J_f，其輻射光子的"角佈（angular distribution）"與"極化（polarization）"，可以利用密陣$\rho_{q'q}$來描述，

$$\rho_{q'q} = \sum_{M_f} \rho_{q'q, J_f M_f J_f M_f}$$

此處密陣$\rho_{q'q}$稱為"約化密陣（reduced density-matrix）"。針對

其它碰撞過程，也可採用類似方法來處理。下節我們將以原子的“光離（photoionization）”與“電捕熒光（electron-capture fluorescence）”過程為例，來具體說明。

七・六 原子碰撞範例

本節先介紹“原子碰撞”裏的“光離”與“電捕熒光”，來展示“量子碰撞理論”的應用。為了展示在碰撞過程中，對“角佈關聯（angular-distribution correlation）”與“極化關聯（polarization correlation）”的處理，本節將接着介紹幾個簡單的例子，但由於篇幅所限，這裏僅給出結果而不作詳細推導。

A. 非極化原子光離

假設我們考慮動量為$\boldsymbol{q}$的入射“極化光子（polarization photon）”，與角動量為J_α的靶原子間的碰撞過程；碰撞後，一個電子被“離化（ionized）”為動量$\boldsymbol{k}$的自由電子，而剩餘部分為角動量J_β的離子。在動量$\{\boldsymbol{q},\boldsymbol{k}\}$所定義的“碰撞平面（collision plane）”裏，此過程可用下圖來展示：

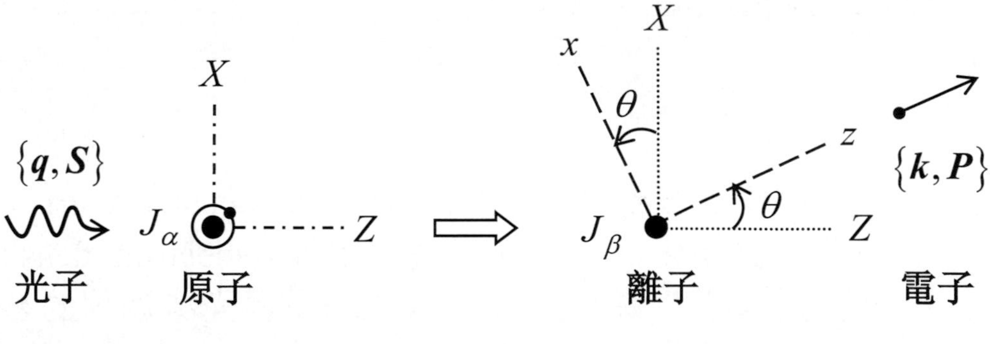

我們稱此過程為“光離過程（photoionization process）”。圖中兩個右手座$\{X,Y,Z\}$與$\{x,y,z\}$，分別描述整個碰撞系統的“初態”與“末態”，而其單位矢分別為

$$\hat{\boldsymbol{X}} \equiv (\hat{\boldsymbol{q}}\times\hat{\boldsymbol{k}})\times\hat{\boldsymbol{q}}, \quad \hat{\boldsymbol{Y}} \equiv \hat{\boldsymbol{q}}\times\hat{\boldsymbol{k}}, \quad \hat{\boldsymbol{Z}} \equiv \hat{\boldsymbol{q}}$$

$$\hat{\boldsymbol{x}} \equiv (\hat{\boldsymbol{q}}\times\hat{\boldsymbol{k}})\times\hat{\boldsymbol{k}}, \quad \hat{\boldsymbol{y}} \equiv \hat{\boldsymbol{q}}\times\hat{\boldsymbol{k}}, \quad \hat{\boldsymbol{z}} \equiv \hat{\boldsymbol{k}}$$

此處$\hat{\boldsymbol{q}} \equiv \boldsymbol{q}/|\boldsymbol{q}|$，$\hat{\boldsymbol{k}} \equiv \boldsymbol{k}/|\boldsymbol{k}|$。

假設不考慮碰撞後“離子”的極化，則“出射電子（emitted electron）”密陣ρ_e與“入射光子（incident photon）”密陣ρ_o之間的關係，可以利用碰撞方程表達為

$$\rho_e = \frac{1}{2} tr_\beta \left\{ T\left(\rho_o \otimes 1^\alpha\right) T^\dagger \right\}$$

此處$1^\alpha \equiv 1_{(2J_\alpha+1)\times(2J_\alpha+1)}$為“靶原子空間”$\alpha$裏的“單位陣（unit matrix）”；$tr_\beta\{\Omega\}$代表於碰撞後，在“離子空間”$\beta$裏，對算符$\Omega$“求跡”；根據本章〈第七・三・G 小節 散射陣(2)〉，代表初態i至末態f的“T符（T-operator）”，其定義為

$$T \equiv T_{fi} \equiv V_i + V_f \frac{1}{E - H + i\eta} V_i$$

其中初態i與末態f分別為光離過程的“入通道（entrance channel）”與“出通道（exit channel）”；V_i與V_f分別為碰撞前與後系統內的相互作用，而E為碰撞前系統的總能量；H為整個碰撞過程的總哈密頓。

利用入射光子的“斯托克斯矢”$\boldsymbol{S}$與出射電子的“極化矢”$\mathscr{P}$，我們可將碰撞方程改寫為

$$I\mathscr{P}_\mu = \sum_{\nu=0}^{3} \Lambda^I_{\mu\nu} S_\nu$$

特別注意，此處我們假設“光子密陣（photon density-matrix）”裏的“光強”I_o已規化為 1，而“電子密陣（electron density-matrix）”裏的“電強”為I。此外，我們還定義光離過程的4×4“關聯陣（correlation matrix）”$\Lambda^I \equiv \left(\Lambda^I_{\mu\nu}\right)$為

$$\Lambda^I_{\mu\nu} = \frac{1}{2} tr\left\{ \left(\sigma_\mu \otimes 1^\beta\right) T \left(\sigma_\nu \otimes 1^\alpha\right) T^\dagger \right\}$$

此處$1^\beta \equiv 1_{(2J_\beta+1)\times(2J_\beta+1)}$為“離子空間”$\beta$裏的單位陣，而$\sigma_\mu$為泡利陣。出射電子的“自旋空間”與“離子空間”構成一個“直積

空間（direct-product space）”，而$tr\{\Omega\}$代表在此直積空間裏，對算符Ω“求跡”。

B. 原子電捕熒光

假設我們考慮一個動量為$\boldsymbol{k}$的電子，入射於角動量為J_β的“離子”，此入射電子被離子“捕獲”而合成“原子”。碰撞後，原子的角動量為J_α，並放射出動量為$\boldsymbol{q}$的光子。我們稱此過程為“電捕熒光”過程，是“原子光離（atomic photoionization）”的“逆過程（time-reversed process）”。在動量$\{\boldsymbol{q},\boldsymbol{k}\}$所定義的碰撞平面裏，此過程可用下圖展示：

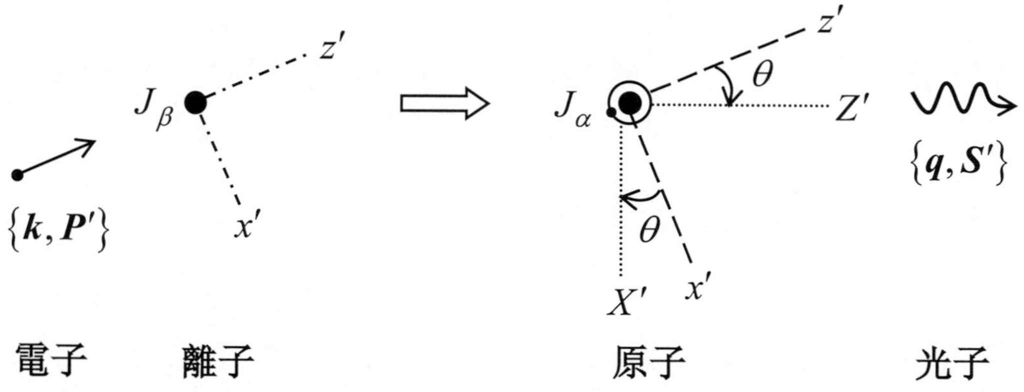

上圖中，兩個右手座$\{x',y',z'\}$與$\{X',Y',Z'\}$分別描述整個碰撞系統的初態與末態，其單位矢分別為

$$\hat{x}' \equiv (\hat{k}\times\hat{q})\times\hat{k}\,,\quad \hat{y}' \equiv \hat{k}\times\hat{q}\,,\quad \hat{z}' \equiv \hat{k}$$
$$\hat{X}' \equiv (\hat{k}\times\hat{q})\times\hat{q}\,,\quad \hat{Y}' \equiv \hat{k}\times\hat{q}\,,\quad \hat{Z}' \equiv \hat{q}$$

注意，此處所採用的標記與上小節裏“不加撇”的座類似。

若不考慮碰撞後原子的極化，則我們可以得到此過程的碰撞方程為

$$\rho_o' = \frac{1}{2}tr_\alpha\left\{T'\left(\rho_e'\otimes 1^\beta\right)T'^\dagger\right\}$$

與“原子光離”過程類似，此處算符T'為“電捕熒光”過程的“T符”，其定義為

$$T' \equiv T'_{fi} \equiv V_i + V_f \frac{1}{E-H+i\eta} V_i$$

此兩式中各參量的物理意義與上小節類似，此處不再贅述。

同理，我們利用入射電子的“極化矢” $\mathscr{P}$ 與出射光子的“斯托克斯矢” $\boldsymbol{s}$，將碰撞方程改寫為

$$I'S_\mu' = \sum_{\nu=0}^{3} \Lambda_{\mu\nu}^{C} \mathscr{P}_\nu'$$

此處我們定義“電捕熒光”過程的4×4“關聯陣” $\Lambda^C \equiv \left(\Lambda_{\mu\nu}^C\right)$ 為

$$\Lambda_{\mu\nu}^{C} = \frac{1}{2} tr\left\{\left(\sigma_\mu \otimes 1^\alpha\right) T' \left(\sigma_\nu \otimes 1^\beta\right) T'^{\dagger}\right\}$$

出射光子的“自旋空間”與“離子空間”構成一個“直積空間”，而此處 $tr\{\Omega\}$ 代表在此直積空間裏，對算符 Ω “求跡”。

C. $J=1/2$ 極化原子光離

利用本章〈第七・六・A 小節 非極化原子光離〉裏所定義的直角座 $\{X,Y,Z\}$ 與 $\{x,y,z\}$，我們可以得到在“電偶極近似（electric-dipole approximation）”下，$J=1/2$ 極化靶原子“光離”後“光電子（photoelectrons）”的“角佈”為

$$\frac{d\sigma(\theta,\varphi)}{d\Omega} = \left(\frac{\pi^3 c}{2\omega}\right) \bar{\sigma} F(\theta,\varphi)$$

此處“角佈函（angular-distribution function）” $F(\theta,\varphi)$ 為

$$\begin{aligned} F(\theta,\varphi) = 1 - \frac{1}{4}\beta_1 &\left[\left(3\cos^2\theta - 1\right) + 3\left(S_X \cos 2\varphi + S_Y \sin 2\varphi\right)\sin^2\theta\right] \\ &+ P_X\left[\beta_3 S_Z \cos\varphi + \beta_2\left(\sin\varphi - S_Y \cos\varphi + S_X \sin\varphi\right)\right]\sin\theta\cos\theta \\ &+ P_Z\left\{S_Z\left[\varepsilon + \beta_3\left(\cos^2\theta - \frac{1}{3}\right)\right] + \beta_2\left(S_Y \cos 2\varphi - S_X \sin 2\varphi\right)\sin^2\theta\right\} \end{aligned}$$

而 $\boldsymbol{P} \equiv (P_X, P_Y, P_Z)$ 為靶原子的“極化矢”；$\boldsymbol{S} \equiv (S_X, S_Y, S_Z)$ 為入射光子的“斯托克斯矢”；此式裏的動力參數 $\{\varepsilon, \beta_1, \beta_2, \beta_3\}$ 可以利用

“電偶極幅（electric-dipole amplitudes）”來表達。通過對所有角度作積分，我們可以得到“總截面” σ 為

$$\sigma = \left(\frac{2\pi^4 c}{\omega}\right)\bar{\sigma}\left(1+\varepsilon P_Z S_Z\right)$$

此處 $\bar{\sigma}$ 為一切“電偶極躍遷（electric-dipole transitions）”的“約化陣元（reduced matrix elements）”的平方和。關於此“約化陣元”，我們將在本章〈第七‧六‧D 小節 多極躍遷光離〉裏再作詳細說明。值得注意的是，“極化”靶原子的光離過程總截面，與靶原子以及入射光子的“極化”皆有關。光電子在 (θ,φ) 方向的“自旋極化（spin polarization）”為

$$\begin{aligned}
p_x(\theta,\varphi)F(\theta,\varphi) = {} & \left[\xi_1 S_Z + \eta_1\left(S_Y\cos 2\varphi - S_X\sin 2\varphi\right)\right]\sin\theta \\
& + P_X\Big[-\left(\xi_4+\eta_2\right)\cos\varphi - \left(\xi_3+\eta_3\right)S_Z\sin\varphi \\
& + \left(\xi_4-\xi_2-\eta_2\right)\left(S_X\cos\varphi + S_Y\sin\varphi\right) \\
& + \xi_5\left(-2\cos\varphi + S_X\cos\varphi + S_Y\sin\varphi\right)\left(\cos^2\theta - \frac{11}{15}\right) \\
& - \xi_5\left(S_X\cos 3\varphi + S_Y\sin 3\varphi\right)\sin^2\theta\Big]\cos\theta \\
& + P_Z\Big[\xi_2 + 2\eta_2\left(S_X\cos 2\varphi + S_Y\sin 2\varphi\right) + 2\xi_5\left(\cos^2\theta - \frac{1}{5}\right) \\
& - 2\xi_5\left(S_X\cos 2\varphi + S_Y\sin 2\varphi\right)\left(\cos^2\theta - \frac{1}{3}\right)\Big]\sin\theta
\end{aligned}$$

$$\begin{aligned}
p_y(\theta,\varphi)F(\theta,\varphi) = {} & \eta_1\left(1 - S_X\cos 2\varphi - S_Y\sin 2\varphi\right)\sin\theta\cos\theta \\
& + P_X\Big\{-\xi_3 S_Z\cos\varphi + \xi_4\sin\varphi + \left(\xi_4-\xi_2\right)\left(S_Y\cos\varphi - S_X\sin\varphi\right) \\
& + \left[-2\eta_3 S_Z\cos\varphi + 2\eta_2\left(\sin\varphi - S_Y\cos\varphi + S_X\sin\varphi\right)\right]\left(\cos^2\theta - \frac{1}{2}\right) \\
& + \frac{1}{3}\xi_5\left(2\sin\varphi + S_Y\cos\varphi - S_X\sin\varphi\right)\left(\cos^2\theta - \frac{1}{5}\right) \\
& - \xi_5\left(S_Y\cos 3\varphi - S_X\sin 3\varphi\right)\sin^2\theta\Big\} \\
& + P_Z\left[2\eta_3 S_Z + \left(2\eta_2 - \frac{4}{3}\xi_5\right)\left(S_Y\cos 2\varphi - S_X\sin 2\varphi\right)\right]\sin\theta\cos\theta
\end{aligned}$$

$$
\begin{aligned}
p_z(\theta,\varphi)F(\theta,\varphi) =& \zeta_1 S_Z \cos\theta \\
&+P_X\Big[\zeta_4\cos\varphi+\zeta_3 S_Z\sin\varphi+(\zeta_2-\zeta_4)(S_X\cos\varphi+S_Y\sin\varphi) \\
&\quad+\zeta_5(2\cos\varphi-S_X\cos\varphi-S_Y\sin\varphi)\left(\cos^2\theta-\frac{1}{5}\right) \\
&\quad+\zeta_5(S_X\cos3\varphi+S_Y\sin3\varphi)\sin^2\theta\Big]\sin\theta \\
&+P_Z\left[\zeta_2+2\zeta_5\left(\cos^2\theta-\frac{3}{5}\right)\right. \\
&\quad\left.+2\zeta_5(S_X\cos2\varphi+S_Y\sin2\varphi)\sin^2\theta\right]\cos\theta
\end{aligned}
$$

若入射光與靶原子的“極化”皆已知，則我們就可以利用動力參數$\{\sigma,\varepsilon,\beta_1,\beta_2,\beta_3,\xi_1,\xi_2,\xi_3,\xi_4,\xi_5,\eta_1,\eta_2,\eta_3,\zeta_1,\zeta_2,\zeta_3,\zeta_4,\zeta_5\}$來表達光電子的“極化”與“角佈”。反之，也可以通過光電子的“極化”與“角佈”，來推導靶原子的“極化”。

注意，在“電偶極近似”下，總角動量子數為“$J=1/2$”的極化靶原子，最多可有 9 個“獨立動力參數”；若考慮“$J\geq 2$”的極化靶原子，則最多可有 17 個“獨立動力參數”。因此，並不是所有參量$\{\sigma,\varepsilon,\beta_i,\xi_i,\eta_i,\zeta_i\}$都是“獨立的”。

通過將“總光電子流（total photoelectron current）”的“極化矢”$\{p_x(\theta,\varphi),p_y(\theta,\varphi),p_z(\theta,\varphi)\}$，轉換至某固定座$\{XYZ\}$，並對所有角度作積分，最後我們得到“總光電子流”的“極化”$\{p_X,p_Y,p_Z\}$為

$$
\begin{aligned}
p_X(1+\varepsilon P_Z S_Z) &= P_X(\delta_4+\delta_5 S_X) \\
p_Y(1+\varepsilon P_Z S_Z) &= P_X(\delta_3 S_Z+\delta_5 S_Y) \\
p_Z(1+\varepsilon P_Z S_Z) &= \delta_1 S_Z+\delta_2 P_Z
\end{aligned}
$$

此處參數$\{\delta_i,i=1,2,3,4,5\}$為

$$
\begin{aligned}
\delta_i &= (\zeta_i-2\xi_i)/3,\ \ i=1,2,3,4 \\
\delta_5 &= \delta_2-\delta_4
\end{aligned}
$$

若靶原子“無極化”，則我們可以得到光電子的“極化”通式，

其與以上各參量相對應：$\sigma=\sigma,\ \beta_1=\beta,\ \xi_1=\xi,\ \eta_1=\eta,\ \zeta_1=\zeta,\ \delta_1=\delta$。

D. 多極躍遷光離

針對“無極化”靶原子，若其包含所有可能的“多極躍遷（multipole transitions）”，則其光電子的“角佈”為

$$\frac{d\sigma(\theta,\varphi)}{d\Omega} = \frac{\sigma}{4\pi}F(\theta,\varphi)$$

$$F(\theta,\varphi) = 1+\sum_{l\geq 1}\beta_{0l}\,d^l_{00}+\left(S_X\cos 2\varphi+S_Y\sin 2\varphi\right)\sum_{l\geq 2}\beta_{1l}\,d^l_{20}$$

而其“自旋極化”為

$$p_x(\theta,\varphi)F(\theta,\varphi) = S_Z\sum_{l\geq 1}\xi_{3l}\,d^l_{01}+\left(S_X\sin 2\varphi-S_Y\cos 2\varphi\right)\sum_{l\geq 2}\left(\xi_{2l}\,d^l_{21}+\eta_{2l}\,d^l_{2-1}\right)$$

$$p_y(\theta,\varphi)F(\theta,\varphi) = \sum_{l\geq 1}\eta_{0l}\,d^l_{01}+\left(S_X\cos 2\varphi+S_Y\sin 2\varphi\right)\sum_{l\geq 2}\left(\xi_{2l}\,d^l_{21}-\eta_{2l}\,d^l_{2-1}\right)$$

$$p_z(\theta,\varphi)F(\theta,\varphi) = S_Z\sum_{l\geq 1}\zeta_{3l}\,d^l_{00}+\left(S_X\sin 2\varphi-S_Y\cos 2\varphi\right)\sum_{l\geq 2}\zeta_{2l}\,d^l_{20}$$

此處$d^l_{mn}(\theta)$為“轉向陣（rotation matrix）”的“標準 d 函（standard d-functions）”，而$d^l_{00}(\theta)=P_l(\cos\theta)$為“勒讓德多項式（Legendre polynomial）”。以上表達式與光離後“殘離子（residual ion）”的“熒輻射（fluorescence radiation）”和“奧傑過程（Auger process）”裏的表達式非常類似。一般而言，除總截面σ外，另有八類動力參數：$\beta_{0l},\beta_{1l},\xi_{2l},\xi_{3l},\eta_{0l},\eta_{2l},\zeta_{2l},\zeta_{3l}$。

注意，於任何輻角φ，我們皆可從“無極化”靶原子來得到光電子的“全部訊息”。因此，我們可以就輻角$\varphi=0$，來考慮光電子的“極化”與“角佈”。在此過程中，“碰撞總截面”σ可明確寫為

$$\sigma = \frac{4\pi^4 c}{\omega(2J_0+1)}\bar{\sigma}$$

$$\bar{\sigma} = \sum_{jJ\kappa_\alpha}\left[D^2_\alpha(Ej)+D^2_\alpha(Mj)\right]$$

此處“約化陣元” $D_\alpha(Ej)$ 與 $D_\alpha(Mj)$，分別對應“電 2^j 極躍遷（electric 2^j-pole transition）”與“磁 2^j 極躍遷（magnetic 2^j-pole transition）”。它們可通過下式來定義，

$$i^{-l_\alpha}\exp\left(i\phi_{\kappa_\alpha}\right)\left\langle\alpha J^{(-)}\left\|\sum_{i=1}^{N}\boldsymbol{\alpha}_i\cdot\boldsymbol{A}^{(Ej)}(\boldsymbol{r}_i)\right\|J_0\right\rangle = i^{j-1}\exp\left(i\phi_\alpha\right)D_\alpha(Ej)$$

$$i^{-l_\alpha}\exp\left(i\phi_{\kappa_\alpha}\right)\left\langle\alpha J^{(-)}\left\|\sum_{i=1}^{N}\boldsymbol{\alpha}_i\cdot\boldsymbol{A}^{(Mj)}(\boldsymbol{r}_i)\right\|J_0\right\rangle = i^{j-1}\exp\left(i\phi_\alpha\right)D_\alpha(Mj)$$

此處 $\boldsymbol{A}^{(Ej)}$ 與 $\boldsymbol{A}^{(Mj)}$ 分別對應於規化的“電多極（electric multipole）” $\boldsymbol{A}_{jm}^{(E)}$ 與“磁多極（magnetic multipole）” $\boldsymbol{A}_{jm}^{(M)}$。“總通道相移（total channel phase-shift）” ϕ_α 也可通過此式來定義。另外請注意，$D_\alpha(Ej), D_\alpha(Mj), \phi_\alpha$ 皆為實數。

E. 碰撞的雙角關聯

為了展示碰撞過程中的“雙角關聯（doubly-angular correlations）”問題，我們考慮“帶電粒子”與“原子”碰撞，而使得原子“離化”的過程。我們可以採用“運行解析（kinematic analysis）”，來分析如此的一般碰撞過程如下，

$$i + \mathbf{A} \rightarrow \mathbf{B} + 1 + 2$$

此處我們假設靶系統 **A** 與 **B** 皆足夠重，可看作位於整個系統的“動心座”裏“靜止不動”。換而言之，“輕質量”的入射系統 i，去撞擊質量很大的靶系統 **A**，而得到殘餘質量很大的靶系統 **B** 與“輕質量”的出射系統 1 和 2。

“無極化”的入射系統 i 與“無極化”的靶系統 **A** 之間的碰撞過程，其“叁微分截面”為

$$\frac{d^3\sigma}{d\Omega_1\, d\Omega_2\, dE_1} = \frac{\sigma}{16\pi^2}F\left(\theta_1,\varphi_1,\theta_2,\varphi_2\right)$$

此處 σ 為單位能量的總截面，而角佈函 $F\left(\theta_1,\varphi_1,\theta_2,\varphi_2\right)$ 為

$$F(\theta_1,\varphi_1,\theta_2,\varphi_2) = \sum_{l_1 l_2 k m=0} \alpha_{l_1 l_2 k} \begin{pmatrix} l_1 & l_2 & k \\ m & -m & 0 \end{pmatrix} d^{l_1}_{0m}(\theta_1)\, d^{l_2}_{m0}(\theta_2) \cos\left[m(\varphi_1-\varphi_2)\right]$$

此處等式右邊的“數陣”稱為“3-j 係數（3-j coefficient）”，$d^l_{mn}(\theta_1)$ 與 $d^l_{mn}(\theta_2)$ 為轉向陣的“標準 d 函”，而動力參數 σ 與 $\alpha_{l_1 l_2 k}$，在任何“動力論”裏，皆可表達為與“方位”無關的“徑積分（radial integrals）”。

F. 二元反應

若碰撞子系統也包含“開系統（open systems）”，而“開系統”是指在位空間裏沒有局限的系統；則我們總是可以將本章〈第七•一•B 小節 基本反應〉所談及的基本反應，分解為一個如下的“非彈性二元反應（inelastic binary reaction）”，

$$\mathbf{A}+(\mathbf{B}+\mathbf{C}+\cdots) \longrightarrow \mathbf{F}+(\mathbf{G}+\mathbf{H}+\cdots)$$

此處 $(\mathbf{B}+\mathbf{C}+\cdots)$ 與 $(\mathbf{G}+\mathbf{H}+\cdots)$ 皆被看作“複合開系統（composite open systems）”。

作為一個範例，我們考慮如下的簡單“二元反應（binary reaction）”，

$$\alpha+\mathbf{A} \to \beta+\mathbf{B}$$

此式表示一個“輕質量”的入射系統 α 去撞擊相對甚重的靶系統 **A**，碰撞後產生一個“輕質量”的出射系統 β 與重質量的殘靶系統 **B**。為了明確起見，假設系統 **A** 與 **B** 在其各自的“動心座”裏，皆可當成“靜止不動”，且系統 α 與 β 皆為自旋1/2 粒子，但可以是不同類型的粒子，如電子、質子等。此碰撞過程可用下圖示意：

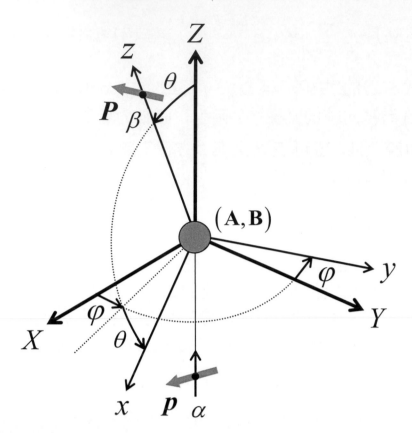

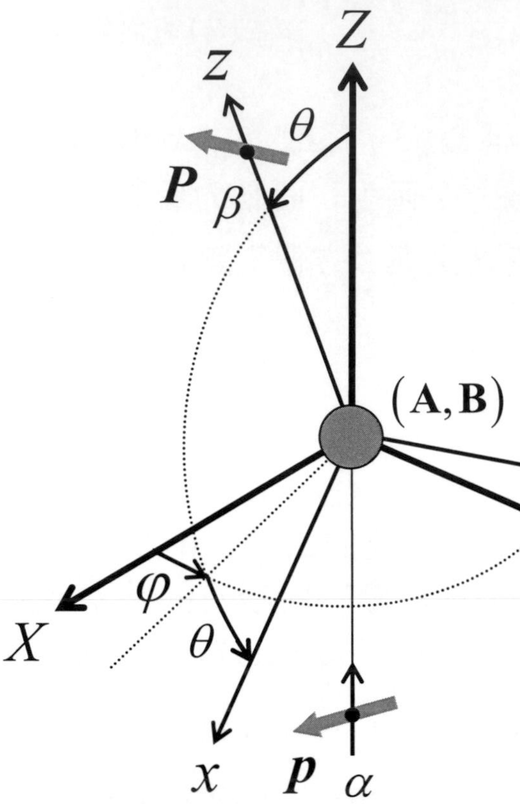

此處兩個直角座$\{XYZ\}$與$\{xyz\}$，分別描述極化矢為$\boldsymbol{p}$的“作物”與極化矢為$\boldsymbol{P}$的“產物”。

通過“運行解析”，我們可以求得由“無極化”靶系統“出射”的自旋1/2粒子β的“角佈”與“極化”分別為

$$\frac{d\sigma(\theta,\varphi)}{d\Omega} = \frac{\sigma}{4\pi}F(\theta,\varphi)$$

$$F(\theta,\varphi) = a \quad +b(p_Y\cos\varphi - p_X\sin\varphi)$$

$$P_x(\theta,\varphi)F(\theta,\varphi) = cp_Z + d(p_X\cos\varphi + p_Y\sin\varphi)$$

$$P_y(\theta,\varphi)F(\theta,\varphi) = e \quad + f(p_Y\cos\varphi - p_X\sin\varphi)$$

$$P_z(\theta,\varphi)F(\theta,\varphi) = gp_Z - h(p_X\cos\varphi + p_Y\sin\varphi)$$

此處$\boldsymbol{p} \equiv (p_X, p_Y, p_Z)$與$\boldsymbol{P} \equiv (P_x, P_y, P_z)$分別為粒子$\alpha$與$\beta$的“極化矢”。當然，這裏我們可以通過選擇適當的$X$軸使得$p_Y = 0$。然而，為

了將來可考慮一般的情況，比如靶系統A為“極化”的情況，我們保留上式的形式。以上各式裏的參量$\{a,b,c,d,e,f,g,h\}$為θ的“角函（angular function）”，

$$a = \sum_{l \geq 0} \beta_{0l}\, d^{l}_{00}$$

$$b = \sum_{l \geq 1} \beta_{1l}\, d^{l}_{10}$$

$$c = \sum_{l \geq 1} \xi_{3l}\, d^{l}_{10}$$

$$d = \sum_{l \geq 1} \left(\xi_{2l}\, d^{l}_{11} + \eta_{2l}\, d^{l}_{1-1} \right)$$

$$e = \sum_{l \geq 1} \eta_{0l}\, d^{l}_{10}$$

$$f = \sum_{l \geq 1} \left(\xi_{2l}\, d^{l}_{11} - \eta_{2l}\, d^{l}_{1-1} \right)$$

$$g = \sum_{l \geq 0} \zeta_{3l}\, d^{l}_{00}$$

$$h = \sum_{l \geq 1} \zeta_{2l}\, d^{l}_{10}$$

此處動力參數$\{\beta_{0l}, \beta_{1l}, \xi_{2l}, \xi_{3l}, \eta_{0l}, \eta_{2l}, \zeta_{2l}, \zeta_{3l}\}$皆可表達為，與“方位角”$(\theta,\varphi)$無關的“徑積分”。

七・七 碰撞類型間的對稱

本節我們將討論不同碰撞類型之間的“對稱性”問題。通過考慮對稱性，我們可將本章〈第七・六・A 小節 非極化原子光離〉與〈第七・六・B 小節 原子電捕熒光〉裏的“關聯陣”Λ^I與Λ^C，皆約化為更簡潔的形式。首先，我們假設在轉向、宇反、時逆轉換下，兩個彼此對稱的碰撞過程中所涉及到的“相互作用”皆保持協變。

A. 躍遷概率守恆

由於“躍遷概率（transition probability）”P_{ba}是系統稟賦的特徵，因此所有觀察者測到的“躍遷概率”都應該相同，即“躍

遷概率守恆（conservation of transition probability）”。假設某慣性座裏的觀察者O測到X_a態與X_b態之間的躍遷概率為P_{ba}，而另一個不同慣性座裏的觀察者O'，測到相應的ΓX_a態與ΓX_b態之間的躍遷概率也必須為P_{ba}，此處Γ為“狄拉克旋子轉換符（Dirac-spinor transformation operator）”，其定義請參閱本書〈第五・八・C 小節 狄拉克旋子轉換〉，具體形式將容後給出。

總之，觀察者O與O'所觀測到的“躍遷概率”必須相等，

$$P_{ba} = \left|\langle X_b|S|X_a\rangle\right|^2 = \left|\langle \Gamma X_b|S'|\Gamma X_a\rangle\right|^2$$

此處$\langle X_b|S|X_a\rangle$為碰撞過程的“S陣”。因此，我們就可以得到躍遷概率滿足“洛倫茲協變性”的“充分條件”為

$$\Gamma^{\dagger} S' \Gamma = e^{i\varphi} S$$

此處$e^{i\varphi}$為任意“相位因子”。我們將在下小節裏，通過“輻射躍遷（radiative transition）”來展示本小節的重要應用。

B. 輻射躍遷的協變性

在氫原子輻射的量子場論裏，“輻射”或“吸收”一個光子的“躍遷概率”P_{ba}，可約化為如下形式，

$$P_{ba} = \left|\langle \psi_b(x)|e\gamma_0\gamma^{\mu}A_{\mu}(x)|\psi_a(x)\rangle\right|^2$$

此處$\psi_a(x)$與$\psi_b(x)$分別為氫原子中電子的初態與末態，$A_{\mu}(x)$為光子的“四勢”，e為“電子電量”，而γ_0與γ^{μ}為“狄拉克γ陣”。

假設觀察者O測到氫原子輻射或吸收一個光子的“躍遷概率”為P_{ba}，而另一位觀察者O'測“相同”躍遷過程所得結果為

$$P_{ba}' = \left|\langle \psi_b'(x')|e\gamma_0'\gamma'^{\mu}A_{\mu}'(x')|\psi_a'(x')\rangle\right|^2$$

分別針對電子與光子的同一個狀態，觀察者O與O'各自測得結果之間的關係為

$$\psi_a'(x') = \Gamma\psi_a(x), \quad \psi_b'(x') = \Gamma\psi_b(x)$$

$$A_\mu{}'(x') = a_\mu{}^\nu A_\nu(x)$$

此處可以選擇$\gamma'^\mu = \gamma^\mu$。我們也可以證明：

$$\Gamma^{-1} = \pm\gamma^0\,\Gamma^\dagger\gamma^0$$

而上式中的“負號”，針對的是涉及“時逆”的轉換。由此可得，兩位觀察者O與O'測得“躍遷概率”間的關係為

$$\begin{aligned}\langle\psi_b{}'(x')|e\gamma_0{}'\gamma'^\mu A_\mu{}'(x')|\psi_a{}'(x')\rangle &= \langle\psi_b(x)|e\Gamma^\dagger\gamma_0\gamma^\mu a_\mu{}^\nu A_\nu(x)\Gamma|\,\psi_a(x)\rangle \\ &= \pm\langle\psi_b(x)|e\gamma_0\Gamma^{-1}\gamma^\mu\Gamma a_\mu{}^\nu A_\nu(x)|\,\psi_a(x)\rangle \\ &= \pm\langle\psi_b(x)|e\gamma_0\gamma^\sigma a_\sigma{}^\mu a_\mu{}^\nu A_\nu(x)|\,\psi_a(x)\rangle \\ &= \pm\langle\psi_b(x)|e\gamma_0\gamma^\sigma\delta_\sigma{}^\nu A_\nu(x)|\,\psi_a(x)\rangle \\ &= \pm\langle\psi_b(x)|e\gamma_0\gamma^\nu A_\nu(x)|\,\psi_a(x)\rangle\end{aligned}$$

此處第二個等號利用了$\Gamma^{-1} = \pm\gamma^0\,\Gamma^\dagger\gamma^0$與$\Gamma A_\mu{}'(x') = A_\mu{}'(x')\Gamma$，而第三個等號利用了本書〈第五·八·C小節　狄拉克旋子轉換〉裏的公式：$\Gamma^{-1}\gamma^\nu\Gamma = \gamma^\mu a^\nu{}_\mu$。因此，我們已經證明：氫原子“輻射”或“吸收”一個光子的躍遷概率，滿足洛倫茲協變性，即$P_{ba}{}' = P_{ba}$。此證明過程當然可以推廣到“多電子系統”。

C. 光吸收與光輻射

“光吸收（photoabsorption）”與“光輻射（photoemission）”過程之間的“時逆對稱性（time-reversal symmetry）”，是上述情況的一個簡單例子，如下圖所示：

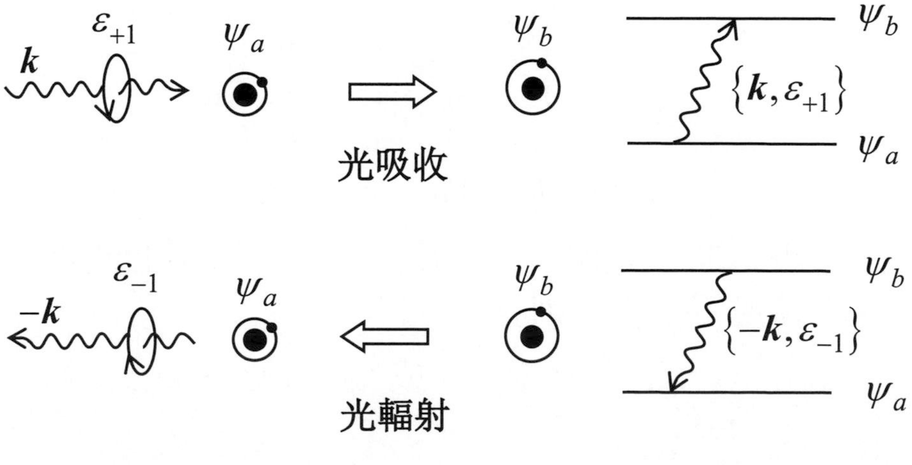

D. 光離與電捕熒光

一種更複雜而有趣的情形是，“光離”與“電捕熒光”這兩個過程之間，滿足“轉向”與“宇反”轉換不變性，即

$$\Lambda^I = M_e \Lambda^I M_p$$
$$\Lambda^C = M_p \Lambda^C M_e$$

此處上標“I”與“C”分別標示“光離”與“電捕熒光”過程，而 M_e 與 M_p 分別為電子與光子的“轉換陣（transformation matrices）”，其具體形式為

$$M_e = \begin{pmatrix} 1 & 0 & 0 & 0 \\ 0 & -1 & 0 & 0 \\ 0 & 0 & 1 & 0 \\ 0 & 0 & 0 & -1 \end{pmatrix}$$

$$M_p = \begin{pmatrix} 1 & 0 & 0 & 0 \\ 0 & 1 & 0 & 0 \\ 0 & 0 & -1 & 0 \\ 0 & 0 & 0 & -1 \end{pmatrix}$$

因此，這兩個過程各自的“關聯陣”Λ^I與Λ^C具有如下簡潔形式，

$$\Lambda^I = \begin{pmatrix} \Lambda^I_{00} & \Lambda^I_{01} & 0 & 0 \\ 0 & 0 & \Lambda^I_{12} & \Lambda^I_{13} \\ \Lambda^I_{20} & \Lambda^I_{21} & 0 & 0 \\ 0 & 0 & \Lambda^I_{32} & \Lambda^I_{33} \end{pmatrix}$$

$$\Lambda^C = \begin{pmatrix} \Lambda^C_{00} & 0 & \Lambda^C_{02} & 0 \\ \Lambda^C_{10} & 0 & \Lambda^C_{12} & 0 \\ 0 & \Lambda^C_{21} & 0 & \Lambda^C_{23} \\ 0 & \Lambda^C_{31} & 0 & \Lambda^C_{33} \end{pmatrix}$$

更進一步，若“光離”與“電捕熒光”這兩個過程，還滿足“時逆”轉換不變性，則我們可得

$$\Lambda^I = M_e \tilde{\Lambda}^C M_p \quad 或 \quad \Lambda^C = M_p \tilde{\Lambda}^I M_e$$

此處Λ上的“~”代表對矩陣Λ作“轉置（transpose）”，而“轉換陣”M_e與M_p分別為

$$M_e = \begin{pmatrix} 1 & 0 & 0 & 0 \\ 0 & -1 & 0 & 0 \\ 0 & 0 & 1 & 0 \\ 0 & 0 & 0 & 1 \end{pmatrix}$$

$$M_p = \begin{pmatrix} 1 & 0 & 0 & 0 \\ 0 & 1 & 0 & 0 \\ 0 & 0 & -1 & 0 \\ 0 & 0 & 0 & 1 \end{pmatrix}$$

因此，我們可以明確地寫出“關聯陣”Λ^I與Λ^C之間的關係為

$$\Lambda^I = \begin{pmatrix} \Lambda^C_{00} & \Lambda^C_{10} & 0 & 0 \\ 0 & 0 & \Lambda^C_{21} & -\Lambda^C_{31} \\ \Lambda^C_{02} & \Lambda^C_{12} & 0 & 0 \\ 0 & 0 & -\Lambda^C_{23} & \Lambda^C_{33} \end{pmatrix}$$

$$\Lambda^C = \begin{pmatrix} \Lambda^I_{00} & 0 & \Lambda^I_{20} & 0 \\ \Lambda^I_{01} & 0 & \Lambda^I_{21} & 0 \\ 0 & \Lambda^I_{12} & 0 & -\Lambda^I_{32} \\ 0 & -\Lambda^I_{13} & 0 & \Lambda^I_{33} \end{pmatrix}$$

尤有甚者，在實際詳細處理碰撞問題時，我們還可以考慮“標度對稱性（scaling symmetry）”與“半空間對稱性（half-space symmetry）”。由於篇幅所限，此處不再詳述。

七・八 碰撞理論總結

對於一般的任何“基本反應”，皆可採用本章的“波包法（wave-packet approach）”，來建立統一的“量子碰撞理論”，為實際中處理各種碰撞過程提供理論依據。為了展示量子碰撞理論的應用，我們以四類“原子碰撞（atomic collision）”過程為例，即“光吸收”、“光輻射”、“光離”、與“電捕熒光”過程，

來具體說明了如何應用“密陣表述”與“旋性表述”，對現象進行簡化歸納。

如前所述，對於以上這四類碰撞過程，我們皆作了詳細的“運行解析”，並且利用“轉向陣”的“標準 d 函”給出了 “角佈關聯”與“極化關聯”的簡潔參量化公式，而公式中與角度無關的“動力參量”，可以反映碰撞過程中的“相互作用”與“作物結構（reactant structure）”。極化靶原子的“光離”、“相干熒輻射（coherent fluorescence radiation）”、與“光激（photoexcitation）”和“光離”的“奧傑躍遷（Auger transition）”、以及其它碰撞過程，皆可採用類似方法來處理。

本章對碰撞過程的分析，揭示了碰撞過程的“相干性”與“對稱性”，從而有助於理論與實驗的比較。通過揭示原子碰撞過程中的“角佈關聯”與“極化關聯”，可以為“多體動力論（many-body dynamical theories）”提供重要的理論依據；而“對稱原理（symmetry principle）”有助於對不同類型的碰撞過程作“對比研究”。由於獲得與探測“極化束（polarized beams）”，在技術上非常困難，因此僅有極少數實驗考慮了“極化”。為了能更好的理解“碰撞動力學”，理論和實驗都需要多方位的努力。

第八章 量子躍遷方程

在〈第七章 量子碰撞理論〉裏，我們在形式上建立了統一的量子碰撞理論。本章我們將給出實際處理一般多體碰撞現象的“量子躍遷方程（quantum transition equation）”，並考慮“相對論效應（relativistic effects）”與“粒子相關效應（particle-correlation effects）”。

要建立統一的“相對量子碰撞理論（relativistic quantum collision theory）”，就需要“場量子化表述（field-quantization formalism）”的“量子場論”，請參閱本書〈第六章 量子場論簡介〉。就此意義上來說，本章推導得到多粒系統的“躍陣主方程（master equation of transition matrices）”是嚴格“精確”的。從理論上講，針對實際碰撞問題，通過對“躍陣主方程”作適當近似，“原則上”我們可以處理任何物理現象。其中遇到的複雜“角動耦合（angular-momentum coupling）”，則可以利用本書〈附錄十七 角動耦合圖解法〉，以簡化運算。

本章我們將僅在“海森伯動象（Heisenberg picture）”裏，來考慮“態”、“算符”、“方程”，以及其運算。關於“量子力學動象”的具體定義，請參閱〈附錄八 量子力學動象〉。為了標記簡潔，本章我們將省略標示“海森伯動象”的下標“H”。

一・ 量子方程
A. 場符方程
B. 多費子態
C. 能量徵態方程

二・ 躍遷密陣
A. 算符的跡
B. n 階躍陣
C. 躍陣範例

三・ 量子躍遷
A. 躍陣主方程
B. 躍陣主方程的位表象
C. 作用符
D. 躍幅

四・ 原子結構術語
A. 殼層
B. 殼層組態
C. 稱化陣元

五・ *jm* 陣元結構
A. 狄拉克軌
B. 徑函組合
C. 徑函
D. 積分
E. 係數
F. 矢球諧函展開式
G. 雙粒符

六・ 反稱陣元解析
A. 多粒組態
B. 反稱陣元
C. 准反稱展開
D. 准反稱陣元計算
E. *jm* 陣元範例

七・ 躍陣主方程的解
A. 初態與末態
B. 一階與二階躍陣方程

八・ 相對混相理論
A. 混相理論
B. RRPA 躍陣的結構
C. 哈密頓
D. RRPA 方程
E. RRPA 徑方程

八・一 量子方程

A. 場符方程

在“海森伯動象”裏，場符$\psi^\dagger(\boldsymbol{x})$與$\psi(\boldsymbol{x})$所滿足的運動方程為

$$i\frac{\partial}{\partial t}\psi^\dagger(\boldsymbol{x},t) = \left[\psi^\dagger(\boldsymbol{x},t), H\right]$$
$$i\frac{\partial}{\partial t}\psi(\boldsymbol{x},t) = \left[\psi(\boldsymbol{x},t), H\right]$$

此處為了標記簡潔，我們選某特定單位使得$\hbar = 1$，而“N表象”的“哈密頓”H為

$$H = \int d^3x_1\ \psi^\dagger(\boldsymbol{x}_1,t)\, h(\boldsymbol{x}_1)\, \psi(\boldsymbol{x}_1,t) + \frac{1}{2}\int d^3x_1 \int d^3x_2\ \psi^\dagger(\boldsymbol{x}_1,t)\psi^\dagger(\boldsymbol{x}_2,t)\, \upsilon(\boldsymbol{x}_1,\boldsymbol{x}_2)\, \psi(\boldsymbol{x}_2,t)\, \psi(\boldsymbol{x}_1,t)$$

這裏我們以$h(\boldsymbol{x}_1)$代表一切可能的“單粒符（one-particle operator）”，以$\upsilon(\boldsymbol{x}_1,\boldsymbol{x}_2)$代表一切可能的“雙粒符（two-particle operator）”，且皆不顯含時刻t。為了標記簡潔，我們可將“哈密頓”H簡寫為

$$H = \int d\tau_1\ \psi^\dagger(1)\, h(1)\, \psi(1) + \frac{1}{2}\int d\tau_1 \int d\tau_2\ \psi^\dagger(1)\psi^\dagger(2)\, \upsilon(1\,2)\, \psi(2)\, \psi(1)$$

關於“N表象”的定義，請參閱本書〈第六章 量子場論簡介〉。

B. 多費子態

在“海森伯動象”裏，任何“多費子態（many-fermion state）”$|\Psi\rangle$皆可表示為

$$|\Psi\rangle = \sum_{\{ij\cdots\}} A_{\{ij\cdots\}}\, C_i^\dagger\, C_j^\dagger \cdots |0\rangle$$

此處$\{C_i^\dagger, C_j^\dagger, \cdots\}$為“軌符”，$|0\rangle \equiv |0\,0 \cdots 0_i\, 0_j \cdots\rangle$為“真空態”，

而展開係數$A_{\{ij\cdots\}}$裏也包含“角動耦合係數（angular-momentum coupling coefficient）”。

C. 能量徵態方程

任何兩態矢$|\Psi_i\rangle$與$|\Psi_f\rangle$，各自滿足的“態方程（equation of state）”為

$$i\frac{\partial}{\partial t}\langle 1\cdots N|\Psi_i\rangle = H\langle 1\cdots N|\Psi_i\rangle$$
$$i\frac{\partial}{\partial t}\langle 1\cdots N|\Psi_f\rangle = H\langle 1\cdots N|\Psi_f\rangle$$

此處採用簡寫$|1\cdots N\rangle \equiv |\boldsymbol{x}_1\cdots \boldsymbol{x}_N\rangle$。若僅考慮哈密頓$H$的“徵態（eigenstate）”，則我們可得

$$i\frac{\partial}{\partial t}\langle 1\cdots N|\Psi_i\rangle = E_i\langle 1\cdots N|\Psi_i\rangle$$
$$i\frac{\partial}{\partial t}\langle 1\cdots N|\Psi_f\rangle = E_f\langle 1\cdots N|\Psi_f\rangle$$

此處態矢$|\Psi_i\rangle$與$|\Psi_f\rangle$分別代表“多費子系統（many-fermion system）”的“初態”與“末態”，而其能量徵值分別為E_i與E_f。

八・二　躍遷密陣

A. 算符的跡

(1) 假設Ω為任意算符，則

$$\mathrm{Tr}\{\Omega\} \equiv \mathrm{Tr}\{\langle i|\Omega|i'\rangle\} \equiv \mathrm{Tr}\{\Omega_{ii'}\}$$
$$= \sum_i \Omega_{ii}$$

此處$\Omega_{ii'} \equiv \langle i|\Omega|i'\rangle$為算符$\Omega$在“基（basis）”$\{|i\rangle\} \equiv \{|1\rangle, |2\rangle, \cdots, |i\rangle, \cdots\}$所定義表象下的陣元。

(2) 假設$|\Psi_i\rangle$與$|\Psi_f\rangle$為“N表象”下的任意“N粒態（N-particle state）”，$\Omega(1\cdots n)$與$\Lambda(1\cdots n)$為僅涉及粒子$(1\cdots n)$的任意算符，而$n\leq N$。因此，我們可得

$$\begin{aligned}\langle\Psi_i|\Psi_f\rangle &\equiv \mathrm{Tr}\left\{\,|\Psi_f\rangle\langle\Psi_i|\,\right\}\\ &\equiv \mathrm{Tr}\left\{\langle 1\cdots N|\Psi_f\rangle\langle\Psi_i|1'\cdots N'\rangle\right\}\end{aligned}$$

$$\begin{aligned}&\frac{1}{n!}\langle\Psi_i|\Omega(1'\cdots n')\Lambda(1\cdots n)|\Psi_f\rangle\\ &\equiv \frac{1}{n!}\mathrm{Tr}^{(n)}\left\{\Lambda(1\cdots n)|\Psi_f\rangle\langle\Psi_i|\Omega(1'\cdots n')\right\}\\ &\equiv \frac{1}{n!}\mathrm{Tr}^{(n)}\left\{\langle(n+1)\cdots N|\Lambda(1\cdots n)|\Psi_f\rangle\right.\\ &\qquad\left.\times\langle\Psi_i|\Omega(1'\cdots n')|(n+1)'\cdots N'\rangle\right\}\\ &\equiv \frac{1}{n!(N-n)!}\mathrm{Tr}^{(n)}\left\{\langle 0|\psi(n+1)\cdots\psi(N)\Lambda(1\cdots n)|\Psi_f\rangle\right.\\ &\qquad\left.\times\langle\Psi_i|\Omega(1'\cdots n')\psi^\dagger(n+1)'\cdots\psi^\dagger(N')|0\rangle\right\}\end{aligned}$$

此處$\langle\Psi_i|\Omega(1'\cdots n')\Lambda(1\cdots n)|\Psi_f\rangle$代表涉及粒子 1 至$n$的“算符”，且以$\mathrm{Tr}^{(k)}$代表對粒子$(k+1)$至$N$作“經典平均（classical average）”，等效於對粒子$(k+1)$至N的變數求“積分”或“和”。關於“經典系綜(classical ensemble)”與“量子系綜(quantum ensemble)”，請參閱本書〈第一章 經典物理概論〉與〈第三章 量子物理描述〉。在上述等式裏，我們利用了由“$\boldsymbol{x}$表象”到“N表象”的“轉換式（transformation form）”，

$$\begin{aligned}|1\cdots N\rangle &\equiv |\boldsymbol{x}_1\cdots\boldsymbol{x}_N\rangle\\ &= \frac{1}{\sqrt{N!}}\psi^\dagger(\boldsymbol{x}_1)\cdots\psi^\dagger(\boldsymbol{x}_N)\,|0\rangle\end{aligned}$$

例如，$\langle\Psi_i|\psi(1')\psi^\dagger(1)|\Psi_f\rangle\equiv\langle\Psi_i|\psi(\boldsymbol{x}_1')\,\psi^\dagger(\boldsymbol{x}_1)|\Psi_f\rangle$就是對粒子 2 至$N$求“經典平均”後的“一階躍符（first-order transition operator）”，

$$\langle\Psi_i|\psi(1')\psi^\dagger(1)|\Psi_f\rangle = \binom{N}{1}\mathrm{Tr}^{(1)}\left\{\langle 1\cdots N|\,\Psi_f\rangle\langle\Psi_i|1'\cdots N'\rangle\right\}$$

$$\equiv \binom{N}{1} \mathrm{Tr}^{(1)} \{ |\Psi_f\rangle\langle\Psi_i| \}$$

此處$\binom{n}{k} \equiv n!/[(n-k)!\,k!]$。

B. *n* 階躍陣

我們定義“*n* 階躍符（*n*th-order transition operator）”或稱“*n* 階躍陣（*n*th-order transition matrix）”為

$$\begin{aligned}\Gamma_{fi}(1\cdots n; 1'\cdots n') &= \mathrm{Tr}^{(n)}\left\{\frac{1}{n!}\psi(1)\cdots\psi(n)\big|\Psi_f\big\rangle\big\langle\Psi_i\big|\,\psi^\dagger(n')\cdots\psi^\dagger(1')\right\} \\ &\equiv \frac{1}{n!}\big\langle\Psi_i\big|\psi^\dagger(n')\cdots\psi^\dagger(1')\psi(1)\cdots\psi(n)\big|\,\Psi_f\big\rangle\end{aligned}$$

此處$\mathrm{Tr}^{(n)}$代表對粒子$(n+1)$至N求“跡”，而Ψ_i與Ψ_f代表“N粒系統”的任意兩個狀態。上小節最後一式就是一個特例，即$\Gamma_{fi}(1;1') \equiv \langle\Psi_i|\psi(1')\psi^\dagger(1)|\Psi_f\rangle$。

躍陣$\Gamma_{fi}(1\cdots n;\,1'\cdots n')$為“反自伴符（anti-self-adjoint operator）”，即$\Gamma_{fi}(1\cdots n;\,1'\cdots n') = \Gamma^\dagger_{if}(1'\cdots n';\,1\cdots n)$，而且滿足如下“遞推關係（recurrence relation）”，

$$\Gamma_{fi}(1\cdots n; 1'\cdots n') = \frac{n+1}{N-n}\int d\tau_{n+1}\,\Gamma_{fi}(1\cdots(n+1);\,1'\cdots(n+1)')$$

此處對$d\tau_{n+1} \equiv d^3x_{n+1}$積分，相當$\Gamma_{fi}(1\cdots(n+1);\,1'\cdots(n+1)')$對粒子$(n+2)$至$N$“求跡”。請特別注意，此處“積分”還隱含了對“稟賦變數（intrinsic variable）”σ的“求和”。

C. 躍陣範例

躍陣的明確“運行結構（kinematical structure）”，可以利用“圖解法（diagrammatic method 或 graphical method）”來得到。具體結果如下：

(1) 一階躍陣

“一階躍陣（first-order transition matrix）”寫為

$$\Gamma_{fi}(1;1') = \sum_{ab}(-)^{P_{ab}}\sqrt{N_a N_b'}\,|q_f(a)\rangle\langle q_i(b)|$$

此處“求和”針對所有“次殼對（subshell pairs）”。對“次殼（subshell）”的定義，請參閱〈第八・四・A 小節　殼層(1)〉。上式中所有“標記”的具體含義，將在本章〈第八・八節　相對混相理論〉裏，引入“角動耦合圖解法”後，再作具體定義。

(2) 二階躍陣

“二階躍陣（second-order transition matrix）”寫為

$$\begin{aligned}\Gamma_{fi}(12;1'2') = {} & \frac{1}{2}\sum_{(ab,cd)}(1-\delta_{ab}-P_{12})(1-\delta_{cd}-P_{1'2'}) \\ & \times (-)^{P_{ab,cd}}\sqrt{N_a(N_b-\delta_{ab})N_c'(N_d'-\delta_{cd})} \\ & \times |q_f(ab)\rangle\langle q_i(cd)|\end{aligned}$$

此處“求和”針對所有不同的“次殼對”，且$a \le b$與$c \le d$。

八・三 量子躍遷

A. 躍陣主方程

利用本章〈第八・一・C 小節　能量徵態方程〉裏的“態方程”，我們可以推導得到“躍陣”$\Gamma_{fi}(1\cdots N;1'\cdots N')$所滿足的“動力方程（dynamical equation）”為

$$i\frac{\partial}{\partial t}\Gamma_{fi}(1\cdots N;\,1'\cdots N') = \omega_{fi}\Gamma_{fi}(1\cdots N;\,1'\cdots N')$$

此處$\omega_{fi} \equiv E_f - E_i$。我們稱此方程為“躍陣主方程”。

在上式裏，通過同時對兩邊座標 $\tau_i \equiv \boldsymbol{x}_i\,\sigma_i\ (i=n+1,\cdots,N)$ 依次積分，並應用本章〈第八・二・B 小節 n 階躍陣〉裏的“遞推關係”，我們可得

$$i\frac{\partial}{\partial t}\Gamma_{fi}(1\cdots n;\,1'\cdots n') = \omega_{fi}\Gamma_{fi}(1\cdots n;\,1'\cdots n')$$

此即為“n 階躍符”或稱“n 階躍陣” $\Gamma_{fi}(1\cdots n;\,1'\cdots n')$，所滿足的“動力方程”。

B. 躍陣主方程的位表象

利用本章〈第八・一・A 小節 場符方程〉裏的結果，我們可以推導得到上小節最後一式的“位表象（position representation 或 coordinate representation）”，

$$\begin{aligned}
&\sum_{i=1}^{n} h(i)\Gamma_{fi}(1\cdots n;\,1'\cdots n') - \Gamma_{fi}(1\cdots n;\,1'\cdots n')\sum_{i=1}^{n} h(i')\\
&\quad + (1-\delta_{n1})\sum_{i<j}^{n}\left[\upsilon(i,j)-\upsilon(i',j')\right]\Gamma_{fi}(1\cdots n;\,1'\cdots n')\\
&\quad + (1-\delta_{nN})(n+1)\\
&\quad \times \int d\tau_{n+1}\sum_{i=1}^{n}\left[\upsilon(i,n+1)-\upsilon(i',n+1')\right]\Gamma_{fi}(1\cdots n+1;\,1'\cdots n+1')\\
&= \omega_{fi}\Gamma_{fi}(1\cdots n;\,1'\cdots n')
\end{aligned}$$

此方程代表了“躍陣主方程”的基本架構。

注意，此方程的架構“環環相扣”或“層層嵌套”，一階牽連二階、二階又牽連三階、…，依次類推，可說是“藕斷絲連”。換而言之，“高階”躍陣總是與“次高階”躍陣，耦合在一起，所以在實際計算中，我們往往需要以“低階”來近似得到“高階”，如此才能“解耦（uncouple）”，從而求得“低階”躍陣。

C. 作用符

針對某特定躍遷過程，其“作用符（interaction operator）”V必須要分別“逐一”推導，而且實際情況非常複雜。這裏，我們僅以“對稱”的簡單情況來說明。在最一般的情況下，“作用符”V可寫為

$$V = \sum_{i=1}^{N} \upsilon(i) + \sum_{i<j}^{N} \upsilon(ij) + \sum_{i<j<k}^{N} \upsilon(ijk) + \cdots + \sum_{i<j<\cdots<l}^{N} \upsilon(ij\cdots l) + \cdots + \upsilon(1\cdots N)$$

然而，就目前物理理論而言，僅有“單粒符”$\upsilon(i)$與“雙粒符”$\upsilon(ij)$。

D. 躍幅

在“對稱”情況下，利用上小節裏“作用符”V的一般形式，我們可以得到“躍幅（transition amplitude）”T_{fi}的$\boldsymbol{x}$表象為

$$T_{fi} = \int d\tau_1\ \upsilon(1)\Gamma_{fi}(1;1') + \int d\tau_1 \int d\tau_2\ \upsilon(1\,2)\Gamma_{fi}(1\,2;1'2') + \cdots + \int d\tau_1 \cdots \int d\tau_N\ \upsilon(1\cdots N)\Gamma_{fi}(1\cdots N;1'\cdots N')$$

其“N表象”為

$$T_{fi} = \int d\tau_1\ \langle 1|\upsilon^{(1)}\Gamma_{fi}^{(1)}|1'\rangle + \int d\tau_1 \int d\tau_2\ \langle 12|\upsilon^{(2)}\Gamma_{fi}^{(2)}|1'2'\rangle + \cdots + \int d\tau_1 \cdots \int d\tau_N\ \langle 1\cdots N|\upsilon^{(N)}\Gamma_{fi}^{(N)}|1'\cdots N'\rangle$$

此處“n粒符（n-particle operator）”$\upsilon^{(n)}$的N表象為

$$\upsilon^{(n)} = \frac{1}{n!}\int d\tau_1 \cdots \int d\tau_n\ \psi^\dagger(1)\cdots\psi^\dagger(n)\,\upsilon(1\cdots n)\,\psi(n)\cdots\psi(1)$$

然而，目前哈密頓H的N表象為

$$H = \int d\tau_1\ \psi^\dagger(1)\,h(1)\,\psi(1) + \frac{1}{2}\int d\tau_1 \int d\tau_2\ \psi^\dagger(1)\psi^\dagger(2)\,\upsilon(1\,2)\,\psi(2)\,\psi(1)$$

這是因為，當前物理理論裏僅有“單粒符”與“雙粒符”，所

以我們僅需要“一階躍陣”$\Gamma_{fi}(1;1')$與“二階躍陣”$\Gamma_{fi}(12;1'2')$，就可以處理任何物理現象，而無需更高階的躍陣。

目前我們認為“多粒相關效應（many-particle correlation effects）”，皆是由“雙粒作用（two-particle interactions）”所導致的。例如，ABC三粒相關，是由(AB),(BC),(CA)三個雙粒作用造成的。雖然人們猜想可能有“叁粒作用（three-particle interactions）”，甚至“多粒作用（many-particle interactions）”，但皆未正式提出其具體形式。當然，“基本作用”也許真如當今假設那樣，它僅是“局域”和“線性”的。

請特別注意，“相干性（coherence）”與“作用”無關，因為根據“波”的定義，“空間相干（spatial coherence）”不需要“通訊”，是“瞬時”成形的。

八・四 原子結構術語

首先，我們總結一下描述“多費子系統”的一些“專業術語（glossary）”，並將其應用於“圖解法”。

A. 殼層

(1) 次殼

一切具有相同量子數$\{n,\kappa\}$或$\{E_n,\kappa\}$的“軌（orbital 或 orbit）”，共同構成“次殼（subshell）”。此處n為“中心場系統”的“主量子數（principal quantum number）”，而“角稱量子數（angular-symmetry quantum number）”$\kappa\equiv(j,l)$代表“總角動量子數”j與“宇稱”$\pi\equiv(-)^l$。請參閱本書〈第五・六節 角稱符〉。

(2) 殼

一切具有相同量子數n或E_n的“軌”，共同構成“殼（shell）”。因此，“殼”由“次殼”組成。

(3) 對等粒子

屬於同一“次殼”的兩粒子，雖然其“運行結構（kinematical structure）”不同，但它們的“動力效應（dynamical effects）”彼此對等，我們稱此兩粒子為“對等粒子（equivalent particles）”。

(4) 次殼佔數

次殼λ裏所含對等粒子的數目，稱為此“次殼”λ的“佔數（occupation number）”，以N_λ來表示。

B. 殼層組態

(1) 組態

所有各個次殼的粒子數構成的“佔數集（set of occupation numbers）”$\{N_\lambda\}\equiv\{N_a,N_b,\cdots\}$，定義為廣義的“組態（configuration）”。各次殼之間各類型確定的“耦合模式（coupling scheme）”，更進一步定義了特定的“組態”。

(2) 反稱組態

若某組態的“總波函（total wave function）”為“反稱”，則我們稱此組態為“反稱組態（antisymmetric configuration）”。

(3) 准反稱組態

若某組態僅各自次殼為“反稱”，而不同次殼之間非“反稱”，則我們稱此組態為“准反稱組態（semisymmetric configuration）”。

C. 稱化陣元

(1) 反稱陣元

兩個“反稱組態”的“內積”，稱為“反稱陣元（antisymmetric

matrix elements）”。

(2) 准反稱陣元

兩個“准反稱組態”的“內積”，稱為“准反稱陣元（semisymmetric matrix elements）”。

(3) 主粒子

在“准反稱陣元”裏，直接參與兩組態間“作用”的粒子，稱為“主粒子（active particles 或 actors）”。

(4) 從粒子

在“准反稱陣元”裏，除“主粒子”之外的粒子，稱為“從粒子（spectator particles 或 spectators）”。

(5) *jm* 陣元

將兩“准反稱組態”間的“作用符”，置於“未耦合（uncoupled）”的“狄拉克軌”之間，如此所形成的陣元，稱為“*jm* 陣元（*jm*-scheme matrix）”。

(6) 作用強

利用“維格納–埃卡定理（Wigner-Eckart theorem）”，我們可以將主粒子“*jm* 陣元”的“動力部（dynamical part）”分離出來，稱為“作用強（interaction strength）”。關於“維格納–埃卡定理”的圖示，請參閱本書〈附錄十七・四・D 小節 維格納–埃卡定理〉。

(7) 作用角動圖

主粒子“*jm* 陣元”的“運行部（kinematic part）”，稱為“作用角動圖（angular-momentum diagram of interaction）”。它僅與主粒子態的“角稱（angular symmetry）”以及作用符的

“張量性質（tensorial properties）”有關。

(8) 作用塊

未耦合主粒子的“*jm* 陣元”，包含“運行部”與“動力部”，即“作用角動圖”與“作用強”。此“*jm* 陣元”的“圖表象（diagram representation）”，稱為“作用塊（interaction block）”。

(9) 從塊

未耦合“從粒子”內積的“圖表象”，稱為“從塊（spectator block）”。

(10) 包塊與括塊

准反稱組態之“包矢（bra vector）”的角動耦合“圖表象”，稱為“包塊（bra block）”；而其對應“括矢（ket vector）”的角動耦合“圖表象”，稱為“括塊（ket block）”。“包塊”、“括塊”、“從塊”、與“作用塊”組合為“准反稱陣元”，其圖示可參閱〈附錄十七・四・D 小節 維格納-埃卡定理〉。

(11) 重耦圖

“重耦係數（recoupling coefficient）”的“圖表象”，稱為“重耦圖（recoupling diagram）”。

八・五 *jm* 陣元結構

針對兩准反稱組態之間的“作用塊”，本節將分別討論其“單粒符”與“雙粒符”的“*jm* 陣元”。

A. 狄拉克軌

由本書〈第五・七・D 小節 中心場基態〉可知，在“*x* 表

象”裏，“狄拉克軌”$\psi_{n\kappa m}(\boldsymbol{r})$可定義為

$$\psi_{n\kappa m}(\boldsymbol{r}) \equiv \langle \boldsymbol{r} | n\kappa m \rangle = \frac{1}{r}\begin{pmatrix} G_{n\kappa}(r)\,\Omega_{\kappa m}(\theta,\varphi) \\ i\,F_{n\kappa}(r)\,\Omega_{-\kappa m}(\theta,\varphi) \end{pmatrix}$$

此處n標示“中心場”裏粒子的“主量子數”。具有相同“角稱量子數”κ的不同“諧波（harmonics）”，也可利用n來區分。因此，“徑函（radial functions）”$G_{n\kappa}(r)$與$F_{n\kappa}(r)$裏的“節點數（number of nodes）”，也與n有關。

在$\boldsymbol{x}$表象裏，狄拉克軌有“四分量（four-component）”，上兩分量的$G_{n\kappa}(r)$稱為“大量（large component）”，而下兩分量的$F_{n\kappa}(r)$稱為“小量（small component）”。如此，將“狄拉克軌”上下一分為二的方式，稱為狄拉克軌的“解式”。

為了方便指稱，我們有時會以“總能量”E代替“主量子數”n，來標記“狄拉克軌”，特別是當軌道處於“能譜（energy spectrum）”的“連續部（continuous part）”。事實上，即使軌道處於能譜的“離散部（discrete part）”，能量E也是一個方便的“量子數”。因此，狄拉克軌也可明確寫為如下“解式”，

$$\psi_{E\kappa m}(\boldsymbol{r}) \equiv \langle \boldsymbol{r} | E\kappa m \rangle = \frac{1}{r}\begin{pmatrix} G_{E\kappa}(r)\,\Omega_{\kappa m}(\theta,\varphi) \\ iF_{E\kappa}(r)\,\Omega_{-\kappa m}(\theta,\varphi) \end{pmatrix}$$

由本書〈第五・七・D 小節　中心場基態〉可知，“狄拉克軌”具有特定的“總角動量”$\boldsymbol{j}$和“宇稱”π，

$$j = |\kappa| - \frac{1}{2}$$

$$\pi \equiv (-)^l\,; \qquad l = \begin{cases} \kappa - 1, & \kappa > 0 \\ -\kappa, & \kappa < 0 \end{cases}$$

此處l也是大量$G_{E\kappa}\,\Omega_{\kappa m}/r$的角動量子數。

為了標記簡潔，我們通常省略“極參數”(r,θ,φ)的標示，而將“狄拉克軌”$\psi_{E\kappa m}$簡寫為

$$\psi_{E\kappa m} \equiv \langle \boldsymbol{r} | E\kappa m \rangle = \frac{1}{r}\begin{pmatrix} G_{E\kappa}\,\Omega_{\kappa m} \\ i\,F_{E\kappa}\,\Omega_{-\kappa m} \end{pmatrix}$$

B. 徑函組合

狄拉克軌的“徑函”$G_{n\kappa}$與$F_{n\kappa}$，可有多種組合方式，以下我們定義幾種常見的組合：

(i) $W_{ab} \equiv G_a G_b + F_a F_b$

(ii) $Y_{ab} \equiv G_a G_b - F_a F_b$

(iii) $V_{ab} \equiv G_a F_b + F_a G_b$

(iv) $U_{ab} \equiv G_a F_b - F_a G_b$

(v) $P_{ab} \equiv \frac{1}{j}(\kappa_a - \kappa_b)V_{ab} + U_{ab}$

(vi) $Q_{ab} \equiv \frac{1}{j+1}(\kappa_a - \kappa_b)V_{ab} - U_{ab}$

注意，上述徑函皆隱含“徑變數（radial variable）”r。

C. 徑函

本小節介紹幾種常見作用符的“徑函”如下：

(i) $R_l(12) \equiv \frac{r_<^l}{r_>^{l+1}}$

此處$r_<$代表(r_1,r_2)裏的較小者，而$r_>$代表(r_1,r_2)裏的較大者。

(ii) $g_l(12) \equiv i\omega\, j_l(\omega r_<)h_l(\omega r_>)$

此處j_l為“球貝塞爾函（spherical Bessel function）”，而h_l為“球漢克爾函（spherical Hankel function）”。

(iii) $\upsilon_l(12) \equiv \theta(r_1 - r_2)\left[R_{l+1}(12) - R_{l-1}(12)\right]$

此處 $\theta(r_1-r_2)$ 為“亥維賽梯函（Heaviside step-function）”，

$$\theta(x) = \begin{cases} 1, & x \ge 0 \\ 0, & x < 0 \end{cases}$$

$$\text{(iv)}\ s_l(12) = \begin{cases} -\dfrac{i}{r_1} j_{l+1}(\omega r_2) h_l(\omega r_1), & r_1 \ge r_2 \\ \dfrac{r_1^{l-1}}{\omega^2 r_2^{l+2}} - \dfrac{i}{r_1} j_l(\omega r_1) h_{l+1}(\omega r_2), & r_1 < r_2 \end{cases}$$

$$\text{(v)}\ t_l(12) = \begin{cases} \dfrac{r_2^{l-1}}{\omega^2 r_1^{l+2}} - \dfrac{i}{r_1} j_{l-1}(\omega r_2) h_l(\omega r_1), & r_1 \ge r_2 \\ -\dfrac{i}{r_1} j_l(\omega r_1) h_{l-1}(\omega r_2), & r_1 < r_2 \end{cases}$$

D. 積分

$$\text{(i)}\ \langle f \rangle \equiv \int_0^\infty dr\, f(r)$$

$$\text{(ii)}\ \langle P_{ab}(2) R_j(12) \rangle_2^{(e)} \equiv \pi(l_a\, j\, l_b) \int_0^\infty dr_2\, P_{ab}(2) R_j(12)$$

此處 $\pi(l_a\, j\, l_b)$ 代表“宇稱擇函（parity selection function）”，其定義為

$$\pi(l_a\, j\, l_b) \equiv \begin{cases} 1, & l_a + j + l_b \text{ 為偶} \\ 0, & l_a + j + l_b \text{ 為奇} \end{cases}$$

$$\text{(iii)}\ \langle P_{ac}(1) R_j(12) Q_{bd}(2) \rangle^{(e)}$$

$$\equiv \pi(l_a\, j\, l_c)\, \pi(l_b\, j\, l_d) \int_0^\infty dr_1 \int_0^\infty dr_2\, P_{ac}(1) R_j(12) Q_{bd}(2)$$

$$\text{(iv)}\ \langle P_{ac}(1) R_j(12) Q_{bd}(2) \rangle^{(o)}$$

$$\equiv \pi(l_a, j+1, l_c)\, \pi(l_b, j+1, l_d)$$

$$\times \int_0^\infty dr_1 \int_0^\infty dr_2\, P_{ac}(1) R_j(12)\, Q_{bd}(2)$$

注意，以上各式中右上標“(e)”代表“偶（even）”，而“(o)”代表“奇（odd）”。

E. 係數

(i) $$C_j(ab) \equiv (-)^{j_a+1/2}\sqrt{(2j_a+1)(2j_b+1)}\begin{pmatrix} j_a & j & j_b \\ \frac{1}{2} & 0 & -\frac{1}{2} \end{pmatrix}$$

(ii) $$C_j(ab,cd) \equiv (-)^{j_a+j_d}\sqrt{(2j_a+1)(2j_b+1)(2j_c+1)(2j_d+1)}$$
$$\times \begin{pmatrix} j_a & j & j_c \\ \frac{1}{2} & 0 & -\frac{1}{2} \end{pmatrix}\begin{pmatrix} j_b & j & j_d \\ \frac{1}{2} & 0 & -\frac{1}{2} \end{pmatrix}$$

(iii) $$C_{jm}(ab) \equiv \sqrt{\frac{2j+1}{4\pi}}\; C_j(ab)\begin{pmatrix} j_a & m & m_b \\ m_a & j & j_b \end{pmatrix}$$

(iv) $$I_j(\kappa_a m_a, \kappa_b m_b) \equiv \int d\Omega\; \Omega^\dagger_{\kappa_a m_a} Y_{jm}\, \Omega_{\kappa_b m_b}$$
$$\equiv \pi(l_a\; j\; l_b) C_{jm}(ab)$$

F. 矢球諧函展開式

(i) $$U_a^\dagger \boldsymbol{\alpha} U_b = \frac{i}{r^2}\sum_{jlm} C_{jm}(ab)\phi_{jl}(r)\mathbf{Y}^\dagger_{jlm}(\hat{\boldsymbol{r}})$$

$$\phi_{j(j-1)} = \pi(l_a\; j\; l_b)\sqrt{\frac{j}{2j+1}}\, P_{ab}(r)$$

$$\phi_{jj} = \pi(l_a,\, j+1,\, l_b)\frac{1}{\sqrt{j(j+1)}}(\kappa_a+\kappa_b)\, V_{ab}(r)$$

$$\phi_{j(j+1)} = \pi(l_a\; j\; l_b)\sqrt{\frac{j+1}{2j+1}}\, Q_{ab}(r)$$

此處 $\mathbf{Y}_{jlm}(\hat{\boldsymbol{r}})$ 為“矢球諧函（vector spherical-harmonics）”。

(ii) $$\nabla_1\int d^3r_2\; \left[U_b^\dagger(2)\boldsymbol{\alpha}_2 U_d(2)\right]\cdot\nabla_2\left[\frac{e^{i\omega r_{12}}-1}{\omega^2 r_{12}}\right]$$

$$= i \sum_{jlm} C_{jm}(db)\psi_{jl}(r_1)\mathbf{Y}_{jlm}(\hat{r}_1)\,; \qquad l=(j-1),\, j,\, (j+1)$$

$$\psi_{j(j-1)} = \sqrt{\frac{j}{(2j+1)^3}} \left\langle j\, g_{j-1} P_{bd} - (j+1)\left[g_{j+1} + (2j+1)\, s_j\right] Q_{bd} \right\rangle_2^{(e)}$$

$$\psi_{jj} = 0$$

$$\psi_{j(j+1)} = \sqrt{\frac{j+1}{(2j+1)^3}} \left\langle (j+1)\, g_{j+1} Q_{bd} - j\left[g_{j-1} + (2j+1)\, t_j\right] P_{bd} \right\rangle_2^{(e)}$$

此處徑函 P_{bd} 與 Q_{bd} 皆隱含“徑變數” r_2。

G. 雙粒符

因為滿足“轉向不變性（rotational invariance）”的“雙粒作用”，為物理中雙粒作用的主要類型，所以本小節我們着重考慮此類“雙粒作用”。又由於兩個“同階”張量可“縮併（contraction）”為“零階張量（zero-rank tensor）”，因此，我們將雙粒作用展開成不同“零階張量”的“線疊加”，以得到“雙粒符”的展開式。轉向不變的“雙粒符”陣元，大多具有相同的“運行結構（kinematical structure）”，即

$$\langle ab|V(12)|cd\rangle = \sum_j G_j(ab,cd)X_j(ab,cd)$$

此處 $G_j(ab,cd)$ 為“作用角動圖”，可表示為

$$G_j(ab,cd) = \begin{pmatrix} j_a & j & m_c \\ m_a & m_c - m_a & j_c \end{pmatrix}\begin{pmatrix} j_b & m_d & m_c - m_a \\ m_b & j_d & j \end{pmatrix}$$

$=$ 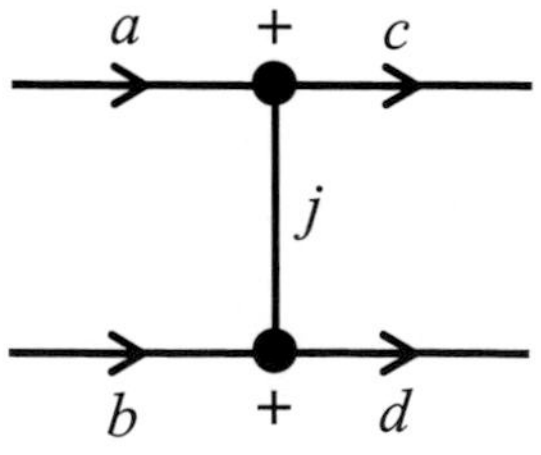

而 $X_j(ab,cd)$ 為“作用強”，

$$X_j(ab,cd) = C_j(ab,cd)I_j(ab,cd)$$

此處$C_j(ab,cd)$定義於本章〈第八・五・E 小節 係數〉，$I_j(ab,cd)$為作用符的“徑積分（radial integral）”。以下我們介紹幾種常見的“雙粒符”以及其“徑積分”。

(i) “庫倫勢（Coulomb potential）”：

$$\frac{1}{r_{12}}$$

其徑積分為

$$I_j(ab,cd) = \left\langle W_{ac} R_j W_{bd} \right\rangle^{(e)}$$

此處我們採用簡寫標記如下：

$$\begin{aligned}\left\langle f\,\Omega\, g\right\rangle^{(e,o)} &\equiv \left\langle f(r_1)\Omega(r_1 r_2) g(r_2)\right\rangle^{(e,o)} \\ &= \pi(even, old)\int_0^\infty dr_1\int_0^\infty dr_2\, f(r_1)\,\Omega(r_1 r_2)\,g(r_2)\end{aligned}$$

此處$\langle\ \rangle^{(e)}$與$\langle\ \rangle^{(o)}$定義於〈第八・五・D 小節 積分〉。

(ii) “協光作用（covariant-photon interaction）”：

$$(1-\boldsymbol{\alpha}_1\cdot\boldsymbol{\alpha}_2)\frac{e^{i\omega r_{12}}}{r_{12}}$$

其徑積分為

$$\begin{aligned}I_0(ab,cd) &= \left\langle W_{ac}\, g_0\, W_{bd}\right\rangle^{(e)} + \left\langle P_{ac}\, g_1\, P_{bd}\right\rangle^{(e)} \\ I_j(ab,cd) &= (2j+1)\left\langle W_{ac}\, g_j\, W_{bd}\right\rangle^{(e)} \\ &\quad - \frac{2j+1}{j(j+1)}(\kappa_a+\kappa_c)(\kappa_b+\kappa_d) \\ &\quad + \left\langle V_{ac}\, g_j\, V_{bd}\right\rangle^{(o)} + (j+1)\left\langle P_{ac}\, g_{j+1}\, P_{bd}\right\rangle^{(e)} \\ &\quad + j\left\langle Q_{ac}\, g_{j-1}\, Q_{bd}\right\rangle^{(e)}\end{aligned}$$

(iii) “橫光作用（transverse-photon interaction）”：

$$-(\boldsymbol{\alpha}_1\cdot\boldsymbol{\alpha}_2)\frac{e^{i\omega r_{12}}}{r_{12}} + (\boldsymbol{\alpha}_1\cdot\nabla_1)(\boldsymbol{\alpha}_2\cdot\nabla_2)\,\frac{e^{i\omega r_{12}}-1}{\omega^2 r_{12}}$$

其徑積分為

$$I_0(ab,cd) = (\kappa_a - \kappa_c)\left[\left\langle V_{ac}\, g_{-1}\, P_{bd}\right\rangle^{(e)} + \left\langle V_{ac}\, g_1\, Q_{bd}\right\rangle^{(e)}\right]$$

$$\begin{aligned} I_j(ab,cd) = &- (\kappa_a + \kappa_c)(\kappa_b + \kappa_d)\frac{2j+1}{j(j+1)}\left\langle V_{ac}\, g_j\, V_{bd}\right\rangle^{(o)} \\ &+ (\kappa_a - \kappa_c)\left[\left\langle V_{ac}\, g_{j-1}\, P_{bd}\right\rangle^{(e)} + \left\langle V_{ac}\, g_{j+1}\, Q_{bd}\right\rangle^{(e)}\right] \\ &+ j(j+1)\left[\left\langle P_{ac}\, s_j\, Q_{bd}\right\rangle^{(e)} + \left\langle Q_{ac}\, t_j\, P_{bd}\right\rangle^{(e)}\right] \end{aligned}$$

(iv) “布萊特作用（Breit interaction）”：

$$-\frac{1}{2r_{12}}\left[(\boldsymbol{\alpha}_1\cdot\boldsymbol{\alpha}_2) + \frac{(\boldsymbol{\alpha}_1\cdot\boldsymbol{r}_{12})(\boldsymbol{\alpha}_2\cdot\boldsymbol{r}_{12})}{r_{12}^2}\right]$$

此作用代表“橫光作用”在$\omega \to 0$下的極限。“布萊特作用”的徑積分為

$$\begin{aligned} I_j(ab,cd) = &- (\kappa_a + \kappa_c)(\kappa_b + \kappa_d)\frac{1}{j(j+1)}\left\langle U_{ac}\, R_j\, U_{bd}\right\rangle^{(o)} \\ &+ \frac{j(j+1)}{2j+1}\left[\frac{1}{2j-1}\left\langle P_{ac}\, R_{j-1}\, P_{bd}\right\rangle^{(e)}\right. \\ &+ \frac{1}{2j+3}\left\langle Q_{ac}\, R_{j+1}\, Q_{bd}\right\rangle^{(e)} \\ &+ \frac{1}{2}\left\langle Q_{ac}\, \upsilon_j(12)\, P_{bd}\right\rangle^{(e)} \\ &\left.+ \frac{1}{2}\left\langle P_{ac}\, \upsilon_j(21)\, Q_{bd}\right\rangle^{(e)}\right] \end{aligned}$$

注意，在以上(ii) ~ (iv)中，$j \geq 1$。

八・六 反稱陣元解析

本節我們以“解析方式（analytical method）”，展開“反稱陣元”。

A. 多粒組態

在多粒系統的"中心場"描述下，任意"jj 耦合（jj-coupled）"的組態可表示為

$$|\alpha JM\rangle \equiv \left|\left[\left(j_\lambda{}^{N_\lambda}\right)\alpha_\lambda J_\lambda \cdots\right]\alpha JM\right\rangle$$

此處為了標記簡潔，我們採用如下簡寫：

$$\left(j_\lambda{}^{N_\lambda}\right)\alpha_\lambda J_\lambda \cdots \equiv \left(j_a{}^{N_a}\right)\alpha_a J_a\left(j_b{}^{N_b}\right)\alpha_b J_b \cdots \left(j_\lambda{}^{N_\lambda}\right)\alpha_\lambda J_\lambda \cdots$$

針對此多粒系統，次殼 a 的角動量與粒子數分別為 j_a 與 N_a，次殼 b 的角動量與粒子數分別為 j_b 與 N_b 等等，而任意次殼 λ 的角動量與粒子數分別標示為 j_λ 與 N_λ。

對於任意多粒系統的次殼 λ，其 N_λ 個粒子的角動量 $\{j_\lambda\}$，首先耦合成次殼 λ 的總角動量 J_λ；通常相同角動量 J_λ 會對應多個不同狀態，而 α_λ 作為"額外指標"，以明確區分這些不同的"態"。其次，所有次殼的總角動量 $(J_a J_b \cdots J_\lambda \cdots)$，再依次耦合成此多粒系統的總角動量 J，對應此系統的狀態可表示為 $|JM\rangle$。正如指標 α_λ 在次殼 λ 中所扮演的角色，額外指標 α 代表此物理系統的"耦合模式"、中間角動量、以及能夠唯一確認此物理系統狀態 $|JM\rangle$ 的其它所有指標。

注意，本章所討論的組態 $|\alpha JM\rangle$ 皆為"反稱"或"准反稱"。

B. 反稱陣元

對單個陣元作"反稱化（antisymmetrize）"，有時很簡單，但有時卻很複雜，甚至我們必須採用"圖解法"來得到"反稱陣元"，以確保不遺漏任何訊息。例如，在"電子-鈹碰撞"過程中，想要精確處理電子與四電子原子碰撞過程中的"交換效應（exchange effect）"，我們就需要將陣元作反稱化，如此會衍生出八十四項。關於如何將"等同粒子系統（system of identical particles）"的狀態"稱化（symmetrize）"，請參閱本書〈附錄十　粒子態的稱化〉。

特別提醒，要將陣元 $\langle\alpha|\Omega|\beta\rangle$ 作反稱化，我們絕不能衹是將

$|\alpha\rangle$與$|\beta\rangle$分別各自“反稱化”。

現在我們將獲得“反稱陣元”的一般步驟列出如下：

(i) 以“准反稱陣元”來展開“反稱陣元”。

(ii) 利用“角動耦合圖解法”，以“*jm* 陣元”來展開各個“准反稱陣元”。

(iii) 再利用“徑積分”來計算“*jm* 陣元”，從而得到反稱陣元的“算式（calculable form）”。

以下我們分此三個步驟，來計算“反稱陣元”，並詳細應用於“單粒符”與“雙粒符”。

C. 准反稱展開

在“准反稱組態”裏，我們假設“主粒子”為第N粒子。

(1) 單粒符

假設“單粒符”為

$$V^{(1)} \equiv \sum_{i}^{N} \upsilon(i)$$

其“反稱陣元”可通過下式展開為

$$\begin{aligned}&\langle V^{(1)}\rangle\\&\equiv \left\langle \left[\left(j_\lambda{}^{N_\lambda}\right)\alpha_\lambda J_\lambda \cdots\right]\alpha JM \middle| \sum_i^N \upsilon(i) \middle| \left[\left(j_\lambda{}^{N'_\lambda}\right)\alpha'_\lambda J'_\lambda \cdots\right]\alpha' J'M' \right\rangle\\&= \sum_{(a\,b)} \langle V^{(1)}\rangle_{a\,b}\end{aligned}$$

此處“求和”針對所有“次殼對”(ab)，且每個“次殼對”僅計一次，而“准反稱陣元”$\langle V^{(1)}\rangle_{ab}$定義為

$$\langle V^{(1)}\rangle_{a\,b} = (-)^{P_{a\,b}} \sqrt{N_a N'_b}\,\langle q(a)\alpha JM |\, \upsilon(N)\, | q'(b)\alpha' J'M'\rangle$$

$$P_{ab} = \sum_{\lambda=a+1}^{b} N_\lambda$$

此處$\langle q(a)\alpha JM|\upsilon(N)|q'(b)\alpha' J'M'\rangle$表示我們將“主粒子”作為第$N$粒子；分佈$q(a)$與$q'(b)$代表“主粒子”，也就是第$N$粒子，分別處於次殼$a$與$b$中，而“從粒子”在$q(a)$與$q'(b)$二者中皆具有“相同分佈”。

(2) 雙粒符

假設“雙粒符”為

$$V^{(2)} \equiv \sum_{i<j}^{N} \upsilon(ij)$$

其“反稱陣元”為

$$\langle V^{(2)}\rangle = \sum_{ab,cd} \langle V^{(2)}\rangle_{ab,cd}$$

此處“求和”針對所有不同“次殼對”(ab,cd)，且$a \le b$與$c \le d$，而“准反稱陣元”$\langle V^{(2)}\rangle_{ab,cd}$定義為

$$\begin{aligned}\langle V^{(2)}\rangle_{ab,cd} &= (-)^{P_{ab,cd}} \sqrt{N_a(N_b-\delta_{ab})\, N'_c(N'_d-\delta_{cd})} \\ &\times \Big\{ [1+\delta_{ab}\delta_{cd}]^{-1} \langle q(ab)\alpha JM|\upsilon(N-1,N)|\, q'(cd)\, \alpha' J'M'\rangle \\ &- (1-\delta_{ab})(1-\delta_{cd}) \langle q(ab)\alpha JM|\upsilon(N-1,N)|\, q'(dc)\, \alpha' J'M'\rangle \Big\}\end{aligned}$$

$$P_{ab,cd} = \sum_{\lambda=a+1}^{b} (N_\lambda - \delta_{\lambda b}) + \sum_{\lambda=c+1}^{d} (N'_\lambda - \delta_{\lambda b})$$

此處兩個“主粒子”分別為第$(N-1)$粒子與第N粒子；$\langle q(ab)\alpha JM|$代表第$(N-1)$粒子與第N粒子分別處於次殼a與b中，而$q'(cd)$與$q'(dc)$代表相同的分佈，僅c與d對調。所有“從粒子”於“包矢”與“括矢”二者裏的分佈，完全相同。

D. 准反稱陣元計算

(1) 單粒符

“解耦（uncouple）” 後的 “准反稱組態” 分別為

$$\langle q(a)\alpha JM| = \sum_p C_a(p;\alpha JM)\langle p;q(a)|\langle a|$$

$$|q'(b)\alpha'J'M'\rangle = \sum_{p'} C_b(p';\alpha'J'M')|p';q'(b)\rangle|b\rangle$$

此處“包矢”與“括矢”的展開係數$C_a(p;\alpha JM)$與$C_b(p';\alpha'J'M')$為，從次殼a與b分別 “解耦” 一粒子所需的 “成份係數（coefficient of fractional parentage 或 cfp coefficient）” 與 “3-*jm* 係數” 的乘積。p與p'各代表由“解耦”所產生的“成份係數”與磁量子數。$\langle p;q(a)|\langle a|$與$|p';q'(b)\rangle|b\rangle$分別代表 “從粒子”，於解耦後的次殼狀態，而$\langle a|$與$|b\rangle$分別代表 “主粒子” 的軌$\langle j_a m_a|$與$|j_b m_b\rangle$。

我們可以通過隨後將要介紹的 “圖解法”，更清晰方便地達到此解耦效果。

利用以上兩式，我們可將“單粒符”$\upsilon(N)$的“准反稱陣元”，以 “*jm* 陣元” 展開為

$$\begin{aligned}&\langle q(a)\alpha JM|\upsilon(N)|q'(b)\alpha'J'M'\rangle\\ &\quad= \sum_p\sum_{p'} C_a(p;\alpha JM)\,C_b(p';\alpha'J'M')\\ &\quad\quad\times\langle p;q(a)|p';q'(b)\rangle\langle a|\upsilon(N)|b\rangle\end{aligned}$$

此處陣元$\langle p;q(a)|p';q'(b)\rangle$代表，與 “作用” 無關的 “疊積分（overlap integrals）” 乘積。“*jm* 陣元”$\langle a|\upsilon(N)|b\rangle$與具體的“作用” 有關，我們將在本章〈第八・六・E 小節 *jm* 陣元範例〉裏給出其圖解式。

(2) 雙粒符

針對次殼a,b與c,d，其解耦後的“准反稱態（semisymmetric state）” 分別為

$$\langle q(ab)\alpha JM| = \sum_p C_{ab}(p;\alpha JM)\langle p;q(ab)|\langle ab|$$

$$\left|q'(cd)\alpha'J'M'\right\rangle = \sum_{p'} C_{cd}(p';\alpha'J'M')\left|p';q'(cd)\right\rangle\left|cd\right\rangle$$

此處“包矢”與“括矢”的展開係數$C_{ab}(p;\alpha JM)$與$C_{cd}(p';\alpha'J'M')$為，分別從次殼(ab)與(cd)中“解耦”兩粒子所需“成份係數”與“3-*jm* 係數”的乘積。$\langle p;q(ab)|$與$|p';q'(cd)\rangle$分別代表$(N-2)$個“從粒子”於“解耦”後的態，而$\langle ab|\equiv\langle j_a m_a j_b m_b|$與$|cd\rangle\equiv|j_c m_c j_d m_d\rangle$分別代表第$(N-1)$與第$N$粒子的態，即主粒子的軌。注意，這裏的$(ab)$或$(cd)$可為任意軌。

利用以上兩式，我們可將“雙粒符”$\upsilon(N-1,N)$的“准反稱陣元”，以“*jm* 陣元”展開為

$$\begin{aligned}&\left\langle q(ab)\alpha JM\right|\upsilon(N-1,N)\left|q'(cd)\alpha'J'M'\right\rangle\\&=\sum_{p}\sum_{p'}C_{ab}(p;\alpha JM)C_{cd}(p';\alpha'J'M')\\&\quad\times\left\langle p;q(ab)\right|p';q'(cd)\rangle\langle ab|\,\upsilon(N-1,N)|\,cd\rangle\end{aligned}$$

此處陣元$\langle p;q(ab)|p';q'(cd)\rangle$代表“從粒子”的“疊積分（overlap integral）”乘積，而$\langle ab|\,\upsilon(N-1,N)|cd\rangle$為“主粒子”的“*jm* 陣元”。

E. *jm* 陣元範例

本小節我們列出一些常見單粒符Ω：$f(r)$, β, $\boldsymbol{\alpha}\cdot\boldsymbol{P}$, $\boldsymbol{\alpha}$, $\boldsymbol{r}$, $\boldsymbol{\alpha}e^{i\boldsymbol{k}\cdot\boldsymbol{r}}$的“*jm* 陣元”，前三者的通式為$\langle a|\Omega|b\rangle=G(a,b)X(a,b)$，而$G(a,b)$代表“作用角動圖”部分，$X(a,b)$代表“作用強”部分。雙粒符的“*jm* 陣元”，已在本章〈第八‧五‧G 小節　雙粒符〉裏詳細列出。

(i) $\langle a|f(r)|b\rangle = \delta_{\kappa_a\kappa_b}\delta_{m_a m_b}\left\langle W_{ab}f(r)\right\rangle$

$=$ 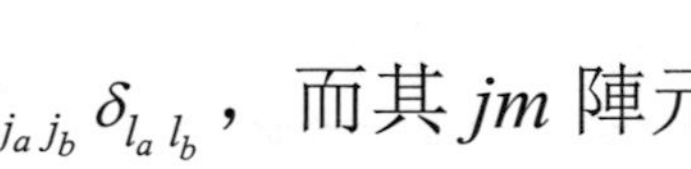

此處$\delta_{\kappa_a\kappa_b}\equiv\delta_{j_a j_b}\delta_{l_a l_b}$，而其 *jm* 陣元的“作用角動圖”$G(a,b)$為

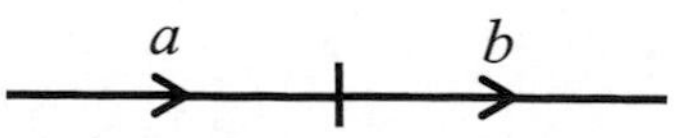 $=\delta_{ab}\equiv\delta_{j_a j_b}\delta_{m_a m_b}$

而圖中“×”所代表的“作用強” $X(a,b)$ 為

$$X(a,b) = \delta_{l_a l_b} \langle W_{ab} f(r) \rangle$$

(ii) $\langle a|\beta|b\rangle$ =

此處 $G(a,b)$ 與以上(i)相同，而“作用強”為

$$X(a,b) = \delta_{l_a l_b} \langle Y_{ab} \rangle$$

(iii) $\langle a|\boldsymbol{\alpha}\cdot\boldsymbol{P}|b\rangle = -i\,\langle a|\boldsymbol{\alpha}\cdot\hat{\boldsymbol{r}}|b'\rangle$

=

此處 $G(a,b)$ 與(i)相同，而“作用強”為

$$X(a,b) = \delta_{l_a l_b} \langle U_{ab'} \rangle$$

$$U_{ab'} \equiv G_a F_{b'} - F_a G_{b'}$$

$$G_{b'} = \left(\frac{d}{dr} - \frac{\kappa_b}{r} \right) G_b$$

$$F_{b'} = \left(\frac{d}{dr} + \frac{\kappa_b}{r} \right) F_b$$

(iv) $\langle a|\boldsymbol{\alpha}|b\rangle = \begin{pmatrix} j_a & 1 & m_b \\ m_a & m_b - m_a & j_b \end{pmatrix} C_1(a,b)\, I_1(a,b)$

=

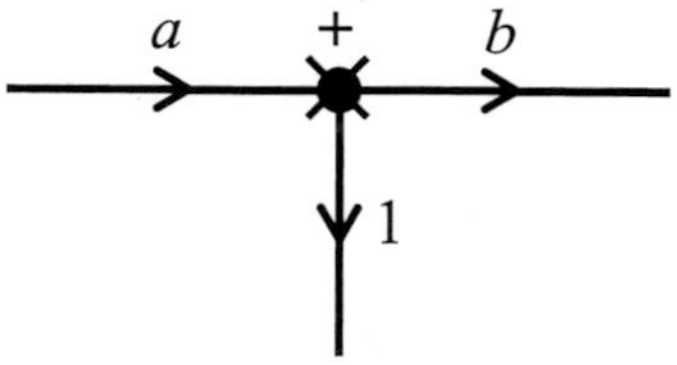

此處“作用角動圖” $G_1(a,b)$ 為

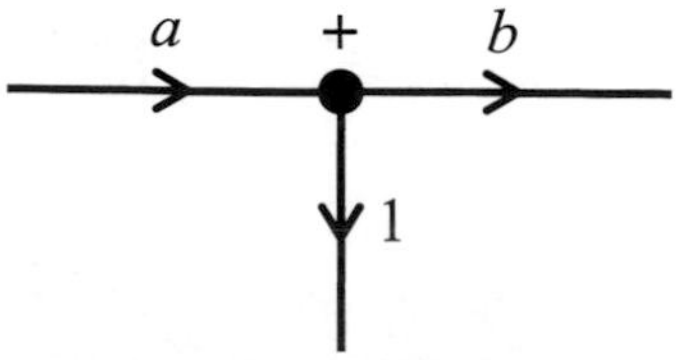

$$= \begin{pmatrix} j_a & 1 & m_b \\ m_a & m_b - m_a & j_b \end{pmatrix}$$

而前圖節點上的“×”所代表的“作用強”為

$$X_1(a,b) = C_1(a,b)I_1(a,b)$$

$$I_1(a,b) = i\,\hat{\boldsymbol{e}}_{m_b - m_a}\langle P_{a\,b}\rangle^{(e)}$$

此處$\hat{\boldsymbol{e}}_q$為“球單位矢（spherical unit-vector）”，其定義見〈第七・四・A 小節　球座〉。

(v) $\langle a|\boldsymbol{r}|b\rangle$ =

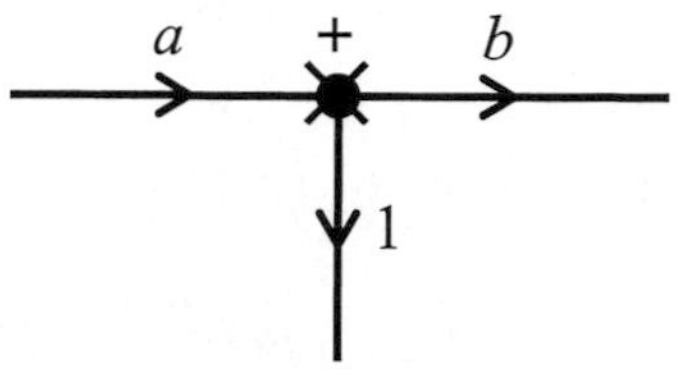

此處$G_1(a,b)$與(iv)的相同，而“作用強”為

$$X_1(a,b) = C_1(a,b)I_1(a,b)$$

$$I_1(a,b) = -\,\hat{\boldsymbol{e}}_{m_b - m_a}\langle W_{a\,b}\,r\rangle^{(e)}$$

(vi) 針對$\langle a|\boldsymbol{\alpha}\,e^{i\,\boldsymbol{k}\cdot\boldsymbol{r}}|b\rangle$，利用本章〈第八・五・F 小節　矢球諧函展開式〉裏第(i)式與平面波的“瑞利展式（Rayleigh expansion）”，我們可得

$$e^{i\,\boldsymbol{k}\cdot\boldsymbol{r}} = 4\pi\sum_{l=0} i^l\, j_l(kr)\sum_{m=-l}^{l} Y^*_{l\,m}(\hat{\boldsymbol{r}})\,Y_{l\,m}(\hat{\boldsymbol{k}})$$

因此得到

$$\langle a|\boldsymbol{\alpha}\,e^{i\,\boldsymbol{k}\cdot\boldsymbol{r}}|b\rangle = \sum_{j\,l} G_{j\,l}(a,b)X_{j\,l}(a,b)$$

此處“作用角動圖”$G_{j\,l}(a,b)$為

$$G_{j\,l}(a,b) = \sqrt{2j+1}\begin{pmatrix} j_a & j & m_b \\ m_a & m_b - m_a & j_b \end{pmatrix}$$

$$\times\begin{pmatrix} m_b - m_a & l & 1 \\ j & m_b - m_a - q & q \end{pmatrix}$$

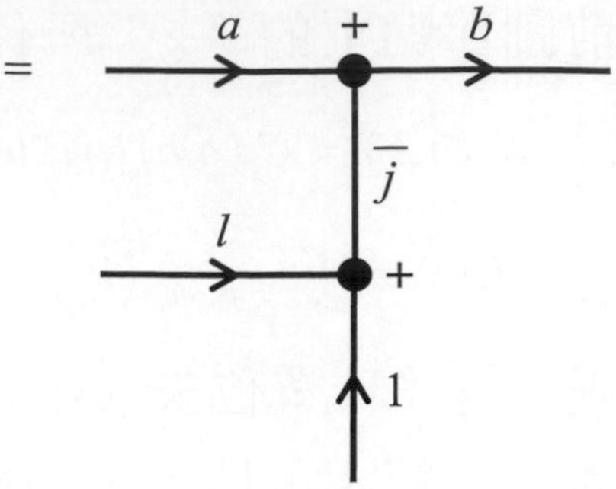

此處$\bar{j} \equiv \sqrt{2j+1}$，而“作用強”為

$$X_{jl}(a,b) = \hat{\boldsymbol{e}}_q\, C_j(a,b)\sqrt{4\pi}\; i^{1-l}\; Y_{l\,(m_b-m_a-q)}(\hat{\boldsymbol{k}})\, D_{jl}$$

$$D_{jl} = \begin{cases} -\sqrt{j}\left\langle P_{ab}\, j_{j-1}\right\rangle^{(e)}, & l = j-1 \\ -\dfrac{1}{\sqrt{j}}(\kappa_a+\kappa_b)\left\langle V_{ab}\, j_j\right\rangle^{(o)}, & l = j \\ -\sqrt{j+1}\left\langle Q_{ab}\, j_{j+1}\right\rangle^{(e)}, & l = j+1 \end{cases}$$

八・七 躍陣主方程的解

為了展示如何解“躍陣主方程”，本節以原子的“光激（photoexcitation）”為例，

$$h\nu + A(\Psi_i) \rightarrow A(\Psi_f)$$

此過程也包含“光離（photoionization）”。

A. 初態與末態

考慮任意“閉次殼原子（closed-subshell atom）”，其“初態”與“末態”具有如下形式，

$$\left|\Psi_i\right\rangle = A_0\left|\Psi_0\right\rangle + \sum_{\alpha J_2 c} B_{\alpha J_2 c}\left|\left[a^{2a-1}J_2(c^2)J_2\right]_0\right\rangle$$

$$\left|\Psi_f\right\rangle = \sum_{a\,e} C_{ae}\left|\left[(a^{2a})ae\right]_J\right\rangle$$

此處“初態”$|\Psi_i\rangle$為“參考組態（reference configuration）”$|\Psi_0\rangle$與含各類雙“粒穴對（particle-hole pairs）”組態的“線疊加”。“末態”$|\Psi_f\rangle$為各類單“粒穴對”組態的“線疊加”。次殼a,c,e的角動量，我們分別採用簡寫符號：$a \equiv j_a,\ c \equiv j_c,\ e \equiv j_e$。“初態”$|\Psi_i\rangle$的第二項代表$(2j_a-1)$個次殼電子與總角動量為$J_2$的兩個“激電子（excited electron）”之間的耦合，而這兩個“粒穴對”耦合為“零角動量（zero-angular-momentum state）”。也就是說，整個原子的初態為“零角動量”與“偶宇稱”組態的線疊加。

為明確起見，假設原子的“初態”與“末態”，可分別表示為

$$
\begin{aligned}
|\Psi_i\rangle &= \sum_{\alpha_i} A(\alpha_i)\left|(a^{N_a})\alpha_i J_i\right\rangle \\
&+ \sum_{\alpha_{a2}\,J_{a2}\,d\,\alpha_d\,J_d} B(\alpha_{a2}\,J_{a2}\,d\,\alpha_d\,J_d)\left|\left[(a^{N_a-2})\alpha_{a2}\,J_{a2}(d^2)\alpha_d\,J_d\right]J_i\right\rangle \\
&+ \sum_{\substack{\alpha_i'\,J_i'\,b\,\alpha_{b2}\,J_{b2}\\ J_{ib2}\,d\,\alpha_d\,J_d}} C(\alpha_i' J_i'\,b\,\alpha_{b2}\,J_{b2}\,J_{ib2}\,d\,\alpha_d\,J_d) \\
&\qquad \times \left|\left\{\left[(a^{N_a})\alpha_i' J_i'(b^{2b-1})\alpha_{b2}\,J_{b2}\right]J_{ib2}(d^2)\alpha_d\,J_d\right\}J_i\right\rangle
\end{aligned}
$$

$$
\begin{aligned}
|\Psi_f\rangle &= \sum_{\alpha_i} D(\alpha_{a1}J_{a1}e)\left|\left[(a^{N_a-1})\alpha_{a1}J_{a1}e\right]J_f\right\rangle \\
&+ \sum_{\substack{\alpha_i'\,J_i'\\ b\,J_{ib}\,e}} E(\alpha_i' J_i' b J_{ib} e)\left|\left\{\left[(a^{N_a})\alpha_i' J_i'(b^{2b})b\right]J_{ib}e\right\}\,J_f\right\rangle
\end{aligned}
$$

此處A,B,C,D,E皆為展開係數，其他標記與“閉次殼原子”類似。

B. 一階與二階躍陣方程

在躍陣主方程裏，關於“初態”與“末態”的處理，是完全對等的、不偏不倚。若非如此，而是需要分開處理初態與末態，則可能會出現因這兩個態的精確度不同，從而導致不平衡的偏差。

雖然我們已經得到了完整的“各階”躍陣方程，但由於物

理理論中，目前不存在“叄粒作用”，以及更高階的“多粒作用”，即：目前僅有“單粒符”與“雙粒符”。因此，實際上我們只需要一階與二階躍陣方程。根據本章〈第八・三・B 小節 躍陣主方程的位表象〉裏的結果，這兩個方程的形式分別為

$$h(1)\Gamma_{fi}(1;1') - \Gamma_{fi}(1;1')h(1') + 2\int d\tau_2\left[\upsilon(12)-\upsilon(1'2')\right]\Gamma_{fi}(12;1'2')$$
$$= \omega_{fi}\Gamma_{fi}(1;1')$$

$$\left[h(1)+h(2)\right]\Gamma_{fi}(12;1'2') - \Gamma_{fi}(12;1'2')\left[h(1')+h(2')\right]$$
$$+ \left[\upsilon(12)-\upsilon(1'2')\right]\Gamma_{fi}(12;1'2')$$
$$+ 3\int d\tau_3\left[\upsilon(13)+\upsilon(23)-\upsilon(1'3')-\upsilon(2'3')\right]\Gamma_{fi}(123;1'2'3')$$
$$= \omega_{fi}\Gamma_{fi}(1'2')$$

如前所述，選定“哈密頓”，這兩方程皆是“精確”成立的。

目前，一階躍陣方程已經得到廣泛的應用。然而，由於二階躍陣方程涉及“雙粒相關函（two-particle correlation function）”，所以其應用還在密切探索中。

八・八 相對混相理論

A. 混相理論

如前所述，不同階躍陣方程的解之間，存在相互依賴關係。也就是說，要想求解“一階躍陣” $\Gamma_{fi}(1;1')$，就需要知道“二階躍陣” $\Gamma_{fi}(12;1'2')$；而求解“二階躍陣” $\Gamma_{fi}(12;1'2')$，又需要知道“三階躍陣” $\Gamma_{fi}(123;1'2'3')$，依次類推。因此，要想求解一階躍陣方程，我們就需要以“一階躍陣” $\Gamma_{fi}(1;1')$ 來近似處理“二階躍陣” $\Gamma_{fi}(12;1'2')$，例如，

$$\Gamma_{fi}(12;1'2') \cong \frac{1}{2}(1-P_{12})(1-P_{1'2'})\,\Gamma_0(1;1')\,\Gamma_{fi}(2;2')$$

此處 P_{12} 為粒子 1 與 2 的“交換符（exchange operator）”，其定義請參閱〈附錄十・三・A 小節 交換符〉。$\Gamma_0(1;1')$ 為“費米真

空（Fermi vacuum）”的“一階密陣（first-order density matrix）”，其“圖示”為

$$\Gamma_0(1;1') = \sum_b 1$$ 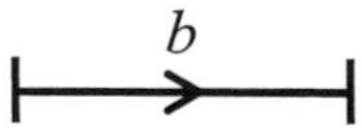 $1'$

在“多體動力論（many-body dynamical theory）”裏，此種以“一階躍陣” $\Gamma_{fi}(2;2')$ 來近似“二階躍陣” $\Gamma_{fi}(12;1'2')$ 的方法，特稱為“混相近似（Random-Phase Approximation, RPA）”。

統計物理裏的“玻茲曼方程（Boltzmann equation）”，與本章介紹的“躍陣主方程”有類似之處：玻茲曼方程針對“單態密陣（density matrix of one-state）”，而得一組“層層嵌套”的“遞階方程（hierachy equations）”；躍陣主方程針對“雙態躍陣（transition matrix of two-states）”，也得一組層層嵌套的遞階方程。兩者不同之處在於：玻茲曼方程直接求解“單態密陣”隨時刻 t 的“演化”；而躍陣主方程聚焦於“演化子” H 兩“徵態”間的“雙態躍陣”及其所描述的“粒子相關效應”，對這兩徵態作不偏不倚的“等階”處理。從概念上講，推導玻茲曼方程時，所採用的“分子混沌假設（molecular chaos assumption）”，與推導“相對混相理論（Relativistic Random-Phase Theory, RRPT）”所採用的“混相近似”，卻又是等價的。

B. RRPA 躍陣的結構

針對任意“閉次殼（closed-subshell）”系統，我們將以“圖解法”來推導其“RRPA 躍遷方程（RRPA transition equation）”。此處英文縮寫“RRPA”代表“相對混相近似（Relativistic Random-Phase Approximation）”，這是一種處理“多粒系統問題”的“相對論性方法（relativistic method）”，主要用於處理“均場方法（mean-field method）”，如“哈崔-福克方法（Hartree-Fock method）”，之外更深層次的“粒子相關效應”，這與“相對近耦法（relativistic close-coupling method）”或“相

對 R 陣法（relativistic R-matrix method）”的檔次相當。

在“相對混相近似”下，我們可以解“一階躍陣方程”，其“一階躍陣” $\Gamma_{fi}(1;1')$的形式為

$$\Gamma_{fi}(1;1') = \Gamma_+(1;1') + \Gamma_-(1;1')$$

$$\Gamma_+(1;1') = \sum_{aa'}$$

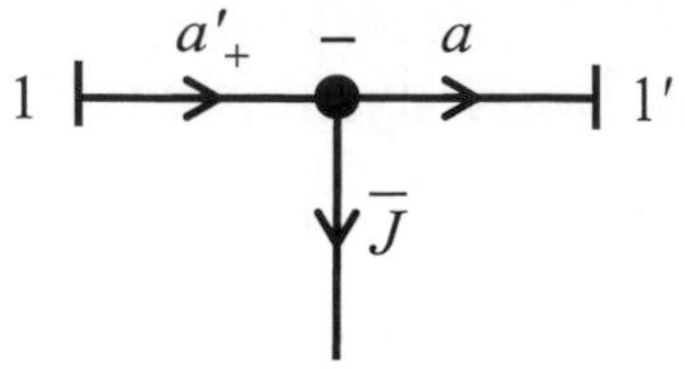

(粒穴生)

$$\Gamma_-(1;1') = \sum_{aa'}(-)^{a-a'}$$

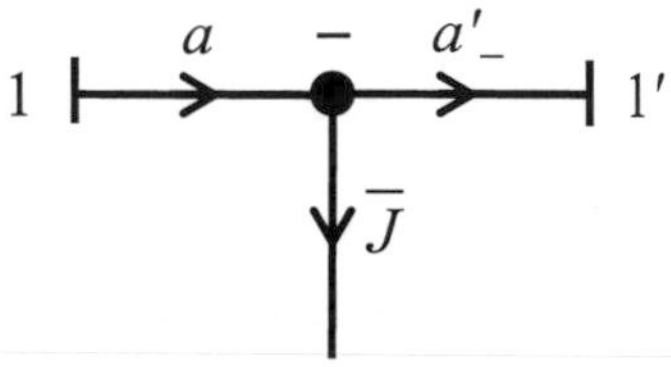

(粒穴消)

此處“正頻部（positive-frequency part）” $\Gamma_+(1;1')$代表“粒穴生（particle-hole creation）”的“末態關聯（final-state correlations）”；而“負頻部（negative-frequency part）” $\Gamma_-(1;1')$代表“粒穴消（particle-hole annihilation）”的“初態關聯（initial-state correlations）”。

在本書〈附錄十七 角動耦合圖解法〉裏，我們會對“角動耦合圖解法”及其標記，作詳細說明。這如同“費曼圖（Feynman diagrams）”將物理過程圖像化，我們也可以繪出“正頻圖（positive-frequency graph）”與“負頻圖（negative-frequency graph）”，並以此提供一些直接的定性感受與體會。

此“作用角動圖”明確展示出，由“不可約 J 階球張量作用”所導致的“粒穴生”與“粒穴消”。此生成的“粒穴”，由 j_a“粒子”與 $j_{a'}$“空穴”組成，而消滅的“粒穴”，由 $j_{a'}$“粒子”與 j_a“空穴”組成。此處角動量 j_a 與 $j_{a'}$ 必須滿足“角動擇函（angular-momentum selection function）” $\{j_{a'}\,J\,j_a\}$與“宇稱擇函（parity selection function）” $\pi(j_{a'}\,J\,j_a)$。

針對“開殼系統（open-shell system）”，其“一階躍陣” $\Gamma_{fi}(1;1')$的“運行結構”為

$$\Gamma_{fi}(1;1') = \Gamma_{fi}^{(1)}(1;1') + \Gamma_{fi}^{(2)}(1;1') + \Gamma_{fi}^{(3)}(1;1') + \Gamma_{fi}^{(4)}(1;1')$$

此處各項的“圖示”依次為

$$\Gamma_{fi}^{(1)}(1;1') = \sum_{e\,\alpha_{a1} J_{a1}\,\alpha_i}$$

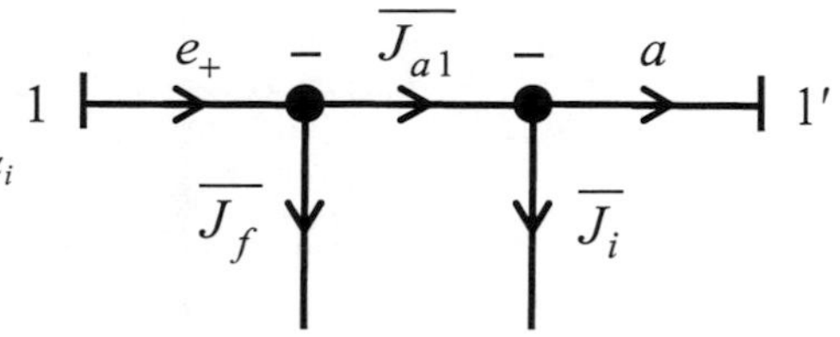

$$\Gamma_{fi}^{(2)}(1;1') = \sum_{eJ_{ib}b}$$

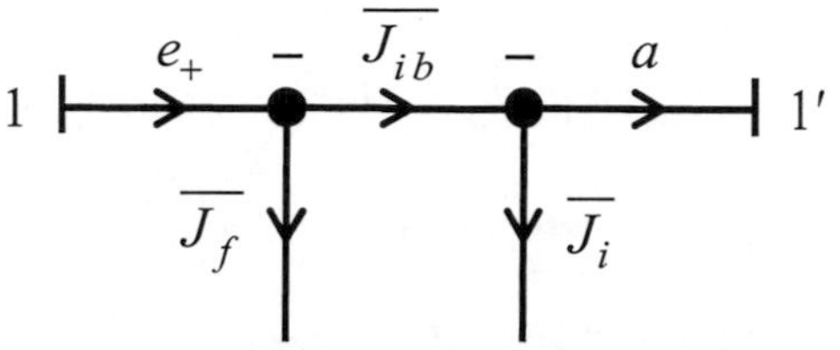

$$\Gamma_{fi}^{(3)}(1;1') = \sum_{Kd}(-)^{a-d}$$

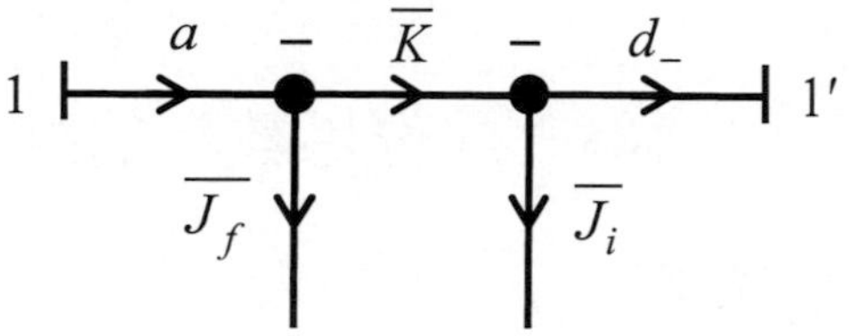

$$\Gamma_{fi}^{(4)}(1;1') = \sum_{bKd}(-)^{b-d}$$

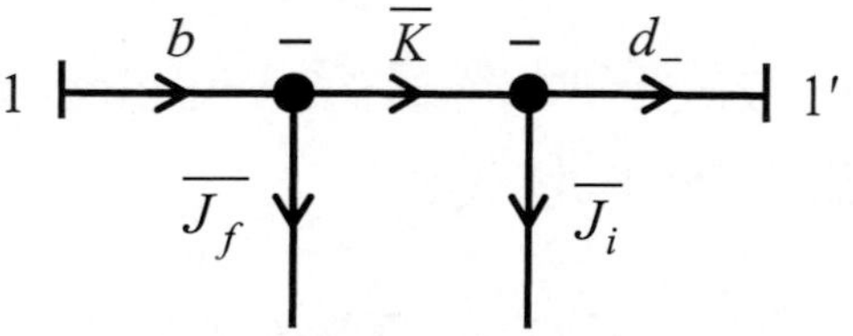

而其“二階躍陣” $\Gamma_{fi}(12;1'2')$ 的“運行結構”為

$$\Gamma_{fi}(12;1'2') = \Gamma_{fi}^{(1)}(12;1'2') + \Gamma_{fi}^{(2)}(12;1'2') + \Gamma_{fi}^{(3)}(12;1'2') + \Gamma_{fi}^{(4)}(12;1'2')$$

此處我們僅舉例展示上式首項的“運行結構”，

$$\begin{aligned}\Gamma_{fi}^{(1)}(12;1'2') &= \frac{1}{2}(1-P_{12})(1-P_{1'2'})\Gamma_c(1;1')\Gamma_{fi}^{(1)}(2;2') \\ &+ \frac{1}{2}(1-P_{12}) \sum_{\substack{e\,\alpha_{a1} J_{a1}\,\alpha_i \\ \alpha'_{a1} J'_{a1}\,\alpha_{a2} J_{a2}}} A\Gamma_{ae,aa}(12;1'2')\end{aligned}$$

$\Gamma_{ae,aa}(12;1'2') =$

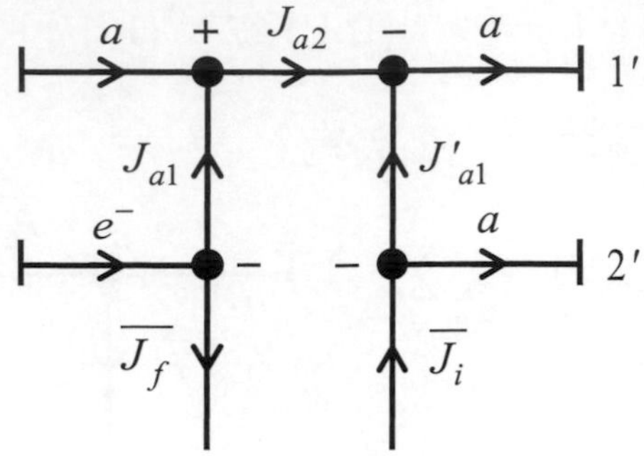

$$A = (2J_{a1}+1)\sqrt{2J'_{a1}+1}\left(a^{N_a-1}\right)\alpha_{a1}J_{a1}a\left[\alpha_i J_i\right]^{-1}$$
$$\times\left[\left(a^{N_a-1}\right)\alpha'_{a1}J'_{a1}a\,\middle|\,\alpha_i J_i\right]\left[\left(a^{N_a-2}\right)\alpha_{a2}J_{a2}a\,\middle|\,\alpha_{a1}J_{a1}\right]$$
$$\times\left[\left(a^{N_a-2}\right)\alpha_{a2}J_{a2}a\,\middle|\,\alpha'_{a1}J'_{a1}\right](N_a-1)$$

此處的因子[…]為“成份係數”的縮寫形式$\left[(a^N)\alpha Ja|\alpha'J'\right]$。

C. 哈密頓

我們假設含“核電荷（nuclear charge）”Z的N電子原子，其哈密頓為如下形式，

$$H = \sum_{i=1}^{N} h(i) + \sum_{i<j}^{N} \upsilon(ij)$$

此處$h(i)$為中心場裏的“狄拉克-哈密頓（Dirac-Hamiltonian）”，而$\upsilon(ij)$為電子間相互作用，它們的形式為

$$h(i) = c\boldsymbol{\alpha}_i\cdot\boldsymbol{P}_i + mc^2\beta - \frac{Z}{r_i}$$

$$\upsilon(ij) = \frac{1}{r_{ij}} - \frac{1}{2r_{ij}}\left[(\boldsymbol{\alpha}_i\cdot\boldsymbol{\alpha}_j) + \frac{(\boldsymbol{\alpha}_i\cdot\boldsymbol{r}_{ij})(\boldsymbol{\alpha}_j\cdot\boldsymbol{r}_{ij})}{r_{ij}^2}\right]$$

此處電子間相互作用的第二項，稱為“布萊特作用”，上式還必須隱含正能態的“投影符（projection operator）”。

D. RRPA 方程

我們定義“狄拉克-福克-哈密頓（Dirac-Fock Hamiltonian）”

h^{DF}為

$$h^{\mathrm{DF}}(1) \equiv h(1) + \upsilon^{\mathrm{DF}}(1)$$

$$\upsilon^{\mathrm{DF}}(1) \equiv \int d\tau_2\ \upsilon(12)(1-P_{12})\Gamma_0(2;2')$$

此處P_{12}為粒子 1 與 2 的“交換符”。根據〈第八・七・B 小節 一階與二階躍陣方程〉裏的結果，以及〈第八・八・A 小節 混相理論〉裏的“混相近似”，我們可將“一階躍陣方程”簡化為

$$\begin{aligned}
&h^{\mathrm{DF}}(1)\Gamma_{fi}(1;1') - \Gamma_{fi}(1;1')h^{\mathrm{DF}}(1') - \omega_{fi}\Gamma_{fi}(1;1') \\
&= \int d\tau_2\left[\upsilon(1'2') - \upsilon(12)\right](1-P_{1'2'})(1-P_{12})\,\Gamma_0(1;1')\Gamma_{fi}(2;2') \\
&= \int d\tau_2\left[\upsilon(1'2')(1-P_{1'2'}) - \upsilon(12)(1-P_{12})\right]\Gamma_0(1;1')\Gamma_{fi}(2;2')
\end{aligned}$$

考慮對稱性後，我們可將上式分解為“正頻部”$\Gamma_+(1;1')$與“負頻部”$\Gamma_-(1;1')$，而其各自所滿足的方程分別為

$$\begin{aligned}
\text{(i)}\ &h^{\mathrm{DF}}(1)\,\Gamma_+(1;1') - \Gamma_+(1;1')h^{\mathrm{DF}}(1') - \omega_{fi}\Gamma_+(1;1') \\
&= \int d\tau_2\ \upsilon(12)(P_{12}-1)\,\Gamma_0(1;1')\,\Gamma_{fi}(2;2')
\end{aligned}$$

$$\begin{aligned}
\text{(ii)}\ &\Gamma_-(1;1')\ h^{\mathrm{DF}}(1') - h^{\mathrm{DF}}(1)\Gamma_-(1;1') + \omega_{fi}\,\Gamma_-(1;1') \\
&= \int d\tau_2\ \upsilon(1'2')(P_{1'2'}-1)\,\Gamma_0(1;1')\,\Gamma_{fi}(2;2')
\end{aligned}$$

將此兩方程，針對一組“完備正規張量基（complete orthonormal tensor basis）”展開，由每一個“張量基（tensor basis）”的展開係數，可得一個“徑方程（radial equation）”，於是我們就得到一組“耦合徑方程（coupled radial equations）”。

E. RRPA 徑方程

上小節最後得到的“耦合徑方程”，就是“RRPA 徑方程”，

$$\left[h_{a'} - \left(\varepsilon_a \pm \omega_{fi}\right) + \sum_b\left(\upsilon_b^{\mathrm{DF}} + \upsilon_b^{\mathrm{RPA}}\right)\right]u_{a'\pm} = 0$$

此處$u_{a'\pm}$為“激軌（excited orbital）”的“徑部（radial part）”，而$h_{a'}$為

$$h_{a'} = \begin{pmatrix} \upsilon_N(r) & c\left(-\dfrac{d}{dr} - \dfrac{\kappa_{a'}}{r}\right) \\ c\left(\dfrac{d}{dr} - \dfrac{\kappa_{a'}}{r}\right) & \upsilon_N(r) - 2c^2 \end{pmatrix}$$

此處c為“原子單位（atomic units）”裏的光速。“耦合項”可分為如下兩部分：

(i) DF 部（Dirac-Fock part）：

$$\upsilon_b^{\mathrm{DF}} u_a \equiv [b]^2 \left[\upsilon_0(bb)\, u_a - \sum_b D_k(ba)\, \upsilon_k(ba)\, u_b\right]$$

此處$[b]^2 \equiv 2b+1$。

(ii) RRPA 部：

$$\upsilon_b^{\mathrm{RPA}} u_{a'\pm} = \sum_{b'} \left[(-)^{b-b'} w(b' \mp b) + w(bb' \pm)\right] u_{a'\pm}$$

$$w(bc) u_{a'\pm} = \frac{1}{[J]^2} C_J(aa') C_J(bc)\, \upsilon_J(bc)\, u_a + (-)^{b+c} \sum_k A_k(aa'bc;J)\, \upsilon_k(ba)\, u_c$$

若電子間的作用僅為“庫倫勢”，則“耦合徑積分（coupled radial integral）”為

$$\upsilon_k(bc) = \int_0^\infty d\tau_2\, u_b^\dagger(2) \frac{r_<^k}{r_>^{k+1}} u_c(2)$$

若電子間的作用也含“布萊特作用”，則根據本章〈第八・五・G 小節 雙粒符〉，可查到替換的項。以上各式中的“角動耦合係數（angular-momentum coupling coefficients）”為

$$D_k(ab) = \begin{pmatrix} a & k & b \\ 1/2 & 0 & -1/2 \end{pmatrix}^2 \pi(l_a\ k\ l_b)$$

$$C_k(ab) = (-)^{a+1/2} [ab] \begin{pmatrix} a & k & b \\ 1/2 & 0 & -1/2 \end{pmatrix} \pi(l_a\ k\ l_b)$$

$$A_k(abcd;J) = (-)^{k+J} C_k(abcd)\begin{Bmatrix} a & b & J \\ b & c & k \end{Bmatrix}$$

$$C_k(abcd) = (-)^{a+d}\,[abcd]\begin{pmatrix} a & k & c \\ 1/2 & 0 & -1/2 \end{pmatrix}$$

$$\times\begin{pmatrix} b & k & d \\ 1/2 & 0 & -1/2 \end{pmatrix}\pi(l_a\ k\ l_c)\ \pi(l_b\ k\ l_d)$$

為了標記簡潔，此處我們以$\{a,b,c,d\}$代表“狄拉克軌”的總角動量子數$\{a\equiv j_a,\ b\equiv j_b,\ c\equiv j_c,\ d\equiv j_d\}$等；上式中$[abcd]\equiv\sqrt{(2a+1)(2b+1)(2c+1)(2d+1)}$；而“宇稱擇函”$\pi(jkl)$定義為

$$\pi(jkl) \equiv \begin{cases} 1, & j+k+l\ \text{為偶} \\ 0, & j+k+l\ \text{為奇} \end{cases}$$

附錄一 空間結構

在談“空間結構（space structure）”之前，我們必須了解人類的“宇宙（universe）”、或稱“世界（world）”。上下前後左右，謂之“宇”或“界”，古往今來謂之“宙”或“世”。因此，中國關於“宇宙”或“世界”的概念，隱含“位置（position，陽）”與“時刻（instant，陰）”且融為一體，稱為“閔可夫斯基時空（Minkowski spacetime）”，簡稱“閔時空”或“太虛（Taixu）”，它與其中所包含的一切“東西（objects）”，總稱為“太極（Taiji）”。兩位置之差，稱為“距離（distance）”；兩時刻之差，稱為“時間（duration 或 moment 或 time interval 或 time）”。

本附錄我們主要回顧“空間”的一般幾何概念。

一・ 拓撲結構
二・ 可微結構
三・ 仿射結構
四・ 量度結構
五・ 歐幾里德空間
六・ 太虛——時空參考座

附一•一 拓撲結構

在數學裏，“空間（space）”是由“點（points）”所構成的“序點集（ordered-point set）”；因此，“空間”最基本的“幾何結構（geometric structure）”，就是“序（order）”，或者說是點與點之間的相對位置關係，而且這與空間的大小形狀無關，此即為數學上所謂的“拓撲（topology）”。總之，“拓撲”可用“開集（open set）”的空間結構，作專業的嚴格定義，此處不再贅述。

“序”與“連續（continuity）”是密切相關的兩個幾何概念。一個不甚嚴謹的說法是，以三維立體空間裏“離散（discrete）”的“格點（lattice points）”為例：兩格點A與B的相對上下、前後、左右，決定A與B的“序”關係。在兩格點A與B之間，若無其它格點，則我們說A與B“連（connected）”在一起。當然，在數學上，“連續位空間”有所謂的“連續統假說（continuum hypothesis）”，認為其“基數（cardinal number）”為“連續無窮（continuum infinity）”的最小“無窮集合（infinite set）”。

簡單地說，如果將空間當作一個“橡皮塊（rubber lump）”，只要不把它切開、或重新黏貼，我們將它任意擠壓、延展、扭曲、變形，在這些過程中的任何階段，該空間的“拓撲”都會保持不變。換而言之，空間裏各點間的連接關係，就是該空間的“序”或“拓撲”。因此，要描述一個“空間”，最基本的是知道它的“序”；在數學上，這稱為該空間的“拓撲結構（topology structure）”。“橡皮實球”空間與“橡皮甜甜圈”空間，就具有不同的“拓撲”。

附一•二 可微結構

將某“空間”以“連續映射（continuous mapping）”的方式，扭曲成另一“空間”，也許會將“圓形”變成“三角形”。

由於圓周線是平滑的，所以沿著圓周線的所有“導數”皆存在，而沿著三角形邊線，在轉折處，導數不存在。如果在空間變形前後，空間在轉折處的“可微性（differentiability）”改變了，則前後這兩“空間”的“可微性”就不同。因此，“可微性”也是“空間”的一種性質。由此可知，要描述一個空間，除了要知道其“拓撲結構”，還需說明其“可微結構（differentiable structure）”。

附一・三 仿射結構

再者，要知道在某“空間”裏，是否存在連接任意兩點但不超出此空間的“直線（straight line）”。若存在此“直線”，則在數學上稱此空間具有“平直結構（flat structure）”；若再要求其“均勻（homogeneous）”，則稱此空間具有“仿射結構（affine structure）”。有些“空間”的序，滿足這項幾何結構，而有些“空間”的序不滿足。例如，在球面上的二維空間，就不具有“平直結構”。

附一・四 量度結構

“空間”變形後，其兩點間的距離可能會改變。因此，任意兩點間的距離，也是“空間”的一種性質。這就是空間的“量度結構（metrical structure）”。

附一・五 歐幾里德空間

綜上所述，“空間”的一般性質包括：

(i) 拓撲結構
(ii) 可微結構
(iii) 仿射結構

(iv) 量度結構

當然，在數學上，還可有其它結構。

為明確起見，以上提到的"空間結構"，若賦予某些特定性質，就可定義為數學上的某個"正則空間（canonical space）"，從而成為"空間"的一個範例。一般常見的一個"正則空間"為"歐幾里德空間（Euclidean space）"，簡稱"歐空間"。我們所生活的三維位空間，可當作是"三維歐空間"的一個特例，也可說是"三維歐空間"的"定義表象（defining representation）"。"歐空間"在數學上也有嚴格的定義，這在一般幾何書上都會提到，此處也就不再贅述。

附一・六 太虛——時空參考座

現在我們再回來談人類所處的宇宙，即：由"位置"與"時刻"以及"萬物"所組成的"空間"，到底有什麼結構呢？以目前物理上的認知，僅就我們的"位空間"來說，都可當作是"歐空間"。只有在探討"相對論（theory of relativity）"時，我們才將三維的"宇（position）"、與一維的"宙（time）"，合成四維的"宇宙（position-time 或 spacetime）"，在物理上稱為"閔可夫斯基時空"，簡稱"閔時空"。這就是中國古籍裏談到的、不包括萬物的"太虛"。"閔時空"與四維的"歐空間"非常相似，但又不同；因此，"閔時空"亦可稱為"擬歐空間（pseudo-Euclidean space）"，是"非歐空間（non-Euclidean space）"的一種。我們將在本書〈附錄二・六節 閔可夫斯基時空〉裏作明確定義。

在結構上，"閔時空"與"歐空間"最大的區別在於，閔時空包含一個"虛軸"，詳見本書〈附錄二・八節 閔時空的虛軸表述〉。如前所述，閔時空為"位空間（position space）"與"時空間（time space）"的結合。為了使"時"與"位"具有相同"量綱（dimensionality）"，我們對"時軸"賦予二維的

“內在結構”，即

$$c(\text{光速}) \times t(\text{時間}) \equiv d(\text{距離})$$

因此，閔時空就由量綱為“距離”的四個軸：三個“位軸”與一個“時軸”，架構而成，

$$\{x, y, z, d \equiv ct\}$$

此處“時軸”d的量綱雖是“距離”，但其幾何內涵卻是二維的“面積”。在「幾何代數（geometric algebra）」裏，由光速c與時刻t組成的距離$d \equiv ct$，為“二階重矢（multivector of grade 2 或 bivector）”，而“單位”二階重矢的代數特性，卻如虛數$i \equiv \sqrt{-1}$。如此，“時軸”與“位軸”間的相位差$\pi/2$，也導致“位置”$\boldsymbol{x}$與“動量”$\boldsymbol{p}$的“相位因子”之差為$e^{i\pi/2} = i$。關於“重矢（multivector）”，請參閱「幾何代數」的專書。

再次強調，閔時空裏的四個獨立且相互“垂直”的軸，其“量綱”皆為位置上的“距離”，而“時軸”雖以“時”稱之，但其量綱仍為“距離”。因此，“閔時空”實際上是以“距離”為量度的“抽象四維空間”。

附錄二 相對論時空結構

誠如〈第四•三節 觀察者的物理世界〉裏所談到的，一切物理律皆建立於“承認客觀物理世界存在”的基礎上，也就是相信，有許多“主觀”的觀察者，面對同一個“客觀”存在的物理世界。我們很自然地就會問，這些觀察者，根據各自的觀測結果，所歸納出的物理律，是否都一樣？這就是物理律的“對稱性”問題。我們也會問，選擇怎樣的觀察者，分析其觀測結果會比較簡單容易？這與“觀測運作”和“觀測對象”皆有關。

在力學現象裏，最理想的觀察者，通常是以“慣性座”為參考座的觀察者；簡單地說，不存在“慣性力（inertial force）”的“座標架（coordinate system 或 coordinate frame）”，就稱為“慣性座”。“慣性座”的明確定義，見〈第一•三•L 小節 慣性座〉。當然，慣性座的存在，必須由觀測的經驗來建立，而相對於慣性座作等速運動的一切“時空座（spacetime coordinate frame）”，也皆為慣性座。由於等速運動是相對的，所以我們無法區分，到底哪一個慣性座是靜止的，哪一個是在作等速運動。換句話說，我們無法定義“絕對靜止”。因此，這些各別慣性座裏的觀察者，各自所歸納出的物理律，不可偏頗，而且應該都是一樣的。要探討物理律的這種“對稱性”，我們首先需要知道，慣性座之間的關係，也就是其彼此間的“座標轉換”。

我們再次強調，用來描述物理系統的各別慣性座，其彼此間的座標轉換形式，必須仰賴經驗來確認，而座標轉換的形式確定之後，“物理時空幾何（physical spacetime geometry）”也就確定了；這有別於先驗的“數學幾何空間（mathematical geometry space）”。由洛倫茲轉換所定義的物理時空，特稱為“閔可夫斯基時空”，我們簡稱為“閔時空”，且將在〈附錄二•六節 閔可夫斯基時空〉裏作較詳細的介紹。

一 • 洛倫茲轉換

A. 時移轉換
B. 勻速轉換
C. 位移轉換
D. 轉向轉換
E. 時逆轉換
F. 宇反轉換
G. 常洛倫茲轉換
H. 異洛倫茲轉換

二 • 視轉角

三 • 主動觀與被動觀

四 • 洛倫茲轉換對易關係

五 • 洛倫茲逆轉換

六 • 閔可夫斯基時空

A. 四座標
B. 量度張量
C. 四矢內積
D. 四動符

七 • 事件的相關性

A. 事件定義
B. 光錐與他處
C. 類時距
D. 類空距
E. 類光距
F. 間距的洛倫茲不變性

八 • 閔時空的虛軸表述

附二・一　洛倫茲轉換

慣性座之間的座標轉換表達式，必須由經驗歸納推演得到。根據“狹義相對論（special theory of relativity）”以及我們對光速的探討得知：任何慣性座裏的光速皆相等，且與光源的運動無關。利用此“光速恆定”的公認事實，我們就可以推導出，任何兩慣性座間的座標轉換，必須是“洛倫茲時空轉換（Lorentz transformation of spacetime）”，一般簡稱為“洛倫茲轉換”。

或者說，使“不同慣性座裏光速相等”的座標轉換，就稱為“洛倫茲轉換”。反之，若任意兩慣性座間的座標轉換是洛倫茲轉換，則在一切慣性座裏，光速皆相等。

假設在某“慣性座”O裏，我們將任意兩個“時空”點$P_1=(ct_1,x_1,y_1,z_1)$與$P_2=(ct_2,x_2,y_2,z_2)$的“間距平方（interval square）”$\Delta S^2 \equiv (\Delta S)^2$定義為

$$\begin{aligned}\Delta S^2 &\equiv c^2\Delta t^2-\Delta x^2-\Delta y^2-\Delta z^2\\ &\equiv c^2(t_1-t_2)^2-(x_1-x_2)^2-(y_1-y_2)^2-(z_1-z_2)^2\end{aligned}$$

關於“慣性座”的標記，請參閱〈附錄二・六・A 小節　四座標〉。注意，“間距（interval）”是“距離（distance）”的推廣，而“間距平方”可正可負。

在另一個任意慣性座O'裏，同樣這兩時空點的座標分別為$P_1=(ct_1',x_1',y_1',z_1')$與$P_2=(ct_2',x_2',y_2',z_2')$，而我們以$\tau$代表這兩座$O$與$O'$之間的“座標轉換”：

$$(ct,x,y,z)\xrightarrow{\ \tau\ }(ct',x',y',z')=\tau(ct,x,y,z)$$

在座O'裏，時空點P_1與P_2的間距平方$(\Delta S')^2$，也可“對等”地定義為

$$\begin{aligned}(\Delta S')^2 &\equiv c^2(\Delta t')^2-(\Delta x')^2-(\Delta y')^2-(\Delta z')^2\\ &\equiv c^2(t_1'-t_2')^2-(x_1'-x_2')^2-(y_1'-y_2')^2-(z_1'-z_2')^2\end{aligned}$$

而我們將任意兩個“時空點”P_1與P_2的“間距平方”$(\Delta S)^2$，保持不變的座標轉換τ，也就是使$(\Delta S)^2=(\Delta S')^2$的座標轉換，定義為“洛倫茲轉換”。

由於“洛倫茲轉換”保持慣性座裏，任意兩點的間距平方$(\Delta S)^2$不變，所以在一切慣性座裏，光速就保持不變，如此才符合觀測光速的實驗結果。

以下為了敘述簡潔，我們稱慣性座O為“舊座”、稱慣性座O'為“新座”，而稱兩座之間的“洛倫茲時空轉換”為“洛倫茲轉換”或簡稱“轉換”。我們現在將時移、勻速、位移、轉向、以及時逆、宇反的洛倫茲轉換，分別定義如下：

A. 時移轉換

時移的洛倫茲轉換，與時移的伽利略轉換完全相同。假設“新座”O'，可由“舊座”O沿時軸平移$-s$得到，而此新舊兩座標示同一個物理時空點的時空座標為

$$x \equiv \left(x^0, \boldsymbol{x}\right) \equiv \left(ct, x, y, z\right)$$

$$x' \equiv \left(x'^0, \boldsymbol{x}'\right) \equiv \left(ct', x', y', z'\right)$$

因此，時移的“洛倫茲時空轉換”τ_s，可以利用新舊座標x'與x明確表達為

$$x \xrightarrow{\tau_s} x' = \tau_s x$$

$$\begin{pmatrix} x'^0 \\ \boldsymbol{x}' \end{pmatrix} \equiv \tau_s \begin{pmatrix} x^0 \\ \boldsymbol{x} \end{pmatrix} = \begin{pmatrix} x^0 + cs \\ \boldsymbol{x} \end{pmatrix} = \begin{pmatrix} c(t+s) \\ \boldsymbol{x} \end{pmatrix}$$

B. 勻速轉換

假設在舊座O裏，新座O'以速度$-\boldsymbol{\upsilon}$勻速移動，而此兩座的原點，於$t=t'=0$時刻重合，且其位軸x,y,z與x',y',z'彼此平行；則作相對勻速$\boldsymbol{\upsilon}$運動的這兩座間的轉換τ_{υ}，可以明確表達為

$$x \xrightarrow{\tau_{\upsilon}} x' = \tau_{\upsilon} x$$

$$\begin{pmatrix} x'^0 \\ \boldsymbol{x}' \end{pmatrix} \equiv \tau_{\upsilon} \begin{pmatrix} x^0 \\ \boldsymbol{x} \end{pmatrix} = \begin{pmatrix} \gamma\left(x^0 + \frac{1}{c}\boldsymbol{\upsilon}\cdot\boldsymbol{x}\right) \\ \boldsymbol{x} + (\gamma-1)\,\hat{\boldsymbol{\upsilon}}\,(\hat{\boldsymbol{\upsilon}}\cdot\boldsymbol{x}) + \gamma\frac{1}{c}\boldsymbol{\upsilon}x^0 \end{pmatrix}$$

此處參量γ與單位矢$\hat{\boldsymbol{\upsilon}}$定義為

$$\gamma \equiv \frac{1}{\sqrt{1-\upsilon^2/c^2}}, \qquad \upsilon = |\boldsymbol{\upsilon}|$$

$$\hat{\boldsymbol{\upsilon}} = \boldsymbol{\upsilon}/\upsilon$$

此即為作“相對勻速”運動的兩座間的洛倫茲轉換。

為了標記簡潔，我們定義參量β,α,θ如下：

$$\boldsymbol{\beta} \equiv \boldsymbol{\upsilon}/c$$

$$\beta \equiv |\boldsymbol{\beta}|$$

$$\hat{\boldsymbol{\beta}} \equiv \boldsymbol{\beta}/\beta = \hat{\boldsymbol{\upsilon}}$$

$$\alpha \equiv \frac{1}{\gamma} = \sqrt{1-\upsilon^2/c^2} = \sqrt{1-\beta^2}$$

$$\sin\theta = \beta$$

$$\cos\theta = \alpha$$

這些參量間的關係，可以用幾何圖形表示為

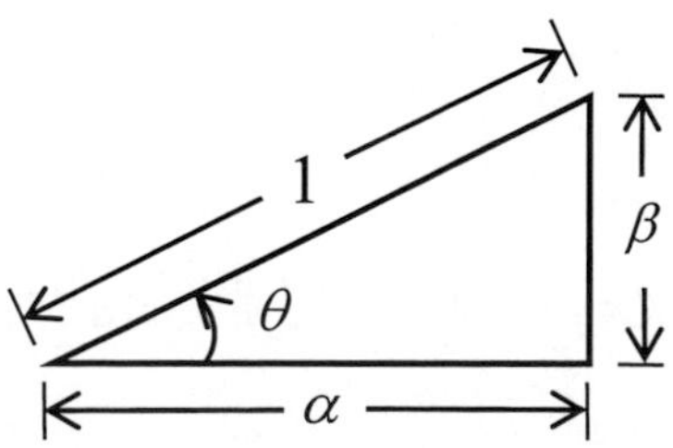

我們稱參量θ為“視轉角（apparent rotation angle）”，理由請

參閱〈附錄二・二節　視轉角〉。若以參量$\boldsymbol{\beta}$與γ表達，則相對匀速的洛倫茲轉換可改寫為

$$\begin{pmatrix} x'^0 \\ \boldsymbol{x}' \end{pmatrix} \equiv \tau_{\upsilon} \begin{pmatrix} x^0 \\ \boldsymbol{x} \end{pmatrix} = \begin{pmatrix} \gamma\left(x^0 + \boldsymbol{\beta}\cdot\boldsymbol{x}\right) \\ \boldsymbol{x} + (\gamma-1)\hat{\boldsymbol{\beta}}\left(\hat{\boldsymbol{\beta}}\cdot\boldsymbol{x}\right) + \gamma\boldsymbol{\beta}x^0 \end{pmatrix}$$

利用平行於相對速度$\boldsymbol{\upsilon}$方向的矢$\boldsymbol{x}_{/\!/}$，以及垂直方向的矢$\boldsymbol{x}_{\perp}$，我們可將此轉換改寫為

$$\begin{pmatrix} x'^0 \\ \boldsymbol{x}' \end{pmatrix} \equiv \tau_{\upsilon} \begin{pmatrix} x^0 \\ \boldsymbol{x} \end{pmatrix} = \begin{pmatrix} \gamma\left(x^0 + \dfrac{1}{c}\boldsymbol{\upsilon}\cdot\boldsymbol{x}_{/\!/}\right) \\ \gamma\left(\boldsymbol{x}_{/\!/} + \dfrac{1}{c}\boldsymbol{\upsilon}x^0\right) + \boldsymbol{x}_{\perp} \end{pmatrix}$$

$$\begin{cases} \boldsymbol{x}_{/\!/} = \hat{\boldsymbol{\upsilon}}\left(\hat{\boldsymbol{\upsilon}}\cdot\boldsymbol{x}\right) \\ \boldsymbol{x}_{\perp} = \boldsymbol{x} - \hat{\boldsymbol{\upsilon}}\left(\hat{\boldsymbol{\upsilon}}\cdot\boldsymbol{x}\right) \end{cases}$$

此處$\boldsymbol{x}_{\perp}$可用幾何圖形表示為

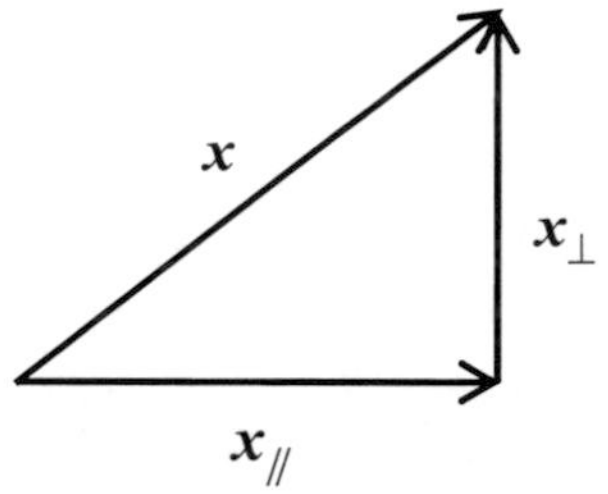

由於相對匀速運動的洛倫茲轉換，將新座的座標$x' \equiv \left(x'^0, \boldsymbol{x}'\right)$表達為舊座的“時標”$x^0$與“位標”$\boldsymbol{x}$的線性組合，因此，我們又稱此洛倫茲轉換為“時位轉向（time-position rotation）”，其“轉向角”θ稱為“促轉角（boost rotation angle）”，具體請參閱〈第五・八・G 小節　促轉〉。

C. 位移轉換

位移的洛倫茲轉換τ_d，與位移的伽利略轉換完全相同，

$$x \xrightarrow{\ \tau_d\ } x' = \tau_d x$$

$$\begin{pmatrix} x'^0 \\ \boldsymbol{x}' \end{pmatrix} \equiv \tau_{\boldsymbol{d}} \begin{pmatrix} x^0 \\ \boldsymbol{x} \end{pmatrix} = \begin{pmatrix} x^0 \\ \boldsymbol{x}+\boldsymbol{d} \end{pmatrix} = \begin{pmatrix} ct \\ \boldsymbol{x}+\boldsymbol{d} \end{pmatrix}$$

此處新座O'，由舊座O在位空間裏平移$-\boldsymbol{d}$得到。

D. 轉向轉換

轉向的洛倫茲轉換$\tau_{\omega\hat{\boldsymbol{n}}}$，與轉向的伽利略轉換完全相同，

$$x \xrightarrow{\tau_{\omega\hat{\boldsymbol{n}}}} x' = \tau_{\omega\hat{\boldsymbol{n}}}\, x$$

$$\begin{pmatrix} x'^0 \\ \boldsymbol{x}' \end{pmatrix} \equiv \tau_{\omega\hat{\boldsymbol{n}}} \begin{pmatrix} x^0 \\ \boldsymbol{x} \end{pmatrix} = \begin{pmatrix} x^0 \\ R_{\omega\hat{\boldsymbol{n}}}\, \boldsymbol{x} \end{pmatrix}$$

此處將舊座O在位空間裏，以$\hat{\boldsymbol{n}}$為軸、轉向$-\omega$角度，得到新座O'。

E. 時逆轉換

“時間反演（time reversal）”的洛倫茲轉換τ_T，簡稱“時逆”或“反演”，與時逆的伽利略轉換完全相同，定義為

$$x \xrightarrow{\tau_T} x' = \tau_T\, x$$

$$\begin{pmatrix} x'^0 \\ \boldsymbol{x}' \end{pmatrix} \equiv \tau_T \begin{pmatrix} x^0 \\ \boldsymbol{x} \end{pmatrix} = \begin{pmatrix} -x^0 \\ \boldsymbol{x} \end{pmatrix}$$

F. 宇反轉換

“空間反置（space inversion）”的洛倫茲轉換τ_P，簡稱“宇反”或“位倒”，與宇反的伽利略轉換完全相同，定義為

$$x \xrightarrow{\tau_P} x' = \tau_P\, x$$

$$\begin{pmatrix} x'^0 \\ \boldsymbol{x}' \end{pmatrix} \equiv \tau_P \begin{pmatrix} x^0 \\ \boldsymbol{x} \end{pmatrix} = \begin{pmatrix} x^0 \\ -\boldsymbol{x} \end{pmatrix}$$

G. 常洛倫茲轉換

綜合以上轉換，假設我們所描述的物理系統保持不動，先將“舊座” O，於“舊位空間”裏轉向 $-\omega\hat{\boldsymbol{n}}$、平移 $-\boldsymbol{d}$、然後賦予速度 $-\boldsymbol{\upsilon}$、最後沿時軸平移 $-s$，如此就得到“新座” O'。注意，此處所有轉換參量皆含負號“$-$”，理由是我們“移動”的是“座”，而非其所描述的“物理系統”；若“移動”的是“物理系統”，則針對同樣的轉換，我們採用的各參量應該皆含正號“$+$”。在〈附錄二・三節　主動觀與被動觀〉裏，我們會針對這點作補充說明。

對上述物理系統的同一個時空點而言，其在座 O 裏的座標 x，與其在座 O' 裏的座標 x' 間的關係為

$$
\begin{aligned}
\begin{pmatrix} x'^0 \\ \boldsymbol{x}' \end{pmatrix} &= \tau \begin{pmatrix} x^0 \\ \boldsymbol{x} \end{pmatrix} \\
&= \begin{pmatrix} \gamma\left[ct + \dfrac{\boldsymbol{\upsilon}}{c}\cdot(R\boldsymbol{x}+\boldsymbol{d})\right] + cs \\ \gamma\left[(R\boldsymbol{x}+\boldsymbol{d})_{/\!/} + \boldsymbol{\upsilon}t\right] + (R\boldsymbol{x}+\boldsymbol{d})_{\perp} \end{pmatrix} \\
&= \begin{pmatrix} \gamma\left[ct + \dfrac{\boldsymbol{\upsilon}}{c}\cdot(R\boldsymbol{x}+\boldsymbol{d})\right] + cs \\ (R\boldsymbol{x}+\boldsymbol{d}) + (\gamma-1)\,\hat{\boldsymbol{\upsilon}}\left[\hat{\boldsymbol{\upsilon}}\cdot(R\boldsymbol{x}+\boldsymbol{d})\right] + \gamma\boldsymbol{\upsilon}t \end{pmatrix}
\end{aligned}
$$

此處 $R \equiv R_{\omega\hat{\boldsymbol{n}}}$ 代表將“座 O”轉向 $-\omega\hat{\boldsymbol{n}}$ 的運作，或代表將標示物理系統的“位矢” $\boldsymbol{x}$ 轉向 $\omega\hat{\boldsymbol{n}}$ 的運作。注意，若將上述一系列轉換的先後順序改變，則得到的座標轉換關係也就會不同。我們以轉換符 $\tau(s,\boldsymbol{\upsilon},\boldsymbol{d},\omega\hat{\boldsymbol{n}})$，來代表此一系列轉換，

$$\tau(s,\boldsymbol{\upsilon},\boldsymbol{d},\omega\hat{\boldsymbol{n}}) \equiv \tau_s\,\tau_{\upsilon}\,\tau_{\boldsymbol{d}}\,\tau_{\omega\hat{\boldsymbol{n}}} \equiv \tau_s\,\tau_{\upsilon}\,\tau_{\boldsymbol{d}}\,\tau_R$$

$$x \xrightarrow{\;\tau(s,\boldsymbol{\upsilon},\boldsymbol{d},\omega\hat{\boldsymbol{n}})\;} x' = \tau_s\,\tau_{\upsilon}\,\tau_{\boldsymbol{d}}\,\tau_{\omega\hat{\boldsymbol{n}}}\,x$$

任何新座 O' 與舊座 O，其各自座標 x' 與 x 間的轉換，一定可以寫成 $\tau(s,\boldsymbol{\upsilon},\boldsymbol{d},\omega\hat{\boldsymbol{n}})$ 的形式，我們稱這樣的座標轉換為“常洛倫茲轉換（proper Lorentz transformation）”。

H. 異洛倫茲轉換

若座標轉換還包含了時逆、或宇反、或兩者兼具，則這樣的座標轉換特稱為“異洛倫茲轉換（improper Lorentz transformation）”。通常我們所說的“洛倫茲轉換”可由上下文自明，除非特別說明，一般都是指“常洛倫茲轉換”。

“常洛倫茲轉換”與“異洛倫茲轉換”，有時也合稱為“時空對稱轉換（spacetime symmetry transformation）”，簡稱“對稱轉換（symmetry transformation）”。換而言之，對稱轉換包括：時移、位移、轉向、勻速、時逆、宇反、或以上的任意組合。就物理系統而言，將座標系作一個對稱轉換，相當於換一個不同的觀察者。然而，物理系統本身並不一定是“對稱”的。

附二·二 視轉角

根據“洛倫茲轉換”的“物理時空”，會有一些異於日常生活經驗的現象，例如：

(i) 平行於移動方向的“尺縮（length contraction）”。
(ii) 移動的“鐘”變慢，即“時滯（time dilation）”。
(iii) “孿生悖論（twin paradox）”。

一般介紹“狹義相對論”的書，都會解釋前兩個現象。但第三個現象的解釋，必須借助“廣義相對論（general theory of relativity）”。本書對這些不再作說明，讀者可從有關相對論的專書中去了解。

由第一個現象引發了一個很有趣的問題：極速飛過的圓球，看起來是扁的嗎？答案是“否定”的，圓球看起來還是“圓”的。以下我們就來探討這個問題。

假設觀察者利用“光（light）”來拍照，再由照片來“觀察”一個運動的物體。因為光線由物體各部分抵達觀察者所需的時間不同，從物體較遠部分來的光線所需時間較長，所以比起物體較靠近部分來說，觀察者“看”到物體較遠部分的位置，其實是其在較早時的位置。以一個作水平等速運動的曲尺為例，如下圖：

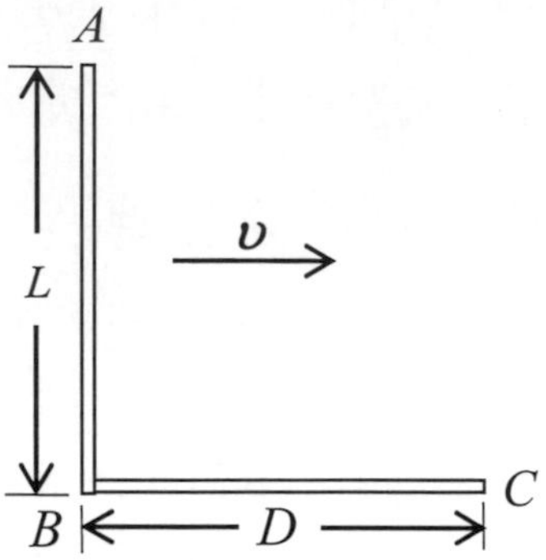

當端點 A 處光線向下到達 B 的初始位置時，端點 B 已經向右移動了 βL 距離，而曲尺的水平部分，由於運動而縮短為 αD，如下圖(a)所示。就一瞬間在下方拍下的"平面照片"來看，運動中的曲尺看起來像是轉了一個"角度 θ"，如下圖(b)所示。我們稱此角度 θ 為"視轉角（apparent rotation angle）"。

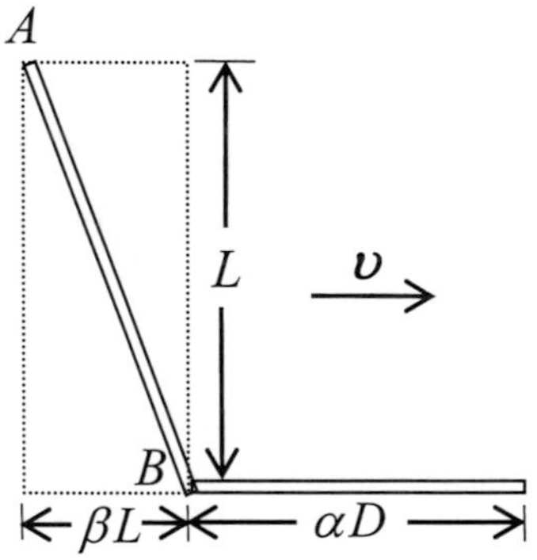

下方觀察者所"見"

圖(a)

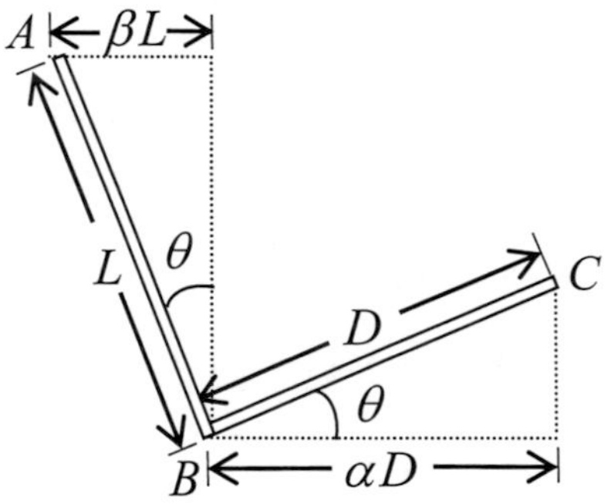

由下方看來與圖(a)相同

圖(b)

由上圖可知，"視轉角" θ 與物體的運動"速度" $\boldsymbol{\upsilon}$ 之間的關係為

$$\sin\theta = \beta = |\boldsymbol{\upsilon}|/c$$

因此，一個運動中的"圓球"，看起來只是轉了個角度，在瞬間的照片裏，它還是"圓"的。

附二・三 主動觀與被動觀

在〈附錄二・一節　洛倫茲轉換〉裏，座標x'與x代表同一個物理時空點，分別於新與舊兩個座裏的座標。這是〈附錄十　主動與被動轉換〉裏，所謂的以“被動觀”來解釋轉換。我們也可以保持座O固定不動，而轉換物理系統：如此，座標x與x'則分別代表轉換前與後，物理系統於同一個“固定座”O裏的座標。這就是以“主動觀”來解釋轉換。

就“主動觀”而言，轉換符$\tau(s,\boldsymbol{\upsilon},\boldsymbol{d},\omega\hat{\boldsymbol{n}})$的運作，是將原來以座標$x$標示的物理系統，於固定座$O$裏，轉向$\omega\hat{\boldsymbol{n}}$、平移$\boldsymbol{d}$、然後賦予速度$\boldsymbol{\upsilon}$、最後沿時軸平移$s$，而得到轉換後的物理系統。在“主動觀”下，我們以座標x'，代表“轉換後”的物理系統在固定座O裏的座標，而以座標x，代表“轉換前”的物理系統在固定座O裏的座標。作任意洛倫茲轉換後的物理系統，其座標x'與轉換前物理系統的座標x間的關係，一定可表達為如下形式，

$$x' = \tau(s,\boldsymbol{\upsilon},\boldsymbol{d},\omega\hat{\boldsymbol{n}})x$$

為了便於想像，我們可以將x當成是標示物理系統於某固定座裏的一個“四維矢（four-dimension vectors）”，簡稱“四矢（four-vector）”。我們將此四矢x於位空間裏轉向$\omega\hat{\boldsymbol{n}}$、平移$\boldsymbol{d}$、然後賦予速度$\boldsymbol{\upsilon}$、最後沿時軸平移$s$。經由對四矢$x$的這一系列運作後，我們就可以得到一個新的四矢$x'$。

在本節以後的討論裏，我們將採用“主動觀”來看待洛倫茲轉換。此外，有時為了標記簡潔，我們以符號“R”代表位空間裏的“轉向運作（rotation operation）”，並隱含參量$\omega\hat{\boldsymbol{n}}$。

附二・四 洛倫茲轉換對易關係

仿照本書〈第一・八・D 小節　伽利略轉換對易關係〉，我們也可以得到在洛倫茲轉換下，“基本轉換符（elementary

transformation operator）” 間的對易關係，其具體推導請參閱〈附錄三 洛倫茲轉換對易關係〉，

$$[\tau_s,\tau_{s'}]=0,\ [\tau_s,\tau_\upsilon]=(I-\tau_{s'}\tau_{\boldsymbol{d}'})\tau_s\tau_\upsilon,\ [\tau_s,\tau_{\boldsymbol{d}}]=0,\ [\tau_s,\tau_{\boldsymbol{\omega}}]=0$$

$$[\tau_\upsilon,\tau_{\upsilon'}]\neq 0,\ [\tau_\upsilon,\tau_{\boldsymbol{d}}]=(I-\tau_{s''}\tau_{\boldsymbol{d}''})\tau_\upsilon\tau_{\boldsymbol{d}},\ [\tau_\upsilon,\tau_{\boldsymbol{\omega}}]=(I-\tau_{R\upsilon-\upsilon})\tau_\upsilon\tau_{\boldsymbol{\omega}}$$

$$[\tau_{\boldsymbol{d}},\tau_{\boldsymbol{d}'}]=0,\qquad [\tau_{\boldsymbol{d}},\tau_{\boldsymbol{\omega}}]=(I-\tau_{R\boldsymbol{d}-\boldsymbol{d}})\tau_{\boldsymbol{d}}\tau_{\boldsymbol{\omega}}$$

$$[\tau_{\boldsymbol{\omega}},\tau_{\boldsymbol{\omega}'}]\neq 0$$

此處參量 $s', s'', \boldsymbol{d}', \boldsymbol{d}''$ 為

$$\begin{cases} s' = (\gamma-1)s \\ \boldsymbol{d}' = \gamma\boldsymbol{\upsilon}s \end{cases}$$

$$\begin{cases} s'' = -\dfrac{1}{c^2}\gamma\,\boldsymbol{\upsilon}\cdot\boldsymbol{d} \\ \boldsymbol{d}'' = (\gamma-1)\hat{\boldsymbol{\upsilon}}\hat{\boldsymbol{\upsilon}}\cdot\boldsymbol{d} \end{cases}$$

在非相對論情況下，$\upsilon/c \ll 1$，這些基本轉換符間的對易關係，就簡化成伽利略基本轉換符間的對易關係，請參閱〈第一・八・D小節 伽利略轉換對易關係〉。

附二・五 洛倫茲逆轉換

基本轉換符 $\tau_s, \tau_\upsilon, \tau_{\boldsymbol{d}}, \tau_R$ 的逆轉換符很容易求得，

$$\tau_s^{-1} = \tau_{-s}$$

$$\tau_\upsilon^{-1} = \tau_{-\upsilon}$$

$$\tau_{\boldsymbol{d}}^{-1} = \tau_{-\boldsymbol{d}}$$

$$\tau_R^{-1} \equiv \tau_{\boldsymbol{\omega}}^{-1} = \tau_{-\boldsymbol{\omega}} = \tau_{R^{-1}}$$

任意“洛倫茲轉換符（Lorentz transformation operator）” $\tau(s,\boldsymbol{\upsilon},\boldsymbol{d},\boldsymbol{\omega})$

的逆轉換符，皆可以利用基本轉換符的逆轉換符推導得到，

$$\begin{aligned}\tau^{-1}(s,\boldsymbol{\upsilon},\boldsymbol{d},\boldsymbol{\omega}) &= \left(\tau_s\,\tau_{\upsilon}\,\tau_{\boldsymbol{d}}\,\tau_R\right)^{-1}\\ &= \tau_{R^{-1}}\,\tau_{-\boldsymbol{d}}\,\tau_{-\upsilon}\,\tau_{-s}\end{aligned}$$

此處$\tau_R \equiv \tau_{\boldsymbol{\omega}}$。我們也可以利用基本轉換符間的對易關係，將任意逆轉換符表達為如下標準形式，

$$\begin{aligned}\tau^{-1}(s,\boldsymbol{\upsilon},\boldsymbol{d},\boldsymbol{\omega}) &= \tau_{R^{-1}}\,\tau_{-\boldsymbol{d}}\,\tau_{-\upsilon}\,\tau_{-s}\\
&= \tau_{R^{-1}}\,\tau_{s'}\,\tau_{-\upsilon}\,\tau_{\boldsymbol{d}'}\,\tau_{-s} \quad , \quad \begin{cases} s' = -\dfrac{1}{c^2}\boldsymbol{\upsilon}\cdot\boldsymbol{d} \\ \boldsymbol{d}' = -\dfrac{1}{\gamma}\boldsymbol{d}_{/\!/} - \boldsymbol{d}_{\perp}\end{cases} , \quad \begin{cases}\boldsymbol{d}_{/\!/} = \hat{\boldsymbol{\upsilon}}\hat{\boldsymbol{\upsilon}}\cdot\boldsymbol{d} \\ \boldsymbol{d}_{\perp} = \boldsymbol{d} - \boldsymbol{d}_{/\!/}\end{cases}\\
&= \tau_{R^{-1}}\,\tau_{s'}\,\tau_{-\upsilon}\,\tau_{-s}\,\tau_{\boldsymbol{d}'}\\
&= \tau_{R^{-1}}\,\tau_{s'}\,\tau_{s''}\,\tau_{-\upsilon}\,\tau_{\boldsymbol{d}''}\,\tau_{\boldsymbol{d}'} \quad , \quad \begin{cases} s'' = -\dfrac{1}{\gamma}s \\ \boldsymbol{d}'' = \boldsymbol{\upsilon}s\end{cases}\\
&= \tau_{R^{-1}}\,\tau_{S}\,\tau_{-\upsilon}\,\tau_{\boldsymbol{d}'''} \quad , \quad \begin{cases} S = s' + s'' \\ \boldsymbol{d}''' = \boldsymbol{d}' + \boldsymbol{d}''\end{cases}\\
&= \tau_{S}\,\tau_{R^{-1}}\,\tau_{-\upsilon}\,\tau_{\boldsymbol{d}'''}\\
&= \tau_{S}\,\tau_{\boldsymbol{V}}\,\tau_{R^{-1}}\,\tau_{\boldsymbol{d}'''} \qquad \boldsymbol{V} = -R^{-1}\boldsymbol{\upsilon}\\
&= \tau_{S}\,\tau_{\boldsymbol{V}}\,\tau_{\boldsymbol{D}}\,\tau_{R^{-1}} \qquad \boldsymbol{D} = R^{-1}\boldsymbol{d}'''\end{aligned}$$

因此，逆轉換符的標準形式為

$$\tau^{-1}(s,\boldsymbol{\upsilon},\boldsymbol{d},\boldsymbol{\omega}) = \tau(S,\boldsymbol{V},\boldsymbol{D},\boldsymbol{\Omega})$$

此處參量$S,\boldsymbol{V},\boldsymbol{D},\boldsymbol{\Omega}$為

$$S = -\frac{1}{\gamma}s - \frac{1}{c^2}\boldsymbol{\upsilon}\cdot\boldsymbol{d}$$

$$\boldsymbol{V} = -R_{-\omega}\boldsymbol{\upsilon}$$

$$\boldsymbol{D} = R_{-\omega}\left[\boldsymbol{\upsilon} s - \boldsymbol{d} + \left(1-\frac{1}{\gamma}\right)\hat{\boldsymbol{\upsilon}}\hat{\boldsymbol{\upsilon}}\cdot\boldsymbol{d}\right]$$

$$\boldsymbol{\Omega} = -\boldsymbol{\omega}$$

此處$R_{-\omega} = R_{\omega}^{-1} \equiv R^{-1}$。在非相對論情況下，$\upsilon/c \ll 1$，這些參量可簡化為

$$S = -s$$

$$\boldsymbol{V} = -R_{-\omega}\boldsymbol{\upsilon}$$

$$\boldsymbol{D} = R_{-\omega}(\boldsymbol{\upsilon} s - \boldsymbol{d})$$

$$\boldsymbol{\Omega} = -\boldsymbol{\omega}$$

此結果與本書〈第一・八・C 小節 基本伽利略轉換(5)〉裏，逆轉換的參量完全相同。

我們也可將任意兩個洛倫茲轉換符的乘積，寫成一個洛倫茲轉換符的形式，

$$\tau(s_1,\boldsymbol{\upsilon}_1,\boldsymbol{d}_1,\boldsymbol{\omega}_1)\tau(s_2,\boldsymbol{\upsilon}_2,\boldsymbol{d}_2,\boldsymbol{\omega}_2) = \tau(s_3,\boldsymbol{\upsilon}_3,\boldsymbol{d}_3,\boldsymbol{\omega}_3)$$

利用基本轉換符間的對易關係，就可將這兩個轉換符的乘積，寫成標準形式，

$$\begin{aligned}
&\left(\tau_{s_1}\tau_{\boldsymbol{\upsilon}_1}\tau_{\boldsymbol{d}_1}\tau_{R_1}\right)\left(\tau_{s_2}\tau_{\boldsymbol{\upsilon}_2}\tau_{\boldsymbol{d}_2}\tau_{R_2}\right)\\
&= \tau_{s_1}\tau_{\boldsymbol{\upsilon}_1}\tau_{s_2}\tau_{\boldsymbol{d}_1}\tau_{R_1}\tau_{\boldsymbol{\upsilon}_2}\tau_{\boldsymbol{d}_2}\tau_{R_2}\\
&= \tau_{s_1}\tau_{s_2'}\tau_{\boldsymbol{\upsilon}_1}\tau_{\boldsymbol{d}'}\tau_{\boldsymbol{d}_1}\tau_{R_1}\tau_{\boldsymbol{\upsilon}_2}\tau_{\boldsymbol{d}_2}\tau_{R_2}, \quad \begin{cases} s_2' = \dfrac{1}{\gamma_1}s_2 \\ \boldsymbol{d}' = \boldsymbol{\upsilon}_1 s_2 \end{cases},\\
&= \tau_{s'}\tau_{\boldsymbol{\upsilon}_1}\tau_{\boldsymbol{d}''}\tau_{R_1}\tau_{\boldsymbol{\upsilon}_2}\tau_{\boldsymbol{d}_2}\tau_{R_2}, \quad \begin{cases} s' = s_1 + s_2' \\ \boldsymbol{d}'' = \boldsymbol{d}_1 + \boldsymbol{d}' \end{cases}\\
&= \tau_{s'}\tau_{\boldsymbol{\upsilon}_1}\tau_{\boldsymbol{d}''}\tau_{\boldsymbol{\upsilon}_2'}\tau_{\boldsymbol{d}_2'}\tau_{R_1}\tau_{R_2}, \quad \begin{cases} \boldsymbol{\upsilon}_2' = R_1\boldsymbol{\upsilon}_2 \\ \boldsymbol{d}_2' = R_1\boldsymbol{d}_2 \end{cases}
\end{aligned}$$

$$= \tau_{s'}\,\tau_{s''}\,\tau_{\boldsymbol{d}'''}\,\tau_{\boldsymbol{\upsilon}_1}\,\tau_{\boldsymbol{\upsilon}_2'}\,\tau_{\boldsymbol{d}_2'}\,\tau_{R_1}\,\tau_{R_2}, \qquad \begin{cases} s'' = \dfrac{1}{c^2}\gamma_1\,\boldsymbol{\upsilon}_1\cdot\boldsymbol{d}'' \\ \boldsymbol{d}''' = \boldsymbol{d}''+(\gamma_1-1)\hat{\boldsymbol{\upsilon}}_1\,\hat{\boldsymbol{\upsilon}}_1\cdot\boldsymbol{d}'' \end{cases}$$

$$= \tau_{s'}\,\tau_{s''}\,\tau_{\boldsymbol{d}'''}\,\tau_{\boldsymbol{\upsilon}}\,\tau_R\,\tau_{\boldsymbol{d}_2'}\,\tau_{R_1}\,\tau_{R_2}, \qquad \boldsymbol{\upsilon} = \frac{1}{1+(\boldsymbol{\upsilon}_2'\cdot\boldsymbol{\upsilon}_1)/c^2}\left[(\boldsymbol{\upsilon}_1+\boldsymbol{\upsilon}_{2/\!/})+\frac{1}{\gamma_1}\boldsymbol{\upsilon}_{2\perp}\right]$$

$$\begin{cases} \boldsymbol{\upsilon}_{2/\!/} = \boldsymbol{\upsilon}_2'\cdot\hat{\boldsymbol{\upsilon}}_1\,\hat{\boldsymbol{\upsilon}}_1 \\ \boldsymbol{\upsilon}_{2\perp} = \boldsymbol{\upsilon}_2'-\boldsymbol{\upsilon}_{2/\!/} \end{cases}$$

$$= \tau_{s'}\,\tau_{s''}\,\tau_{\boldsymbol{d}'''}\,\tau_{\boldsymbol{\upsilon}}\,\tau_{\boldsymbol{d}_2''}\,\tau_R\,\tau_{R_1}\,\tau_{R_2}, \qquad \boldsymbol{d}_2'' = R\boldsymbol{d}_2'$$

$$= \tau_{s'}\,\tau_{s''}\,\tau_{s'''}\,\tau_{\boldsymbol{\upsilon}}\,\tau_{\boldsymbol{d}''''}\,\tau_{\boldsymbol{d}_2''}\,\tau_R\,\tau_{R_1}\,\tau_{R_2}, \qquad \begin{cases} s''' = -\dfrac{1}{c^2}\boldsymbol{\upsilon}\cdot\boldsymbol{d}''' \\ \boldsymbol{d}'''' = \boldsymbol{d}'''-\dfrac{\gamma-1}{\gamma}\hat{\boldsymbol{\upsilon}}\,\hat{\boldsymbol{\upsilon}}\cdot\boldsymbol{d}''' \end{cases}$$

$$\equiv \tau_{s_3}\,\tau_{\boldsymbol{\upsilon}_3}\,\tau_{\boldsymbol{d}_3}\,\tau_{R_3}$$

此處$\gamma_1 \equiv 1\big/\sqrt{1-\upsilon_1^2/c^2}$與$\upsilon_1 = |\boldsymbol{\upsilon}_1|$，而參量$s_3, \boldsymbol{\upsilon}_3, \boldsymbol{d}_3, R_3$的表達式為

$$s_3 = s'+s''+s'''$$

$$\boldsymbol{\upsilon}_3 = \boldsymbol{\upsilon}$$

$$\boldsymbol{d}_3 = \boldsymbol{d}''''+\boldsymbol{d}_2''$$

$$R_3 = RR_1R_2$$

此處R的明確表達式，可參閱本書〈附錄三・一・A 小節 勻速轉換組合〉裏的結果，只需將其中的$\boldsymbol{\upsilon}_1$與$\boldsymbol{\upsilon}_2$分別用$\boldsymbol{\upsilon}_2'$與$\boldsymbol{\upsilon}_1$代替。以上推導過程利用了〈附錄三 洛倫茲轉換對易關係〉裏的結果。

附二・六 閔可夫斯基時空

“閔可夫斯基時空”，簡稱“閔時空”，是由時標t與位標$\boldsymbol{x} \equiv \{x, y, z\}$所組成的“四維時空”。為簡潔起見，我們採用“協變標記（covariant notations）”來定義“閔時空”。下面，我們

將簡單介紹四維時空裏的“協變標記”。

A. 四座標

首先，我們定義“四座標（four-coordinate）” x 的分量 x^μ 與 x_μ 為

$$\begin{aligned}(x^\mu) &\equiv (x^0, x^1, x^2, x^3) \\ &\equiv (ct, x, y, z) \\ &\equiv (ct, \boldsymbol{x}) \\ (x_\mu) &\equiv (x_0, x_1, x_2, x_3) \\ &\equiv (ct, -x, -y, -z) \\ &\equiv (ct, -\boldsymbol{x})\end{aligned}$$

此處 c 為“光速”，而 t 代表“時刻”，$\boldsymbol{x}$ 代表“位置”。由於 $x^0 \equiv ct$ 正比於時刻 t，故稱為“時分量（time-component 或 temporal component）”，而 $\boldsymbol{x} \equiv (x^1, x^2, x^3) \equiv (x, y, z)$ 為位置，故稱為“位分量（position-component 或 spatial components）”。在“張量分析（tensor analysis）”理論裏，x^μ 特稱為“一階逆變張量（contravariant tensor of rank 1）”，而對應的 x_μ 則特稱為“一階協變張量（covariant tensor of rank 1）”，兩者組合起來就定義了“閔時空”的“量度（metric）”。

在不同“慣性座”之間，轉換方式如“四座標” x 的任何“數學量”，皆可稱為“四矢（four-vectors）”。因此，“四座標” x 本身也是一個“四矢”。這裏，我們順便介紹一個方便的標記定則：

> 指標為“希臘字母”，如 $\mu, \nu, \lambda, \alpha, \beta, \gamma, \cdots$ 等，表示“四矢”的0,1,2,3“四個”分量，而指標為“拉丁字母”，如 $i, j, k, l, m, n, \cdots$ 等，表示“四矢”的1,2,3“三個”分量。

在閔時空裏，任意兩點 $P' \equiv (ct', x', y', z')$ 與 $P \equiv (ct, x, y, z)$ 的“間

距平方” $\Delta S^2 \equiv (\Delta S)^2$，皆可表達為

$$\begin{aligned}\Delta S^2 &= c^2 \Delta t^2 - \Delta x^2 - \Delta y^2 - \Delta z^2 \\ &\equiv c^2 (t'-t)^2 - (x'-x)^2 - (y'-y)^2 - (z'-z)^2\end{aligned}$$

而在洛倫茲轉換下，ΔS^2是不變量。

在閔時空裏，任意間距平方的表達式，與“歐空間（Euclidean space）”裏任意間距平方的表達式，雖然不同，但卻非常相似，皆具有類似“勾股定理（gougu theorem 或 Pythagorean theorem）”的形式。因此，“閔時空”稱為“擬歐空間（pseudo-Euclidean space）”。

B. 量度張量

如上所述，我們可以借由“逆變張量”與“協變張量”，來確立一個空間的“量度”。對等地，我們也可以借由定義“逆變張量”或“協變張量”之一，再“同時”定義“量度張量（metric tensor）”，來確立一個空間的“量度”。

“閔時空”的“量度張量” $g_{\mu\nu}$ 或 $g^{\mu\nu}$，定義為

$$g_{\mu\nu} = g^{\mu\nu} = \begin{pmatrix} 1 & 0 & 0 & 0 \\ 0 & -1 & 0 & 0 \\ 0 & 0 & -1 & 0 \\ 0 & 0 & 0 & -1 \end{pmatrix}$$

閔時空裏的任意“逆變張量” A^μ 與“協變張量” A_μ，皆可以利用“量度張量” $g_{\mu\nu}$ 或 $g^{\mu\nu}$，互相轉換如下，

$$\begin{aligned}A^\mu &= g^{\mu\nu} A_\nu \equiv \sum_\nu g^{\mu\nu} A_\nu \\ A_\mu &= g_{\mu\nu} A^\nu \equiv \sum_\nu g_{\mu\nu} A^\nu\end{aligned}$$

注意，上下標裏皆出現的相同指標，通常隱含“求和”的意義，

$$A^\mu B_\mu \equiv \sum_\mu^{0,1,2,3} A^\mu B_\mu$$

此處的簡化標記，也稱為“愛因斯坦求和定則（Einstein-summation convention）”。

C. 四矢內積

在閔時空裏，任意兩“四矢” A 與 B 為

$$A = (A^{\mu}) \equiv (A^0, A^1, A^2, A^3) \equiv (A^0, \boldsymbol{A})$$
$$B = (B^{\mu}) \equiv (B^0, B^1, B^2, B^3) \equiv (B^0, \boldsymbol{B})$$

而 A 與 B 的“內積（inner product）” $A \cdot B$，定義為

$$\begin{aligned} A \cdot B &\equiv A^{\mu} B_{\mu} \equiv A_{\mu} B^{\mu} = g^{\mu\nu} A_{\nu} B_{\mu} = g_{\mu\nu} A^{\nu} B^{\mu} \\ &= A_0 B^0 + A_1 B^1 + A_2 B^2 + A_3 B^3 \\ &= A^0 B^0 - \boldsymbol{A} \cdot \boldsymbol{B} \end{aligned}$$

此處“四矢” A 與 B 的各分量有如下關係，

$$A^0 = A_0, \quad B^0 = B_0$$
$$A^k = -A_k, \quad B^k = -B_k, \quad k = 1,2,3$$

注意，我們以不加粗的“普通字體”標示“四矢”。

D. 四動符

以類似於“四座標” x 的方式，我們定義“四微分（four-differential）” ∂ 與“四動符（four-momentum operator）” P 的分量為

$$\begin{aligned} (\partial^{\mu}) &\equiv (\partial^0, \partial^1, \partial^2, \partial^3) \\ &\equiv \left(\frac{\partial}{\partial x_{\mu}}\right) \equiv \left(\frac{\partial}{\partial x_0}, \frac{\partial}{\partial x_1}, \frac{\partial}{\partial x_2}, \frac{\partial}{\partial x_3}\right) \\ &\equiv \left(\frac{1}{c}\frac{\partial}{\partial t}, -\frac{\partial}{\partial x}, -\frac{\partial}{\partial y}, -\frac{\partial}{\partial z}\right) \\ &\equiv \left(\frac{1}{c}\frac{\partial}{\partial t}, -\boldsymbol{\nabla}\right) \end{aligned}$$

$$\begin{aligned}(\partial_\mu) &\equiv (\partial_0,\partial_1,\partial_2,\partial_3)\\ &\equiv \left(\frac{\partial}{\partial x^\mu}\right) \equiv \left(\frac{\partial}{\partial x^0},\frac{\partial}{\partial x^1},\frac{\partial}{\partial x^2},\frac{\partial}{\partial x^3}\right)\\ &\equiv \left(\frac{1}{c}\frac{\partial}{\partial t},\frac{\partial}{\partial x},\frac{\partial}{\partial y},\frac{\partial}{\partial z}\right)\\ &\equiv \left(\frac{1}{c}\frac{\partial}{\partial t},\nabla\right)\\ (P^\mu) &\equiv (P^0,P^1,P^2,P^3)\\ &\equiv (i\hbar\partial^\mu)\\ &\equiv \left(i\hbar\frac{1}{c}\frac{\partial}{\partial t},-i\hbar\nabla\right)\\ (P_\mu) &\equiv (P_0,P_1,P_2,P_3)\\ &\equiv (i\hbar\partial_\mu)\\ &\equiv \left(i\hbar\frac{1}{c}\frac{\partial}{\partial t},i\hbar\nabla\right)\end{aligned}$$

注意，本小節所定義的“四座標”x、“四微分”∂、與“四動符”P，皆為“四矢”。

附二‧七 事件的相關性

A. 事件定義

閔時空裏任意一點“O”及其鄰域內所有的“東西（existence）”，稱為一個“事件（event）”O。任何事件都呈現出“波粒二象性（particle-wave duality）”：一切“事件”皆具有“粒（particle）”的“本質（nature）”，且皆遵循“波（wave）”的“規律（law）”。換而言之，事件被觀測確認為“局域（local）”的“粒子”，而其演化規律為“全域（global）”的“波動”。

B. 光錐與他處

隨著時刻t的演化，代表“事件”O的粒子在閔時空裏劃出一道軌跡，稱為此粒子的“世界線（world line）”。通過閔時空裏任一點“o”的一切可能世界線，構成沿時軸方向、以“o”為頂點的兩個圓錐體。由時空點“o”發出的光，所劃出的一切世界線，就構成了這兩個圓錐體的表面。我們稱整個“圓錐體”為“光錐（light cone）”：時軸正方向的光錐，稱為“未來光錐（future light-cone）”，而時軸負方向的光錐，稱為“過去光錐（past light-cone）”。在閔時空裏，除這兩個圓錐體以外的部分，稱為“他處（elsewhere）”。在閔時空裏，以“任何”一個“事件o”為頂點，或稱“觀察者o（observer o）”，我們皆可將閔時空分隔為三個區域：一個“過去光錐”、一個“未來光錐”、以及一個“他處”。

C. 類時距

> 在閔時空裏，若任意兩個事件的間距平方$\Delta S^2 > 0$，則我們稱這兩個事件的間距是“類時距（time-like interval）”。

若兩個事件的間距是“類時（time-like）”的，則這兩個事件，一定位於彼此事件的“光錐內”；換句話說，我們一定可以找到某個“慣性座”，而在此座裏，這兩個事件處於“同一位置”，但發生於“不同時刻”。因此，若兩個事件的間距是類時的，則這兩個事件就“可能有因果關係”。當然，也可能沒有因果關係。

假設以任何“事件”o為“參考點”，並將其當作閔時空裏慣性座的“座標原點”，則與此“原點”o的間距為“類時距”的一切點，構成“類時區（time-like region）”。換而言之，針對“事件”o而言，“類時區”就是除去“光錐面”的“過去光錐”與“未來光錐”。

D. 類空距

> 在閔時空裏，若任意兩個事件的間距平方$\Delta S^2 < 0$，

則我們稱這兩個事件的間距是“類空距（space-like interval 或 position-like interval）”。

若兩個事件的間距是“類空（space-like 或 position-like）”的，則這兩個事件，一定位於彼此事件的“他處”；換句話說，我們一定可以找到某個“慣性座”，而在此座裏，這兩個事件處於“同一時刻”，但發生於“不同位置”。因此，具有類空距的兩個事件之間，除了波動的“量子相干（quantum coherence）”外，“不可能有因果關係”。

針對“原點”的“事件”O而言，“類空區（space-like region）”就是閔時空裏，除去“過去光錐”與“未來光錐”的“他處”。

E. 類光距

在閔時空裏，若任意兩個事件的間距平方 $\Delta S^2 = 0$，則我們稱這兩個事件的間距是“類光距（light-like interval）”。

若兩個事件的間距是“類光（light-like）”的，則這兩個事件，一定位於彼此事件的“光錐面”上。

針對“原點”的“事件”O而言，“類光區（light-like region）”就是“過去光錐”與“未來光錐”的“光錐面”。

F. 間距的洛倫茲不變性

因為兩個事件的“間距平方”ΔS^2，在洛倫茲轉換下是不變的，所以“間距類別”在洛倫茲轉換下，亦是不變的。也就是說，若兩個事件的間距，在某慣性座裏是“類時”的，則在任何慣性座裏，這兩個事件的間距都是“類時”的。在某慣性座裏為“類空距”的兩個事件，在任何慣性座裏，都是“類空”的。同理，在某慣性座裏為“類光距”的兩個事件，在任何慣性座裏，也都是“類光”的。

附二・八 閔時空的虛軸表述

若要求閔時空裏任何兩個時空點的"間距平方"，保持"勾股定理"形式，

$$\Delta S^2 = \sum_{\mu}^{1,2,3,4} \Delta x_\mu^2$$
$$\equiv \Delta x_1^2 + \Delta x_2^2 + \Delta x_3^2 + \Delta x_4^2$$

則我們可選擇另一種"量度張量"形式，來定義"閔時空"。這也是早年採用的形式，即：定義"四座標" x 的"逆變張量" x^μ 與"協變張量" x_μ 相等，且各含虛數 i，

$$\begin{aligned} x^\mu &\equiv (x^1, x^2, x^3, x^4) \\ &\equiv (x, y, z, ict) \\ &\equiv (\boldsymbol{x}, ict) \\ x_\mu &\equiv (x_1, x_2, x_3, x_4) \\ &\equiv (x, y, z, ict) \\ &\equiv (\boldsymbol{x}, ict) \\ &= x^\mu \end{aligned}$$

而如此定義下的量度張量 $g_{\mu\nu}$ 或 $g^{\mu\nu}$ 形式較為簡單，

$$g_{\mu\nu} = g^{\mu\nu} = \begin{pmatrix} 1 & 0 & 0 & 0 \\ 0 & 1 & 0 & 0 \\ 0 & 0 & 1 & 0 \\ 0 & 0 & 0 & 1 \end{pmatrix}$$

因此，在此"虛軸表述"下，任意兩點 $P' \equiv (x', y', z', ict')$ 與 $P \equiv (x, y, z, ict)$ 的"間距平方" $\Delta S^2 \equiv (\Delta S)^2$，就寫成

$$\begin{aligned} \Delta S^2 &= \Delta x^2 + \Delta y^2 + \Delta z^2 - c^2 \Delta t^2 \\ &\equiv (x'-x)^2 + (y'-y)^2 + (z'-z)^2 - c^2 (t'-t) \end{aligned}$$

同樣地，在洛倫茲轉換下，ΔS^2 也是不變量。

然而如今絕大多數論文與書籍，多採用之前"實軸"的量度張量形式，來定義閔時空，也就是本書所採用的。

附錄三 洛倫茲轉換對易關係

本附錄將詳細討論在“洛倫茲轉換”下，基本轉換符間的對易關係。首先，我們將基本轉換符$\tau_s, \tau_\upsilon, \tau_{\boldsymbol{d}}, \tau_\varpi$對座標$\{x^0, \boldsymbol{x}\}$的運作，綜合如次。

(i) 時移：$\tau_s \begin{pmatrix} x^0 \\ \boldsymbol{x} \end{pmatrix} = \begin{pmatrix} x^0 + cs \\ \boldsymbol{x} \end{pmatrix}$

(ii) 勻速：$\tau_\upsilon \begin{pmatrix} x^0 \\ \boldsymbol{x} \end{pmatrix} = \begin{pmatrix} \gamma(x^0 + \boldsymbol{\beta}\cdot\boldsymbol{x}) \\ \boldsymbol{x} + (\gamma - 1)\hat{\boldsymbol{\beta}}\hat{\boldsymbol{\beta}}\cdot\boldsymbol{x} + \gamma\boldsymbol{\beta}x^0 \end{pmatrix}$

(iii) 位移：$\tau_{\boldsymbol{d}} \begin{pmatrix} x^0 \\ \boldsymbol{x} \end{pmatrix} = \begin{pmatrix} x^0 \\ \boldsymbol{x} + \boldsymbol{d} \end{pmatrix}$

(iv) 轉向：$\tau_\varpi \begin{pmatrix} x^0 \\ \boldsymbol{x} \end{pmatrix} = \begin{pmatrix} x^0 \\ R_\varpi \boldsymbol{x} \end{pmatrix}$

此處各參量定義為

$$\gamma \equiv \frac{1}{\sqrt{1 - \upsilon^2/c^2}}, \qquad \upsilon = |\boldsymbol{\upsilon}|$$

$$\boldsymbol{\beta} \equiv \boldsymbol{\upsilon}/c, \qquad \beta \equiv |\boldsymbol{\beta}|$$

$$\hat{\boldsymbol{\beta}} \equiv \boldsymbol{\beta}/\beta = \hat{\boldsymbol{\upsilon}}$$

由於時移、位移與轉向的洛倫茲轉換，與其所對應的伽利略轉換完全相同，所以“洛倫茲轉換”的基本轉換符$\tau_s, \tau_{\boldsymbol{d}}, \tau_\varpi$間的對易關係，與“伽利略轉換”所對應的基本轉換符$\tau_s, \tau_{\boldsymbol{d}}, \tau_\varpi$間的對易關係，完全相同。其中，轉向符$\tau_\varpi$之間的對易關係，我們在本書〈附錄六 三維轉向〉裏，有詳盡的討論，此處不再贅述。本附錄將詳細討論，“洛倫茲轉換”的基本轉換符τ_υ與$\tau_\upsilon, \tau_s, \tau_{\boldsymbol{d}}, \tau_\varpi$間的對易關係。

一• 勻速之間對易關係

A. 勻速轉換組合

B. 托馬斯旋進

C. 垂直速度合成

二• 勻速時移對易關係

三• 勻速位移對易關係

四• 勻速轉向對易關係

五• 對易關係總結

附三‧一 勻速之間對易關係

A. 勻速轉換組合

我們首先考慮轉換符$\tau_{\upsilon_2}\tau_{\upsilon_1}$的運作結果，

$$\tau_{\upsilon_2}\tau_{\upsilon_1}\begin{pmatrix} x^0 \\ \boldsymbol{x} \end{pmatrix} = \begin{pmatrix} x'^0 \\ \boldsymbol{x}' \end{pmatrix}$$

$$\begin{cases} x'^0 = \gamma x^0 + \gamma \boldsymbol{\beta}' \cdot \boldsymbol{x} \\ \boldsymbol{x}' = \boldsymbol{x} + \overleftrightarrow{\boldsymbol{D}} \cdot \boldsymbol{x} + \gamma \boldsymbol{\beta} x^0 \end{cases}$$

此處各參量定義為

$$\begin{cases} \gamma\boldsymbol{\beta} = \gamma_1\gamma_2\boldsymbol{\beta}_2 + (\gamma_2 - 1)\gamma_1\boldsymbol{\beta}_1\cdot\hat{\boldsymbol{\beta}}_2\hat{\boldsymbol{\beta}}_2 + \gamma_1\boldsymbol{\beta}_1 = \gamma_1\gamma_2\left(\boldsymbol{\beta}_2 + \boldsymbol{\beta}_{1/\!/}\right) + \gamma_1\boldsymbol{\beta}_{1\perp} \\ \gamma\boldsymbol{\beta}' = \gamma_1\gamma_2\boldsymbol{\beta}_1 + (\gamma_1 - 1)\gamma_2\boldsymbol{\beta}_2\cdot\hat{\boldsymbol{\beta}}_1\hat{\boldsymbol{\beta}}_1 + \gamma_2\boldsymbol{\beta}_2 = \gamma_1\gamma_2\left(\boldsymbol{\beta}_1 + \boldsymbol{\beta}_{2/\!/}\right) + \gamma_2\boldsymbol{\beta}_{2\perp} \end{cases}$$

$$\begin{cases} \boldsymbol{\beta}_{1/\!/} = \boldsymbol{\beta}_1\cdot\hat{\boldsymbol{\beta}}_2\hat{\boldsymbol{\beta}}_2 \\ \boldsymbol{\beta}_{2/\!/} = \boldsymbol{\beta}_2\cdot\hat{\boldsymbol{\beta}}_1\hat{\boldsymbol{\beta}}_1 \end{cases}, \qquad \begin{cases} \boldsymbol{\beta}_{1\perp} = \boldsymbol{\beta}_1 - \boldsymbol{\beta}_{1/\!/} \\ \boldsymbol{\beta}_{2\perp} = \boldsymbol{\beta}_2 - \boldsymbol{\beta}_{2/\!/} \end{cases}$$

注意，$\boldsymbol{\beta}_{1/\!/},\boldsymbol{\beta}_{2/\!/}$分別平行於$\hat{\boldsymbol{\beta}}_2,\hat{\boldsymbol{\beta}}_1$，而$\boldsymbol{\beta}_{1\perp},\boldsymbol{\beta}_{2\perp}$分別垂直於$\hat{\boldsymbol{\beta}}_2,\hat{\boldsymbol{\beta}}_1$。$\boldsymbol{\beta}_{1/\!/},\boldsymbol{\beta}_{1\perp},\boldsymbol{\beta}_{2/\!/},\boldsymbol{\beta}_{2\perp}$與$\boldsymbol{\beta}_1,\boldsymbol{\beta}_2$的關係，可用如下幾何圖形表示：

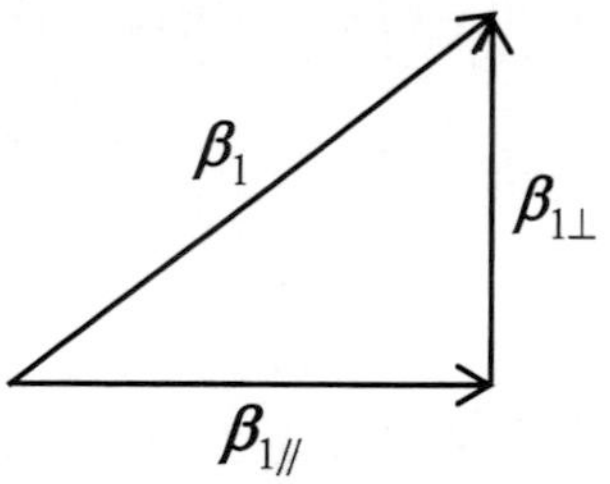

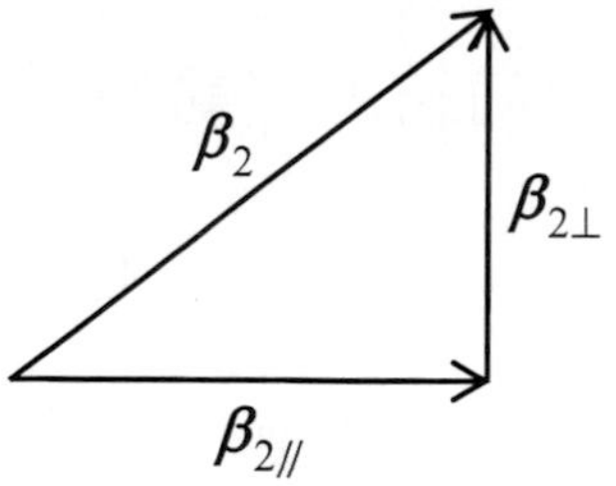

經過推導，可得

$$|\gamma\boldsymbol{\beta}|^2 = |\gamma\boldsymbol{\beta}'|^2 = \gamma_1^2\gamma_2^2\left(1 + \boldsymbol{\beta}_1\cdot\boldsymbol{\beta}_2\right)^2 - 1$$

因此，我們得到

$$\begin{cases}\beta = |\boldsymbol{\beta}| = |\boldsymbol{\beta}'| \\ \gamma = \gamma_1\gamma_2(1+\boldsymbol{\beta}_1\cdot\boldsymbol{\beta}_2) = 1/\sqrt{1-\beta^2}\end{cases}$$

$$\vec{\vec{D}} = (\gamma_1-1)\hat{\boldsymbol{\beta}}_1\hat{\boldsymbol{\beta}}_1 + (\gamma_1-1)(\gamma_2-1)\hat{\boldsymbol{\beta}}_2\hat{\boldsymbol{\beta}}_2\cdot\hat{\boldsymbol{\beta}}_1\hat{\boldsymbol{\beta}}_1 + \gamma_1\gamma_2\boldsymbol{\beta}_2\boldsymbol{\beta}_1 + (\gamma_2-1)\hat{\boldsymbol{\beta}}_2\hat{\boldsymbol{\beta}}_2$$

此處的特殊算符$\vec{\vec{D}}$稱為“並矢（dyadic）”。

其次，我們定義速度$\boldsymbol{\upsilon}$為

$$\begin{aligned}\boldsymbol{\upsilon} &\equiv c\boldsymbol{\beta} \\ &= \frac{c}{\gamma_1\gamma_2(1+\boldsymbol{\beta}_1\cdot\boldsymbol{\beta}_2)}\left[\gamma_1\gamma_2(\boldsymbol{\beta}_2+\boldsymbol{\beta}_1\cdot\hat{\boldsymbol{\beta}}_2\hat{\boldsymbol{\beta}}_2) + \gamma_1(\boldsymbol{\beta}_1-\boldsymbol{\beta}_1\cdot\hat{\boldsymbol{\beta}}_2\hat{\boldsymbol{\beta}}_2)\right] \\ &= \frac{1}{1+(\boldsymbol{\upsilon}_1\cdot\boldsymbol{\upsilon}_2)/c^2}\left[\boldsymbol{\upsilon}_2 + \frac{\gamma_2-1}{\gamma_2}\boldsymbol{\upsilon}_1\cdot\hat{\boldsymbol{\upsilon}}_2\hat{\boldsymbol{\upsilon}}_2 + \frac{1}{\gamma_2}\boldsymbol{\upsilon}_1\right] \\ &= \frac{1}{1+(\boldsymbol{\upsilon}_1\cdot\boldsymbol{\upsilon}_2)/c^2}\left[(\boldsymbol{\upsilon}_2+\boldsymbol{\upsilon}_{1/\!/}) + \frac{1}{\gamma_2}\boldsymbol{\upsilon}_{1\perp}\right]\end{aligned}$$

$$\begin{cases}\boldsymbol{\upsilon}_{1/\!/} = \boldsymbol{\upsilon}_1\cdot\hat{\boldsymbol{\upsilon}}_2\hat{\boldsymbol{\upsilon}}_2 \\ \boldsymbol{\upsilon}_{1\perp} = \boldsymbol{\upsilon}_1 - \boldsymbol{\upsilon}_{1/\!/}\end{cases}$$

然後再定義轉換符$\tau_{-\upsilon}$，並運作於本小節第一式，最後化簡得到

$$\tau_{-\upsilon}\,\tau_{\upsilon_2}\,\tau_{\upsilon_1}\begin{pmatrix}x^0\\ \boldsymbol{x}\end{pmatrix} = \begin{pmatrix}x^0\\ R\boldsymbol{x}\end{pmatrix} \equiv \tau_R\begin{pmatrix}x^0\\ \boldsymbol{x}\end{pmatrix}$$

上式中，轉向符R定義為

$$R = [\vec{\vec{I}} + \vec{\vec{B}}]\,\cdot$$

此處$\vec{\vec{I}}$為“恆等並矢（identity dyadic）”：$\vec{\vec{I}}\cdot\boldsymbol{A} = \boldsymbol{A}\cdot\vec{\vec{I}} = \boldsymbol{A}$；而並矢$\vec{\vec{B}}$定義為

$$\vec{\vec{B}} = \vec{\vec{D}} + (\gamma-1)\hat{\boldsymbol{\beta}}\hat{\boldsymbol{\beta}}\cdot(\vec{\vec{I}}+\vec{\vec{D}}) - \gamma^2\boldsymbol{\beta}\boldsymbol{\beta}'$$

$$\begin{cases}\hat{\boldsymbol{\beta}} = \boldsymbol{\beta}/|\boldsymbol{\beta}| \\ \hat{\boldsymbol{\beta}}' = \boldsymbol{\beta}'/|\boldsymbol{\beta}'|\end{cases}$$

採用以下簡寫標記，

$$\hat{\mathbf{1}} \equiv \hat{\boldsymbol{\upsilon}}_1 = \hat{\boldsymbol{\beta}}_1, \quad \hat{\mathbf{1}} \cdot \boldsymbol{x} = x_1$$
$$\hat{\mathbf{2}} \equiv \hat{\boldsymbol{\upsilon}}_2 = \hat{\boldsymbol{\beta}}_2, \quad \hat{\mathbf{2}} \cdot \boldsymbol{x} = x_2$$

我們可將$\vec{\boldsymbol{D}}$, $\gamma^2\boldsymbol{\beta}^2$, $\gamma^2\boldsymbol{\beta\beta}'$的明確表達式寫為

$$\vec{\boldsymbol{D}} = (\gamma_1 - 1)\hat{\mathbf{1}}\hat{\mathbf{1}} + \left[\gamma_1\gamma_2\beta_1\beta_2 + (\gamma_1 - 1)(\gamma_2 - 1)\,\hat{\mathbf{2}}\cdot\hat{\mathbf{1}}\right]\hat{\mathbf{2}}\hat{\mathbf{1}} + (\gamma_2 - 1)\,\hat{\mathbf{2}}\hat{\mathbf{2}}$$

$$\begin{aligned}\gamma^2\boldsymbol{\beta}^2 = {} & (\gamma_1^2 - 1)\hat{\mathbf{1}}\hat{\mathbf{1}} + \left[\gamma_1^2\gamma_2\beta_1\beta_2 + (\gamma_2 - 1)(\gamma_1^2 - 1)\,\hat{\mathbf{1}}\cdot\hat{\mathbf{2}}\right][\hat{\mathbf{1}}\hat{\mathbf{2}} + \hat{\mathbf{2}}\hat{\mathbf{1}}] \\ & + \left[\gamma_1^2(\gamma_2^2 - 1) + 2\gamma_1^2\gamma_2(\gamma_2 - 1)\beta_1\beta_2\,\hat{\mathbf{1}}\cdot\hat{\mathbf{2}} + (\gamma_2 - 1)^2(\gamma_1^2 - 1)\,\hat{\mathbf{1}}\cdot\hat{\mathbf{2}}\hat{\mathbf{1}}\cdot\hat{\mathbf{2}}\right]\hat{\mathbf{2}}\hat{\mathbf{2}}\end{aligned}$$

$$\begin{aligned}\gamma^2\boldsymbol{\beta\beta}' = {} & \left[\gamma_2(\gamma_1^2 - 1) + \gamma_1\gamma_2\beta_1\beta_2(\gamma_1 - 1)\hat{\mathbf{1}}\cdot\hat{\mathbf{2}}\right]\hat{\mathbf{1}}\hat{\mathbf{1}} + \gamma_1\gamma_2\beta_1\beta_2\,\hat{\mathbf{1}}\hat{\mathbf{2}} \\ & + \left\{\gamma_1^2\gamma_2^2\beta_1\beta_2 + (\gamma_1 - 1)(\gamma_2 - 1)\left[(2\gamma_1\gamma_2 + \gamma_1 + \gamma_2)\,\hat{\mathbf{1}}\cdot\hat{\mathbf{2}} + \gamma_1\gamma_2\beta_1\beta_2\,\hat{\mathbf{1}}\cdot\hat{\mathbf{2}}\hat{\mathbf{1}}\cdot\hat{\mathbf{2}}\right]\right\}\hat{\mathbf{2}}\hat{\mathbf{1}} \\ & + \left[\gamma_1(\gamma_2^2 - 1) + \gamma_1\gamma_2(\gamma_2 - 1)\beta_1\beta_2\,\hat{\mathbf{1}}\cdot\hat{\mathbf{2}}\right]\hat{\mathbf{2}}\hat{\mathbf{2}}\end{aligned}$$

利用以上表達式，我們最終可以得到並矢$\vec{\boldsymbol{B}}$的表達式為

$$\vec{\boldsymbol{B}} = \vec{\boldsymbol{D}} - (\gamma - 1)\hat{\boldsymbol{\beta}}\hat{\boldsymbol{\beta}}'$$

由以上結果，我們就可以得到以下算符等式，

$$\tau_{\upsilon_2}\tau_{\upsilon_1} = \tau_{\upsilon}\,\tau_R$$

這代表一個相當有趣的結果：在一般情況下，兩個“勻速轉換”$\tau_{\upsilon_2}\tau_{\upsilon_1}$的結合效應，相當是一個“轉向轉換”$\tau_R$，再加上一個“勻速轉換”$\tau_\upsilon$。由此導致的轉向轉換$\tau_R$，也就是“托馬斯旋進（Thomas precession）”的由來。下面，我們來仔細分析此結果。

B. 托馬斯旋進

在上小節裏，轉向符R對位矢$\boldsymbol{x}$的運作效應為

$$\begin{aligned}R\boldsymbol{x} &= [\vec{\boldsymbol{I}} + \vec{\boldsymbol{B}}]\cdot\boldsymbol{x} \\ &= \boldsymbol{x} + \vec{\boldsymbol{B}}\cdot\boldsymbol{x} \\ &= \boldsymbol{x} + \vec{\boldsymbol{D}}\cdot\boldsymbol{x} - (\gamma - 1)\hat{\boldsymbol{\beta}}\hat{\boldsymbol{\beta}}'\cdot\boldsymbol{x}\end{aligned}$$

我們可以將並矢$\vec{\boldsymbol{B}}$的明確表達式寫為

$$\vec{B} = \frac{1}{\gamma+1}\Big\{ -(\gamma_1-1)(\gamma_2-1)\hat{\mathbf{1}}\hat{\mathbf{1}} - \gamma_1\gamma_2\beta_1\beta_2\hat{\mathbf{1}}\hat{\mathbf{2}} + \left[\gamma_1\gamma_2\beta_1\beta_2 + 2(\gamma_1-1)(\gamma_2-1)\hat{\mathbf{2}}\cdot\hat{\mathbf{1}}\right]\hat{\mathbf{2}}\hat{\mathbf{1}} - (\gamma_1-1)(\gamma_2-1)\hat{\mathbf{2}}\hat{\mathbf{2}}\Big\}$$

考慮$\boldsymbol{\upsilon}_1$與$\boldsymbol{\upsilon}_2$夾角為ϕ的一般情況，我們選取右手直角座(xyz)，使得$\boldsymbol{\upsilon}_2$沿y軸方向，而$\boldsymbol{\upsilon}_1$在xy平面上，如下圖所示：

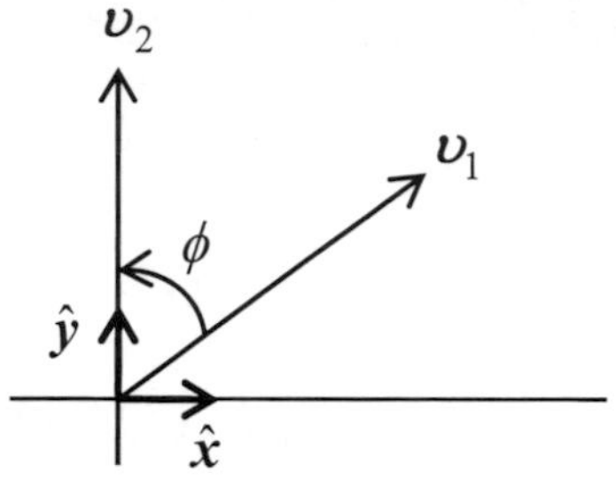

因此，各單位矢之間有如下關係，

$$\begin{cases} \hat{\mathbf{1}} = \hat{\boldsymbol{x}}\sin\phi + \hat{\boldsymbol{y}}\cos\phi \\ \hat{\mathbf{2}} = \hat{\boldsymbol{y}} \end{cases}$$

$$\hat{\mathbf{1}}\cdot\hat{\mathbf{2}} = \hat{\mathbf{2}}\cdot\hat{\mathbf{1}} = \cos\phi$$

$$\begin{cases} \hat{\mathbf{1}}\hat{\mathbf{1}} = \hat{\boldsymbol{x}}\hat{\boldsymbol{x}}\sin^2\phi + \hat{\boldsymbol{x}}\hat{\boldsymbol{y}}\sin\phi\cos\phi + \hat{\boldsymbol{y}}\hat{\boldsymbol{x}}\sin\phi\cos\phi + \hat{\boldsymbol{y}}\hat{\boldsymbol{y}}\cos^2\phi \\ \hat{\mathbf{1}}\hat{\mathbf{2}} = \hat{\boldsymbol{x}}\hat{\boldsymbol{y}}\sin\phi + \hat{\boldsymbol{y}}\hat{\boldsymbol{y}}\cos\phi \\ \hat{\mathbf{2}}\hat{\mathbf{1}} = \hat{\boldsymbol{y}}\hat{\boldsymbol{x}}\sin\phi + \hat{\boldsymbol{y}}\hat{\boldsymbol{y}}\cos\phi \\ \hat{\mathbf{2}}\hat{\mathbf{2}} = \hat{\boldsymbol{y}}\hat{\boldsymbol{y}} \end{cases}$$

因此，相對速度$\boldsymbol{\upsilon}_1,\boldsymbol{\upsilon}_2,\boldsymbol{\upsilon}$各為

$$\boldsymbol{\upsilon}_1 = \hat{\boldsymbol{x}}\upsilon_1\sin\phi + \hat{\boldsymbol{y}}\upsilon_1\cos\phi \equiv \hat{\boldsymbol{x}}\upsilon_{1x} + \hat{\boldsymbol{y}}\upsilon_{1y}$$

$$\boldsymbol{\upsilon}_2 = \hat{\boldsymbol{y}}\upsilon_2$$

$$\boldsymbol{\upsilon} = \frac{1}{1+\frac{1}{c^2}\upsilon_1\upsilon_2\cos\phi}\left[\hat{\boldsymbol{x}}\left(\frac{1}{\gamma_2}\upsilon_1\sin\phi\right) + \hat{\boldsymbol{y}}\left(\upsilon_1\cos\phi+\upsilon_2\right)\right]$$

$$= \frac{1}{1+\frac{1}{c^2}\upsilon_{1y}\upsilon_2}\left[\hat{\boldsymbol{x}}\left(\frac{1}{\gamma_2}\upsilon_{1x}\right) + \hat{\boldsymbol{y}}\left(\upsilon_{1y}+\upsilon_2\right)\right]$$

在座標系(xyz)裏，並矢$\vec{\vec{D}}$與$\vec{\vec{B}}$的表達式分別為

$$\begin{aligned}\vec{\vec{D}} &= \hat{x}\hat{x}(\gamma_1-1)\sin^2\phi + \hat{x}\hat{y}(\gamma_1-1)\sin\phi\cos\phi \\ &+ \hat{y}\hat{x}\left[\gamma_1\gamma_2\beta_1\beta_2\sin\phi + (\gamma_1-1)\gamma_2\sin\phi\cos\phi\right] \\ &+ \hat{y}\hat{y}\left[\gamma_1\gamma_2\beta_1\beta_2\cos\phi + (\gamma_1\gamma_2-1)\cos^2\phi + (\gamma_2-1)\sin^2\phi\right]\end{aligned}$$

$$\begin{aligned}(\gamma+1)\vec{\vec{B}} &= \hat{x}\hat{x}\left[-(\gamma_1-1)(\gamma_2-1)\sin^2\phi\right] \\ &+ \hat{x}\hat{y}\left[-\gamma_1\gamma_2\beta_1\beta_2\sin\phi - (\gamma_1-1)(\gamma_2-1)\sin\phi\cos\phi\right] \\ &+ \hat{y}\hat{x}\left[\gamma_1\gamma_2\beta_1\beta_2\sin\phi + (\gamma_1-1)(\gamma_2-1)\sin\phi\cos\phi\right] \\ &+ \hat{y}\hat{y}\left[-(\gamma_1-1)(\gamma_2-1)\sin^2\phi\right]\end{aligned}$$

$$\gamma = \gamma_1\gamma_2(1+\beta_1\beta_2\cos\phi)$$

為了更簡潔起見，我們定義角度ω如下，

$$\sin\omega \equiv \frac{\gamma_1\gamma_2\beta_1\beta_2}{\gamma_1\gamma_2+1}$$

$$\cos\omega \equiv \frac{\gamma_1+\gamma_2}{\gamma_1\gamma_2+1}$$

再將“並矢”$\vec{\vec{B}}$改寫為

$$\begin{aligned}\vec{\vec{B}} = \frac{1}{1+\sin\omega\cos\phi}\Big\{&-\hat{x}\hat{x}(1-\cos\omega)\sin^2\phi - \hat{x}\hat{y}[\sin\omega+(1-\cos\omega)\cos\phi]\sin\phi \\ &+ \hat{y}\hat{x}[\sin\omega+(1-\cos\omega)\cos\phi]\sin\phi - \hat{y}\hat{y}\left[(1-\cos\omega)\sin^2\phi\right]\Big\}\end{aligned}$$

由上式，我們可以推導得到下式，

$$\vec{\vec{I}}+\vec{\vec{B}} = \hat{x}\hat{x}\cos\alpha - \hat{x}\hat{y}\sin\alpha + \hat{y}\hat{x}\sin\alpha + \hat{y}\hat{y}\cos\alpha + \hat{z}\hat{z}$$

此處的角度α定義為

$$\sin\alpha \equiv \frac{\sin\omega\sin\phi + (1-\cos\omega)\sin\phi\cos\phi}{1+\sin\omega\cos\phi}$$

$$\cos\alpha \equiv \frac{\cos^2\phi + \sin\omega\cos\phi + \cos\omega\sin^2\phi}{1+\sin\omega\cos\phi}$$

因此，轉向符 R 可以明確寫為

$$R \equiv R_{\alpha\hat{z}} = [\overleftrightarrow{\boldsymbol{I}} + \overleftrightarrow{\boldsymbol{B}}] \cdot$$

根據〈附錄六 •六節 轉向符的矢表象〉裏的結果，此轉向符 R 代表以 z 軸為轉向軸，右旋 α 角度的運作，

$$\begin{aligned} \boldsymbol{x}' &= R_{\alpha\hat{z}}\boldsymbol{x} \equiv R_{\alpha\hat{z}}(x\hat{\boldsymbol{x}} + y\hat{\boldsymbol{y}} + z\hat{\boldsymbol{z}}) \\ &= [x\cos\alpha - y\sin\alpha]\,\hat{\boldsymbol{x}} + [x\sin\alpha + y\cos\alpha]\,\hat{\boldsymbol{y}} + z\hat{\boldsymbol{z}} \end{aligned}$$

此處三個角度 α, ω, ϕ 之間的關係，可用幾何圖形表示如下：

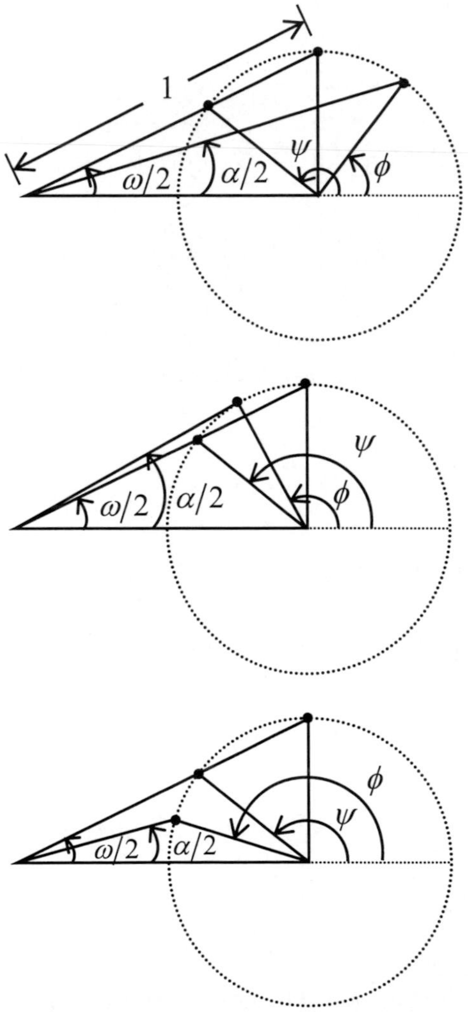

當 $\boldsymbol{\upsilon}_1 /\!/ \boldsymbol{\upsilon}_2$ 時，$\phi = 0$ 或 π，因此，$\alpha = 0$；
當 $0 < \phi < \pi/2$ 時，$0 < \alpha < \omega$；
當 $\boldsymbol{\upsilon}_1 \perp \boldsymbol{\upsilon}_2$ 時，$\phi = \pi/2$，因此，$\alpha = \omega$；

當 $\pi/2<\phi<\psi$ 時， $\alpha>\omega$；
當 $\phi=\psi$ 時， $\alpha=\omega$；
當 $\psi<\phi<\pi$ 時， $0<\alpha<\omega$。

我們選擇兩種特殊情況，補充說明如下：

(i) $\boldsymbol{\upsilon}_1$ 平行於 $\boldsymbol{\upsilon}_2$

當 $\boldsymbol{\upsilon}_1$ 平行於 $\boldsymbol{\upsilon}_2$，各參量的明確表達式為

$$\gamma=\gamma_1\gamma_2\left(1\pm\beta_1\beta_2\right)$$

$$\gamma\boldsymbol{\beta}=\gamma\boldsymbol{\beta}'=\gamma_1\gamma_2\left(\beta_2\pm\beta_1\right)\hat{\boldsymbol{y}}$$

$$\vec{\boldsymbol{D}}=\left[\left(\gamma_1\gamma_2-1\right)\pm\gamma_1\gamma_2\beta_1\beta_2\right]\hat{\boldsymbol{y}}\hat{\boldsymbol{y}}$$

$$\vec{\boldsymbol{B}}=0$$

$$R=\vec{\boldsymbol{I}}\cdot$$

因此，我們得到 $\tau_R=I$。更明確地說，兩個平行的“勻速轉換” $\tau_{\upsilon_2\hat{\boldsymbol{y}}}$ 與 $\tau_{\upsilon_1\hat{\boldsymbol{y}}}$ 是對易的，而且其結合 $\tau_{\upsilon_2\hat{\boldsymbol{y}}}\tau_{\upsilon_1\hat{\boldsymbol{y}}}$ 的效應相當是一個“勻速轉換” $\tau_{\upsilon\hat{\boldsymbol{y}}}$，但 $\boldsymbol{\upsilon}\neq\boldsymbol{\upsilon}_1+\boldsymbol{\upsilon}_2$：

$$\tau_{\upsilon_2\hat{\boldsymbol{y}}}\tau_{\upsilon_1\hat{\boldsymbol{y}}}=\tau_{\upsilon_1\hat{\boldsymbol{y}}}\tau_{\upsilon_2\hat{\boldsymbol{y}}}=\tau_{\upsilon\hat{\boldsymbol{y}}}$$

$$\boldsymbol{\upsilon}=\frac{\upsilon_2\pm\upsilon_1}{1\pm\beta_1\beta_2}\hat{\boldsymbol{y}}=\frac{\boldsymbol{\upsilon}_1+\boldsymbol{\upsilon}_2}{1\pm\beta_1\beta_2}$$

注意，當 $\phi=0$， $\hat{\mathbf{1}}=\hat{\mathbf{2}}=\hat{\boldsymbol{y}}$ 時， $\boldsymbol{\upsilon}_1$ 與 $\boldsymbol{\upsilon}_2$ 方向相同，以上各式中“$\pm$”取“$+$”；而當 $\phi=\pi$， $\hat{\mathbf{2}}=-\hat{\mathbf{1}}=\hat{\boldsymbol{y}}$ 時， $\boldsymbol{\upsilon}_1$ 與 $\boldsymbol{\upsilon}_2$ 方向相反，以上各式中“$\pm$”取“$-$”。

(ii) $\boldsymbol{\upsilon}_1$ 垂直於 $\boldsymbol{\upsilon}_2$

當 $\boldsymbol{\upsilon}_1$ 垂直於 $\boldsymbol{\upsilon}_2$ 時，且 $\phi=\pi/2$， $\hat{\mathbf{1}}=\hat{\boldsymbol{x}}$， $\hat{\mathbf{2}}=\hat{\boldsymbol{y}}$， $\hat{\mathbf{1}}\cdot\hat{\mathbf{2}}=0$，則各參量為

$$\gamma = \gamma_1 \gamma_2$$

$$\boldsymbol{\beta} = \frac{1}{\gamma_2}\beta_1 \hat{\boldsymbol{x}} + \beta_2 \hat{\boldsymbol{y}}$$

$$\boldsymbol{\beta}' = \beta_1 \hat{\boldsymbol{x}} + \frac{1}{\gamma_1}\beta_2 \hat{\boldsymbol{y}}$$

$$\vec{\boldsymbol{D}} = (\gamma_1 - 1)\hat{\boldsymbol{x}}\hat{\boldsymbol{x}} + \gamma_1\gamma_2\beta_1\beta_2\hat{\boldsymbol{y}}\hat{\boldsymbol{x}} + (\gamma_2 - 1)\hat{\boldsymbol{y}}\hat{\boldsymbol{y}}$$

$$\vec{\boldsymbol{B}} = -\hat{\boldsymbol{x}}\hat{\boldsymbol{x}}(1-\cos\omega) - \hat{\boldsymbol{x}}\hat{\boldsymbol{y}}\sin\omega + \hat{\boldsymbol{y}}\hat{\boldsymbol{x}}\sin\omega - \hat{\boldsymbol{y}}\hat{\boldsymbol{y}}(1-\cos\omega)$$

$$\begin{aligned} R \equiv R_{\omega\hat{z}} &= [\vec{\boldsymbol{I}} + \vec{\boldsymbol{B}}]\cdot \\ &= [\hat{\boldsymbol{x}}\hat{\boldsymbol{x}}\cos\omega - \hat{\boldsymbol{x}}\hat{\boldsymbol{y}}\sin\omega + \hat{\boldsymbol{y}}\hat{\boldsymbol{x}}\sin\omega + \hat{\boldsymbol{y}}\hat{\boldsymbol{y}}\cos\omega + \hat{\boldsymbol{z}}\hat{\boldsymbol{z}}]\cdot \end{aligned}$$

更明確地說，兩個相互垂直的勻速轉換$\tau_{\upsilon_2\hat{y}}$與$\tau_{\upsilon_1\hat{x}}$的結合效應為

$$\tau_{\upsilon_2\hat{y}}\,\tau_{\upsilon_1\hat{x}} = \tau_{\boldsymbol{\upsilon}}\,\tau_{\omega\hat{z}}$$

此處$\tau_{\omega\hat{z}}$代表在位空間裏，繞z軸右旋ω角度，而相對速度$\boldsymbol{\upsilon}$為

$$\begin{aligned} \boldsymbol{\upsilon} &= c\boldsymbol{\beta} \\ &= \frac{1}{\gamma_2}\upsilon_1\hat{\boldsymbol{x}} + \upsilon_2\hat{\boldsymbol{y}} = \frac{1}{\gamma_2}\boldsymbol{\upsilon}_1 + \boldsymbol{\upsilon}_2 \end{aligned}$$

$$\upsilon = |\boldsymbol{\upsilon}| = \sqrt{\upsilon_1^2 + \upsilon_2^2 - \frac{1}{c^2}\upsilon_1^2\upsilon_2^2}$$

下小節我們將對相對速度$\boldsymbol{\upsilon}$的形式，作一個簡單的解釋。

C. 垂直速度合成

考慮在一個以等速$\boldsymbol{\upsilon}_2$上昇的火箭中，有一個球作水平等速$\boldsymbol{\upsilon}_1$運動。若觀察者站在地面上，則見此球向斜上方運動，如下圖右邊所示：

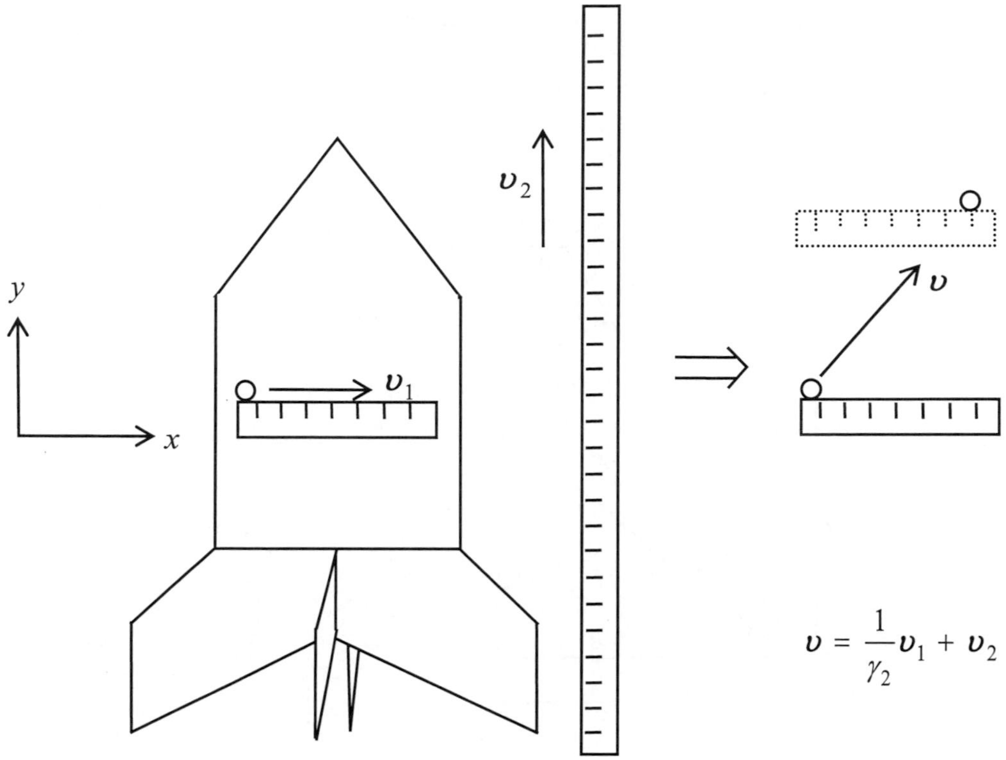

由於火箭上昇的速度為$\boldsymbol{v}_2$，所以球對地面的速度$\boldsymbol{v}$，在豎直方向的分量為$\boldsymbol{v}_2 = v_2\,\hat{\boldsymbol{y}}$。火箭內水平方向的長度，不因火箭豎直上昇而改變，但在火箭內測量的時段Δt，卻因為火箭的運動，而變長為$\gamma_2\Delta t$，而$\gamma_2 > 1$。因此，火箭裏的水平運動，對地面上的觀察者而言，變得較緩慢而為原來的$1/\gamma_2$倍。換而言之，球的水平速度變慢為$\boldsymbol{v}_1/\gamma_2$。因此，對地面上的觀察者而言，球的速度為$\boldsymbol{v} = \boldsymbol{v}_1/\gamma_2 + \boldsymbol{v}_2$。

綜上所述，$\boldsymbol{\beta}_1, \boldsymbol{\beta}_2, \boldsymbol{\beta}, \boldsymbol{\beta}', \omega$等參量之間的關係，可用幾何圖形表示如下：

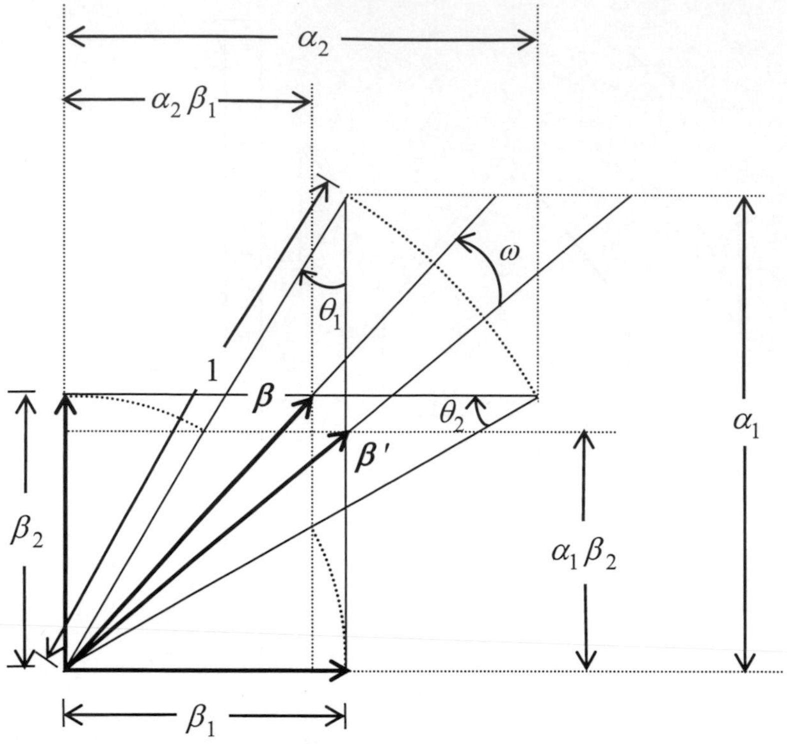

附三・二 勻速時移對易關係

首先，用基本轉換符τ_{υ}運作於時空座標$\{x^0, \boldsymbol{x}\}$，可得

$$\begin{pmatrix} x'^0 \\ \boldsymbol{x}' \end{pmatrix} \equiv \tau_{\upsilon} \begin{pmatrix} x^0 \\ \boldsymbol{x} \end{pmatrix} = \begin{pmatrix} \gamma\left(x^0 + \boldsymbol{\beta}\cdot\boldsymbol{x}\right) \\ \boldsymbol{x} + (\gamma-1)\hat{\boldsymbol{\beta}}\,\hat{\boldsymbol{\beta}}\cdot\boldsymbol{x} + \gamma\,\boldsymbol{\beta}\,x^0 \end{pmatrix}$$

用轉換符τ_s運作於座標$\{x'^0, \boldsymbol{x}'\}$，可得

$$\begin{pmatrix} x''^0 \\ \boldsymbol{x}'' \end{pmatrix} \equiv \tau_s \begin{pmatrix} x'^0 \\ \boldsymbol{x}' \end{pmatrix} = \begin{pmatrix} \gamma\left(x^0 + \boldsymbol{\beta}\cdot\boldsymbol{x}\right) + cs \\ \boldsymbol{x} + (\gamma-1)\hat{\boldsymbol{\beta}}\,\hat{\boldsymbol{\beta}}\cdot\boldsymbol{x} + \gamma\,\boldsymbol{\beta}\,x^0 \end{pmatrix}$$

定義轉換符$\tau_{-\upsilon}$，並運作於座標$\{x''^0, \boldsymbol{x}''\}$，可得

$$\begin{pmatrix} x'''^0 \\ \boldsymbol{x}''' \end{pmatrix} \equiv \tau_{-\upsilon} \begin{pmatrix} x''^0 \\ \boldsymbol{x}'' \end{pmatrix} = \begin{pmatrix} x^0 + \gamma cs \\ \boldsymbol{x} - \gamma\,\boldsymbol{\beta}\,cs \end{pmatrix} = \begin{pmatrix} x^0 + \gamma cs \\ \boldsymbol{x} - \gamma\,\boldsymbol{\upsilon}\,s \end{pmatrix}$$

再定義轉換符τ_{-s}，並運作於座標$\{x'''^0, \boldsymbol{x}'''\}$，可得

$$\tau_{-s}\,\tau_{-\upsilon}\,\tau_s\,\tau_\upsilon\begin{pmatrix}x^0\\ \boldsymbol{x}\end{pmatrix}=\begin{pmatrix}x^0+(\gamma-1)cs\\ \boldsymbol{x}-\gamma\boldsymbol{\upsilon}s\end{pmatrix}$$

我們很容易得到以下算符等式，

$$\tau_{-s}\,\tau_{-\upsilon}\,\tau_s\,\tau_\upsilon=\tau_{s'}\,\tau_{-\boldsymbol{d}'}\ ,\qquad \begin{cases}s'=(\gamma-1)s\\ \boldsymbol{d}'=\gamma\boldsymbol{\upsilon}s\end{cases}$$

$$\tau_s\,\tau_\upsilon=\tau_\upsilon\,\tau_s\,\tau_{s'}\,\tau_{-\boldsymbol{d}'}=\tau_\upsilon\,\tau_{\gamma s}\,\tau_{-\boldsymbol{d}'}$$

$$\tau_\upsilon\,\tau_s=\tau_s\,\tau_\upsilon\,\tau_{\boldsymbol{d}'}\,\tau_{-s'}$$

$$\tau_\upsilon\,\tau_{\gamma s}=\tau_s\,\tau_\upsilon\,\tau_{\boldsymbol{d}'}$$

$$\tau_\upsilon\,\tau_s=\tau_{s''}\,\tau_\upsilon\,\tau_{\boldsymbol{d}''}\,,\qquad \begin{cases}s''=s/\gamma\\ \boldsymbol{d}''=\boldsymbol{\upsilon}s\end{cases}$$

$$\tau_s\,\tau_\upsilon=\tau_{-\boldsymbol{d}''}\,\tau_\upsilon\,\tau_{s''}$$

$$\tau_\upsilon\,\tau_s=\tau_{\boldsymbol{d}'}\,\tau_{s'''}\,\tau_\upsilon\,,\qquad s'''=\gamma s$$

附三・三 匀速位移對易關係

考慮轉換符$\tau_{-\upsilon}\,\tau_{\boldsymbol{d}}\,\tau_\upsilon$對座標$\{x^0,\boldsymbol{x}\}$的運作效應，

$$\begin{aligned}\tau_{-\upsilon}\,\tau_{\boldsymbol{d}}\,\tau_\upsilon\begin{pmatrix}x^0\\ \boldsymbol{x}\end{pmatrix}&=\tau_{-\upsilon}\begin{pmatrix}\gamma x^0+\gamma\boldsymbol{\beta}\cdot\boldsymbol{x}\\ \boldsymbol{x}+\boldsymbol{d}+(\gamma-1)\hat{\boldsymbol{\beta}}\hat{\boldsymbol{\beta}}\cdot\boldsymbol{x}+\gamma\boldsymbol{\beta}x^0\end{pmatrix}\\ &=\begin{pmatrix}x^0-\gamma\boldsymbol{\beta}\cdot\boldsymbol{d}\\ \boldsymbol{x}+\boldsymbol{d}+(\gamma-1)\hat{\boldsymbol{\beta}}\hat{\boldsymbol{\beta}}\cdot\boldsymbol{d}\end{pmatrix}\\ &\equiv\tau_{\boldsymbol{d}'}\,\tau_{-s'}\begin{pmatrix}x^0\\ \boldsymbol{x}\end{pmatrix}\end{aligned}$$

因此，我們得到“符恆等式”，

$$\tau_{-\upsilon}\,\tau_{\boldsymbol{d}}\,\tau_\upsilon=\tau_{\boldsymbol{d}'}\,\tau_{-s'}\,,\qquad \begin{cases}\boldsymbol{d}'=\boldsymbol{d}+(\gamma-1)\hat{\boldsymbol{\beta}}\hat{\boldsymbol{\beta}}\cdot\boldsymbol{d}\\ s'=\gamma\boldsymbol{\beta}\cdot\boldsymbol{d}/c\end{cases}$$

$$\tau_{\upsilon}\,\tau_{-d}\,\tau_{-\upsilon} = \tau_{-d'}\,\tau_{-s'}$$

或者可改寫為

$$\tau_{d}\,\tau_{\upsilon} = \tau_{\upsilon}\,\tau_{d'}\,\tau_{-s'}$$

$$\tau_{-d}\,\tau_{-\upsilon} = \tau_{-\upsilon}\,\tau_{-d'}\,\tau_{-s'}$$

$$\tau_{d}\,\tau_{\upsilon} = \tau_{-s''}\,\tau_{\upsilon}\,\tau_{d''}\,, \qquad \begin{cases} \boldsymbol{d}'' = \boldsymbol{d} - (1-1/\gamma)\hat{\boldsymbol{\beta}}\hat{\boldsymbol{\beta}}\cdot\boldsymbol{d} \\ s'' = \boldsymbol{\beta}\cdot\boldsymbol{d}/c \end{cases}$$

$$\tau_{\upsilon}\,\tau_{d} = \tau_{s'}\,\tau_{d'}\,\tau_{\upsilon}$$

$$\tau_{\upsilon}\,\tau_{d} = \tau_{d''}\,\tau_{\upsilon}\,\tau_{s''}$$

附三・四　勻速轉向對易關係

考慮轉換符$\tau_{R^{-1}}\,\tau_{\upsilon}\,\tau_{R}$對座標$\{x^0,\boldsymbol{x}\}$的運作效應，

$$\begin{aligned}
\tau_{R^{-1}}\,\tau_{\upsilon}\,\tau_{R}\begin{pmatrix} x^0 \\ \boldsymbol{x} \end{pmatrix} &= \tau_{R^{-1}}\,\tau_{\upsilon}\begin{pmatrix} x^0 \\ R\boldsymbol{x} \end{pmatrix} \\
&= \tau_{R^{-1}}\begin{pmatrix} \gamma x^0 + \gamma\boldsymbol{\beta}\cdot R\boldsymbol{x} \\ R\boldsymbol{x} + (\gamma-1)\hat{\boldsymbol{\beta}}\hat{\boldsymbol{\beta}}\cdot R\boldsymbol{x} + \gamma\boldsymbol{\beta}x^0 \end{pmatrix} \\
&= \begin{pmatrix} \gamma x^0 + \gamma\boldsymbol{\beta}\cdot R\boldsymbol{x} \\ \boldsymbol{x} + (\gamma-1)R^{-1}\hat{\boldsymbol{\beta}}\hat{\boldsymbol{\beta}}\cdot R\boldsymbol{x} + \gamma R^{-1}\boldsymbol{\beta}x^0 \end{pmatrix} \\
&= \begin{pmatrix} \gamma x^0 + \gamma\left(R^{-1}\boldsymbol{\beta}\right)\cdot\boldsymbol{x} \\ \boldsymbol{x} + (\gamma-1)\left(R^{-1}\hat{\boldsymbol{\beta}}\right)\left(R^{-1}\hat{\boldsymbol{\beta}}\right)\cdot\boldsymbol{x} + \gamma\left(R^{-1}\boldsymbol{\beta}\right)x^0 \end{pmatrix} \\
&\equiv \tau_{\upsilon'}\begin{pmatrix} x^0 \\ \boldsymbol{x} \end{pmatrix}
\end{aligned}$$

此處用到$R\boldsymbol{\beta}\cdot R\boldsymbol{x} = \boldsymbol{\beta}\cdot\boldsymbol{x}$。因此，我們得到符恆等式，

$$\tau_{R^{-1}}\,\tau_{\upsilon}\,\tau_{R} = \tau_{\upsilon'}\,, \qquad \boldsymbol{\upsilon}' = R^{-1}\boldsymbol{\upsilon}$$

$$\tau_R \tau_\upsilon \tau_{R^{-1}} = \tau_{\upsilon''}, \quad \upsilon'' = R\upsilon$$

或者可改寫為

$$\tau_\upsilon \tau_R = \tau_R \tau_{\upsilon'}$$

$$\tau_R \tau_\upsilon = \tau_{\upsilon''} \tau_R$$

附三・五 對易關係總結

綜上所述，我們總結基本轉換符間的對易關係如下：

$$[\tau_s, \tau_{s'}]=0,\ [\tau_s,\tau_\upsilon]=(I-\tau_{s'}\tau_{\boldsymbol{d}'})\tau_s\tau_\upsilon,\ [\tau_s, \tau_{\boldsymbol{d}}]=0,\ [\tau_s, \tau_\omega]=0$$

$$[\tau_\upsilon,\tau_{\upsilon'}]\neq 0,\ [\tau_\upsilon,\tau_{\boldsymbol{d}}]=(I-\tau_{s''}\tau_{\boldsymbol{d}''})\tau_\upsilon\tau_{\boldsymbol{d}},\ [\tau_\upsilon, \tau_\omega]=(I-\tau_{R\upsilon-\upsilon})\tau_\upsilon\tau_\omega$$

$$[\tau_{\boldsymbol{d}}, \tau_{\boldsymbol{d}'}]=0,\qquad [\tau_{\boldsymbol{d}}, \tau_\omega]=(I-\tau_{R\boldsymbol{d}-\boldsymbol{d}})\tau_{\boldsymbol{d}}\tau_\omega$$

$$[\tau_\omega, \tau_{\omega'}]\neq 0$$

此處參量$s', s'', \boldsymbol{d}', \boldsymbol{d}''$為

$$\begin{cases} s' = (\gamma-1)s \\ \boldsymbol{d}' = \gamma\, \boldsymbol{\upsilon}\, s \end{cases}$$

$$\begin{cases} s'' = -\gamma \boldsymbol{\upsilon}\cdot\boldsymbol{d}/c^2 \\ \boldsymbol{d}'' = (\gamma-1)\hat{\boldsymbol{\upsilon}}\,\hat{\boldsymbol{\upsilon}}\cdot\boldsymbol{d} \end{cases}$$

在非相對論情況下，$\upsilon/c \ll 1$，這些基本轉換符間的對易關係，就可簡化為伽利略基本轉換符間的對易關係，請參閱本書〈第一・八・D 小節　伽利略轉換對易關係〉。

附錄四 量子觀測理論

“觀測”是指“觀察（observe）”或“測量（measure）”物理系統的某個物理量。本附錄將從“量子物理”角度出發，來討論觀測的基本原理。在觀測的量子描述裏，被觀測的“對象（object）”與用來觀測的“儀具（apparatus）”，是合起來當作一個“複合系統（composite system）”來看待的。甚至在某些情況下，“對象”與“儀具”更是無法“具體分開（physically separated）”，或者說，在位空間裏，“對象”與“儀具”有可能是結合為一體的。在本質上，“觀測（measurement）”也可看作是“對象”與“儀具”的一個“碰撞過程（collision process）”。

就觀測物理系統某特定“物理量”而言，有兩種訊息：其一，是一切可能觀測結果的“值譜（spectrum）”；其二，是每一個觀測結果出現的“概率（probability）”。“物理量”的“值譜”完全是由此物理量所對應“測符（observable）”的“徵值（eigenvalue）”來決定，而觀測值的“概佈（probability distribution）”，則是由測符的“徵態（eigenstate）”與被觀測對象的“狀態”來共同決定的。

一・ 觀測原理

二・ 磁矩觀測

附四・一 觀測原理

首先，我們將“觀測原理（principle of measurement）”作一個簡單的陳述。假設欲觀測的物理量ω，對應於觀測“對象”的測符Ω，而觀測結果的“宏指標（macroscopic indicator）”λ直接或間接地，對應於觀測“儀具”的測符Λ，則“觀測過程”將引進“對象”與“儀具”之間的“作用（interaction）”或稱“耦合（coupling）”；換而言之，就是引進了測符Ω與Λ的“關聯性（correlation）”。更明白地說，若“觀測過程”是針對測符Ω所對應的物理量ω，則“對象”與“儀具”之間的耦合，就必須造成測符Ω的徵值$\{\omega_i\}$與測符Λ的徵值$\{\lambda_i\}$之間的關聯性，此觀測過程才能成功。

假設在觀測前，由“儀具”與“對象”所組合成的“複合系統”，處於測符Λ與Ω的“共徵態”$|\lambda_0\omega;\alpha\rangle$；而在觀測後，此“複合系統”處於測符$\Lambda$的另一個徵態$|\lambda_\omega;\beta\rangle$，

$$|\lambda_0\omega;\alpha\rangle \xrightarrow{\text{觀測}} |\lambda_\omega;\beta\rangle$$

上式表示在觀測前，複合系統處於測符Λ與Ω的共徵態$|\lambda_0\omega;\alpha\rangle$，其徵值分別為$\lambda_0$與$\omega$，而$\alpha$代表描述此複合系統的所有其他量子數。在觀測後，複合系統處於測符Λ的徵態$|\lambda_\omega;\beta\rangle$，其徵值為$\lambda_\omega$，而$\beta$代表除$\lambda_\omega$外所有其他量子數。

如果我們要達到觀測目的，就必須要滿足兩項條件：首先，不同的λ_ω在宏觀上必須可以適度地區分；其次，λ_ω與ω之間的對應必須明確。在觀測後，複合系統或許還是處於測符Λ與Ω的“共徵態”$|\lambda_\omega\omega';\gamma\rangle$，

$$|\lambda_\omega;\beta\rangle = |\lambda_\omega\omega';\gamma\rangle$$

此處ω'可以是測符Ω的任何徵值，甚至可以是ω，而γ代表所有其他量子數，這樣當然還是滿足觀測條件。總之，在觀測後，複合系統是否仍處於Ω的徵態並不重要。

假設在實際觀測裏，測符 Λ 的“徵值譜（eigenvalue spectrum）”是連續的，例如，電表上指針的位置。則在觀測前，複合系統就可能處於測符 Λ“徵值譜”上的“波包態（wave-packet state）”，其分佈主要集中於 λ_0；在觀測後，複合系統的波包態的分佈，主要集中於 λ_ω。當然，如果複合系統在觀測前所處的狀態為純態，是測符 Ω 的不同徵態的“線疊加（linear superposition）”。在此種情況下，觀測後的複合系統也處於測符 Λ 的不同徵態的“相干（coherent）”疊加。

附四・二　磁矩觀測

我們現在以“磁矩觀測（measurement of magnetic moment）”為例，來說明“觀測原理”。公元 1921 年，<u>斯特恩</u>（Otto Stern, 1888-1969）與<u>蓋拉赫</u>（Walther Gerlach, 1889-1979），讓銀原子束通過不均勻的磁場 $\boldsymbol{B}$，以觀測銀原子的磁矩 $\boldsymbol{\mu}$。示意圖如下所示：

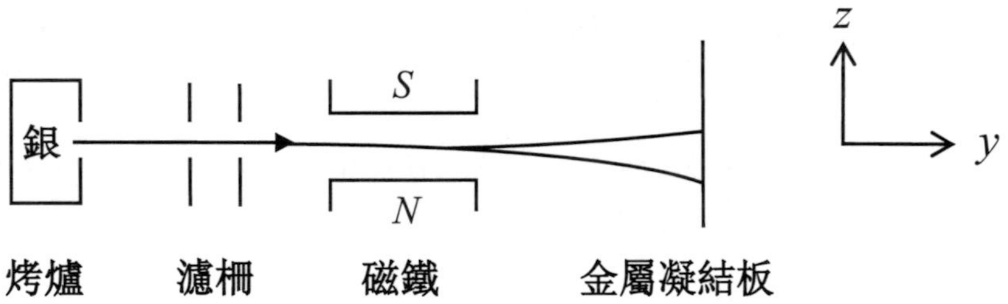

(a)

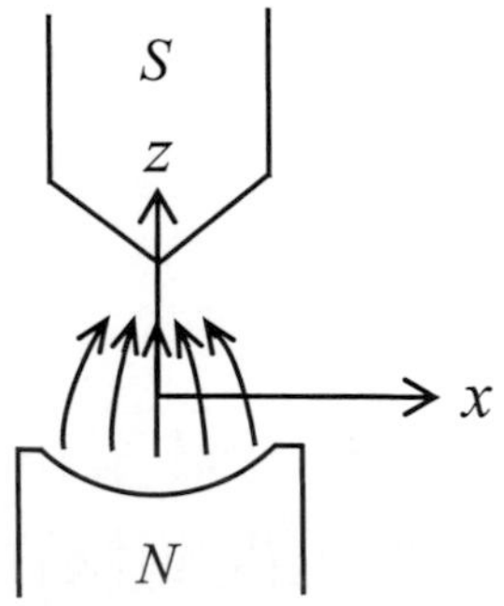

(b)

圖(a)左邊烤爐裏的銀蒸汽湧出，通過濾柵孔形成中性銀原子束，再穿過一對磁鐵$N-S$的間隙，最後凝聚在磁鐵後方的金屬凝結板上。磁鐵$N-S$的截面以及磁力線略如圖(b)所示。為敘述明確，上圖裏也標示了直角座$\{xyz\}$：銀原子束進行的方向為y軸，磁鐵自N到S的方向為z軸，另一個水平方向為x軸。

在觀測過程中，銀原子束通過磁鐵$N-S$的間隙中間，磁鐵$N-S$的結構形狀，使得間隙裏的磁場B_z，沿著z軸正方向逐漸增強，而間隙裏x與y方向的磁場B_x與B_y大致上保持均勻。銀原子在此磁場中的勢能為$-\boldsymbol{\mu}\cdot\boldsymbol{B}$，因此，銀原子受到磁場$\boldsymbol{B}$的作用力為$\nabla(\boldsymbol{\mu}\cdot\boldsymbol{B})$。由於銀原子束通過之處，僅有沿$z$方向的磁場$B_z$有變化，所以銀原子僅受$z$方向的磁力，

$$\begin{aligned}\boldsymbol{F} &= \nabla(\boldsymbol{\mu}\cdot\boldsymbol{B}) = \nabla\left(\mu_x B_x + \mu_y B_y + \mu_z B_z\right) \\ &= \hat{\boldsymbol{z}}\,\mu_z \frac{\partial B_z}{\partial z}\end{aligned}$$

由上式可知，銀原子所受磁力$\boldsymbol{F}$的大小，與其沿z方向的磁矩μ_z成正比。因此，具有不同磁矩μ_z的銀原子，在經過磁場加速後，由於穿出磁鐵時其動量P_z不同，而導致其軌跡有不同的偏向，從而使得銀原子在凝結板上凝聚的高低位置不同。根據銀原子在金屬板上凝聚的高低位置，我們就可以決定銀原子磁矩μ_z的大小。

在上述實驗中，觀測過程的執行，主要就是使“銀原子通過磁鐵”。我們要觀測的物理量是銀原子的磁矩μ_z，這就對應於〈附錄四・一節　觀測原理〉裏所提到的，觀測“對象”的測符Ω。觀測“儀具”的“宏指標”，就是金屬凝結板上銀原子凝聚的“位置”。由銀原子凝聚的位置，所決定的銀原子後來的動量P_z，就對應於觀測“儀具”的測符Λ。從這個例子可以看出，觀測儀具與觀測對象渾然一體，包括烤爐、銀原子、濾柵、磁鐵、金屬凝結板。此“複合系統”的初態$|\lambda_0\omega;\alpha\rangle$裏的$\lambda_0$，就是銀原子進入磁鐵前沿$z$方向的動量$P_z$，$\omega$是銀原子進入磁鐵前沿$z$方向的磁矩$\mu_z$，而描述此“複合系統”狀態的所有動力參數，

除 P_z 與 μ_z 外，皆以 α 來概括表達。觀測執行後，此“複合系統”的末態 $|\lambda_\omega;\beta\rangle$ 裏的 λ_ω，就是銀原子通過磁鐵後的動量 P_z，而 β 代表此“複合系統”除 λ_ω 外的所有其他動力參數。觀測過程的關鍵之處，就是由磁矩 $\boldsymbol{\mu}$ 與磁場 $\boldsymbol{B}$ 的“耦合”，所造成的測符 Ω 與 Λ 的關聯。也就是說，μ_z 與 P_z 的關聯，使得觀測後 P_z 的值 λ_ω 與初始 μ_z 的值 ω，有一定的連帶關係。

附錄五 狄拉克 δ 函

本附錄首先將簡要介紹“泛函”的基本理論，並討論在不同函空間裏的“泛函”概念。其次，利用“連續線泛函（continuous linear functional）”的概念，將一般“函”的概念推廣為“廣義函（generalized function）”，並基於廣義函來明確定義“狄拉克 δ 函”。最後，介紹一維和三維狄拉克 δ 函的一般特性，並列舉一些狄拉克 δ 函的具體形式。

一• 泛函理論簡介

A. 泛函
B. 線泛函
C. 連續線泛函
D. 有界線泛函
E. 有界定理
F. 雙線泛函
G. 瑞茲定理

二• 函空間

A. 局域可積性
B. 希爾伯特空間
C. 施瓦支空間
D. 伴空間
E. 伴輒空間
F. 狄拉克標記

三• 廣義函

A. 廣義函定義
B. 導數
C. 特性

四• 一維狄拉克 δ 函

A. 狄拉克 δ 函定義
B. 一般特性
C. 特定形式

五• 三維狄拉克 δ 函

A. 一般特性
B. 特定形式

附五・一 泛函理論簡介

A. 泛函

“標泛函（scalar functional）”，簡稱“泛函（functional）”，是“函（function）”的推廣。“泛函”為一個數，其值是由“函”或“矢”決定的，而不是由另一個“數”決定的。“函”與“泛函”的異同，可表示如下，

$$數 \xrightarrow{函} 數$$

$$矢或函 \xrightarrow{泛函} 數$$

換而言之，“函”代表“標”之間的“映射（mapping）”，而“泛函”代表“矢或函”與“標”之間的“映射”。此處的“矢”，也可為“函空間（function space）”裏的“矢”。

B. 線泛函

“線標泛函（linear scalar functional）” f，簡稱“線泛函（linear functional）”，將“線矢空間（linear vector space）” $\mathbf{V}$，映射到“標域（scalar field）”。線泛函 f 必須滿足兩個條件：

(i) “唯一性（uniqueness）”：
線矢空間 $\mathbf{V}$ 裏每個矢 $\boldsymbol{A}$，皆對應一個唯一的標 $f(\boldsymbol{A})$。

(ii) “線性（linearity）”：
線矢空間 $\mathbf{V}$ 裏，任何兩矢 $\boldsymbol{A}$ 與 $\boldsymbol{B}$，必然滿足

$$f(\alpha \boldsymbol{A}+\beta \boldsymbol{B}) = \alpha f(\boldsymbol{A}) + \beta f(\boldsymbol{B})$$

若 f 為“反線泛函（antilinear functional）”，則條件(ii)改為：

(ii)′ “反線性（antilinearity）”：
反線矢空間 $\mathbf{V}$ 裏，任何兩矢 $\boldsymbol{A}$ 與 $\boldsymbol{B}$，必然滿足

$$f(\alpha \boldsymbol{A}+\beta \boldsymbol{B}) = \alpha^* f(\boldsymbol{A}) + \beta^* f(\boldsymbol{B})$$

C. 連續線泛函

針對任何矢 $\boldsymbol{A}$，若線泛函 f 滿足

$$\lim_{n\to\infty} \boldsymbol{A}_n = \boldsymbol{A} \quad \Rightarrow \quad \lim_{n\to\infty} f(\boldsymbol{A}_n) = f(\boldsymbol{A})$$

則此線泛函 f 是“連續（continuous）”的。注意，在定義“連續性（continuity）”之前，必須要先定義“收斂性（convergence）”。“標（scalar）”的收斂性比較單純，不難定義；例如，變數的“值”、一般函的“值”。然而，“矢序列（sequence of vectors）”或“函序列 （sequence of functions）”的收斂性，就比較複雜。例如，函序列的收斂性就可以分為“逐點收斂（pointwise convergence）”、“一致收斂（uniform convergence）”、與“平均收斂（mean convergence）”三類。在量子力學裏所要求的“模收斂（norm convergence）”，則是“函序列”平均收斂的推廣。

這裏，線泛函的值為“標”，“標序列（sequence of scalar）” $f(\boldsymbol{A}_n)$收斂到“標” $f(\boldsymbol{A})$，很容易了解。然而，“矢序列” $\{\boldsymbol{A}_n\}$ 收斂到“矢” $\boldsymbol{A}$ 的確切含義，就要視線矢空間 $\mathbf{V}$ 的“拓撲結構（topological structure）”而定。

D. 有界線泛函

若線矢空間 $\mathbf{V}$ 裏，任何一個矢 $\boldsymbol{A}$ 皆滿足，

$$|f(\boldsymbol{A})| \le \alpha \|\boldsymbol{A}\|$$

而 α 為與 $\boldsymbol{A}$ 無關的實數，則線泛函 $f(\boldsymbol{A})$ 是“有界（bounded）”的。注意，本書中“$|\cdot|$”代表“數或函”的“模（norm）”，而“$\|\cdot\|$”代表“矢”的“模”。

E. 有界定理

若且唯若線泛函是連續的，則此線泛函是“有界的”。

F. 雙線泛函

線矢空間裏，任何兩矢 $\boldsymbol{A}$ 與 $\boldsymbol{B}$ 的“內積（inner product, scalar product）”$\langle \boldsymbol{A}|\boldsymbol{B}\rangle$，皆是一個“雙線標泛函（bilinear scalar functional）”，簡稱“雙線泛函（bilinear functional）”，並且滿足以下三個“公理（axioms）”：

(i) “正定性（positive definiteness）”：$\langle \boldsymbol{A}|\boldsymbol{A}\rangle \geq 0$，若且唯若 $\boldsymbol{A}=0$ 時，等號成立。

(ii) “厄米性（hermiticity）”：$\langle \boldsymbol{A}|\boldsymbol{B}\rangle = \langle \boldsymbol{B}|\boldsymbol{A}\rangle^*$。

(iii) “線性”：$\langle \boldsymbol{A}|\alpha \boldsymbol{B}+\beta \boldsymbol{C}\rangle = \alpha\langle \boldsymbol{A}|\boldsymbol{B}\rangle + \beta\langle \boldsymbol{A}|\boldsymbol{C}\rangle$。

利用公理(ii)與(iii)，可得如下“反線性（antilinearity）”關係，

$$\langle \alpha \boldsymbol{B}+\beta \boldsymbol{C}|\boldsymbol{A}\rangle = \alpha^*\langle \boldsymbol{B}|\boldsymbol{A}\rangle + \beta^*\langle \boldsymbol{C}|\boldsymbol{A}\rangle$$

注意，線矢空間裏的“內積”，定義了此空間的“幾何結構（geometric structure）”。

G. 瑞茲定理

在“希爾伯特矢空間（Hilbert vector space）”$\mathbf{H}$ 裏，一切“連續線泛函（continuous linear functional）”與“矢”之間，皆有“一一對應”關係。更一般明確地說，在線矢空間 $\mathbf{V}$ 裏，定義於一切矢 $\boldsymbol{A}$ 上的任何一個連續線泛函 $f(\boldsymbol{A})$，必然對應於此矢空間 $\mathbf{V}$ 裏唯一的矢 $\boldsymbol{F}$，

$$f(\boldsymbol{A}) = \langle \boldsymbol{F}|\boldsymbol{A}\rangle$$

此即“瑞茲定理（Riesz Theorem）”，或稱“弗雷歇-瑞茲定理（Fréchet-Riesz Theorem）”。

這是一個非常重要的定理，我們證明如次：假設 $\{\boldsymbol{e}_k\}$ 為希空間 $\mathbf{H}$ 裏，一組“正交規化（orthonormal）”的基矢，則在此基矢下，希空間 $\mathbf{H}$ 裏的任何一個連續線泛函 f，皆可表示為 $\{f(\boldsymbol{e}_k)\}$。由〈附錄五・一・E 小節　有界定理〉可知，若且唯若線泛函 f 為

“連續”，則此線泛函 f 是“有界的”。因此，希空間 $\mathbf{H}$ 裏的任何一個連續線泛函 $\{f(\boldsymbol{e}_k)\}$，皆是“有界的”，

$$\left|f(\boldsymbol{e}_k)\right| \le \alpha$$

此處 α 為某有限實數。

定義“唯一的”矢 $\boldsymbol{F}$ 為

$$\boldsymbol{F} \equiv \sum_{k=1}^{\infty} f(\boldsymbol{e}_k)^* \boldsymbol{e}_k$$

而其“模（norm）” $\|\boldsymbol{F}\|$ 定義為

$$\|\boldsymbol{F}\|^2 \equiv \sum_{k=1}^{\infty}\left|f(\boldsymbol{e}_k)\right|^2$$

此處 $\|\boldsymbol{F}\|$ 可能是“有限（finite）”的，也可能是“無限（infinite）”的。若我們能夠證明 $\|\boldsymbol{F}\|$ 有限，則“唯一的”矢 $\boldsymbol{F}$ 屬於希空間 $\mathbf{H}$，從而此定理可得證。

因此，我們分以下兩種情況，來考慮 $\|\boldsymbol{F}\|$ 的大小：

(i) 若對任意 k， $f(\boldsymbol{e}_k)$ 皆為零，則 $\|\boldsymbol{F}\|=0$。

(ii) 若 $\{f(\boldsymbol{e}_k)\}$ 不皆為零，則我們定義希空間 $\mathbf{H}$ 裏的某矢序列 $\{\mathbf{v}_n\}$ 為

$$\mathbf{v}_n \equiv \sum_{k=1}^{n} f(\boldsymbol{e}_k)^* \boldsymbol{e}_k$$

其“模” $\|\mathbf{v}_n\|$ 為

$$\|\mathbf{v}_n\|^2 = \sum_{k=1}^{n}\left|f(\boldsymbol{e}_k)\right|^2$$

由於 $\mathbf{v}_n$ 的泛函 f 是線性的，因此可得

$$f(\mathbf{v}_n) = f\left(\sum_{k=1}^{n} f(\boldsymbol{e}_k)^* \boldsymbol{e}_k\right) = \sum_{k=1}^{n} f(\boldsymbol{e}_k)^* f(\boldsymbol{e}_k)$$

又因為$\{f(\boldsymbol{e}_k)\}$不皆為零，所以在希空間$\mathbf{H}$裏，我們可以重新定義一個矢序列$\{\boldsymbol{u}_n\}$，

$$\boldsymbol{u}_n \equiv \frac{1}{\|\mathbf{v}_n\|^2}\mathbf{v}_n$$

而此矢序列$\{\boldsymbol{u}_n\}$的極限為$\boldsymbol{u}$，

$$\boldsymbol{u} = \lim_{n\to\infty}\boldsymbol{u}_n = \lim_{n\to\infty}\frac{1}{\|\mathbf{v}_n\|^2}\mathbf{v}_n$$
$$= \frac{1}{\|\boldsymbol{F}\|^2}\sum_{k=1}^{\infty} f(\boldsymbol{e}_k)^* \boldsymbol{e}_k$$

矢$\boldsymbol{u}$的模$\|\boldsymbol{u}\|$為

$$\|\boldsymbol{u}\|^2 = \frac{1}{\|\boldsymbol{F}\|^4}\sum_{k=1}^{\infty}\left|f(\boldsymbol{e}_k)\right|^2 = \frac{1}{\|\boldsymbol{F}\|^2}$$

首先我們假定$\|\boldsymbol{F}\|$發散，則$\|\boldsymbol{u}\|=0$，即$\boldsymbol{u}=0$。或者說，因為$\{f(\boldsymbol{e}_k)\}$裏的每一項皆有限，所以$f(\boldsymbol{e}_k)^*/\|\boldsymbol{F}\|^2=0$，從而使$\boldsymbol{u}=0$。

因此，若矢序列$\{\boldsymbol{u}_n\}$的極限$\boldsymbol{u}=0$，則其連續線泛函f必定為零，

$$f(\boldsymbol{u}) = \frac{1}{\|\boldsymbol{F}\|^2}\sum_{k=1}^{\infty} f(\boldsymbol{e}_k)^* f(\boldsymbol{e}_k) = 0$$

但另一方面，對於任何一個n，矢序列$\{\boldsymbol{u}_n\}$的連續線泛函f，皆為1，

$$f(\boldsymbol{u}_n) = \frac{1}{\|\mathbf{v}_n\|^2}f(\mathbf{v}_n) = 1$$

若線泛函f是連續的，而且矢序列$\{\boldsymbol{u}_n\}$的極限$\boldsymbol{u}$的模是有限的，則$\boldsymbol{u}$的連續線泛函f必為

$$f(\boldsymbol{u}) = \lim_{n\to\infty} f(\boldsymbol{u}_n) = \lim_{n\to\infty} 1 = 1$$

這與前面的結論 $f(\boldsymbol{u})=0$ 相矛盾。於是假定 $\|\boldsymbol{F}\|^2$ 發散，得到矛盾的結論。

因此，$\|\boldsymbol{F}\|$ 必須有限且屬於希空間 $\mathbf{H}$。如此便證明了此定理。

附五・二 函空間

本節我們將在“函空間（space of functions）”裏，更仔細地考慮“泛函”的概念。

A. 局域可積性

若“複函（complex function）” $f(x_1,x_2,\cdots x_N)$，在其 N 個連續實變數 $(x_1,x_2,\cdots x_N)$ 的任何有限區域內，其“勒貝格積分（Lebesgue integral）”皆存在，也就是其積分值有限，則我們稱此複函 $f(x_1,x_2,\cdots x_N)$ 為“局域可積（locally integrable）”。

事實上，在物理上嚴格來說，只有定義一個“分佈”，才是“物理的（physical）”，如此才符合客觀世界。在一般意義上，一個“數學的（mathematical）”函 F，

$$y = F(x) \qquad \text{或} \qquad x \xrightarrow{F} y$$

為兩標 x 與 y 之間的“映射”。在抽象意義上，一個標的精確值總是代表一個“非物理（unphysical）”的幾何點；也就是說，“點”不是“物理實體（physical entity）”，而只是一個純數學量。同樣地，一個“點黑洞（point black hole）”、一個“點基本粒子（point elementary particle）”，這些概念都是“非物理的”。換而言之，“點”這個概念“超描述（over-describe）”了物理實體，而“局域可積複函”是“恰描述（just-describe）”。

"點"僅僅於"數學模式"裏採用，以幫助邏輯推理，它不可能是最終的產物。這就是為什麼，在物理上，我們要把"函"推廣到"廣義函（generalized function）"的原因。

B. 希爾伯特空間

N 個連續實變數 $(x_1, x_2, \cdots x_N)$ 的一切"勒貝格平方可積複函" $\psi(x_1, x_2, \cdots x_N)$，構成一個"線矢空間" $\mathbf{L}^2(\mathbf{R}^N)$。在此空間裏，任意兩矢 $|\psi\rangle$ 與 $|\phi\rangle$ 的內積 $\langle\psi|\phi\rangle$，定義為

$$\langle\psi|\phi\rangle \equiv \int_{-\infty}^{\infty} \cdots \int_{-\infty}^{\infty} d^N x \; \psi^*(x_1 \cdots x_N)\, \phi(x_1 \cdots x_N)$$

為了標記簡潔，我們令 $x \equiv (x_1, x_2, \cdots x_N)$，則上式可簡寫為

$$\langle\psi|\phi\rangle \equiv \int_{-\infty}^{\infty} dx \; \psi^*(x)\, \phi(x)$$

我們可以證明，一切滿足適當邊界條件的複函 $\psi(x)$，構成一個空間 $\mathbf{L}^2(\mathbf{R}^N)$，稱為"希爾伯特函空間（Hilbert space of functions）"，簡稱"希爾伯特空間"或"希空間"。

C. 施瓦支空間

假設 $\psi(x)$ 為 N 個連續實變數 $x \equiv (x_1, x_2, \cdots x_N)$ 的複函，而且

(i) "無限可微（infinitely differentiable）"；

(ii) 對任何整數 n， $\lim_{x \to \pm\infty} x^n \psi(x) = 0$。

則一切如此定義的複函 $\psi(x)$ 所構成的函空間，我們稱之為"施瓦支函空間（Schwartz space of functions）"，簡稱"施瓦支空間（Schwartz space）"。

D. 伴空間

定義於線矢空間 $\mathbf{V}$ 上的一切"連續線泛函"，構成一個"反線矢空間（antilinear vector space）" $\mathbf{V}^\dagger$，稱為線矢空間 $\mathbf{V}$ 的"伴

空間（adjoint space）”或稱“偶空間（dual space）”。

我們可以將內積$\langle A|B\rangle$裏的$\langle A|\ \rangle$，當作是“線泛函”的標記，而將B當作“變量”。在“物理應用（physics application）”裏，$\mathbf{V}^{\dagger}$的伴空間也可以寫成$\mathbf{V}^{\dagger\dagger}$，也就是空間$\mathbf{V}$，即$\mathbf{V}^{\dagger\dagger}=\mathbf{V}$。換而言之，空間$\mathbf{V}$與空間$\mathbf{V}^{\dagger}$互為彼此的“伴空間”，而$|A\rangle$與$\langle A|$互為彼此的“伴矢”。

E. 伴軛空間

假設$|A\rangle$代表線矢空間$\mathbf{V}$裏的任意一個矢，則在此空間$\mathbf{V}$裏的每個連續線泛函$\langle B|A\rangle$，皆對應一個矢$|B\rangle$，而一切矢$|B\rangle$所構成的“線矢空間”$\mathbf{V}^{\times}$，我們稱之為線矢空間$\mathbf{V}$的“伴軛空間（adjoint conjugate space）”，也有書簡稱為“軛空間（conjugate space）”。

在物理應用裏，$\mathbf{V}^{\times}=\mathbf{V}$。我們可以將“伴空間”$\mathbf{V}^{\dagger}$視為“伴軛空間”$\mathbf{V}^{\times}$的“反線表象（antilinear representation）”，這算是“瑞茲定理”的一個推論。

F. 狄拉克標記

我們將線矢空間裏的任意矢A，稱為“括矢（ket vectors）”，簡稱“括（ket）”，通常用$|A\rangle$表示。線矢空間裏一切“括”所構成的空間，稱為“括空間（ket space）”，括空間的“伴空間”，稱為“包空間（bra space）”。一般的線泛函A，屬於“包空間”，並稱為“包矢（bra vector）”，簡稱“包（bra）”，以$\langle A|$表示。“包”與“括”之間，存在“反線性的一一對應關係”。

在數學上，“包空間”為括空間裏，一切“連續線泛函”所構成的空間，而“括空間”為包空間裏，一切“連續反線泛函”所構成的空間。我們特別強調這種對稱的情況：包空間與括空間互為彼此的伴空間。也就是說，包空間與括空間，以“雙線泛函”或內積，互為彼此的“伴（adjoint）”，

包空間　以內積為伴　括空間

線性

$\langle A|$ ← 一對一 → $|A\rangle$

反線性

附五・三 廣義函

本節將利用“連續線泛函”的概念，將一般“函”的定義推廣為“廣義函”。如此定義的“廣義函”，不僅包括大家熟悉的連續函、分段連續函等，而且還可以包括無法以 $F(x)$ 來明確定義的函，如“狄拉克 δ 函”。由於在“物理應用”裏，必須引入“廣義函”；因此，為了數學上的嚴謹性，“積分”就要採用“勒貝格積分”，而非一般“初等微積分”裏的“黎曼積分（Riemann integral）”。

A. 廣義函定義

對應於任何一個局域可積函 $F(x) \equiv F\left(x_1, x_2, \cdots, x_N\right)$，我們可以定義一個唯一的“廣義函（generalized function）” $F[\psi]$，或稱“理想函（ideal function）”或“泛函（functional）”，

$$F[\psi] \equiv \int_{-\infty}^{\infty} dx\, F^*(x)\, \psi(x)$$

此處 $\psi(x)$ 稱為“試函（test function）”，為線矢空間 **v** 裏的任意一個矢。因此，一切試函所構成的空間，稱為“試函空間（space of test functions）”，簡稱“試空間（test space）”。換而言之，廣義函 $F[\psi]$ 的“定義域”，就是一切試函 ψ 所構成的空間 **v**，可為“希空間”或“施瓦支空間”。

B. 導數

我們定義廣義函 $F[\psi]$ 的導數 $\dfrac{\partial F}{\partial x_i}[\psi]$ 為

$$\frac{\partial F}{\partial x_i}[\psi] \equiv -F\left[\frac{\partial \psi}{\partial x_i}\right], \qquad i=1,2,\cdots,N$$
$$= -\int_{-\infty}^{\infty} dx\, F^*(x)\frac{\partial \psi(x)}{\partial x_i}$$

由此定義可知，此處並不要求局域可積函 $F(x)$ 可微，而僅要求試函 $\psi(x)$ 可微。

因此，若試函 $\psi(x)$“無限可微”，則我們就可定義廣義函 $F[\psi]$ 的 n 階導數為

$$\frac{\partial^n F}{\partial x_i^n}[\psi] \equiv (-)^n F\left[\frac{\partial^n \psi}{\partial x_i^n}\right], \qquad n=1,2,\cdots$$
$$= (-)^n \int_{-\infty}^{\infty} dx\, F^*(x)\frac{\partial^n \psi}{\partial x_i^n}$$

然而，若 $F(x)$ 可微，則我們也可直接定義廣義函 $F[\psi]$ 的導數為

$$\frac{\partial F}{\partial x_i}[\psi] \equiv \int_{-\infty}^{\infty} dx\, \frac{\partial F^*(x)}{\partial x_i}\psi(x)$$
$$= -\int_{-\infty}^{\infty} dx\, F^*(x)\frac{\partial \psi(x)}{\partial x_i}$$

C. 特性

(1) 廣義函的和

$$\alpha_1 F_1[\psi] + \alpha_2 F_2[\psi] = \left(\alpha_1^* F_1 + \alpha_2^* F_2\right)[\psi]$$

此處 α_1 與 α_2 為任意複數。因此，廣義函的和滿足“反線性”關係。

(2) 廣義函的乘積

$$F_1 F_2[\psi] = \int_{-\infty}^{\infty} dx\, F_1^*(x) F_2^*(x)\, \psi(x)$$

此處廣義函的乘積是否存在，完全由 $F_1(x)$ 與 $F_2(x)$ 的數學特性決定。

(3) 廣義函的級數

若廣義函的級數 $\sum_i \alpha_i F_i[\psi]$，對於任一試函 ψ “可求和（summable）”，則此廣義函的和也為廣義函，並且稱此廣義函的級數“可求和”。

(4) 廣義函的積分

假設廣義函 $F_\lambda[\psi]$ 定義為區間 D 上一個連續參數 λ 的函，而且對於任何一個試函 ψ 而言，此廣義函 $F_\lambda[\psi]$ 對 λ 的積分皆存在，

$$I[\psi] = \int_D d\lambda \ F_\lambda[\psi]$$

則稱此廣義函 $F_\lambda[\psi]$ 的積分為“可積（integrable）”，而且此廣義函的積分也為廣義函。

(5) 廣義函的微分

(i) 若廣義函 $F[\psi]$ 的一切試函 ψ 可微，則廣義函 $F[\psi]$ 可微。
(ii) 若廣義函的級數“可求和”，則其和的微分可以先逐項微分，然後再求和。
(iii) 若廣義函的積分為“可積”，則其積分的微分，可以先微分後積分。

附五・四 一維狄拉克 δ 函

A. 狄拉克 δ 函定義

我們藉助下述的廣義函 $f[\psi]$ 來定義某函 $f(x)$，

$$\begin{aligned} f[\psi] &\equiv \int_{-\infty}^{\infty} dx \ f^*(x)\,\psi(x) \\ &= \psi(x_0) \end{aligned}$$

我們特稱 $f(x)$ 為 x_0 點的“狄拉克 δ 函（Dirac-δ function）”，並記為 $f(x) \equiv \delta_{x_0}(x)$，而且 $\delta_{x_0}(x)$ 與 $f[\psi]$ 之間存在一一對應關係。更明確地說，此處 $\delta_{x_0}(x)$ 為一種“分佈（distribution）”。習慣上，我們將 $\delta_{x_0}(x)$ 寫為

$$\delta_{x_0}(x) \equiv \langle x|x_0\rangle \equiv \delta(x-x_0)$$

此處 x 為變量，而以 x_0 標示此特定分佈；然而，x 與 x_0 扮演了對稱的角色。在線矢空間的“狄拉克標記”表達下，我們總結如下：

$$\begin{aligned}\delta_{x_0}[\psi] &\equiv \int_{-\infty}^{\infty} dx\ \delta_{x_0}^*(x)\,\psi(x) \\ &\equiv \int_{-\infty}^{\infty} dx\ \langle x|x_0\rangle^* \langle x|\psi\rangle \\ &= \int_{-\infty}^{\infty} dx\ \langle x_0|x\rangle\langle x|\psi\rangle \\ &= \langle x_0|\psi\rangle \\ &\equiv \psi(x_0)\end{aligned}$$

我們再次強調，局域可積函 $\delta(x-x_0)$ 為一種“分佈”。

B. 一般特性

(i) $\delta(x-a) = \begin{cases} 0, & x \neq a \\ \infty, & x = a \end{cases}$

$$\int_{-\infty}^{\infty} dx\ \delta(x-a) = 1$$

(ii) $\delta(x-a) = \delta(a-x)$

(iii) $(x-a)\,\delta(x-a) = 0$

(iv) $\delta^{(n)}(x-a) \equiv \dfrac{d^n}{dx^n}[\,\delta(x-a)\,],\ n = 1,2,\cdots$

$$= (-)^n \frac{d^n}{dx^n}[\,\delta(a-x)\,] = (-)^n\,\delta^{(n)}(a-x)$$

$$\delta'(x-a) \equiv \frac{d}{dx}[\delta(x-a)]$$
$$= -\frac{d}{dx}[\delta(a-x)] = -\delta'(a-x)$$

(v) $\delta^{(n)}(x-a) = (-)^n \delta(a-x)\frac{d^n}{dx^n}$

此處微分 d^n/dx^n 僅運作於積分式內、除 $\delta^{(n)}(x)$ 以外的被積函。

(vi) $\delta(ax) = \frac{1}{|a|}\delta(x)$

(vii) $\delta(x^2-a^2) = \frac{1}{|a|}\{\delta(x-a)+\delta(x+a)\}$

(viii) $\int_{-\infty}^{\infty} dx\, \delta(x-a)f(x) = f(a)$

$\int_{-\infty}^{\infty} dy\, \delta(x-y)\delta(y-b) = \delta(x-b)$

(ix) $f(x)\delta(x-a) = f(a)\delta(x-a)$

(x) $\delta[f(x)] = \sum_n \frac{1}{|f'(x_n)|}\delta(x-x_n)$

此處 $f(x_n)=0$，而 $f'(x_n)\neq 0$。

C. 特定形式

(i) 將“狄拉克 δ 函” $\delta(x)$ 寫成如下積分形式，

$$\delta(x) = \frac{1}{2\pi}\int_{-\infty}^{\infty} dk\, e^{ikx} = \frac{1}{\sqrt{2\pi}}\int_{-\infty}^{\infty} dk\, \frac{1}{\sqrt{2\pi}} e^{ikx}$$

因此，$\delta(x)$ 的“傅立葉轉換（Fourier transform）”，就是一個簡單的常數分佈 $1/\sqrt{2\pi}$。習慣上，稱 $1/\sqrt{2\pi}$ 為“$\delta(x)$ 的傅立葉轉換”，而稱 $\delta(x)$ 為“$1/\sqrt{2\pi}$ 的逆傅立葉轉換”。

(ii) 狄拉克 δ 函 $\delta(x)$，也可寫成某特定佈函 $f_\varepsilon(x)$ 的極限，

$$\delta(x) = \lim_{\varepsilon \to 0} f_\varepsilon(x)$$

此處 $f_\varepsilon(x)$ 為包含參數 ε 的佈函。假設 $F_\varepsilon(k)$ 為 $f_\varepsilon(x)$ 的傅立葉轉換，

$$f_\varepsilon(x) = \frac{1}{\sqrt{2\pi}} \int_{-\infty}^{\infty} dk\, e^{ikx} F_\varepsilon(k)$$

因此，我們可得

$$\lim_{\varepsilon \to 0} F_\varepsilon(k) = \frac{1}{\sqrt{2\pi}}$$

我們將 $f_\varepsilon(x)$ 與 $F_\varepsilon(k)$ 的常見形式列表如下：

$f_\varepsilon(x)$	$\sqrt{2\pi}\, F_\varepsilon(k)$
$\frac{1}{\lvert\varepsilon\rvert\sqrt{\pi}} e^{-x^2/\varepsilon^2}$	$e^{-\varepsilon^2 k^2}$
$\frac{\varepsilon}{\pi(x^2+\varepsilon^2)},\ (\varepsilon > 0)$	$e^{-\varepsilon \lvert k\rvert}$
$\frac{1}{2\lvert\varepsilon\rvert} e^{-\lvert x/\varepsilon\rvert}$	$\frac{1}{\varepsilon^2 k^2 + 1}$
$\frac{\theta(x+\varepsilon) - \theta(x-\varepsilon)}{2\varepsilon}$	$\frac{\sin \varepsilon k}{\varepsilon k}$
$\pm \frac{\theta(x \pm 2\varepsilon) - \theta(x)}{2\varepsilon}$	$\frac{\sin \varepsilon k}{\varepsilon k} e^{\pm i \varepsilon k}$
$\pm \frac{\theta(x \pm \varepsilon) - \theta(x)}{\varepsilon}$	$\frac{2\sin(\varepsilon k/2)}{\varepsilon k} e^{\pm i \varepsilon k/2}$
$\frac{\sin(x/\varepsilon)}{\pi x}$	$\theta(k+\varepsilon) - \theta(k-\varepsilon)$

此表中 $\theta(x)$ 為“亥維賽梯函（Heaviside step-function）”，

$$\theta(x) = \begin{cases} 1, & x \geq 0 \\ 0, & x < 0 \end{cases}$$

此處尚包含 $\theta(0)=1$，這與傳統的定義稍有不同。

(iii) $\delta(x-x') \equiv \langle x|x'\rangle = \int dk\ \langle x|k\rangle \langle k|x'\rangle$

$$= \frac{1}{2\pi}\int_{-\infty}^{\infty} dk\ e^{ik(x-x')}$$

此處我們利用了 $\langle x|k\rangle$ 的表達式，

$$\langle x|k\rangle = \frac{1}{\sqrt{2\pi}} e^{ikx}$$

(iv) $\delta(x) = \dfrac{1}{2\pi}\displaystyle\int_{-\infty}^{\infty} dk\ e^{ikx}$

(v) $\delta(x) = \displaystyle\lim_{k\to\infty} \frac{1-\cos kx}{k\pi x^2}$

$$= \lim_{k\to\infty} \frac{\sin^2 kx}{k\pi x^2}$$

(vi) $\delta(x) = \displaystyle\lim_{\varepsilon\to 0} \frac{\theta(x+\varepsilon)-\theta(x)}{\varepsilon} = \frac{d}{dx}\theta(x) = \frac{1}{2}\frac{d^2}{dx^2}|x|$

(vii) $\delta(x) = \pm\dfrac{1}{2\pi i} \displaystyle\lim_{\varepsilon\to 0^+} \lim_{k\to\infty} \frac{e^{ikx}}{x \mp i\varepsilon}$

(viii) $\delta(x) = \pm\dfrac{1}{\pi i}\left\{\wp\left(\dfrac{1}{x}\right) - \displaystyle\lim_{\varepsilon\to 0}\frac{1}{x\pm i\varepsilon}\right\}$

$$\lim_{\varepsilon\to 0}\frac{1}{x\pm i\varepsilon} = \wp\left(\frac{1}{x}\right) \mp i\pi\delta(x)$$

此處 $\wp$ 代表在對 x 積分時，取其“主值（Cauchy principal value）”。

(ix) $\delta(x-x') = \displaystyle\sum_i \phi_i^*(x)\,\phi_i(x')$

此處 $\{\phi_i(x)\}$ 為“試空間”裏的一組完備基函，而 Σ 隱含了對“離散部（discrete part）”的“求和”、與對“連續部（continuous part）”的“積分”。

附五・五 三維狄拉克 δ 函

A. 一般特性

(i) $$\delta^3(\boldsymbol{r}-\boldsymbol{r}') = \begin{cases} 0, & \boldsymbol{r} \neq \boldsymbol{r}' \\ \infty, & \boldsymbol{r} = \boldsymbol{r}' \end{cases}$$

$$\iiint d^3r\ \delta^3(\boldsymbol{r}-\boldsymbol{r}') = 1$$

(ii) $$\delta^3(\boldsymbol{r}-\boldsymbol{r}') = \delta^3(\boldsymbol{r}'-\boldsymbol{r})$$

(iii) $$\delta^3(\boldsymbol{r}-\boldsymbol{r}') = \delta(x-x')\,\delta(y-y')\,\delta(z-z')$$

$$= \frac{1}{\left|J(x,y,z;\xi,\eta,\zeta)\right|}\,\delta(\xi-\xi')\,\delta(\eta-\eta')\,\delta(\zeta-\zeta')$$

此處 (x,y,z) 與 (ξ,η,ζ) 分別代表舊座標與新座標，而 $J(x,y,z;\xi,\eta,\zeta)$ 為座標轉換的“賈可比行列式（Jacobian determinant，簡稱 Jacobian）”。

(iv) $$\delta^3(\boldsymbol{r}-\boldsymbol{r}') = \frac{1}{r^2}\delta(r-r')\,\delta(\cos\theta-\cos\theta')\,\delta(\phi-\phi')$$

$$= \frac{1}{r^2}\,\delta(r-r')\delta^2(\Omega-\Omega')$$

$$= \frac{1}{r^2}\,\delta(r-r')\,\delta^2(\hat{\boldsymbol{r}}-\hat{\boldsymbol{r}}')$$

$$= \frac{1}{r^2\sin\theta}\,\delta(r-r')\,\delta(\theta-\theta')\,\delta(\phi-\phi')$$

$$= \frac{1}{2\pi r^2}\,\delta(r-r')\,\delta(\cos\theta-\cos\theta')$$

$$= \frac{1}{4\pi r^2}\,\delta(r-r')$$

此處我們定義

$$\int_0^\infty dr\ \delta(r) = 1$$

$$\int_{-1}^1 d(\cos\theta)\ \delta(\cos\theta - \cos\theta') = 1$$

(v) $\delta^3(\boldsymbol{r}-\boldsymbol{r}') = -\dfrac{1}{4\pi}\nabla_{\boldsymbol{r}}^2\left(\dfrac{1}{|\boldsymbol{r}-\boldsymbol{r}'|}\right)$

(vi) $\nabla f(\boldsymbol{r}) = \int d^3r'\ \nabla_{\boldsymbol{r}}\left[\delta^3(\boldsymbol{r}-\boldsymbol{r}')\right] f(\boldsymbol{r}')$

B. 特定形式

(i) $\delta^3(\boldsymbol{r}-\boldsymbol{r}') \equiv \langle\boldsymbol{r}|\boldsymbol{r}'\rangle = \int d^3k\ \langle\boldsymbol{r}|\boldsymbol{k}\rangle\langle\boldsymbol{k}|\boldsymbol{r}'\rangle$

$$= \frac{1}{(2\pi)^3}\int d^3k\ e^{i\boldsymbol{k}\cdot(\boldsymbol{r}-\boldsymbol{r}')}$$

此處$\langle\boldsymbol{r}|\boldsymbol{k}\rangle$的表達式裏，含三維狄拉克$\delta$函的“規化因子” $(2\pi)^{-3/2}$，

$$\langle\boldsymbol{r}|\boldsymbol{k}\rangle = \frac{1}{\sqrt{(2\pi)^3}}\ e^{i\boldsymbol{k}\cdot\boldsymbol{r}}$$

(ii) $\delta^3(\boldsymbol{r}) = \dfrac{1}{(2\pi)^3}\int d^3k\ e^{i\boldsymbol{k}\cdot\boldsymbol{r}}$

(iii) $\delta(r-r') = \dfrac{2r^2}{\pi}\int_0^\infty dk\ k^2 j_l(kr)\, j_l(kr')$

此處$j_l(kr)$為“球貝塞爾函（spherical Bessel function）”。

(iv) $\delta^2(\Omega-\Omega') \equiv \delta(\cos\theta-\cos\theta')\,\delta(\phi-\phi')$

$$= \sum_{lm} Y_{lm}^*(\theta,\phi)\, Y_{lm}(\theta',\phi')$$

此處“球諧函（spherical harmonics）”$Y_{lm}(\theta,\phi)$代表$\{\boldsymbol{L}^2, L_z\}$的“共徵態（simultaneous eigenstates）”。

(v) $\delta^3(\boldsymbol{r}-\boldsymbol{r}') = \dfrac{1}{r^2}\,\delta(r-r')\,\delta^2(\Omega-\Omega')$

$$= \frac{2}{\pi}\sum_{lm} Y_{lm}^*(\theta,\phi)\, Y_{lm}(\theta',\phi') \int_0^\infty dk\, k^2 j_l(kr)\, j_l(kr')$$

$$= \sum_{Elm} \psi_{Elm}^*(\boldsymbol{r})\, \psi_{Elm}(\boldsymbol{r}')$$

此處$\{\psi_{Elm}(\boldsymbol{r})\}$代表$\{H,\boldsymbol{L}^2,L_z\}$的“共徵態”，而$\sum_E$隱含對$E$離散部的“求和”、與對$E$連續部的“積分”。

(vi) $\delta^3(\boldsymbol{r}-\boldsymbol{r}') = \sum_i \phi_i^*(\boldsymbol{r})\phi_i(\boldsymbol{r}')$

此處$\{\phi_i(\boldsymbol{r})\}$代表試空間裏的一組完備基函，而$\Sigma$隱含對離散部的求和、與對連續部的積分。

附錄六 三維轉向

本附錄研究“三維位空間”裏“座標系”的“轉向”。首先我們假設三維位空間完全均勻，而且符合“歐幾里德空間（Euclidean space）”的一切要求。為敘述簡潔，我們簡稱“歐幾里德空間”為“歐空間”。為此，我們先對“歐空間”作一個簡單的定義，然後再討論“座標系”的轉向。

在三維位空間裏，原點重合的兩個“右手座”，“固定座（fixed coordinate system）”$\{x,y,z\}$與“轉向座（rotated coordinate system）”$\{x',y',z'\}$間的轉換關係，可以利用兩類參數來表示：

(i) 轉向矢$\boldsymbol{\omega}\equiv(\omega,\theta,\varphi)$：

$$0\le\omega\le\pi$$
$$0\le\theta\le\pi$$
$$0\le\varphi<2\pi$$

此處(ω,θ,φ)分別為“轉向矢（rotation vector）”$\boldsymbol{\omega}$的$(\text{徑長},\text{極角},\text{輻角})$，而轉軸的“方位”為$(\theta,\varphi)$，右轉的角度為$\omega$。

(ii) 歐拉矢$\boldsymbol{p}\equiv(\gamma,\beta,\alpha)$：

$$0\le\gamma<2\pi$$
$$0\le\beta\le\pi$$
$$0\le\alpha<2\pi$$

此處(γ,β,α)分別為“歐拉矢（Euler vector）”$\boldsymbol{p}$的$(\text{徑長},\text{極角},\text{輻角})$，而$(\alpha,\beta,\gamma)$依序為三個“歐拉角（Euler angles）”。

詳見本附錄各節。

一• 歐幾里德空間轉向

A. 歐幾里德空間
B. 直角座轉向
C. 轉向矢
D. 歐拉轉向
E. 歐拉矢

二• 轉向的運作描述

A. 位矢
B. 轉向的座標轉換
C. 轉向符

三• 轉向的群結構

A. 轉向符的數學特性
B. 轉向群

四• 轉向符的相似轉換

A. 相似轉換
B. 相似轉向
C. 轉向公式一
D. 轉向公式二

五• 轉向符的矩陣表象

六• 轉向符的矢表象

七• 轉向符的對易關係

附六・一 歐幾里德空間轉向

A. 歐幾里德空間

假設在一個N維空間裏，任意兩點P'與P之間的“間距（interval）”平方$\Delta S^2 \equiv (\Delta S)^2$，一定可以利用某座標系裏的座標表達為

$$\Delta S^2 = \sum_{i=1}^{N} \Delta x_i^2 = \sum_{i=1}^{N} \left(x_i' - x_i\right)^2$$

此處兩點P'與P的座標各為$(x_1', x_2', \cdots, x_N')$與$(x_1, x_2, \cdots, x_N)$，則我們稱此空間為“歐幾里德空間”，簡稱“歐空間”，而稱此座標系為“笛卡兒座（Cartesian coordinate system）”或“直角座（rectangular coordinate system）”。若在此N維空間裏，沒有任何座標系可以將兩點的間距，表達為如上形式，則我們稱此空間為“非歐空間（non-Euclidean space）”。

例如，球面上任意兩點的間距平方，在任何座標系裏，皆無法寫成其座標差的平方和，所以“球面”就是“二維非歐空間”。

B. 直角座轉向

假設“三維位空間（three-dimensional position space）”，簡稱“位空間”，為完全均勻的歐空間。利用以“位置（position）”O為“原點（origin）”的某“右手（right-handed）”直角座$\{x, y, z\}$來描述此空間，並稱此座標系為“座O”。假設有另一右手直角座$\{x', y', z'\}$，其座標“原點”與座O的“原點”重合，但其座軸的“方位（orientation）”卻不同，則我們稱此座標系為“座O'”。

若將座O的“座軸”當作一個“剛體（rigid body）”，則我們可以定義通過座標原點O的某“矢”為“轉向軸（rotation axis）”，將座O右旋某個角度，以得到座O'。因此，我們可以稱座O為“固定座（fixed coordinate system）”或“舊座”，而

稱座O'為“轉向座（rotated coordinate system）”或“新座”。當然，由於我們假設三維位空間是均勻的，所以轉向是相對的，因此，何者為舊座，何者為新座，只是一個方便的稱呼。

由“矢分析（vector analysis）”理論可知，新座O'的“基矢（basis vector）”$\{\hat{x}',\hat{y}',\hat{z}'\}$，可表達為舊座$O$的基矢$\{\hat{x},\hat{y},\hat{z}\}$的線疊加。因此，由座$O$轉向到座$O'$的“座標轉換”是一個線性運作，並且可用一個“線符（linear operator）”來代表。當我們以三個基矢$\{\hat{x},\hat{y},\hat{z}\}$的線疊加，來表達三個新的基矢$\{\hat{x}',\hat{y}',\hat{z}'\}$時，我們就需要九〔3×3〕個“連續實參（continuous real parameters）”。然而，由於新座O'也是直角座，所以其基矢必須滿足由六個“約束關係（constraints）”所組成的“正規條件（orthonormality condition）”。因此，任意一個新座O'，在舊座O裏的相對方位，可由三〔9−6〕個獨立連續實參來確定。以下兩小節，我們分別舉兩個例子來說明這“三個獨立連續實參”。

C. 轉向矢

由於任意新座O'，皆可由舊座O，以通過座標“原點”的某單位矢$\hat{\boldsymbol{n}}$為“轉向軸”，經過“右手螺旋”，簡稱“右旋”，轉向ω角度得到，因此我們可以利用通過座標原點的矢$\omega\hat{\boldsymbol{n}}$來標示新座$O'$，而矢$\omega\hat{\boldsymbol{n}}$含三個獨立參量。這就是以“單轉向（single rotation）”運作，來標示轉向座O'的方法。注意，矢$\omega\hat{\boldsymbol{n}}$的“徑長”$\omega$，以及單位矢$\hat{\boldsymbol{n}}$的“極角”與“輻角”，在一般情況下，並不直接等於新座軸與舊座軸間的任何夾角。現對此種參量表達，作較明確定義如下。

假設ω代表角度，$\hat{\boldsymbol{n}}$代表單位矢，則我們可用$\omega\hat{\boldsymbol{n}}$來標示，以$\hat{\boldsymbol{n}}$為轉向軸、右旋$\omega$角度的“轉向運作（rotation operation）”$R_{\omega\hat{\boldsymbol{n}}}$，並且稱$\omega\hat{\boldsymbol{n}}$為“轉向矢（rotation vector）”。

若單位矢$\hat{\boldsymbol{n}}$的$\left(\text{極角, 輻角}\right)\equiv(\theta,\varphi)$的值域各為

$$0 \le \theta \le \pi$$

$$0 \le \varphi < 2\pi$$

則通過原點的一切可能單位矢$\hat{\boldsymbol{n}}(\theta,\varphi)$皆代表轉向軸。若角度$\omega$的值域為

$$0 \le \omega \le \pi$$

則一切可能的"轉向矢"$\omega\hat{\boldsymbol{n}}$，可用來標示一切可能的"轉向運作"$R_{\omega\hat{\boldsymbol{n}}}$以及"轉向座"$O' \equiv O_{\omega\hat{\boldsymbol{n}}}$。

總而言之，任何轉向皆可以利用某轉向矢$\omega\hat{\boldsymbol{n}}$外端點的"極座標"$(\omega,\theta,\varphi)$，或"直角座標"$(\omega_x,\omega_y,\omega_z)$來標示，而對應於一切轉向的轉向矢$\omega\hat{\boldsymbol{n}}$，其外端點構成一個以座標原點為球心、半徑為$\pi$的球體。反而言之，此球體內以及球面上任何點，皆代表一個可能的轉向。但請注意，此球體的任一條直徑在球面上的"兩個端點"，即$(\omega=\pi,\theta,\varphi)$與$(\omega'=\pi,\ \theta'=\pi-\theta,\ \varphi'=\pi+\varphi)$，代表"同一個"轉向。

D. 歐拉轉向

我們也可用新座軸$\hat{\boldsymbol{x}}',\hat{\boldsymbol{y}}',\hat{\boldsymbol{z}}'$與舊座軸$\hat{\boldsymbol{x}},\hat{\boldsymbol{y}},\hat{\boldsymbol{z}}$間的"立體夾角（stereo-angle）"，來標示新座O'。然而，新軸與舊軸間的這九個夾角彼此之間，必須滿足六個約束關係，因此，這九個夾角只能組合成三個獨立參量，一般採用的參量就是三個"歐拉角（Euler angles）"。這是以"歐拉角"來標示轉向座O'的方法，而其轉向的運作，稱為"歐拉轉向（Euler rotations）"。不過，"歐拉轉向"或"歐拉角"，有許多不同的定義方式，我們這裏的定義，是一般量子力學或群論書中所採用的。

雖然任一新座O'皆可由舊座O，經過一次"單轉向"$R_{\omega\hat{\boldsymbol{n}}}$得到，但我們也可將此單轉向，分解為三個單轉向的依次運作。換而言之，我們將舊座O依次作三次"單轉向"而得到新座O'：

(i) $R_{\alpha\hat{z}}$：以$\hat{z}$為轉向軸，右旋α角，而$0 \le \alpha < 2\pi$。

如下圖所示，座軸由$(\hat{\boldsymbol{x}},\hat{\boldsymbol{y}},\hat{\boldsymbol{z}})$轉為$(\hat{\boldsymbol{\xi}},\hat{\boldsymbol{\eta}},\hat{\boldsymbol{z}})$。

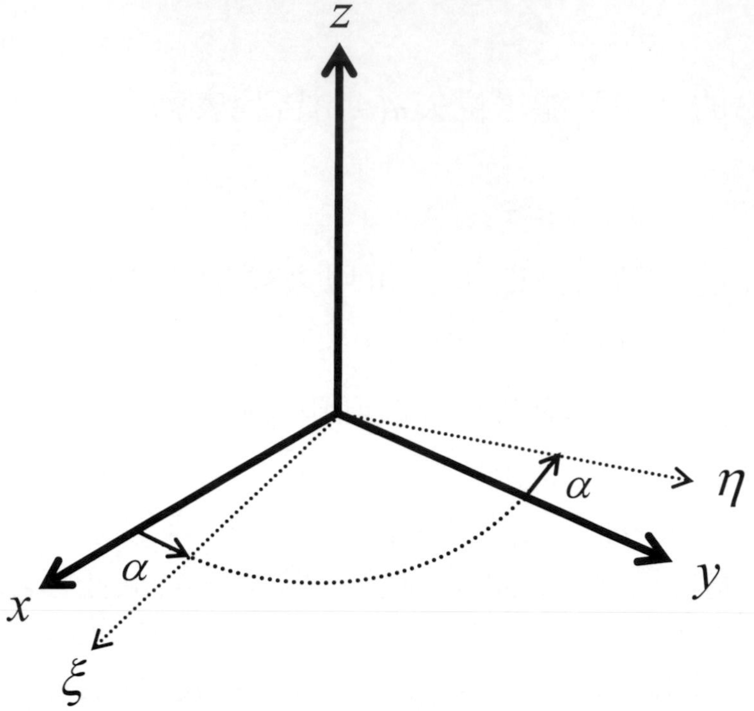

(ii) $R_{\beta\hat{\eta}}$：以$\hat{\eta}$為轉向軸，右旋β角，而$0\leq\beta\leq\pi$。
如下圖所示，座軸由$(\hat{\xi},\hat{\eta},\hat{z})$轉為$(\hat{\xi}',\hat{\eta},\hat{z}')$。

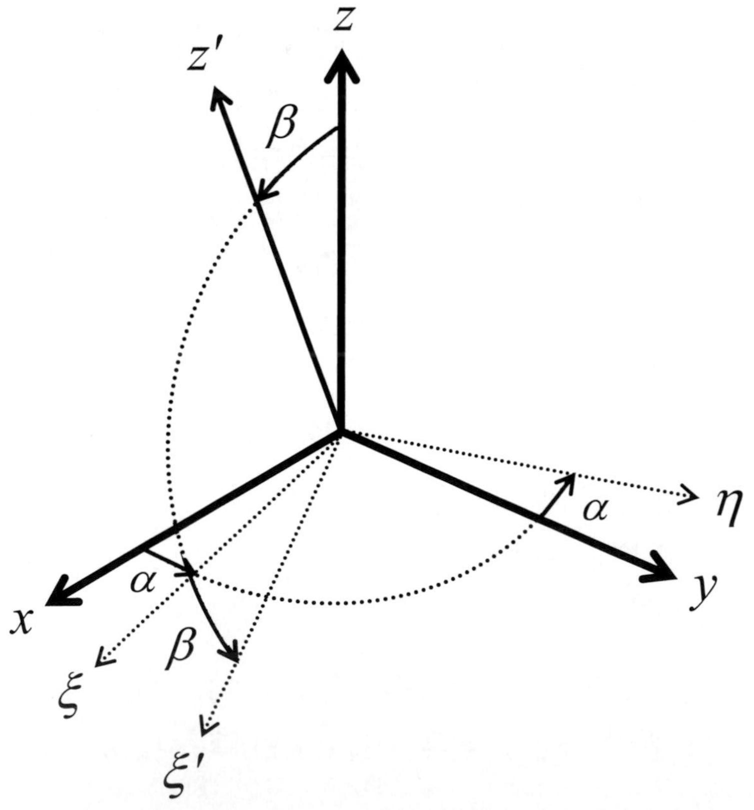

(iii) $R_{\gamma\hat{z}'}$：以$\hat{z}'$為轉向軸，右旋γ角，而$0\le\gamma<2\pi$。

如下圖所示，座軸由$(\hat{\xi}',\hat{\eta},\hat{z}')$轉為$(\hat{x}',\hat{y}',\hat{z}')$。

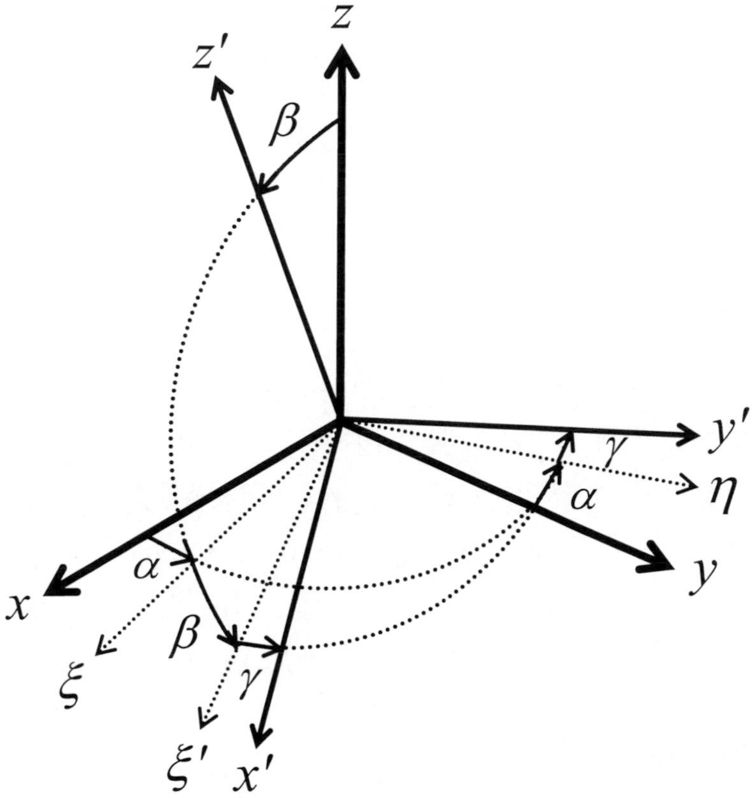

我們稱這三次轉向的角度(α,β,γ)為"歐拉角"。這裏我們將一個"單轉向"$R_{\omega\hat{n}}$，分解為三個"單轉向"的乘積：$R_{\gamma\hat{z}'}R_{\beta\hat{\eta}}R_{\alpha\hat{z}}$，這似乎變得更為複雜。然而，由於這三個轉向軸，皆利用"座軸"本身，所以對於認定新座軸$(\hat{x}',\hat{y}',\hat{z}')$與舊座軸$(\hat{x},\hat{y},\hat{z})$之間的"立體夾角"，有其方便之處。因此，以歐拉角$(\alpha,\beta,\gamma)$來表達新舊座之間的關係，即座標轉換，也較為簡單。注意，當$\beta=0$，且$\alpha+\gamma=\alpha'+\gamma'$時，歐拉角$(\alpha,0,\gamma)$與$(\alpha',0,\gamma')$代表同一個轉向。

E. 歐拉矢

更進一步，我們可以仿照轉向矢$\omega\hat{n}$的定義，來定義"歐拉矢（Euler vector）"$\gamma\hat{z}'$，而$\gamma\hat{z}'$外端點的"極座標（polar coordinates）"$(r,\theta,\varphi)=(\gamma,\beta,\alpha)$恰好為三個"歐拉角"，不過，要注意$\alpha\beta\gamma$的順序。任意轉向座$O'$的方位，皆可用歐拉矢$\gamma\hat{z}'$外

端點的極座標(γ,β,α)來標示。對應於一切轉向座O'的歐拉矢$\gamma\hat{z}'$，其外端點構成一個以座標“原點O”為球心、半徑為2π的球體，但不包括球面。反而言之，此“球體”內任意一個點的“極座標”(γ,β,α)，也就是標示“轉向座”O'方位的“歐拉角”。

附六・二　轉向的運作描述

A. 位矢

三維位空間裏的任一“位置（position）”P，皆可利用此空間裏的某特定“位置”O為基準來標示。由此“參考點（reference point）”O到“任意位置”P的矢$\boldsymbol{P}$，我們稱之為“位置P相對參考點O的矢”，簡稱為“位矢（position vector）”。在以參考點O為“原點”的任意“直角座”裏，位置P的三個直角座標(x,y,z)，正好代表“位矢”$\boldsymbol{P}$的三個分量：$\left(P_x = x, P_y = y, P_z = z\right)$。

B. 轉向的座標轉換

我們可以利用舊座O裏的直角座標(x,y,z)，來標示三維位空間裏的任意一個“位置”P，也可以利用新座O'裏的座標(x',y',z')，來標示同一個“位置”P，而新舊座標之間，滿足如下線性關係，

$$x' = a_{11}x + a_{12}y + a_{13}z$$

$$y' = a_{21}x + a_{22}y + a_{23}z$$

$$z' = a_{31}x + a_{32}y + a_{33}z$$

此處a_{ij}為實數。這種關係，我們稱之為“轉向座標轉換”，簡稱“轉向轉換”。這裏我們利用固定的“舊座”O與作轉向$R_{-\omega\hat{\boldsymbol{n}}}$後的“新座”$O'$，來標示“同一個位置”$P$。如此解釋座標轉換的觀點，我們稱之為“被動觀（passive point of view）”。在〈附錄十一　主動與被動轉換〉裏，我們將會再談到，此座標轉

換也可以解釋如次：座標(x,y,z)代表在固定座O裏“位置”P的座標，之後我們將“舊位置”P作轉向$R_{\omega\hat{n}}$至“新位置”P'，而座標(x',y',z')代表“新位置”P'在“同一個”座O裏的座標。如此解釋座標轉換的觀點，就是〈附錄十一　主動與被動轉換〉裏所謂的“主動觀（active point of view）”。注意，“主動與被動”的區別是：“主動觀”僅利用“一個固定座”來描述“轉向”，而“被動觀”需要同時利用“一個固定座”與“一個轉向座”來描述“轉向”。

以下我們將以“主動觀”來探討“轉向轉換”，並定義“轉向符”，這相當於本書〈第一・八・C 小節　基本伽利略轉換(4)〉裏時空座標的“轉向轉換”τ_{ϖ}。不過，請勿與〈第四章　量子力學推導〉裏態矢的“態轉向符”$U(\tau_{\varpi})$混淆。

C. 轉向符

在三維位空間裏，我們定義座O的任意一個“轉向符（rotation operator）”$\tau_{\omega\hat{n}}$為，經過座標“原點”O的右旋轉向矢$\omega\hat{\boldsymbol{n}}$。轉向符$\tau_{\omega\hat{n}}$運作於任一位矢$\boldsymbol{P}$的效應是：使位矢$\boldsymbol{P}$右旋轉向$\omega$角度，轉向軸為單位矢$\hat{\boldsymbol{n}}$。如此定義的“轉向符”$\tau_{\omega\hat{n}}$含三個獨立參量，並且與“轉向群（rotation group）”$O^{+}(3)$裏的元素$R_{\omega\hat{n}}$一一對應。以下我們分別以“直角參量”、“極參量”、與“歐拉角”為例來說明。

(1) 直角參量

我們以轉向矢$\omega\hat{\boldsymbol{n}}$外端點的“直角座標”$(\omega_x,\omega_y,\omega_z)$為參量，可將“轉向符”$\tau_{\omega\hat{n}}$寫為

$$\tau_{\omega\hat{n}} \equiv \tau_{\omega_x\hat{x}+\omega_y\hat{y}+\omega_z\hat{z}}$$

此處$\hat{\boldsymbol{x}},\hat{\boldsymbol{y}},\hat{\boldsymbol{z}}$代表此直角座裏，$x-$, $y-$, $z-$軸方向的單位矢。

(2) 極參量

我們可利用轉向矢 $\omega\hat{\boldsymbol{n}}$ 外端點的“極座標（polar coordinates）”，

$$\begin{aligned} \text{徑長} &= \omega \\ \text{極角} &= \theta \\ \text{輻角} &= \varphi \end{aligned}$$

來標示轉向符 $\tau_{\omega\hat{\boldsymbol{n}}}$。極參量 (ω,θ,φ) 與上述直角參量 $(\omega_x,\omega_y,\omega_z)$ 間的關係為

$$\begin{aligned} \omega_x &= \omega\sin\theta\cos\varphi \\ \omega_y &= \omega\sin\theta\sin\varphi \\ \omega_z &= \omega\cos\theta \end{aligned}$$

(3) 歐拉符

由於轉向符 $\tau_{\omega\hat{\boldsymbol{n}}}$ 可以分解為三個歐拉轉向，所以我們也可以利用歐拉角 (α,β,γ) 為參量，來表達轉向符 $\tau_{\omega\hat{\boldsymbol{n}}}$，

$$\tau_{\omega\hat{\boldsymbol{n}}} \equiv \tau(\alpha,\beta,\gamma)$$

此處 $\tau(\alpha,\beta,\gamma)$ 稱為“歐拉符（Euler operator）”，我們將在〈附錄六・四・D 小節 轉向公式二〉裏作具體定義，而“歐拉角” (α,β,γ) 與轉向矢 $\omega\hat{\boldsymbol{n}}$ 的“極座標” (ω,θ,φ) 之間的關係為

$$\cos\left(\frac{\omega}{2}\right) = \cos\left(\frac{\alpha+\gamma}{2}\right)\cos\left(\frac{\beta}{2}\right)$$

$$\tan\theta = \tan\left(\frac{\beta}{2}\right)\Big/\sin\left(\frac{\alpha+\gamma}{2}\right)$$

$$2\varphi = \alpha-\gamma+\pi$$

$$\sin\left(\frac{\beta}{2}\right) = \sin\left(\frac{\omega}{2}\right)\sin\theta$$

$$\tan\left(\frac{\alpha+\gamma}{2}\right) = \tan\left(\frac{\omega}{2}\right)\cos\theta$$

$$\alpha-\gamma = 2\varphi-\pi$$

附六・三 轉向的群結構

A. 轉向符的數學特性

我們很容易證明“轉向符” $\tau_{\omega\hat{n}}$ 具有以下特性:

(i) 恆等符為

$$I = \tau_{0\hat{n}}$$

(ii) 轉向符 $\tau_{\omega\hat{n}}$ 的“逆轉向符（inverse rotation operator）”為 $\tau_{\omega\hat{n}}^{-1} = \tau_{-\omega\hat{n}}$,

$$\tau_{\omega\hat{n}}\tau_{-\omega\hat{n}} = \tau_{-\omega\hat{n}}\tau_{\omega\hat{n}} = I$$

(iii) 相同轉向軸的任意兩轉向符，彼此對易,

$$\tau_{\omega\hat{n}}\tau_{\lambda\hat{n}} = \tau_{\lambda\hat{n}}\tau_{\omega\hat{n}}$$

(iv) 相同轉向軸的任意兩轉向符的乘積為

$$\tau_{\omega\hat{n}}\tau_{\lambda\hat{n}} = \tau_{(\omega+\lambda)\hat{n}} = \tau_{(\lambda+\omega)\hat{n}}$$

(v) 以歐拉角表達的轉向符 $\tau(\alpha,\beta,\gamma)$ 的逆轉向符為

$$\tau^{-1}(\alpha,\beta,\gamma) = \tau(-\gamma,-\beta,-\alpha)$$

B. 轉向群

在〈附錄六・一節 歐幾里德空間轉向〉裏，我們先後採用“轉向運作”與“座軸夾角”，來標示一個任意的“轉向”，並且分別定義了“轉向矢” $\omega\hat{n} \equiv (\omega,\theta,\varphi)$ 與“歐拉矢” $\gamma\hat{z}' \equiv (\gamma,\beta,\alpha)$。然而，不論是以“運作”的方式，還是以“夾角”的方式，來定義“轉向”，我們皆需要三個獨立的“連續實參”，而這兩組參量之間，滿足某種函關係。請參閱〈附錄六・二・C 小節 轉向符(3)〉。為了作對照，我們將其符號表示，再綜合如下:

$$\text{轉向運作:}\quad R \equiv R_{\omega\hat{n}} \equiv R(\omega,\theta,\varphi) \leftrightarrow \tau_{\omega\hat{n}}$$

座軸夾角：$O' \equiv O_{\varpi\hat{n}} \equiv O(\alpha,\beta,\gamma) \leftrightarrow \tau(\alpha,\beta,\gamma)$

以下為了敘述簡潔，本附錄僅以“歐拉符” $\tau(\alpha,\beta,\gamma)$ 來討論。當然，若以“轉向符” $\tau_{\varpi\hat{n}}$ 來討論，也未嘗不可。

一切可能“歐拉符”所構成的集合，是一個無窮集合。這是因為任意轉向，皆可用三個連續的歐拉角來標示。換而言之，在〈附錄六・一・E 小節 歐拉矢〉裏所定義的半徑為 2π 的“球體內”，一切點所構成的集合，是一個“無窮點集合（infinite point set）”；而此無窮點集合對應一個“無窮轉向群（infinite rotation group）”：

(i) 任意兩轉向的“積（product of multiplication，簡稱 product）”，也一定是一個轉向：

$$\tau(\alpha,\beta,\gamma)\,\tau(\alpha',\beta',\gamma') = \tau(\alpha'',\beta'',\gamma'')$$

(ii) 轉向的積滿足結合律：

$$\begin{aligned}&\left[\tau(\alpha_1,\beta_1,\gamma_1)\,\tau(\alpha_2,\beta_2,\gamma_2)\right]\tau(\alpha_3,\beta_3,\gamma_3)\\ &= \tau(\alpha_1,\beta_1,\gamma_1)\left[\tau(\alpha_2,\beta_2,\gamma_2)\,\tau(\alpha_3,\beta_3,\gamma_3)\right]\end{aligned}$$

(iii) “恆等轉向（rotation of identity）”為 $\tau(0,0,0)$：

$$\tau(\alpha,\beta,\gamma)\,\tau(0,0,0) = \tau(0,0,0)\,\tau(\alpha,\beta,\gamma) = \tau(\alpha,\beta,\gamma)$$

(iv) 轉向 $\tau(\alpha,\beta,\gamma)$ 的“逆轉向（inverse rotation）”為 $\tau(-\gamma,-\beta,-\alpha)$：

$$\tau(\alpha,\beta,\gamma)\,\tau(-\gamma,-\beta,-\alpha) = \tau(-\gamma,-\beta,-\alpha)\,\tau(\alpha,\beta,\gamma) = \tau(0,0,0)$$

在“群論（group theory）”裏，我們以“$O^+(3)$”代表此“三維位轉向群”。此處上標“+”表示，在此轉向群裏不含“鏡射轉換（reflection transformation）”。換而言之，若“固定座” O 為“右手座（right-hand coordinate system）”，則一切“轉向座” O'，皆為“右手座”。同理，若固定座 O 符合“左手定則”，則一切轉向座 O' 也皆為“左手座（left-hand coordinate system）”。

附六・四 轉向符的相似轉換

A. 相似轉換

假設算符Ω, U, Ω'的運作分別定義如下：

(i) 符Ω代表將$|x\rangle$變為$|y\rangle$的“轉換”，

$$\text{轉換}\,\Omega\text{：}\quad |x\rangle \xrightarrow{\ \Omega\ } |y\rangle = \Omega|x\rangle$$

此處轉換Ω的定義域為**D**，值域為**R**，

$$|x\rangle \in \mathbf{D},\quad |y\rangle \in \mathbf{R}$$

(ii) 符U代表將$|x\rangle$變為$|x'\rangle$、將$|y\rangle$轉變為$|y'\rangle$的“轉換”，

$$|x\rangle \xrightarrow{\ U\ } |x'\rangle = U|x\rangle$$

$$|y\rangle \xrightarrow{\ U\ } |y'\rangle = U|y\rangle$$

而且符U具有逆符U^{-1}。符U將符Ω的定義域**D**映射到**D**$'$，而將符Ω的值域**R**映射到**R**$'$，

$$\mathbf{D} \xrightarrow{\ U\ } \mathbf{D}'$$

$$\mathbf{R} \xrightarrow{\ U\ } \mathbf{R}'$$

(iii) 符Ω'代表將$|x'\rangle$變為$|y'\rangle$的“轉換”，

$$\text{轉換}\,\Omega'\text{：}\quad |x'\rangle \xrightarrow{\ \Omega'\ } |y'\rangle = \Omega'|x'\rangle$$

此處轉換Ω'的定義域為**D**$'$，值域為**R**$'$，

$$|x'\rangle \in \mathbf{D}',\quad |y'\rangle \in \mathbf{R}'$$

由此可得$\Omega' U|x\rangle = U\Omega|x\rangle$，而$|x\rangle$為任意矢，故$\Omega' U = U\Omega$。因此，我們稱“轉換$\Omega$”與“轉換$\Omega'$”，互為彼此的“相似轉換（similarity transformation）”，而轉換Ω與Ω'的關係為

$$\Omega' = U\Omega U^{-1}$$

相似轉換的幾何意義如下圖所示:

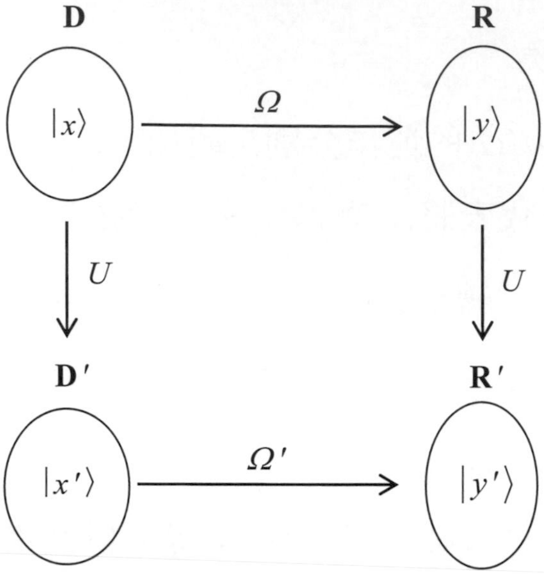

假設$|x\rangle$和$|y\rangle$代表觀察者O眼中的任意兩態矢，而符U為"幺正符"，將$|x\rangle$和$|y\rangle$轉換為觀察者O'眼中的態矢$|x'\rangle$和$|y'\rangle$。如此，則觀察者O眼中的符Ω與觀察者O'眼中的符$\Omega' \equiv U\Omega U^{\dagger}$，互為彼此的"相似符（similar operator）"。此外，若觀察者O'眼中之$|x'\rangle$和$|y'\rangle$，又是觀察者O眼中之$|x\rangle$和$|y\rangle$的"對等態（equivalent states）"〔請參閱本書〈第四・三・A 小節 對等觀測〉〕，則此兩"相似符"Ω與Ω'，更特稱為彼此的"對等符（equivalent operator）"。也就是說，相似符Ω與Ω'，不僅"相似"而且"對等"〔請參閱〈第四・八・C 小節 時空轉換下的測符〉〕。因此，在此特殊情況下，"相似轉換"也特稱為"對等轉換（equivalent transformation）"，其物理意義相當於〈第四・三・A 小節 對等觀測〉裏的"對等操作程序（equivalent operational procedures）"。

B. 相似轉向

假設將$\hat{\boldsymbol{n}}$轉換為$\hat{\boldsymbol{n}}'$的轉向符為$\tau_{\hat{n}\to\hat{n}'}$，

$$\hat{\boldsymbol{n}}' = \tau_{\hat{n}\to\hat{n}'}\hat{\boldsymbol{n}}$$

則利用上小節裏的結果，我們可以證明，以$\hat{\boldsymbol{n}}$為軸作右旋ω角度的轉向符$\tau_{\omega\hat{n}}$，與以$\hat{\boldsymbol{n}}'$為軸的轉向符$\tau_{\omega\hat{n}'}$之間的關係為

$$\text{(a)}\quad \tau_{\omega\hat{n}'} = \tau_{\hat{n}\to\hat{n}'}\,\tau_{\omega\hat{n}}\,\tau^{-1}_{\hat{n}\to\hat{n}'}$$

因此，若已知$\tau_{\omega\hat{n}}$，要得到$\tau_{\omega\hat{n}'}$，則只需先求出$\tau_{\hat{n}\to\hat{n}'}$。

注意，將$\hat{\boldsymbol{n}}$轉換為$\hat{\boldsymbol{n}}'$的轉向符$\tau_{\hat{n}\to\hat{n}'}$，並不唯一，可以有無數種選擇。例如，定義某轉向符$\tau'_{\hat{n}\to\hat{n}'}$為

$$\tau'_{\hat{n}\to\hat{n}'} \equiv \tau_{\lambda\hat{n}'}\,\tau_{\hat{n}\to\hat{n}'}$$

此處λ為任意角度。由於此轉向符$\tau'_{\hat{n}\to\hat{n}'}$也可將$\hat{\boldsymbol{n}}$轉換為$\hat{\boldsymbol{n}}'$，所以我們要推導的轉向符$\tau_{\omega\hat{n}'}$也可寫為

$$\text{(b)}\quad \tau_{\omega\hat{n}'} = \tau'_{\hat{n}\to\hat{n}'}\,\tau_{\omega\hat{n}}\,\tau'^{-1}_{\hat{n}\to\hat{n}'}$$

當然$\tau_{\omega\hat{n}'}$的這兩個形式(a)與(b)是相等的，

$$\begin{aligned}\tau'_{\hat{n}\to\hat{n}'}\,\tau_{\omega\hat{n}}\,\tau'^{-1}_{\hat{n}\to\hat{n}'} &= \tau_{\lambda\hat{n}'}\,\tau_{\hat{n}\to\hat{n}'}\,\tau_{\omega\hat{n}}\,\tau^{-1}_{\hat{n}\to\hat{n}'}\,\tau^{-1}_{\lambda\hat{n}'}\\ &= \tau_{\lambda\hat{n}'}\,\tau_{\omega\hat{n}'}\,\tau^{-1}_{\lambda\hat{n}'} = \tau_{(\lambda+\omega-\lambda)\hat{n}'}\\ &= \tau_{\omega\hat{n}'}\end{aligned}$$

因此，我們只需選取任意一個簡單方便的$\tau_{\hat{n}\to\hat{n}'}$即可。

借助上述結果，我們可以推導出以下兩個很好用的公式。

C. 轉向公式一

假設單位矢$\hat{\boldsymbol{n}}$的極角與輻角為(θ,φ)，如下圖所示：

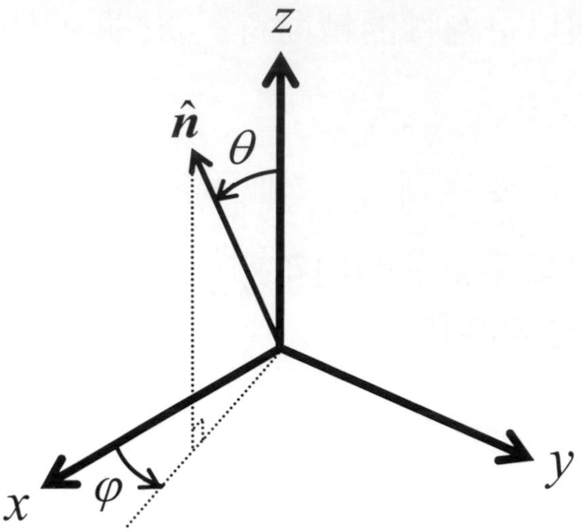

我們很容易得到$\tau_{\hat{z}\to\hat{n}}$為

$$\tau_{\hat{z}\to\hat{n}} = \tau_{\varphi\hat{z}}\,\tau_{\theta\hat{y}}$$

因此，轉向符$\tau_{\omega\hat{n}}$可分解為一系列“單轉向”的乘積，

$$\begin{aligned}\tau_{\omega\hat{n}} &= \tau_{\hat{z}\to\hat{n}}\,\tau_{\omega\hat{z}}\,\tau_{\hat{z}\to\hat{n}}^{-1}\\ &= \tau_{\varphi\hat{z}}\,\tau_{\theta\hat{y}}\,\tau_{\omega\hat{z}}\,\tau_{-\theta\hat{y}}\,\tau_{-\varphi\hat{z}}\end{aligned}$$

此處我們利用了公式：$(AB)^{-1}=B^{-1}A^{-1}$，而A,B皆為任意符。

D. 轉向公式二

任意轉向座(x',y',z')，在固定座(x,y,z)裏的方位，可以利用三個歐拉角(α,β,γ)來標示，詳見〈附錄六・一・D 小節 歐拉轉向〉裏的圖。為此，我們刻意“嶄新”定義，“歐拉符（Euler operator）”$\tau(\alpha,\beta,\gamma)$為三個“單轉向符（single rotation operator）”的乘積，

$$\tau(\alpha,\beta,\gamma) \equiv \tau_{\gamma\hat{z}'}\,\tau_{\beta\hat{\eta}}\,\tau_{\alpha\hat{z}}$$

利用〈附錄六・四・B 小節 相似轉向〉裏的公式，我們很容易得到

$$\begin{aligned}\tau_{\beta\hat{\eta}} &= \tau_{\hat{y}\to\hat{\eta}}\,\tau_{\beta\hat{y}}\,\tau_{\hat{y}\to\hat{\eta}}^{-1}\\ &= \tau_{\alpha\hat{z}}\,\tau_{\beta\hat{y}}\,\tau_{-\alpha\hat{z}}\end{aligned}$$

$$\tau_{\gamma\hat{z}'} = \tau_{\hat{z}\to\hat{z}'}\,\tau_{\gamma\hat{z}}\,\tau_{\hat{z}\to\hat{z}'}^{-1} \quad ; \quad \tau_{\hat{z}\to\hat{z}'} = \tau_{\alpha\hat{z}}\,\tau_{\beta\hat{y}}$$
$$= \tau_{\alpha\hat{z}}\,\tau_{\beta\hat{y}}\,\tau_{\gamma\hat{z}}\,\tau_{-\beta\hat{y}}\,\tau_{-\alpha\hat{z}}$$

因此，“歐拉符”$\tau(\alpha,\beta,\gamma)$可改寫為

$$\tau(\alpha,\beta,\gamma) = \left(\tau_{\alpha\hat{z}}\,\tau_{\beta\hat{y}}\,\tau_{\gamma\hat{z}}\,\tau_{-\beta\hat{y}}\,\tau_{-\alpha\hat{z}}\right)\left(\tau_{\alpha\hat{z}}\,\tau_{\beta\hat{y}}\,\tau_{-\alpha\hat{z}}\right)\left(\tau_{\alpha\hat{z}}\right)$$
$$= \tau_{\alpha\hat{z}}\,\tau_{\beta\hat{y}}\,\tau_{\gamma\hat{z}}$$

此處歐拉符$\tau(\alpha,\beta,\gamma)$運作於舊座$(x,y,z)$的效應是，將其轉向為新座$(x',y',z')$。若$\tau_{\omega\hat{n}}$為舊座$(x,y,z)$裏的某特定轉向符，而$\tau_{\omega\hat{n}'}$為新座$(x',y',z')$裏，對應於$\tau_{\omega\hat{n}}$的“相似轉向符（similarity rotation operator）”，則$\tau_{\omega\hat{n}}$與$\tau_{\omega\hat{n}'}$的關係為

$$\tau_{\omega\hat{n}'} = \tau(\alpha,\beta,\gamma)\,\tau_{\omega\hat{n}}\,\tau^{-1}(\alpha,\beta,\gamma)$$
$$= \tau_{\alpha\hat{z}}\,\tau_{\beta\hat{y}}\,\tau_{\gamma\hat{z}}\,\tau_{\omega\hat{n}}\,\tau_{-\gamma\hat{z}}\,\tau_{-\beta\hat{y}}\,\tau_{-\alpha\hat{z}}$$

以下為此公式的一些特例：

$$\tau_{\omega\hat{x}'} = \tau_{\alpha\hat{z}}\,\tau_{\beta\hat{y}}\,\tau_{\gamma\hat{z}}\,\tau_{\omega\hat{x}}\,\tau_{-\gamma\hat{z}}\,\tau_{-\beta\hat{y}}\,\tau_{-\alpha\hat{z}}$$

$$\tau_{\omega\hat{y}'} = \tau_{\alpha\hat{z}}\,\tau_{\beta\hat{y}}\,\tau_{\gamma\hat{z}}\,\tau_{\omega\hat{y}}\,\tau_{-\gamma\hat{z}}\,\tau_{-\beta\hat{y}}\,\tau_{-\alpha\hat{z}}$$

$$\tau_{\omega\hat{z}'} = \tau_{\alpha\hat{z}}\,\tau_{\beta\hat{y}}\,\tau_{\gamma\hat{z}}\,\tau_{\omega\hat{z}}\,\tau_{-\gamma\hat{z}}\,\tau_{-\beta\hat{y}}\,\tau_{-\alpha\hat{z}}$$
$$= \tau_{\alpha\hat{z}}\,\tau_{\beta\hat{y}}\,\tau_{\omega\hat{z}}\,\tau_{-\beta\hat{y}}\,\tau_{-\alpha\hat{z}}$$

附六・五 轉向符的矩陣表象

我們以“位矢”$\boldsymbol{P}$在某固定座(x,y,z)裏的“分量”，來標示此矢，並以3×1矩陣表達為

$$\boldsymbol{P} = \begin{pmatrix} P_x \\ P_y \\ P_z \end{pmatrix} \equiv \begin{pmatrix} x \\ y \\ z \end{pmatrix}$$

因此，若以$\hat{\boldsymbol{x}},\hat{\boldsymbol{y}},\hat{\boldsymbol{z}}$作為轉向軸的轉向符分別為$\tau_{\omega\hat{x}},\tau_{\omega\hat{y}},\tau_{\omega\hat{z}}$，則其“矩陣式（matrix form）”，特稱為“轉向陣（rotation matrices）”，

可表達為如下形式，

$$\tau_{\omega\hat{x}} = \begin{pmatrix} 1 & 0 & 0 \\ 0 & \cos\omega & -\sin\omega \\ 0 & \sin\omega & \cos\omega \end{pmatrix} = e^{\omega I_x}, \quad I_x = \begin{pmatrix} 0 & 0 & 0 \\ 0 & 0 & -1 \\ 0 & 1 & 0 \end{pmatrix}$$

$$\tau_{\omega\hat{y}} = \begin{pmatrix} \cos\omega & 0 & \sin\omega \\ 0 & 1 & 0 \\ -\sin\omega & 0 & \cos\omega \end{pmatrix} = e^{\omega I_y}, \quad I_y = \begin{pmatrix} 0 & 0 & 1 \\ 0 & 0 & 0 \\ -1 & 0 & 0 \end{pmatrix}$$

$$\tau_{\omega\hat{z}} = \begin{pmatrix} \cos\omega & -\sin\omega & 0 \\ \sin\omega & \cos\omega & 0 \\ 0 & 0 & 1 \end{pmatrix} = e^{\omega I_z}, \quad I_z = \begin{pmatrix} 0 & -1 & 0 \\ 1 & 0 & 0 \\ 0 & 0 & 0 \end{pmatrix}$$

此處矩陣I_x, I_y, I_z稱為“轉向子（rotation generator）”。歐拉符$\tau(\alpha,\beta,\gamma)$的“矩陣式”為

$$\begin{aligned} \tau(\alpha,\beta,\gamma) &= \tau_{\alpha\hat{z}}\,\tau_{\beta\hat{y}}\,\tau_{\gamma\hat{z}} \\ &= \begin{pmatrix} \cos\alpha & -\sin\alpha & 0 \\ \sin\alpha & \cos\alpha & 0 \\ 0 & 0 & 1 \end{pmatrix} \begin{pmatrix} \cos\beta & 0 & \sin\beta \\ 0 & 1 & 0 \\ -\sin\beta & 0 & \cos\beta \end{pmatrix} \begin{pmatrix} \cos\gamma & -\sin\gamma & 0 \\ \sin\gamma & \cos\gamma & 0 \\ 0 & 0 & 1 \end{pmatrix} \\ &= \begin{pmatrix} \cos\alpha\cos\beta\cos\gamma - \sin\alpha\sin\gamma & -\cos\alpha\cos\beta\sin\gamma - \sin\alpha\cos\gamma & \cos\alpha\sin\beta \\ \sin\alpha\cos\beta\cos\gamma + \cos\alpha\sin\gamma & -\sin\alpha\cos\beta\sin\gamma + \cos\alpha\cos\gamma & \sin\alpha\sin\beta \\ -\sin\beta\cos\gamma & \sin\beta\sin\gamma & \cos\beta \end{pmatrix} \end{aligned}$$

注意，“歐拉符”$\tau(\alpha,\beta,\gamma)$運作於矩陣$\boldsymbol{P}$，得到矩陣$\boldsymbol{P}'$，

$$\boldsymbol{P}' = \tau(\alpha,\beta,\gamma)\boldsymbol{P}$$

而矩陣$\boldsymbol{P}'$的分量代表，經歐拉轉向後的“新位矢”$\boldsymbol{P}'$於固定座(x,y,z)裏的分量。

利用〈附錄六・四・C 小節　轉向公式一〉的結果，我們還可以得到任意轉向符$\tau_{\omega\hat{n}}$的“矩陣式”，

$$\tau_{\omega\hat{n}} = \tau_{\varphi\hat{z}}\,\tau_{\theta\hat{y}}\,\tau_{\omega\hat{z}}\,\tau_{-\theta\hat{y}}\,\tau_{-\varphi\hat{z}}$$

$$= \begin{pmatrix} \cos\varphi & -\sin\varphi & 0 \\ \sin\varphi & \cos\varphi & 0 \\ 0 & 0 & 1 \end{pmatrix} \begin{pmatrix} \cos\theta & 0 & \sin\theta \\ 0 & 1 & 0 \\ -\sin\theta & 0 & \cos\theta \end{pmatrix} \begin{pmatrix} \cos\omega & -\sin\omega & 0 \\ \sin\omega & \cos\omega & 0 \\ 0 & 0 & 1 \end{pmatrix}$$

$$\times \begin{pmatrix} \cos\theta & 0 & -\sin\theta \\ 0 & 1 & 0 \\ \sin\theta & 0 & \cos\theta \end{pmatrix} \begin{pmatrix} \cos\varphi & \sin\varphi & 0 \\ -\sin\varphi & \cos\varphi & 0 \\ 0 & 0 & 1 \end{pmatrix}$$

$$= \begin{pmatrix} A_1 + \cos\omega & B_3 - C_3 & B_1 + C_2 \\ B_3 + C_3 & A_2 + \cos\omega & B_2 - C_1 \\ B_1 - C_2 & B_2 + C_1 & A_3 + \cos\omega \end{pmatrix}$$

此處各參量分別定義為

$$A_1 = \frac{1}{4}(1-\cos\omega)(1-\cos 2\theta)(1+\cos 2\varphi)$$

$$A_2 = \frac{1}{4}(1-\cos\omega)(1-\cos 2\theta)(1-\cos 2\varphi)$$

$$A_3 = \frac{1}{2}(1-\cos\omega)(1+\cos 2\theta)$$

$$B_1 = \frac{1}{2}(1-\cos\omega)\sin 2\theta\cos\varphi$$

$$B_2 = \frac{1}{2}(1-\cos\omega)\sin 2\theta\sin\varphi$$

$$B_3 = \frac{1}{4}(1-\cos\omega)(1-\cos 2\theta)\sin 2\varphi$$

$$C_1 = \sin\omega\sin\theta\cos\varphi$$

$$C_2 = \sin\omega\sin\theta\sin\varphi$$

$$C_3 = \sin\omega\cos\theta$$

附六・六 轉向符的矢表象

我們也可以利用“矢分析”裏的運算，來表達轉向符的運作，並稱之為“轉向符”的“矢表象（vector representation）”。在矢表象裏，我們直接將“位矢” $\boldsymbol{P}$ 表示為

$$\boldsymbol{P} = P_x\hat{\boldsymbol{x}}+P_y\hat{\boldsymbol{y}}+P_z\hat{\boldsymbol{z}}$$

我們還可以利用“並矢（dyadic）”來表示“轉向符” $\tau_{\omega\hat{\boldsymbol{n}}}$。以 $\tau_{\omega\hat{\boldsymbol{x}}},\tau_{\omega\hat{\boldsymbol{y}}},\tau_{\omega\hat{\boldsymbol{z}}}$ 為例，可得

$$\tau_{\omega\hat{\boldsymbol{x}}} = \vec{\vec{\tau}}_{\omega\hat{\boldsymbol{x}}} = \hat{\boldsymbol{x}}\hat{\boldsymbol{x}}+\hat{\boldsymbol{y}}\hat{\boldsymbol{y}}\cos\omega-\hat{\boldsymbol{y}}\hat{\boldsymbol{z}}\sin\omega+\hat{\boldsymbol{z}}\hat{\boldsymbol{y}}\sin\omega+\hat{\boldsymbol{z}}\hat{\boldsymbol{z}}\cos\omega$$

$$\tau_{\omega\hat{\boldsymbol{y}}} = \vec{\vec{\tau}}_{\omega\hat{\boldsymbol{y}}} = \hat{\boldsymbol{y}}\hat{\boldsymbol{y}}+\hat{\boldsymbol{z}}\hat{\boldsymbol{z}}\cos\omega-\hat{\boldsymbol{z}}\hat{\boldsymbol{x}}\sin\omega+\hat{\boldsymbol{x}}\hat{\boldsymbol{z}}\sin\omega+\hat{\boldsymbol{x}}\hat{\boldsymbol{x}}\cos\omega$$

$$\tau_{\omega\hat{\boldsymbol{z}}} = \vec{\vec{\tau}}_{\omega\hat{\boldsymbol{z}}} = \hat{\boldsymbol{z}}\hat{\boldsymbol{z}}+\hat{\boldsymbol{x}}\hat{\boldsymbol{x}}\cos\omega-\hat{\boldsymbol{x}}\hat{\boldsymbol{y}}\sin\omega+\hat{\boldsymbol{y}}\hat{\boldsymbol{x}}\sin\omega+\hat{\boldsymbol{y}}\hat{\boldsymbol{y}}\cos\omega$$

此處的特殊符號 $\vec{\vec{\tau}}_{\omega\hat{\boldsymbol{x}}},\hat{\boldsymbol{x}}\hat{\boldsymbol{x}},\hat{\boldsymbol{x}}\hat{\boldsymbol{y}}$ 等，稱為“並矢”。在矢分析裏，當考慮三個或更多矢的組合時，常出現“兩矢並列”的情況。為了標記方便，我們將兩矢並列的線疊加，以單一符號來代表，並稱之為“並矢”。我們以 $\tau_{\omega\hat{\boldsymbol{x}}}$ 對位矢 $\boldsymbol{P}$ 的運作，舉例如下，

$$\begin{aligned}\tau_{\omega\hat{\boldsymbol{x}}}\boldsymbol{P} &\equiv \vec{\vec{\tau}}_{\omega\hat{\boldsymbol{x}}}\cdot\boldsymbol{P}\\ &= \left[\hat{\boldsymbol{x}}\hat{\boldsymbol{x}}+\hat{\boldsymbol{y}}\hat{\boldsymbol{y}}\cos\omega-\hat{\boldsymbol{y}}\hat{\boldsymbol{z}}\sin\omega+\hat{\boldsymbol{z}}\hat{\boldsymbol{y}}\sin\omega+\hat{\boldsymbol{z}}\hat{\boldsymbol{z}}\cos\omega\right]\cdot\left[P_x\hat{\boldsymbol{x}}+P_y\hat{\boldsymbol{y}}+P_z\hat{\boldsymbol{z}}\right]\\ &= P_x\hat{\boldsymbol{x}}+\left[P_y\cos\omega-P_z\sin\omega\right]\hat{\boldsymbol{y}}+\left[P_y\sin\omega+P_z\cos\omega\right]\hat{\boldsymbol{z}}\end{aligned}$$

考慮任意“歐拉符” $\tau(\alpha,\beta,\gamma)$，利用〈附錄六・四・D 小節 轉向公式二〉裏的結果，

$$\tau(\alpha,\beta,\gamma) = \tau_{\alpha\hat{z}}\,\tau_{\beta\hat{y}}\,\tau_{\gamma\hat{z}}$$

再將基本轉向符 $\tau_{\alpha\hat{z}},\tau_{\beta\hat{y}},\tau_{\gamma\hat{z}}$ 的矢形式代入，我們就可以推導出歐拉符 $\tau(\alpha,\beta,\gamma)$ 的“並矢形式”；或者根據上節“歐拉符 $\tau(\alpha,\beta,\gamma)$ 的矩陣式”，也可直接得到歐拉符 $\tau(\alpha,\beta,\gamma)$ 的並矢形式。

類似地，考慮任意轉向符 $\tau_{\omega\hat{\boldsymbol{n}}}$，其轉向軸的極角與輻角為 (θ,φ)，利用〈附錄六・四・C 小節 轉向公式一〉裏的結果，

$$\tau_{\omega\hat{n}} = \tau_{\varphi\hat{z}}\,\tau_{\theta\hat{y}}\,\tau_{\omega\hat{z}}\,\tau_{-\theta\hat{y}}\,\tau_{-\varphi\hat{z}}$$

再將基本轉向符$\tau_{\varphi\hat{z}},\tau_{\theta\hat{y}},\tau_{\omega\hat{z}},\tau_{-\theta\hat{y}},\tau_{-\varphi\hat{z}}$的矢形式代入，我們就可以推導出任意轉向符$\tau_{\omega\hat{n}}$的並矢形式；或者根據上節裏“任意轉向符$\tau_{\omega\hat{n}}$的矩陣式”，也可直接得到任意轉向符的並矢形式。

附六・七 轉向符的對易關係

利用矢分析裏的運算，我們很容易證明下式成立，

$$\tau_{\omega_1\hat{n}}\,\tau_{\omega_2\hat{n}} = \tau_{\omega_2\hat{n}}\,\tau_{\omega_1\hat{n}} = \tau_{(\omega_1+\omega_2)\hat{n}}$$

$$\tau_{\omega\hat{n}}^{-1} = \tau_{-\omega\hat{n}}$$

$$\tau_{0\hat{n}} = I$$

在一般情況下，我們可將任意兩轉向符$\tau_{\omega_1\hat{n}_1}$與$\tau_{\omega_2\hat{n}_2}$的乘積，寫成如下形式，

$$\tau_{\omega_1\hat{n}_1}\,\tau_{\omega_2\hat{n}_2} = \tau_{\omega_2\hat{n}}\,\tau_{\omega_1\hat{n}_1}$$

此處$\tau_{\omega_2\hat{n}}$為$\tau_{\omega_2\hat{n}_2}$的“相似轉向（similarity rotation）”，

$$\tau_{\omega_2\hat{n}} = \tau_{\omega_1\hat{n}_1}\,\tau_{\omega_2\hat{n}_2}\,\tau_{\omega_1\hat{n}_1}^{-1}, \qquad \hat{n} = \tau_{\omega_1\hat{n}_1}\,\hat{n}_2$$

我們也可將$\tau_{\omega_1\hat{n}_1}\,\tau_{\omega_2\hat{n}_2}$寫為

$$\tau_{\omega_1\hat{n}_1}\,\tau_{\omega_2\hat{n}_2} = \tau_{\omega_2\hat{n}_2}\,\tau_{\omega_1\hat{n}'}$$

而$\tau_{\omega_1\hat{n}'}$為$\tau_{\omega_1\hat{n}_1}$的“相似轉向”，

$$\begin{aligned}\tau_{\omega_1\hat{n}'} &= \tau_{\omega_2\hat{n}_2}^{-1}\,\tau_{\omega_1\hat{n}_1}\,\tau_{\omega_2\hat{n}_2}\\ &= \tau_{-\omega_2\hat{n}_2}\,\tau_{\omega_1\hat{n}_1}\,\tau_{-\omega_2\hat{n}_2}^{-1}, \qquad \hat{n}' = \tau_{-\omega_2\hat{n}_2}\,\hat{n}_1\end{aligned}$$

現在我們舉例說明上述公式的應用。

嘗試推導滿足如下關係的轉向符$\tau_{\beta\hat{\eta}}$，

$$\tau_{\alpha\hat{z}}\,\tau_{\beta\hat{y}} = \tau_{\beta\hat{\eta}}\,\tau_{\alpha\hat{z}}$$

此處我們可將$\tau_{\beta\hat{\eta}}$表達為$\tau_{\beta\hat{y}}$的“相似轉向”，

$$\tau_{\beta\hat{\eta}} = \tau_{\alpha\hat{z}}\,\tau_{\beta\hat{y}}\,\tau_{\alpha\hat{z}}^{-1}, \qquad \tau_{\alpha\hat{z}} = \tau_{\hat{y}\to\hat{\eta}}$$

因此，轉向符$\tau_{\beta\hat{\eta}}$的轉向軸為

$$\begin{aligned}\hat{\boldsymbol{\eta}} &= \tau_{\alpha\hat{z}}\,\hat{\boldsymbol{y}} \\ &= (\hat{\boldsymbol{z}}\hat{\boldsymbol{z}} + \hat{\boldsymbol{x}}\hat{\boldsymbol{x}}\cos\alpha - \hat{\boldsymbol{x}}\hat{\boldsymbol{y}}\sin\alpha + \hat{\boldsymbol{y}}\hat{\boldsymbol{x}}\sin\alpha + \hat{\boldsymbol{y}}\hat{\boldsymbol{y}}\cos\alpha)\cdot\hat{\boldsymbol{y}} \\ &= -\hat{\boldsymbol{x}}\sin\alpha + \hat{\boldsymbol{y}}\cos\alpha\end{aligned}$$

附錄七 伽利略轉換對易關係

本附錄我們將仔細推導，伽利略轉換的“基本轉換”之間的對易關係。為了稱呼簡潔起見，在本附錄裏，我們將“伽利略轉換”簡稱為“轉換”。

附七・一　轉換的代數結構

假設先作轉換τ_1後再作轉換τ_2的效應，與僅作一次轉換τ_3的效應，完全一樣，則我們有如下關係式，

$$\tau_1 = \{s_1, \boldsymbol{\upsilon}_1, \boldsymbol{d}_1, \boldsymbol{\omega}_1\}$$

$$\tau_2 = \{s_2, \boldsymbol{\upsilon}_2, \boldsymbol{d}_2, \boldsymbol{\omega}_2\}$$

$$\tau_3 = \{s_3, \boldsymbol{\upsilon}_3, \boldsymbol{d}_3, \boldsymbol{\omega}_3\}$$

$$\tau_3 \equiv \tau_2 \tau_1$$

$$\begin{pmatrix} \boldsymbol{x}' \\ t' \end{pmatrix} \equiv \tau_1 \begin{pmatrix} \boldsymbol{x} \\ t \end{pmatrix} = \begin{pmatrix} R_1 \boldsymbol{x} + \boldsymbol{d}_1 + \boldsymbol{\upsilon}_1 t \\ t + s_1 \end{pmatrix}$$

$$\begin{pmatrix} \boldsymbol{x}'' \\ t'' \end{pmatrix} \equiv \tau_2 \begin{pmatrix} \boldsymbol{x}' \\ t' \end{pmatrix} = \begin{pmatrix} R_2 \boldsymbol{x}' + \boldsymbol{d}_2 + \boldsymbol{\upsilon}_2 t' \\ t' + s_2 \end{pmatrix}$$

$$\begin{pmatrix} \boldsymbol{x}'' \\ t'' \end{pmatrix} = \tau_3 \begin{pmatrix} \boldsymbol{x} \\ t \end{pmatrix} = \begin{pmatrix} R_3 \boldsymbol{x} + \boldsymbol{d}_3 + \boldsymbol{\upsilon}_3 t \\ t + s_3 \end{pmatrix}$$

注意，為了標記簡潔，此處$R_i \equiv R_{\omega_i}$。由此可得轉換τ_3的參量為

$$s_3 = s_2 + s_1$$

$$\boldsymbol{\upsilon}_3 = \boldsymbol{\upsilon}_2 + R_2 \boldsymbol{\upsilon}_1$$

$$\boldsymbol{d}_3 = \boldsymbol{d}_2 + R_2 \boldsymbol{d}_1 + \boldsymbol{\upsilon}_2 s_1$$

$$R_3 = R_2 R_1$$

若將這兩次轉換的先後順序對調，先作轉換τ_2後再作轉換τ_1，其效應與轉換τ_4完全一樣，則我們有如下關係式，

$$\tau_4 = \{s_4, \boldsymbol{\upsilon}_4, \boldsymbol{d}_4, \boldsymbol{\omega}_4\}$$

$$\tau_4 \equiv \tau_1 \tau_2$$

與上類似，我們可得轉換τ_4的參量為

$$s_4 = s_1 + s_2$$

$$\boldsymbol{\upsilon}_4 = \boldsymbol{\upsilon}_1 + R_1 \boldsymbol{\upsilon}_2$$

$$\boldsymbol{d}_4 = \boldsymbol{d}_1 + R_1 \boldsymbol{d}_2 + \boldsymbol{\upsilon}_1 s_2$$

$$R_4 = R_1 R_2$$

假設轉換τ_4的效應，等於先作轉換τ_3後再作“轉換”τ_5的效應，即$\tau_4 = \tau_5 \tau_3$，因此，

$$\tau_1 \tau_2 \tau_1^{-1} \tau_2^{-1} = \tau_5$$

或改寫為

$$\tau_1 \tau_2 = \tau_5 \tau_2 \tau_1$$

$$\begin{aligned}[\tau_1, \tau_2] &\equiv \tau_1 \tau_2 - \tau_2 \tau_1 \\ &= (\tau_5 - I)\, \tau_2 \tau_1 \\ &= (I - \tau_5^{-1})\, \tau_1 \tau_2\end{aligned}$$

此處$I = \{0, 0, 0, 0\}$代表“恆等轉換”。根據本書〈第一・八・C 小節 基本伽利略轉換(5)〉裏的最後一組表達式，此處逆轉換τ_3^{-1}的參量為

$$s_3' = -s_3 = -(s_2 + s_1)$$

$$\boldsymbol{\upsilon}_3' = -R_3' \boldsymbol{\upsilon}_3 = -R_3'(\boldsymbol{\upsilon}_2 + R_2 \boldsymbol{\upsilon}_1)$$

$$\begin{aligned}\boldsymbol{d}_3' &= R_3'(\boldsymbol{\upsilon}_3 s_3 - \boldsymbol{d}_3) \\ &= -R_3'(\boldsymbol{d}_2 + R_2 \boldsymbol{d}_1 + \boldsymbol{\upsilon}_2 s_1) + R_3'(\boldsymbol{\upsilon}_2 + R_2 \boldsymbol{\upsilon}_1)(s_2 + s_1)\end{aligned}$$

$$R_3' = R_3^{-1} = R_1^{-1} R_2^{-1}$$

由$\tau_4 = \tau_5 \tau_3$可得如下關係式，

$$s_4 = s_5 + s_3$$

$$\boldsymbol{\upsilon}_4 = \boldsymbol{\upsilon}_5 + R_5 \boldsymbol{\upsilon}_3$$

$$\boldsymbol{d}_4 = \boldsymbol{d}_5 + R_5 \boldsymbol{d}_3 + \boldsymbol{\upsilon}_5 s_3$$

$$R_4 = R_5 R_3$$

因此，由轉換τ_4與τ_3的參量表達式，可得“轉換”τ_5的參量具有

如下形式，

$$
\begin{aligned}
s_5 &= 0 \\
\boldsymbol{\upsilon}_5 &= (\boldsymbol{\upsilon}_1 + R_1\boldsymbol{\upsilon}_2) - R_5(\boldsymbol{\upsilon}_2 + R_2\boldsymbol{\upsilon}_1) \\
\boldsymbol{d}_5 &= (\boldsymbol{d}_1 + R_1\boldsymbol{d}_2 + \boldsymbol{\upsilon}_1 s_2) - R_5(\boldsymbol{d}_2 + R_2\boldsymbol{d}_1 + \boldsymbol{\upsilon}_2 s_1) \\
&\quad + R_5(\boldsymbol{\upsilon}_2 + R_2\boldsymbol{\upsilon}_1)(s_2 + s_1) - (\boldsymbol{\upsilon}_1 + R_1\boldsymbol{\upsilon}_2)(s_2 + s_1) \\
R_5 &= R_1 R_2 R_1^{-1} R_2^{-1}
\end{aligned}
$$

以下，我們分幾種特殊情形來討論。

附七・二 非轉向間對易關係

假設轉換τ_1與τ_2皆為“恆等轉向”，即$R_1 = R_2 = 1$，則轉換τ_5的參量簡化為如下形式：

$$
\begin{aligned}
s_5 &= 0 \\
\boldsymbol{\upsilon}_5 &= 0 \\
\boldsymbol{d}_5 &= \boldsymbol{\upsilon}_1 s_2 - \boldsymbol{\upsilon}_2 s_1 \\
R_5 &= 1
\end{aligned}
$$

此處“1”代表“恆等轉向”。除非在轉換τ_1與τ_2中，至少有一個含相對速度$\boldsymbol{\upsilon}$，且另一個含時移s，$\boldsymbol{d}_5$才不等於零；否則$\boldsymbol{d}_5 = 0$使得$\tau_5 = I$，從而由$\tau_1\tau_2 = \tau_5\tau_2\tau_1$得$[\tau_1, \tau_2] = 0$。因此，當我們分別以單一參量的轉換$\tau_s, \tau_\upsilon, \tau_d$，逐一代替$\tau_1$與$\tau_2$，就可得如下結果，

$$
\begin{array}{lll}
[\tau_s, \tau_{s'}] = 0, & [\tau_s, \tau_\upsilon] \neq 0, & [\tau_s, \tau_d] = 0 \\
 & [\tau_\upsilon, \tau_{\upsilon'}] = 0, & [\tau_\upsilon, \tau_d] = 0 \\
 & & [\tau_d, \tau_{d'}] = 0
\end{array}
$$

但請注意，在相對論情況下，

$$
\begin{array}{ll}
[\tau_\upsilon, \tau_{\upsilon'}] \neq 0, & \text{除非}\ \boldsymbol{\upsilon} \,/\!/\, \boldsymbol{\upsilon}' \\
[\tau_\upsilon, \tau_d] \neq 0, & \text{除非}\ \boldsymbol{d} \perp \boldsymbol{\upsilon}
\end{array}
$$

其明確的對易關係，請參閱〈附錄三 洛倫茲轉換對易關係〉。

現在特別考慮$\tau_1=\tau_s$與$\tau_2=\tau_\upsilon$的情況，

$$\boldsymbol{d}_5 = -\boldsymbol{\upsilon}\, s$$

$$\tau_5 = \{0, 0, -\boldsymbol{\upsilon} s, 0\}$$

因此，由$\tau_1\tau_2=\tau_5\tau_2\tau_1$可得

$$\tau_s\,\tau_\upsilon = \tau_{\boldsymbol{d}}\,\tau_\upsilon\,\tau_s$$

此處$\boldsymbol{d}=-\boldsymbol{\upsilon}s$。因為$[\tau_s, \tau_{\boldsymbol{d}}]=0$與$[\tau_\upsilon, \tau_{\boldsymbol{d}}]=0$，所以上式也可寫為

$$\tau_\upsilon\,\tau_s = \tau_{\boldsymbol{d}}^{-1}\,\tau_s\,\tau_\upsilon = \tau_{\boldsymbol{d}'}\,\tau_s\,\tau_\upsilon = \tau_s\,\tau_\upsilon\,\tau_{\boldsymbol{d}'}$$

$$[\tau_s, \tau_\upsilon] = (I-\tau_{\boldsymbol{d}'})\tau_s\,\tau_\upsilon = \tau_s\,\tau_\upsilon(I-\tau_{\boldsymbol{d}'})$$

此處$\tau_{\boldsymbol{d}}^{-1}=\tau_{-\boldsymbol{d}}=\tau_{\boldsymbol{d}'}$，而$\boldsymbol{d}'=\boldsymbol{\upsilon}s$。

附七・三 非轉向與轉向對易關係

假設轉換τ_1不含轉向，即$R_1=1$或$\boldsymbol{\omega}_1=0$，而轉換τ_2僅為轉向，

$$\tau_1 = \{s, \boldsymbol{\upsilon}, \boldsymbol{d}, 0\}$$

$$\tau_2 = \{0, 0, 0, \boldsymbol{\omega}\}$$

此時，轉換τ_5的參量可化簡為

$$s_5 = 0$$

$$\boldsymbol{\upsilon}_5 = (1-R)\,\boldsymbol{\upsilon}$$

$$\boldsymbol{d}_5 = (1-R)(\boldsymbol{d}-\boldsymbol{\upsilon}s)$$

$$R_5 = 1$$

此處$R\equiv R_\omega$，而$R_5=1$表示$\boldsymbol{\omega}_5=0$。因此，我們有以下結果：

(i) 考慮$\tau_1=\tau_s$與$\tau_2=\tau_\omega$的情況，則可得

$$\tau_5 = \{0, 0, 0, 0\} = I$$

$$\tau_s\,\tau_\omega = \tau_\omega\,\tau_s$$

(ii) 考慮$\tau_1 = \tau_{\upsilon}$與$\tau_2 = \tau_{\omega} \equiv \tau_R$的情況，則可得

$$\tau_5 = \{0, (1-R)\boldsymbol{\upsilon}, 0, 0\}$$

$$\tau_{\upsilon}\,\tau_R = \tau_{\upsilon'}\,\tau_R\,\tau_{\upsilon}$$

此處$\boldsymbol{\upsilon}' = (1-R)\boldsymbol{\upsilon}$。因為$\tau_{\upsilon}^{-1} = \tau_{-\upsilon}$，所以上式也可寫為

$$\tau_R\,\tau_{\upsilon} = \tau_{(R-1)\upsilon}\,\tau_{\upsilon}\,\tau_R = \tau_{R\upsilon}\,\tau_R$$

$$[\tau_{\upsilon}, \tau_R] = (I - \tau_{R\upsilon-\upsilon})\tau_{\upsilon}\,\tau_R$$

(iii) 考慮$\tau_1 = \tau_{\boldsymbol{d}}$與$\tau_2 = \tau_{\omega} \equiv \tau_R$的情況，則可得

$$\tau_5 = \{0, 0, (1-R)\boldsymbol{d}, 0\}$$

$$\tau_{\boldsymbol{d}}\,\tau_R = \tau_{\boldsymbol{d}'}\,\tau_R\,\tau_{\boldsymbol{d}}$$

此處$\boldsymbol{d}' = (1-R)\boldsymbol{d}$。因為$\tau_{\boldsymbol{d}}^{-1} = \tau_{-\boldsymbol{d}}$，所以上式可改寫為

$$\tau_R\,\tau_{\boldsymbol{d}} = \tau_{(R-1)\boldsymbol{d}}\,\tau_{\boldsymbol{d}}\,\tau_R = \tau_{R\boldsymbol{d}}\,\tau_R$$

$$[\tau_{\boldsymbol{d}}, \tau_R] = (I - \tau_{R\boldsymbol{d}-\boldsymbol{d}})\tau_{\boldsymbol{d}}\,\tau_R$$

附七・四 轉向間對易關係

假設轉換τ_1與τ_2皆為“轉向”，

$$\tau_1 = \{0, 0, 0, \boldsymbol{\omega}_1\}$$

$$\tau_2 = \{0, 0, 0, \boldsymbol{\omega}_2\}$$

則轉換τ_5的參量可化簡為

$$\tau_5 = \{0, 0, 0, \boldsymbol{\omega}_5\}$$

$$R_5 = R_1 R_2 R_1^{-1} R_2^{-1}$$

根據〈第一・八・C 小節 基本伽利略轉換(7)〉，對於“微轉向”R_1與R_2，

$$R_1 = (1 + \boldsymbol{\omega}_1 \times) + O(\omega_1{}^2)$$

$$R_2 = (1 + \boldsymbol{\omega}_2 \times) + O(\omega_2{}^2)$$

$$R_1^{-1} = (1 - \boldsymbol{\omega}_1 \times) + O(\omega_1{}^2)$$

$$R_2^{-1} = (1 - \boldsymbol{\omega}_2 \times) + O(\omega_2{}^2)$$

則轉向 R_5 可進一步化簡為

$$R_5 = 1 + \omega_1 \omega_2 \left\{ \left[\boldsymbol{n}_1 \times (\boldsymbol{n}_2 \times) \right] - \left[\boldsymbol{n}_2 \times (\boldsymbol{n}_1 \times) \right] \right\} + O(\omega^3)$$

此處 $O(\omega^3)$ 代表 $\boldsymbol{\omega}_1$ 或 $\boldsymbol{\omega}_2$ 的數量級，而 $\boldsymbol{\omega}_1 = \omega_1 \boldsymbol{n}_1$， $\boldsymbol{\omega}_2 = \omega_2 \boldsymbol{n}_2$。

在矢分析裏，我們有如下公式，

$$\hat{\boldsymbol{n}}_\alpha \times (\hat{\boldsymbol{n}}_\beta \times \boldsymbol{R}) - \hat{\boldsymbol{n}}_\beta \times (\hat{\boldsymbol{n}}_\alpha \times \boldsymbol{R}) = \varepsilon_{\alpha\beta\gamma} \hat{\boldsymbol{n}}_\gamma \times \boldsymbol{R}$$

此處 $\varepsilon_{\alpha\beta\gamma}$ 為“勒維–契維塔張量（Levi-Civita tensor）”，其下標 α,β,γ 代表直角座標 x,y,z 分量，其定義式為

$$\varepsilon_{\alpha\beta\gamma} \equiv \begin{cases} 1, & \alpha\beta\gamma \text{為} xyz \text{之"偶換(even permutation)"} \\ -1, & \alpha\beta\gamma \text{為} xyz \text{之"奇換(odd permutation)"} \\ 0, & \text{其他} \end{cases}$$

假設微轉向 R_1 與 R_2 分別為

$$R_1 = (1 + \omega \hat{\boldsymbol{n}}_\alpha \times) + O(\omega^2), \qquad \omega << 1$$

$$R_2 = (1 + \omega \hat{\boldsymbol{n}}_\beta \times) + O(\omega^2)$$

則轉換 R_5 有如下形式，

$$R_5 = (1 + \omega^2 \varepsilon_{\alpha\beta\gamma} \hat{\boldsymbol{n}}_\gamma \times) + O(\omega^3), \qquad \omega << 1$$

因此，我們得到

$$\tau_{\omega \hat{\boldsymbol{n}}_\alpha} \tau_{\omega \hat{\boldsymbol{n}}_\beta} = \tau_{\omega^2 \varepsilon_{\alpha\beta\gamma} \hat{\boldsymbol{n}}_\gamma} \tau_{\omega \hat{\boldsymbol{n}}_\beta} \tau_{\omega \hat{\boldsymbol{n}}_\alpha} + O(\omega^3), \qquad \omega << 1$$

例如，我們可以得到如下關係式，

$$\tau_{\omega \hat{\boldsymbol{x}}} \tau_{\omega \hat{\boldsymbol{y}}} = \tau_{\omega^2 \hat{\boldsymbol{z}}} \tau_{\omega \hat{\boldsymbol{y}}} \tau_{\omega \hat{\boldsymbol{x}}} + O(\omega^3), \qquad \omega << 1$$

此處 $\hat{x}, \hat{y}, \hat{z}$ 各為 x, y, z 軸方向的單位矢。

附七・五 對易關係總結

總結本附錄的結果，任意基本轉換 τ_1 與 τ_2 之間的對易關係：$[\tau_1, \tau_2] \equiv \tau_1 \tau_2 - \tau_2 \tau_1$，也可表達為

$$\begin{aligned}[\tau_1, \tau_2] &= (\tau_5 - I)\, \tau_2 \tau_1 \\ &= (I - \tau_5^{-1})\, \tau_1 \tau_2\end{aligned}$$

或

$$\tau_1 \tau_2 \tau_1^{-1} \tau_2^{-1} = \tau_5$$

更明白地說，對於伽利略轉換，我們得到如下對易關係：

$$[\tau_s, \tau_{s'}] = 0,\ [\tau_s, \tau_\upsilon] = (I - \tau_{\upsilon s})\tau_s \tau_\upsilon,\ [\tau_s, \tau_d] = 0,\ [\tau_s, \tau_\varpi] = 0$$

$$[\tau_\upsilon, \tau_{\upsilon'}] = 0,\qquad [\tau_\upsilon, \tau_d] = 0,\ [\tau_\upsilon, \tau_\varpi] = (I - \tau_{R\upsilon - \upsilon})\tau_\upsilon \tau_\varpi$$

$$[\tau_d, \tau_{d'}] = 0,\ [\tau_d, \tau_\varpi] = (I - \tau_{Rd - d})\tau_d \tau_\varpi$$

$$[\tau_\varpi, \tau_{\varpi'}] \neq 0$$

關於對易關係 $[\tau_\varpi, \tau_{\varpi'}]$，在本書〈附錄六　三維轉向〉裏，我們已給出明確的表達式，此處不再贅述。

附錄八 量子力學動象

首先我們以一位外賣小哥車禍現場的“事件（event）”為例，來類比介紹量子力學裏“動象（motion picture 或 picture）”的概念。要瞭解這起車禍事故，可調閱固定在現場“街頭”的攝像機錄影，或者直接審閱當事人“頭盔”上的攝像錄影；如當時恰巧遇到例行巡邏的警車，其“車頂”上也有攝像錄影。這三個不同“角度”的影像記錄，都是對這同一個車禍“事件”的現場錄影，它們恰好對應量子力學裏三種不同“觀點”下的動象。

(i) 街頭固定錄影：薛定諤動象。
(ii) 車禍小哥錄影：海森伯動象。
(iii) 巡邏車上錄影：狄拉克動象。

本附錄將詳細介紹量子力學裏的這三種動象。

附八・一　測符的期值

在“經典力學”裏，我們以“動力變數”$\omega(t)$，來描述物理系統隨時刻t的演化。然而，在“量子力學”裏，動力變數$\omega(t)$的“均值（average value）”，即物理量$\omega(t)$的“期值（expectation value）”$\langle\omega(t)\rangle$，是由其所對應的“測符”$\Omega(t)$與“態矢”$|\psi(t)\rangle$來共同決定；也就是說，期值$\langle\omega(t)\rangle$是由“觀測運作”與“觀測對象”所共同決定的。更明確地說，於某特定時刻t_0，通過對物理系統某特定態矢$|\psi(t_0)\rangle$的物理量$\omega(t_0)$，作“無數次獨立觀測”，所得到的期值$\langle\omega(t_0)\rangle$為

$$\langle\omega(t_0)\rangle = \langle\psi(t_0)|\Omega(t_0)|\,\psi(t_0)\rangle$$

關於“量子觀測理論”，請參閱本書〈第三・二節　量子物理觀測〉與〈附錄四　量子觀測理論〉。在經典力學裏，雖然動力變數“$\omega(t)$”沒有明確標示“均值”，但從實際操作觀點上講，它代表了“t時刻觀測物理量ω所得的均值”。

在量子力學裏，由於動力變數的期值$\langle\omega(t)\rangle$是由測符Ω與態矢$|\psi(t)\rangle$，兩者共同來決定，所以上述表達式僅是計算物理量$\omega(t)$期值$\langle\omega(t)\rangle$的一種可能選擇。

針對期值$\langle\omega(t)\rangle$“隨時刻t的演化”，我們可以選擇將其“完全置於（completely depends on）”態矢$|\psi(t)\rangle$，或完全置於測符$\Omega(t)$，或態矢與測符“兩者兼具”。本附錄將以這三種隨t演化的方式，來分別定義量子力學的“薛定諤動象（Schrödinger picture）”、“海森伯動象（Heisenberg picture）”、與“狄拉克動象（Dirac picture）”。雖然這三種“動象（motion picture 或 picture）”，以不同的方式來描述粒子的運動狀態，但它們皆是對粒子的“對等描述（equivalent description）”。

在數學上，通過作不同“幺正轉換（unitary transformation）”$U(t)$，我們可以得到不同的“動象”，即

$$\begin{aligned}\langle\omega(t)\rangle &= \langle\psi(t)|\,\Omega(t)\,|\psi(t)\rangle \\ &= \langle\psi(t)|\,U(t)U^\dagger(t)\,\Omega(t)\,U(t)U^\dagger(t)|\,\psi(t)\rangle \\ &\equiv \langle\psi'(t)|\,\Omega'(t)\,|\psi'(t)\rangle\end{aligned}$$

此處“轉換態矢（transformed state-vector）” $|\psi'(t)\rangle$ 與“轉換測符（transformed observable）” $\Omega'(t)$ 分別定義為

$$|\psi'(t)\rangle \equiv U^\dagger(t)|\,\psi(t)\rangle$$

$$\Omega'(t) \equiv U^\dagger(t)\,\Omega(t)\,U(t)$$

由此可知，此新測符 $\Omega'(t)$ 與新態矢 $|\psi'(t)\rangle$ 所共同表達的期值 $\langle\omega(t)\rangle$，為 $\langle\omega(t)\rangle$ 的另一種“等價描述”。

然而，我們特別強調，在量子力學裏，對“動象”的“定義”，必須是“特別”針對“位符” $\boldsymbol{X}$ 的期值 $\langle\boldsymbol{x}(t)\rangle$ 而言，而非其它任何測符。例如，系統的哈密頓 $H(t)$，在任何動象描述下，是否顯含 t，不僅與動象有關，而且還與系統本身及其加外場有關。

本附錄我們將探討“測符”以及“態矢”隨時刻 t 的演化，並分別討論其在不同動象下的形式。

附八・二 薛定諤動象

在慣性座裏，針對物理系統的任何狀態，若我們將其“位變數（position variable 或 spatial variable）” $\boldsymbol{x}(t)$ 的“均值”，稱為“平均位置（average position）” $\langle\boldsymbol{x}(t)\rangle$，隨時刻 t 的變化，當作是完全由“態矢” $|\psi(t)\rangle$ 隨 t 的演化所引起，則均值 $\langle\boldsymbol{x}(t)\rangle$ 可表達為

$$\langle\boldsymbol{x}(t)\rangle = \langle\psi(t)|\boldsymbol{X}|\psi(t)\rangle$$

此處“不顯含 t ”的“位符” $\boldsymbol{X}$，代表此粒子的“位標” $\boldsymbol{x}(t)$ 所對應的“測符”。在量子力學裏，此種處理“時刻 t ”的方式，

我們稱之為“薛定諤動象（Schrödinger picture）”表述。如果需要明確指認，我們就會刻意全部加下標“S”來表示，

$$\langle \boldsymbol{x}_S(t)\rangle = \langle \psi_S(t)|\boldsymbol{X}_S|\psi_S(t)\rangle$$

此處我們定義“薛定諤動象”下的態矢$|\psi_S(t)\rangle$与位符$\boldsymbol{X}_S$為

$$|\psi_S(t)\rangle \equiv |\psi(t)\rangle$$

$$\boldsymbol{X}_S \equiv \boldsymbol{X}$$

然而請特別注意，為了標記簡潔，此後我們將省略下標“S”。除特別聲明外，以後不加下標的算符、態矢等，皆默認為定義於“薛定諤動象”。

因此，在“薛定諤動象”下，位符$\boldsymbol{X}$的期值$\langle \boldsymbol{x}(t)\rangle$隨時刻$t$的演化，完全可以利用“態演化符（evolution operator of state）”$U(t, t_0)$來表達，

$$|\,\psi(t)\rangle = U(t, t_0)\,|\,\psi(t_0)\rangle$$

由本書〈第四・五・A 小節　態時移符〉可知，態演化符$U(t, t_0)$滿足如下方程，

$$i\hbar\frac{d}{dt}U(t, t_0) = H(t)\,U(t, t_0)$$

此處哈密頓$H(t)$是態演化符$U(t,t_0)$的生成子，稱為“演化子”或“時移子”，在本書〈第四・五・A 小節　態時移符〉裏，我們從時空座標轉換的觀點，詳細討論過。

若利用前式將上式以態矢$|\psi(t)\rangle$代替$U(t, t_0)$來表達，則我們得到態矢$|\psi(t)\rangle$所滿足的方程為

$$i\hbar\frac{d}{dt}|\psi(t)\rangle = H(t)|\psi(t)\rangle$$

在“$\boldsymbol{x}$表象”裏，此式可明確寫為

$$i\hbar\frac{\partial}{\partial t}\psi(\boldsymbol{x},t) \equiv H(t)\,\psi(\boldsymbol{x},t)$$

此即“薛定諤方程”，下節我們將對此方程作進一步討論。

在薛定諤動象裏，任意動力變數 $\omega(t)$ 的均值 $\langle\omega(t)\rangle$，可以表達為其所對應測符 $\Omega(t)$ 的期值，

$$\langle\omega(t)\rangle = \langle\psi(t)|\,\Omega(t)|\psi(t)\rangle$$

利用“薛定諤方程”，我們可以得到均值 $\langle\omega(t)\rangle$ 的“時變率（time rate of change）”為

$$\begin{aligned}
\frac{d}{dt}\langle\omega(t)\rangle &= \frac{d}{dt}\langle\psi(t)|\,\Omega(t)|\psi(t)\rangle \\
&= \frac{d}{dt}\int d^3x\int d^3x'\ \langle\psi(t)|\boldsymbol{x}\rangle\langle\boldsymbol{x}|\,\Omega(t)|\boldsymbol{x}'\rangle\langle\boldsymbol{x}'|\,\psi(t)\rangle \\
&= \int d^3x\int d^3x'\ \Bigg\{\left[\frac{\partial}{\partial t}\langle\,\psi(t)\,|\,\boldsymbol{x}\rangle\right]\langle\boldsymbol{x}|\,\Omega(t)|\boldsymbol{x}'\rangle\,\langle\boldsymbol{x}'|\,\psi(t)\rangle \\
&\qquad + \langle\psi(t)|\boldsymbol{x}\rangle\,\langle\boldsymbol{x}|\,\Omega(t)|\boldsymbol{x}'\rangle\left[\frac{\partial}{\partial t}\langle\boldsymbol{x}'|\,\psi(t)\rangle\right] \\
&\qquad + \langle\psi(t)|\boldsymbol{x}\rangle\left[\frac{\partial}{\partial t}\langle\boldsymbol{x}|\,\Omega(t)|\boldsymbol{x}'\rangle\right]\langle\boldsymbol{x}'\,|\,\psi(t)\rangle\Bigg\} \\
&= \int d^3x\int d^3x'\ \Bigg\{\frac{i}{\hbar}\langle\psi(t)|H(t)|\boldsymbol{x}\rangle\,\langle\boldsymbol{x}|\,\Omega(t)|\boldsymbol{x}'\rangle\,\langle\boldsymbol{x}'|\,\psi(t)\rangle \\
&\qquad - \frac{i}{\hbar}\langle\psi(t)|\boldsymbol{x}\rangle\,\langle\boldsymbol{x}|\,\Omega(t)|\boldsymbol{x}'\rangle\,\langle\boldsymbol{x}'|H(t)|\,\psi(t)\,\rangle \\
&\qquad + \langle\psi(t)|\boldsymbol{x}\rangle\,\langle\boldsymbol{x}|\,\frac{\partial\Omega(t)}{\partial t}\,|\boldsymbol{x}'\rangle\,\langle\boldsymbol{x}'\,|\,\psi(t)\rangle\Bigg\} \\
&= \frac{i}{\hbar}\langle\psi(t)|H(t)\,\Omega(t)|\psi(t)\rangle - \frac{i}{\hbar}\langle\psi(t)|\,\Omega(t)\,H(t)|\,\psi(t)\rangle \\
&\qquad + \langle\psi(t)|\,\frac{\partial\Omega(t)}{\partial t}\,|\psi(t)\rangle \\
&= \frac{i}{\hbar}\langle\psi(t)|\,[H(t),\,\Omega(t)]\,|\psi(t)\rangle + \langle\,\psi(t)|\,\frac{\partial\Omega(t)}{\partial t}\,|\,\psi(t)\rangle
\end{aligned}$$

此處利用了 $H^{\dagger}(t)=H(t)$。因此，任意測符 $\Omega(t)$ 期值 $\langle\psi(t)|\,\Omega(t)|\psi(t)\rangle$

的“時變率”為

$$\frac{d}{dt}\langle\psi(t)|\Omega(t)|\psi(t)\rangle=\frac{i}{\hbar}\langle\psi(t)|[H(t),\Omega(t)]|\psi(t)\rangle+\langle\psi(t)|\frac{\partial\Omega(t)}{\partial t}|\psi(t)\rangle$$

或簡寫為

$$\frac{d}{dt}\langle\Omega(t)\rangle=\frac{i}{\hbar}\langle[H(t),\Omega(t)]\rangle+\left\langle\frac{\partial\Omega(t)}{\partial t}\right\rangle$$

針對此方程，我們考慮如下三種情況：

(i) 若測符 $\Omega(t)$ 與哈密頓 $H(t)$ 對易，即 $[H(t),\Omega(t)]=0$，但 $\Omega(t)$ 顯含 t，則可得

$$\frac{d}{dt}\langle\Omega(t)\rangle=\left\langle\frac{\partial\Omega(t)}{\partial t}\right\rangle$$

(ii) 若測符 $\Omega(t)$ 僅不顯含 t，但與哈密頓 $H(t)$ 不對易，即 $[H(t),\Omega]\neq 0$，則可得

$$\frac{d}{dt}\langle\Omega\rangle=\frac{i}{\hbar}\langle[H(t),\Omega]\rangle$$

(iii) 若測符 $\Omega(t)$ 既不顯含 t 又與哈密頓 $H(t)$ 對易，即 $[H(t),\Omega]=0$，則此測符的期值 $\langle\psi(t)|\Omega|\psi(t)\rangle$ 不隨 t 變化，即

$$\frac{d}{dt}\langle\Omega\rangle=0$$

因此，測符 Ω 的期值 $\langle\Omega\rangle\equiv\langle\omega\rangle$ 為“運動常量（constant of the motion）”。

附八・三 薛定諤方程

在薛定諤動象下，將希空間裏的態矢$|\psi(t)\rangle$及測符$\Omega(t)$，皆以其“位表象”來表達，則波函$\psi(\boldsymbol{x},t) \equiv \langle \boldsymbol{x}|\psi(t)\rangle$所滿足的運動方程，就是薛定諤（E. Schrödinger, 1887-1961）於公元 1926 年所猜測的“薛定諤方程”。然而，我們現在是從時空的“對稱性”出發來推導，所得到的薛定諤方程。

更明確地說，在量子力學裏，一個無稟賦結構、質量為m的粒子，其狀態可以由波函$\psi(\boldsymbol{x},t)$來描述。由於此粒子僅具有“三維位空間”自由度，所以我們可選擇一組“完備相容測符集”$\{X,Y,Z\}$的共徵態$\{|\boldsymbol{x}\rangle\}$，來作為其希空間的“基”。此波函$\psi(\boldsymbol{x},t)$隨$t$的演化，滿足如下運動方程，

$$i\hbar\frac{\partial}{\partial t}\psi(\boldsymbol{x},t) = H(t)\,\psi(\boldsymbol{x},t)$$

此即為“依時薛定諤方程（time-dependent Schrödinger equation）”，簡稱“薛定諤方程（Schrödinger equation）”。此處的哈密頓$H(t)$就是“演化子”，並具有如下一般形式，

$$H(t) = \frac{1}{2m}\{\boldsymbol{P}-\boldsymbol{A}(\boldsymbol{x},t)\}^2 + \phi(\boldsymbol{x},t)$$

此形式的推導，請參閱本書〈第四・八・G 小節 外加場中粒子的測符〉。此處“動符”$\boldsymbol{P}$的$\boldsymbol{x}$表象為

$$\boldsymbol{P} = -i\hbar\nabla$$

而$\boldsymbol{A}(\boldsymbol{x},t)$為“矢勢（vector potential）”，$\phi(\boldsymbol{x},t)$為“標勢（scalar potential）”。注意，在推導哈密頓$H(t)$的形式時，那裏的$\boldsymbol{A}(\boldsymbol{x},t)$與$\phi(\boldsymbol{x},t)$皆為$(\boldsymbol{x},t)$的一般函，並不一定是“電磁作用（electromagnetic interactions）”的勢。不過，在電磁場中運動的粒子，其哈密頓也皆具有此正確的形式。

談到這裏，在概念上我們應該注意，物理系統的“不依時薛定諤方程（time-independent Schrödinger equation）”$H(t)\,\psi(t) =$

$E(t)\psi(t)$，並非此物理系統的“運動方程”，而實際上僅是此物理系統的“哈密頓徵程”。任何測符皆有其徵程，且與“運動”無關。然而，將物理系統的一切“哈密頓徵態”，作為描述此系統的“基”，並以此來探討物理系統隨時刻t的演化，並非必要但會比較方便。此外，“運動方程”的解與“徵程”的解有基本上的不同：“運動方程”的解，除了必須滿足“邊界條件”外，於任意時刻t，可以是位標$\boldsymbol{x}$的任意“函（function）”；而“徵程”的解則依“具體方程”而定，並且必須具有特定形式。

附八・四　海森伯動象

在慣性座裏，針對物理系統的任何狀態，若我們將其“位均值”$\langle \boldsymbol{x}(t)\rangle$隨時刻$t$的演化，當作是完全由“位符”$\boldsymbol{X}(t)$隨$t$的演化所導致，則均值$\langle \boldsymbol{x}(t)\rangle$可表達為

$$\langle \boldsymbol{x}(t)\rangle = \langle \psi_H | \boldsymbol{X}_H(t) | \psi_H \rangle$$

此種處理“時刻t”的方式，我們稱之為量子力學的“海森伯動象（Heisenberg picture）”表述。此處我們以下標“H”來表示海森伯動象裏的量。在此動象裏，位符$X_H(t)$顯含時刻t，而任意“態矢”$|\psi_H\rangle$皆不顯含時刻t。

以下我們將以“薛定諤動象”為基準，來定義“海森伯動象”裏的“態矢”與“測符”。在薛定諤動象裏，若以某特定時刻t_0的態矢$|\psi(t_0)\rangle$為基準，來表達任意時刻t的態矢$|\psi(t)\rangle$，則利用〈附錄八・二節　薛定諤動象〉裏的$|\psi(t)\rangle = U(t,t_0)|\psi(t_0)\rangle$，我們可將任意測符$\Omega(t)$的期值$\langle\omega(t)\rangle$改寫為

$$\langle\omega(t)\rangle = \langle\psi(t_0)|\, U^\dagger(t,t_0)\,\Omega(t)\,U(t,t_0)\,|\,\psi(t_0)\rangle$$

由此可知，我們可定義“海森伯動象”裏的態矢與測符為

$$
\begin{aligned}
|\psi_H\rangle &\equiv |\psi(t_0)\rangle \\
&= U^\dagger(t,t_0)|\psi(t)\rangle
\end{aligned}
$$

$$\Omega_H(t) \equiv U^\dagger(t,t_0)\,\Omega(t)\,U(t,t_0)$$

此處測符 $\Omega(t)$ 與 $\Omega_H(t)$ 互為彼此的“對等測符”。注意，“現在”為了標記簡潔，我們以沒有下標的態矢 $|\psi(t)\rangle$、態演化符 $U(t,t_0)$、與測符 $\Omega(t)$，來表示“薛定諤動象”裏的量。當然，“海森伯動象”裏的位符 $\boldsymbol{X}_H(t)$ 也定義為

$$\boldsymbol{X}_H(t) \equiv U^\dagger(t,t_0)\,\boldsymbol{X}\,U(t,t_0)$$

由於在海森伯動象裏，任意態矢 $|\psi_H\rangle$ 皆不隨時刻 t 演化，所以“動力變數均值”$\langle\omega(t)\rangle$ 的時變率 $d\langle\omega(t)\rangle/dt$，完全是由其對應測符 $\Omega_H(t)$ 的時變率來決定，

$$
\begin{aligned}
\frac{d}{dt}\langle\omega(t)\rangle &= \frac{d}{dt}\langle\psi_H|\,\Omega_H(t)|\psi_H\rangle \\
&= \langle\psi_H|\,\frac{d\,\Omega_H(t)}{dt}\,|\psi_H\rangle
\end{aligned}
$$

因此，在海森伯動象裏，一切與動力變數 $\omega(t)$ 有關的演化，皆完全由測符 $\Omega_H(t)$ 的時變率來決定，而 $\Omega_H(t)$ 所滿足的算符方程，可以推導如次。

利用 $\Omega_H(t) \equiv U^\dagger(t,t_0)\,\Omega(t)\,U(t,t_0)$，我們可將〈附錄八・二節 薛定諤動象〉裏，$d\langle\omega(t)\rangle/dt$ 的表達式改寫為

$$
\begin{aligned}
\frac{d}{dt}\langle\omega(t)\rangle &= \frac{i}{\hbar}\langle\psi(t)|\left[H(t),\Omega(t)\right]|\,\psi(t)\rangle + \langle\,\psi(t)|\,\frac{\partial\Omega(t)}{\partial t}\,|\,\psi(t)\rangle \\
&= \frac{i}{\hbar}\langle\psi(t_0)|\,U^\dagger(t,t_0)\,[H(t),\Omega(t)]\,U(t,t_0)|\,\psi(t_0)\rangle \\
&\qquad + \langle\psi(t_0)|\,U^\dagger(t,t_0)\frac{\partial\Omega(t)}{\partial t}U(t,t_0)|\,\psi(t_0)\rangle \\
&= \frac{i}{\hbar}\langle\psi_H|\left[H_H(t),\Omega_H(t)\right]|\psi_H\rangle + \langle\,\psi_H|\left(\frac{\partial\Omega(t)}{\partial t}\right)_H|\,\psi_H\rangle
\end{aligned}
$$

此處海森伯動象裏的哈密頓 $H_H(t)$ 定義為

$$H_H(t) \equiv U^\dagger(t,t_0)\,H(t)\,U(t,t_0)$$

而$(\partial\Omega(t)/\partial t)_H$定義為

$$\left(\frac{\partial\Omega(t)}{\partial t}\right)_H \equiv U^\dagger(t,t_0)\,\frac{\partial\Omega(t)}{\partial t}\,U(t,t_0)$$

有些書的作者將此項寫為

$$\frac{\partial\Omega_H(t)}{\partial t}$$

雖然此標記很簡潔，但就一般“微積分定則”而言，此寫法很容易引起誤解；因此，本書避免採用此形式。

利用上述$d\langle\omega(t)\rangle/dt$的兩個表達式，我們得到

$$\langle\psi_H|\,\frac{d\,\Omega_H(t)}{dt}\,|\psi_H\rangle = \frac{i}{\hbar}\langle\psi_H|\left[H_H(t),\,\Omega_H(t)\right]|\,\psi_H\rangle + \langle\,\psi_H|\left(\frac{\partial\Omega(t)}{\partial t}\right)_H|\,\psi_H\rangle$$

由於此式對任意態矢$|\psi_H\rangle$皆滿足，因此我們可得如下算符方程，

$$\frac{d\,\Omega_H(t)}{dt} = \frac{i}{\hbar}\left[H_H(t),\,\Omega_H(t)\right] + \left(\frac{\partial\Omega(t)}{\partial t}\right)_H$$

此即為測符$\Omega_H(t)$的“海森伯運動方程（Heisenberg equation of motion）”。

假設在薛定諤動象裏，不同時刻t的哈密頓$H(t)$彼此對易，

$$[H(t), H(t')] = 0\,,\qquad t \neq t'$$

這當然也包括哈密頓H不顯含t的情況。由本書〈第四・五・A 小節　態時移符〉裏$U(t,t_0)$的通解可知，

$$\left[H(t),\,U(t,t_0)\right] = 0$$

在此特殊情況下，由哈密頓$H_H(t)$的定義，可得

$$H_H(t) = H(t)$$

因此，海森伯運動方程可化簡為

$$\frac{d\,\Omega_H(t)}{dt} = \frac{i}{\hbar}\left[H(t),\,\Omega_H(t)\right] + \left(\frac{\partial\,\Omega(t)}{\partial\,t}\right)_H$$

此處 $H(t)$ 為“薛定諤動象”裏的哈密頓。

附八・五 狄拉克動象

在慣性座裏，針對物理系統的任何狀態，若我們將其“位均值” $\langle \boldsymbol{x}(t)\rangle$ 隨時刻 t 的演化，當作是由“位符”與“態矢”，兩者皆隨 t 的演化所共同導致的，即

$$\langle \boldsymbol{x}(t)\rangle = \left\langle \psi_D(t)\middle|\boldsymbol{X}_D(t)\middle|\psi_D(t)\right\rangle$$

此種處理“時刻 t”的方式，我們稱之為量子力學的“狄拉克動象（Dirac picture）”表述，亦稱為“作用動象（interaction picture）”表述。此處我們特別以下標“D”，來表示“狄拉克動象”裏的量。

以下我們來明確定義“狄拉克動象”。假設我們仿照定義海森伯動象的步驟，以另一個“比較簡單”的態演化符 $U_o(t,t_0)$ 來代替 $U(t,t_0)$，而此態演化符 $U_o(t,t_0)$ 滿足如下方程，

$$i\hbar\frac{d}{dt}U_o(t,t_0) = H_o(t)\,U_o(t,t_0)$$

此處 $H_o(t)$ 為 $U_o(t,t_0)$ 的生成子，而且

$$\left[H_o(t),H_o(t')\right] = 0\,, \qquad t \neq t'$$

因此，由〈第四・五・A 小節　態時移符〉裏 $U_o(t,t_0)$ 的通解可得

$$\left[H_o(t),\,U_o(t,t_0)\right] = 0$$

與原來的哈密頓“$H(t)$”相比，通常我們“新選擇”的哈密頓 $H_o(t)$，

在結構上比較簡單，所以由其所構成的態演化符$U_o(t,t_0)$，具有比較簡單的形式。例如，我們可以選擇$H_o(t)$僅含“動能符（kinetic energy operator）”、或“動能符”與不顯含t的簡單“勢符（potential operator）”，如“庫倫勢符（Coulomb potential operator）”等。為了便於討論，我們定義“新哈密頓”$H_o(t)$為$H(t)$減去$V(t)$，

$$H_o(t) \equiv H(t) - V(t)$$

此處哈密頓$H_o(t)$也可能與t無關。

仿照“海森伯動象”的定義，利用具有上述特性的態演化符$U_o(t,t_0)$，我們可以定義“狄拉克動象”裏的“態矢”與“測符”分別為

$$|\psi_D(t)\rangle \equiv U_o^\dagger(t,t_0)|\psi(t)\rangle$$

$$\Omega_D(t) \equiv U_o^\dagger(t,t_0)\,\Omega(t)\,U_o(t,t_0)$$

$$\boldsymbol{X}_D(t) \equiv U_o^\dagger(t,t_0)\,\boldsymbol{X}\,U_o(t,t_0)$$

因此，就“位均值”$\langle \boldsymbol{x}(t)\rangle$而言，我們有如下三種不同的等價表達式，

$$\begin{aligned}\langle \boldsymbol{x}(t)\rangle &= \langle\psi(t)|\,\boldsymbol{X}\,|\psi(t)\rangle \\ &\equiv \langle\psi_S(t)|\,\boldsymbol{X}_S\,|\psi_S(t)\rangle \\ &= \langle\psi_H|\,\boldsymbol{X}_H(t)\,|\psi_H\rangle \\ &= \langle\psi_D(t)|\,\boldsymbol{X}_D(t)\,|\psi_D(t)\rangle\end{aligned}$$

在狄拉克動象裏，態矢$|\psi_D(t)\rangle$滿足如下方程，

$$\begin{aligned}i\hbar\frac{d}{dt}|\psi_D(t)\rangle &= U_o^\dagger(t,t_0)\left[i\hbar\frac{d}{dt}|\psi(t)\rangle\right] + \left[i\hbar\frac{d}{dt}U_o^\dagger(t,t_0)\right]|\psi(t)\rangle \\ &= U_o^\dagger(t,t_0)\,H(t)|\psi(t)\rangle - H_o(t)\,U_o^\dagger(t,t_0)|\psi(t)\rangle \\ &= \left[U_o^\dagger(t,t_0)\,H(t)\,U_o(t,t_0) - H_o(t)\right]|\psi_D(t)\rangle\end{aligned}$$

由於$H_o(t)$與$U_o(t,t_0)$對易，利用$H_o(t) \equiv H(t) - V(t)$，可將上式化簡為

$$i\hbar\frac{d}{dt}|\psi_D(t)\rangle = V_D(t)\,|\psi_D(t)\rangle$$

此處“狄拉克動象”裏的勢符$V_D(t)$定義為

$$V_D(t) \equiv U_o^\dagger(t,t_0)\,V(t)\,U_o(t,t_0)$$

利用態演化符$U_o(t,t_0)$所滿足的方程，我們可以推導得到“狄拉克動象”裏的任意測符$\Omega_D(t)$，滿足如下算符方程，

$$\begin{aligned}
\frac{d\,\Omega_D(t)}{dt} &= \frac{d}{dt}U_o^\dagger(t,t_0)\,\Omega(t)\,U_o(t,t_0) \\
&= \left[\frac{d}{dt}U_o^\dagger(t,t_0)\right]\Omega(t)\,U_o(t,t_0) + U_o^\dagger(t,t_0)\,\Omega(t)\left[\frac{d}{dt}U_o(t,t_0)\right] \\
&\qquad + U_o^\dagger(t,t_0)\left(\frac{\partial\Omega(t)}{\partial t}\right)U_o(t,t_0) \\
&= \frac{i}{\hbar}U_o^\dagger(t,t_0)\,H_o(t)\,\Omega(t)\,U_o(t,t_0) - \frac{i}{\hbar}U_o^\dagger(t,t_0)\,\Omega(t)\,H_o(t)\,U_o(t,t_0) \\
&\qquad + U_o^\dagger(t,t_0)\,\frac{\partial\Omega(t)}{\partial t}\,U_o(t,t_0) \\
&= \frac{i}{\hbar}U_o^\dagger(t,t_0)\left[H_o(t),\Omega(t)\right]U_o(t,t_0) + U_o^\dagger(t,t_0)\,\frac{\partial\Omega(t)}{\partial t}\,U_o(t,t_0) \\
&= \frac{i}{\hbar}\left[H_D(t),\Omega_D(t)\right] + \left(\frac{\partial\Omega(t)}{\partial t}\right)_D
\end{aligned}$$

也就是，

$$\frac{d\,\Omega_D(t)}{dt} = \frac{i}{\hbar}\left[H_o(t),\Omega_D(t)\right] + \left(\frac{\partial\Omega(t)}{\partial t}\right)_D$$

此處利用了$H_o^\dagger(t)=H_o(t)$，以及$H_D(t)=U_o^\dagger(t,t_0)\,H_o(t)\,U(t,t_0)=H_o(t)$。

附八・六 以概密定義的動象

我們也可以利用“概密（probability density）”的形式來定義不同動象。在慣性座裏，我們首先定義不顯含時刻t的位符$\boldsymbol{X}$，並以其徵態$\{|\boldsymbol{x}\rangle\}$為“基”，來描述粒子隨$t$演化的態矢$|\psi(t)\rangle$，

這就是“薛定諤動象”。像這樣，“基矢不動、態矢動”的描述運動方式，就是所謂的“主動觀（active point of view）”描述。若我們以粒子出現於時空點$(\boldsymbol{x},t)$“鄰域（neighborhood）”的“概密”：$|\psi(\boldsymbol{x},t)|^2=|\langle\boldsymbol{x}|\psi(t)\rangle|^2$，為不變量，則我們也可以借此來定義不同的動象，

$$\begin{aligned}|\psi(\boldsymbol{x},t)|^2 &= |\langle\boldsymbol{x}|\psi(t)\rangle|^2\\ &\equiv |\langle\boldsymbol{x}_S|\psi_S(t)\rangle|^2, \quad \text{薛定諤動象}\\ &= |\langle\boldsymbol{x}_H(t)|\psi_H\rangle|^2, \quad \text{海森伯動象}\\ &= |\langle\boldsymbol{x}_D(t)|\psi_D(t)\rangle|^2, \quad \text{狄拉克動象}\end{aligned}$$

由於“概密幅（probability density amplitude）”$\langle\boldsymbol{x}|\psi(t)\rangle$，是由“基矢”與“態矢”共同來決定的，所以我們可將此概密幅$\langle\boldsymbol{x}|\psi(t)\rangle$的“依時性（time-dependence）”，完全歸於“態矢”$|\psi_S(t)\rangle\equiv|\psi(t)\rangle$，以得到“薛定諤動象”；或完全歸於“基矢”$|\boldsymbol{x}_H(t)\rangle\equiv U^\dagger(t,t_0)|\boldsymbol{x}\rangle$，以得到“海森伯動象”；或部分歸於“態矢”$|\psi_D(t)\rangle\equiv U_o^\dagger(t,t_0)|\psi(t)\rangle$，而其餘部分歸於“基矢”$|\boldsymbol{x}_D(t)\rangle\equiv U_o^\dagger(t,t_0)|\boldsymbol{x}\rangle$，以得到“狄拉克動象”。因此，不同的動象，就決定了描述粒子“概密幅演化”裏，時刻t的不同歸屬。

在上述“動象定義”裏，我們以時刻t_0為基準可以得到

$$\langle\boldsymbol{x}|\psi(t)\rangle=\langle\boldsymbol{x}|U(t,t_0)|\psi(t_0)\rangle$$

若保持“概密幅”不變，而將其隨t的演化完全歸屬於“基矢”，則我們可以定義

$$|\psi_H\rangle\equiv|\psi(t_0)\rangle=W(t,t_0)|\psi(t)\rangle$$

$$|\boldsymbol{x}_H(t)\rangle\equiv W(t,t_0)|\boldsymbol{x}\rangle$$

此處為了討論方便起見，我們定義了$U(t,t_0)$的“態逆演化符”為

$$W(t,t_0)\equiv U^{-1}(t,t_0)=U^\dagger(t,t_0)$$

因此，我們將 t_0 時刻的態矢 $|\psi(t_0)\rangle$，當作是固定不變，而基矢 $|\boldsymbol{x}_H(t_0)\rangle \equiv |\boldsymbol{x}\rangle$ 隨 t 的演化為

$$\begin{aligned}|\boldsymbol{x}_H(t)\rangle &\equiv W(t, t_0)|\boldsymbol{x}_H(t_0)\rangle \\ &= W(t, t_0)|\boldsymbol{x}\rangle\end{aligned}$$

像這樣，“基矢動、而態矢不動”的描述運動方式，就是以“被動觀（passive point of view）”來描述運動的“海森伯動象”。由“薛定諤動象”裏基矢 $|\boldsymbol{x}\rangle$ 的徵程 $\boldsymbol{X}|\boldsymbol{x}\rangle = \boldsymbol{x}|\boldsymbol{x}\rangle$，我們可得

$$W(t, t_0)\boldsymbol{X}W^\dagger(t, t_0)|\boldsymbol{x}_H(t)\rangle = \boldsymbol{x}|\boldsymbol{x}_H(t)\rangle$$

由此可知，在“海森伯動象”裏，基矢 $|\boldsymbol{x}_H(t)\rangle$ 的徵程為

$$\boldsymbol{X}_H(t)|\boldsymbol{x}_H(t)\rangle = \boldsymbol{x}|\boldsymbol{x}_H(t)\rangle$$

此處海森伯動象裏的“位符” $\boldsymbol{X}_H(t)$ 定義為

$$\begin{aligned}\boldsymbol{X}_H(t) &\equiv W(t, t_0)\boldsymbol{X}W^\dagger(t, t_0) \\ &= U^\dagger(t, t_0)\boldsymbol{X}U(t, t_0)\end{aligned}$$

這與〈附錄八・四節 海森伯動象〉裏的定義完全等價。

同樣地，我們也可以依照上述方式來定義“狄拉克動象”：將態演化符 $U(t, t_0)$ 中較簡單的部分 $U_o(t, t_0)$ 分離出來，

$$U(t, t_0) = U_o(t, t_0)\left[U_o^\dagger(t, t_0)U(t, t_0)\right]$$

然後定義 $U_o(t, t_0)$ 的“態逆演化符”為

$$W_o(t, t_0) = U_o^{-1}(t, t_0) = U_o^\dagger(t, t_0)$$

因此，態矢 $|\psi(t_0)\rangle$ 隨著 $U_o^\dagger(t, t_0)U(t, t_0)$ 的演化為

$$\begin{aligned}|\psi_D(t)\rangle &= U_o^\dagger(t, t_0)U(t, t_0)|\psi(t_0)\rangle \\ &= W_o(t, t_0)U(t, t_0)|\psi(t_0)\rangle \\ &= W_o(t, t_0)|\psi(t)\rangle\end{aligned}$$

而基矢$|\boldsymbol{x}\rangle$隨著$W_o(t,t_0)$演化為

$$|\boldsymbol{x}_D(t)\rangle = W_o(t,t_0)|\boldsymbol{x}\rangle$$

換而言之，態矢$|\psi_D(t_0)\rangle \equiv |\psi(t_0)\rangle$隨著$U_o^\dagger(t,t_0)\,U(t,t_0)$演化，而基矢$|\boldsymbol{x}_D(t_0)\rangle \equiv |\boldsymbol{x}\rangle$隨著$W_o(t,t_0)$演化，

$$\begin{aligned}|\psi_D(t)\rangle &= U_o^\dagger(t,t_0)\,U(t,t_0)|\psi_D(t_0)\rangle \\ &= W_o(t,t_0)\,U(t,t_0)|\psi_D(t_0)\rangle\end{aligned}$$

$$|\boldsymbol{x}_D(t)\rangle = W_o(t,t_0)|\boldsymbol{x}_D(t_0)\rangle$$

像這樣，“基矢與態矢皆動”的描述運動方式，就是以“優化觀（optimum point of view）”來描述運動的“狄拉克動象”。由“薛定諤動象”裏基矢$|\boldsymbol{x}\rangle$的徵程$\boldsymbol{X}|\boldsymbol{x}\rangle = \boldsymbol{x}|\boldsymbol{x}\rangle$，可得

$$W_o(t,t_0)\boldsymbol{X}\,W_o^\dagger(t,t_0)|\boldsymbol{x}_D(t)\rangle = \boldsymbol{x}\,|\boldsymbol{x}_D(t)\rangle$$

由此可知，在“狄拉克動象”裏，基矢$|\boldsymbol{x}_D(t)\rangle$的徵程為

$$\boldsymbol{X}_D(t)|\boldsymbol{x}_D(t)\rangle = \boldsymbol{x}\,|\boldsymbol{x}_D(t)\rangle$$

此處狄拉克動象裏的“位符”$\boldsymbol{X}_D(t)$定義為

$$\begin{aligned}\boldsymbol{X}_D(t) &\equiv W_o(t,t_0)\boldsymbol{X}\,W_o^\dagger(t,t_0) \\ &= U_o^\dagger(t,t_0)\boldsymbol{X}\,U_o(t,t_0)\end{aligned}$$

這與〈附錄八・五節　狄拉克動象〉裏的定義完全等價。

以上三種“動象定義”，我們皆選擇“位符徵態”為“基矢”，也就是說，我們採用的是“$\boldsymbol{x}$表象”。當然，我們也可以選擇“能量表象”，或稱“E表象”，也就是以哈密頓H的徵態$|E\rangle$為基矢，而作如下不同動象的選擇：

$$\begin{aligned}\langle E|\psi(t)\rangle &= \langle E|U(t,t_0)|\psi(t_0)\rangle \\ &\equiv \langle E_S|\psi_S(t)\rangle, \qquad \text{薛定諤動象}\end{aligned}$$

$$= \langle E_H(t) | \psi_H \rangle, \qquad \text{海森伯動象}$$

$$= \langle E_D(t) | \psi_D(t) \rangle, \qquad \text{狄拉克動象}$$

此處我們定義

$$|\psi_S(t)\rangle \equiv |\psi(t)\rangle = U(t, t_0)|\psi(t_0)\rangle$$

$$|\psi_H\rangle \equiv |\psi(t_0)\rangle$$

$$|\psi_D(t)\rangle = U_o^\dagger(t, t_0)|\psi(t)\rangle$$

$$|E_S\rangle \equiv |E\rangle$$

$$|E_H(t)\rangle = U^\dagger(t, t_0)|E_H(t_0)\rangle \equiv U^\dagger(t, t_0)|E\rangle$$

$$|E_D(t)\rangle = U_o^\dagger(t, t_0)|E\rangle$$

實際上，在“薛定諤動象”裏，選擇“x表象”較為方便；而在“海森伯動象”裏，選擇“E表象”較為方便。

總而言之，我們可以想像：選擇坐在一組“基矢”上，錄製物理系統的“薛定諤電影（Schrödinger motion picture）”；或者是，選擇坐在“物理系統”上，錄製基矢的“海森伯電影（Heisenberg motion picture）”，而“海森伯電影”隨時刻t“演化”的“場景”，與“薛定諤電影”的恰好對應。此外，也可以將“攝影機”裝在固定軌道上運行的車上拍攝，如此就得到“狄拉克電影”。因此，通過三組不同的“攝影機”，記錄了“同一個”物理系統隨“時刻”t的演化，由此產生了三部不同版本的“電影（motion picture）”：“薛定諤版”、“海森伯版”、以及“狄拉克版”。這三部“電影版本”的導演皆是“哈密頓”，而製片人皆是“量子力學”。

附八・七 對稱性與守恆律

在經典力學裏，粒子系統的“哈密頓運動方程（Hamiltonian equations of motion）”為

$$\frac{dp_i}{dt} = -\frac{\partial H(\boldsymbol{q},\boldsymbol{p},t)}{\partial q_i}, \qquad i = 1, 2, \cdots, n$$

$$\frac{dq_i}{dt} = \frac{\partial H(\boldsymbol{q},\boldsymbol{p},t)}{\partial p_i}$$

因此，若粒子系統的哈密頓函 $H(\boldsymbol{q},\boldsymbol{p},t)$ 不顯含某“廣義位置（generalized position）” q_i，則與此“廣義位置” q_i 互為“共軛（conjugate）”的“廣義動量（generalized momentum）” p_i，就是“運動常量”。在量子力學裏，我們也有類似的結果。

在經典力學裏，若哈密頓函 H 不顯含某廣義位置 ε，就表示當觀察者 O 改變廣義位置 ε，即作“時空轉換” τ_ε，而成為觀察者 O' 時，其哈密頓函 H 也不會隨著改變。在量子力學裏，根據本書〈第四・八・C 小節 時空轉換下的測符〉，若觀察者 O 作時空轉換 τ_ε 而成為觀察者 O'，則一切測符 Ω 皆必須作相應於 τ_ε 的轉換，

$$\Omega \longrightarrow \Omega' = U^\dagger(\tau_\varepsilon)\,\Omega\, U(\tau_\varepsilon)$$

此處 Ω 與 Ω' 互為彼此的“對等測符（equivalent observables）”，請參閱本書〈第四・三・B 小節 對等測符〉。因此，若系統的哈密頓 H，不隨態換符 $U(\tau_\varepsilon)$ 的運作而改變，即

$$H \longrightarrow H' = U^\dagger(\tau_\varepsilon)\, H\, U(\tau_\varepsilon) = H$$

此處時空轉換 τ_ε 裏的 ε 可代表十個參量 $\{s, \boldsymbol{\upsilon}, \boldsymbol{d}, \boldsymbol{\omega}\}$ 中的某一個。上式也可表達為“對易子”的形式，

$$\left[H, U(\tau_\varepsilon)\right] = H U(\tau_\varepsilon) - U(\tau_\varepsilon) H = 0$$

由於參量 ε 是連續的，所以態換符 $U(\tau_\varepsilon)$ 可利用其生成子，即“態

換子”G_ε，來表達。因此，上述對易關係成立的“充要條件（necessary and sufficient condition）”為

$$[H, G_\varepsilon] = 0$$

假設參量ε所對應的“廣義位符（generalized position operator）”為Q_ε，則相應的態換子G_ε，即為與Q_ε互為共軛的“廣義動符（generalized momentum operator）”P_ε。例如，位符$\{X, Y, Z, \Theta_x, \Theta_y, \Theta_z\}$的“正則軛動符（canonically-conjugate momentum operator）”為$\{P_x, P_y, P_z, J_x, J_y, J_z\}$。若態換子$G_\varepsilon$不顯含時刻$t$，則$G_\varepsilon$對“任何”物理態$|\psi(t)\rangle$的期值$\langle g_\varepsilon(t)\rangle = \langle\psi(t)|G_\varepsilon|\psi(t)\rangle$，皆滿足如下運動方程，

$$\frac{d}{dt}\langle\psi(t)|G_\varepsilon|\psi(t)\rangle = \frac{i}{\hbar}\langle\psi(t)|[H, G_\varepsilon]|\psi(t)\rangle = 0$$

因此，我們可通過改變“時空轉換”τ_ε裏的連續參量ε，來作不同“慣性座”間的轉換。在這些不同的慣性座裏，若系統的哈密頓H皆相同，即$[H, G_\varepsilon] = 0$，而且態換子G_ε不顯含時刻t，則態換子G_ε對“任何”物理態$|\psi(t)\rangle$的期值$\langle g_\varepsilon(t)\rangle = \langle\psi(t)|G_\varepsilon|\psi(t)\rangle$，就是不隨$t$改變的“運動常量”。

例如，若參量ε為位移d_α，則其所對應的“動符”P_α的期值就是運動常量；若參量ε為時移s，則其所對應的“哈密頓”H的期值，即總能量E，就是運動常量；若參量ε為轉向ω_α，則其所對應的“角動符”J_α的期值就是運動常量。

一般而言，若系統的哈密頓H與不顯含t的某測符G_ε對易，則H也就與G_ε的一切“函”皆對易，當然這些“函”也包括G_ε的“梯函符”$\theta(g_\varepsilon - G_\varepsilon)$，請參閱本書〈第一・六・A 小節　概佈〉，所以梯函符$\theta(g_\varepsilon - G_\varepsilon)$的期值，即物理量$g_\varepsilon$一切觀測值的“佈函（distribution function）”$P(g_\varepsilon)$，也就不隨時刻t改變。因此，若某物理量$g_\varepsilon(t)$的期值$\langle\psi(t)|G_\varepsilon|\psi(t)\rangle$是運動常量，則觀測此物理量$g_\varepsilon(t)$所得到的“概佈（probability distribution）”，也皆是運動常量。

這裏，我們必須強調，物理系統的某物理量ω為“運動常量”，是針對“任何”物理態而言；此外，我們說此物理量ω的“概佈”不隨時刻t改變，並非說物理量ω本身為一個定值。當然，若物理系統恰好處於物理量ω的某個徵態$|\omega_i\rangle$，則物理量ω就是一個不隨t而改變的定值ω_i。另外，請不要將“運動常量”與“駐態（stationary state）”的概念混淆。請參閱本書〈第三・八・G小節 駐態與播態〉。

附八・八 時能不確定關係

根據本書〈第三・六・A小節 廣義不確定關係〉，針對物理系統的某個狀態$|\psi(t)\rangle$，若我們於時刻t“同時”觀測其總能量E與某物理量ω，則所得到的E與ω的“標準差（standard deviation）”，必然滿足如下不確定關係，

$$\sigma_E \sigma_\omega \geq \frac{1}{2}\left|\langle\psi(t)|\,[H, \Omega]\,|\psi(t)\rangle\right| \equiv \frac{1}{2}\left|\langle\,[H, \Omega]\,\rangle\right|$$

假設ω的測符Ω不顯含時刻t，則物理量ω期值的時變率為

$$\frac{d\langle\omega\rangle}{dt} \equiv \frac{d\langle\Omega\rangle}{dt} = \frac{i}{\hbar}\langle\,[H, \Omega]\,\rangle$$

因此，物理量ω改變“一個標準差”σ_ω所需要的時間Δt_ω為

$$\Delta t_\omega = \frac{\sigma_\omega}{|d\langle\omega\rangle/dt|} = \frac{\hbar\sigma_\omega}{\left|\langle\,[H, \Omega]\,\rangle\right|}$$

換句話說，Δt_ω代表物理量ω有顯著改變所需要的“時間”。將上述不確定關係以Δt_ω表達，我們可得

$$\sigma_E \Delta t_\omega \geq \frac{\hbar}{2}$$

此即為一般的“時能不確定關係（time-energy indeterminacy relation）”。請特別注意，這裏Δt_ω並非是時刻t的“標準差”，

而僅是物理量ω改變“一個標準差”σ_ω所需要的時間。

若與E不相容的物理量ω不同，則所需的時間Δt_ω就可能不一樣。有趣的是，針對與哈密頓H不對易的任意測符Ω，我們皆有一個對應的不確定關係，所以理論上“能量標準差”的下限$(\sigma_E)_{下限}$，等於由一切可能的物理量ω所得到的最大值$(\hbar/2\Delta t_\omega)_{\max}$，

$$(\sigma_E)_{下限}=\left[\left(\frac{\hbar}{2}\right)\frac{1}{\Delta t_\omega}\right]_{\max}=\left(\frac{\hbar}{2}\right)\frac{1}{(\Delta t_\omega)_{\min}}$$

例如，若某基本粒子的“壽命（lifetime）”約為10^{-23}秒，則此粒子至少有一個物理量在10^{-23}秒內會有顯著的改變，於是$(\sigma_E)_{下限}$約為 3MeV。因此，觀測此粒子的“能量”時，其標準差必然大於 3MeV，甚或更大。

反而言之，若$\sigma_E\sim 0$，則$\Delta t_\omega\geq\frac{\hbar}{2}\left(\frac{1}{\sigma_E}\right)\sim\infty$，這表示若粒子所處狀態的“能量標準差”$\sigma_E$非常小，則此粒子的“任何”物理量$\omega$皆必須經過很長時間，才會有顯著改變。在極限情況下，“駐態”的$\sigma_E=0$；因此，其任何物理量的“概佈”，皆不隨時刻t改變。

附八・九　動象裏的軌符與場符

在本書〈第六章　量子場論簡介〉裏，我們定義了“薛定諤動象”下的軌符C_i和$C_i^\dagger$與場符$\psi(\boldsymbol{x})$和$\psi^\dagger(\boldsymbol{x})$。利用本附錄的公式，我們也可以將這兩類算符分別定義於“海森伯動象”與“狄拉克動象”。

附錄九 量子力學舊公設

量子力學早期的“舊公設”，可細分為九大項來敘述：

(i) 物理態（physical state）
(ii) 物理量（physical quantity）
(iii) 觀測（observation）
(iv) 量子化（quantization）
(v) 演化（evolution）
(vi) 相容性（compatibility）
(vii) 稱化（symmetrization）
(viii) 對等性（equivalence）
(ix) 光速（speed of light）

一• 物理態
二• 物理量
三• 觀測
四• 量子化
五• 演化
六• 相容公設
七• 稱化公設
八• 對等公設
九• 光速公設
十• 量子力學新公設

附九·一 物理態

> 於特定時刻 t，物理系統的任何“純態（pure state）”，皆可由希空間裏的一個“可規矢（normalizable vector）”$|\psi(t)\rangle$來完整描述。

關於“物理態”的描述，我們已經在本書〈第一章 經典物理概論〉與〈第三章 量子物理描述〉裏，作了詳細介紹。這裏，我們對此公設作幾點補充說明：

(i) 我們僅需談到物理系統的“純態”，而“混態（mix state）”可經由純態的“經典系綜（classical ensemble）”來定義。請參閱本書〈第一·四·E 小節 經典純態與混態〉。

(ii) 物理系統的每個純態，皆對應於希空間裏的一個可規矢，但並不是每個可規矢，都對應於物理系統的一個狀態。關於這點，我們已在本書〈第四·二·C 小節 稱化公設〉裏，作了詳細說明。

(iii) 還應注意一點：希空間裏的任一矢$|\psi(t)\rangle$，在“位空間（position space）”裏的表象$\langle \boldsymbol{x}|\psi(t)\rangle$，可能代表$n$個“複函（complex functions）”。

(iv) 最重要的是，此公設裏隱含了，假設矢的“線疊加原理（principle of linear superpositions）”普遍適用。更明確地說，“純態”必然由“量子系綜（quantum ensemble）”來定義。例如，純態$|\psi\rangle$可分解為如下“線疊加”，

$$|\psi\rangle = \sum_i a_i |\omega_i\rangle$$

則在純態$|\psi\rangle$裏，純態$|\omega_n\rangle$所占的比例或“概率（probability）”為$|a_n|^2 \Big/ \sum_i |a_i|^2$。此即“純態”的“量

子系綜詮釋（quantum-ensemble interpretation）”。請參閱本書〈第三章 量子物理描述〉。

附九・二 物理量

物理系統的任一可測物理量ω，皆對應其希空間裏的一個“自伴符（self-adjoint operator）”Ω，我們稱此自伴符為“測符（observable）”。

注意，在量子力學裏，時刻t被當成一個“外在參量（external parameter）”，而非物理系統本身的一個物理量，這點與經典力學裏一樣。因此，t沒有對應的“算符（operator）”，當然也就沒有所謂觀測“特定物理系統專屬時間”所得到的“期值”。對無“稟賦結構（intrinsic structure）”的粒子而言，僅需要“粒子”最基本的物理量：“位置”$\boldsymbol{x}$及其所對應的“位符”$\boldsymbol{X}$即可，其它相關物理量皆可經由邏輯程序推得。

附九・三 觀測

假設於時刻t，某物理系統處於態矢$|\psi(t)\rangle$，而其物理量ω所對應的測符為Ω，則觀測物理量ω所得到的結果，必為測符Ω一切徵值$\{\omega_i\}$中的一個。若物理系統處於測符Ω的徵態$|\omega_n\rangle$，則觀測物理量ω的結果必為ω_n；反之，若於時刻t觀測得到ω_n，則物理系統於時刻t後必然處於徵態$|\omega_n\rangle$。

以下我們就幾個重要的概念，略加說明：

(i) 對“純態”$|\psi(t)\rangle=\sum_i c_i(t)|\omega_i\rangle$而言，觀測得到徵值$\omega_n$的“概率”為$|c_n(t)|^2\Big/\sum_i|c_i(t)|^2$，而此“複概幅（complex probability amplitude）”$c_n(t)$，為態矢$|\psi(t)\rangle$在徵態$|\omega_n\rangle$

上的“分量”，

$$c_n(t) = \langle \omega_n | \psi(t) \rangle$$

(ii) 觀測物理量ω的結果，與“觀測後”物理系統所處的狀態之間，存在一一對應關係，

$$\omega_n \underset{\text{一對一}}{\longleftrightarrow} |\omega_n\rangle$$

然而一般地說，於“觀測前”，假設物理系統處於由“量子系綜”所定義的純態$|\psi(t)\rangle$，而

$$|\psi(t)\rangle = \sum_i |\omega_i\rangle\langle\omega_i|\psi(t)\rangle$$

除非此物理系統僅處於物理量ω所對應的單一徵態，否則的話，即使我們對物理系統的物理量ω，作無限次的“理想觀測”，在原則上也仍無法確認“觀測前”物理系統的狀態$|\psi(t)\rangle$。這是由於還牽涉到“相位（phase）”，使得問題變得更為撲朔迷離。

(iii) 在“理論”上，依據此公設，於同一時刻t對物理態$|\psi(t)\rangle$作無限多次觀測，由徵值ω_n出現的概率$|c_n(t)|^2 \Big/ \sum_i |c_i(t)|^2$，可求得時刻$t$觀測物理量$\omega$的期值，

$$\langle\omega(t)\rangle_\psi = \frac{\sum_n |c_n(t)|^2 \omega_n}{\sum_i |c_i(t)|^2} = \frac{\sum_n \langle\psi(t)|\omega_n\rangle \omega_n \langle\omega_n|\psi(t)\rangle}{\sum_i \langle\psi(t)|\omega_i\rangle\langle\omega_i|\psi(t)\rangle}$$

$$= \frac{\langle\psi(t)|\Omega|\psi(t)\rangle}{\langle\psi(t)|\psi(t)\rangle}$$

請配合參閱本書〈第一・五・B 小節 期值〉。

這裏我們遇到一個很有趣的問題：當徵態$|\omega_n\rangle$為“不可模規”態矢時，觀測物理量ω後，物理系統處於什麼狀態呢？當然，物理系統不可能處於一個不可模規的狀態。然而，剛觀測到ω_n後，

此物理系統又必須處於徵態$|\omega_n\rangle$。答案是，任何實際的觀測，都不可能不受“鑑別度”的限制。因此，若觀測到ω_n的鑑別度為$\delta\omega$，則此物理系統在剛觀測後，就可能處於任一“可模規的”、寬度為$\delta\omega$的“波包態”，而此波包態是ω_n的鄰近範圍$\delta\omega$內，許多不可模規徵態$|\omega_n\rangle$的“線疊加”，而由此線疊加構成的“波包態”是“可模規的”。當然在一般情況下，此物理系統也許還處於“混態”，也就是這些可能“波包態”的“經典系綜（classical ensemble）”。

附九・四 量子化

在具有“N自由度（N degrees of freedom）”的N維物理系統裏，有N對互為“正則軛（canonically conjugate）”的物理量$\{q_i, p_i; i=1,2,\cdots,N\}$，而其各自所對應的自伴符$\{Q_i, P_i; i=1,2,\cdots,N\}$，滿足如下“正則對易關係（canonical commutation relations）”：

$$\left[Q_j, P_k\right] = i\hbar\delta_{jk}, \qquad \left[Q_j, Q_k\right] = 0, \qquad \left[P_j, P_k\right] = 0$$

若其他任一物理量ω可表達為q_i與p_i的函形式$\omega(q_i, p_i)$，則經過量子替換：$q_i \to Q_i$與$p_i \to P_i$，可得此物理量ω所對應的自伴符為$\Omega(Q_i, P_i)$。

這裏，請注意三種例外情況：

(i) 此$\omega(q_i, p_i) \to \Omega(Q_i, P_i)$替換過程，在有些情況下，可能會定義不明確。在經典力學裏，$\omega(q_i, p_i)$裏各物理量相乘的順序是任意的；然而，在量子力學裏，若將$\Omega(Q_i, P_i)$裏各算符相乘的順序改變，則有可能得到不同的算符Ω。此時一個簡單的解決方法，就是將其對稱化，例如，

$$\omega \equiv qp = pq$$
$$= \frac{1}{2}(qp+pq) \;\leftrightarrow\; \Omega = \frac{1}{2}(QP+PQ)$$

如此也可以保證算符Ω為“自伴符”。然而，對於更複雜的$\omega(q_i,p_i)$形式，即使採用對稱化的方式，也可能會有多種選擇，此時就需要利用“相容公設”，來作最後的判定。

(ii) 若q_i不是直角座標，則$\omega(q_i,p_i)\to\Omega(Q_i,P_i)$的過程，也可能會出問題。在這種情況下，一種簡單的處理方法，是將其轉換為直角座標，然後再作量子化。若不能轉換為直角座標，比如球面上運動的粒子，則可以利用〈第四章 量子力學推導〉裏，態換子的對易關係來作量子化。

一般地說，當“物理量”轉化為“數學算符”的過程中，出現定義不明確的問題時，我們可以在算符的形式上，盡可能作一個合理的猜臆，理論建立後再以“相容公設”，檢驗此公設的正確性。

(iii) 如果引進的“自由度（degree of freedom）”，在經典力學裏根本不存在，則“相容公設”也無能為力。最明顯的例子，就是粒子的“自旋（spin）”、與“粒反粒軛（particle-antiparticle conjugation）”。

一個無“稟賦結構”的粒子，若處於任意“一個”時空點，就需要“一個”複函來描述；而任一有“自旋”的粒子，則至少需要“兩個”複函來描述“自旋”。大致地說，“稟賦結構”就是經典力學裏所沒有的自由度造成的。

不過，於同一個時空點，“一個”物理系統必須由“幾個”函來描述的情況，在經典電磁學裏倒不陌生。例如，“一個”光子的電磁場$\{\boldsymbol{E}(\boldsymbol{x},t),\boldsymbol{B}(\boldsymbol{x},t)\}$，或“四勢（four-potential）”$\{\phi(\boldsymbol{x},t),\boldsymbol{A}(\boldsymbol{x},t)\}$。在量子力學裏，我們利用“自旋符”$\{S_x,S_y,S_z\}$來描述自旋，其對易關係有如“軌角動符”$\{L_x,L_y,L_z\}$；因此，“自旋”就額外引進兩個自由度。

(iv) 量子化的微尺度，是由某些測符內所含的“有理普朗克常數（rationalized Planck constant）”，簡稱“普朗克常數”或“普常數”，$\hbar$來決定。

附九・五 演化

假設於時刻t，物理系統的狀態為$|\psi(t)\rangle$，則於時刻t'，此物理系統的狀態$|\psi(t')\rangle$，必定可以利用某“幺正符”$U(t',t)$，特稱為“態演化符（evolution operator of state）”或“態時移符（time-displacement operator of state）”或“傳播子（propagator）”，來運作得到，

$$|\psi(t')\rangle = U(t',t)|\psi(t)\rangle$$

如此定義的“態演化符”$U(t',t)$有“無限多個（infinitely many）”，而這些態演化符的“生成子（generator）”$H(t)$，定義為此物理系統的“哈密頓符（Hamiltonian operator）”，簡稱為“哈密頓（Hamiltonian）”，

$$H(t) \equiv i\hbar \left.\frac{dU(t',t)}{dt'}\right|_{t'=t}$$

僅由此公設，我們通常無法得到哈密頓$H(t)$的明確表達式。在多數情況下，我們必須利用公設四，將經典的“哈密頓函”作量子替換，以得到“哈密頓”。然而，在公設四遇到困難時，我們則必須回到“哈密頓為態演化符的生成子”的原始定義，

來重新推導哈密頓。

利用此公設五，我們對本節的第一個方程兩邊先對t'求“導數（derivative）”，再令$t'=t$，則很容易就得到“薛定諤方程（Schrödinger equation）”的態矢形式，

$$i\hbar\frac{d}{dt}|\psi(t)\rangle = H(t)|\psi(t)\rangle$$

不過，我們要注意一個觀念上的問題：此“演化方程”不是“徵程（eigen equation）”，它只告訴我們，物理系統的狀態如何隨t演化，以及物理系統的任何狀態$|\psi(t)\rangle$，皆必須滿足此“演化方程”。總之，“演化方程”與“量子化”無關。即使沒有此演化方程，任意“自伴符”Ω，也可以有其“徵程”，

$$\Omega\,|\omega_n\rangle = \omega_n\,|\omega_n\rangle，\quad n = 1,2,3,\cdots$$

依據公設四，應該有的量子化，就都會呈現在這些徵程裏。

話說回來，在經典力學裏，哈密頓函$H(t)$本來就是物理系統對t演化的“微正則轉換（infinitesimal canonical transformation）”的“生成子”。因此，本公設五只是經典描述的“量子版本”。

既然提到“態演化符”$U(t',t)$，我們順便談一下，它有趣的物理意義：假設t時刻物理系統處於“模規（norm-normalized）”的某物理態$|\psi_i(t)\rangle$，即$\langle\psi_i(t)|\psi_i(t)\rangle=1$，則於不同時刻$t'$，此物理系統處於另一個物理態$|\psi_f(t')\rangle$的概率為

$$\left|\left\langle\psi_f(t')\right|U(t',t)\left|\psi_i(t)\right\rangle\right|^2 \equiv \left|U_{fi}(t',t)\right|^2$$

附九·六 相容公設

附九·七 稱化公設

附九·八 對等公設

附九・九 光速公設

附九・十 量子力學新公設

最後這四個舊公設，詳見〈第四・二節 量子力學公設〉。由於本附錄的舊公設一、二、三皆是關於“物理系統（physical system）”與數學裏的“希空間（Hilbert space）”之間的對應，所以我們可以將這些同一類型的公設，合併為一個新的“對應公設（postulate of correspondence）”。利用〈第四・二・A 小節 對應公設〉、與〈第四・二・D 小節 對等公設〉兩個公設，我們可以推導出本附錄的舊“公設四”與舊“公設五”。如此，我們也可以避免舊“公設四”所遇到的許多困難。

因此，我們可將本附錄裏所列舉的九項“舊公設”，修改合併為五項“新公設”：

(i) 對應公設。
(ii) 相容公設。
(iii) 稱化公設。
(iv) 對等公設。
(v) 光速公設。此公設將適用於“相對量子力學（relativistic quantum mechanics）”。

詳見本書〈第四・二節 量子力學公設〉。

附錄十 粒子態的稱化

本附錄將簡要介紹如何描述“等同粒子(identical particles)”及其特性，以及如何對“等同粒子系統（system of identical particles）”的狀態作“稱化（symmetrization）”。

一• 粒子描述

A. 時間
B. 空間
C. 粒子
D. 粒子的動力變數

二• 等同粒子系統

A. 動力等價
B. 等同粒子

三• 等同粒子的置換

A. 交換符
B. 交換符的數學性質
C. 置換符
D. 置換符的數學性質

四• 等同粒子的稱化態

A. 稱化態
B. 一般稱化符

附十•一 粒子描述

A. 時間

語言裏所謂的“時間（time interval 或 time）” Δt，代表人們對現實世界或腦海中物質“持久性（duration）”的感知，而這僅僅是一個直觀上的概念。假設Δt_0代表某特定的“時段”，或稱“時間”；若Δt_0足夠小以致於可以採用單一指標t_0來明確標記，則我們就稱t_0為“時刻（instant）”。一切“時刻”皆均勻有序地“連續”排列於“時軸（time axis）”上。若將這些“時刻序（ordered sequence of instants）”當作“基本術語（fundamental term）”，我們就可以很方便地利用兩時刻的間隔，來表達任何“時間”。

注意，在目前的物理理論裏，“時間”都算是客觀存在的“外在參量（external parameter）”，而非“各別”物理系統稟賦的。因此，“時間”是“萬物”共用的“物理量”。

B. 空間

“體積（volume）” V，代表人們對現實世界中物質“廣延性（extension）”或“空間範圍（spatial extent）”的感知，而這僅僅是一個直觀上的概念。假設ΔV_p代表某特定體積，若ΔV_p足夠小以致於可以採用單一指標p來明確標記，則我們就稱p為位空間裏的一個“位置（position）”。位空間的三維“位置”有序排列，可構成一個“序位集（set of ordered positions）”。若以這些“序位（ordered position）”作為基本術語，我們就可以很方便地定義“幾何空間（geometry space）”以及“笛卡兒座（Cartesian coordinate system）” $\{x,y,z\}$。因此，我們還可以定義“表面”不規則的任何“體積”或“流形（manifold）”。位空間裏的“位置”為一個“幾何點（geometric point）”，是“零測度（measure-zero）”的，即：其測量值為零；而“空間體積”是“有限範圍（finite extent）”的，其測量值不為零。

C. 粒子

相對於抽象的“概念”而言，時空裏的任何“物理實體（physical entity）”，皆存在於“局域”空間；因此，如果可以不考慮其“稟賦結構（intrinsic structure）”，我們就可將其當作一個“粒子”來看待。

“不穩定系統（unstable system）”有時也可當作一個“粒子”來看待，但這只是一種方便的看法，並且要求此系統的“衰率（decay rate）”不要太大，也就是存在的時間不得太“短暫”，否則就不便當成單個“粒子”。

D. 粒子的動力變數

針對單個粒子，通過選取不同的“表象（representation）”，我們就可以得到描述此粒子的不同“變數（variable）”。例如，“位表象（position representation 或 coordinate representation）”裏的“位變數（position variable）”與“稟賦變數（intrinsic variable）”，而後者可能為“內部變數（internal variable）”，例如，“自旋變數（spin variable）”、“電量（electric charge）”、“磁矩（magnetic moment）”等等。

為了便於指稱，本節我們採用簡單的一個符號“τ”來代表描述粒子所需的“一組變數（set of variables）”，而這些“變數”可以是“離散的”、或“連續的”、或“二者兼具”。對變數τ求和，就相當於對其“離散變數（discrete variables）”求和，對其“連續變數（continuum variables）”積分；而當變數同時包含“離散域（discrete domain）”與“連續域（continuum domain）”時，就相當於在“離散域”裏“求和”，且在“連續域”裏“積分”。

附十・二 等同粒子系統

A. 動力等價

若兩個粒子的“哈密頓”相同，則我們稱這兩粒子為“動力等價（dynamically equivalent）”。

B. 等同粒子

若兩個粒子所有的“可測物理量（observable physical quantities）”皆相同，則我們稱這兩粒子互為彼此的“等同粒子（identical particles）”。兩粒子為等同的“必要條件”，是其“動力行為”相同。由可能處於不同狀態的多個“等同粒子”，所構成的物理系統，統稱為“等同粒子系統”。

附十・三 等同粒子的置換

A. 交換符

在等同粒子系統裏，交換兩個等同粒子指標i與j的“操作”，我們稱為“交換符（exchange operator）”，以符號Q_{ij}表示。

若我們以$|12\cdots i\cdots j\cdots N\rangle\equiv|\tau_1\tau_2\cdots\tau_i\cdots\tau_j\cdots\tau_N\rangle$代表任何“$N$粒態（$N$-particle state）”，則“交換符”$Q_{ij}$運作於此“$N$粒態”的效應可寫為

$$Q_{ij}|12\cdots i\cdots j\cdots N\rangle = |12\cdots j\cdots i\cdots N\rangle$$

此處$\{12\cdots i\cdots j\cdots N\}$為粒子指標。請特別注意，為了便於敘述，我們假設$\tau_i$與$\tau_j$分別代表$i$軌與$j$軌，而且在此“$N$粒態”中，各個粒子總是佔據各自的軌，例如：第$i$粒子總是佔據$i$軌。上式中僅交換了第$i$粒子與第$j$粒子的指標，而無其它任何改變。也就是說，$|12\cdots i\cdots j\cdots N\rangle$表示第$i$粒子處於$i$軌，第$j$粒子處於$j$軌；而$|12\cdots j\cdots i\cdots N\rangle$表示第$i$粒子處於$j$軌，第$j$粒子處於$i$軌。交換

符 Q_{ij} 的運作，就相當是將這兩粒子的“軌道”互換。

B. 交換符的數學性質

“交換符” Q_{ij} 具有如下性質：

(i) 針對同一個“態”，交換符 Q_{ij} 依次運作兩次，相當於回到未運作之前的態。因此，交換符 Q_{ij} 是“自逆（self-inverse）”的，

$$Q_{ij}^2 = I$$
$$Q_{ij}^{-1} = Q_{ij}$$

注意，這裏的“態”是指任何“數學態（mathematical states）”，並不一定是真實存在的“物理態（physical states）”。

(ii) 由“內積”的定義可知，

$$\langle\psi|\phi\rangle = \langle Q_{ij}\psi|Q_{ij}\phi\rangle$$

此處 $|\psi\rangle$ 與 $|\phi\rangle$ 代表任意態。當然，交換符 Q_{ij} 的運作，就相當於重新標記了“積分變數”或“求和指標”。因此，在交換符 Q_{ij} 的如此運作下，“內積”的值“不變”。

(iii) 由性質(i)與(ii)，可以推導得到交換符 Q_{ij} 為“自伴符（self-adjoint operator）”，

$$\begin{aligned}\langle Q_{ij}\psi|\phi\rangle &= \langle Q_{ij}(Q_{ij}\psi)|Q_{ij}\phi\rangle \\ &= \langle\psi|Q_{ij}\phi\rangle\end{aligned}$$

也就是，

$$Q_{ij}^{\dagger} = Q_{ij}$$

(iv) 由於“等同粒子”必定“動力等價（dynamically equivalent）”，因此可得

$$\left[Q_{ij},H\right] = Q_{ij}H - Q_{ij}H = 0$$

C. 置換符

假設我們將N個粒子從1到N的順序來依次標注，並以此"序列（sequence）"作為"參考序（reference sequence）"。通過交換此"參考序"裏粒子的編號，我們總共可以得到$N!$個不同的序列，而每個序列，都可借助一個"置換符（permutation operator）"Q來得到，

$$Q|1\,2\cdots N\rangle = |Q1, Q2, \cdots, QN\rangle$$

這$N!$個"置換符"Q運作的結果$\{Q1, Q2, \cdots, QN\}$，各不相同。值得注意的是，"置換符"Q一定可以表達為某些"交換符"Q_{ij}的積，但此積並不唯一。注意，"置換符"與"交換符"是兩個不同的概念。

D. 置換符的數學性質

由"交換符"Q_{ij}的性質，我們很容易推導出"置換符"Q的性質如下。

(i) 任何置換符Q，皆可表達為某些交換符Q_{ij}的積，但此積並不唯一。

(ii) 由"偶數"個交換符組成的置換符，只能表示為"偶數"個交換符組成的序列；我們稱此置換符為"偶換符（even-permutation operator）"。同樣，由"奇數"個交換符組成的置換符，只能變為"奇數"個交換符組成的序列；我們稱此置換符為"奇換符（odd-permutation operator）"。

(iii) 置換符Q為"運動常量（constant of motion）"，即Q不顯含時刻t且$[Q,H]=0$，而其一般矩陣元滿足下式，

$$\frac{d}{dt}\langle\psi(t)|Q|\phi(t)\rangle = 0$$

(iv) 置換符 Q 為“線符（linear operator）”，

$$Q\left[a|\psi\rangle + b|\phi\rangle\right] = a\,Q|\psi\rangle + b\,Q|\phi\rangle$$

(v) 置換符之間不一定“對易（commute）”。

(vi) 哈密頓 H 的徵態，並不一定是置換符 Q 的徵態。

(vii) 上小節裏談及的這 $N!$ 個置換符 Q 可構成一個群，稱為“置換群（permutation group）” $\mathcal{G}$：

1) 無任何交換的“恆等符（identity operator）”必然存在；
2) 任何“置換符” Q 皆有唯一的“逆置換符（inverse permutation operator）” Q^{-1}；
3) 任意兩置換符 P 與 Q 的“積” $R \equiv PQ$，必為置換符；
4) 任意三個置換符 P,Q,R 滿足結合律：$(PQ)R = P(QR)$。

(viii) 假設 P,Q,R 皆為置換符，且滿足

$$PQ = R$$

若保持 P 不改，使 Q “遍歷”整個“置換群” $\mathcal{G}$，則 R 必然也“遍歷”整個“置換群” $\mathcal{G}$。

(ix) 在置換符 Q 的運作下，態的“內積”不變，

$$\langle\psi|\phi\rangle = \langle Q\psi|Q\phi\rangle$$

(x) 置換符 Q 為“幺正符（unitary operator）”，

$$\begin{aligned}\langle Q\psi|\phi\rangle &= \langle Q^{-1}Q\psi|Q^{-1}\phi\rangle \\ &= \langle\psi|Q^{-1}\phi\rangle\end{aligned}$$

因此，

$$Q^{-1} = Q^{\dagger} = Q$$

(xi) 在“E 表象（E-representation）”裏，

$$H|E_\alpha\rangle = E_\alpha|E_\alpha\rangle$$

若我們選取$\{|E_\alpha\rangle\}$為“基（basis）”，則由$[Q, H]=0$，可得

$$\begin{aligned} 0 &= \langle E_{\alpha'}|\,[Q, H]\,|E_\alpha\rangle \\ &= (E_{\alpha'} - E_\alpha)\langle E_{\alpha'}|Q|E_\alpha\rangle \end{aligned}$$

因此，

$$\langle E_{\alpha'}|Q|E_\alpha\rangle = 0\,, \qquad E_{\alpha'} \neq E_\alpha$$

(xii) 置換符可以利用任意“基”$\{|\alpha\rangle\}$表達為矩陣式，

$$\begin{aligned} Q &= \sum_{\alpha'\alpha} |\alpha'\rangle\langle\alpha'|Q|\alpha\rangle\langle\alpha| \\ &\equiv \sum_{\alpha'\alpha} Q_{\alpha'\alpha}|\alpha'\rangle\langle\alpha| \end{aligned}$$

此處$Q_{\alpha'\alpha} \equiv \langle\alpha'|Q|\alpha\rangle$為“$\alpha$表象（$\alpha$-representation）”的陣元。

在置換群$\mathcal{G}$裏，兩“元素”P與Q相乘，就相當其“矩陣表象”的“矩陣積（matrix product）”$PQ=R$，

$$\sum_{\alpha''}\langle\alpha'|P|\alpha''\rangle\langle\alpha''|Q|\alpha\rangle = \langle\alpha'|R|\alpha\rangle$$

(xiii) 在量子理論裏，我們假設“物理態”$|\psi\rangle$必然為一切置換符Q的“徵態（eigenstate）”：$Q|\psi\rangle = \delta_Q|\psi\rangle$，對任何$Q$皆成立；而$\delta_Q$為置換符$Q$的“徵值（eigenvalue）”，可隨不同$Q$而不同。因此可得

$$\begin{aligned} |\psi\rangle &= QQ|\psi\rangle = Q\,\delta_Q|\psi\rangle \\ &= \delta_Q^2|\psi\rangle \end{aligned}$$

我們選擇δ_Q為

$$\delta_Q = \begin{cases} 1, & \text{玻子} \\ \varepsilon_Q, & \text{費子} \end{cases}$$

$$\varepsilon_Q = \begin{cases} 1, & Q\text{為“偶換符”} \\ -1, & Q\text{為“奇換符”} \end{cases}$$

也就是“假設”：

“玻子（boson）”的“物理態”必為“對稱（symmetric）”，且滿足“玻色-愛因斯坦統計（Bose-Einstein statistics）”；

“費子（fermion）”的“物理態”必為“反稱（antisymmetric）”，且滿足“費米-狄拉克統計（Fermi-Dirac statistics）”。

(xiv) 在“玻子”或“費子”的任意“α表象”裏，

$$\langle \alpha' | Q | \alpha \rangle = Q_{\alpha\alpha} \delta_{\alpha'\alpha}$$

(xv) 由性質(v)可知，這$N!$個置換符Q，一般都不對易，因此，我們不可能將這$N!$個Q同時“對角化”，這似乎與“$N!$個Q矩陣可同時對角化”，相互矛盾。其實不然，因為對一切“物理態”來說，$[Q,P] \equiv QP - PQ$的徵值皆為零；但對一切“數學態”而言，$[Q,P]$的徵值，卻並非皆為零。

附十・四 等同粒子的稱化態

A. 稱化態

我們稱“物理系統”的某個態為“稱化態（symmetrized state）”，這意味著此態為“對稱態”或“反稱態”。“稱化態”是“物理可實現態（physically realizable state）”的“必要條件”。

(i) 稱化符（symmetrization operator）：

將任意“多粒態（many-particle state）”轉換為對稱或反稱形式的“運作”，我們稱之為“稱化符”，其定義為

$$\mathcal{S} \equiv \frac{1}{N!}\sum_{Q}\delta_Q Q$$

此處“求和”針對N粒子系統的所有$N!$個置換符Q，而δ_Q為置換符Q的徵值，其定義見〈附錄十・三・D 小節 置換符的數學性質〉裏的性質(xiii)。“稱化符”$\mathcal{S}$具有如下性質：

1) 投影符：$\mathcal{S}^2 = \mathcal{S}$

2) 自伴符：$\mathcal{S}^\dagger = \mathcal{S}$

3) $[\mathcal{S},Q] = 0$

4) $[\mathcal{S},H] = 0$

(ii) 規化（normalization）：

在“佔數表象（occupation-number representation 或 N-representation）”裏，一切α軌的“佔數（occupation number）”n_α可明確表達為

$$\{n_\alpha\} \equiv \{n_a, n_b, \cdots, n_\alpha, \cdots\}$$

請參閱本書〈第六章 量子場論簡介〉。假設由N個軌$\{\chi_{\alpha 1}(1), \chi_{\alpha 2}(2), \cdots, \chi_{\alpha N}(N)\}$的乘積，來建構某態$\psi_\alpha$，

$$\psi_\alpha \equiv \chi_{\alpha 1}(1)\chi_{\alpha 2}(2)\cdots\chi_{\alpha N}(N)$$

則“規稱化態（normal-symmetrized state）”$\psi_{s\alpha}$，即“規化（normalized）”且“稱化（symmetrized）”的態，可表示為

$$\psi_{s\alpha} \equiv C\mathcal{S}\psi_\alpha$$

此處C為“規化常數（normalization constant）”，且為實數。為了求得C，我們考慮如下內積，

$$\begin{aligned} 1 &= \langle \psi_{s\alpha} | \psi_{s\alpha} \rangle = C^2 \langle \mathcal{S}\psi_\alpha | \mathcal{S}\psi_\alpha \rangle \\ &= C^2 \langle \psi_\alpha | \mathcal{S}^2 \psi_\alpha \rangle = C^2 \langle \psi_\alpha | \mathcal{S}\psi_\alpha \rangle \end{aligned}$$

$$= \frac{C^2}{N!} \sum_Q \delta_Q \langle \psi_\alpha | Q \psi_\alpha \rangle$$

假設 a 軌上有 n_a 個粒子，b 軌上有 n_b 個粒子，以此類推；一般地說，α 軌上有 n_α 個粒子，且滿足 $N = \sum_\alpha n_\alpha$。在上式求和裏，“內積” $\langle \psi_\alpha | Q \psi_\alpha \rangle$ 不為零的項，含涉及 a 軌的 $n_a!$ 個粒子的置換、b 軌的 $n_b!$ 個粒子的置換等等。因此，針對“玻子”，δ_Q=1，則我們可得

$$1 = \frac{C^2}{N!} n_a! n_b! \cdots$$

針對“費子”，只有 Q 為“恆等符”，內積 $\langle \psi_\alpha | Q \psi_\alpha \rangle$ 才不為零，然而 $n_\alpha = 1$ 或 0；因此，不論是“玻子”或“費子”，上式皆成立。於是“規化常數” C 可皆定為

$$C = \sqrt{\frac{N!}{n_a! n_b! \cdots}}$$

總而言之，不論是“玻子”或“費子”，其“規稱化態”可明確表達為

$$\psi_{s\alpha} \equiv C \mathcal{S} \psi_\alpha$$
$$= \frac{1}{\sqrt{N! n_a! n_b! \cdots}} \sum_Q \delta_Q Q \psi_\alpha$$

(iii) 稱化態的基（basis of symmetrized states）：

假設利用同一組軌 $\{\chi_{\alpha 1}(1), \chi_{\alpha 2}(2), \cdots, \chi_{\alpha N}(N)\}$，來建構與 ψ_α 的“佔數”不同的態 $\psi_{\alpha'}$，

$$\{n'_\alpha\} \equiv \{n'_a n'_b \cdots n'_\alpha \cdots\}$$

而得到另一個“規稱化態” $\psi_{s\alpha'}$，

$$\psi_{s\alpha'} = C' \mathcal{S} \psi_{\alpha'}$$

考慮 $\psi_{s\alpha'}$ 與 $\psi_{s\alpha}$ 的內積，

$$\begin{aligned}\langle\psi_{S\alpha'}|\psi_{S\alpha}\rangle &= C'C\langle\mathcal{S}\psi_{\alpha'}|\mathcal{S}\psi_\alpha\rangle \\ &= C'C\langle\psi_{\alpha'}|\mathcal{S}\psi_\alpha\rangle \\ &= C'C\frac{1}{N!}\sum_Q \delta_Q\langle\psi_{\alpha'}|Q\psi_\alpha\rangle = \delta_{\alpha'\alpha}\end{aligned}$$

由此可知，只有$\{n'_\alpha\}=\{n_\alpha\}$，上式才不為零。

我們以α'與α來分別標示$\psi_{\alpha'}$與ψ_α的“佔數序列（sequence of occupation numbers）”，

$$\alpha' \equiv \{n'_\alpha\} \equiv \{n'_a n'_b \cdots n'_\alpha \cdots\}$$
$$\alpha \equiv \{n_\alpha\} \equiv \{n_a n_b \cdots n_\alpha \cdots\}$$

就可以得到如下“稱化態的基”$\{\psi_{S\alpha}\}$，

1) 正規關係（orthonormality relation）：

$$\langle\psi_{S\alpha'}|\psi_{S\alpha}\rangle = \delta_{\alpha'\alpha}$$

2) 完備關係（completeness relation）：

$$\sum_\alpha |\psi_{S\alpha}\rangle\langle\psi_{S\alpha}| = \mathcal{S}$$

此處“求和”是對一切可能的“佔數序列”，而$\mathcal{S}$相當是此“稱化子空間（symmetrized subspace）”裏的“恆等符”。

B. 一般稱化符

(i) 在一般情況下，對於由多類“等同粒子”所組成的系統，我們也可將其“總稱化符（total symmetrization operator）”$\mathcal{S}$寫為

$$\mathcal{S} = \frac{1}{N!}\sum_Q \delta_Q Q$$

此處採用如下簡化標記，

$$N! \equiv N_1!N_2!\cdots$$

$$Q \equiv Q_1 Q_2 \cdots$$

$$\delta_Q \equiv \delta_{Q_1} \delta_{Q_2} \cdots$$

而$\{1,2,\cdots\}$標示 1 類、2 類、…等，不同類型的等同粒子。

(ii) 對於“總粒數（total particle numbers）”可變的“多通道反應（multi-channel reaction）”，其總稱化符$\mathcal{S}$可寫為

$$\mathcal{S} = \sum_{\rho} \mathcal{S}^{(\rho)} \Lambda^{(\rho)}$$

此處$\Lambda^{(\rho)}$為“通道（channel）”ρ的“投影符”，而$\mathcal{S}^{(\rho)}$為此通道的“稱化符”。

附錄十一　主動與被動轉換

本附錄將詳細說明，看待座標轉換的兩種觀點，即“主動觀（active point of view）”與“被動觀（passive point of view）”。在這兩種觀點下的座標轉換，分別稱為“主動轉換（active transformation）”與“被動轉換（passive transformation）”。

一• 座標系

A. 舊座

B. 新座

二• 物理系統

A. 舊物理系統

B. 新物理系統

三• 座標轉換

A. 主動轉換

B. 被動轉換

四• 座標轉換的相對關係

A. 主動轉換

B. 被動轉換

附十一・一 座標系

A. 舊座

開始先定義的n維座標系，稱為“舊座（old coordinate system）”，並以“座O”標示，而其座標$(x_1,x_2,\cdots,x_i,\cdots,x_n)$稱為“舊座標（old coordinate）”，並以x_i來代表。在量子力學裏，舊座標x_i對應舊座O裏的位符X_i。

B. 新座

將“舊座”轉換其“原點（origin）”的“位置”、或“軸（axis）”的“方位”、或“相對勻速”、或三者任意組合，所得到的座標系，稱為“新座（new coordinate system）”，並以“座O'”標示，而其座標$(x_1',x_2',\cdots,x_i',\cdots,x_n')$稱為“新座標（new coordinate）”，並以x_i'來代表。在量子力學裏，新座標x_i'對應新座O'裏的位符X_i'。

附十一・二 物理系統

A. 舊物理系統

開始先定義的物理系統，稱為“舊系統（old system）”，並以“系統P”標示，而其座標$(x_1,x_2,\cdots,x_i,\cdots,x_n)$稱為“舊座標”，並以$x_i$來代表。在量子力學裏，此舊系統$P$的狀態可以利用態矢$|\psi(t)\rangle$來表達，而$\langle x_i\rangle$則代表位符$X_i$的期值$\langle\psi(t)|X_i|\psi(t)\rangle$。

B. 新物理系統

將“舊物理系統”轉換其所處的“位置”、或“方位”、或“相對勻速”、或三者任意組合，所得到的物理系統，稱為“新系統（new system）”，並以“系統P'”標示，而其座標$(x_1',x_2',\cdots,x_i',\cdots,x_n')$稱為“新座標”，並以$x_i'$來代表。在量子力學裏，

此新系統P'的狀態為$|\psi'(t)\rangle$，而$\langle x_i'\rangle$則代表同一個位符X_i的期值$\langle\psi'(t)|X_i|\psi'(t)\rangle$。

附十一‧三 座標轉換

新舊兩組座標之間的數學轉換關係τ，稱為“座標轉換（coordinate transformation）”，

$$\tau:\quad x_i' = x_i'\left(x_1, x_2, \cdots, x_i, \cdots, x_n\right)$$

此處x_i'與x_i代表“新系統P'”與“舊系統P”，分別在“舊座O”裏的座標。此處x_i'與x_i也代表同一個“物理系統”分別在“座O'”與“座O”裏的座標。對座標轉換τ的這兩種不同解釋，就是底下要說明的“主動轉換”與“被動轉換”。

A. 主動轉換

在經典力學裏，座標轉換τ裏的x_i'與x_i，代表轉換後的“新系統P'”與“舊系統P”，分別在同一個“座O”裏的座標。然而，在量子力學裏，座標轉換τ裏的x_i與x_i'，分別代表“轉換前後”此物理系統的態矢$|\psi(t)\rangle$與$|\psi'(t)\rangle$對位符X_i的期值。此種解釋座標轉換τ的觀點，稱為“主動觀（active point of view）”。而像這樣，在同一個“座O”裏，將物理系統P作轉換，就稱為“主動轉換（active transformation）”。

B. 被動轉換

在經典力學裏，座標轉換τ裏的x_i'與x_i，也可以解釋為同一個“物理系統”P，分別在新座O'與舊座O裏的座標。然而，在量子力學裏，座標轉換τ裏的x_i'與x_i代表同一物理系統，分別在新座O'裏位符X_i'的期值與在舊座O裏位符X_i的期值。此種解釋座標轉換τ的觀點，稱為“被動觀（passive point of view）”。而像這樣，分別在“座O'”與“座O”裏，描述同一個“物理

系統”P，此時這兩個座標系間的轉換τ，就稱為“被動轉換（passive transformation）”。

換個說法：不同“座標系”代表不同的“觀察者”。因此，同一個“物理系統”P，“被”不同的“觀察者”來“觀測”，這就是“被動觀”；在被動觀下的座標轉換，就稱為“被動轉換”。

附十一・四　座標轉換的相對關係

現在我們以一維位空間裏的“平移”為例，來具體說明座標轉換的這兩種解釋。假設一維位空間的座標轉換為

$$\tau: \quad x' = x + d$$

A. 主動轉換

在同一個座標系裏，舊物理系統P與轉換後的新物理系統P'，它們之間的相對幾何關係，如下圖所示：

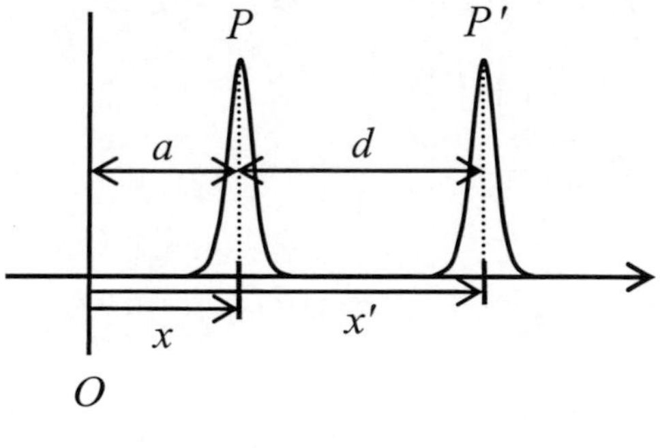

假設舊物理系統P在一維座O裏的座標為a，則轉換後的新物理系統P'在座O裏的座標為$a+d$。

在量子力學裏，我們以態矢$|\psi\rangle$代表舊物理系統P，以態矢$|\psi'\rangle$代表新物理系統P'，而以X代表座O裏的位符，或“觀察者”O的位符。假設$|\psi\rangle$為位符X在位置a的徵態，則$|\psi'\rangle$為位符X在位置$a+d$的徵態，我們得到

$$X|\psi\rangle = a|\psi\rangle$$

$$X|\psi'\rangle = (a+d)|\psi'\rangle$$

對於任意物理態$|\psi(t)\rangle$而言，我們有如下關係式，

$$\langle\psi'(t)|X|\psi'(t)\rangle = \langle\psi(t)|X|\psi(t)\rangle + d$$

此關係式與座標轉換$\tau: x' = x+d$的“形式”相同。

假設我們以幺正符U來表示，態矢由$|\psi\rangle$轉換到$|\psi'\rangle$的運作，

$$|\psi'\rangle = U|\psi\rangle$$

將此轉換式代入以上位符X的徵程，可得

$$XU|\psi\rangle = (a+d)\,U|\psi\rangle$$

$$U^{-1}XU|\psi\rangle = (a+d)|\psi\rangle$$

一般地說，我們有如下結果，

$$X|x\rangle = x|x\rangle$$

$$X|x'\rangle = (x+d)|x'\rangle\text{，}\quad |x'\rangle = U|x\rangle$$

$$U^{-1}XU|x\rangle = (a+d)|x\rangle$$

B. 被動轉換

在“被動觀”下，新座O'與舊座O間的相對幾何關係，如下圖所示：

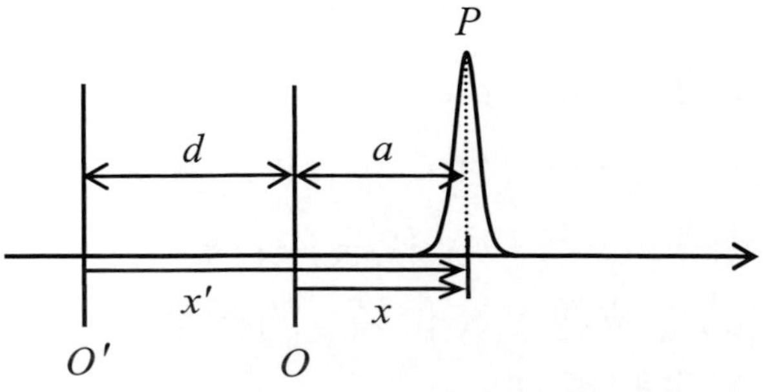

假設此一維位空間中的某一點P，在舊座O裏的座標為a，則同樣這一點P，在新座O'裏的座標為$a+d$。

在量子力學裏，我們以態矢$|\psi\rangle$代表物理系統P，而X與X'分別代表舊座O與新座O'裏的"位符"，也就是分別代表"觀察者"O與"觀察者"O'的位符。假設$|\psi\rangle$為舊座O裏，位符X在位置a的徵態，

$$X|\psi\rangle = a|\psi\rangle$$

則同樣這個態$|\psi\rangle$，也為新座O'裏的位符X'，在位置$(a+d)$的徵態，

$$X'|\psi\rangle = (a+d)|\psi\rangle$$

將此式與主動轉換裏的$U^{-1}XU|\psi\rangle = (a+d)|\psi\rangle$作比較，我們可得如下"符恆等式"，

$$X' = U^{-1}XU = U^{\dagger}XU$$

對於座O'而言，位符X'為座O之"位符"X的"對等位符（equivalent position operator）"，反之亦然。換而言之，位符X與X'互為彼此的"對等測符（equivalent observables）"。關於"對等測符"，請參閱本書〈第四・三・B 小節　對等測符〉。

另請注意，X'為新座O'裏的位符，若將其以舊座O裏的位符X來表達，則可寫成

$$X' = X+d$$

此轉換形式，與座標轉換$\tau: x'=x+d$的"形式"相同。對於任意物理態$|\psi(t)\rangle$，我們有如下結果，

$$\begin{aligned}\langle\psi(t)|X'|\psi(t)\rangle &= \langle\psi(t)|(X+d)|\psi(t)\rangle \\ &= \langle\psi(t)|X|\psi(t)\rangle + d\end{aligned}$$

將此式與主動轉換中的$\langle\psi'(t)|X|\psi'(t)\rangle = \langle\psi(t)|X|\psi(t)\rangle + d$作比較，可得

$$\langle\psi'(t)|X|\psi'(t)\rangle = \langle\psi(t)|X'|\psi(t)\rangle$$

此式代表“主動轉換”與“被動轉換”的物理結果是相等的。因此，主動觀與被動觀是“對等（equivalent）”的。

一般地說，若將位符 X 的徵態，以其徵值 x 來表達，則我們可得

$$X|x\rangle = x|x\rangle$$

然而，態矢 $|x\rangle$ 也是位符 X' 的徵態，但其徵值卻等於 $x+d$，則有

$$X'|x\rangle = (x+d)|x\rangle, \quad \text{而} \quad X'|x\rangle \neq x|x\rangle$$

注意，上式是以舊座 O 裏的徵態標記“$|x\rangle$”，來表達新座 O' 裏位符 X' 的徵程。若以新座 O' 裏的徵態標記“$|x\rangle'$”來表達，則有如下關係，

$$|x\rangle \equiv |x+d\rangle'$$

因此，上述 X' 的徵程還可寫成

$$X'|x+d\rangle' = (x+d)|x+d\rangle'$$

若完全以舊座 O 裏的標記來表達，則 X' 的徵程也可寫成

$$(X+d)|x\rangle = (x+d)|x\rangle$$

附錄十二 態換子對易關係

在本書〈第一・八・D 小節 伽利略轉換對易關係〉裏，我們已經在非相對論情況下，推導出了“基本時空轉換（elementary spacetime transformation）”間的對易關係。利用“時空轉換”與“態換符”間的對應關係，可進一步得到不同“態換符”間的對易關係。在此基礎上，本附錄利用本書〈第四・六・D 小節 均勻時空的態換符〉裏“態換符”的具體形式，就可推導得到不同“態換子”間的對易關係。

一．算符對置關係

A. 對易子與反易子
B. 賈可比恆等式
C. 一般公式

二．初步對易關係

A. 時移子之間對易關係
B. 時移子勻速子對易關係
C. 時移子位移子對易關係
D. 時移子轉向子對易關係
E. 勻速子之間對易關係
F. 勻速子位移子對易關係
G. 勻速子轉向子對易關係
H. 位移子之間對易關係
I. 位移子轉向子對易關係
J. 轉向子之間對易關係
K. 對易關係初步總結

三．態換子對易關係的簡化

A. 轉向子之間對易關係
B. 位移子轉向子對易關係
C. 勻速子轉向子對易關係
D. 時移子轉向子對易關係
E. 位移子之間對易關係
F. 勻速子之間對易關係
G. 勻速子位移子對易關係
H. 時移子勻速子對易關係
I. 時移子位移子對易關係

四．態換子對易關係總結

附十二・一 算符對置關係

為了稱呼簡潔，以下將“算符”簡稱為“符”。

A. 對易子與反易子

(i) 符 A 與 B 的“對易子（commutator）”定義為

$$[A, B] \equiv AB - BA$$

(ii) 符 A 與 B 的“反易子（anticommutator）”定義為

$$\{A, B\} \equiv AB + BA$$

B. 賈可比恆等式

符 A, B, C 之間的對易子，必定滿足“賈可比恆等式（Jacobi identity）”，

$$[A, [B, C]] + [B, [C, A]] + [C, [A, B]] = 0$$

C. 一般公式

(i) $(AB)^\dagger = B^\dagger A^\dagger$

(ii) 設 $A \equiv I + \mu$ 與 $B \equiv I + \nu$，而 I 為恆等符，則

$$[A, B] = [\mu, \nu]$$

(iii) 設 A 與 B 皆為幺正符，則 AB 為“幺正符”。

(iv) 設 A 為單一連續參量 α 的幺正符，而 f 為其生成子，則

$$A = e^{i\alpha f}$$

此處 f 為自伴符，即 $f^\dagger = f$。

(v) 設 A 與 B 分別為單一連續參量 α 與 β 的幺正符，而其生成子分別為 f 與 g，則利用 $A = e^{i\alpha f} = I + i\alpha f + O(\alpha^2)$ 與 $B = e^{i\beta g} = I + i\beta g + O(\beta^2)$，可得

$$ABA^\dagger B^\dagger = I + [A, B]A^\dagger B^\dagger$$
$$= I - [f, g]\alpha\beta + O(\varepsilon^3)$$

此處ε代表參量α與β的數量級。

(vi) 設A, B, C皆為單一連續參量的幺正符，而其生成子分別為f, g, k。若符A, B, C間的關係為

$$ABA^\dagger B^\dagger = e^{i\phi} C$$

而ϕ為某"相位常數（phase constant）"，若$C = e^{i\gamma k} = I + i\gamma k + O(\gamma^2)$，則

$$[f, g] = i c I - i\left(\frac{\gamma}{\alpha\beta}\right)k$$

此處c為某常量，且僅與ϕ有關。

附十二・二　初步對易關係

我們將上節裏的結果，分別應用於十種不同的、由單一連續參量表達的態換符，就可以得到態換子間所滿足的對易關係。另外，由本書〈附錄七・一節　轉換的代數結構〉可知，任意兩個時空轉換τ_1與τ_2的對易關係，可表達為

$$\tau_1 \tau_2 \tau_1^{-1} \tau_2^{-1} = \tau_5$$

利用時空轉換τ與態換符$U(\tau)$之間的對應關係，我們得到

$$U(\tau_1)\, U(\tau_2)\, U^\dagger(\tau_1)\, U^\dagger(\tau_2) = e^{i\phi(\tau_1, \tau_2)}\, U(\tau_5)$$

若$U(\tau_1), U(\tau_2), U(\tau_5)$皆為單一連續參量的幺正符，

$$U(\tau_1) = e^{i\alpha f}$$
$$U(\tau_2) = e^{i\beta g}$$
$$U(\tau_5) = e^{i\gamma k}$$

令其生成子分別為f, g, k，則

$$[f, g] = i c I - i\left(\frac{\gamma}{\alpha\beta}\right)k$$

此處c是由相位ϕ導致的某常量。針對特定的轉換τ_1與τ_2，我們可得到其所對應態換子間的對易關係如次。

A. 時移子之間對易關係

假設利用參量$\{s, \boldsymbol{\upsilon}, \boldsymbol{d}, \boldsymbol{\omega}\}$將時移轉換$\tau_1$與$\tau_2$分別表示為

$$\tau_1 = \{s, 0, 0, 0\}$$
$$\tau_2 = \{s', 0, 0, 0\}$$

由〈附錄七・一節　轉換的代數結構〉裏的結果可知，$\tau_5 = I$；又根據〈第四・六・D 小節　均勻時空的態換符〉裏的結果，態換符$U(\tau_1), U(\tau_2), U(\tau_5)$的形式分別為

$$U(\tau_1) = e^{isH/\hbar}$$
$$U(\tau_2) = e^{is'H/\hbar}$$
$$U(\tau_5) = I$$

因此，轉換τ_1, τ_2, τ_5所對應態換符$U(\tau_1), U(\tau_2), U(\tau_5)$的生成子，分別為$H, H, 0$。利用〈附錄十二・一・C 小節　一般公式(vi)〉裏的公式，我們得到時移子H與H的對易關係為

$$[H, H] = i c_1 I$$

此處c_1為任意常量。

B. 時移子勻速子對易關係

假設時移轉換τ_1與勻速轉換τ_2分別為

$$\tau_1 = \{s, 0, 0, 0\}$$
$$\tau_2 = \{0, \upsilon\hat{\boldsymbol{x}}, 0, 0\}$$

由〈附錄七・一節〉裏的結果，可得

$$\tau_5 = \{0, 0, -\upsilon s\hat{\boldsymbol{x}}, 0\}$$

由〈第四・六・D 小節 均勻時空的態換符〉可知，態換符$U(\tau_1)$, $U(\tau_2)$, $U(\tau_5)$的形式分別為

$$U(\tau_1) = e^{isH/\hbar}$$
$$U(\tau_2) = e^{i\upsilon G_x/\hbar}$$
$$U(\tau_5) = e^{i\upsilon sP_x/\hbar}$$

利用〈附錄十二・一・C 小節 一般公式(vi)〉，我們得到時移子H與勻速子G_x的對易關係為

$$[H, G_x] = ic_2 I - i\hbar P_x$$

此處c_2為某常量。

C. 時移子位移子對易關係

假設時移轉換τ_1與位移轉換τ_2分別為

$$\tau_1 = \{s, 0, 0, 0\}$$
$$\tau_2 = \{0, 0, \hat{\boldsymbol{x}}d, 0\}$$

由〈附錄七・一節〉裏的結果可知，$\tau_5 = I$；而態換符$U(\tau_1)$, $U(\tau_2)$, $U(\tau_5)$的形式分別為

$$U(\tau_1) = e^{isH/\hbar}$$
$$U(\tau_2) = e^{-idP_x/\hbar}$$
$$U(\tau_5) = I$$

利用〈附錄十二・一・C 小節 一般公式(vi)〉，我們得到時移子H與位移子P_x的對易關係為

$$[H, P_x] = ic_3 I$$

此處c_3為某常量。

D. 時移子轉向子對易關係

假設時移轉換τ_1與轉向轉換τ_2分別為

$$\tau_1 = \{s, 0, 0, 0\}$$
$$\tau_2 = \{0, 0, 0, \omega\hat{\boldsymbol{x}}\}$$

由〈附錄七・一節〉裏的結果可知，$\tau_5 = I$；而態換符$U(\tau_1), U(\tau_2), U(\tau_5)$的形式分別為

$$U(\tau_1) = e^{isH/\hbar}$$
$$U(\tau_2) = e^{-i\omega J_x/\hbar}$$
$$U(\tau_5) = I$$

利用〈附錄十二・一・C 小節　一般公式(vi)〉，我們得到時移子H與轉向子J_x的對易關係為

$$[H, J_x] = ic_4 I$$

此處c_4為某常量。

E. 勻速子之間對易關係

假設勻速轉換τ_1與τ_2分別為

$$\tau_1 = \{0, \upsilon\hat{\boldsymbol{x}}, 0, 0\}$$
$$\tau_2 = \{0, \upsilon\hat{\boldsymbol{y}}, 0, 0\}$$

由〈附錄七・一節〉裏的結果可知，$\tau_5 = I$；而態換符$U(\tau_1), U(\tau_2), U(\tau_5)$的形式分別為

$$U(\tau_1) = e^{i\upsilon G_x/\hbar}$$
$$U(\tau_2) = e^{i\upsilon G_y/\hbar}$$
$$U(\tau_5) = I$$

利用〈附錄十二・一・C 小節　一般公式(vi)〉，我們得到勻速子G_x與G_y的對易關係為

$$[G_x, G_y] = i c_5 I$$

此處c_5為某常量。

F. 勻速子位移子對易關係

假設勻速轉換τ_1與位移轉換τ_2分別為

$$\tau_1 = \{0,\ \upsilon\hat{\boldsymbol{x}},\ 0,\ 0\}$$
$$\tau_2 = \{0,\ 0,\ \hat{\boldsymbol{y}}d,\ 0\}$$

由〈附錄七・一節〉裏的結果可知，$\tau_5 = I$；而態換符$U(\tau_1), U(\tau_2)$, $U(\tau_5)$的形式分別為

$$U(\tau_1) = e^{i\upsilon G_x/\hbar}$$
$$U(\tau_2) = e^{-idP_y/\hbar}$$
$$U(\tau_5) = I$$

利用〈附錄十二・一・C 小節　一般公式(vi)〉，我們得到勻速子G_x與位移子P_y的對易關係為

$$\left[G_x,\ P_y\right] = i\,c_6 I$$

此處c_6為某常量。

G. 勻速子轉向子對易關係

假設勻速轉換τ_1與轉向轉換τ_2分別為

$$\tau_1 = \{0,\ \upsilon\hat{\boldsymbol{x}},\ 0,\ 0\}$$
$$\tau_2 = \{0,\ 0,\ 0,\ \omega\hat{\boldsymbol{y}}\}$$

由〈附錄七・一節〉裏的結果，可得

$$\begin{aligned}\tau_5 &= \left\{0,\ \left(1 - R_{\omega\hat{\boldsymbol{y}}}\right)\upsilon\hat{\boldsymbol{x}},\ 0,\ 0\right\} \\ &= \{0,\ -\omega\,\hat{\boldsymbol{y}}\times\upsilon\hat{\boldsymbol{x}},\ 0,\ 0\} + O(\varepsilon^3) \\ &= \{0,\ \omega\upsilon\hat{\boldsymbol{z}},\ 0,\ 0\} + O(\varepsilon^3)\end{aligned}$$

此處$R_{\omega\hat{\boldsymbol{y}}} = (1 + \omega\hat{\boldsymbol{y}}\times) + O(\omega^2)$，而$\varepsilon$代表$\omega$或$d$的數量級。因為態換符$U(\tau_1), U(\tau_2), U(\tau_5)$的形式分別為

$$U(\tau_1) = e^{i\upsilon G_x/\hbar}$$
$$U(\tau_2) = e^{-i\omega J_y/\hbar}$$
$$U(\tau_5) = e^{i\omega\upsilon G_z/\hbar}$$

利用〈附錄十二・一・C 小節　一般公式(vi)〉，我們得到勻速子 G_x 與轉向子 J_y 的對易關係為

$$[G_x, J_y] = ic_7 I + i\hbar G_z$$

此處 c_7 為某常量。

H. 位移子之間對易關係

假設位移轉換 τ_1 與 τ_2 分別為

$$\tau_1 = \{0, 0, \hat{\boldsymbol{x}}d, 0\}$$
$$\tau_2 = \{0, 0, \hat{\boldsymbol{y}}d, 0\}$$

由〈附錄七・一節〉裹的結果可知，$\tau_5 = I$；而態換符 $U(\tau_1)$, $U(\tau_2)$, $U(\tau_5)$ 的形式分別為

$$U(\tau_1) = e^{-id P_x/\hbar}$$
$$U(\tau_2) = e^{-id P_y/\hbar}$$
$$U(\tau_5) = I$$

利用〈附錄十二・一・C 小節　一般公式(vi)〉，我們可得位移子 P_x 與 P_y 的對易關係為

$$[P_x, P_y] = ic_8 I$$

此處 c_8 為某常量。

I. 位移子轉向子對易關係

假設位移轉換 τ_1 與轉向轉換 τ_2 分別為

$$\tau_1 = \{0, 0, \hat{\boldsymbol{x}}d, 0\}$$
$$\tau_2 = \{0, 0, 0, \omega\hat{\boldsymbol{y}}\}$$

由〈附錄七・一節〉裏的結果，可得

$$\begin{aligned}\tau_5 &= \left\{0, 0, \left(1-R_{\omega\hat{y}}\right)\hat{\boldsymbol{x}}d, 0\right\} \\ &= \left\{0, 0, -\omega\hat{\boldsymbol{y}}\times\hat{\boldsymbol{x}}d, 0\right\} + O\left(\varepsilon^3\right) \\ &= \left\{0, 0, \hat{\boldsymbol{z}}\omega d, 0\right\} + O\left(\varepsilon^3\right)\end{aligned}$$

此處ε代表ω或d的數量級。而態換符$U(\tau_1), U(\tau_2), U(\tau_5)$的形式分別為

$$\begin{aligned}U(\tau_1) &= e^{-i d P_x/\hbar} \\ U(\tau_2) &= e^{-i\omega J_y/\hbar} \\ U(\tau_5) &= e^{-i\omega d P_z/\hbar}\end{aligned}$$

利用〈附錄十二・一・C 小節 一般公式(vi)〉，我們得到位移子P_x與轉向子J_y的對易關係為

$$\left[P_x, J_y\right] = i c_9 I + i\hbar P_z$$

此處c_9為某常量。

J. 轉向子之間對易關係

假設轉向轉換τ_1與τ_2分別為

$$\begin{aligned}\tau_1 &= \{0, 0, 0, \omega\hat{\boldsymbol{x}}\} \\ \tau_2 &= \{0, 0, 0, \omega\hat{\boldsymbol{y}}\}\end{aligned}$$

由〈附錄七・一節〉裏的結果，可得

$$\tau_5 = \left\{0, 0, 0, \omega^2\hat{\boldsymbol{z}}\right\}$$

而態轉向符$U(\tau_1), U(\tau_2), U(\tau_5)$的形式分別為

$$\begin{aligned}U(\tau_1) &= e^{-i\omega J_x/\hbar} \\ U(\tau_2) &= e^{-i\omega J_y/\hbar} \\ U(\tau_5) &= e^{-i\omega^2 J_z/\hbar}\end{aligned}$$

利用〈附錄十二・一・C 小節 一般公式(vi)〉，我們得到轉向

子J_x與J_y的對易關係為

$$\left[J_x, J_y\right] = i c_{10} I + i\hbar J_z$$

此處c_{10}為某常量。

K. 對易關係初步總結

我們將本節所得態換子間的對易關係，推廣綜合如下：

$$[H,H]=ic^{(1)}I,\ \left[H,G_\alpha\right]=ic_\alpha^{(2)}I-i\hbar P_\alpha,\ \left[H,P_\alpha\right]=ic_\alpha^{(3)}I,\ \left[H,J_\alpha\right]=ic_\alpha^{(4)}I$$

$$\left[G_\alpha,G_\beta\right]=ic_{\alpha\beta}^{(5)}I,\quad \left[G_\alpha,P_\beta\right]=ic_{\alpha\beta}^{(6)}I,\ \left[G_\alpha,J_\beta\right]=ic_{\alpha\beta}^{(7)}I+i\hbar\varepsilon_{\alpha\beta\gamma}G_\gamma$$

$$\left[P_\alpha,P_\beta\right]=ic_{\alpha\beta}^{(8)}I,\ \left[P_\alpha,J_\beta\right]=ic_{\alpha\beta}^{(9)}I+i\hbar\varepsilon_{\alpha\beta\gamma}P_\gamma$$

$$\left[J_\alpha,J_\beta\right]=ic_{\alpha\beta}^{(10)}I+i\hbar\varepsilon_{\alpha\beta\gamma}J_\gamma$$

此處$\alpha,\beta,\gamma = x,y,z$， 而$c^{(1)},c_\alpha^{(n)},c_{\alpha\beta}^{(n)}$為待定係數。

附十二・三　態換子對易關係的簡化

上節得到的對易關係初步總結裏，尚有十個待定係數。除了還有些“物理”與“數學”上的一致性條件需要滿足外，我們也希望能進一步簡化態換子之間的對易關係。態換子的轉換與其對易關係之間的制約條件可分述如下：

(i) 設單一連續參量ε的時空轉換τ與態換子$U_0(\tau)$之間的“對應關係”為

$$\tau \leftrightarrow U_0(\tau) = e^{-i\varepsilon g/\hbar}$$

此處g為$U_0(\tau)$的態換子。此“對應關係”也可選擇任一常量相位ϕ_g，

$$\tau \leftrightarrow e^{-i\varepsilon\phi_g I/\hbar}U_0(\tau) = e^{-i\varepsilon\left(g+\phi_g I\right)/\hbar} = e^{-i\varepsilon g'/\hbar}$$

因此，態換子 g 可重新定義為

$$g \to g' = g + \phi_g I$$

(ii) 設矢符 $\boldsymbol{A} \equiv \{A_x, A_y, A_z\}$，則 $[A_\alpha, A_\beta] = -[A_\beta, A_\alpha]$，即 $[A_\alpha, A_\beta]$ 具有“反稱（antisymmetric）”形式。任何“反稱張量（antisymmetric tensor）”具有“反稱”形式。例如，$T_{\alpha\beta} = -T_{\beta\alpha}$，必定可以利用“勒維-契維塔張量（Levi-Civita tensor）” $\varepsilon_{\alpha\beta\gamma}$ 表示為

$$[A_\alpha, A_\beta] \equiv T_{\alpha\beta} = \varepsilon_{\alpha\beta\gamma} B_\gamma$$

注意，此處等式右邊隱含了對 γ 的求和，而 B_γ 為某矢符 $\boldsymbol{B}$ 的分量。

(iii) 相同的態換符運作於同一個態矢，應該得到相同的態矢，甚至其相位都必須相同。也就是說，若符 Ω 與 Λ 相同，則它們運作於同一個態矢 $|\psi\rangle$，應該得到相同的態矢 $|\psi'\rangle$，即 $\Omega|\psi\rangle = |\psi'\rangle = \Lambda|\psi\rangle$。由此制約條件可直接得到如下基本對易關係，

$$[H, H] = 0$$

$$[G_\alpha, G_\alpha] = 0$$

$$[P_\alpha, P_\alpha] = 0$$

$$[J_\alpha, J_\alpha] = 0$$

此處 $\alpha = x, y, z$。此外，符的“賈可比恆等式”也是此條件延伸出的特例，我們將在以下數小節裏作詳細說明。

A. 轉向子之間對易關係

由於對易關係 $[J_\alpha, J_\beta]$ 具有“反稱”形式，因此，必定可以寫為

$$\left[J_\alpha, J_\beta\right] = i\hbar\,\varepsilon_{\alpha\beta\gamma}\left(J_\gamma + a_\gamma I\right)$$

而a_γ為某常量。假設時空轉換$\tau_{\omega\hat{\boldsymbol{n}}_\alpha} = \{0, 0, 0, \omega\hat{\boldsymbol{n}}_\alpha\}$與態換符$U\left(\tau_{\omega\hat{\boldsymbol{n}}_\alpha}\right)$之間的對應，原來定義作

$$\tau_{\omega\hat{\boldsymbol{n}}_\alpha} \leftrightarrow U_0\left(\tau_{\omega\hat{\boldsymbol{n}}_\alpha}\right) = e^{-i\omega J_\alpha/\hbar}$$

現在我們調整$U\left(\tau_{\omega\hat{\boldsymbol{n}}_\alpha}\right)$的相位，重新定義"時空轉換"與"態換符"之間的對應關係為

$$\tau_{\omega\hat{\boldsymbol{n}}_\alpha} \leftrightarrow U\left(\tau_{\omega\hat{\boldsymbol{n}}_\alpha}\right) = e^{-i\omega a_\alpha/\hbar}\,U_0\left(\tau_{\omega\hat{\boldsymbol{n}}_\alpha}\right) = e^{-i\omega\left(J_\alpha + a_\alpha I\right)/\hbar} \equiv e^{-i\omega J_\alpha'/\hbar}$$

此處$J_\alpha' = J_\alpha + a_\alpha I$。如此新定義的態換子$J_\alpha'$之間的對易關係為

$$\left[J_\alpha', J_\beta'\right] = i\hbar\,\varepsilon_{\alpha\beta\gamma} J_\gamma'$$

因此，經由重新定義$\tau_\omega \leftrightarrow U(\tau_\omega)$之間的對應關係，可以使對易子$\left[J_\alpha, J_\beta\right]$有較簡潔的形式。

B. 位移子轉向子對易關係

利用〈附錄十二・一・B 小節　賈可比恆等式〉，由$\{A, B, C\} = \{P_\alpha, J_\alpha, J_\beta\}$，可得

$$\left[P_\alpha, [J_\alpha, J_\beta]\right] + \left[J_\alpha, [J_\beta, P_\alpha]\right] + \left[J_\beta, [P_\alpha, J_\alpha]\right] = 0$$

將〈附錄十二・二・K 小節　對易關係初步總結〉裏的結果代入，得到

$$\sum_\delta \varepsilon_{\alpha\beta\delta}\left[P_\alpha, J_\delta\right] - \sum_\delta \varepsilon_{\alpha\beta\delta}\left[J_\alpha, P_\delta\right] = 0$$

若α, β, δ彼此皆不同，則上式可化簡為

$$\left[P_\alpha, J_\delta\right] = -\left[P_\delta, J_\alpha\right], \quad \alpha \neq \delta$$

也就是說，上式具有反稱形式：$T_{\alpha\delta} = -T_{\delta\alpha}$。因此，對易子$\left[P_\alpha, J_\beta\right]$

必定可寫為

$$\left[P_\alpha, J_\beta\right] = i\hbar\varepsilon_{\alpha\beta\gamma}\left(P_\gamma + b_\gamma I\right)$$

而b_γ為常量。仿照上小節的方法，我們將$\tau_d \leftrightarrow U(\tau_d)$的對應關係作重新定義，使得

$$P_\alpha \rightarrow P_\alpha' = P_\alpha + b_\alpha I$$

$$\left[P_\alpha', J_\beta'\right] = \left[P_\alpha, J_\beta\right] = i\hbar\varepsilon_{\alpha\beta\gamma}\left(P_\gamma + b_\gamma I\right) = i\hbar\varepsilon_{\alpha\beta\gamma}P_\gamma'$$

C. 勻速子轉向子對易關係

同理，由$\{A, B, C\} = \{G_\alpha, J_\alpha, J_\beta\}$，可以推導出$\left[G_\alpha, J_\beta\right]$具有反稱形式。因此，可以得到

$$\left[G_\alpha, J_\beta\right] = i\hbar\varepsilon_{\alpha\beta\gamma}\left(G_\gamma + c_\gamma I\right)$$

而c_γ為常量。再經由重新定義$\tau_\upsilon \leftrightarrow U(\tau_\upsilon)$的對應關係，使得

$$G_\alpha \rightarrow G_\alpha' = G_\alpha + c_\alpha I$$

$$\left[G_\alpha', J_\beta'\right] = \left[G_\alpha, J_\beta\right] = i\hbar\varepsilon_{\alpha\beta\gamma}\left(G_\gamma + c_\gamma I\right) = i\hbar\varepsilon_{\alpha\beta\gamma}G_\gamma'$$

D. 時移子轉向子對易關係

由$\{A, B, C\} = \{J_\alpha, J_\beta, H\}$，可得

$$\left[J_\alpha, [J_\beta, H]\right] + \left[J_\beta, [H, J_\alpha]\right] + \left[H, [J_\alpha, J_\beta]\right] = 0$$

將對易關係代入，得到

$$\left[H, J_\alpha'\right] = \left[H, J_\alpha\right] = 0$$

E. 位移子之間對易關係

由$\{A, B, C\} = \{J_\alpha, P_\alpha, P_\beta\}$，可得

$$\left[J_\alpha, [P_\alpha, P_\beta]\right] + \left[P_\alpha, [P_\beta, J_\alpha]\right] + \left[P_\beta, [J_\alpha, P_\alpha]\right] = 0$$

將對易關係代入，得到

$$\sum_\delta \varepsilon_{\beta\alpha\delta}\left[P_\alpha, P_\delta\right] = 0$$

上式可化簡為

$$\left[P_\alpha, P_\beta\right] = 0, \quad \alpha \neq \beta$$

再合併本節一開始得到的$[P_\alpha, P_\alpha]=0$，可得

$$\left[P_\alpha', P_\beta'\right] = \left[P_\alpha, P_\beta\right] = 0$$

F. 勻速子之間對易關係

與上小節類似，由$\{A, B, C\} = \{J_\alpha, G_\alpha, G_\beta\}$可得

$$\left[G_\alpha', G_\beta'\right] = \left[G_\alpha, G_\beta\right] = 0$$

G. 勻速子位移子對易關係

由$\{A, B, C\} = \{G_\alpha, P_\beta, J_\gamma\}$，可得

$$\left[G_\alpha, [P_\beta, J_\gamma]\right] + \left[P_\beta, [J_\gamma, G_\alpha]\right] + \left[J_\gamma, [G_\alpha, P_\beta]\right] = 0$$

將對易關係代入，得到

$$\sum_\delta \varepsilon_{\beta\gamma\delta}\left[G_\alpha, P_\delta\right] + \sum_\delta \varepsilon_{\gamma\alpha\delta}\left[P_\beta, G_\delta\right] = 0$$

(i) 若α, β, γ彼此皆不同，則上式可化簡為

$$[G_\alpha, P_\alpha] = \left[G_\beta, P_\beta\right], \quad \alpha \neq \beta$$

(ii) 若$\alpha \neq \beta = \gamma$且$\alpha \neq \delta$，則可得

$$\left[P_\beta, G_\delta\right] = 0, \quad \beta \neq \delta$$

我們將以上兩式，以及對易關係$\left[G_\alpha, P_\beta\right]$的通式，可合併為更簡潔的條件，即

$$\left[G_\alpha', P_\beta'\right] = \left[G_\alpha, P_\beta\right] = i\hbar\delta_{\alpha\beta} mI$$

此處m為某常量。在本書〈第四・八・F 小節 態換子的物理意義(1)〉的分析裏，我們知道，若將m當作粒子質量，則所有態換子$\{\boldsymbol{G}, \boldsymbol{P}, \boldsymbol{J}, H\}$皆有適切的物理意義。

H. 時移子勻速子對易關係

由$\{A, B, C\} = \left\{G_\alpha', J_\beta', H\right\}$，可得

$$\sum_\gamma \varepsilon_{\alpha\beta\gamma}\left[H, G_\gamma'\right] - \left[J_\beta', P_\alpha'\right] = 0$$

若α, β, γ彼此皆不相同，則利用前面推導的$\left[P_\alpha', J_\beta'\right]$對易關係，可得

$$\left[H, G_\alpha'\right] = -i\hbar P_\alpha'$$

I. 時移子位移子對易關係

由$\{A, B, C\} = \left\{P_\alpha, J_\beta, H\right\}$，可以得到

$$\left[P_\alpha, [J_\beta, H]\right] + \left[J_\beta, [H, P_\alpha]\right] + \left[H, [P_\alpha, J_\beta]\right] = 0$$

將對易關係代入，得到

$$\left[H, P_\alpha'\right] = \left[H, P_\alpha\right] = 0$$

附十二・四 態換子對易關係總結

綜合以上態換子之間的對易關係，並以新的符號$\{\boldsymbol{G}, \boldsymbol{P}, \boldsymbol{J}, H\}$代替$\{\boldsymbol{G}', \boldsymbol{P}', \boldsymbol{J}', H\}$，我們可得到如下簡化的對易關係：

$$[H,H]=0,\quad [H,G_\alpha]=-i\hbar P_\alpha,\quad [H,P_\alpha]=0,\quad [H,J_\alpha]=0$$

$$[G_\alpha,G_\beta]=0,\quad [G_\alpha,P_\beta]=i\hbar\delta_{\alpha\beta}mI,\quad [G_\alpha,J_\beta]=i\hbar\varepsilon_{\alpha\beta\gamma}G_\gamma$$

$$[P_\alpha,P_\beta]=0,\quad [P_\alpha,J_\beta]=i\hbar\varepsilon_{\alpha\beta\gamma}P_\gamma$$

$$[J_\alpha,J_\beta]=i\hbar\varepsilon_{\alpha\beta\gamma}J_\gamma$$

附錄十三 符集的不可約性

本附錄將簡要介紹“符集（operator set）”的“不可約性（irreducibility）”及其重要特性。

一• 算符不可約性

A. 不變子空間

B. 不可約符

二• 不可約符集

三• 自伴符集

四• 不可約自伴符集

A. 舒爾引理

B. 簡單粒子的希空間

C. 符集$\{\boldsymbol{X}, i\nabla\}$的不可約性

附十三・一 算符不可約性

A. 不變子空間

假設希空間 **H** 裏的符 Ω，運作於某子空間 **S** 裏的任意態矢 $|\psi\rangle$，所得到的 $\Omega|\psi\rangle$，還是屬於此子空間 **S**，則我們稱在符 Ω 的運作下，子空間 **S** "不變（invariant）"。

B. 不可約符

假設希空間 **H** 的某子空間 **S**，以及其"正交補空間（orthogonal complement space）" $\mathbf{S}_{\perp}$，在希空間 **H** 裏某符 Ω 的運作下皆"不變"，則我們稱 Ω 為"可約符（reducible operator）"。若無任何子空間 **S**，滿足上述條件，則我們稱符 Ω 為"不可約符（irreducible operator）"。

附十三・二 不可約符集

考慮希空間 **H** 裏的某"符集（operator set）" $\mathbf{\Sigma}$。假設在希空間 **H** 裏，可以找到某子空間 **S** 以及其正交補空間 $\mathbf{S}_{\perp}$，在符集 $\mathbf{\Sigma}$ 裏一切符的運作下皆"不變"，則我們稱此符集 $\mathbf{\Sigma}$ 為"可約符集（reducible-operator set）"。若找不到任何子空間 **S**，滿足上述條件，則我們稱此符集 $\mathbf{\Sigma}$ 為"不可約符集（irreducible-operator set）"。

附十三・三 自伴符集

若在符集 $\mathbf{\Sigma}$ 裏，任意符 Ω 的"伴符（adjoint operator）" $\Omega^{\dagger}$，也必然屬於此集，則我們稱此符集 $\mathbf{\Sigma}$ 為"自伴符集（self-adjoint set of operators）"。注意，這裏的"自伴符集"是指"自伴的符集"，並非"自伴符的集"；當然，自伴符的集必為自伴符集。

我們試舉兩個例子，來說明自伴符集：

(i) $\{\Omega, \Omega^\dagger\}$。

(ii) $\{\boldsymbol{X}, \boldsymbol{P}\}$，因為 $\boldsymbol{X} = \boldsymbol{X}^\dagger$ 及 $\boldsymbol{P} = \boldsymbol{P}^\dagger$。

再次强調，“自伴符”所構成的集，必為“自伴符集”。

附十三・四 不可約自伴符集

A. 舒爾引理

除“恆等符”的常數倍外，若無任何符與“自伴符集”Σ裏的一切符皆對易，則我們稱此自伴符集Σ為“不可約”。此即所謂“舒爾引理（Schur lemma）”。

B. 簡單粒子的希空間

我們稱一個無“稟賦結構（intrinsic structure）”的粒子為“簡單粒子（simple particle）”。

在“實三維空間（real three-dimensional space）”$\mathbf{R}^3$裏，矢變數$\boldsymbol{x} \equiv (x, y, z)$的一切“勒貝格平方可積複函（Lebesgue square-integrable complex functions）”$\psi(\boldsymbol{x})$，所構成的函空間，

$$\mathbf{H} = \mathbf{L}^2(\mathbf{R}^3)$$

為“簡單粒子希空間（Hilbert space of a simple particle）”的$\boldsymbol{x}$表象。關於“勒貝格平方可積複函”，請參閱本書〈第二・五・A小節 勒貝格平方可積〉。

C. 符集$\{X, i\nabla\}$的不可約性

我們可以證明，在希空間$\mathbf{H} = \mathbf{L}^2(\mathbf{R}^3)$裏，符集$\{\boldsymbol{X}, i\nabla\}$是自伴的，而且任何與$\boldsymbol{X}$及$i\nabla$皆對易的符，必定為恆等符的常數倍。因此，根據舒爾引理，自伴符集$\{\boldsymbol{X}, i\nabla\}$為不可約。

附錄十四 泡利算符

本附錄將討論“泡利陣（Pauli matrices）”的定義，以及其數學特性與物理意義。

一• 泡利陣

A. 泡利陣定義

B. 一般特性

C. 徵值與徵態

D. 泡利自旋符

E. 泡利自旋空間

F. 泡利陣的物理意義

G. 矩陣表象

H. 泡利自旋符的球分量

二• 泡利自旋空間的符基

A. 自旋符基

B. 泡利符基

C. 球張量符基

三• 2×2 矩陣展開式

附十四・一　泡利陣

A. 泡利陣定義

我們定義“泡利陣（Pauli matrices）” $\{\sigma_x, \sigma_y, \sigma_z\}$，為某“三維線矢空間（three-dimensional linear vector space）”裏，滿足如下等式的三個符，

$$\sigma_\alpha \sigma_\beta = i\varepsilon_{\alpha\beta\gamma}\sigma_\gamma + \delta_{\alpha\beta}\sigma_0$$

此處 σ_0 定義為泡利空間裏的“恆等符（identity operator）”；α, β, γ 皆可為三維直角座裏 x, y, z 中的任何一個；$\varepsilon_{\alpha\beta\gamma}$ 為“勒維-契維塔張量（Levi-Civita tensor）”，$\delta_{\alpha\beta}$ 為“克羅內克 δ 函（Kronecker-δ function）”。

我們也可將上述定義式，更明確地寫為

(i) $\sigma_\alpha^2 = \sigma_0$

(ii) $\sigma_\alpha \sigma_\beta + \sigma_\beta \sigma_\alpha = 0$，　$\alpha \neq \beta$

(iii) $\sigma_\alpha\sigma_\beta = i\sigma_\gamma$，　α, β, γ 為 x, y, z 或其循環替換。

雖然泡利陣 $\{\sigma_x, \sigma_y, \sigma_z\}$ 為具有某些數學特性的“符（operator）”，然而我們經常將其表示為“矩陣式”。因此，在習慣上，一般逕稱其為“泡利陣”。有時為了標記方便，其下標也可用 $(1, 2, 3)$ 取代 (x, y, z)。

此外，“恆等符” σ_0 與“泡利陣” $\{\sigma_1, \sigma_2, \sigma_3\}$，更可合併構成“泡利自旋空間”的“泡利符基”；這在下節裏會詳細說明。

B. 一般特性

為了運算方便，我們也可將泡利陣寫成“矢式（vector form）”，

$$\boldsymbol{\sigma} = \sigma_x \hat{\boldsymbol{x}} + \sigma_y \hat{\boldsymbol{y}} + \sigma_z \hat{\boldsymbol{z}}$$

由於 $\boldsymbol{\sigma}$ 是“符”，因此，“矢符（vector operator）” $\boldsymbol{\sigma}$ 在座標轉

換下的轉換特性，與三維空間裏的一般“矢”並不相同；然而，矢符$\boldsymbol{\sigma}$“期值（expectation value）”的轉換，確實如“矢”。

由泡利陣的定義，我們可以證明如下恆等式：

(i) $\boldsymbol{\sigma} \times \boldsymbol{\sigma} = 2i\boldsymbol{\sigma}$

(ii) $\sigma_x \sigma_y \sigma_z = i\,\sigma_0$

(iii) $\boldsymbol{\sigma}(\boldsymbol{\sigma}\cdot\boldsymbol{A}) = \boldsymbol{A} - i(\boldsymbol{\sigma}\times\boldsymbol{A})$

(iv) $(\boldsymbol{\sigma}\cdot\boldsymbol{A})\boldsymbol{\sigma} = \boldsymbol{A} + i(\boldsymbol{\sigma}\times\boldsymbol{A})$，　而$[\boldsymbol{A}, \boldsymbol{\sigma}] = 0$

(v) $(\boldsymbol{\sigma}\cdot\boldsymbol{A})(\boldsymbol{\sigma}\cdot\boldsymbol{B}) = \boldsymbol{A}\cdot\boldsymbol{B} + i\,\boldsymbol{\sigma}\cdot(\boldsymbol{A}\times\boldsymbol{B})$，　而$[\boldsymbol{A}, \boldsymbol{\sigma}] = 0$

$= \boldsymbol{A}\cdot\boldsymbol{B} + i(\boldsymbol{\sigma}\times\boldsymbol{A})\cdot\boldsymbol{B}$，　而$[\boldsymbol{A}, \boldsymbol{\sigma}] = 0$

此處$\boldsymbol{A},\boldsymbol{B}$為任意矢符。

C. 徵值與徵態

假設任意符Ω滿足$\Omega^2 = I$的條件，而I為恆等符。若符Ω的“徵程”為

$$\Omega|\omega\rangle = \omega|\omega\rangle$$

此處ω為符Ω的“徵值”，而$|\omega\rangle$為其所對應的“徵態”。由上式可得

$$\Omega^2|\omega\rangle = \omega^2|\omega\rangle$$

將$\Omega^2 = I$代入上式，就可以得到符Ω的“徵值”為$\omega = \pm 1$。

由於泡利陣具有$\sigma_\alpha^2 = \sigma_0 = I$的特性；因此，泡利陣$\{\sigma_x, \sigma_y, \sigma_z\}$必然各有兩個徵值1與$-1$，例如，

$$\sigma_z|\pm 1\rangle = \pm|\pm 1\rangle$$

此處$|\pm 1\rangle$代表σ_z的徵態，其徵值各為± 1。由此可知，泡利陣在任意表象下，必然有如下性質：

(i) $tr\{\sigma_\alpha\} = 0$，　$\alpha = x, y, z$

(ii) $\det\{\sigma_\alpha\} = -1$

一般說來，任意符Ω的“跡”$tr\{\Omega\}$與其“行列式”$\det\{\Omega\}$，並不會隨表象不同而改變。

D. 泡利自旋符

在直角座裏，我們定義“泡利自旋符（Pauli-spin operator）”$\boldsymbol{s} \equiv \{s_x, s_y, s_z\}$為

$$s_\alpha \equiv \frac{1}{2}\hbar\sigma_\alpha, \quad \alpha = x, y, z$$

利用泡利陣$\{\sigma_x, \sigma_y, \sigma_z\}$的性質，我們很容易證明，

$$\text{(i)}\ \boldsymbol{s}^2 = s_x^2 + s_y^2 + s_z^2 = \frac{3}{4}\hbar^2$$

$$\text{(ii)}\ \left[s_\alpha, s_\beta\right] = i\hbar\varepsilon_{\alpha\beta\gamma}s_\gamma$$

$$\text{(iii)}\ \left[\boldsymbol{s}^2, s_\alpha\right] = 0$$

上述對易關係式，與一般角動符$\boldsymbol{J} \equiv \{J_x, J_y, J_z\}$所滿足的對易關係相同，

$$\boldsymbol{J}^2|jm\rangle = j(j+1)\hbar^2|jm\rangle$$

$$J_z|jm\rangle = m\hbar|jm\rangle$$

然而，$\boldsymbol{s}^2$只能等於$(3/4)\hbar^2 = 1/2(1/2+1)\hbar^2$；因此，“泡利自旋符”$\boldsymbol{s}$相當是“角動1/2符”。

E. 泡利自旋空間

泡利自旋符$\{\boldsymbol{s}^2, s_z\}$的共徵態$\chi_\mu \equiv |s\mu\rangle$所滿足的徵程為

$$\boldsymbol{s}^2\chi_\mu = s(s+1)\hbar^2\chi_\mu, \quad s \equiv \frac{1}{2}, \ \mu = \pm\frac{1}{2}$$

$$s_z\chi_\mu = \mu\hbar\chi_\mu$$

此結果與“σ_z有兩個徵態$|\pm1\rangle$，其徵值各為±1”，當然是一致的。我們特稱χ_μ為“泡利旋子（Pauli spinor）”，而稱$\{\chi_{1/2}, \chi_{-1/2}\}$

為“泡利自旋空間（Pauli-spin space）”。

F. 泡利陣的物理意義

反之，我們也可以直接將“泡利陣”$\{\sigma_x, \sigma_y, \sigma_z\}$，定義為“泡利自旋符”$\boldsymbol{s} \equiv \{s_x, s_y, s_z\}$的$(2/\hbar)$倍，

$$\sigma_\alpha \equiv \frac{2 s_\alpha}{\hbar}, \quad \alpha = x, y, z$$

就其數學性質而言，此定義與本附錄一開始對“泡利陣”的定義，完全“等價（equivalent）”。

G. 矩陣表象

我們可以利用$\{\boldsymbol{s}^2, s_z\}$的共徵態$\chi_{1/2}$與$\chi_{-1/2}$為“基態（basis states）”，並選取其相位滿足下式，

$$\left(s_x + i s_y\right) \chi_\mu = \hbar \sqrt{s(s+1) - \mu(\mu+1)}\ \chi_{\mu+1}$$

而將泡利陣表達為三個2×2的“厄米陣（hermitian matrices）”，其明確“矩陣式”為

$$\sigma_x = \begin{pmatrix} 0 & 1 \\ 1 & 0 \end{pmatrix} = \sigma_x^\dagger$$

$$\sigma_y = \begin{pmatrix} 0 & -i \\ i & 0 \end{pmatrix} = \sigma_y^\dagger$$

$$\sigma_z = \begin{pmatrix} 1 & 0 \\ 0 & -1 \end{pmatrix} = \sigma_z^\dagger$$

實際上，泡利陣還可以有其他“無數種”矩陣表象。由於上述表象在應用上最常見，因而特稱為泡利陣的“標準表象（standard representation）”。

H. 泡利自旋符的球分量

順帶提及，泡利自旋符 s 的"球分量（spherical components）"為

$$\{s_1, s_0, s_{-1}\} \equiv \{J_1, J_0, J_{-1} \text{ 於 } j=1/2 \text{空間}\}$$

$$s_1 = -\frac{1}{\sqrt{2}}\left(s_x + i s_y\right) = -\frac{\hbar}{\sqrt{2}} \chi_{1/2} \chi_{-1/2}^{\dagger} = \frac{\hbar}{\sqrt{2}} T_{11}^{(1/2)}$$

$$s_0 = s_z = \frac{\hbar}{2}\left(\chi_{1/2} \chi_{1/2}^{\dagger} - \chi_{-1/2} \chi_{-1/2}^{\dagger}\right) = \frac{\hbar}{\sqrt{2}} T_{10}^{(1/2)}$$

$$s_{-1} = \frac{1}{\sqrt{2}}\left(s_x - i s_y\right) = \frac{\hbar}{\sqrt{2}} \chi_{-1/2} \chi_{1/2}^{\dagger} = \frac{\hbar}{\sqrt{2}} T_{1-1}^{(1/2)}$$

此處 $T_{LM}^{(1/2)}$ 定義於〈附錄十四・二・C 小節　球張量符基〉。

附十四・二　泡利自旋空間的符基

A. 自旋符基

在泡利自旋空間裏，利用正規基態 $\{\chi_{1/2}, \chi_{-1/2}\}$，我們可以得到一組完備的"自旋符基（spin-operator basis）"，

$$\left\{\chi_{1/2} \chi_{1/2}^{\dagger}, \chi_{1/2} \chi_{-1/2}^{\dagger}, \chi_{-1/2} \chi_{1/2}^{\dagger}, \chi_{-1/2} \chi_{-1/2}^{\dagger}\right\}$$

在泡利自旋空間裏的任意"符"，皆可以展開為這四個"基符"的"線疊加"。

B. 泡利符基

泡利自旋空間裏的"恆等符" σ_0 與"泡利陣" $\{\sigma_x, \sigma_y, \sigma_z\}$ 構成"泡利符基（Pauli-operator basis）"，也可以利用"自旋符基" $\{\chi_{1/2}, \chi_{-1/2}\}$ 表達為

$$\sigma_0 = \chi_{1/2}\,\chi_{1/2}^\dagger + \chi_{-1/2}\,\chi_{-1/2}^\dagger$$

$$\sigma_x = \chi_{1/2}\,\chi_{-1/2}^\dagger + \chi_{-1/2}\,\chi_{1/2}^\dagger$$

$$\sigma_y = -i\left(\chi_{1/2}\,\chi_{-1/2}^\dagger - \chi_{-1/2}\,\chi_{1/2}^\dagger\right)$$

$$\sigma_z = \chi_{1/2}\,\chi_{1/2}^\dagger - \chi_{-1/2}\,\chi_{-1/2}^\dagger$$

因此，我們可以利用“泡利符基”$\{\sigma_0, \sigma_x, \sigma_y, \sigma_z\}$，來展開泡利自旋空間裏的任意“符”。不過，泡利符基$\{\sigma_0, \sigma_x, \sigma_y, \sigma_z\}$裏的四個“基符”，皆各自規化為2：$tr\{\sigma_\alpha^\dagger\,\sigma_\alpha\} = 2$，$\alpha = 0, x, y, z$。因此，在泡利自旋空間裏，任意符$\Omega$的展開式為

$$\Omega = \frac{1}{2}\sum_\alpha tr\left(\sigma_\alpha \Omega\right)\sigma_\alpha$$

C. 球張量符基

針對“泡利符基”，另一組有趣的“球張量符基（spherical-tensor operator basis）”，是由如下的“球張量符（spherical-tensor operators）”構成，

$$\left\{T_{00}^{(1/2)}, T_{11}^{(1/2)}, T_{10}^{(1/2)}, T_{1-1}^{(1/2)}\right\}$$

此“符基”為“廣義球張量符基（generalized spherical-tensor operator basis）”的一個特例。

“廣義球張量符基”可由如下的“廣義球張量符（generalized spherical-tensor operators）”構成，

$$\begin{aligned} T_{LM}^{(j'j)} &= \sqrt{2L+1}\sum_{m'm}\begin{pmatrix} j' & M & m \\ m' & L & j \end{pmatrix} |\,j'm'\rangle\langle\, jm| \\ &= \sum_{m'm}(-)^{j-m}\langle\, j'm'j-m|LM\rangle\ |\,j'm'\rangle\langle\, jm| \end{aligned}$$

此式中的展開係數，可以利用“3-*jm* 係數（3-*jm* coefficients）”或“CG 係數（Clebsch-Gordan coefficients 或 CG coefficients）”

來表達。此“廣義球張量符”也可算是“泡利陣”的“推廣（generalization）”。

球張量符基$\{T_{00}^{(1/2)}, T_{11}^{(1/2)}, T_{10}^{(1/2)}, T_{1-1}^{(1/2)}\}$可明確寫為

$$T_{00}^{(1/2)} = \frac{1}{\sqrt{2}}\chi_{1/2}\chi_{1/2}^{\dagger} + \frac{1}{\sqrt{2}}\chi_{-1/2}\chi_{-1/2}^{\dagger}$$

$$T_{11}^{(1/2)} = -\chi_{1/2}\chi_{-1/2}^{\dagger}$$

$$T_{10}^{(1/2)} = \frac{1}{\sqrt{2}}\chi_{1/2}\chi_{1/2}^{\dagger} - \frac{1}{\sqrt{2}}\chi_{-1/2}\chi_{-1/2}^{\dagger}$$

$$T_{1-1}^{(1/2)} = \chi_{-1/2}\chi_{1/2}^{\dagger}$$

利用“球張量符基”，我們也可將“泡利符基”表達為

$$\sigma_0 = \sqrt{2}\,T_{00}^{(1/2)}$$

$$\sigma_x = -T_{11}^{(1/2)} + T_{1-1}^{(1/2)}$$

$$\sigma_y = i\,T_{11}^{(1/2)} + i\,T_{1-1}^{(1/2)}$$

$$\sigma_z = \sqrt{2}\,T_{10}^{(1/2)}$$

附十四・三 2×2 矩陣展開式

恆等符σ_0與泡利陣$\{\sigma_x, \sigma_y, \sigma_z\}$的2×2矩陣表象，構成一切2×2矩陣的“矩陣基（matrix basis）”。因此，任意的一個2×2矩陣A，皆可利用矩陣基$\{\sigma_0, \sigma_x, \sigma_y, \sigma_z\}$展開為

$$\begin{aligned} A &= a_0\sigma_0 + a_x\sigma_x + a_y\sigma_y + a_z\sigma_z \\ &\equiv a_0\sigma_0 + \boldsymbol{a}\cdot\boldsymbol{\sigma} \end{aligned}$$

此處矢$\boldsymbol{a}$定義為

$$\boldsymbol{a} \equiv a_x\hat{\boldsymbol{x}} + a_y\hat{\boldsymbol{y}} + a_z\hat{\boldsymbol{z}}$$

在一般情況下，此展開係數$a_\alpha\,(\alpha=0,x,y,z)$可為“複數”。由於矩陣基$\{\sigma_0,\sigma_x,\sigma_y,\sigma_z\}$本身由“厄米陣”構成，因此，若$A$為“厄米陣”，則其展開係數$a_\alpha$必為“實數”。

我們很容易證明，任意“2×2矩陣”A的展開係數a_α為

$$a_\alpha = \frac{1}{2}tr\{\sigma_\alpha A\}, \qquad \alpha = 0, x, y, z$$

此式也可明白地寫為

$$a_0 = \frac{1}{2}tr\{A\}$$
$$\boldsymbol{a} = \frac{1}{2}tr\{\boldsymbol{\sigma}A\}$$

這裏我們特別強調一點，在任意僅含兩個“基態”的“希空間”裏，符的矩陣表象必定為一個2×2矩陣，而此矩陣可能與角動量$\{\sigma_0,\sigma_x,\sigma_y,\sigma_z\}$的空間“毫無關係”。因此，

> 就2×2矩陣展開式而言，我們可以將$\{\sigma_0,\sigma_x,\sigma_y,\sigma_z\}$視為純數學量的“符基”，而不必具有自旋符或角動符的物理意義。

附錄十五 算符公式

本附錄首先列出一些算符恆等式，包括一般恆等式、以及泡利空間與狄拉克空間裏的恆等式。其次，列舉一些算符的“對置關係（permutation relation）”，包括位空間、泡利空間、與狄拉克空間裏的算符“對易子（commutator）”與“反易子（anticommutator）”。

附十五・一 算符恆等式

本附錄裏的“(1,2,3)循環”，表示循環替換“$(1,2,3)\to(2,3,1)\to(3,1,2)$”。$\sigma_0$ 為泡利空間的恆等符，而 I 為狄拉克空間的恆等符。

A. 一般恆等式

假設 A,B,C,D 為任意“符（operator）”，而 $\boldsymbol{A},\boldsymbol{B},\boldsymbol{C},\boldsymbol{D}$ 為任意“矢符（vector operator）”，則有以下恆等式：

(i) $[A,B]\equiv AB-BA$，對易子

$\{A,B\}\equiv AB+BA$，反易子

$\{A,B\}\equiv[A,B]+2BA$

(ii) $[A+B,C]=[A,C]+[B,C]$

$[A,C+D]=[A,C]+[A,D]$

$\{A+B,C\}=\{A,C\}+\{B,C\}$

$\{A,C+D\}=\{A,C\}+\{A,D\}$

(iii) $[AB,C]=A[B,C]+[A,C]B$

$[A,CD]=[A,C]D+C[A,D]$

$\{AB,C\}=A\{B,C\}-[A,C]B$

$\{A,CD\}=\{A,C\}D-C[A,D]$

(iv) $[\boldsymbol{A}\cdot\boldsymbol{B},C]=\boldsymbol{A}\cdot[\boldsymbol{B},C]+[\boldsymbol{A},C]\cdot\boldsymbol{B}$

$[A,\boldsymbol{C}\cdot\boldsymbol{D}]=\boldsymbol{C}\cdot[A,\boldsymbol{D}]+[A,\boldsymbol{C}]\cdot\boldsymbol{D}$

$\{\boldsymbol{A}\cdot\boldsymbol{B},C\}=\boldsymbol{A}\cdot\{\boldsymbol{B},C\}-[\boldsymbol{A},C]\cdot\boldsymbol{B}$

$\{A,\boldsymbol{C}\cdot\boldsymbol{D}\}=\{A,\boldsymbol{C}\}\cdot\boldsymbol{D}-\boldsymbol{C}\cdot[A,\boldsymbol{D}]$

(v) $[AB,CD]=A[B,C]D+[A,C]BD+CA[B,D]+C[A,D]B$

$=A[B,C]D+[A,C]DB+AC[B,D]+C[A,D]B$

$\{AB,CD\}=A\{B,C\}D-[A,C]BD-CA[B,D]-C[A,D]B$

$$= A\{B, C\}D - [A, C]DB - AC[B, D] - C[A, D]B$$

(vi) $[A,[B,C]] + [B,[C,A]] + [C,[A,B]] = 0$，賈可比恆等式

(vii) $\frac{1}{A} - \frac{1}{B} = \frac{1}{A}(B-A)\frac{1}{B} = \frac{1}{B}(B-A)\frac{1}{A}$

注意，寫成$\frac{B}{A}$形式的“符”，是含糊不清的式子，沒有定義清楚；而寫成如$\left(\frac{1}{A}\right)B, B\left(\frac{1}{A}\right)$,或$B/A \equiv B(1/A)$，皆在數學上有“明確定義（well-defined）”。

B. 泡利空間的恆等式

$\boldsymbol{j} \equiv \boldsymbol{l}+\boldsymbol{s}$， $\boldsymbol{s} \equiv \hbar\boldsymbol{\sigma}/2$

(i) $\sigma_i^2 = \sigma_0$， $\boldsymbol{\sigma}^2 = \boldsymbol{\sigma}\cdot\boldsymbol{\sigma} = 3\sigma_0$， $\sigma_i\,\sigma_j = i\,\varepsilon_{ijk}\,\sigma_k + \delta_{ij}\,\sigma_0$

(ii) $\boldsymbol{\sigma}\times\boldsymbol{\sigma} = 2i\boldsymbol{\sigma}$， $\boldsymbol{s}\times\boldsymbol{s} = i\hbar\boldsymbol{s}$， $\boldsymbol{l}\times\boldsymbol{l} = i\hbar\boldsymbol{l}$， $\boldsymbol{j}\times\boldsymbol{j} = i\hbar\boldsymbol{j}$

(iii) $\sigma_1\sigma_2\sigma_3 = i\sigma_0$， $\sigma_1\sigma_2 = i\sigma_3$；$(1,2,3)$循環

(iv) $\boldsymbol{\sigma}(\boldsymbol{\sigma}\cdot\boldsymbol{A}) = \boldsymbol{A} - i\boldsymbol{\sigma}\times\boldsymbol{A}$

$(\boldsymbol{\sigma}\cdot\boldsymbol{A})\boldsymbol{\sigma} = \boldsymbol{A} + i\boldsymbol{\sigma}\times\boldsymbol{A}$， 而$[\boldsymbol{A}, \boldsymbol{\sigma}] = 0$

此處$\boldsymbol{A}$為任意矢符。

$\boldsymbol{\sigma}(\boldsymbol{\sigma}\cdot\boldsymbol{x}) = \boldsymbol{x} - i\boldsymbol{\sigma}\times\boldsymbol{x}$， $\boldsymbol{\sigma}(\boldsymbol{\sigma}\cdot\boldsymbol{p}) = \boldsymbol{p} - i\boldsymbol{\sigma}\times\boldsymbol{p}$

$(\boldsymbol{\sigma}\cdot\boldsymbol{x})\boldsymbol{\sigma} = \boldsymbol{x} + i\boldsymbol{\sigma}\times\boldsymbol{x}$， $(\boldsymbol{\sigma}\cdot\boldsymbol{p})\boldsymbol{\sigma} = \boldsymbol{p} + i\boldsymbol{\sigma}\times\boldsymbol{p}$

$\boldsymbol{\sigma}(\boldsymbol{\sigma}\cdot\boldsymbol{l}) = \boldsymbol{l} - i\boldsymbol{\sigma}\times\boldsymbol{l}$， $\boldsymbol{\sigma}(\boldsymbol{\sigma}\cdot\boldsymbol{j}) = \boldsymbol{j} - i\boldsymbol{\sigma}\times\boldsymbol{j}$

$(\boldsymbol{\sigma}\cdot\boldsymbol{l})\boldsymbol{\sigma} = \boldsymbol{l} + i\boldsymbol{\sigma}\times\boldsymbol{l}$， $(\boldsymbol{\sigma}\cdot\boldsymbol{j})\boldsymbol{\sigma} = \boldsymbol{j} + i\boldsymbol{\sigma}\times\boldsymbol{j} + 2\hbar\boldsymbol{\sigma}$

(v) $\boldsymbol{\sigma}(\boldsymbol{\sigma}\cdot\boldsymbol{A})\cdot\boldsymbol{A} = \boldsymbol{A}^2 - i\boldsymbol{\sigma}\cdot(\boldsymbol{A}\times\boldsymbol{A})$

$(\boldsymbol{\sigma}\cdot\boldsymbol{A})(\boldsymbol{\sigma}\cdot\boldsymbol{A}) = \boldsymbol{A}^2 + i\boldsymbol{\sigma}\cdot(\boldsymbol{A}\times\boldsymbol{A})$，而$[\boldsymbol{A}, \boldsymbol{\sigma}] = 0$

此處$\boldsymbol{A}$為任意矢符。

$\boldsymbol{\sigma}(\boldsymbol{\sigma}\cdot\boldsymbol{x})\cdot\boldsymbol{x} = (\boldsymbol{\sigma}\cdot\boldsymbol{x})(\boldsymbol{\sigma}\cdot\boldsymbol{x}) = 2\boldsymbol{x}^2$

$\boldsymbol{\sigma}(\boldsymbol{\sigma}\cdot\boldsymbol{p})\cdot\boldsymbol{p} = (\boldsymbol{\sigma}\cdot\boldsymbol{p})(\boldsymbol{\sigma}\cdot\boldsymbol{p}) = 2\boldsymbol{p}^2$

$\boldsymbol{\sigma}(\boldsymbol{\sigma}\cdot\boldsymbol{l})\cdot\boldsymbol{l} = \boldsymbol{l}^2 + \hbar\boldsymbol{\sigma}\cdot\boldsymbol{l}$， $\boldsymbol{\sigma}(\boldsymbol{\sigma}\cdot\boldsymbol{l})\cdot\boldsymbol{l} + (\boldsymbol{\sigma}\cdot\boldsymbol{l})(\boldsymbol{\sigma}\cdot\boldsymbol{l}) = 2\boldsymbol{l}^2$

$$(\boldsymbol{\sigma}\cdot\boldsymbol{l})(\boldsymbol{\sigma}\cdot\boldsymbol{l}) = \boldsymbol{l}^2 - \hbar\boldsymbol{\sigma}\cdot\boldsymbol{l}\,,\quad \boldsymbol{\sigma}(\boldsymbol{\sigma}\cdot\boldsymbol{l})\cdot\boldsymbol{l} - (\boldsymbol{\sigma}\cdot\boldsymbol{l})(\boldsymbol{\sigma}\cdot\boldsymbol{l}) = 2\hbar\boldsymbol{\sigma}\cdot\boldsymbol{l}$$

(vi) $\boldsymbol{\sigma}(\boldsymbol{\sigma}\cdot\boldsymbol{A})\cdot\boldsymbol{B} = \boldsymbol{A}\cdot\boldsymbol{B} - i\boldsymbol{\sigma}\cdot(\boldsymbol{A}\times\boldsymbol{B})$

$$(\boldsymbol{\sigma}\cdot\boldsymbol{A})(\boldsymbol{\sigma}\cdot\boldsymbol{B}) = \boldsymbol{A}\cdot\boldsymbol{B} + i\boldsymbol{\sigma}\cdot(\boldsymbol{A}\times\boldsymbol{B})\text{，而}[A,\boldsymbol{\sigma}] = 0$$

$$= \boldsymbol{A}\cdot\boldsymbol{B} + i(\boldsymbol{\sigma}\times\boldsymbol{A})\cdot\boldsymbol{B}\text{，而}[A,\boldsymbol{\sigma}] = 0$$

此處 $\boldsymbol{A},\boldsymbol{B}$ 為任意矢符。

C. 狄拉克空間的恆等式

$\boldsymbol{J} \equiv \boldsymbol{L}+\boldsymbol{S}$，　$\boldsymbol{S} \equiv \hbar\boldsymbol{\Sigma}/2$

(i) $\boldsymbol{\alpha} = \beta\boldsymbol{\gamma} = -\boldsymbol{\gamma}\beta$，　　$\boldsymbol{\gamma} = \beta\boldsymbol{\alpha} = -\boldsymbol{\alpha}\beta$

$$\gamma^\mu \equiv (\gamma^0,\boldsymbol{\gamma}) \equiv (\gamma^0,\gamma^1,\gamma^2,\gamma^3) = (\gamma_0,-\gamma_1,-\gamma_2,-\gamma_3)$$

$$\gamma^0 \equiv \gamma_0 \equiv \beta\text{，}\qquad \gamma^5 \equiv \gamma_5 \equiv i\gamma^0\gamma^1\gamma^2\gamma^3$$

$$\lambda^\mu \equiv (\lambda^0,\boldsymbol{\lambda}) \equiv (\lambda^0,\lambda^1,\lambda^2,\lambda^3) \equiv \gamma^\mu\gamma_5 = -\gamma_5\gamma^\mu$$

$$= (\lambda_0,-\lambda_1,-\lambda_2,-\lambda_3)$$

$$\lambda^0 \equiv \lambda_0 \equiv \gamma^0\gamma_5 = -\gamma_5\gamma^0\text{，}\quad \boldsymbol{\lambda} \equiv \boldsymbol{\gamma}\gamma_5 = -\gamma_5\boldsymbol{\gamma}$$

$$\boldsymbol{\Sigma} = \gamma_5\boldsymbol{\alpha} = \boldsymbol{\alpha}\gamma_5 = -i\gamma^1\gamma^2\gamma^3\boldsymbol{\gamma}$$

$$\sigma^{\mu\nu} \equiv \frac{i}{2}(\gamma^\mu\gamma^\nu - \gamma^\nu\gamma^\mu) \equiv i\gamma^\mu\gamma^\nu\text{，}\quad \mu\neq\nu$$

(ii) $(\gamma_5)^2 = (\gamma^0)^2 = -(\lambda^0)^2 = I$，　　$\gamma^0\lambda^0 = -\lambda^0\gamma^0 = \gamma_5$

$$\lambda^0\gamma_5 = -\gamma_5\lambda^0 = \gamma^0\text{，}\qquad \gamma^0\gamma_5 = -\gamma_5\gamma^0 = \lambda^0$$

$$\boldsymbol{\Sigma}\gamma_5 = \gamma_5\boldsymbol{\Sigma} = \boldsymbol{\lambda}\lambda^0 = -\lambda^0\boldsymbol{\lambda} = \gamma^0\boldsymbol{\gamma} = -\boldsymbol{\gamma}\gamma^0 = \boldsymbol{\alpha}$$

$$\boldsymbol{\Sigma}\lambda^0 = \lambda^0\boldsymbol{\Sigma} = \boldsymbol{\lambda}\gamma_5 = -\gamma_5\boldsymbol{\lambda} = \gamma^0\boldsymbol{\alpha} = -\boldsymbol{\alpha}\gamma^0 = \boldsymbol{\gamma}$$

$$\boldsymbol{\Sigma}\gamma^0 = \gamma^0\boldsymbol{\Sigma} = \boldsymbol{\gamma}\gamma_5 = -\gamma_5\boldsymbol{\gamma} = \lambda^0\boldsymbol{\alpha} = -\boldsymbol{\alpha}\lambda^0 = \boldsymbol{\lambda}$$

$$\boldsymbol{\lambda}\gamma^0 = \gamma^0\boldsymbol{\lambda} = \boldsymbol{\alpha}\gamma_5 = \gamma_5\boldsymbol{\alpha} = -\lambda^0\boldsymbol{\gamma} = -\boldsymbol{\gamma}\lambda^0 = \boldsymbol{\Sigma}$$

(iii) $\Sigma_i^2 = \alpha_i^2 = \lambda_i^2 = (\lambda^i)^2 = -\gamma_i^2 = -(\gamma^i)^2 = I$，　$i = 1, 2, 3$

$$\boldsymbol{\Sigma}^2 = \boldsymbol{\alpha}^2 = \boldsymbol{\lambda}^2 = -\boldsymbol{\gamma}^2 = 3I$$

$$\Sigma_i\alpha_i = \alpha_i\Sigma_i = \lambda^i\gamma^i = -\gamma^i\lambda^i = \gamma_5$$

$$\Sigma_i \lambda^i = \lambda^i \Sigma_i = \gamma^i \alpha_i = -\alpha_i \gamma^i = \gamma^0$$

$$\Sigma_i \gamma^i = \gamma^i \Sigma_i = \lambda^i \alpha_i = -\alpha_i \lambda^i = \lambda^0$$

(iv) $\Sigma_1 \Sigma_2 = \alpha_1 \alpha_2 = \lambda^1 \lambda^2 = -\gamma^1 \gamma^2 = i\Sigma_3$， (1,2,3)循環

$$\Sigma_1 \alpha_2 = \alpha_1 \Sigma_2 = \lambda^1 \gamma^2 = -\gamma^1 \lambda^2 = i\alpha_3$$

$$\Sigma_1 \lambda^2 = \lambda^1 \Sigma_2 = \gamma^1 \alpha_2 = -\alpha_1 \gamma^2 = i\lambda^3$$

$$\Sigma_1 \gamma^2 = \gamma^1 \Sigma_2 = \lambda^1 \alpha_2 = -\alpha_1 \lambda^2 = i\gamma^3$$

$\Sigma_1 \Sigma_2 \Sigma_3 = iI$， $\alpha_1 \alpha_2 \alpha_3 = i\gamma_5$， $\lambda^1 \lambda^2 \lambda^3 = i\gamma^0$， $\gamma^1 \gamma^2 \gamma^3 = -i\lambda^0$

(v) $\Sigma_i \Sigma_j = \alpha_i \alpha_j = \lambda^i \lambda^j = -\gamma^i \gamma^j = i\varepsilon_{ijk} \Sigma_k + \delta_{ij} I$， $i, j, k = 1, 2, 3$

$$\Sigma_i \alpha_j = \alpha_i \Sigma_j = \lambda^i \gamma^j = -\gamma^i \lambda^j = i\varepsilon_{ijk} \alpha_k + \delta_{ij} \gamma_5$$

$$\Sigma_i \lambda^j = \lambda^i \Sigma_j = \gamma^i \alpha_j = -\alpha_i \gamma^j = i\varepsilon_{ijk} \lambda^k + \delta_{ij} \gamma^0$$

$$\Sigma_i \gamma^j = \gamma^i \Sigma_j = \lambda^i \alpha_j = -\alpha_i \lambda^j = i\varepsilon_{ijk} \gamma^k + \delta_{ij} \lambda^0$$

(vi) $\boldsymbol{\Sigma} \cdot \boldsymbol{\Sigma} = \boldsymbol{\alpha} \cdot \boldsymbol{\alpha} = \boldsymbol{\lambda} \cdot \boldsymbol{\lambda} = -\boldsymbol{\gamma} \cdot \boldsymbol{\gamma} = 3I$

$$\boldsymbol{\Sigma} \cdot \boldsymbol{\alpha} = \boldsymbol{\alpha} \cdot \boldsymbol{\Sigma} = \boldsymbol{\lambda} \cdot \boldsymbol{\gamma} = -\boldsymbol{\gamma} \cdot \boldsymbol{\lambda} = 3\gamma_5$$

$$\boldsymbol{\Sigma} \cdot \boldsymbol{\lambda} = \boldsymbol{\lambda} \cdot \boldsymbol{\Sigma} = \boldsymbol{\gamma} \cdot \boldsymbol{\alpha} = -\boldsymbol{\alpha} \cdot \boldsymbol{\gamma} = 3\gamma^0$$

$$\boldsymbol{\Sigma} \cdot \boldsymbol{\gamma} = \boldsymbol{\gamma} \cdot \boldsymbol{\Sigma} = \boldsymbol{\lambda} \cdot \boldsymbol{\alpha} = -\boldsymbol{\alpha} \cdot \boldsymbol{\lambda} = 3\lambda^0$$

(vii) $\boldsymbol{\Sigma} \times \boldsymbol{\Sigma} = \boldsymbol{\alpha} \times \boldsymbol{\alpha} = \boldsymbol{\lambda} \times \boldsymbol{\lambda} = -\boldsymbol{\gamma} \times \boldsymbol{\gamma} = 2i\boldsymbol{\Sigma}$

$$\boldsymbol{\Sigma} \times \boldsymbol{\alpha} = \boldsymbol{\alpha} \times \boldsymbol{\Sigma} = \boldsymbol{\lambda} \times \boldsymbol{\gamma} = -\boldsymbol{\gamma} \times \boldsymbol{\lambda} = 2i\boldsymbol{\alpha}$$

$$\boldsymbol{\Sigma} \times \boldsymbol{\lambda} = \boldsymbol{\lambda} \times \boldsymbol{\Sigma} = \boldsymbol{\gamma} \times \boldsymbol{\alpha} = -\boldsymbol{\alpha} \times \boldsymbol{\gamma} = 2i\boldsymbol{\lambda}$$

$$\boldsymbol{\Sigma} \times \boldsymbol{\gamma} = \boldsymbol{\gamma} \times \boldsymbol{\Sigma} = \boldsymbol{\lambda} \times \boldsymbol{\alpha} = -\boldsymbol{\alpha} \times \boldsymbol{\lambda} = 2i\boldsymbol{\gamma}$$

(viii) $\boldsymbol{A} - i\boldsymbol{\Sigma} \times \boldsymbol{A} = \boldsymbol{\Omega}(\boldsymbol{\Omega} \cdot \boldsymbol{A})$

$$\gamma^0 \boldsymbol{A} - i\boldsymbol{\lambda} \times \boldsymbol{A} = \boldsymbol{\Sigma}(\boldsymbol{\lambda} \cdot \boldsymbol{A}) = \boldsymbol{\lambda}(\boldsymbol{\Sigma} \cdot \boldsymbol{A}) = \boldsymbol{\gamma}(\boldsymbol{\alpha} \cdot \boldsymbol{A}) = -\boldsymbol{\alpha}(\boldsymbol{\gamma} \cdot \boldsymbol{A})$$

$$\lambda^0 \boldsymbol{A} - i\boldsymbol{\gamma} \times \boldsymbol{A} = \boldsymbol{\Sigma}(\boldsymbol{\gamma} \cdot \boldsymbol{A}) = \boldsymbol{\gamma}(\boldsymbol{\Sigma} \cdot \boldsymbol{A}) = \boldsymbol{\lambda}(\boldsymbol{\alpha} \cdot \boldsymbol{A}) = -\boldsymbol{\alpha}(\boldsymbol{\lambda} \cdot \boldsymbol{A})$$

$$\gamma_5 \boldsymbol{A} - i\boldsymbol{\alpha} \times \boldsymbol{A} = \boldsymbol{\Sigma}(\boldsymbol{\alpha} \cdot \boldsymbol{A}) = \boldsymbol{\alpha}(\boldsymbol{\Sigma} \cdot \boldsymbol{A}) = \boldsymbol{\lambda}(\boldsymbol{\gamma} \cdot \boldsymbol{A}) = -\boldsymbol{\gamma}(\boldsymbol{\lambda} \cdot \boldsymbol{A})$$

此處$\boldsymbol{\Omega} = \boldsymbol{\Sigma}, \boldsymbol{\lambda}, i\boldsymbol{\gamma}, \boldsymbol{\alpha}$， 而$\boldsymbol{A}$為任意矢符。

(ix) $\boldsymbol{A}+i\boldsymbol{\Sigma}\times\boldsymbol{A}=(\boldsymbol{\Omega}\cdot\boldsymbol{A})\boldsymbol{\Omega}$，　當 $\left[A_i,\Omega_j\right]=0$

$\gamma^0\boldsymbol{A}+i\boldsymbol{\lambda}\times\boldsymbol{A}=(\boldsymbol{\Sigma}\cdot\boldsymbol{A})\boldsymbol{\lambda}$，　當 $\left[A_i,\lambda^j\right]=0$

$=(\boldsymbol{\lambda}\cdot\boldsymbol{A})\boldsymbol{\Sigma}$，　當 $\left[A_i,\Sigma_j\right]=0$

$=(\boldsymbol{\gamma}\cdot\boldsymbol{A})\boldsymbol{\alpha}$，　當 $\left[A_i,\alpha_j\right]=0$

$=-(\boldsymbol{\alpha}\cdot\boldsymbol{A})\boldsymbol{\gamma}$，當 $\left[A_i,\gamma^j\right]=0$

此處 $\boldsymbol{\Omega}=\boldsymbol{\Sigma},\boldsymbol{\lambda},i\boldsymbol{\gamma},\boldsymbol{\alpha}$，而 $\boldsymbol{A}$ 為任意矢符。

(x) $\lambda^0\boldsymbol{A}+i\boldsymbol{\gamma}\times\boldsymbol{A}=(\boldsymbol{\Sigma}\cdot\boldsymbol{A})\boldsymbol{\gamma}$，　當 $\left[A_i,\gamma^j\right]=0$

$=(\boldsymbol{\gamma}\cdot\boldsymbol{A})\boldsymbol{\Sigma}$，　當 $\left[A_i,\Sigma_j\right]=0$

$=(\boldsymbol{\lambda}\cdot\boldsymbol{A})\boldsymbol{\alpha}$，　當 $\left[A_i,\alpha_j\right]=0$

$=-(\boldsymbol{\alpha}\cdot\boldsymbol{A})\boldsymbol{\lambda}$，當 $\left[A_i,\lambda^j\right]=0$

此處 $\boldsymbol{A}$ 為任意矢符。

(xi) $\gamma_5\boldsymbol{A}+i\boldsymbol{\alpha}\times\boldsymbol{A}=(\boldsymbol{\Sigma}\cdot\boldsymbol{A})\boldsymbol{\alpha}$，　當 $\left[A_i,\alpha_j\right]=0$

$=(\boldsymbol{\alpha}\cdot\boldsymbol{A})\boldsymbol{\Sigma}$，　當 $\left[A_i,\Sigma_j\right]=0$

$=(\boldsymbol{\lambda}\cdot\boldsymbol{A})\boldsymbol{\gamma}$，　當 $\left[A_i,\gamma^j\right]=0$

$=-(\boldsymbol{\gamma}\cdot\boldsymbol{A})\boldsymbol{\lambda}$，當 $\left[A_i,\lambda^j\right]=0$

此處 $\boldsymbol{A}$ 為任意矢符。

(xii) $\boldsymbol{A}\cdot\boldsymbol{B}+i\boldsymbol{\Sigma}\cdot(\boldsymbol{A}\times\boldsymbol{B})=(\boldsymbol{\Omega}\cdot\boldsymbol{A})(\boldsymbol{\Omega}\cdot\boldsymbol{B})$，　當 $\left[A_i,\Omega_j\right]=0$

此處 $\boldsymbol{\Omega}=\boldsymbol{\Sigma},\boldsymbol{\lambda},i\boldsymbol{\gamma},\boldsymbol{\alpha}$，而 $\boldsymbol{A},\boldsymbol{B}$ 為任意矢符。

(xiii) $\gamma^0\boldsymbol{A}\cdot\boldsymbol{B}+i\boldsymbol{\lambda}\cdot(\boldsymbol{A}\times\boldsymbol{B})=(\boldsymbol{\Sigma}\cdot\boldsymbol{A})(\boldsymbol{\lambda}\cdot\boldsymbol{B})$，　當 $\left[A_i,\lambda^j\right]=0$

$=(\boldsymbol{\lambda}\cdot\boldsymbol{A})(\boldsymbol{\Sigma}\cdot\boldsymbol{B})$，　當 $\left[A_i,\Sigma_j\right]=0$

$=(\boldsymbol{\gamma}\cdot\boldsymbol{A})(\boldsymbol{\alpha}\cdot\boldsymbol{B})$，　當 $\left[A_i,\alpha_j\right]=0$

$=-(\boldsymbol{\alpha}\cdot\boldsymbol{A})(\boldsymbol{\gamma}\cdot\boldsymbol{B})$，當 $\left[A_i,\gamma^j\right]=0$

此處 $\boldsymbol{A},\boldsymbol{B}$ 為任意矢符。

(xiv) $\lambda^0\boldsymbol{A}\cdot\boldsymbol{B}+i\boldsymbol{\gamma}\cdot(\boldsymbol{A}\times\boldsymbol{B})=(\boldsymbol{\Sigma}\cdot\boldsymbol{A})(\boldsymbol{\gamma}\cdot\boldsymbol{B})$，　當 $\left[A_i,\gamma^j\right]=0$

$=(\boldsymbol{\gamma}\cdot\boldsymbol{A})(\boldsymbol{\Sigma}\cdot\boldsymbol{B})$，　當 $\left[A_i,\Sigma_j\right]=0$

$$= (\boldsymbol{\lambda}\cdot\boldsymbol{A})(\boldsymbol{\alpha}\cdot\boldsymbol{B}),\quad 當\left[A_i, \alpha_j\right] = 0$$

$$= -(\boldsymbol{\alpha}\cdot\boldsymbol{A})(\boldsymbol{\lambda}\cdot\boldsymbol{B}),\quad 當\left[A_i, \lambda^j\right] = 0$$

此處 $\boldsymbol{A},\boldsymbol{B}$ 為任意矢符。

(xv) $$\gamma_5\boldsymbol{A}\cdot\boldsymbol{B} + i\boldsymbol{\alpha}\cdot(\boldsymbol{A}\times\boldsymbol{B}) = (\boldsymbol{\Sigma}\cdot\boldsymbol{A})(\boldsymbol{\alpha}\cdot\boldsymbol{B}),\quad 當\left[A_i, \alpha_j\right] = 0$$

$$= (\boldsymbol{\alpha}\cdot\boldsymbol{A})(\boldsymbol{\Sigma}\cdot\boldsymbol{B}),\quad 當\left[A_i, \Sigma_j\right] = 0$$

$$= (\boldsymbol{\lambda}\cdot\boldsymbol{A})(\boldsymbol{\gamma}\cdot\boldsymbol{B}),\quad 當\left[A_i, \gamma^j\right] = 0$$

$$= -(\boldsymbol{\gamma}\cdot\boldsymbol{A})(\boldsymbol{\lambda}\cdot\boldsymbol{B}),\quad 當\left[A_i, \lambda^j\right] = 0$$

此處 $\boldsymbol{A},\boldsymbol{B}$ 為任意矢符。

(xvi) $\boldsymbol{S}\times\boldsymbol{S} = i\hbar\boldsymbol{S}$， $\boldsymbol{L}\times\boldsymbol{L} = i\hbar\boldsymbol{L}$， $\boldsymbol{J}\times\boldsymbol{J} = i\hbar\boldsymbol{J}$

附十五・二 算符對置公式

A. 位空間的對易子

$\boldsymbol{L} \equiv \boldsymbol{X}\times\boldsymbol{P} \equiv \boldsymbol{l} \equiv \boldsymbol{x}\times\boldsymbol{p}$， $\boldsymbol{X} \equiv \boldsymbol{x}$， $\boldsymbol{P} \equiv \boldsymbol{p} = -i\hbar\nabla$， $\Pi \equiv P_s(\boldsymbol{x}\to -\boldsymbol{x})$

(i) $\left[X_i, X_j\right] = 0$， $\left[P_i, P_j\right] = 0$， $\left[X_i, P_j\right] = i\hbar\delta_{ij}$

$\left[L_i, L_j\right] = i\hbar\varepsilon_{ijk}L_k$， $\left[L_1, L_2\right] = i\hbar L_3$， $(1,2,3)$ 循環

(ii) $\left[X_i, \boldsymbol{L}\right] = i\hbar\sum_{jk}\varepsilon_{ijk}\hat{\boldsymbol{j}}X_k$， $\left[P_i, \boldsymbol{L}\right] = i\hbar\sum_{jk}\varepsilon_{ijk}\hat{\boldsymbol{j}}P_k$

$\left[X_i, L_j\right] = \left[L_i, X_j\right] = i\hbar\varepsilon_{ijk}X_k$

$\left[X_1, L_2\right] = \left[L_1, X_2\right] = i\hbar X_3$， $(1,2,3)$ 循環

$\left[P_i, L_j\right] = \left[L_i, P_j\right] = i\hbar\varepsilon_{ijk}P_k$

$\left[P_1, L_2\right] = \left[L_1, P_2\right] = i\hbar P_3$， $(1,2,3)$ 循環

(iii) $\left[\boldsymbol{X}, F(\boldsymbol{P})\right] = i\hbar\dfrac{\partial}{\partial\boldsymbol{P}}F(\boldsymbol{P}) \equiv i\hbar\nabla_{\boldsymbol{P}}F(\boldsymbol{P})$

$\left[X_i, F(\boldsymbol{P})\right] = i\hbar\dfrac{\partial}{\partial P_i}F(\boldsymbol{P})$

$$[\boldsymbol{P}, G(\boldsymbol{X})] = -i\hbar\frac{\partial}{\partial \boldsymbol{X}}G(\boldsymbol{X}) \equiv -i\hbar\nabla G(\boldsymbol{X})$$

$$[P_i, G(\boldsymbol{X})] = -i\hbar\frac{\partial}{\partial X_i}G(\boldsymbol{X})$$

$$[\boldsymbol{P}, F(\boldsymbol{P})] = [\boldsymbol{X}, G(\boldsymbol{X})] = 0$$

此處$F(\boldsymbol{P})$為$\boldsymbol{P}$的任意函，而$G(\boldsymbol{X})$為$\boldsymbol{X}$的任意函。

(iv) $[\boldsymbol{X}, \boldsymbol{P}^2] = 2i\hbar\boldsymbol{P}$， $[\boldsymbol{P}, \boldsymbol{X}^2] = -2i\hbar\boldsymbol{X}$

$$[\boldsymbol{P}, |\boldsymbol{P}|] = [\boldsymbol{P}, \boldsymbol{P}^2] = 0$$

$$[\boldsymbol{X}, |\boldsymbol{P}|] = i\hbar\frac{\boldsymbol{P}}{|\boldsymbol{P}|}, \qquad \left[\boldsymbol{X}, \frac{1}{|\boldsymbol{P}|}\right] = -i\hbar\frac{\boldsymbol{P}}{|\boldsymbol{P}|^3}$$

此處$|\boldsymbol{P}| \equiv \sqrt{\boldsymbol{P}\cdot\boldsymbol{P}}$。

(v) $[\boldsymbol{L}, \Pi] = [\boldsymbol{L}, \nabla^2] = [\boldsymbol{L}, \boldsymbol{L}^2] = [L_i, \boldsymbol{L}^2] = 0$

$[\boldsymbol{L}, \boldsymbol{\Omega}\cdot\boldsymbol{L}] = i\hbar\boldsymbol{\Omega}\times\boldsymbol{L}$，當$[L_i, \Omega_j] = 0$

此處$\boldsymbol{\Omega}$為任意矢符。

B. 位空間的反易子

$\boldsymbol{X} \equiv \boldsymbol{x}$， $\boldsymbol{P} \equiv \boldsymbol{p} = -i\hbar\nabla$， $\Pi \equiv P_s(\boldsymbol{x} \to -\boldsymbol{x})$

(i) $\{\Pi, \boldsymbol{X}\} = \{\Pi, \boldsymbol{P}\} = 0$

C. 泡利空間的對易子

$\boldsymbol{j} \equiv \boldsymbol{l} + \boldsymbol{s}$， $\boldsymbol{l} \equiv \boldsymbol{x}\times\boldsymbol{p}$， $\boldsymbol{s} \equiv \hbar\boldsymbol{\sigma}/2$， $\hat{k} \equiv \boldsymbol{\sigma}\cdot\boldsymbol{l}/\hbar + 1 \equiv \boldsymbol{\sigma}\cdot\boldsymbol{j}/\hbar - 1/2$， $\Pi \equiv P_s$

(i) $[\sigma_i, \sigma_j] = 2i\varepsilon_{ijk}\sigma_k$， $\qquad [\sigma_i, \boldsymbol{\sigma}] = 2i\sum_{jk}\varepsilon_{ijk}\hat{\boldsymbol{j}}\sigma_k$

$$[l_i, l_j] = i\hbar\varepsilon_{ijk}l_k, \qquad [l_i, \boldsymbol{l}] = i\hbar\sum_{jk}\varepsilon_{ijk}\hat{\boldsymbol{j}}l_k$$

$$[j_i, j_j] = i\hbar\varepsilon_{ijk}j_k, \qquad [j_i, \boldsymbol{j}] = i\hbar\sum_{jk}\varepsilon_{ijk}\hat{\boldsymbol{j}}j_k$$

$$[\sigma_i, \boldsymbol{\sigma}^2] = [\boldsymbol{\sigma}, \boldsymbol{\sigma}^2] = 0$$

$[l_i, \boldsymbol{l}^2] = [\boldsymbol{l}, \boldsymbol{l}^2] = 0$，$[j_i, \boldsymbol{j}^2] = [\boldsymbol{j}, \boldsymbol{j}^2] = 0$

(ii) $[\boldsymbol{\sigma}\cdot\boldsymbol{A}, \boldsymbol{\sigma}] = 2i\boldsymbol{\sigma}\times\boldsymbol{A}$， 當$[A_i, \sigma_j] = 0$

$[\boldsymbol{\sigma}\cdot\boldsymbol{A}, \boldsymbol{A}] = 0$， 當$[A_i, \sigma_j] = 0$ 且 $[A_i, A_j] = 0$

此處$\boldsymbol{A}$為任意矢符。

(iii) $[\boldsymbol{\sigma}\cdot\boldsymbol{x}, \boldsymbol{x}] = 0$， $[\boldsymbol{\sigma}\cdot\boldsymbol{x}, \boldsymbol{p}] = i\hbar\boldsymbol{\sigma}$， $[\boldsymbol{\sigma}\cdot\boldsymbol{x}, \boldsymbol{l}] = -i\hbar\boldsymbol{\sigma}\times\boldsymbol{x}$

$[\boldsymbol{\sigma}\cdot\boldsymbol{x}, \boldsymbol{s}] = i\hbar\boldsymbol{\sigma}\times\boldsymbol{x}$， $[\boldsymbol{\sigma}\cdot\boldsymbol{x}, \boldsymbol{\sigma}] = 2i\boldsymbol{\sigma}\times\boldsymbol{x}$， $[\boldsymbol{\sigma}\cdot\boldsymbol{x}, \boldsymbol{j}] = 0$

(iv) $[\boldsymbol{\sigma}\cdot\boldsymbol{p}, \boldsymbol{x}] = -i\hbar\boldsymbol{\sigma}$， $[\boldsymbol{\sigma}\cdot\boldsymbol{p}, \boldsymbol{p}] = 0$， $[\boldsymbol{\sigma}\cdot\boldsymbol{p}, \boldsymbol{l}] = -i\hbar\boldsymbol{\sigma}\times\boldsymbol{p}$

$[\boldsymbol{\sigma}\cdot\boldsymbol{p}, \boldsymbol{s}] = i\hbar\boldsymbol{\sigma}\times\boldsymbol{p}$， $[\boldsymbol{\sigma}\cdot\boldsymbol{p}, \boldsymbol{\sigma}] = 2i\boldsymbol{\sigma}\times\boldsymbol{p}$， $[\boldsymbol{\sigma}\cdot\boldsymbol{p}, \boldsymbol{j}] = 0$

(v) $[\boldsymbol{\sigma}\cdot\boldsymbol{l}, \boldsymbol{x}] = -i\hbar\boldsymbol{\sigma}\times\boldsymbol{x}$，$[\boldsymbol{\sigma}\cdot\boldsymbol{l}, \boldsymbol{p}] = -i\hbar\boldsymbol{\sigma}\times\boldsymbol{p}$， $[\boldsymbol{\sigma}\cdot\boldsymbol{l}, \boldsymbol{l}] = -i\hbar\boldsymbol{\sigma}\times\boldsymbol{l}$

$[\boldsymbol{\sigma}\cdot\boldsymbol{l}, \boldsymbol{s}] = i\hbar\boldsymbol{\sigma}\times\boldsymbol{l}$， $[\boldsymbol{\sigma}\cdot\boldsymbol{l}, \boldsymbol{\sigma}] = 2i\boldsymbol{\sigma}\times\boldsymbol{l}$， $[\boldsymbol{\sigma}\cdot\boldsymbol{l}, \boldsymbol{j}] = 0$

(vi) $[\boldsymbol{\sigma}\cdot\boldsymbol{j}, \boldsymbol{x}] = -i\hbar\boldsymbol{\sigma}\times\boldsymbol{x}$，$[\boldsymbol{\sigma}\cdot\boldsymbol{j}, \boldsymbol{p}] = -i\hbar\boldsymbol{\sigma}\times\boldsymbol{p}$， $[\boldsymbol{\sigma}\cdot\boldsymbol{j}, \boldsymbol{l}] = -i\hbar\boldsymbol{\sigma}\times\boldsymbol{l}$

$[\boldsymbol{\sigma}\cdot\boldsymbol{j}, \boldsymbol{s}] = i\hbar\boldsymbol{\sigma}\times\boldsymbol{l}$， $[\boldsymbol{\sigma}\cdot\boldsymbol{j}, \boldsymbol{\sigma}] = 2i\boldsymbol{\sigma}\times\boldsymbol{l}$， $[\boldsymbol{\sigma}\cdot\boldsymbol{j}, \boldsymbol{j}] = 0$

$[\boldsymbol{\sigma}\cdot\boldsymbol{j}, \boldsymbol{\sigma}] = 2i\boldsymbol{\sigma}\times\boldsymbol{j} + 2\hbar\boldsymbol{\sigma}$

(vii) $[\boldsymbol{s}\cdot\boldsymbol{p}, \boldsymbol{x}] = -i\hbar\boldsymbol{s}$， $[\boldsymbol{s}\cdot\boldsymbol{p}, \boldsymbol{p}] = 0$， $[\boldsymbol{s}\cdot\boldsymbol{p}, \boldsymbol{l}] = -i\hbar\boldsymbol{s}\times\boldsymbol{p}$

$[\boldsymbol{s}\cdot\boldsymbol{p}, \boldsymbol{s}] = i\hbar\boldsymbol{s}\times\boldsymbol{p}$， $[\boldsymbol{s}\cdot\boldsymbol{p}, \boldsymbol{\sigma}] = i\hbar\boldsymbol{\sigma}\times\boldsymbol{p}$， $[\boldsymbol{s}\cdot\boldsymbol{p}, \boldsymbol{j}] = 0$

(viii) $[\boldsymbol{\sigma}\cdot\boldsymbol{l}, \boldsymbol{x}^2] = [\boldsymbol{\sigma}\cdot\boldsymbol{l}, \boldsymbol{p}^2] = [\boldsymbol{\sigma}\cdot\boldsymbol{l}, \boldsymbol{l}^2] = [\boldsymbol{\sigma}\cdot\boldsymbol{l}, \boldsymbol{s}^2] = [\boldsymbol{\sigma}\cdot\boldsymbol{l}, \boldsymbol{j}^2] = 0$

$[\boldsymbol{\sigma}\cdot\boldsymbol{j}, \boldsymbol{x}^2] = [\boldsymbol{\sigma}\cdot\boldsymbol{j}, \boldsymbol{p}^2] = [\boldsymbol{\sigma}\cdot\boldsymbol{j}, \boldsymbol{l}^2] = [\boldsymbol{\sigma}\cdot\boldsymbol{j}, \boldsymbol{s}^2] = [\boldsymbol{\sigma}\cdot\boldsymbol{j}, \boldsymbol{j}^2] = 0$

(ix) $[\hat{k}, \boldsymbol{x}^2] = [\hat{k}, \boldsymbol{p}^2] = [\hat{k}, \boldsymbol{l}^2] = [\hat{k}, \boldsymbol{s}^2] = [\hat{k}, \boldsymbol{j}^2] = [\hat{k}, \boldsymbol{j}] = 0$

(x) $[\mathit{\Pi}, \boldsymbol{\sigma}] = [\mathit{\Pi}, \boldsymbol{s}] = [\mathit{\Pi}, \boldsymbol{l}] = [\mathit{\Pi}, \boldsymbol{j}] = [\mathit{\Pi}, \hat{k}] = 0$

D. 泡利空間的反易子

(i) $\{\sigma_i, \sigma_j\} = 2\delta_{ij}\sigma_0$，$\{\sigma_i, \boldsymbol{\sigma}\} = 2\hat{\boldsymbol{i}}\,\sigma_0$

(ii) $\{\boldsymbol{\sigma}\cdot\boldsymbol{A}, \boldsymbol{\sigma}\} = 2\boldsymbol{A}$， 當$[A_i, \sigma_j] = 0$

此處$\boldsymbol{A}$為任意矢符。

(iii) $\{\boldsymbol{\sigma}\cdot\boldsymbol{x}, \boldsymbol{\sigma}\} = 2\boldsymbol{x}$， $\{\boldsymbol{\sigma}\cdot\boldsymbol{p}, \boldsymbol{\sigma}\} = 2\boldsymbol{p}$

$$\{\boldsymbol{\sigma}\cdot\boldsymbol{l}, \boldsymbol{\sigma}\} = 2\boldsymbol{l} \qquad \{\boldsymbol{\sigma}\cdot\boldsymbol{j}, \boldsymbol{\sigma}\} = 2\boldsymbol{j} + 2\hbar\boldsymbol{\sigma}$$

(iv) $\{\Pi, \boldsymbol{x}\} = \{\Pi, \boldsymbol{p}\} = 0$

E. 狄拉克陣間的對易子

(i) $[\gamma^\mu, \gamma^\nu] = 2\gamma^\mu\gamma^\nu$，　　$\mu \neq \nu$

(ii) $[\gamma_5, \boldsymbol{\Sigma}] = [\gamma_5, \boldsymbol{\alpha}] = 0$，　　$[\boldsymbol{\lambda}, \lambda^0] = [\gamma^0, \boldsymbol{\gamma}] = 2\boldsymbol{\alpha}$

$[\lambda^0, \boldsymbol{\Sigma}] = [\lambda^0, \boldsymbol{\gamma}] = 0$，　　$[\boldsymbol{\lambda}, \gamma_5] = [\gamma^0, \boldsymbol{\alpha}] = 2\boldsymbol{\gamma}$

$[\gamma^0, \boldsymbol{\Sigma}] = [\gamma^0, \boldsymbol{\lambda}] = 0$，　　$[\boldsymbol{\gamma}, \gamma_5] = [\lambda^0, \boldsymbol{\alpha}] = 2\boldsymbol{\lambda}$

$[\gamma^0, \lambda^0] = 2\gamma_5$，$[\gamma^0, \gamma_5] = 2\lambda^0$，$[\lambda^0, \gamma_5] = 2\gamma^0$

(iii) $[\Sigma_i, \Sigma_j] = [\alpha_i, \alpha_j] = [\lambda^i, \lambda^j] = -[\gamma^i, \gamma^j] = 2i\varepsilon_{ijk}\Sigma_k$

$[\Sigma_1, \Sigma_2] = [\alpha_1, \alpha_2] = [\lambda^1, \lambda^2] = -[\gamma^1, \gamma^2] = 2i\Sigma_3$，(1,2,3)循環

(iv) $[\Sigma_i, \alpha_j] = [\alpha_i, \Sigma_j] = 2i\varepsilon_{ijk}\alpha_k$

$[\Sigma_1, \alpha_2] = [\alpha_1, \Sigma_2] = 2i\alpha_3$，　(1,2,3)循環

$[\Sigma_i, \lambda^j] = [\lambda^i, \Sigma_j] = 2i\varepsilon_{ijk}\lambda^k$

$[\Sigma_1, \lambda^2] = [\lambda^1, \Sigma_2] = 2i\lambda^3$，　(1,2,3)循環

$[\Sigma_i, \gamma^j] = [\gamma^i, \Sigma_j] = 2i\varepsilon_{ijk}\gamma^k$

$[\Sigma_1, \gamma^2] = [\gamma^1, \Sigma_2] = 2i\gamma^3$，　(1,2,3)循環

$[\gamma^i, \lambda^j] = -[\lambda^i, \gamma^j] = -2\delta_{ij}\gamma_5$

$[\alpha_i, \gamma^j] = -[\gamma^i, \alpha_j] = -2\delta_{ij}\gamma^0$

$[\alpha_i, \lambda^j] = -[\lambda^i, \alpha_j] = -2\delta_{ij}\lambda^0$

(v) $[\Sigma_i, \boldsymbol{\alpha}] = [\alpha_i, \boldsymbol{\Sigma}] = 2i\sum_{jk}\varepsilon_{ijk}\hat{\boldsymbol{j}}\alpha_k$

$[\Sigma_i, \boldsymbol{\lambda}] = [\lambda^i, \boldsymbol{\Sigma}] = 2i\sum_{jk}\varepsilon_{ijk}\hat{\boldsymbol{j}}\lambda^k$

$[\Sigma_i, \boldsymbol{\gamma}] = [\gamma^i, \boldsymbol{\Sigma}] = 2i\sum_{jk}\varepsilon_{ijk}\hat{\boldsymbol{j}}\gamma^k$

$[\gamma^i, \boldsymbol{\lambda}] = -[\lambda^i, \boldsymbol{\gamma}] = -2\hat{\boldsymbol{i}}\gamma_5$

$$[\alpha_i, \boldsymbol{\gamma}] = -[\gamma^i, \boldsymbol{\alpha}] = -2\hat{\boldsymbol{i}}\gamma^0$$

$$[\alpha_i, \boldsymbol{\lambda}] = -[\lambda^i, \boldsymbol{\alpha}] = -2\hat{\boldsymbol{i}}\lambda^0$$

F. 狄拉克陣間的反易子

(i) $\{\gamma^\mu, \gamma^\nu\} = 2g^{\mu\nu}I$

(ii) $\{\gamma_5, \gamma^0\} = \{\gamma_5, \lambda^0\} = \{\gamma_5, \boldsymbol{\lambda}\} = \{\gamma_5, \boldsymbol{\gamma}\} = 0$

$\{\lambda^0, \gamma^0\} = \{\lambda^0, \gamma_5\} = \{\lambda^0, \boldsymbol{\alpha}\} = \{\lambda^0, \boldsymbol{\lambda}\} = 0$

$\{\gamma^0, \gamma_5\} = \{\gamma^0, \lambda^0\} = \{\gamma^0, \boldsymbol{\alpha}\} = \{\gamma^0, \boldsymbol{\gamma}\} = 0$

$\{\boldsymbol{\Sigma}, \gamma_5\} = 2\boldsymbol{\alpha}$， $\{\boldsymbol{\Sigma}, \gamma^0\} = 2\boldsymbol{\lambda}$， $\{\boldsymbol{\Sigma}, \lambda^0\} = 2\boldsymbol{\gamma}$

$\{\boldsymbol{\alpha}, \gamma_5\} = \{\boldsymbol{\lambda}, \gamma^0\} = -\{\boldsymbol{\gamma}, \lambda^0\} = 2\boldsymbol{\Sigma}$

(iii) $\{\Sigma_i, \Sigma_j\} = \{\alpha_i, \alpha_j\} = \{\lambda^i, \lambda^j\} = -\{\gamma^i, \gamma^j\} = 2\delta_{ij}I$

$\{\Sigma_i, \alpha_j\} = \{\alpha_i, \Sigma_j\} = 2\delta_{ij}\gamma_5$

$\{\Sigma_i, \lambda^j\} = \{\lambda^i, \Sigma_j\} = 2\delta_{ij}\gamma^0$

$\{\Sigma_i, \gamma^j\} = \{\gamma^i, \Sigma_j\} = 2\delta_{ij}\lambda^0$

$\{\lambda^i, \gamma^j\} = -\{\gamma^i, \lambda^j\} = 2i\varepsilon_{ijk}\alpha_k$

$\{\gamma^i, \alpha_j\} = -\{\alpha_i, \gamma^j\} = 2i\varepsilon_{ijk}\lambda^k$

$\{\lambda^i, \alpha_j\} = -\{\alpha_i, \lambda^j\} = 2i\varepsilon_{ijk}\gamma^k$

(iv) $\{\Sigma_i, \boldsymbol{\alpha}\} = \{\alpha_i, \boldsymbol{\Sigma}\} = 2\hat{\boldsymbol{i}}\gamma_5$

$\{\Sigma_i, \boldsymbol{\lambda}\} = \{\lambda^i, \boldsymbol{\Sigma}\} = 2\hat{\boldsymbol{i}}\gamma^0$

$\{\Sigma_i, \boldsymbol{\gamma}\} = \{\gamma^i, \boldsymbol{\Sigma}\} = 2\hat{\boldsymbol{i}}\lambda^0$

$\{\gamma^i, \boldsymbol{\lambda}\} = -\{\lambda^i, \boldsymbol{\gamma}\} = -2i\sum_{jk}\varepsilon_{ijk}\hat{\boldsymbol{j}}\alpha_k$

$\{\alpha_i, \boldsymbol{\gamma}\} = -\{\gamma^i, \boldsymbol{\alpha}\} = -2i\sum_{jk}\varepsilon_{ijk}\hat{\boldsymbol{j}}\lambda^k$

$$\{\alpha_i, \boldsymbol{\lambda}\} = -\{\lambda^i, \boldsymbol{\alpha}\} = -2i\sum_{jk}\varepsilon_{ijk}\hat{\boldsymbol{j}}\gamma^k$$

G. 狄拉克空間的對易子

除非特別注明，以下Ω,Λ與$\boldsymbol{\Omega},\boldsymbol{\Lambda}$皆為任意符。

$$\boldsymbol{J} \equiv \boldsymbol{L}+\boldsymbol{S}\,,\quad \boldsymbol{L} \equiv \boldsymbol{X}\times\boldsymbol{P}\,,\quad \boldsymbol{P} \equiv -i\hbar\nabla\,,\quad \boldsymbol{S} \equiv \hbar\boldsymbol{\Sigma}/2\,,\quad \beta = \gamma^0$$

$$\Omega_{\hat{P}} \equiv \boldsymbol{\Omega}\cdot\boldsymbol{P}/|\boldsymbol{P}|\,,\quad K \equiv \beta(\boldsymbol{\Sigma}\cdot\boldsymbol{L}/\hbar+1) \equiv \beta(\boldsymbol{\Sigma}\cdot\boldsymbol{J}/\hbar-1/2)$$

$$\Pi \equiv \beta P_s \equiv \beta P_s(\boldsymbol{x}\to-\boldsymbol{x})$$

$$Mc^2 \equiv c\boldsymbol{\alpha}\cdot\boldsymbol{P}+mc^2\beta$$

$$\begin{aligned} H &\equiv Mc^2 + e(\phi-\boldsymbol{\alpha}\cdot\boldsymbol{A}) \\ &\equiv c\boldsymbol{\alpha}\cdot(\boldsymbol{P}-e\boldsymbol{A}/c)+e\phi+mc^2\beta \\ &\equiv c\boldsymbol{\alpha}\cdot\boldsymbol{P}_A+e\phi+mc^2\beta \end{aligned}$$

$$H_r \equiv Mc^2+V(r)\,,\quad 當\ \boldsymbol{A}=0\ 且\ V(r)\equiv e\phi$$

此處$\phi\equiv\phi(\boldsymbol{x})$，$\boldsymbol{A}\equiv\boldsymbol{A}(\boldsymbol{x})$，$\boldsymbol{P}_A\equiv\boldsymbol{P}-e\boldsymbol{A}/c$，而$|\boldsymbol{P}|\equiv\sqrt{\boldsymbol{P}\cdot\boldsymbol{P}}$。

(i) $[\boldsymbol{\Omega},\boldsymbol{\Lambda}]=0$，$[\Omega_i,\Lambda_j]=0$，$[\boldsymbol{\Omega}\cdot\boldsymbol{\Lambda},\boldsymbol{\Omega}]=2i\boldsymbol{\Sigma}\times\boldsymbol{\Lambda}$

此處$\boldsymbol{\Omega}=\boldsymbol{\Sigma},\boldsymbol{\lambda},i\boldsymbol{\gamma},\boldsymbol{\alpha}$；$\boldsymbol{\Lambda}=\boldsymbol{X},\boldsymbol{P},\boldsymbol{L}$等。

(ii) $[\boldsymbol{\Omega}\cdot\boldsymbol{P},\boldsymbol{P}]=[\boldsymbol{\Omega}\cdot\boldsymbol{P},\boldsymbol{P}^2]=[\boldsymbol{\Omega}\cdot\boldsymbol{P},|\boldsymbol{P}|]=0$

$[\boldsymbol{\Omega}\cdot\boldsymbol{P},\boldsymbol{X}]=-i\hbar\boldsymbol{\Omega}$，$[\boldsymbol{\Omega}\cdot\boldsymbol{P},G(\boldsymbol{X})]=-i\hbar\boldsymbol{\Omega}\cdot\nabla G(\boldsymbol{X})$

$[\boldsymbol{\Omega}\cdot\boldsymbol{P},\boldsymbol{J}]=0$，$[\boldsymbol{\Omega}\cdot\boldsymbol{P},\boldsymbol{L}]=-[\boldsymbol{\Omega}\cdot\boldsymbol{P},\boldsymbol{S}]=-i\hbar\boldsymbol{\Omega}\times\boldsymbol{P}$

此處$\boldsymbol{\Omega}=\boldsymbol{\Sigma},\boldsymbol{\lambda},i\boldsymbol{\gamma},\boldsymbol{\alpha}$；$|\boldsymbol{P}|\equiv\sqrt{\boldsymbol{P}\cdot\boldsymbol{P}}$，而$G(\boldsymbol{X})$為$\boldsymbol{X}$的任意函。

(iii) $[\boldsymbol{\Omega}\cdot\boldsymbol{A},\boldsymbol{\Omega}]=2i\boldsymbol{\Sigma}\times\boldsymbol{A}$，當$[A_i,\Omega_j]=0$

$[\boldsymbol{\Sigma}\cdot\boldsymbol{A},\boldsymbol{\Sigma}]=2i\boldsymbol{\Sigma}\times\boldsymbol{A}$，$[\boldsymbol{\lambda}\cdot\boldsymbol{A},\boldsymbol{\Sigma}]=2i\boldsymbol{\lambda}\times\boldsymbol{A}$，當$[A_i,\Sigma_j]=0$

$[\boldsymbol{\gamma}\cdot\boldsymbol{A},\boldsymbol{\Sigma}]=2i\boldsymbol{\gamma}\times\boldsymbol{A}$，$[\boldsymbol{\alpha}\cdot\boldsymbol{A},\boldsymbol{\Sigma}]=2i\boldsymbol{\alpha}\times\boldsymbol{A}$，當$[A_i,\Sigma_j]=0$

$[\boldsymbol{\Sigma}\cdot\boldsymbol{A},\boldsymbol{\lambda}]=2i\boldsymbol{\lambda}\times\boldsymbol{A}$，$[\boldsymbol{\lambda}\cdot\boldsymbol{A},\boldsymbol{\lambda}]=2i\boldsymbol{\Sigma}\times\boldsymbol{A}$，當$[A_i,\lambda^j]=0$

$[\boldsymbol{\gamma}\cdot\boldsymbol{A},\boldsymbol{\lambda}]=-2\gamma_5\boldsymbol{A}$，$[\boldsymbol{\alpha}\cdot\boldsymbol{A},\boldsymbol{\lambda}]=-2\lambda^0\boldsymbol{A}$，當$[A_i,\lambda^j]=0$

$[\boldsymbol{\Sigma}\cdot\boldsymbol{A},\boldsymbol{\gamma}]=2i\boldsymbol{\gamma}\times\boldsymbol{A}$，$[\boldsymbol{\lambda}\cdot\boldsymbol{A},\boldsymbol{\gamma}]=2\gamma_5\boldsymbol{A}$，當$[A_i,\gamma^j]=0$

$[\boldsymbol{\gamma}\cdot\boldsymbol{A},\boldsymbol{\gamma}]=-2i\boldsymbol{\Sigma}\times\boldsymbol{A}$，$[\boldsymbol{\alpha}\cdot\boldsymbol{A},\boldsymbol{\gamma}]=-2\beta\boldsymbol{A}$，當$[A_i,\gamma^j]=0$

$[\boldsymbol{\Sigma}\cdot\boldsymbol{A}, \boldsymbol{\alpha}] = 2i\boldsymbol{\alpha}\times\boldsymbol{A}$，　$[\boldsymbol{\lambda}\cdot\boldsymbol{A}, \boldsymbol{\alpha}] = 2\lambda^0\boldsymbol{A}$，　當$[A_i, \alpha_j] = 0$

$[\boldsymbol{\gamma}\cdot\boldsymbol{A}, \boldsymbol{\alpha}] = 2\beta\boldsymbol{A}$，　$[\boldsymbol{\alpha}\cdot\boldsymbol{A}, \boldsymbol{\alpha}] = 2i\boldsymbol{\Sigma}\times\boldsymbol{A}$，當$[A_i, \alpha_j] = 0$

此處$\boldsymbol{\Omega} = \boldsymbol{\Sigma}, \boldsymbol{\lambda}, i\boldsymbol{\gamma}, \boldsymbol{\alpha}$，而$\boldsymbol{A}$為任意矢符。

(iv) $[\boldsymbol{\Sigma}\cdot\boldsymbol{\Lambda}, \boldsymbol{\Sigma}] = 2i\boldsymbol{\Sigma}\times\boldsymbol{\Lambda}$，$[\boldsymbol{\lambda}\cdot\boldsymbol{\Lambda}, \boldsymbol{\Sigma}] = 2i\boldsymbol{\lambda}\times\boldsymbol{\Lambda}$

$[\boldsymbol{\gamma}\cdot\boldsymbol{\Lambda}, \boldsymbol{\Sigma}] = 2i\boldsymbol{\gamma}\times\boldsymbol{\Lambda}$，$[\boldsymbol{\alpha}\cdot\boldsymbol{\Lambda}, \boldsymbol{\Sigma}] = 2i\boldsymbol{\alpha}\times\boldsymbol{\Lambda}$

$[\boldsymbol{\Sigma}\cdot\boldsymbol{\Lambda}, \boldsymbol{\lambda}] = 2i\boldsymbol{\lambda}\times\boldsymbol{\Lambda}$，$[\boldsymbol{\lambda}\cdot\boldsymbol{\Lambda}, \boldsymbol{\lambda}] = 2i\boldsymbol{\Sigma}\times\boldsymbol{\Lambda}$

$[\boldsymbol{\gamma}\cdot\boldsymbol{\Lambda}, \boldsymbol{\lambda}] = -2\gamma_5\boldsymbol{\Lambda}$，$[\boldsymbol{\alpha}\cdot\boldsymbol{\Lambda}, \boldsymbol{\lambda}] = -2\lambda^0\boldsymbol{\Lambda}$

$[\boldsymbol{\Sigma}\cdot\boldsymbol{\Lambda}, \boldsymbol{\gamma}] = 2i\boldsymbol{\gamma}\times\boldsymbol{\Lambda}$，$[\boldsymbol{\lambda}\cdot\boldsymbol{\Lambda}, \boldsymbol{\gamma}] = 2\gamma_5\boldsymbol{\Lambda}$

$[\boldsymbol{\gamma}\cdot\boldsymbol{\Lambda}, \boldsymbol{\gamma}] = -2i\boldsymbol{\Sigma}\times\boldsymbol{\Lambda}$，$[\boldsymbol{\alpha}\cdot\boldsymbol{\Lambda}, \boldsymbol{\gamma}] = -2\beta\boldsymbol{\Lambda}$

$[\boldsymbol{\Sigma}\cdot\boldsymbol{\Lambda}, \boldsymbol{\alpha}] = 2i\boldsymbol{\alpha}\times\boldsymbol{\Lambda}$，$[\boldsymbol{\lambda}\cdot\boldsymbol{\Lambda}, \boldsymbol{\alpha}] = 2\lambda^0\boldsymbol{\Lambda}$

$[\boldsymbol{\gamma}\cdot\boldsymbol{\Lambda}, \boldsymbol{\alpha}] = 2\beta\boldsymbol{\Lambda}$，　$[\boldsymbol{\alpha}\cdot\boldsymbol{\Lambda}, \boldsymbol{\alpha}] = 2i\boldsymbol{\Sigma}\times\boldsymbol{\Lambda}$

此處$\boldsymbol{\Lambda} = \boldsymbol{X}, \boldsymbol{P}, \boldsymbol{L}$等。

(v) $[\boldsymbol{\Omega}\cdot\boldsymbol{\Gamma}, \boldsymbol{J}] = 0$

此處$\boldsymbol{\Omega} = \boldsymbol{\Sigma}, \boldsymbol{\lambda}, i\boldsymbol{\gamma}, \boldsymbol{\alpha}$；$\boldsymbol{\Gamma} = \boldsymbol{X}, \boldsymbol{P}, \boldsymbol{L}, \boldsymbol{S}, \boldsymbol{J}$。

(vi) $[\boldsymbol{\Omega}\cdot\boldsymbol{\Lambda}, \boldsymbol{L}] = -i\hbar\boldsymbol{\Omega}\times\boldsymbol{\Lambda}$，$[\boldsymbol{\Omega}\cdot\boldsymbol{\Lambda}, \boldsymbol{S}] = i\hbar\boldsymbol{\Omega}\times\boldsymbol{\Lambda}$，$[\boldsymbol{\Omega}\cdot\boldsymbol{\Lambda}, \boldsymbol{J}] = 0$

此處$\boldsymbol{\Omega} = \boldsymbol{\Sigma}, \boldsymbol{\lambda}, i\boldsymbol{\gamma}, \boldsymbol{\alpha}$；$\boldsymbol{\Lambda} = \boldsymbol{X}, \boldsymbol{P}, \boldsymbol{L}$等。

(vii) $[\boldsymbol{\Omega}\cdot\boldsymbol{J}, \boldsymbol{L}] = -i\hbar\boldsymbol{\Omega}\times\boldsymbol{L}$，　$[\boldsymbol{\Omega}\cdot\boldsymbol{S}, \boldsymbol{L}] = 0$

$[\boldsymbol{\Omega}\cdot\boldsymbol{J}, \boldsymbol{S}] = i\hbar\boldsymbol{\Omega}\times\boldsymbol{L}$，　$[\boldsymbol{\Omega}\cdot\boldsymbol{S}, \boldsymbol{S}] = 0$

$[\boldsymbol{\Omega}\cdot\boldsymbol{J}, \boldsymbol{J}] = 0$，　$[\boldsymbol{\Omega}\cdot\boldsymbol{S}, \boldsymbol{J}] = 0$

此處$\boldsymbol{\Omega} = \boldsymbol{\Sigma}, \boldsymbol{\lambda}, i\boldsymbol{\gamma}, \boldsymbol{\alpha}$。

(viii) $[\boldsymbol{\Omega}\cdot\boldsymbol{\Gamma}, \boldsymbol{\Lambda}] = -i\hbar\boldsymbol{\Omega}\times\boldsymbol{\Lambda}$

此處$\boldsymbol{\Omega} = \boldsymbol{\Sigma}, \boldsymbol{\lambda}, i\boldsymbol{\gamma}, \boldsymbol{\alpha}$；$\boldsymbol{\Gamma} = \boldsymbol{L}, \boldsymbol{J}$；$\boldsymbol{\Lambda} = \boldsymbol{X}, \boldsymbol{P}, \boldsymbol{L}$等。

(ix) $[\boldsymbol{\Omega}\cdot\boldsymbol{X}, \boldsymbol{X}] = [\boldsymbol{\Omega}\cdot\boldsymbol{X}, G(\boldsymbol{X})] = 0$，　$[\boldsymbol{\Omega}\cdot\boldsymbol{X}, \boldsymbol{P}] = i\hbar\boldsymbol{\Omega}$

$[\boldsymbol{\Omega}\cdot\boldsymbol{X}, F(\boldsymbol{P})] = i\hbar\boldsymbol{\Omega}\cdot\nabla_{\boldsymbol{P}}F(\boldsymbol{P})$

此處$\boldsymbol{\Omega} = \boldsymbol{\Sigma}, \boldsymbol{\lambda}, i\boldsymbol{\gamma}, \boldsymbol{\alpha}$；$F(\boldsymbol{P})$為$\boldsymbol{P}$的任意函，而$G(\boldsymbol{X})$為$\boldsymbol{X}$的

任意函。

(x) $[\boldsymbol{\alpha}\cdot\boldsymbol{P}, \boldsymbol{\Sigma}\cdot\boldsymbol{P}] = [\boldsymbol{\Sigma}\cdot\boldsymbol{P}, \boldsymbol{\alpha}\cdot\boldsymbol{P}] = 0$

$[\boldsymbol{\Sigma}\cdot\boldsymbol{P}, \boldsymbol{\lambda}\cdot\boldsymbol{P}] = [\boldsymbol{\lambda}\cdot\boldsymbol{P}, \boldsymbol{\Sigma}\cdot\boldsymbol{P}] = 0$

$[\boldsymbol{\Sigma}\cdot\boldsymbol{P}, \boldsymbol{\gamma}\cdot\boldsymbol{P}] = [\boldsymbol{\gamma}\cdot\boldsymbol{P}, \boldsymbol{\Sigma}\cdot\boldsymbol{P}] = 0$

$[\boldsymbol{\alpha}\cdot\boldsymbol{P}, \boldsymbol{\lambda}\cdot\boldsymbol{P}] = -[\boldsymbol{\lambda}\cdot\boldsymbol{P}, \boldsymbol{\alpha}\cdot\boldsymbol{P}] = -2\lambda^0\boldsymbol{P}^2$

$[\boldsymbol{\alpha}\cdot\boldsymbol{P}, \boldsymbol{\gamma}\cdot\boldsymbol{P}] = -[\boldsymbol{\gamma}\cdot\boldsymbol{P}, \boldsymbol{\alpha}\cdot\boldsymbol{P}] = -2\beta\boldsymbol{P}^2$

$[\boldsymbol{\gamma}\cdot\boldsymbol{P}, \boldsymbol{\lambda}\cdot\boldsymbol{P}] = -[\boldsymbol{\lambda}\cdot\boldsymbol{P}, \boldsymbol{\gamma}\cdot\boldsymbol{P}] = -2\gamma_5\boldsymbol{P}^2$

$[\boldsymbol{\Omega}\cdot\boldsymbol{P}, \boldsymbol{\Omega}\cdot\boldsymbol{P}] = 0$

此處$\boldsymbol{\Omega} = \boldsymbol{\Sigma}, \boldsymbol{\lambda}, i\boldsymbol{\gamma}, \boldsymbol{\alpha}$。

(xi) $[K, H_r] = [K, \boldsymbol{J}^2] = [K, \boldsymbol{J}] = [K, \boldsymbol{L}^2] = [K, \boldsymbol{S}^2] = [K, \Pi] = 0$

$[K, \boldsymbol{L}] = -[K, \boldsymbol{S}] = -i\beta\boldsymbol{\Sigma}\times\boldsymbol{L}$

(xii) $[J_i, X_j] = [X_i, J_j] = i\hbar\varepsilon_{ijk}X_k$

$[J_i, P_j] = [P_i, J_j] = i\hbar\varepsilon_{ijk}P_k$

$[J_i, L_j] = [L_i, J_j] = i\hbar\varepsilon_{ijk}L_k$

$[\boldsymbol{J}, K] = [\boldsymbol{J}, \Pi] = 0$

(xiii) $[H, \boldsymbol{X}] = -i\hbar c\boldsymbol{\alpha}$

$[H, \boldsymbol{P}] = -i\hbar e\nabla(\boldsymbol{\alpha}\cdot\boldsymbol{A}) + i\hbar e\nabla\phi$

$[H, \boldsymbol{L}] = -i\hbar c\boldsymbol{\alpha}\times\boldsymbol{P} - i\hbar e\boldsymbol{X}\times\nabla(\boldsymbol{\alpha}\cdot\boldsymbol{A}) + i\hbar e\boldsymbol{X}\times\nabla\phi$

$[H, \boldsymbol{S}] = i\hbar c\boldsymbol{\alpha}\times\boldsymbol{P} - i\hbar e\boldsymbol{\alpha}\times\boldsymbol{A}$

$[H, \boldsymbol{J}] = -i\hbar e\boldsymbol{\alpha}\times\boldsymbol{A} - i\hbar e\boldsymbol{X}\times\nabla(\boldsymbol{\alpha}\cdot\boldsymbol{A}) + i\hbar e\boldsymbol{X}\times\nabla\phi$

$[H, \phi] = -i\hbar c\boldsymbol{\alpha}\cdot\nabla\phi$

$[H, \boldsymbol{A}] = -i\hbar c(\boldsymbol{\alpha}\cdot\nabla)\boldsymbol{A}$

$[H, \boldsymbol{P}_A] = -i\hbar e\boldsymbol{\alpha}\times(\nabla\times\boldsymbol{A}) + i\hbar e\nabla\phi$

$[H, \boldsymbol{\alpha}] = 2ic\boldsymbol{\Sigma}\times\boldsymbol{P}_A + 2mc^2\boldsymbol{\gamma}$

$[H, \beta] = -2c\boldsymbol{\gamma}\cdot\boldsymbol{P}_A$

$$\left[\boldsymbol{\alpha}\cdot\boldsymbol{P}_A,\ \boldsymbol{\Sigma}\cdot\boldsymbol{P}_A\right]=-\frac{2\hbar e}{c}\,\boldsymbol{\alpha}\cdot(\boldsymbol{A}\times\nabla)$$

H. 狄拉克空間的反易子

(i) $\{\boldsymbol{\Omega}\cdot\boldsymbol{A},\boldsymbol{\Omega}\}=2\boldsymbol{A}$， 當$\left[A_i,\Omega_j\right]=0$

此處$\boldsymbol{\Omega}=\boldsymbol{\Sigma},\boldsymbol{\lambda},i\boldsymbol{\gamma},\boldsymbol{\alpha}$， 而$\boldsymbol{A}$為任意矢符。

(ii) $\{\boldsymbol{\Sigma}\cdot\boldsymbol{A},\boldsymbol{\Sigma}\}=2\boldsymbol{A}$， $\{\boldsymbol{\lambda}\cdot\boldsymbol{A},\boldsymbol{\Sigma}\}=2\beta\boldsymbol{A}$， 當$\left[A_i,\Sigma_j\right]=0$

$\{\boldsymbol{\gamma}\cdot\boldsymbol{A},\boldsymbol{\Sigma}\}=2\lambda^0\boldsymbol{A}$， $\{\boldsymbol{\alpha}\cdot\boldsymbol{A},\boldsymbol{\Sigma}\}=2\gamma_5\boldsymbol{A}$， 當$\left[A_i,\Sigma_j\right]=0$

$\{\boldsymbol{\Sigma}\cdot\boldsymbol{A},\boldsymbol{\lambda}\}=2\beta\boldsymbol{A}$， $\{\boldsymbol{\lambda}\cdot\boldsymbol{A},\boldsymbol{\lambda}\}=2\boldsymbol{A}$， 當$\left[A_i,\lambda^j\right]=0$

$\{\boldsymbol{\gamma}\cdot\boldsymbol{A},\boldsymbol{\lambda}\}=-2i\boldsymbol{\alpha}\times\boldsymbol{A}$， $\{\boldsymbol{\alpha}\cdot\boldsymbol{A},\boldsymbol{\lambda}\}=-2i\boldsymbol{\gamma}\times\boldsymbol{A}$，當$\left[A_i,\lambda^j\right]=0$

$\{\boldsymbol{\Sigma}\cdot\boldsymbol{A},\boldsymbol{\gamma}\}=2\lambda^0\boldsymbol{A}$， $\{\boldsymbol{\lambda}\cdot\boldsymbol{A},\boldsymbol{\gamma}\}=2i\boldsymbol{\alpha}\times\boldsymbol{A}$， 當$\left[A_i,\gamma^j\right]=0$

$\{\boldsymbol{\gamma}\cdot\boldsymbol{A},\boldsymbol{\gamma}\}=-2\boldsymbol{A}$， $\{\boldsymbol{\alpha}\cdot\boldsymbol{A},\boldsymbol{\gamma}\}=-2i\boldsymbol{\lambda}\times\boldsymbol{A}$，當$\left[A_i,\gamma^j\right]=0$

$\{\boldsymbol{\Sigma}\cdot\boldsymbol{A},\boldsymbol{\alpha}\}=2\gamma_5\boldsymbol{A}$， $\{\boldsymbol{\lambda}\cdot\boldsymbol{A},\boldsymbol{\alpha}\}=2i\boldsymbol{\gamma}\times\boldsymbol{A}$， 當$\left[A_i,\alpha_j\right]=0$

$\{\boldsymbol{\gamma}\cdot\boldsymbol{A},\boldsymbol{\alpha}\}=2i\boldsymbol{\lambda}\times\boldsymbol{A}$， $\{\boldsymbol{\alpha}\cdot\boldsymbol{A},\boldsymbol{\alpha}\}=2\boldsymbol{A}$， 當$\left[A_i,\alpha_j\right]=0$

此處$\boldsymbol{A}$為任意矢符。

(iii) $\{\boldsymbol{\Omega}\cdot\boldsymbol{\Lambda},\boldsymbol{\Omega}\}=2\boldsymbol{\Lambda}$

此處$\boldsymbol{\Omega}=\boldsymbol{\Sigma},\boldsymbol{\lambda},i\boldsymbol{\gamma},\boldsymbol{\alpha}$； $\boldsymbol{\Lambda}=\boldsymbol{X},\boldsymbol{P},\boldsymbol{L}$等。

(iv) $\{\boldsymbol{\Sigma}\cdot\boldsymbol{\Lambda},\boldsymbol{\Sigma}\}=2\boldsymbol{\Lambda}$， $\{\boldsymbol{\lambda}\cdot\boldsymbol{\Lambda},\boldsymbol{\Sigma}\}=2\beta\boldsymbol{\Lambda}$

$\{\boldsymbol{\gamma}\cdot\boldsymbol{\Lambda},\boldsymbol{\Sigma}\}=2\lambda^0\boldsymbol{\Lambda}$， $\{\boldsymbol{\alpha}\cdot\boldsymbol{\Lambda},\boldsymbol{\Sigma}\}=2\gamma_5\boldsymbol{\Lambda}$

$\{\boldsymbol{\Sigma}\cdot\boldsymbol{\Lambda},\boldsymbol{\lambda}\}=2\beta\boldsymbol{\Lambda}$， $\{\boldsymbol{\lambda}\cdot\boldsymbol{\Lambda},\boldsymbol{\lambda}\}=2\boldsymbol{\Lambda}$

$\{\boldsymbol{\gamma}\cdot\boldsymbol{\Lambda},\boldsymbol{\lambda}\}=-2i\boldsymbol{\alpha}\times\boldsymbol{\Lambda}$， $\{\boldsymbol{\alpha}\cdot\boldsymbol{\Lambda},\boldsymbol{\lambda}\}=-2i\boldsymbol{\gamma}\times\boldsymbol{\Lambda}$

$\{\boldsymbol{\Sigma}\cdot\boldsymbol{\Lambda},\boldsymbol{\gamma}\}=2\lambda^0\boldsymbol{\Lambda}$， $\{\boldsymbol{\lambda}\cdot\boldsymbol{\Lambda},\boldsymbol{\gamma}\}=2i\boldsymbol{\alpha}\times\boldsymbol{\Lambda}$

$\{\boldsymbol{\gamma}\cdot\boldsymbol{\Lambda},\boldsymbol{\gamma}\}=-2\boldsymbol{\Lambda}$， $\{\boldsymbol{\alpha}\cdot\boldsymbol{\Lambda},\boldsymbol{\gamma}\}=-2i\boldsymbol{\lambda}\times\boldsymbol{\Lambda}$

$\{\boldsymbol{\Sigma}\cdot\boldsymbol{\Lambda},\boldsymbol{\alpha}\}=2\gamma_5\boldsymbol{\Lambda}$， $\{\boldsymbol{\lambda}\cdot\boldsymbol{\Lambda},\boldsymbol{\alpha}\}=2i\boldsymbol{\gamma}\times\boldsymbol{\Lambda}$

$\{\boldsymbol{\gamma}\cdot\boldsymbol{\Lambda},\boldsymbol{\alpha}\}=2i\boldsymbol{\lambda}\times\boldsymbol{\Lambda}$， $\{\boldsymbol{\alpha}\cdot\boldsymbol{\Lambda},\boldsymbol{\alpha}\}=2\boldsymbol{\Lambda}$

此處$\boldsymbol{\Lambda}=\boldsymbol{X},\boldsymbol{P},\boldsymbol{L}$等。

附錄十六 格林符技法

本附錄將介紹“格林符技法（Green-operator technique）”，它是求解“齊次方程”或“非齊次方程”的一種方法。

一• 格林符

A. 格林符定義

B. 格林符公式

二• 格林符應用

A. 非齊次方程的解

B. 齊次方程的解

附十六・一 格林符

A. 格林符定義

假設欲求解非齊次方程，

$$(E-K)\psi = f$$

此處E為實數，K為自伴符，ψ為“待求函”，而f為“任意函”。

我們先定義符$(E-K)$的“逆符（inverse operator）”為“格林符（Green operator）”G_K，並滿足方程，

$$(E-K)G_K = G_K(E-K) = I - P_\chi$$

此處I為“恆等符（identity operator）”，P_χ為一切函χ所構成的子空間s的“投影符（projection operator）”，而函χ滿足齊次方程，

$$(E-K)\chi = 0$$

由此可見，在一切ψ所構成的空間裏，除去子空間s後，格林符G_K為$(E-K)$符的“逆符”。我們可以證明，在適當條件下，格林符G_K有兩個線獨立的解，

$$G_K^{(\pm)} = \frac{1}{E-K \pm i\eta} \equiv \lim_{\eta \to 0} \frac{1}{E-K \pm i\eta}$$

此處η為正實數，而極限“$\eta \to 0$”代表，在符$G_K^{(\pm)}$運作後，再取極限。

B. 格林符公式

(i) $(E-K)\, G_K^{(\pm)} = G_K^{(\pm)}(E-K) = I$

(ii) $\left(1+G_H^{(\pm)} V\right)\left(1-G_K^{(\pm)} V\right) = \left(1-G_K^{(\pm)} V\right)\left(1+G_H^{(\pm)} V\right) = I$

此處$H \equiv K+V$。

附十六・二 格林符應用

A. 非齊次方程的解

利用格林符 $G_K^{(\pm)}$，我們可以解上節的“非齊次方程”，

$$(E-K)\psi = f$$

其通解 $\psi^{(\pm)}$ 為

$$\psi^{(\pm)} = \chi + G_K^{(\pm)} f$$

若將函 ψ 再乘上某“演化因子（evolution factor）” $e^{i\omega t}$，則通解 $\psi^{(+)}$ 與 $\psi^{(-)}$ 可分別解釋為，滿足“外散波（outgoing-wave）”與“內聚波（incoming-wave）”邊界條件的波函。

B. 齊次方程的解

欲求解“齊次方程”，

$$(E-H)\psi = 0$$

可以先將其改寫為非齊次方程，

$$(E-K)\psi = f \equiv V\psi$$

此處 $V \equiv H-K$。利用“格林符” $G_K^{(\pm)}$，我們可將此非齊次方程的解 $\psi^{(\pm)}$ 寫為

$$\psi^{(\pm)} = \chi + G_K^{(\pm)} V \psi^{(\pm)}$$

此處 χ 為滿足 $(E-K)\chi = 0$ 的通解。由於符 $(E-H)$ 所對應的格林符 $G_H^{(\pm)}$，與符 $(E-K)$ 所對應的格林符 $G_K^{(\pm)}$，滿足如下關係，

$$\left(1+G_H^{(\pm)} V\right)\left(1-G_K^{(\pm)} V\right) = \left(1-G_K^{(\pm)} V\right)\left(1+G_H^{(\pm)} V\right) = I$$

因此，該齊次方程的通解 $\psi^{(\pm)}$ 可以利用 χ 表達為

$$\psi^{(\pm)} = \left(1+G_H^{(\pm)} V\right)\chi$$

附錄十七 角動耦合圖解法

在處理“量子多體物理（quantum many-body physics）”問題時，“粒子相關（particle correlations）”與“量子電動力學修正（quantum-electrodynamics corrections, QED corrections）”皆很重要，考慮這些我們就必須計算複雜的“陣元（matrix element）”。尤其是，在研究“高離化（highly ionized）”原子的結構與碰撞，及其後續的“階躍過程（cascade processes）”時，往往需要處理多個“開殼系統（open-shell systems）”之間的耦合。

然而，在處理這些問題時，直接應用“角動耦合（angular-momentum couplings）”的“解析法（analytical method）”，其運算過程會非常複雜且繁瑣。若利用計算機作“蠻解（brute-force solution）”，則很難對結果作“物理詮釋（physical interpretation）”。因此，本附錄將介紹一種簡單實用且優美的“圖解法（graphical method 或 diagrammatic method）”，來解決複雜的“角動耦合”問題；該方法能清晰的揭示出角動耦合的“拓撲結構（topological structure）”，猶如“費曼圖（Feynman diagrams）”將物理過程圖像化。

附十七・一　球諧函

A. 球諧函定義

我們定義“球諧函（spherical harmonics）”為

$$Y_{lm}(\theta,\varphi) \equiv Y_{lm}(\Omega) \equiv Y_{lm}(\hat{\boldsymbol{r}})\,; \qquad 0 \le \theta \le \pi\,, \quad 0 \le \varphi < 2\pi$$

$$= \sqrt{\frac{2l+1}{4\pi}}\sqrt{\frac{(l-m)!}{(l+m)!}}\,P_l^m(\cos\theta)\,e^{im\varphi}$$

$$l = 0, 1, 2 \cdots; \quad m = -l, -l+1, \cdots, 0, \cdots, l-1, l$$

此處 $P_l^m(\cos\theta)$ 為“副勒讓德多項式（associated Legendre polynomial）”，

$$P_l^m(x) = (-)^m \left(1-x^2\right)^{m/2} \frac{d^m}{dx^m} P_l(x)$$

$$P_l^{-m}(x) = (-)^m \frac{(l-m)!}{(l+m)!} P_l^m(x)\,, \qquad m \le l$$

此處 $m \ge 0$，而 $P_l(x)$ 為“勒讓德多項式（Legendre polynomial）”。

我們稱“拉普拉斯方程（Laplace equation）”的解為“諧函（harmonic functions）”；而“球諧函”為諧函的“角部（angular part）”，以極角 θ 與輻角 φ 為變數，定義於“球面（spherical surface）”上，故因此而得名。

順便說明一下“諧函”：若 $f(x)$ 於 x_0“鄰域（neighborhood）”內的“函均值（average value of function）”，等於 x_0 處的“函值（function value）” $f(x_0)$，則稱 $f(x)$ 於 x_0 處為“諧函”。而“拉普拉斯符（Laplacian operator）”的運作 $\nabla^2 f(x)$，為“$f(x)$ 於 x_0 鄰域內的均值”與“$f(x_0)$”之間的“差（difference）”，提供了“度量（measure）”。

B. 一般特性

(i) 球諧函 $Y_{lm}(\theta,\varphi)$ 為實變數 (θ,φ) 的“單值連續有界複函（single-valued continuous bounded complex function）”，可構成以 (θ,φ) 為變數的“角函空間（angular-function space）”裏的“完備正規函基（complete orthonormal function basis）”，而 $Y_{lm}(\theta,\varphi)$ 為“基函（basis function）”。

(ii) 正規關係（orthonormality relation）：

$$\begin{aligned}\int d\hat{\boldsymbol{r}}\, Y^*_{l'm'}(\hat{\boldsymbol{r}})Y_{lm}(\hat{\boldsymbol{r}}) &\equiv \int d\Omega\, Y^*_{l'm'}(\Omega)\, Y_{lm}(\Omega)\\ &\equiv \int_0^{\pi}\sin\theta d\theta\int_0^{2\pi}d\varphi\, Y^*_{l'm'}(\theta,\varphi)\, Y_{lm}(\theta,\varphi)\\ &= \delta_{l'l}\,\delta_{m'm}\end{aligned}$$

此處 $d\hat{\boldsymbol{r}}\equiv d\Omega\equiv d(\cos\theta)d\theta d\varphi=-\sin\theta d\theta d\varphi$。

(iii) 完備關係（completeness relation）：

$$\begin{aligned}\sum_{l=0}^{\infty}\sum_{m=-l}^{l} Y^*_{lm}(\theta',\varphi')Y_{lm}(\theta,\varphi) &= \delta(\cos\theta'-\cos\theta)\,\delta(\varphi'-\varphi)\\ &= \frac{1}{\sin\theta}\,\delta(\theta'-\theta)\,\delta(\varphi'-\varphi)\end{aligned}$$

(iv) 對稱關係（symmetry relation）：

$$Y_{l-m}(\theta,\varphi) = (-)^m\, Y^*_{lm}(\theta,\varphi)$$

(v) 宇稱關係（parity relation）：

$$Y_{lm}(\pi-\theta,\pi+\varphi) = (-)^l\, Y_{lm}(\theta,\varphi)$$

C. 明確形式

$$\begin{aligned}Y_{lm}(\theta,\varphi) &= \sqrt{\frac{2l+1}{4\pi}}\sqrt{\frac{(l-m)!}{(l+m)!}}\,P_l^m(\cos\theta)\,e^{im\varphi}\\ &= \sqrt{\frac{2l+1}{4\pi}}\,[e^{i\varphi}\sin\theta]^m\,p_{lm}(\cos\theta)\end{aligned}$$

$$Y_{l0}(\theta,\varphi) = \sqrt{\frac{2l+1}{4\pi}}\,P_l(\cos\theta)\,; \qquad Y_{l0}(0,\varphi) = \sqrt{\frac{2l+1}{4\pi}}$$

為了簡潔，我們定義多項式 p_{lm} 為

$$p_{lm} \equiv p_{lm}(x) \equiv p_{lm}(\cos\theta) \equiv \sqrt{\frac{(l-m)!}{(l+m)!}}\frac{1}{(\sin\theta)^m}P_l^m(\cos\theta)$$

並且列出前幾個低階的多項式 p_{lm}：

$$p_{00} = 1\;; \quad Y_{00} = \sqrt{\frac{1}{4\pi}}$$

(i) $p_{10} = x\;; \quad x \equiv \cos\theta$

$$p_{11} = -\frac{1}{\sqrt{2}}$$

(ii) $p_{20} = \frac{1}{2}(3x^2-1)$

$$p_{21} = -\sqrt{\frac{3}{2}}\,x$$

$$p_{22} = \frac{1}{2}\sqrt{\frac{3}{2}}$$

(iii) $p_{30} = \frac{1}{2}(5x^3-3x)$

$$p_{31} = -\frac{\sqrt{3}}{4}(5x^2-1)$$

$$p_{32} = \frac{1}{2}\sqrt{\frac{15}{2}}\,x$$

$$p_{33} = -\frac{\sqrt{5}}{4}$$

(iv) $p_{40} = \frac{1}{8}(35x^4-30x^2+3)$

$$p_{41} = -\frac{1}{4}\sqrt{5}(7x^3-3x)$$

$$p_{42} = \frac{1}{4}\sqrt{\frac{5}{2}}(7x^2-1)$$

$$p_{43} = -\frac{1}{4}\sqrt{35}\,x$$

$$p_{44} = \frac{1}{8}\sqrt{\frac{35}{2}}$$

(v) $$p_{50} = \frac{1}{8}(63x^5 - 70x^3 + 15x)$$

$$p_{51} = -\frac{1}{8}\sqrt{\frac{15}{2}}(21x^4 - 14x^2 + 1)$$

$$p_{52} = \frac{1}{4}\sqrt{\frac{105}{2}}(3x^3 - x)$$

$$p_{53} = -\frac{1}{16}\sqrt{35}\,(9x^2 - 1)$$

$$p_{54} = \frac{3}{8}\sqrt{\frac{35}{2}}\,x$$

$$p_{55} = -\frac{3}{16}\sqrt{7}$$

(vi) $$p_{60} = \frac{1}{16}(231x^6 - 315x^4 + 105x^2 - 5)$$

$$p_{61} = -\frac{1}{8}\sqrt{\frac{21}{2}}(33x^5 - 30x^3 + 5x)$$

$$p_{62} = \frac{1}{32}\sqrt{105}\,(33x^4 - 18x^2 + 1)$$

$$p_{63} = -\frac{1}{16}\sqrt{105}\,(11x^3 - 3x)$$

$$p_{64} = \frac{3}{16}\sqrt{\frac{7}{2}}(11x^2 - 1)$$

$$p_{65} = -\frac{3}{16}\sqrt{77}\,x$$

$$p_{66} = \frac{1}{32}\sqrt{231}$$

D. 合成定理

$$P_l(\hat{\boldsymbol{r}}_1\cdot\hat{\boldsymbol{r}}_2) = \frac{4\pi}{2l+1}\sum_{m=-l}^{l} Y_{lm}^*(\hat{\boldsymbol{r}}_1)\,Y_{lm}(\hat{\boldsymbol{r}}_2) = \frac{4\pi}{2l+1}\sum_{m=-l}^{l} Y_{lm}^*(\hat{\boldsymbol{r}}_2)\,Y_{lm}(\hat{\boldsymbol{r}}_1)$$

此即為球諧函Y_{lm}的“合成定理（addition theorem）”。上式也可以利用“角變數（angular variables）”$\{\theta_1,\varphi_1,\theta_2,\varphi_2,\gamma\}$表達為

$$P_l(\cos\gamma) = \frac{4\pi}{2l+1}\sum_{m=-l}^{l} Y_{lm}^*(\theta_1,\varphi_1)\,Y_{lm}(\theta_2,\varphi_2)\,, \qquad \cos\gamma = \hat{\boldsymbol{r}}_1\cdot\hat{\boldsymbol{r}}_2$$

$$= \frac{4\pi}{2l+1}\sum_{m=-l}^{l} Y_{lm}^*(\theta_2,\varphi_2)Y_{lm}(\theta_1,\varphi_1)$$

若$\gamma=0$，則可得

$$\sum_{m=-l}^{l} Y_{lm}^*(\theta,\varphi)Y_{lm}(\theta,\varphi) = \frac{2l+1}{4\pi}$$

E. 展開式

(i) $$\frac{1}{r_{12}} \equiv \frac{1}{|\boldsymbol{r}_1-\boldsymbol{r}_2|} = \sum_{l=0}^{\infty}\sum_{m=-l}^{l}\frac{4\pi}{2l+1}\frac{r_<^l}{r_>^{l+1}}Y_{lm}^*(\hat{\boldsymbol{r}}_1)\,Y_{lm}(\hat{\boldsymbol{r}}_2)$$

此處$r_<$為(r_1,r_2)中的較小者，$r_>$為(r_1,r_2)中的較大者。

(ii) $$r_{12}^n \equiv \sum_{l=0}^{\infty}\sum_{m=-l}^{l}\frac{4\pi}{2l+1}R_{nl}(r_1,r_2)\,Y_{lm}^*(\hat{\boldsymbol{r}}_1)\,Y_{lm}(\hat{\boldsymbol{r}}_2)$$

此處“徑函（radial function）”$R_{nl}(r_1,r_2)$為

$$R_{nl}(r_1,r_2) = \frac{(-n/2)_l}{(1/2)_l}\,r_>^n\left(\frac{r_<}{r_>}\right)^l F\left(l-\frac{n}{2},-\frac{1}{2}-\frac{n}{2};\,l+\frac{3}{2};\,\frac{r_<^2}{r_>^2}\right)$$

此處$(\alpha)_0=1,\ (\alpha)_l=\alpha(\alpha+1)\cdots(\alpha+l-1)$，而$F(a,b;c;z)$為“超幾何函（hypergeometric function）”。

(iii) $$\frac{1}{r_{12}}e^{ikr_{12}} = 4\pi ik\sum_{l=0}^{\infty}\sum_{m=-l}^{l} j_l(kr_<)\,h_l^{(1)}(kr_>)\,Y_{lm}^*(\hat{\boldsymbol{r}}_1)\,Y_{lm}(\hat{\boldsymbol{r}}_2)$$

此處j_l為“球貝塞爾函（spherical Bessel function）”，而h_l為“球漢克爾函（spherical Hankel function）”。

(iv) $e^{i\boldsymbol{k}\cdot\boldsymbol{r}} = 4\pi \sum_{l=0}^{\infty} \sum_{m=-l}^{l} i^l j_l(kr)\, Y_{lm}^*(\hat{\boldsymbol{k}})\, Y_{lm}(\hat{\boldsymbol{r}})$

附十七・二 角動耦合

A. 角動符

在量子力學裏，無"稟賦結構"粒子的"角動符（angular-momentum operator）"$\boldsymbol{L}$，定義為其位空間裏的"轉向子（rotation generator）"。我們可以利用位符 $\boldsymbol{X}$ 與動符 $\boldsymbol{P}$，將其表達為

$$\boldsymbol{L} = \boldsymbol{X} \times \boldsymbol{P}$$

而其在"直角座（rectangular coordinate system）"(x,y,z)與"極座（polar coordinate system）"(r,θ,φ)裏的明確表達式為

$$\boldsymbol{L} = \boldsymbol{r} \times (-i\hbar\nabla)$$

$$L_x = -i\hbar\left(y\frac{\partial}{\partial z} - z\frac{\partial}{\partial y}\right) = i\hbar\left(\sin\varphi\frac{\partial}{\partial\theta} + \cot\theta\cos\varphi\frac{\partial}{\partial\varphi}\right)$$

$$L_y = -i\hbar\left(z\frac{\partial}{\partial x} - x\frac{\partial}{\partial z}\right) = i\hbar\left(-\cos\varphi\frac{\partial}{\partial\theta} + \cot\theta\sin\varphi\frac{\partial}{\partial\varphi}\right)$$

$$L_z = -i\hbar\left(x\frac{\partial}{\partial y} - y\frac{\partial}{\partial x}\right) = -i\hbar\frac{\partial}{\partial\varphi}$$

B. 拉普拉斯符

在極座(r,θ,φ)裏，我們可以將"拉普拉斯符"∇^2寫為

$$\begin{aligned}\nabla^2 &= \frac{1}{r^2}\frac{\partial}{\partial r}\left(r^2\frac{\partial}{\partial r}\right) + \frac{1}{r^2\sin\theta}\frac{\partial}{\partial\theta}\left(\sin\theta\frac{\partial}{\partial\theta}\right) + \frac{1}{r^2\sin^2\theta}\frac{\partial^2}{\partial\varphi^2}\\ &= \frac{1}{r^2}\frac{\partial}{\partial r}\left(r^2\frac{\partial}{\partial r}\right) - \frac{1}{\hbar^2 r^2}\boldsymbol{L}^2\end{aligned}$$

$$\frac{1}{r^2}\frac{\partial}{\partial r}\left(r^2\frac{\partial}{\partial r}\right) = \frac{\partial^2}{\partial r^2} + \frac{2}{r}\frac{\partial}{\partial r} = \frac{1}{r}\frac{\partial^2}{\partial r^2}(r)$$

此處角動符 $\boldsymbol{L}^2$ 為

$$\boldsymbol{L}^2 = -\hbar^2\left[\frac{1}{\sin\theta}\frac{\partial}{\partial\theta}\left(\sin\theta\frac{\partial}{\partial\theta}\right)+\frac{1}{\sin^2\theta}\frac{\partial^2}{\partial\varphi^2}\right]$$

C. 角動符$\{\boldsymbol{L}^2, L_z\}$的共徵態

角動符$\{\boldsymbol{L}^2,L_z\}$的共徵態$Y_{lm}(\theta,\varphi)$，滿足如下"共徵程（co-eigen equations）"，

$$\boldsymbol{L}^2\,Y_{lm}(\theta,\varphi) = l(l+1)\hbar^2\,Y_{lm}(\theta,\varphi)$$

$$L_z\,Y_{lm}(\theta,\varphi) = m\hbar Y_{lm}(\theta,\varphi)$$

或者更明確地寫為

$$\left[\frac{1}{\sin\theta}\frac{\partial}{\partial\theta}\left(\sin\theta\frac{\partial}{\partial\theta}\right)+\frac{1}{\sin^2\theta}\frac{\partial^2}{\partial\varphi^2}+l(l+1)\right]Y_{lm}(\theta,\varphi) = 0$$

$$\left[i\frac{\partial}{\partial\varphi}+m\right]Y_{lm}(\theta,\varphi) = 0$$

此共徵態$Y_{lm}(\theta,\varphi)$即為"球諧函"。我們通常以"球諧函"作為"基函（basis functions）"，來展開含"拉普拉斯符"∇^2的偏微分方程的解。此類"球諧函展開式"，常應用於"拉普拉斯方程"、"赫姆霍茲方程（Helmholtz equation）"、或"薛定諤方程"等。

D. 包矢與括矢

若將角動符$\{\boldsymbol{J}^2,J_Z\}$的共徵態表示為"態矢（state vector）"$|jm\rangle$，則有如下共徵程，

$$\boldsymbol{J}^2|jm\rangle = j(j+1)\hbar^2|jm\rangle$$

$$J_z|jm\rangle = m\hbar|jm\rangle$$

特別注意，我們以$|jm\rangle$來表示"括矢（ket vector）"，而以其"協變軛（covariant conjugate）"$\langle jm|$來表示"包矢（bra vector）"，它們之間的"正規關係"與"完備關係"分別為

$$\langle j'm'|jm\rangle = \delta_{j'j}\,\delta_{m'm}$$

$$\sum_{j\,m}|jm\rangle\langle jm| = 1$$

E. CG 係數

由兩個“子系統”所構成的“複合系統”，其總角動符$\{\boldsymbol{J},J_z\}$寫為

$$\boldsymbol{J} \equiv \boldsymbol{J}_1 + \boldsymbol{J}_2$$

$$J_z \equiv J_{1z} + J_{2z}$$

若選擇一組“完備相容測符集”$\{\boldsymbol{J}_1^2,\boldsymbol{J}_2^2,\boldsymbol{J}^2,J_z\}$的共徵態$|(j_1 j_2)\,jm\rangle$，則有如下共徵程，

$$\boldsymbol{J}_1^2|(j_1 j_2)\,jm\rangle = j_1(j_1+1)\hbar^2\,|(j_1 j_2)\,jm\rangle$$

$$\boldsymbol{J}_2^2|(j_1 j_2)\,jm\rangle = j_2(j_2+1)\hbar^2\,|(j_1 j_2)\,jm\rangle$$

$$\boldsymbol{J}^2|(j_1 j_2)\,jm\rangle = j(j+1)\hbar^2\,|(j_1 j_2)\,jm\rangle$$

$$J_z|(j_1 j_2)\,jm\rangle = m\hbar\,|(j_1 j_2)\,jm\rangle$$

注意，在不致混淆的情況下，我們通常採用簡寫$|jm\rangle \equiv |(j_1 j_2)\,jm\rangle$。此共徵態$|jm\rangle$的“正規關係”與“完備關係”分別為

$$\langle j'm'|jm\rangle \equiv \langle (j_1 j_2)\,j'm'|(j_1 j_2)\,jm\rangle = \delta_{j'j}\,\delta_{m'm}$$

$$\sum_{j_1 j_2 j m}|jm\rangle\langle jm| \equiv \sum_{j_1 j_2 j m}|(j_1 j_2)\,jm\rangle\,\langle (j_1 j_2)\,jm| = I$$

針對此複合系統，若選擇另一組“完備相容測符集”$\{\boldsymbol{J}_1^2,J_{1z},\boldsymbol{J}_2^2,J_{2z}\}$的共徵態$|j_1 m_1 j_2 m_2\rangle \equiv |j_1 m_1\rangle\,|j_2 m_2\rangle$，則有如下共徵程，

$$\boldsymbol{J}_1^2|j_1 m_1 j_2 m_2\rangle = j_1(j_1+1)\hbar^2|j_1 m_1 j_2 m_2\rangle$$

$$J_{1z}|j_1 m_1 j_2 m_2\rangle = m_1\hbar\,|j_1 m_1 j_2 m_2\rangle$$

$$\boldsymbol{J}_2^2\left|j_1 m_1 j_2 m_2\right\rangle = j_2\left(j_2+1\right)\hbar^2\left|j_1 m_1 j_2 m_2\right\rangle$$

$$J_{2z}\left|j_1 m_1 j_2 m_2\right\rangle = m_2\hbar\left|j_1 m_1 j_2 m_2\right\rangle$$

此共徵態$|j_1 m_1 j_2 m_2\rangle$的“正規關係”與“完備關係”分別為

$$\left\langle j_1' m_1' j_2' m_2' \middle| j_1 m_1 j_2 m_2\right\rangle = \delta_{j_1' j_1}\,\delta_{m_1' m_1}\,\delta_{j_2' j_2}\,\delta_{m_2' m_2}$$

$$\sum_{j_1 m_1 j_2 m_2}\left|j_1 m_1 j_2 m_2\right\rangle\left\langle j_1 m_1 j_2 m_2\right| = I$$

因此，利用“$j_1 j_2$-子空間”裏$|j_1 m_1 j_2 m_2\rangle$的“完備關係”，

$$\sum_{m_1 m_2}\left|j_1 m_1 j_2 m_2\right\rangle\left\langle j_1 m_1 j_2 m_2\right| = I_{j_1 j_2}$$

我們可將$|jm\rangle$以基態$\{|j_1 m_1 j_2 m_2\rangle\}$展開為

$$|jm\rangle \equiv \left|(j_1 j_2)jm\right\rangle = \sum_{m_1 m_2}\left|j_1 m_1 j_2 m_2\right\rangle\left\langle j_1 m_1 j_2 m_2 \middle| jm\right\rangle$$

此處展開係數$\langle j_1 m_1 j_2 m_2|jm\rangle$稱為“克萊布希-戈登係數（Clebsch-Gordan coefficient）”，簡稱“CG 係數（CG coefficient）”。注意，傳統上針對此“基態”所採行的“相位定則（phase convention）”，使得 CG 係數皆為“實數”，

$$\left\langle j_1 m_1 j_2 m_2 \middle| jm\right\rangle = \left\langle j_1 m_1 j_2 m_2 \middle| jm\right\rangle^* = \left\langle jm \middle| j_1 m_1 j_2 m_2\right\rangle$$

F. 維格納 3*j* 係數

由於“CG 係數”的“對稱性”不佳，維格納（E. P. Wigner, 1902-1995）於公元 1951 年引入“維格納 3*j* 係數（Wigner 3*j* coefficient）”，其定義為

$$\begin{pmatrix} j_1 & j_2 & j_3 \\ m_1 & m_2 & -m_3 \end{pmatrix} \equiv (-)^{j_1-j_2+m_3}\frac{1}{\sqrt{2j_3+1}}\left\langle j_1 m_1 j_2 m_2 \middle| j_3 m_3\right\rangle$$

“維格納 3*j* 係數”的每“行（column，上下）”，如$\begin{pmatrix} j_1 \\ m_1 \end{pmatrix}$，皆代表此“代數結構（algebraic structure）”的一個“分量”。上

式的逆轉換式為

$$\langle j_1 m_1 j_2 m_2 | j_3 m_3 \rangle \equiv (-)^{j_1 - j_2 + m_3} \sqrt{2j_3+1} \begin{pmatrix} j_1 & j_2 & j_3 \\ m_1 & m_2 & -m_3 \end{pmatrix}$$

“維格納 3j 係數”具有如下對稱性:

(i) “耦合對稱（coupling symmetry）”：

$$\begin{pmatrix} j_1 & j_2 & j_3 \\ m_1 & m_2 & m_3 \end{pmatrix} = (-)^{j_1+j_2+j_3} \begin{pmatrix} j_2 & j_1 & j_3 \\ m_2 & m_1 & m_3 \end{pmatrix}$$

$$= (-)^{j_1+j_2+j_3} \begin{pmatrix} j_3 & j_2 & j_1 \\ m_3 & m_2 & m_1 \end{pmatrix}$$

$$= (-)^{j_1+j_2+j_3} \begin{pmatrix} j_1 & j_3 & j_2 \\ m_1 & m_3 & m_2 \end{pmatrix}$$

由此可知,任意兩個分量對換,皆會多出因子$(-)^{j_1+j_2+j_3}$。因此，“維格納 3j 係數”滿足如下轉換式,

$$\begin{pmatrix} j_1 & j_2 & j_3 \\ m_1 & m_2 & m_3 \end{pmatrix} = \begin{pmatrix} j_2 & j_3 & j_1 \\ m_2 & m_3 & m_1 \end{pmatrix} = \begin{pmatrix} j_3 & j_1 & j_2 \\ m_3 & m_1 & m_2 \end{pmatrix}$$

$$\begin{pmatrix} j_3 & j_2 & j_1 \\ m_3 & m_2 & m_1 \end{pmatrix} = \begin{pmatrix} j_2 & j_1 & j_3 \\ m_2 & m_1 & m_3 \end{pmatrix} = \begin{pmatrix} j_1 & j_3 & j_2 \\ m_1 & m_3 & m_2 \end{pmatrix}$$

(ii) “時逆對稱（time-reversal symmetry）”：

$$\begin{pmatrix} j_1 & j_2 & j_3 \\ m_1 & m_2 & m_3 \end{pmatrix} = (-)^{j_1+j_2+j_3} \begin{pmatrix} j_1 & j_2 & j_3 \\ -m_1 & -m_2 & -m_3 \end{pmatrix}$$

由此可知，改變三個參數(m_1, m_2, m_3)的符號，也會多出因子$(-)^{j_1+j_2+j_3}$。

(iii) “瑞基對稱（Regge symmetries）”：

$$\begin{pmatrix} j_1 & j_2 & j_3 \\ m_1 & m_2 & m_3 \end{pmatrix}$$

$$= \begin{pmatrix} \frac{1}{2}(j_2+j_3-m_1) & \frac{1}{2}(j_1+j_3-m_2) & \frac{1}{2}(j_1+j_2-m_3) \\ j_1-\frac{1}{2}(j_2+j_3+m_1) & j_2-\frac{1}{2}(j_1+j_3+m_2) & j_3-\frac{1}{2}(j_1+j_2+m_3) \end{pmatrix}$$

$$= \begin{pmatrix} \frac{1}{2}(j_2+j_3+m_1) & \frac{1}{2}(j_1+j_3+m_2) & \frac{1}{2}(j_1+j_2+m_3) \\ \frac{1}{2}(j_2+j_3-m_1)-j_1 & \frac{1}{2}(j_1+j_3-m_2)-j_2 & \frac{1}{2}(j_1+j_2-m_3)-j_3 \end{pmatrix}$$

$$= \begin{pmatrix} j_1 & \frac{1}{2}(j_2+j_3+m_1) & \frac{1}{2}(j_2+j_3-m_1) \\ j_2-j_3 & \frac{1}{2}(-j_2+j_3+m_2-m_3) & \frac{1}{2}(-j_2+j_3-m_2+m_3) \end{pmatrix}$$

$$= \begin{pmatrix} j_2 & \frac{1}{2}(j_3+j_1+m_2) & \frac{1}{2}(j_3+j_1-m_2) \\ j_3-j_1 & \frac{1}{2}(-j_3+j_1+m_3-m_1) & \frac{1}{2}(-j_3+j_1-m_3+m_1) \end{pmatrix}$$

$$= \begin{pmatrix} j_3 & \frac{1}{2}(j_1+j_2+m_3) & \frac{1}{2}(j_1+j_2-m_3) \\ j_1-j_2 & \frac{1}{2}(-j_1+j_2+m_1-m_2) & \frac{1}{2}(-j_1+j_2-m_1+m_2) \end{pmatrix}$$

由此可知，具有不同參數(j_1, j_2, j_3)的六個“維格納 3j 係數”皆相等。

以上三種對稱性皆為不同“維格納 3j 係數”之間的轉換式，但“耦合對稱”與“時逆對稱”是針對“相同”的組合(j_1, j_2, j_3)，而“瑞基對稱”是針對“不同”的組合(j_1, j_2, j_3)之間的對稱。

G. 3-*jm* 係數

由於“維格納 3j 係數”欠缺“協變性（covariance）”訊息；為彌補該缺點，隨後有學者提出“3-jm 係數”，其與“CG 係數”的解析關係為

$$\begin{pmatrix} j_1 & j_2 & m_3 \\ m_1 & m_2 & j_3 \end{pmatrix} \equiv (-)^{j_1-j_2-j_3} \frac{1}{\sqrt{2j_3+1}} \langle j_1 m_1 j_2 m_2 | j_3 m_3 \rangle$$

$$\langle j_1 m_1 j_2 m_2 | j_3 m_3 \rangle = (-)^{j_1 - j_2 - j_3} \sqrt{2j_3+1} \begin{pmatrix} j_1 & j_2 & m_3 \\ m_1 & m_2 & j_3 \end{pmatrix}$$

此“3-*jm* 係數”具有如下性質：

(i) 保留了“CG 係數”各分量的“協變性”：

“協變（covariant）”： $\langle jm| \longrightarrow \begin{pmatrix} j \\ m \end{pmatrix}$

“逆變（contravariant）”： $|jm\rangle \longrightarrow \begin{pmatrix} m \\ j \end{pmatrix}$

(ii) 三個分量可獨自轉換：

$$\begin{pmatrix} m \\ j \end{pmatrix} = (-)^{j+m} \begin{pmatrix} j \\ -m \end{pmatrix}$$

$$\begin{pmatrix} j \\ m \end{pmatrix} = (-)^{j-m} \begin{pmatrix} -m \\ j \end{pmatrix}$$

由此可知，“3-*jm* 係數”分量的“協變性”可獨自改變，但會多出相應的因子。

(iii) 由定義可知，“維格納 3*j* 係數”相當是“全協變（all covariant）”的“3-*jm* 係數”，其與“全逆變（all contravariant）”的“3-*jm* 係數”相等，

$$\begin{pmatrix} j_1 & j_2 & j_3 \\ m_1 & m_2 & m_3 \end{pmatrix} = \begin{pmatrix} m_1 & m_2 & m_3 \\ j_1 & j_2 & j_3 \end{pmatrix}$$

此處“全協變”或“全逆變”是指，“3-*jm* 係數”的三個分量皆為“協變”或“逆變”。

(iv) 若改變任意“3-*jm* 係數”所有分量的“協變性”，即“協變”與“逆變”互換，則可得如下簡單的轉換公式，

$$\begin{pmatrix} j_1 & j_2 & m_3 \\ m_1 & m_2 & j_3 \end{pmatrix} = (-)^{2j_3} \begin{pmatrix} m_1 & m_2 & j_3 \\ j_1 & j_2 & m_3 \end{pmatrix}$$

(v) “3-jm 係數”保留了“維格納 3j 係數”的所有對稱性。

附十七・三 圖標

A. 包矢與括矢圖

我們將包矢$\langle jm|$與括矢$|jm\rangle$，以“圖形（graph）”展示如下，

$\langle jm|$ = 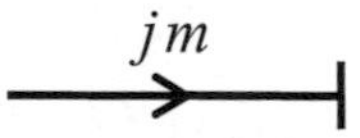

$|jm\rangle$ = 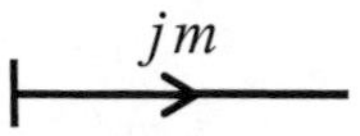

分別稱為“包矢圖（bra vector graph）”與“括矢圖（ket vector graph）”。此處我們作如下幾點說明：

(i) 帶“箭頭（arrow）”的線，稱為“角動線（angular-momentum line）”。

(ii) 指向“垂直槓（perpendicular bar）”的箭頭稱為“內箭（in-arrow）”，而背向“垂直槓”的箭頭稱為“外箭（out-arrow）”。

(iii) 含“內箭”的角動線，對應於張量分析裏的“協變張量（covariant tensor）”，而含“外箭”的角動線，對應於“逆變張量（contravariant tensor）”。

於是，我們可將$|jm\rangle \equiv |(j_1 j_2)jm\rangle$的“正規關係”與“完備關係”分別圖示為

$$\langle j'm'|jm\rangle = \langle (j_1 j_2)j'm'|(j_1 j_2)jm\rangle$$

= 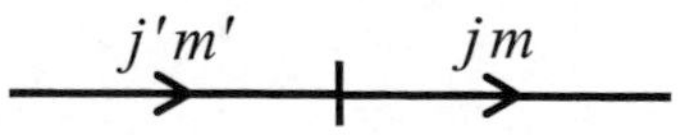

$$= \delta_{j'j}\,\delta_{m'm}$$

$$\sum_{j_1 j_2 jm} |jm\rangle\langle jm| = \sum_{j_1 j_2 jm} |(j_1 j_2) jm\rangle\langle (j_1 j_2) jm|$$

$$= \sum_{j_1 j_2 jm}$$

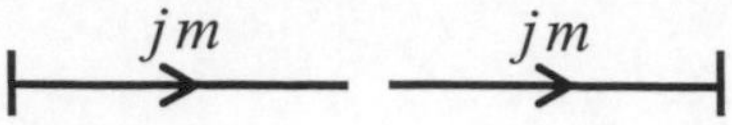

$$= \sum_{j_1 j_2 j}$$

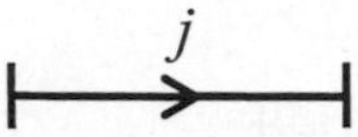

$$= \sum_{j_1 j_2} I_{j_1 j_2} = I$$

注意，此處$I_{j_1 j_2}$代表“$j_1 j_2$-子空間”裏的“恆等符”。同理，$|j_1 m_1 j_2 m_2\rangle$的“正規關係”與“完備關係”也可分別圖示為

$$\langle j_1' m_1' j_2' m_2' | j_1 m_1 j_2 m_2 \rangle =$$

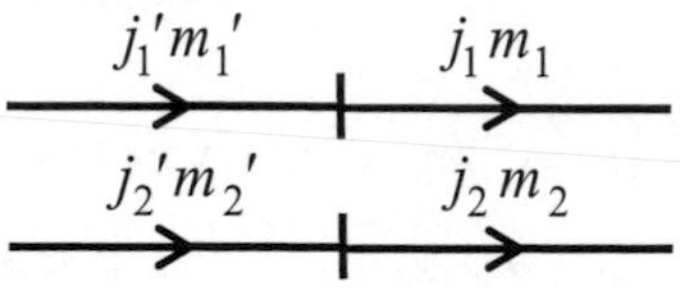

$$= \delta_{j_1' j_1} \delta_{m_1' m_1} \delta_{j_2' j_2} \delta_{m_2' m_2}$$

$$\sum_{j_1 m_1 j_2 m_2} |j_1 m_1 j_2 m_2\rangle\langle j_1 m_1 j_2 m_2| = \sum_{j_1 m_1 j_2 m_2}$$

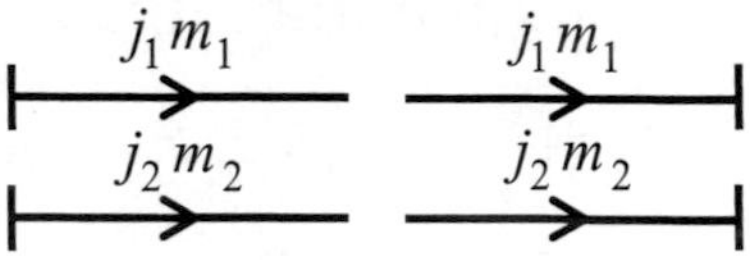

$$= \sum_{j_1 j_2}$$

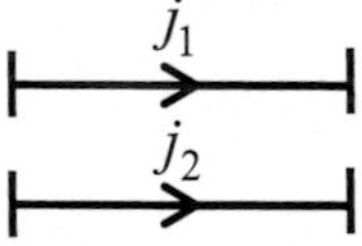

$$= \sum_{j_1 j_2} I_{j_1 j_2} = I$$

此處我們將“括矢圖”與“包矢圖”連接，且合併“外箭”與“內箭”，以表示“對m的求和”。

B. CG 圖

綜合上小節的“圖標（graphical notations）”方案，我們可得

$$|jm\rangle \equiv |(j_1 j_2) jm\rangle = \sum_{m_1 m_2} |j_1 m_1 j_2 m_2\rangle\langle j_1 m_1 j_2 m_2 | jm\rangle$$

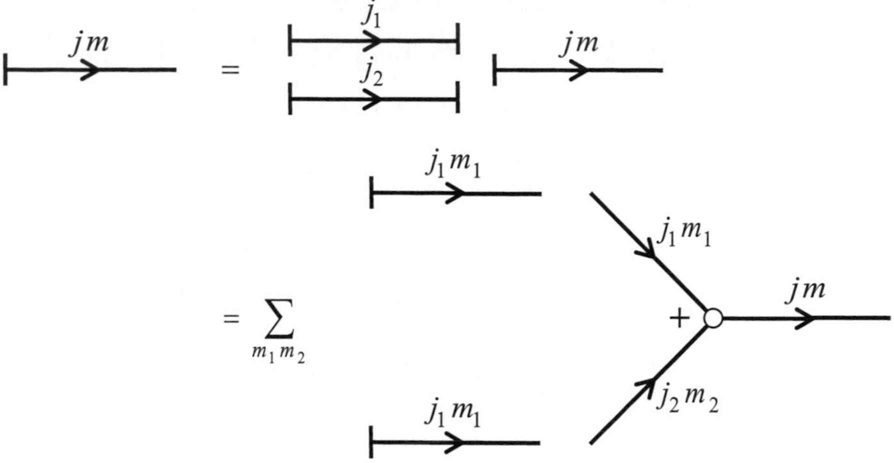

由此得到 CG 係數$\langle j_1 m_1 j_2 m_2 | jm \rangle$的“圖形”為

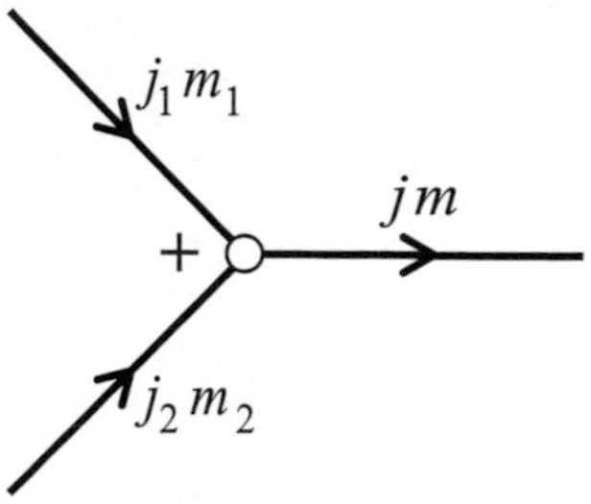

特稱為“CG 圖（CG graph）”。這裏，我們作如下幾點說明：

(i) 態矢$|j_1 m_1 j_2 m_2\rangle$與$|jm\rangle$的“內積（inner product）”$\langle j_1 m_1 j_2 m_2 | jm \rangle$，即“CG 係數”，相當於是將這三個“態矢”$\{\langle j_1 m_1|, \langle j_2 m_2|, |jm\rangle\}$在結構上銜接起來。

(ii) 代表 CG 係數的角動耦合“節點（node）”，以“圓圈（circle）”來表示，稱為“空節（open node）”，它接且僅接“三條”角動線，以代表“兩條”角動線耦合為“一條”角動線。

(iii) 朝向節點的“內箭”表示角動線為“協變（covariance）”，而背向節點的“外箭”表示角動線為“逆變（contravariance）”。

(iv) 節點符號“±”依“右手定則（right-hand convention）”而定，“+”表示右手拇指垂直紙面朝上，角動耦合沿

“逆時向（counter-clockwise）”，而“−”表示右手拇指垂直紙面朝下，角動耦合沿“順時向（clockwise）”。上圖裏的耦合方向為 $j_1 \to j_2 \to j$。

(v) 在節點上，“*m* 流守恆（*m*-current conservation）”：

$$m_1 + m_2 = m$$

即，進出節點的“*m* 流（*m*-current）”相等。

(vi) 由於 CG 係數為“實數”，因此，

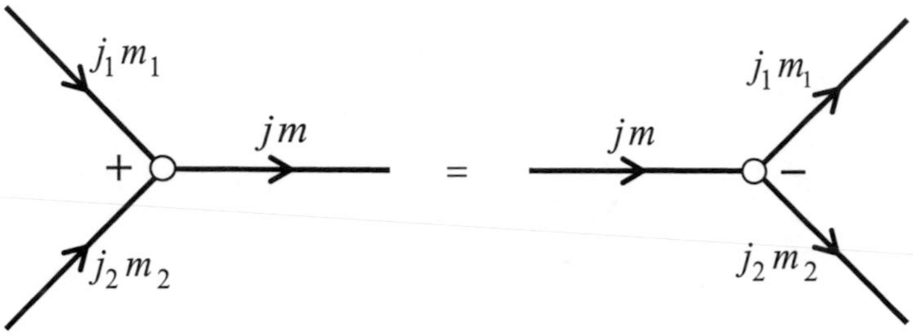

C. 3-*jm* 圖

與“CG 係數”類似，“3-*jm* 係數”的圖示可舉例如下：

$$\begin{pmatrix} j_1 & j_2 & m_3 \\ m_1 & m_2 & j_3 \end{pmatrix} =$$

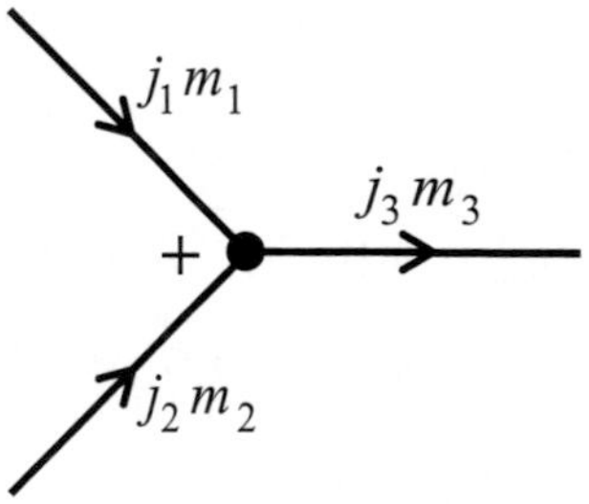

$$\begin{pmatrix} j_1 & m_2 & m_3 \\ m_1 & j_2 & j_3 \end{pmatrix} =$$

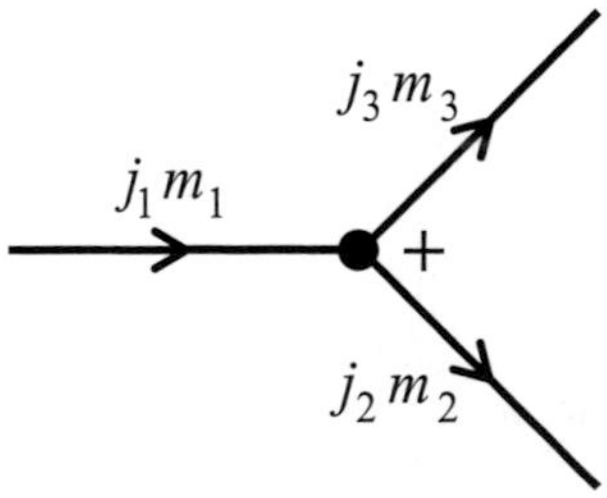

$$\begin{pmatrix} m_1 & m_2 & m_3 \\ j_1 & j_2 & j_3 \end{pmatrix} =$$

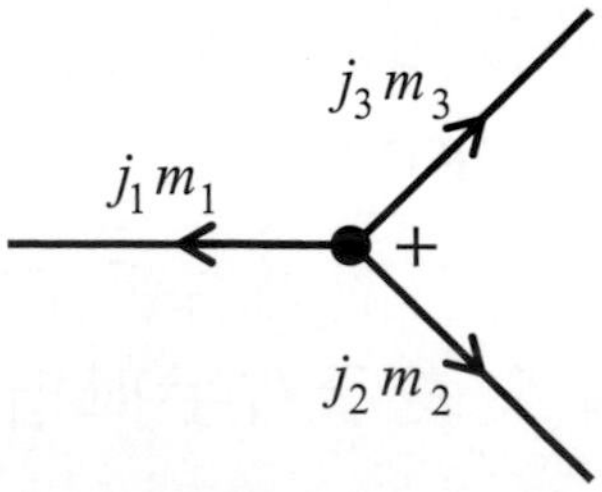

$$\begin{pmatrix} j_1 & j_2 & j_3 \\ m_1 & m_2 & m_3 \end{pmatrix} =$$
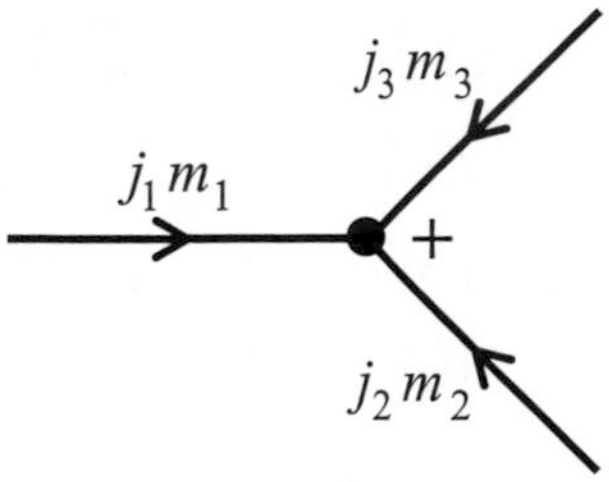

此處“3-*jm* 圖（3-*jm* graph）”的節點為“實節（solid node）”。只要不改變“3-*jm* 圖”的“幾何結構”，我們可在平面上對其整體作任意“轉向（rotation）”或“扭曲（twist）”，皆不改變其數值。

“CG 圖”與“3-*jm* 圖”之間的“轉換式”可以圖示為

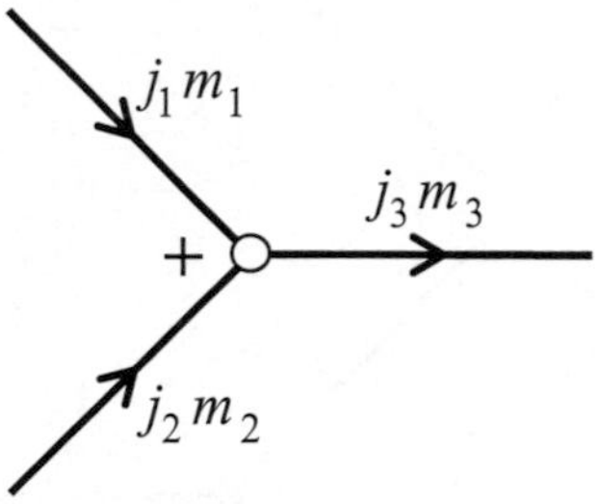

$$= (-)^{j_1 - j_2 - j_3} \sqrt{2j_3+1}$$
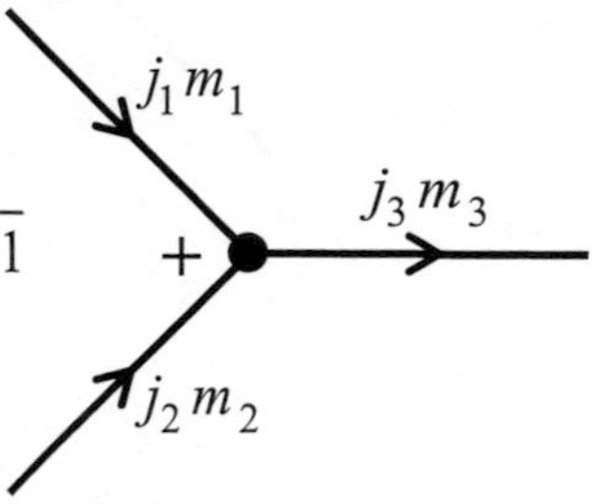

由此可知，將圖中的“空節”變為“實節”，會多出因子 $(-)^{j_1 - j_2 - j_3} \sqrt{2j_3+1}$。

為了便於記憶與圖形運算，我們再約定一些簡單的“圖標（graphical notations）”，以代表不同的“因子”。因此，上述“轉換式”可分解為如下四個步驟：

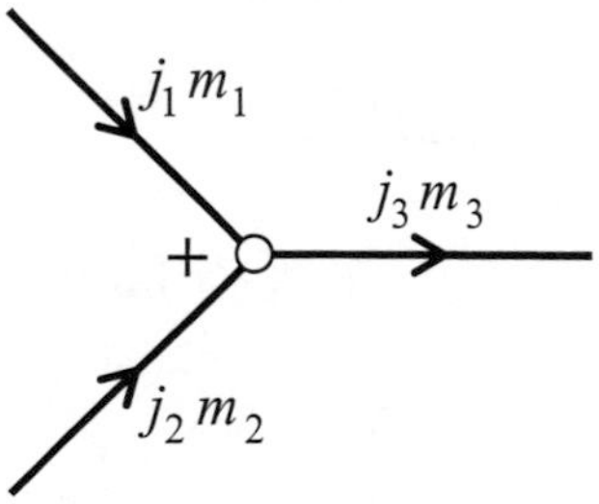

$$=$$
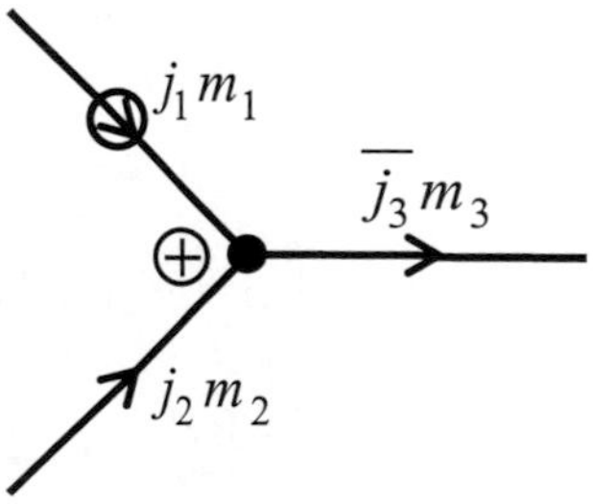

(i) 首先確認唯一的“協變”或“逆變”角動線為水平橫向。若“CG 圖”的節點符號為“+”，則在“上線（upper line）”箭頭上畫個“圈”；反之，若節點符號為“−”，則在

“下線（lower line）”箭頭上畫個“圈”；“上線”與“下線”是相對於水平線而言。例如：上式“CG 圖”裏的節點符號為“+”，所以應該在“上線” $j_1 m_1$ 的箭頭上，加個“圈”。此“帶圈箭頭”代表乘以因子$(-)^{2j_1}$。

(ii) 在節點符號上畫個“圈”，代表乘以因子$(-)^{j_1+j_2+j_3}$。相當於將“±”改為“∓”，這與每條線的“協變性”無關，即

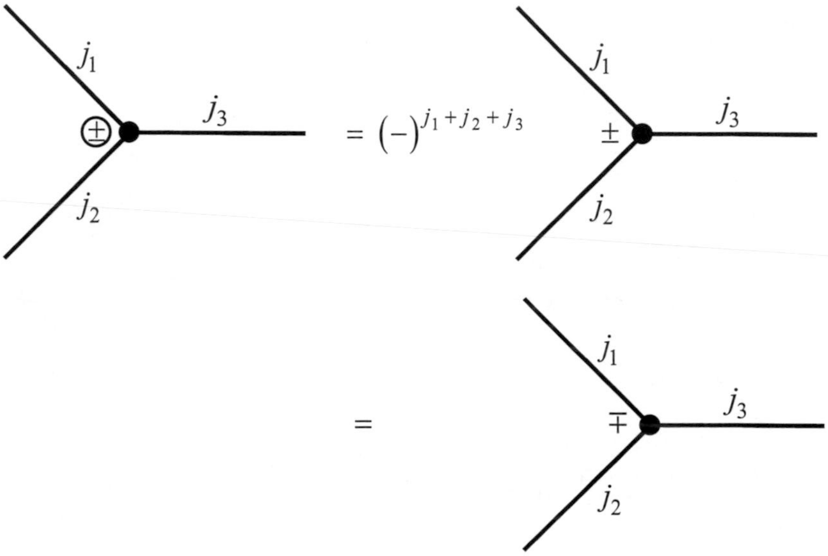

(iii) 在“複合（composite）”的角動量子數 j_3 頭上加一個“橫槓”，代表乘以因子$[j_3]$，

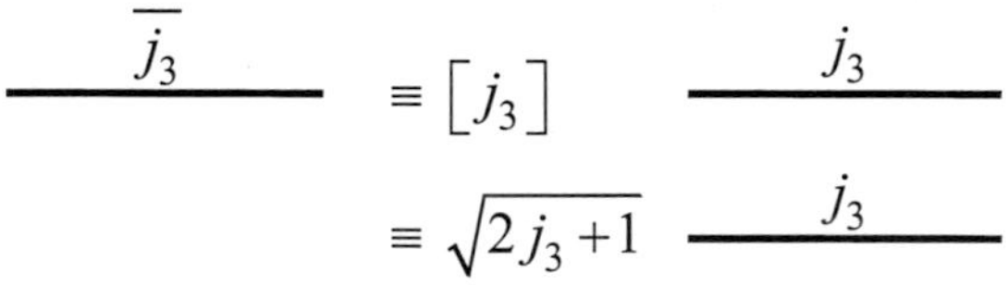

$\overline{j_3}$
$\equiv [j_3]$
$\equiv \sqrt{2j_3+1}$
j_3

注意，此處符號$[j] \equiv \sqrt{2j+1}$。這也可推廣至一般情況，

$$\overline{j} \equiv [j] \equiv \sqrt{2j+1}$$

$$\overline{\overline{j}} \equiv [j]^2 \equiv \left(\sqrt{2j+1}\right)^2$$

$$\underline{j} \equiv [j]^{-1} \equiv \left(\sqrt{2j+1}\right)^{-1}$$

$$\underline{\underline{j}} \equiv [j]^{-2} \equiv \left(\sqrt{2j+1}\right)^{-2}$$

(iv) 將“空節”填為“實節”。

以上過程中利用了簡單公式$(-)^{2j_1}(-)^{j_1+j_2+j_3}=(-)^{j_1-j_2-j_3}$。

我們再舉幾個“CG 圖”與“3-*jm* 圖”間的轉換範例如下，

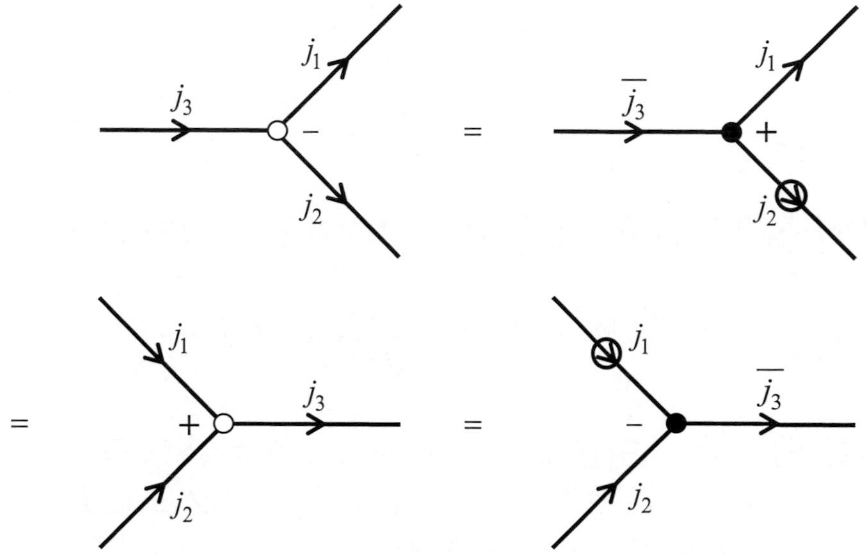

反之，由“3-*jm* 圖”也可以得到“CG 圖”：

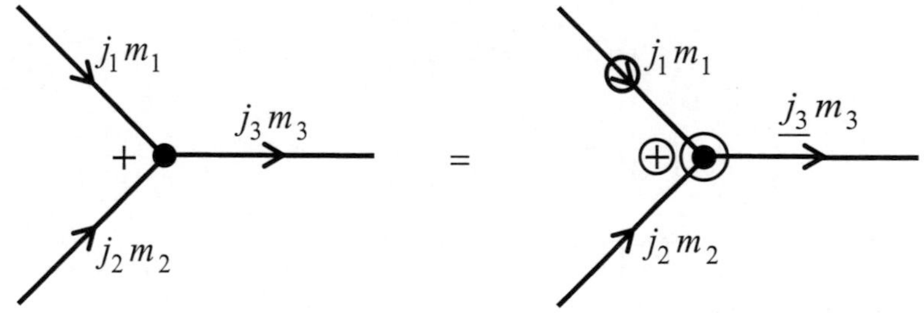

$$= (-)^{j_1-j_2-j_3}\frac{1}{\sqrt{2j_3+1}}$$

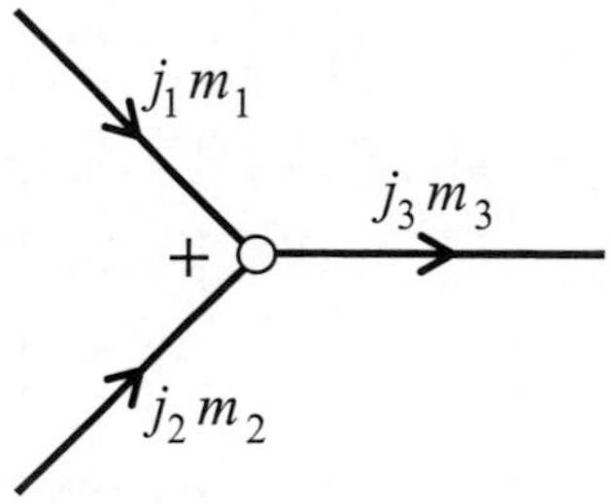

類似於“CG 圖”到“3-*jm* 圖”的轉換步驟，此處“3-*jm* 圖”

到“CG 圖”的轉換，可簡述如次：

(i) 因為節點符號為“+”，所以於“上線” j_1 的箭頭上加個“圈”，代表乘以因子 $(-)^{2j_1}$。

(ii) 於節點符號“+”上加個“圈”，代表乘以因子 $(-)^{j_1+j_2+j_3}$。

(iii) 於唯一水平的“逆變”角動線的 j_3 下，加一“橫槓”，如 $\underline{j_3}$，代表乘以因子 $1/\sqrt{2j_3+1}$。

(iv) 於“3-*jm* 圖”的“實節”點上，加個“圈”，代表將“實節”改為“空節”。

上述“轉換圖”的第二個等號，明確表示此轉換的結果為

$$\begin{pmatrix} j_1 & j_2 & m_3 \\ m_1 & m_2 & j_3 \end{pmatrix} = (-)^{j_1-j_2-j_3}\frac{1}{\sqrt{2j_3+1}}\left\langle j_1 m_1 j_2 m_2 \middle| j_3 m_3 \right\rangle$$

請特別注意，由於 $j_1, j_2, j_3, m_1, m_2, m_3$ 各為整數或半整數，但 $j \pm m$ 與 $j_1 \pm j_2 \pm j_3$ 必為整數，而 2 倍“整數”必為偶數；因此，$(-)^n = (-)^{-n}$，n 為整數，我們可得如下公式，

$$(-)^{j\pm m} = (-)^{-(j\pm m)}$$

$$(-)^{j_1\pm j_2\pm j_3} = (-)^{-(j_1\pm j_2\pm j_3)}$$

$$(-)^{2j_1}(-)^{j_1+j_2+j_3} = (-)^{j_1-j_2-j_3}$$

一般而言，對於任意“多粒系統（many-particle system）”，我們先從“CG 圖”出發，來描述其衆多的角動耦合，這是一種直覺上自然的做法；然而，由於“3-*jm* 係數”的對稱性較高，所以我們通常採用其圖解來作分析推導。再次強調，在三維位空間裏，只要我們不改變“3-*jm* 圖”的“幾何結構”，對其整體作任何“轉向”或“扭曲”，皆不會改變其數值。

請注意，“CG 圖”無此“對稱性”或“便利性”。

附十七・四　圖形轉換規則

實際上，我們常常需要通過一些“轉換規則（transformation rules）”，將複雜的“耦合圖（coupling diagram）”簡化為幾個“基本圖（basic diagrams）”來進行運算。我們僅有以下兩個“基本規則（fundamental rules）”。

A. 規則一

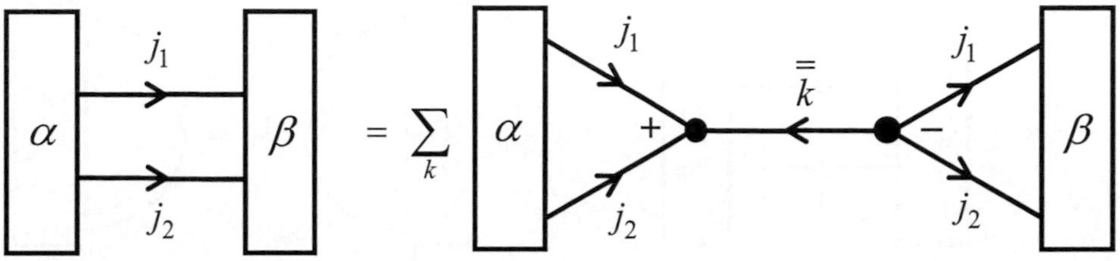

此處$\bar{\bar{k}}$代表乘以因子$(2k+1)$；節點符號“+”代表耦合方向為$j_1 \to j_2 \to k$；α與β代表“耦合圖”的任意“塊（block）”，可以為“開塊（open block）”或“閉塊（close block）”。這裏所謂的“開”或“閉”是指，耦合圖中“有”或“無”自由角動線；也就是說，耦合圖中是否有角動線的一端“未接節點”；例如，

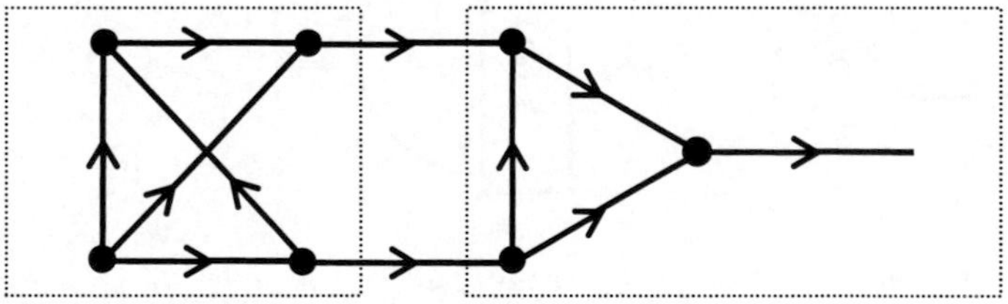

左邊虛線框內的圖解為“閉塊”，而右邊虛線框內的圖解為“開塊”。對於“閉塊”，我們特意用“希臘字母（Greek letter）”加圈ⓐ來表示。未加圈的表示任意區塊，可“開”可“閉”。

此〈規則一〉可以利用“3-jm 係數”的“正交關係（orthogonality relation）”來證明：

$$\sum_{k\,m}(2k+1)\begin{pmatrix} j_1 & j_2 & m \\ m_1 & m_2 & k \end{pmatrix}\begin{pmatrix} m_1' & m_2' & k \\ j_1 & j_2 & m \end{pmatrix} = \delta_{m_1 m_1'}\,\delta_{m_2 m_2'}$$

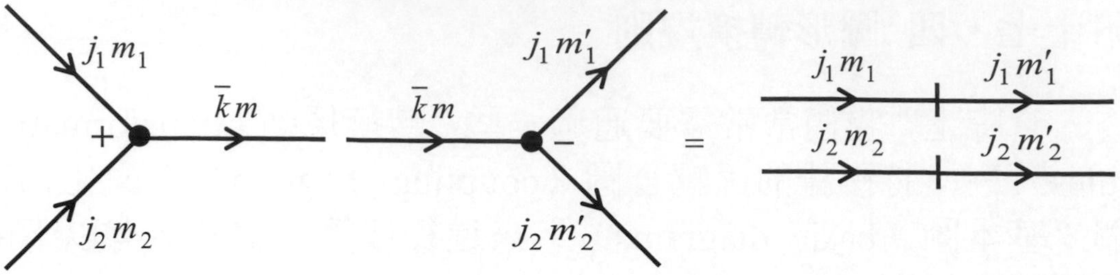

B. 規則二

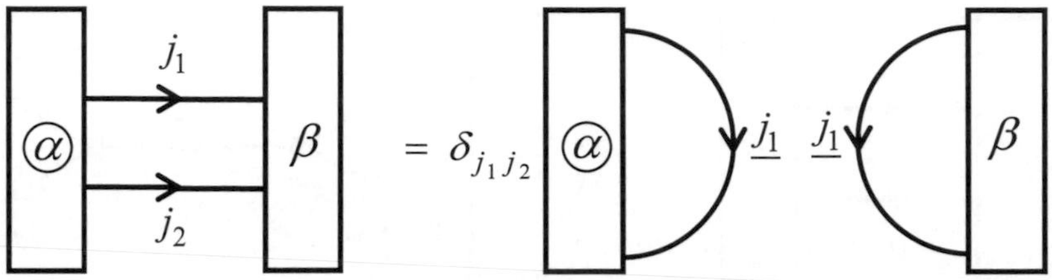

此處ⓐ代表無“自由角動線”的“閉塊”，$\underline{j_1}$ 代表乘以因子 $\left(\sqrt{2j_1+1}\right)^{-1}$。若 β 塊為“空塊（null block）”，即沒有任何“角動線”，則上式變為

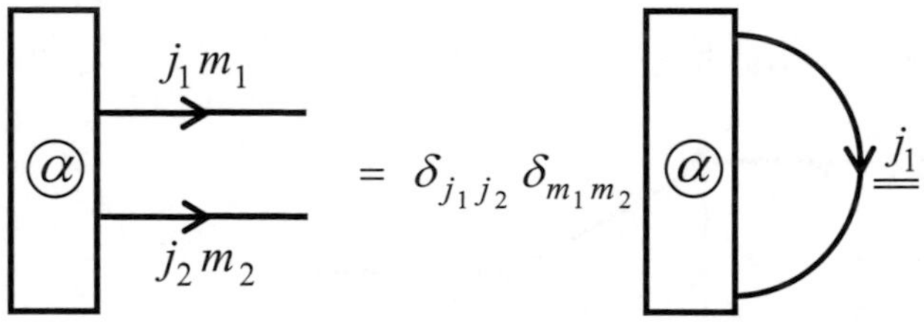

此結果也可從“耦合圖”的“轉向不變性（rotational invariance）”直接得證。

由以上兩個基本規則，我們還可推導得到以下幾個轉換公式。

(i) 公式一

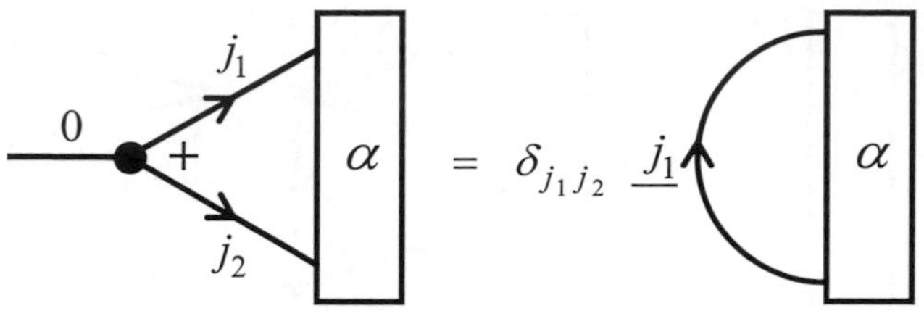

由於左圖中的“+”代表耦合方向為 $j_2 \to j_1$，所以右圖裏 j_1 的箭頭向上。

(ii) 公式二

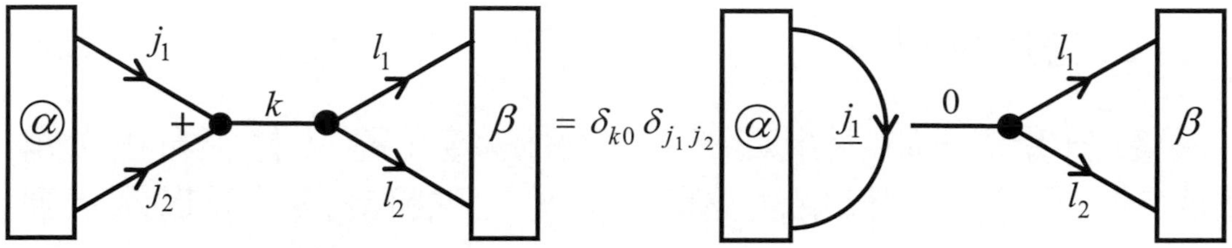

注意，此處 k 方向可以是任意的。

(iii) 公式三

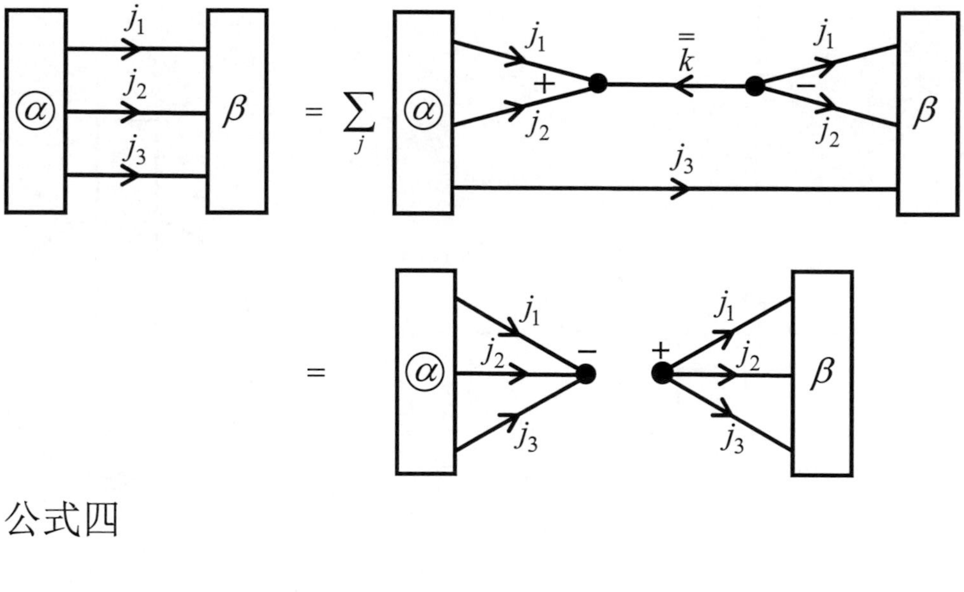

(iv) 公式四

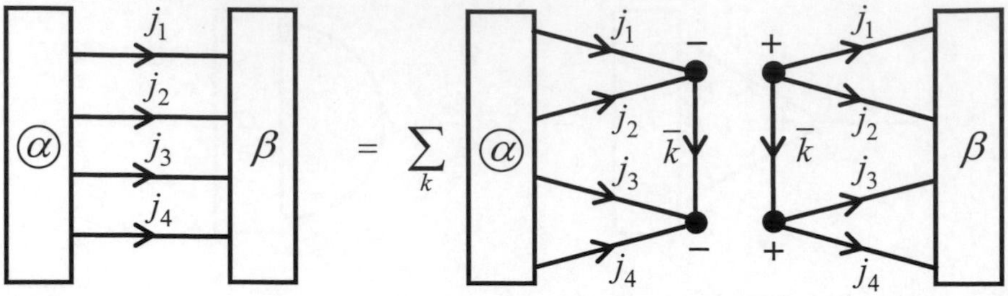

此處"公式三"的一個直接應用，就是"維格納–埃卡定理（Wigner-Eckart theorem）"。隨後我們將介紹此定理的"圖表象（diagram representation）"。

C. 應用舉例

我們考慮一個"閉塊"ⓐ，分別連接 1 至 4 條"自由"角動線時，如何利用圖解法來簡化計算。現將計算結果以圖示列出如下。

(i) 　　　　　　　$= \delta_{j0}\,\delta_{m0}$

(ii) 　　　　　　　$= \delta_{j_1 j_2}\,\delta_{m_1 m_2}$

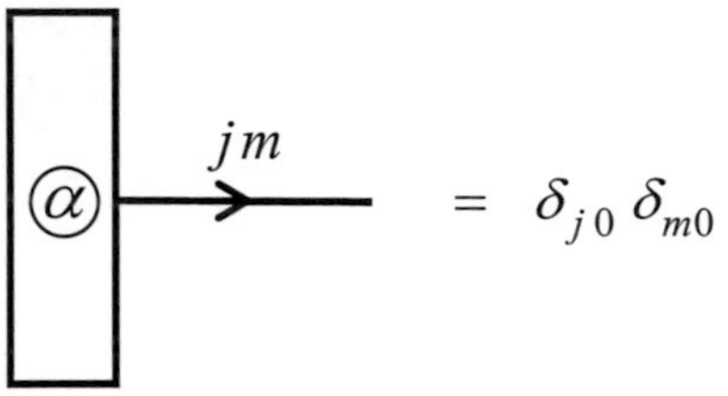

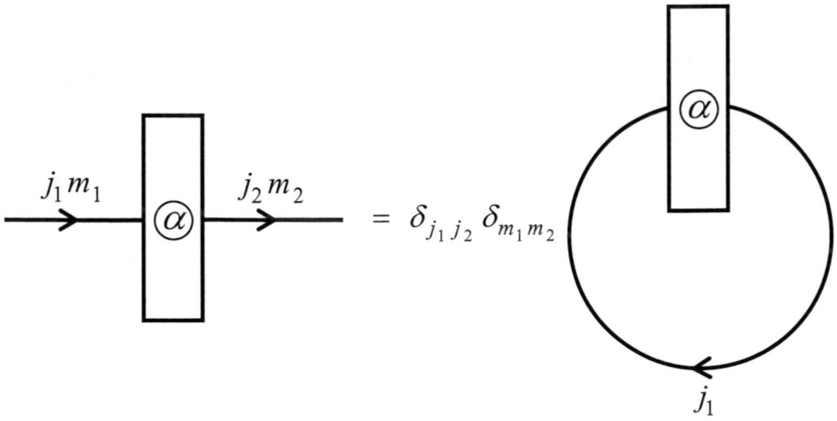

(iii)
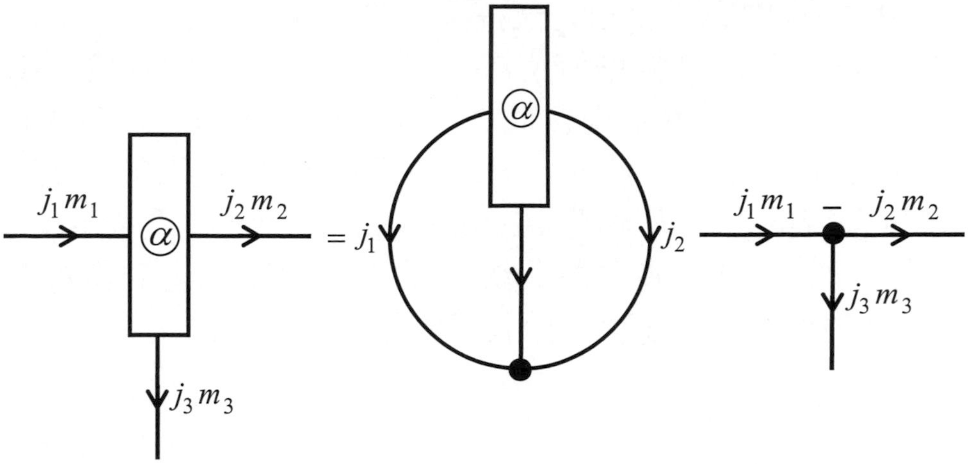

(iv)
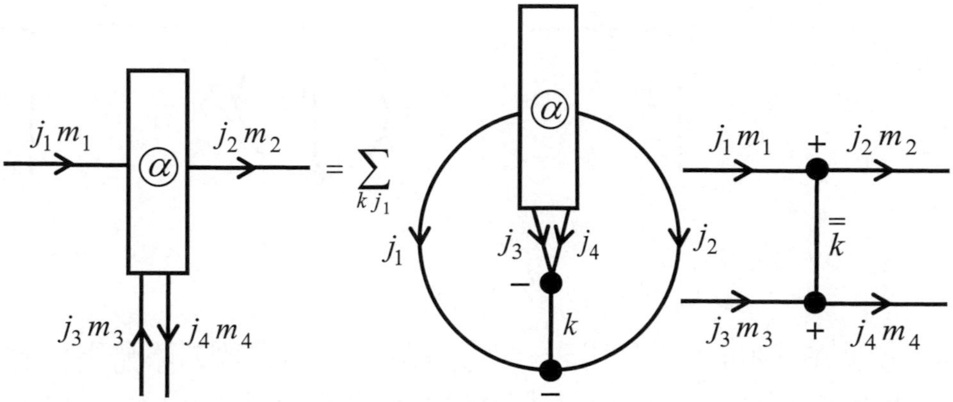

D. 維格納-埃卡定理

在"均勻時空（homogeneous spacetime）"裏，物理系統的"狀態"或"算符"，可以利用如下"不可約球張量（irreducible spherical-tensor）"來表達，

$$\begin{cases} |jm\rangle \\ |jm\rangle^{\dagger} \equiv \langle jm| \end{cases} \qquad \text{與} \qquad \begin{cases} T_{km} \\ T_{km}^{\dagger} = (-)^{k-m}\, T_{k-m} \end{cases}$$

實際上"維格納-埃卡定理"表明，任何物理系統的陣元 $\langle j_a m_a | T_{km} | j_b m_b \rangle$ 皆可分解為"動力部（dynamical part）"與"運行部（kinematical part）"的乘積，

$$\langle j_a m_a | T_{km} | j_b m_b \rangle = \langle j_a \| T_k \| j_b \rangle \begin{pmatrix} j_a & m & m_b \\ m_a & k & j_b \end{pmatrix}$$

其中“動力部”$\langle j_a \| T_k \| j_b \rangle$稱為“約化陣元（reduced matrix element）”，包含系統所涉及到的所有“動力效應（dynamical effects）”，不論是來自於“狀態”或“算符”，皆與所選取的“座標系”無關。然而，“3-jm 係數”所代表的“運行部”，卻與系統的“拓撲結構（topological structure）”有關，而“3-jm 係數”分量的“協變性”決定了“轉向座”之間的轉換關係。“維格納–埃卡定理”可用如下圖解來表示，

$$\langle j_a m_a | T_{km} | j_b m_b \rangle$$

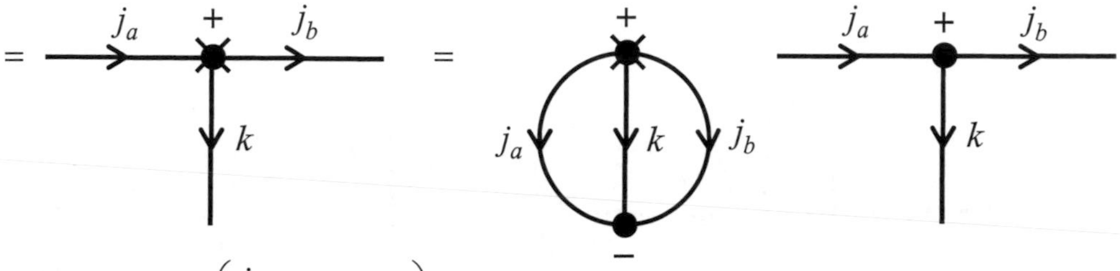

$$= \langle j_a \| T_k \| j_b \rangle \begin{pmatrix} j_a & m & m_b \\ m_a & k & j_b \end{pmatrix}$$

此處節點上的“×”代表“動力部”。在多數情況下，圖中的三條“角動線”$\{j_a, k, j_b\}$所對應的“磁量子數（magnetic quantum numbers）”$\{m_a, m, m_b\}$，皆可於圖中省略。

對於“多粒系統”，我們必須考慮其詳細的“耦合模式（coupling schemes）”如下：

$$\langle \alpha\, j_a m_a | T_{km} | \beta\, j_b m_b \rangle$$

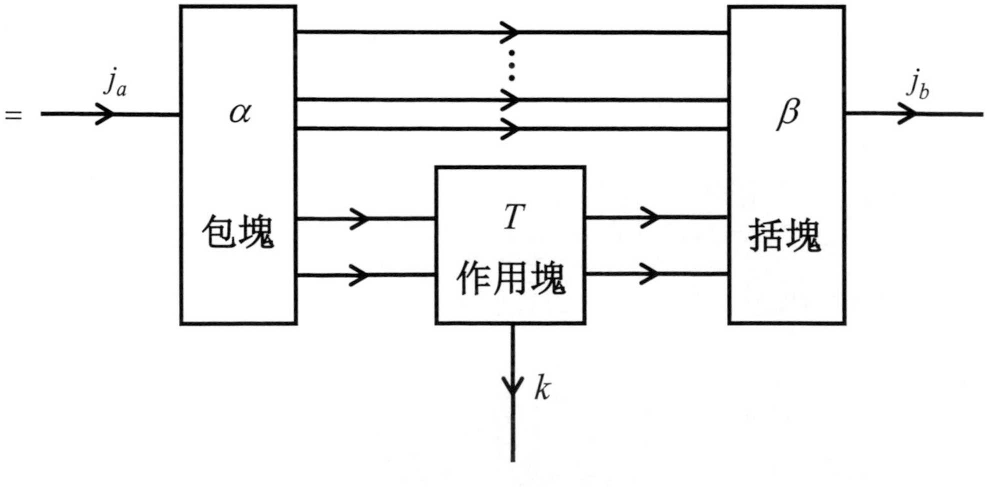

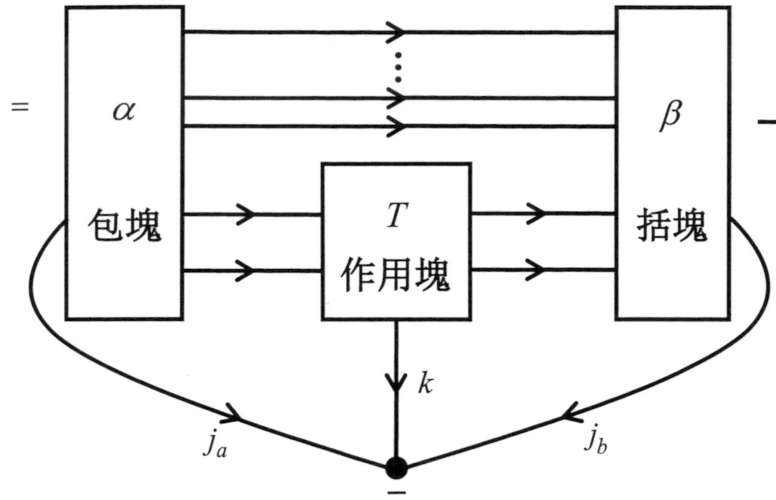

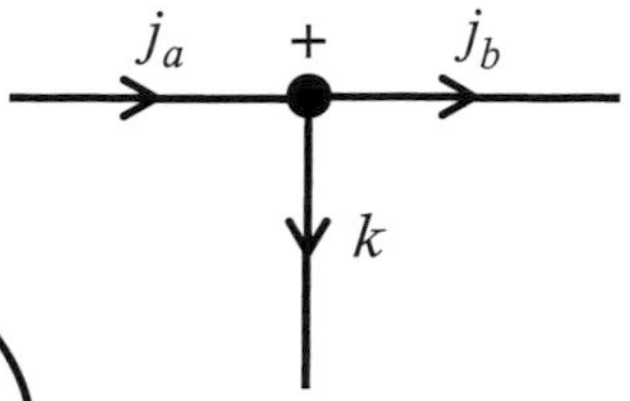

$$\equiv \langle \alpha\, j_a \| T_k \| \beta\, j_b \rangle \begin{pmatrix} j_a & m & m_b \\ m_a & k & j_b \end{pmatrix}$$

此處 T_{km} 代表一般的“雙粒張量符(two-particle tensor operator)”，而“包塊（bra block）”、“括塊（ket block）”、與“作用塊（interaction block）”各自代表，與“陣元” $\langle \alpha\, j_a m_a | T_{km} | \beta\, j_b m_b \rangle$ 相對應的“角動耦合圖（angular-momentum coupling diagram）”。關於包塊、括塊、與作用塊的定義，請參閱本書〈第八・四・C 小節　稱化陣元〉。

附十七・五 基本圖

上節所談及的兩個“基本規則”及其衍生的轉換公式，不僅能夠為研究複雜角動耦合網絡的“拓撲結構”，提供一種既簡單又一目了然的工具，而且還有助於分析已有的“基本圖（basic diagrams)”，如“3*j* 標(3*j*-symbol)”、“6*j* 標(6*j*-symbol)”等。以下我們介紹一些“基本圖”。

(i) “3-*jm* 係數（3-*jm* coefficient）”：

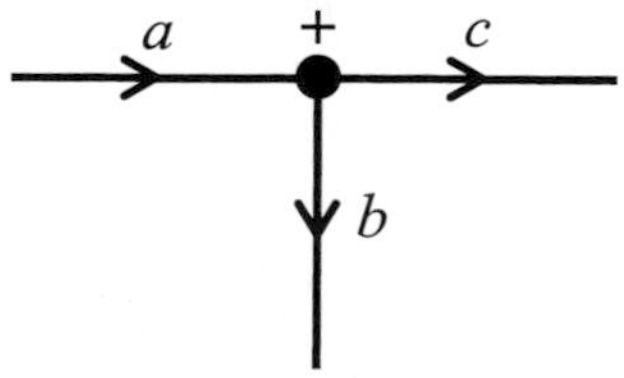

$$= \begin{pmatrix} a & m_b & m_c \\ m_a & b & c \end{pmatrix}$$

(ii) "正規關係（orthonormality relation）"：

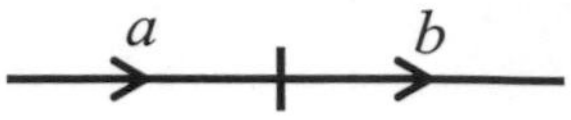

$= \delta_{ab}\,\delta_{m_a m_b}$

(iii) 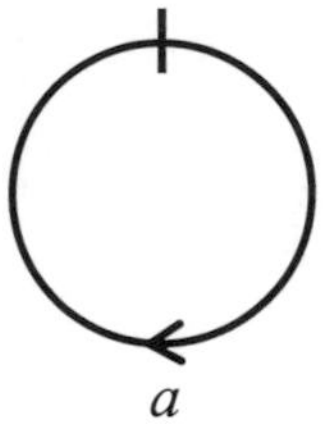

$= 2a+1$

(iv) 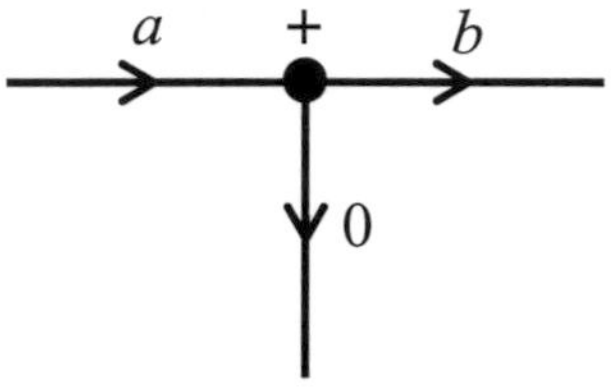

$= \dfrac{1}{\sqrt{2a+1}}\,\delta_{ab}\,\delta_{m_a m_b}$

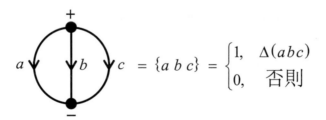

(v) 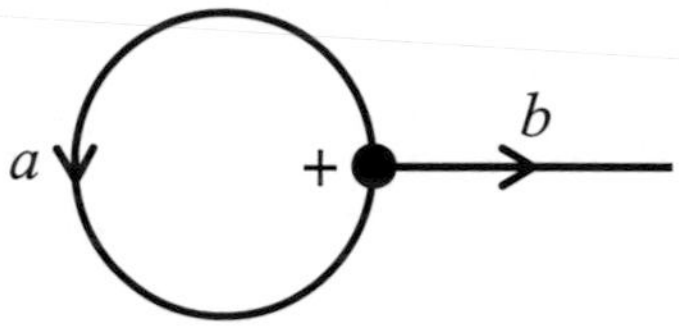

$= \delta_{b0}\sqrt{2a+1}$

(vi) "3*j* 標（3*j*-symbol）"：

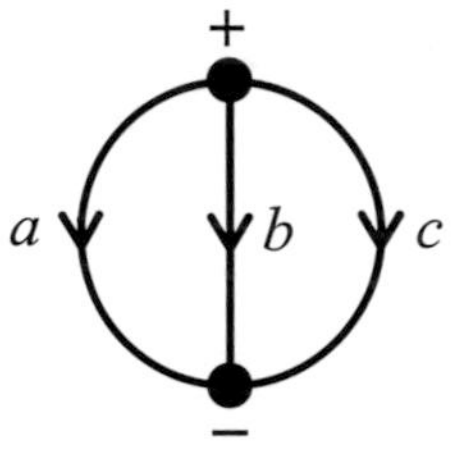

$= \{a\ b\ c\} = \begin{cases} 1, & \Delta(abc) \\ 0, & \text{否則} \end{cases}$

此處$\Delta(abc)$表示a,b,c三條線可構成一個三角形。

(vii) "6*j* 標（6*j*-symbol）"：

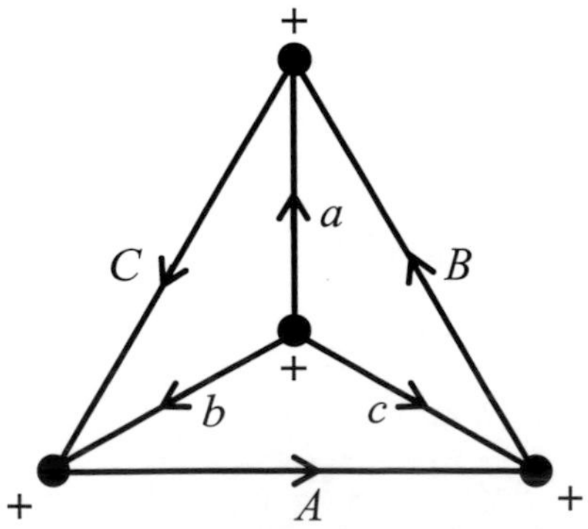

$= \begin{Bmatrix} a & b & c \\ A & B & C \end{Bmatrix}$

(viii) "$9j$ 標（$9j$-symbol）"：

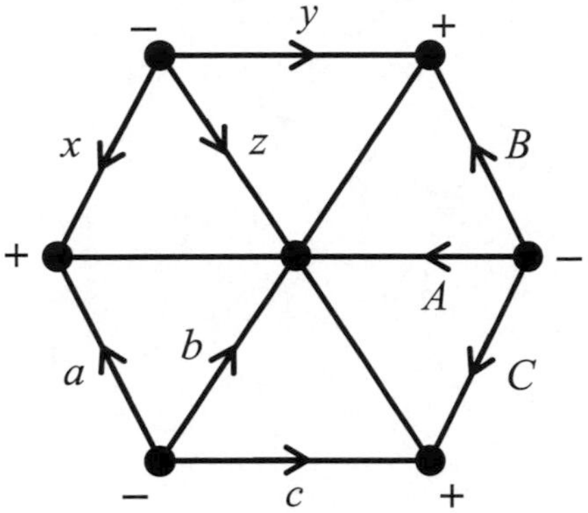

$$=\begin{Bmatrix} x & y & z \\ a & b & c \\ A & B & C \end{Bmatrix}$$

(ix) "$3nj$ 標一類（$3nj$-symbol of the first kind）"：

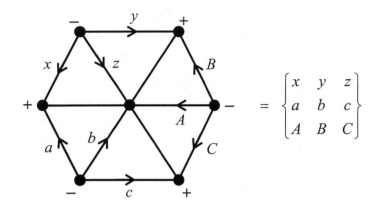

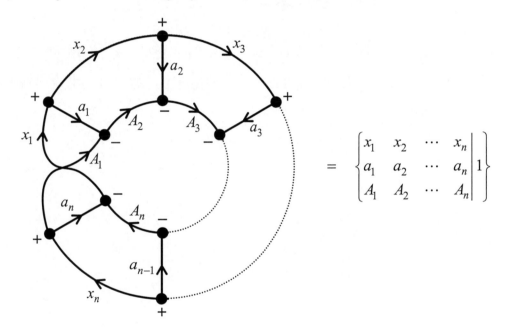

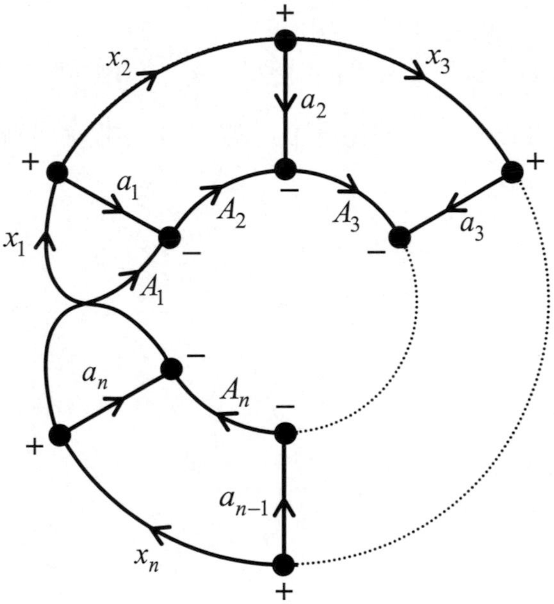

$$=\left\{\begin{matrix} x_1 & x_2 & \cdots & x_n \\ a_1 & a_2 & \cdots & a_n \\ A_1 & A_2 & \cdots & A_n \end{matrix}\middle| 1\right\}$$

(x) "$3nj$ 標二類（$3nj$-symbol of the second kind）"：

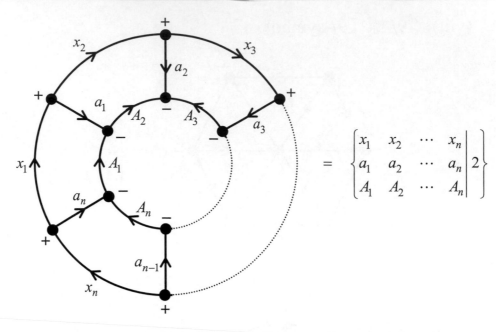

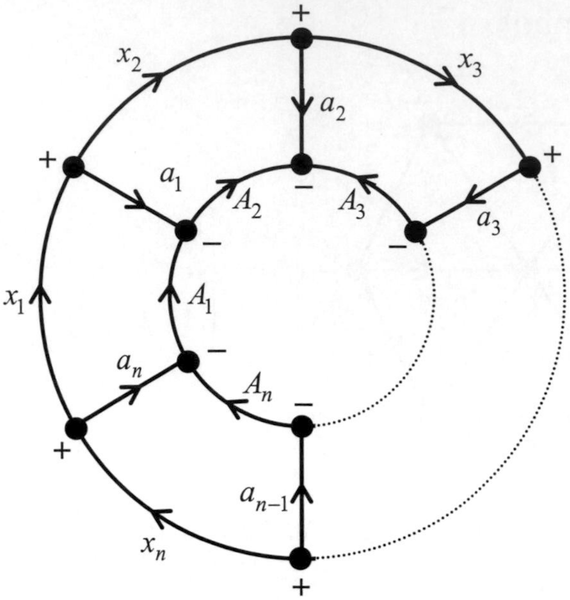

$$= \begin{Bmatrix} x_1 & x_2 & \cdots & x_n \\ a_1 & a_2 & \cdots & a_n \\ A_1 & A_2 & \cdots & A_n \end{Bmatrix}\!\!\left.\vphantom{\begin{matrix} x \\ a \\ A \end{matrix}}\right| 2 \Big\}$$

關於“3-*jm* 係數”、“3*j* 標”、“6*j* 標”、“9*j* 標”與“3*nj* 標”的解析形式及其對稱性，請參閱相關專書，此處不再贅述。

參考書目

一• 物理學的發展

1. **中國大百科全書**，天文學（中國大百科全書出版社，北京，1980）。
2. **中國大百科全書**，物理I、II（中國大百科全書出版社，北京，1987）。
3. **中國大百科全書**，化學I、II（中國大百科全書出版社，北京，1988）。
4. **中國大百科全書**，數學（中國大百科全書出版社，北京，1989）。
5. **數學大辭典**，（科學出版社，北京，2010）。
6. **物理學大辭典**，（科學出版社，北京，2017）。
7. 鄭文光、席澤宗，**中國歷史上的宇宙理論**（人民出版社，北京，1975）。
8. 殷正坤，**探幽入微之路——量子歷程**（人民出版社，北京，1987）。
9. 主編：馬文蔚、唐玄之、周永平，編者：宋玉亭、談淑梅、盧民強、嚴導淦、曹運祥，**物理學發展史上的里程碑**（凡異出版社，新竹，臺灣，1995）。
10. 郭弈玲、沈慧君，**物理通史**（清華大學出版社，北京，2005）。
11. 姜寶昌，**墨經訓釋**（齊魯書社，濟南，2013）。
12. 錢穆，**中國思想史**（九州出版社，北京，2017）。
13. 注釋：北京大學哲學系，樓宇烈主撰，**荀子新注**（中華書局，北京，2018）。
14. 馮友蘭，**中國哲學史新編**〈共三卷〉（商務印書館，北京，2020）。
15. E. T. Whittaker, *A History of the Theories of Aether and Electricity*, Vols. I and II (Nelson and Sons Ltd., London,

1951 and 1953).
16. M. H. Shamos, *Great Experiments in Physics* (Holt, Rinehart and Winston, Inc., New York, 1959).
17. T.-Y. Wu, *Physics—Its Development and Philosophy* (Physical Society of the Republic of China, Taipei, 1989).
18. P. A. Pelletier, *Prominent Scientists: an Index to Collective Biographies* (Neal-Schuman Publishers, Inc., New York, 1994).

二・ 經典力學

A. 導論

1. C. Kittel, W. D. Knight, and M. A. Ruderman, *Berkeley Physics Course,* Vol. 1: *Mechanics* (McGraw-Hill, New York, 1962).
2. R. P. Feynman, R. B. Leighton, and M. Sands, *The Feynman Lectures on Physics*, Vol. I: *Mechanics, Radiation, and Heat* (Addison-Wesley, Reading, Mass., 1966).
3. J. B Marion and S. T. Thornton, *Classical Dynamics of Particles and Systems* (Saunders, Philadelphia, 1995), 4*th* ed.
4. J. V. José, and E. J. Saletan, *Classical Dynamics: A Contemporary Approach* (Cambridge University, Cambridge 1998).
5. 梁昆淼，**力學**（高等教育出版社，北京，2009）第四版。
6. 周衍柏，**理論力學教程**（高等教育出版社，北京，2018）第四版。

B. 進階

1. H. Goldstein, *Classical Mechanics* (Addison-Wesley, Reading, Mass., 1959).
2. L. D. Laudau and E. M. Lifshitz, *Mechanics* (Pergamon,

Oxford, 1960).
3. A. Sommerfeld, *Lectures on Theoretical Physics*, Vol. I: *Mechanics* (Academic, New York, 1964).

三・光學與電磁學

A. 導論

1. E. M. Purcell, *Berkeley Physics Course*, Vol. 2: *Electricity and Magnetism* (McGraw-Hill, New York, 1965).
2. R. P. Feynman, R. B. Leighton, and M. Sands, *The Feynman Lectures on Physics*, Vol. II: *Electromagnetism and Matter* (Addison-Wesley, Reading, Mass., 1966).
3. F. S. Crawford, Jr., *Berkeley Physics Course*, Vol. 3: *Waves* (McGraw-Hill, New York, 1968).
4. J. Petykiewicz, *Wave Optics* (Kluwer Academic, London, 1992).
5. M. A. Heald and J. B. Marion, *Classical Electromagnetic Radiation* (Saunders, Philadelphia, 1995), 3*rd* ed.
6. 姚啓鈞，**光學教程**（高等教育出版社，北京，2008）第四版。
7. 趙凱華，陳熙謀，**電磁學**（高等教育出版社，北京，2018）第四版。
8. 梁燦彬，秦光戎，梁竹健，**電磁學**（高等教育出版社，北京，2018）第四版。

B. 進階

1. L. D. Landau and E. M. Lifshitz, *The Classical Theory of Fields* (Pergamon, London, 1951).
2. L. D. Landau and E. M. Lifshitz, *Electrodynamics of Continuous Media* (Pergamon, London, 1960).
3. M. Born and E. Wolf, *Principle of Optics* (Pergamon,

London, 1964).
4. W. K. H. Panofsky and M. Phillips, *Classical Electricity and Magnetism* (Addison-Wesley, Reading, Mass., 1964).
5. A. Sommerfeld, *Lectures on Theoretical Physics*, Vol. IV: *Optics* (Academic, New York, 1964).
6. J. D. Jackson, *Classical Electrodynamics*, (Wiley, New York, 1975), 2*nd* ed.
7. 郭碩鴻，**電動力學**（高等教育出版社，北京，2009）第三版。

四・統計力學

A. 導論

1. R. C. Tolman, *The Principles of Statistical Mechanics* (Clarendon, Oxford, 1938).
2. 王竹溪，**統計物理學導論**（高等教育出版社，北京，1956）。
3. F. Reif, *Fundamentals of Statistical and Thermal Physics* (McGraw-Hill, New York, 1965).
4. F. Reif, *Berkeley Physics Course*, Vol. 5: *Statistical Physics* (McGraw-Hill, New York, 1967).
5. H. B. Callen, *Thermodynamics and an Introduction to Thermostatistics* (Wiley, New York, 1985) 2*nd* ed.
6. D. S. Betts and R. E. Turner, *Introductory Statistical Mechanics* (Addison-Wesley, Reading, Mass., 1992).
7. 蘇汝鏗，**統計物理學**（高等教育出版社，北京，2002）第二版。
8. 汪志誠，**熱力學・統計物理**（高等教育出版社，北京，2019）第六版。

B. 進階

1. L. D. Landau and E. M. Lifshitz, *Course of Theoretical*

Physics, Vol. 5: *Statistical Physics* (Pergamon, London, 1963).

2. R. K. Pathria, *Statistical Mechanics* (Pergamon, London, 1972).
3. S.-K. Ma, *Statistical Mechanics* (World Scientific, Singapore, 1985), translated by M. K. Fung.
4. K. Huang, *Statistical Mechanics* (Wiley, New York, 1987), 2*nd* ed.
5. R. L. Liboff, *Kinetic Theory* (Wiley, New York, 1998) 2*nd* ed.

五・相對論

1. P. G. Bergmann, *Introduction to the Theory of Relativity* (Prentice-Hall, Englewood Cliffs, New Jersey, 1960).
2. J. H. Smith, *Introduction to Special Relativity* (Benjamin, New York, 1965).
3. J. L. Synge, *Relativity: The Special Theory* (North Holland, Amsterdam, 1965).
4. R. D. Sard, *Relativistic Mechanics* (Benjamin, New York, 1970).
5. C. Møller, *The Theory of Relativity* (Oxford University, London, 1972).
6. 侯伯元，侯伯宇，**物理學家用微分幾何**（科學出版社，北京，1990）。
7. R. d'Inverno, *Introducing Einstein's Relativity* (Clarendon, Oxford, 1992).
8. P. A. M. Dirac, *General Theory of Relativity* (Princeton University, Princeton, 1996).
9. 梁燦彬，周彬，**微分幾何入門與廣義相對論**（科學出版社，北京，2000）。

六・量子力學

A. 歷史發展

1. N. Bohr, *The Solvay Meetings and the Development of Quantum Mechanics, Essays 1958-1962 on Atomic Physics and Human Knowledge* (Vintage, New York, 1966).
2. M. Fierz and V. F. Weisskopf, ed., *Theoretical Physics in the Twentieth Century* (Wiley, New York, 1968).
3. B. L. Van der Waerden, ed., *Sources of Quantum Mechanics* (Dover, New York, 1968).
4. W. Heisenberg, *Physics and Beyond: Ecounters and Conversations* (Harper and Row, New York, 1971).

B. 哲學概念

1. A. Petersen, *Quantum Physics & The Philosophy Tradition* (M.I.T., Cambridge, Mass., 1968).
2. B. S. Dewitt and N. Graham, *The Many-Worlds Interpretation of Quantum Mechanics* (Princeton University, Princeton, New Jersey, 1973).
3. M. Jammer, *The Philosophy of Quantum Mechanics, The Interpretations of Quantum Mechanics in Historical Perspective* (Wiley, New York, 1974).
4. K. V. Laurikainen, *Beyond the Atom, The Philosophical Thought of Wolfgang Pauli* (Springer-Verlag, Berlin, 1988).
5. B. C. van Fraassen, *Quantum Mechanics: An Empiricist View* (Clarendon, Oxford, 1991).
6. W. Pauli, *Writings on Physics and Philosophy* (Springer-Verlag, Berlin, 1994), edited by C. P. Enz and K. von Meyenn and translated by R. Schlapp.
7. J. Bub, *Interpreting the Quantum World* (Cambridge University, Cambridge, 1997).

8. 黃克寧，**易經之科學——上帝也擲骰子**（元華文創，臺北，2019）。

C. 量子物理入門

1. L. Pauli and E. B. Wilson, *Introduction to Quantum Mechanics* (McGraw-Hill, New York, 1935).
2. S. I. Tomanaga, *Quantum Mechanics*, Vol. 1: *Old Quantum Theory* (North Holland, Amsterdam, 1962).
3. R. P. Feynman, R. B. Leighton, and M. Sands, *The Feynman Lectures on Physics*, Vol. III: *Quantum Mechanics* (Addison-Wesley, Reading, Mass., 1965).
4. E. H. Wichmann, *Berkeley Physics Course*, Vol. 4: *Quantum Physics* (McGraw-Hill, New York, 1971).
5. R. Eisberg and R. Resnik, *Quantum Physics of Atoms, Molecules, Solids, Nuclei and Particles* (Wiley, New York, 1974).
6. M. Weissbluth, *Atoms and Molecules* (Academic, New York, 1980).
7. M. Chester, *Primer of Quantum Mechanics* (Wiley, New York, 1987).
8. H. Haken and H. C. Wolf, *Atomic and Quantum Physics, An Introduction to the Fundamentals of Experiment and Theory* (Springer-Verlag, Berlin, 1987), 2*nd* ed., translated by W. D. Brewer.
9. J.-M. Lévy-Leblond and F. Balibar, *Quantics*, *Rudiments of Quantum Physics* (North Holland, Amsterdam, 1990), translated by S. Twareque Ali.
10. M. A. Morrison, *Understanding Quantum Physics, A User's Manual* (Prentice-Hall, Englewood Cliffs, New Jersey, 1990).
11. S. Brandt and H. D. Dahmer, *The Picture Book of Quantum Mechanics* (Springer-Verlag, Berlin, 1994), 2*nd* ed.

12. T. R. Sandin, *Essentials of Morden Physics* (Addison-Wesley, Reading, Mass., 1994).

D. 導論

1. S. Gasiorowicz, *Quantum Physics* (Wiley, New York, 1971).
2. A. P. French and E. F. Taylor, *An Introduction to Quantum Physics* (Chapman & Hall, London, 1979).
3. R. L. Liboff, *Introductory Quantum Mechanics* (Addison-Wesley, Reading, Mass., 1980).
4. G. H. Duffey, *A Development of Quantum Mechanics, Based on Symmetry Considerations* (Reidel, Dordrecht, Netherlands, 1984).
5. A. Das and A. C. Melissinos, *Quantum Mechanics, A Modern Introduction* (Gordon and Breach, New York, 1986).
6. B. H. Bransden and C. J. Joachain, *Introduction to Quantum Mechanics* (Longman, Essex, England, 1989).
7. H. C. Ohanian, *Principles of Quantum Mechanics* (Prentice-Hall, Englewood Cliffs, New Jersey, 1990).
8. J. S. Townsend, *A Modern Approach to Quantum Mechanics* (McGraw-Hill, New York, 1992).
9. W. Greiner, *Quantum Mechanics, An Introduction* (Springer-Verlag, Berlin, 1994), 3*rd* ed.
10. D. J. Griffiths, *Introduction to Quantum Mechanics* (Prentice-Hall, Englewood Cliffs, New Jersey, 1994).
11. R. W. Robinett, *Quantum Mechanics* (Oxford University, Oxford, 1997).

E. 一般

1. P. A. M. Dirac, *The Principles of Quantum Mechanics* (Oxford University, Oxford, 1958).
2. A. Messiah, *Quantum Mechanics*, Vols. I and II (North Holland, Amsterdam, 1961).

3. J. L. Powell and B. Crasemann, *Quantum Mechanics* (Addison-Wesley, Reading, Mass., 1961).
4. L. I. Schiff, *Quantum Mechanics* (Addison-Wesley, Reading, MA, 1961).
5. K. Gottfried, *The Principles of Quantum Mechanics* (Benjamin, New York, 1966).
6. L. I. Schiff, *Quantum Mechanics* (McGraw-Hill, New York, 1968).
7. G. Baym, *Lectures on Quantum Mechanics* (Benjamin, Reading, Mass., 1969).
8. E. Merzbacher, *Quantum Mechanics* (Wiley, New York, 1970).
9. T.-Y. Wu, *Quantum Mechanics* (World Scientific, Singapore, 1986).
10. T. F. Jordan, *Quantum Mechanics in Simple Matrix Form* (Wiley, New York, 1986).
11. G. H. Duffey, *Quantum States and Processes* (Prentice-Hall, Englewood Cliffs, New Jersey, 1992).
12. A. Goswami, *Quantum Mechanics* (Wm. C. Brown, Dubuque, Iowa, 1992).
13. V. K. Thankappan, *Quantum Mechanics* (Wiley, New York, 1993), 2*nd* ed.
14. R. Shankar, *Principles of Quantum Mechanics* (Plenum, New York, 1994), 2*nd* ed.
15. 劉蓮君，張哲華，**量子力學與原子物理學**（武漢大學出版社，武漢，1997）。
16. 蘇汝鏗，**量子力學**（高等教育出版社，北京，2002）第二版。
17. 黃克寧，**量子力學——哲學概念與數學基礎**（俊傑書局，臺北，2004）。
18. 錢伯初，**量子力學**（高等教育出版社，北京，2006）。
19. 曾謹言，**量子力學**〈卷I, II〉（科學出版社，北京，2013）

第五版。

20. 周世勛，**量子力學教程**（高等教育出版社，北京，2022）第三版。

F. 數學基礎

1. J. von Neumann, *Mathematical Foundations of Quantum Mechanics* (Princeton University, Princeton, New Jersey, 1955), translated and edited by R. T. Beyer.
2. J. D. Jackson, *Mathematics for Quantum Mechanics* (Benjamin, New York, 1962).
3. T. F. Jordan, *Linear Operators for Quantum Mechanics* (Wiley, New York, 1969).
4. A. R. Marlow, ed., *Mathematical Foundations of Quantum Theory* (Academic, New York, 1978).
5. G. Ludwig, *An Axiomatic Basis for Quantum Mechanics*, Vol. 1 *Derivation of Hilbert Space Structure* and Vol. 2 *Quantum Mechanics and Macrosystems* (Springer-Verlag, Berlin, 1985 & 1987).
6. O. L. de Lange and R. E. Raab, *Operator Methods in Quantum Mechanics* (Clarendon, Oxford, 1991).
7. K.-N. Huang, *Scientific Mathematics—Annotated Handbook* (Wu-Nan Book Inc., Taipei, 2011).
   黃克寧，**科學數學——注釋手冊**（五南圖書出版公司，臺北，2011）。

G. 概念基礎

1. M. Jammer, *The Conceptual Development of Quantum Mechanics* (McGraw-Hill, New York, 1966).
2. J. M. Jauch, *Foundations of Quantum Mechanics* (Addison-Wesley, Reading, Mass., 1968).
3. P. Roman, *Advanced Quantum Theory, An Outline of the Fundamental Ideas* (Addison-Wesley, Reading, Mass.,

1971).

4. G. Ludwing, *Foundations of Quantum Mechanics*, I and II (Springer-Verlag, Berlin, 1983), translated by C. A. Hein.
5. D. Bohm, *Quantum Theory* (Dover, New York, 1989).
6. R. I. G. Hughes, *The Structure and Interpretation of Quantum Mechanics* (Harvard University, Cambridge, Mass., 1989).
7. L. E. Ballentine, *Quantum Mechanics* (Prentice-Hall, Englewood Cliffs, New Jersey, 1990).
8. A. Böhm, *Quantum Mechanics: Foundations and Applications* (Springer-Verlag, Berlin, 1993).
9. A. Peres, *Quantum Theory: Concepts and Methods* (Kluwer Academic, Dordrecht, Netherlands, 1993).
10. J. A. Wheeler and W. H. Zurek, eds., *Quantum Theory and Measurement* (Princeton University, Princeton, New Jersey, 1993).
11. R. Omnès, *The Interpretation of Quantum Mechanics* (Princeton University, Princeton, New Jersey, 1994).

H. 路徑積分形式

1. R. P. Feynman and A. R. Hibbs, *Quantum Mechanics and Path Integrals* (McGraw-Hill, New York, 1965).
2. H. Kleinert, *Path Integrals in Quantum Mechanics, Statistics, and Polymer Physics* (World Scientific, Singapore, 1990).
3. G. Roepstorff, *Path Integral Approach to Quantum Physics, An Introduction* (Springer-Verlag, Berlin, 1994).

I. 角動量理論

1. A. R. Edmonds, *Angular Momentum in Quantum Mechanics* (Princeton University, Princeton, New Jersey, 1957).
2. M. E. Rose, *Elementary Theory of Angular Momentum* (Wiley, New York, 1957).

3. M. Rotenberg, R. Bivins, N. Metroplis, and J. K. Wooten, Jr., *The 3-j and 6-j Symbols* (MIT, Cambridge, Mass., 1959).
4. The Institute of Atomic Energy, Academia Sinica, *Tables of the Clebsh-Gordan Coefficients* (Science Press, Peking, 1965).
5. E. El-Baz and B. Castel, *Graphical Methods of Spin Algebras in Atomic, Nuclear, and Particle Physics* (Marcel Dekker, New York, 1972).
6. K.-N. Huang, *Graphical Evaluation of Relativistic Matrix Elements*, Reviews of Modern Physics, Vol. **51**, 215-236 (1979).
7. L. C. Biedenharn and J. D. Louck, *Angular Momentum in Quantum Physics: Theory and Application* (Addison-Wesley, Reading, MA, 1981).
8. D. A. Varshalovich, A. N. Moskalev, and V. K. Khersonskii, *Quantum Theory of Angular Momentum* (World Scientific, Singapore, 1988).
9. D. M. Brink and G. R. Satchler, *Angular Momentum* (Oxford University, New York, 1993).

J. 對稱性與群論

1. L. Fonda and G. C. Ghirardi, *Symmetry Principles in Quantum Physics* (Marcel Dekker, New York, 1970).
2. W.-K. Tung, *Group Theory in Physics* (World Scientific, Singapore, 1986).
3. W. Greiner and B. Müller, *Quantum Mechanics, Symmetry* (Springer-Verlag, Berlin, 1989).
4. J. Schwinger, *Quantum Kinematics and Dynamics* (Addison-Wesley, Reading, Mass., 1991).

K. 量子碰撞

1. U. Fano, *Description of States in Quantum Mechanics by*

Density Matrix and Operator Technique, Review of Modern Physics **29**, 74 (1957).

2. K.-C. Chou, *Reactions Involving Polarized Particles of Zero Rest Mass*, Zh. Eksp. Teor. Fiz. **36**, 909 (1959) [Sov. Phys.-JETP **9**, 642 (1959)].
3. M. Jacob and G. C. Wick, *On the General Theory of Collisions for Particles with Spin*, Ann. Phys. (N. Y.) **7**, 404 (1959).
4. T.-Y. Wu and T. Ohmura, *Quantum Theory of Scattering* (Prentice-Hall, Englewood Cliffs, New Jersey, 1962).
5. M. L. Goldberger and K. M. Watson, *Collision Theory* (Wiley, New York, 1964).
6. N. F. Mott and S. W. Massey, *The Theory of Atomic Collisions* (Oxford University, Oxford, 1965).
7. R. G. Newton, *Scattering Theory of Waves and Particles* (McGraw-Hill, New York, 1966).
8. J. R. Taylor, *Scattering Theory* (Wiley, New York, 1972).
9. C. J. Joachain, *Quantum Collision Theory* (North Holland, Amsterdam, 1975).
10. *Coherence and Correlation in Atomic Collisions*, H. Kleinpoppen and J. F. Williams eds. (Plenum, New York, 1980).
11. K.-N. Huang, *Theory of Angular Distribution and Spin Polarization of Photoelectrons*, Physical Review A**22**, 223 (1980); A**26**, 3676 (1982).
12. K.-N. Huang, *Kinematic Analysis of Photoelectrons from Polarized Targets with J=1/2*, Physical Review Letters **26**, 1811 (1982).
13. K.-N. Huang, *Coherent Fluorescence Radiation following Photoexcitation and Photoionization*, Physical Review A**25**, 3438 (1982).
14. K.-N. Huang, *Angular Distribution and Spin Polarization of*

Auger Electrons Following Photoionization and Photoexcitation, Physical Review A**26**, 2274 (1982).

15. K.-N. Huang, *Theoretical Triply Differential Cross Section of Electron-Impact Ionization of Atoms*, Physical Review A**28**, 1869 (1983).
16. K.-N. Huang, *Spin-Polarization Correlation in Electron-Atom Scatterings*, Chinese Journal of Physics **25**, 156 (1987).
17. K.-N. Huang, *Polarization and Angular Correlations in Electron-Ion Collisions*, Nuclear Instruments and Methods in Physics Research A**262**, 156 (1987).
18. D. S. Koltun and J. M. Eisenberg, *Quantum Mechanics of Many Degrees of Freedom* (Wiley, New York, 1988).
19. W.-Y. Cheng and K.-N. Huang, *Kinematic Analysis of Radiation from Atoms after Eelectron-Impact Excitation*, Journal of Physics B-atomic Molecular And Optical Physics **28**, 1547 (1995).
20. K.-N. Huang and W.-Y Cheng, *Polarization and Angular Correlations in Atomic Collisions*, Journal of the Korean Physical Society **32**, 232 (1998).

L. 量子躍遷

1. *Fundamental Problems in Statistical Mechanics*, E. G. D. Cohen ed. (North-Holland, Amsterdam, 1962).
2. R. D. Mattuck, *A Guide to Feynman Diagrams in the Many-Body Problem* (McGra-Hill, New York, 1967).
3. H. A. Bethe and R. W. Jackiw, *Intermediate Quantum Mechanics* (Benjamin, New York, 1968).
4. A. L. Fetter and J. D. Walecka, *Quantum Theory of Many-Particle Systems* (McGraw-Hill, New York, 1971).
5. K.-N. Huang and A. F. Starace, *Graphical Approach to the Spin-Orbit Interaction*, Physical Review A**18**, 354 (1977).
6. K.-N. Huang and W. R. Johnson, *Multiconfiguration*

Relativistic Random-Phase Approximation. Theory, Physical Review A**25**, 634 (1982).

7. K.-N. Huang, *Relativistic Many-Body Theory of Atomic Transitions. The Relativistic Equation-of-Motion Approach*, Physical Review A**26**, 734 (1982).
8. G. D. Mahan, *Many-Particle Physics* (Plenum, New York, 1990), 2*nd* ed.
9. D. C. Mattis, ed., *The Many-Body Problem, An Encyclopedia of Exactly Solved Models in One Dimension* (World Scientific, Singapore, 1993).
10. K.-N. Huang, H.-C. Chi, and H.-S. Chou, *The MCRRPA Theory and its Applications to Photoexcitation and Photoionization*, Chinese Journal of Physics **33**, 565 (1995) and references therein.

M. 半經典近似

1. A. B. Migdal and V. P. Krainov, *Approximation Methods of Quantum Mechanics* (NEO Press, Ann Arbor, Michigan, 1968).
2. V. P. Maslov and M. V. Fedoriuk, *Semi-Classical Approximation in Quantum Mechanics* (Reidel, Dordrecht, Holland, 1981).

N. 應用

1. M. Moshinsky, *The Harmonic Oscillator in Modern Physics: From Atoms to Quarks* (Gordon and Breach, New York, 1969).
2. C . Cohen-Tannoudji, B. Diu, and F. Laloë, *Quantum Mechanics*, Vols. One and Two (Wiley, New York, 1977).
3. H. Kroemer, *Quantum Mechanics: For Engineering, Materials Science, and Applied Physics* (Prentice-Hall, Englewood Cliffs, New Jersey, 1994).

4. J. Singh, *Quantum Mechanics* (Wiley, New York, 1997).

O. 相對量子力學

1. J. D. Bjorken and S. D. Drell, *Relativistic Quantum Mechanics* (McGraw-Hill, New York, 1964).
2. J. J. Sakurai, *Advanced Quantum Mechanics* (Addison-Wesley, Reading, Mass., 1967).
3. V. B. Berestetskii, *Relativistic Quantum Theory* (Pergamon, Oxford, 1971).
4. M. D. Scadron, *Advanced Quantum Theory and Its Applications Through Feynman Diagrams* (Springer-Verlag, Berlin, 1979).
5. W. Greiner, *Relativistic Quantum Mechanics—Wave Equations* (Springer-Verlag, Berlin, 1992).
6. B. R. Holstein, *Topics in Advanced Quantum Mechanics* (Addison-Wesley, Reading, Mass., 1992).
7. T. Y. Wu and W.-Y. P. Hwang, *Relativistic Quantum Mechanics* (World Scientific, Singapore, 1996).
8. P. Strange, *Relativistic Quantum Mechanics with Applications in Condensed Matter and Atomic Physics* (Cambridge University, Cambridge, 1998).
9. 喀興林，**高等量子力學**（高等教育出版社，北京，2001）第二版。

P. 量子電動力學

1. W. Heitler, *The Quantum Theory of Radiation* (Clarendon Press, Oxford, 1954).
2. M. E. Rose, *Multipole Fields* (Wiley, New York, 1955).
3. R. P. Feynman, *Quantum Electrodynamics* (Benjamin, New York, 1961).
4. A. I. Akhiezer and V. B. Berestetskii, *Quantum Electrodynamics* (Wiley, New York, 1965).

5. W. Greiner and J. Reinhardt, *Quantum Electrodynamics* (Springer-Verlag, Berlin, 1992).

Q. 量子場論

1. N. N. Bogoliubov and D. V. Shirkov, *Introduction to the Theory of Quantized Fields* (Interscience, New York, 1959).
2. F. Mandl, *Introduction to Quantum Field Theory* (Wiley, New York, 1959).
3. S. S. Schweber, *An Introduction to Relativistic Quantum Field Theory* (Harper and Row, New York, 1961).
4. E. A. Power, *Introductory Quantum Electrodynamics* (Longmans, London, 1964).
5. J. D. Bjorken and S. D. Drell, *Relativistic Quantum Fields* (McGraw-Hill, New York, 1965).
6. F. Mandl and G. Shaw, *Quantum Field Theory* (Wiley, New York, 1984).
7. S. Weinberg, *The Quantum Theory of Fields*, Vol. I *Foundations* and Vol. II *Modern Applications* (Cambridge University, Cambridge, 1995 & 1996).
8. K. Huang, *Quantum Field Theory, form Operators to Path Integrals* (Wiley, New York, 1998).
9. 胡寧，**場的量子理論**（北京大學出版社，北京，2012）。

R. 量子統計

1. L. P. Kadanoff and G. Baym, *Quantum Statistical Mechanics* (Benjamin, New York, 1962).
2. K. Stowe, *Introduction to Statistical Mechanics and Thermodynamics* (Wiley, New York, 1984).

S. 習題

1. D. Ter Haar, *Selected Problems in Quantum Mechanics* (Infosearch, London, 1964).

2. S. Flügge, *Practical Quantum Mechanics*, I and II (Springer-Verlag, Berlin, 1971).
3. A. K. Ghatak and S. Lokanathan, *Quantum Mechanics* (Macmillan Company of India Ltd., New Delhi, 1977), 2*nd* ed.
4. H. A. Mavromatis, *Exercises in Quantum Mechanics, A Collection of Illustrative Problems and Their Solutions* (Kluwer Academic, Dordrecht, Netherlands, 1987).
5. Y.-K. Lim, *Problem and Solutions on Quantum Mechanics* (World Scientific, Singapore, 1998), compiled by the Physics Coaching Class, University of Science and Technology of China.
6. 劉蓮君，張哲華，**量子力學學習指導**（武漢大學出版社，武漢，2007）。
7. 錢伯初，曾謹言，**量子力學習題精選與剖析**（科學出版社，北京，2008）第三版。

七・物理數學

A. 一般

1. P. M. Morse and H. Feshbach, *Methods of Theoretical Physics*, Vols. 1 and 2 (McGraw-Hill, New York, 1953).
2. R. Courant and D. Hilbert, *Methods of Mathematical Physics*, Vols. I and II (Wiley, New, York, 1953).
3. J. R. Newman, *The World of Mathematics* Vols. 1-4 (Simon & Schuster, London, 1956).
4. H. Margenau and G. M. Murphy, *The Mathematics of Physics and Chemistry* (Van Nostrand, Princeton, New Jersey, 1956), 2*nd* ed.
5. I. S. Sokolnikoff and R. M. Redheffer, *Mathematics of Physics and Modern Engineering* (McGraw-Hill, New York,

1966).
6. J. Mathews and R. L. Walker, *Mathematical Methods of Physics* (Benjamin, New York, 1969).
7. R. W. Fuller, *Mathematics of Classical and Quantum Physics*, Vols. One and Two (Addison-Wesley, Reading, Mass., 1969 & 1970).
8. G. Birkhoff, *A Source Book in Classical Analysis* (Harvard University, Cambridge, MA, 1973).
9. J. T. Cushing, *Applied Analytical Mathematics for Physical Scientists* (Wiley, New York, 1975).
10. G. B. Arfken, *Mathematical Methods for Physicists* (Academic, New York, 1985), 3*rd* ed.
11. C. W. Wong, *Introduction to Mathematical Physics, Methods and Concepts* (Oxford University, Oxford, 1991).
12. F. W. Byron and R. W. Fuller, *Mathematics of Classical and Quantum Physics* (Addison-Wesley, Reading, MA, 1969), reprinted (Dover, 1992).
13. L. Råde and B. Westergren, *Mathematics Handbook for Science and Engineering* (Birkhäuser, Lund, Sweden, 1995).
14. M. L. Boas, *Mathematical Methods in the Physical Sciences* (Wiley, New York, 2006) 3*rd* ed.
15. K. T. Tang, *Mathematical Methods for Engineers and Scientists* Vols. I, II, and III (Springer-Verlag, Berlin, 2007).
16. K.-N. Huang, *Scientific Mathematics—Annotated Handbook* (Wu-Nan, Taipei, 2011).
17. 胡嗣柱，倪光炯，**數學物理方法**（高等教育出版社，北京，2011）第二版。
18. G. B. Arfken, H. J. Weber, and F. E. Harris, *Mathematical Methods for Physicists* (Elsevier, New York, 2012), 7*th* ed.
19. M. R. Spiegel, S. Lipschutz, and J. Liu, Mathematical Handbook of Formulas and Tables (McGraw-Hill, New York, 2012) 4*th* ed.

20. 吳崇試，**數學物理方法**（高等教育出版社，北京，2015）修訂版。
21. 柯導明，黃志祥，陳軍寧，**數學物理方法**（機械工業出版社，北京，2018）
22. 梁昆淼，**數學物理方法**（高等教育出版社，北京，2020）第五版。

B. 集合論

1. A. A. Fraenkel, *Abstract Set Theory* (North Holland, Amsterdam, 1953).
2. T. M. Apostol, *Calculus* Vol. II (Wiley, New York, 1967) 2*nd* ed.
3. 黃克寧，**無窮與集合**（徐氏基金會，香港，1968）。

C. 微積分與解析

1. P. C. Rosenbloom and S. Schuster, *Prelude to Analysis* (Prentice-Hall, Englewood Cliffs, New Jersey, 1966).
2. T. M. Apostol, *Calculus* Vols. I and II (Wiley, New York, 1967) 2*nd* ed.
3. *A Century of Calculus*, Part I 1894-1968 ed. T. M. Apostol, H. E. Chrestensor, C. S. Ogilvy, D. E. Richmond, and N. J. Schoonmaker (The Mathematical Association of America, 1969).
4. *A Century of Calculus*, Part II 1969-1991 ed. T. M. Apostol, D. H. Mugler, D. R. Scott, A. Sterrett, Jr., and A. E. Watkins (The Mathematical Association of America, 1992).

D. 無窮級數

1. K. Knopp, *Theory and Application of Infinite Series* (Blackie and Son, London, 1946).
2. V. Mangulis, *Handbook of Series for Scientists and Engineers* (Academic, New York, 1965).

3. E. D. Rainville, *Infinite Series* (Macmillan, New York, 1967).
4. E. Hansen, *A Table of Series and Products* (Prentice-Hall, Englewood Cliffs, New Jersey, 1995).
5. K. Knopp, *Theory and Application of Infinite Series* (Hafner, New York, 1971) 2*nd* ed., reprinted (A. K. Peters Classics, 1997).

E. 傅里葉分析

1. M. J. Lighthill, *Introduction to Fourier Analysis and Generalized Functions* (Cambridge University, New York, 1958).
2. A. Kufner and J. Kadlec, *Fourier Series* (Iliffe, London, 1971).
3. F. Oberhettinger, *Fourier Expansion, A Collection of Formulas* (Academic, New York, 1973).
4. A. Zygmund, *Trigonometric Series* (Cambridge University, Cambridge, UK, 1988).

F. 變分法

1. W. Yourgrau and S. Mandelstam, *Variational Principles in Dynamics and Quantum Theory* (Saunders, Philadelphia, 1968), 3*rd* ed.
2. G. M. Ewing, *Calculus of Variations with Applications* (Norton, New York, 1969).
3. H. Sagan, *Introduction to the Calculus of Variations* (McGraw-Hill, New York, 1969), reprinted (Dover, 1983).
4. W. Yourgrau and S. Mandelstam, *Variational Principles in Dynamics and Quantum Theory* (Dover, New York, 1979).

G. 行列式與矩陣

1. A. C. Aitken, *Determinants and Matrices* (Interscience, New York, 1956).

2. W. G. Bickley and R. S. H. G. Thompson, *Matrices—Their Meaning and Manipulation* (Van Nostrand, Princeton, New Jersey, 1964).

H. 群論

1. B. Higman, *Applied Group—Theoretic and Matrix Methods* (Clarendon, Oxford, 1955).
2. E. P. Wigner, *Group Theory and Its Application to the Quantum Mechanics of Atomic Spectra* (Academic, New York, 1959), translated by J. J. Griffin.
3. M. Hamermesh, *Group Theory and Its Application to Physical Problems* (Addison-Welsley, Reading, MA, 1962).
4. 馬中騏，**物理學中的群論——有限群篇和李代數篇**（科學出版社，北京，2015）第三版。

I. 常微分方程

1. E. L. Ince, *Ordinary Differential Equations* (Dover, New York, 1956).
2. G. M. Murphy, *Ordinary Differential Equations and Their Solutions* (Van Nostrand, Princeton, 1960).
3. E. C. Titchmarsh, *Eigenfunction Expansions Associated with Second-Order Differential Equations* Parts 1 and 2 (Oxford University, London, 1962).
4. M. Hirsch, *Differential Equations, Dynamical Systems, and Linear Algebra* (Academic, San Diego, 1974).
5. M. Tenenbaum and H. Pollard, *Ordinary Differential Equations* (Dover, New York, 1985).
6. M. Braun, *Differential Equations and Their Applications* (Springer-Verlag, New York, 1992), 4*th* ed.
7. C. H. Edwards, Jr. and D. E. Penney, *Elementary Differential Equations with Boundary Value Problems* (Prentice-Hall, Englewood Cliffs, New Jersey, 1993), 3*rd* ed.

J. 偏微分方程

1. P. W. Berg and J. L. McGregor, *Elementary Partial Differential Equations* (Holden-Day, San Francisco, 1966).
2. K. E. Gustafson, *Partial Differential Equations and Hilbert Space Methods* (Wiley, New York, 1987), 2*nd* ed. reprinted (Dover, 1998).
3. G. B. Folland, *Introduction to Partial Differential Equations* (Princeton University, Princeton, 1995).

K. 複函數

1. M. R. Spiegel, *Complex Variables, in Schaum's Outline Series* (McGraw-Hill, New York, 1964), reprinted (1995).
2. L. V. Ahlfors, *Complex Analysis* (McGraw-Hill, New York, 1979) 3*rd* ed.
3. A. I. Markushevich, *Theory of Functions of Complex Variable* (Chelsea, New York, 1985), translated and edited by R. A. Silverman.
4. R. V. Churchill, J. W. Brown, and R. F. Verkey, *Complex Variables and Applications* (McGraw-Hill, New York, 1989), 5*th* ed.

L. 特殊函數

1. G. N. Watson, *A Treatise on the Theory of Bessel Functions* (Cambridge University, Cambridge, UK. 1952) 2*nd* ed.
2. A. Erdlyi, W. Magnus, F. Oberhettinger, and F. G. Tricomi, *Higher Transcendental Functions* Vols. 1-3 (McGraw-Hill, New York, 1953), reprinted (Krieger, 1981).
3. E. W. Hobson, *The Theory of Spherical and Ellipsoidal Harmonics* (Chelsea, New York, 1955).
4. E. C. Titchmarsh, *The Theory of Functions* (Oxford University, New York, 1958), 2*nd* ed.

5. L. J. Slater, *Confluent Hypergeometric Functions* (Cambridge University, Cambridge, UK, 1960).
6. E. D. Rainville, *Special Functions* (Macmillan, New York, 1960), reprinted (Chelsea, 1971).
7. E. T. Whittaker and G. N. Watson, *A Course of Modern Analysis* (Cambridge University, Cambridge, UK, 1962), 4*th* ed.
8. M. Abramowitz and I. A. Stegun, *Handbook of Mathematical Functions* (Dover, New York, 1965).
9. I. S. Gradshteyn and I. W. Ryzhik, *Table of Integrals, Series, and Products* (Academic, New York, 1965), 4*th* ed.
10. W. Magnus, F. Oberhettinger, and R. P. Soni, *Formulas and Theorems for Special Functions of Mathematical Physics* (Springer-Verlag, New York, 1966), 3*rd* ed.
11. *Handbook of Mathematical Functions with Formulas, Graphs, and Mathematical Tables* (Dover, New York, 1968), edited by M. Abramowitz and I. A. Segun.
12. J. D. Talman, *Special Functions* (Benjamin, New York, 1968).
13. H. M. Nussenzveig, *Causality and Dispersion Relations* (Academic, New York, 1972).
14. Y. L. Luke, *Mathematical Functions and Their Approximations* (Academic, New York, 1975).
15. H. W. Wyld, *Mathematical Methods for Physics* (Benjamin / Commings, Reading, MA, 1976).
16. R. Remmert, *Theory of Complex Functions* (Springer, New York, 1991).
17. *NIST Handbook of Mathematical Functions*, F. W. J. Olver, D. W. Lozier, R. F. Boisvert, and C. W. Clark, eds. (Cambridge University, Cambridge, UK, 2010).

M. 張量分析

1. H. Jeffreys, *Cartesian Tensors* (Cambridge University, Cambridge, 1952).
2. R. C. Wrede, *Introduction to Vector and Tensor Analysis* (Wiley, New York, 1963).
3. I. S. Sokolnikoff, *Tensor Analysis—Theory and Applications* (Wiley, New York, 1964).
4. J. B. Marion, *Principles of Vector Analysis* (Academic, New York, 1965).
5. M. R. Spiegel, *Vector Analysis* (McGraw-Hill, New York, 1989).
6. E. C. Young, *Vector and Tensor Analysis* (Dekker, New York, 1993) 2*nd* ed.
7. H. F. Davis and A. D. Snider, *Introduction to Vector Analysis* (Allyn & Bacon, Boston, 1995).

N. 函數分析

1. A. E. Taylor, *Introduction to Functional Analysis* (Wiley, New York, 1958).
2. E. T. Whittaker and G. N. Watson, *A Course of Modern Analysis* (Cambridge University, Cambridge, UK, 1962), 4*th* ed.
3. I. M. Gel'fand and G. E. Shilov, *Generalized Functions*, Vol. 1 (Academic, New York, 1964).
4. I. M. Gel'fand and N. Ya. Vilenkin, *Generalized Functions*, Vol. 4 (Academic, New York, 1964).
5. T. M. Apostol, *Mathematical Analysis* (Addison-Wesley, Reading, Mass., 1974), 2*nd* ed.
6. F. Riesz and B. Sz.-Nagy, *Functional Analysis* (Dover, New York, 1990), translated by L. F. Boron.

O. 概率論

1. R. T. Cox, *The Algebra of Probable Inference* (Johns

Hopkins, Baltimore, 1961).
2. A. Renyi, *Foundations of Probability* (Holden-Day, San Francisco, 1970).
3. S. M. Ross, *Introduction to Probability and Statics for Engineers and Scientists* (Academic, New York, 1999) *2nd* ed.
4. J. L. Devore, *Probability and Statistics for Engineering and Sciences* (Duxbury, New York, 1999) *5th* ed.
5. A. Papoulis, Probability, *Random Variables, and Stochastic Processes* (Academic, New York, 2009).

P. 本徵值問題

1. J. H. Wilkinson, *The Algebraic Eigenvalue Problem* (Oxford University, London, 1965).
2. I. Stakgold, *Green's Functions and Boundary Value Problems* (Wiley, New York, 1979).
3. J. Gilbert and L. Gilbert, *Linear Algebra and Matrix Theory* (Academic, San Diego, 1995).
4. M. C. Jain, *Vector Spaces and Matrices in Physics* (Alpha Science International, Oxford, 2007) *2nd* ed.

Q. 物理空間

1. A. de-Shalit and I. Talmi, *Nuclear Shell Model* (Academic, New York, 1963).
2. B. Ram, *Physics of the SU(3) Symmetry Model*, Am. J. Phys. **35**, 16 (1967).
3. D. Park, *Resource Letter SP-1 on Symmetry in Physics*, Am. J. Phys. **36**, 557 (1968).
4. R. D. Young, *Physics of the Quark Model*, Am. J. Phys. **41**, 472 (1973).
5. A. Böhm, *The Rigged Hilbert Space and Quantum Mechanics* (Springer-Verlag, New York, 1978).

6. R. F. Streater and A. S. Wightman, *PCT, Spin and Statistics and All That* (Addison-Wesley, New York, 1989).
7. W. A. Brown, *Matrices and Vector Spaces* (Dekker, New York, 1991).
8. J. Blank, P. Exner, and M. Havlícek, *Hilbert Space Operators in Quantum Physics* (American Institute of Physics, New York, 1994).

R. 幾何代數

1. D. Hestenes, *New Foundations for Classical Mechanics* (Kluwer Academic, New York, 1999) 2*nd* ed. and references therein.
2. C. Doran and A. Lasenby, *Geometric Algebra for Physicists* (Cambridge University, Cambridge, 2003).
3. V. D. Sabbata and B. K. Datta, *Geometric Algebra and Applications to Physics* (Taylor & Francis, New York, 2007) and references therein.

英中字詞

— A —

a priori	先驗
absence of magnetic monopole	無磁單極
absolute value	絕值
absorption	吸收
abstract operator	抽象符
abstract space	抽象空間
acceleration	加速度
action	作用量
active	主動
particle (actor)	主粒子
particle state	主粒子態
point of view	主動觀
transformation	主動轉換
addition theorem	合成定理
adiabatic evolution	絕熱演化
adjoint	伴
conjugate	伴軛
conjugate space	伴軛空間
(conjugate space)	(軛空間)
operator	伴符
space	伴空間
(dual space)	(偶空間)
vector	伴矢
affine structure	仿射結構
algebraic structure	代數結構
Ampere, A.-M.	安培
Ampere law	安培律
analytic continuation	解析拓展
analytical method	解析方式
angular	角
function	角函
part	角部
symmetry	角稱
variable	角變數
angular-distribution	角佈
correlation	角佈關聯
function	角佈函
angular-function space	角函空間
angular-momentum	角動量
couplings	角動耦合
coupling coefficient	角動耦合係數
coupling diagram	角動耦合圖
diagram of interaction	作用角動圖
helicity state	角動量旋態
(spherical helicity-state)	(球旋態)
line	角動線
operator	角動符
quantum number	角動量子數
selection function	角動擇函
state	角動態
angular-symmetry	角稱，角對稱

operator	角稱符
quantum number	角稱量子數
annihilate	滅，消
annihilation field operator	滅場符
annihilation operator (destruction operator)	滅符
anticommutation relation	反易關係
anticommutativity	反易性
anticommutator	反易子
anticommute	反易
anti-hermitian matrix	反厄米陣
anti-hermitian operator	反厄米符
antilinear	反線
functional	反線泛函
operator	反線符
representation	反線表象
vector space	反線矢空間
antilinearity	反線性
anti-parallel spin	反行自旋
anti-particle	反粒子
anti-self-adjoint operator	反自伴符
antisymmetric	反稱
configuration	反稱組態
matrix element	反稱陣元
state	反稱態
tensor	反稱張量
antisymmetrize	反稱化
anti-unitary operator	反幺正符 (反酉符)
apparatus	儀具
apparent rotation angle	視轉角
artificial intelligence	人工智能
associated Legendre polynomial	副勒讓德多項式
associativity	結合性
astrophysics	天體物理
atomic	原子
collision	原子碰撞
ionization	原子電離
multipole	原子多極
photoionization (photoionization)	原子光離 (光離)
spectrum	原子光譜
units	原子單位
Auger process	奧傑過程
Auger transition	奧傑躍遷
average	均，平均
position	平均位置
value	均值
value of function	函均值
Avogadro constant	阿伏伽德羅常數
axiom of scalar-vector multiplication	矢乘標公理
axiom of vector addition	矢相加公理
azimuthal angle	輻角

— B —

basic diagram	基本圖
basis	基
function	基函
of symmetrized states	稱化態的基
operator	基符
states	基態
vectors	基矢
behavioral definition (coordinative definition)	效能定義
Bethe-Salpeter equation	貝塔-薩彼特方程
bilinear functional	雙線泛函
bilinear scalar functional	雙線標泛函
binary reaction	二元反應
bivector (multivector of grade 2)	矢^2 (二階重矢)
block	塊
block-form	塊式
Bohr, N. H. D.	玻爾
Bohr radius	玻爾半徑
Boltzmann, L. E.	玻茲曼
Boltzmann equation	玻茲曼方程
boost rotation	促轉
angle	促轉角
generator	促轉子
vector	促轉矢
Born, M.	玻恩
Bose, S. N.	玻色
Bose-Einstein statistics	玻色-愛因斯坦統計
boson	玻子
boson field	玻子場
bound state	束縛態
bounded	有界
bra	包
block	包塊
space	包空間
vector	包矢
vector graph	包矢圖
Brahe, T.	布拉赫
Breit interaction	布萊特作用
brute-force solution	蠻解

— C —

calculable form	算式
canonical	正則，範
commutation relation	正則對易關係
equations of motion (Hamilton equation of motion, Hamilton equation)	正則運動方程 (哈密頓運動方程，哈密頓方程)
formalism	正則表述
momentum (canonically-conjugate momentum)	正則動量 (正則軛動量)
quantization	正則量子化

condition	條件
quantization procedure	正則量子化步驟
space	正則空間
transformation	正則轉換
canonical-form	範式
canonically conjugate	正則軛
canonically-conjugate momentum	正則軛動量
(canonical momentum)	(正則動量)
canonically-conjugate momentum operator	正則軛動符
(canonical-momentum operator)	(正則動符)
captured	捕獲
cardinal number	基數
Cartesian coordinate system	笛卡兒座
(rectangular coordinate system)	(直角座)
cascade processes	階躍過程
Celestial kinematics	天體運行學
center of momentum	動心
center-of-mass frame	質心座
center-of-momentum frame (CM frame)	動心座
central field	中心場
CG coefficient	CG 係數
(Clebsch-Gordan coefficient)	(克萊布希-戈登係數)
CG graph	CG 圖

channel	通道
charge	電量, 電荷
conjugation	電荷軛
conservation	電量守恆
transfer	電荷轉移
charge-current conservation	電荷流守恆
Chat GPT (Chat Generative Pre-trained Transformer)	聊天生成預訓練模型
chemical reaction	化學反應
chiral representation	手徵表象
classical	經典
average	經典平均
(classical ensemble average)	(經典系綜平均)
description	經典描述
dice	經典骰子
dimension	經典維度
dynamical variable	經典動力變數
electromagnetic field	經典電磁場
electromagnetics	經典電磁學
ensemble	經典系綜
(incoherent ensemble)	(非相干系綜)
equation	經典方程
field	經典場
limit condition	經典極限條件
mechanics	經典力學
mix-state	經典混態

optics	經典光學
particle	經典粒子
physics	經典物理
pure-state	經典純態
state	經典態
statistical mechanics	經典統計力學
(classical statistical physics)	(經典統計物理)
theory	經典理論
Clebsch-Gordan coefficient	克萊布希-戈登係數
(CG coefficient)	(CG 係數)
Clifford algebra	克里福代數
clockwise	順時向
close block	閉塊
closed system	封閉系統
closed-subshell	閉次殼
closed-subshell atom	閉次殼原子
closure	封閉性
CM frame	動心座
(center-of-momentum frame)	
coefficient of fractional parentage	成份係數
(cfp coefficient)	
co-eigen basis	共徵基
co-eigen equations	共徵程
co-eigenstate	共徵態
(simultaneous eigenstate)	
coherence	相干性
coherent	相干
dice	相干骰子
(quantum dice)	(量子骰子)
ensemble	相干系綜
(quantum ensemble)	(量子系綜)
fluorescence radiation	相干熒輻射
information	相干信息
random variable	相干混變數
colliding system	碰撞系統
collision	碰撞
dynamics	碰撞動力學
equation	碰撞方程
geometry	碰撞幾何
plane	碰撞平面
process	碰撞過程
reaction	碰撞反應
time	碰撞時間
communication	通訊
commutation relation	對易關係
commutativity	交換性
commutator	對易子
commute	對易
compact complete compatible observable set	簡要完備相容測符集
comparative study	對比研究
compatibility	相容性
compatible	相容
observables	相容測符
physical quantity	相容物理量
complementary	互補原理

principle	
complete orthonormal	完備正規
basis	完備正規基
function basis	完備正規函基
tensor basis	完備正規張量基
complete set of	完備集
compatible observables	完備相容測符集
linearly independent vectors	完備線獨立矢集
completely	全
mixed spin-state	全混自旋態
(unpolarized state)	(非極化態)
polarized photon	全極化光子
polarized state	全極化態
completeness	完備
in description	描述完備性
of basis vectors	基矢完備性
of space	空間完備性
relation	完備關係
complex	複
basis vector	複基矢
dynamical variable	複動力變數
electromagnetic field	複電磁場
function	複函
linear-superposition	複線疊加
linear-superposition principle	複線疊加原理
matrix	複矩陣
number	複數
number plane	複數平面
(z-plane)	(z 平面)
probability amplitude	複概幅
probability-density amplitude	複概密幅
scalar field	複標域
variable	複變數
vector	複矢
vector space	複矢空間
wave function	複波函
complex-type	複型
component	分量
components as a whole	全部分量
composite	複合
open system	複合開系統
particle	複合粒子
system	複合系統
Compton, A. H.	康普頓
Compton wavelength	康普頓波長
conceptual definition	概念定義
conduction-current density	導電流密
configuration	組態，位形
manifold	組態流形
space	位形空間
conjugate	共軛
conjugate space	軛空間
(adjoint conjugate space)	(伴軛空間)
connected	連
conservation	守恆

law	守恆率
of particle number	粒子數守恆
of total energy	總能量守恆
of total momentum	總動量守恆
of transition probability	躍遷概率守恆
conservative force field	保守力場
consistency condition	一致性條件
constant of motion	運動常量
constant operator	常量符
constraint (constraint relation)	約束關係
continuity equation	連續方程
continuous	連續
basis	連續基
distribution	連續佈
linear functional	連續線泛函
mapping	連續映射
orthonormal basis	連續正規基
part	連續部
real parameter	連續實參
unbounded real distance	連續無限實距離
continuum	連續(連續統)
basis state	連續基態
domain	連續域
hypothesis	連續統假説
infinity	連續無窮
position space	連續位空間
representation	連續表象
spectrum	連續譜
state	連續態
variable	連續變數
contraction	縮併
contravariance	逆變性
contravariant	逆變
tensor	逆變張量
tensor of rank n	n 階逆變張量
convergence	收斂性
coordinate	座標
axis	座軸
representation (position representation, $\boldsymbol{x}$-representation)	座標表象 (位表象, $\boldsymbol{x}$ 表象)
system (coordinate frame)	座 (座標系, 標架)
transformation	座標轉換
coordinative definition (behavioral definition)	效能定義
Copernicus, N. (Kopernik, M.)	哥白尼
correlation	相關, 關聯性
effect	相關效應
matrix	關聯陣
Coulomb, C.-A. de	庫倫
Coulomb	庫倫
gauge (transverse gauge, radiation gauge)	庫倫規 (橫規, 輻射規)
law	庫倫律
potential	庫倫勢
potential operator	庫倫勢符

countable (denumerable) 可數
counter-clockwise 逆時向
coupled 耦合
  equations 耦合方程組
  many-body equation 耦合多體方程
  radial equation 耦合徑方程
  radial integral 耦合徑積分
  vibration equations 耦合振動方程組
coupling 耦合
  diagram 耦合圖
  scheme 耦合模式
  symmetry 耦合對稱
covariance 協變性
covariant 協變
  conjugate 協變軛
  form 協變形式
  notations 協變標記
  perturbation theory 協變微擾理論
  tensor 協變張量
  tensor of rank *n* *n* 階協變張量
covariant-photon interaction 協光作用
create 增，生
creation 增加
  field operator 增場符
  operator (production operator) 增符
curvilinear coordinate system 曲線座

— D —

dark energy 暗能量
dark matter 暗物質
de Broglie, L. V. P. 德布羅意
de Broglie wavelength 德布羅意波長
decay rate 衰率
de-excited atom 退激原子
defining representation 定義表象
degenerate 簡併
degenerate eigenstates 簡併徵態
degree of freedom 自由度
degree of polarization 極化度
delay 延遲
dense 稠密
density 密度
  matrix 密陣
  matrix of one-state 單態密陣
  operator (statistical operator) 密符 (統計符)
density-matrix formulation 密陣表述
denumerable (countable) 可數
derivation 推導
derivative 導數
Descartes, R. du P. 笛卡兒
destruction operator (annihilation operator) 減符

determinant	行列式
determinism	決定論
diagonal matrix	對角陣
diagonal matrix element	對角陣元
diagonalized	對角化
diagram representation	圖表象
diagrammatic method (graphical method)	圖解法
difference	差
differentiability	可微性
differentiable structure	可微結構
differential cross-section	微分截面
differential geometry	微分幾何
dimension	維度, 量綱
dimension analysis	量綱分析
dimensionality	量綱
dimensionless	無量綱
Dirac, P. A. M.	狄拉克
Dirac	狄拉克
angular-symmetry operator	狄拉克角稱符
equation	狄拉克方程
matrix formula	狄拉克陣公式
momentum operator	狄拉克動符
notations	狄拉克標記
operator	狄拉克符
orbital	狄拉克軌
parity operator (parity operator)	狄拉克宇稱符 (宇稱符)
picture (interaction picture)	狄拉克動象 (作用動象)
space	狄拉克空間
spinor	狄拉克旋子
(Dirac-intrinsic function)	(狄拉克稟賦函)
total angular-momentum operator	狄拉克總角動符
Dirac-	狄拉克
α matrix	狄拉克 α 陣
α operator	狄拉克 α 符
β matrix	狄拉克 β 陣
β operator	狄拉克 β 符
γ matrices	狄拉克 γ 陣
γ operator	狄拉克 γ 符
Γ matrices	狄拉克 Γ 陣
δ function	狄拉克 δ 函
δ normalizable	可狄拉克 δ 規 (可狄規)
δ normalization	狄拉克 δ 規 (狄規)
δ normalization vector	狄拉克 δ 規矢 (狄規矢)
Σ matrix	狄拉克 Σ 陣
field equation	狄拉克場方程
Fock Hamiltonian	狄拉克-福克-哈密頓
Fock part (DF part)	狄拉克-福克部(DF 部)
Hamiltonian	狄拉克-哈密頓
intrinsic function	狄拉克稟賦函

(Dirac spinor) (狄拉克旋子)
intrinsic space 狄拉克稟賦空間
spin operator 狄拉克自旋符
direct product 直積
direct-product space 直積空間
discrete 離散(分立)
basis 離散基(分立基)
basis state 離散基態
distribution 離散佈
domain 離散域
orthonormal basis 離散正規基
part 離散部
representation 離散表象
spectrum 離散譜
state 離散態(分立態)
variable 離散變數
distance 距離
distribution 分佈
distribution function 佈函
(probability distribution) (概佈)
divergency 發散
D-normalization 狄規
(Dirac-δ normalization) (狄拉克 δ 規)
domain 定義域
double differential cross-section 雙微截面
doubly-angular correlations 雙角關聯
dual field-strength operator 伴場強符
dual space 偶空間
(adjoint space) (伴空間)
dummy index 啞標
duration 時間
(moment, time interval)
dyadic 並矢
dynamic process 動態過程
dynamical 動力
behavior 動力行為
configuration path 動形跡
effect 動力效應
equation 動力方程
model 動力模型
operator 動力符
parameter 動力參數
part 動力部
path 動力軌跡(動跡)
theory 動力論
variable 動力變數
dynamically equivalent 動力等價
dynamics 動力學

— E —

effective 等效
classical ensemble 等效經典系綜

formula	等效公式
relativistic mass	等效動質
restmass	等效靜質
eigen equation	徵程
eigen representation	本徵表象
eigenstate	徵態
eigenvalue	徵值
eigenvalue spectrum	徵值譜
Einstein, A.	愛因斯坦
Einstein summation convention	愛因斯坦求和定則
electric	電
charge	電量
charge-density	電荷密
4-current	電四流
current-density	電流密
dipole	電偶極
displacement vector	電位移矢
field-intensity	電場強度
multipole	電多極
electric-dipole	電偶極
amplitude	電偶極幅
approximation	電偶極近似
transition	電偶極躍遷
electromagnetic interaction	電磁作用
electromagnetic wave	電磁波
electron	電子
current	電子流
current intensity	電子流強
density-matrix	電子密陣
field	電子場
field operator	電子場符
wavefunction	電子波函
electron-capture fluorescence	電捕熒光
electron-positron pair production	電子正子對生
electroweak interaction	電弱作用
element	元件，元素
elementary	基本
mechanics operator	基本力學符
particle	基本粒子
reaction	基本反應
spacetime transformation	基本時空轉換
transformation	基本轉換
transformation operator	基本轉換符
ellipse	橢圓
elliptical coordinate system	橢圓座
elsewhere	他處
emission	出射
emitted electron	出射電子
energy	能量
conservation	能量守恆
density-matrix	能量密陣
eigen equation	能量徵程
eigenstate	能量徵態
representation (E-representation)	能量表象 (E 表象)
scale	能量尺

spectrum 能譜
energy-momentum relation 能動關係
ensemble 系綜
average 系綜平均
-average phenomenon 系綜平均現象
entire entity 整體
entity (existence, thing) 東西
entrance channel 入通道
envelope function 包絡函
equation 方程
of electron field 電子場方程
of motion 運動方程
of photon field 光子場方程
of state 態方程
equiarm balance 等臂天平
equilibrium process 平衡過程
equilibrium state 平衡態
equivalence 對等性
equivalent 對等
description 對等描述 (等價描述)
observables 對等測符
observation 對等觀測
operational procedure 對等操作程序
particles 對等粒子
physical states 對等物理態
position operators 對等位符
quantum description 對等量子描述
state 對等態
transformation 對等轉換
E-representation (energy representation) *E* 表象 (能量表象)
E-sign operator *E* 號符
η-technique η 技法
ether 以太
Euclid 歐幾里德
Euclidean space 歐幾里德空間 (歐空間)
Euler, L. 歐拉
Euler 歐拉
angle 歐拉角
equation 歐拉方程
operator 歐拉符
rotation 歐拉轉向
vector 歐拉矢
Euler-Lagrange equation (Lagrange equation) 歐拉-拉格朗治方程 (拉格朗治方程)
even parity 偶宇稱
even-permutation operator 偶換符
event 事件
evolution (time displacement, time translation) 演化 (時移)
factor 演化因子
generator (time-displacement generator) 演化子 (時移子)

operator of state (time-displacement operator of state)	態演化符 (態時移符)
exchange effect	交換效應
exchange operator	交換符
excited	
atom	激原子
orbital	激軌
state	激態
existence (entity, thing)	東西
exit channel	出通道
expectation value	期值
explain	解釋
explicit formula	明確公式
explicit time-dependence	顯依時性
extended real-number system	擴實數系
extension	廣延性
external field	外加場
external parameter	外在參量
extremum	極值
extremum principle	極值原理

— F —

facets of physical state	物理態面面觀
factorization	因式分解
Faraday, M.	法拉第
Faraday law	法拉第律
fate	命
Fermi, E.	費米
Fermi vacuum	費米真空
Fermi-Dirac statistics	費米-狄拉克統計
fermion	費子
fermion field	費子場
Feynman, R. P.	費曼
Feynman diagram	費曼圖
Feynman slash	費曼叉
field	場
equation	場方程
operator (particle operator)	場符 (粒符)
quantization (wave quantization, second quantization)	場量子化 (波動量子化, 第二量子化)
field-quantization formalism (second-quantization formalism)	場量子化表述 (第二量子化表述)
field-quantization procedure	場量子化步驟
field-strength operator	場強符
final-state correlations	末態關聯
fine-structure constant	細構常數
finite	有限
boost rotation	有限促轉
extent	有限範圍
rotation	有限轉向
first law of newton	牛頓第一定律
first-order	一階

density matrix	一階密陣
transition matrix	一階躍陣
transition operator	一階躍符
fixed coordinate system	固定座
flat structure	平直結構
fluorescence phenomenon	熒光現象
fluorescence radiation	熒輻射
force	力
formal system	形式系統
four-	四
component	四分量
component function	四分量函
component tensor	四張量
coordinate	四座標
differential	四微分
dimension vector	四維矢
momentum operator	四動符
potential	四勢
vector	四矢
Fourier transform	傅立葉轉換
Fréchet-Riesz theorem	弗雷歇-瑞茲定理
(Riesz theorem)	(瑞茲定理)
free	自由
Dirac space	自由狄拉克空間
particle	自由粒子
space	自由空間
free-will	自由意志
function space	函空間
function value	函值
functional	泛函
fundamental	基本
concept	基本概念
interaction	基本作用
mechanical quantity	基本力學量
physical quantity	基本物理量
rule	基本規則
term	基本術語
future light-cone	未來光錐

— G —

Galilean transformation	伽利略轉換
Galilei, G.	伽利略
gauge field theory	規範場論
Gauss, C. F.	高斯
Gaussian units	高斯單位
Gell-Mann, M.	蓋爾曼
Gell-Mann-Low theorem	蓋爾曼-婁定理
general theory of relativity	廣義相對論
generalized	廣義
coordinates	廣義座標
function	廣義函
indeterminacy relation	廣義不確定關係
momentum	廣義動量
momentum operator	廣義動符
phase space	廣義相空間

position	廣義位置
position operator	廣義位符
potential	廣義勢
spherical-tensor operator	廣義球張量符
spherical-tensor operator basis	廣義球張量符基
velocity	廣義速度
generator	生成子
geometric	幾何
algebra	幾何代數
point	幾何點
structure	幾何結構
geometry	幾何
of physical spacetime	物理時空幾何
of spacetime	時空幾何
space	幾何空間
Gerlach, W.	蓋拉赫
global coherent	全域相干
glossary	專業術語
Gödel, K.	哥德爾
Gödel incompleteness theorem	哥德爾不完備定理
gougu theorem	勾股定理
(Pythagorean theorem)	(畢氏定理)
gradient	梯度
graph	圖形
graphical method	圖解法
(diagrammatic method)	
graphical notations	圖標
gravitational interaction	引力作用
(gravitation)	
gravitational mass	重質
Green operator	格林符
Green-operator technique	格林符技法
ground state	底態
group	群
property	群性
structure	群結構
theory	群論
velocity	群速

— H —

half-integer spin	半整自旋
half-space symmetry	半空間對稱性
Hamilton, W. R.	哈密頓
Hamilton	哈密頓
equation	哈密頓方程
(Hamilton equation of motion, canonical equation of motion)	(哈密頓運動方程, 正則運動方程)
eigen equation	哈密頓徵程
eigenstate	哈密頓徵態
extremum principle	哈密頓極值原理
operator	哈密頓符
(Hamiltonian)	(哈密頓)
Hamiltonian	哈密頓

form	哈密頓形式
formalism	哈密頓表述
function	哈密頓函
(Hamiltonian)	(哈密頓)
harmonic function	諧函
harmonics	諧波
Hartree-Fock method	哈崔-福克方法
Heaviside step-function	亥維賽梯函
Heisenberg, W. K.	海森伯
Heisenberg	海森伯
equation of motion	海森伯運動方程
indeterminacy principle	海森伯不確定原理
picture	海森伯動象
helicity	旋性, 旋量
formalism	旋性表述
operator	旋符(旋動符)
state	旋態
(relativistic helicity state)	(相對論性旋態)
Helmholtz, H. L. F. von	赫姆霍茲
Helmholtz equation	赫姆霍茲方程
hermitian	厄米
matrix	厄米陣
operator	厄米符
symmetry	厄米對稱
hermiticity	厄米性
hidden variable	隱變數
hierarchy equation	遞階方程
high-energy collision	高能碰撞
highly ionized	高離化
Hilbert, D.	希爾伯特
Hilbert space	希爾伯特空間(希空間)
homogeneous	齊次, 均勻
(uniform and isotropic)	(均位且均向)
Maxwell equations	齊次麥克斯韋方程
proper Lorentz group	齊次常洛倫茲群
proper Lorentz transformation	齊次常洛倫茲轉換
space	均勻空間
spacetime	均勻時空
hypergeometric function	超幾何函

— I —

ideal	理想
experiment	理想實驗
function	理想函
measurement	理想觀測
identical	等同
particles	等同粒子
particle systems	等同粒子系統
physical systems	等同物理系統
procedure	等同程序
identity	恆等
dyadic	恆等並矢
matrix	恆等陣

operator	恆等符
transformation	恆等轉換
imaginary part	虛部
imaginary-axis formalism	虛軸表述
implicit time-dependence	隱依時性
(no explicit time-dependence)	(不顯依時性)
improper Lorentz transformation	異洛倫茲轉換
in-arrow	內箭
incident photon	入射光子
incoherent	非相干
incoherent ensemble	非相干系綜
(classical ensemble)	(經典系綜)
incoming-wave	內聚波
incompatible physical quantity	不相容物理量
independent dynamical parameter	獨立動力參數
independent information	獨立訊息
indeterminacy principle	不確定原理
indeterminacy relation	不確定關係
inelastic binary reaction	非彈性二元反應
inertial	慣性
balance	慣性天平
force	慣性力
frame (inertial coordinate frame)	慣性座
law	慣性定律
mass	慣質
observer	慣性觀察者
spacetime coordinate system	慣性時空座
(inertial frame)	(慣性座)
infinite	無限, 無窮
number	無窮數
point set	無窮點集合
rotation group	無窮轉向群
series	無窮級數
set	無窮集合
infinite-dimensional	無限維
infinitely differentiable	無限可微
infinitely many	無限多
infinitesimal	微量
boost rotation	微促轉
canonical transformation	微正則轉換
inverse rotation operator	微逆轉向符
rotation operator	微轉向符
transformation	微轉換
variation	微變
inhomogeneous Maxwell equations	非齊次麥克斯韋方程
initial state	初態
initial-state correlations	初態關聯
inner product	內積

(scalar product)
inner product of vectors 矢內積
instant 時刻
instantaneous 瞬時
integer spin 整自旋
integrable 可積
  complex function 可積複函
  function 可積函
interaction 作用
  block 作用塊
  energy 作用能
  force 作用力
  operator 作用符
  picture 作用動象
  (Dirac picture) (狄拉克動象)
  strength 作用強
internal structure 內部結構
internal variable 內部變數
interval 間距
interval square 間距平方
intrinsic 稟賦
  degree of freedom 稟賦自由度
  distortion 稟賦扭曲
  part 稟賦部
  property 稟賦屬性
  structure 稟賦結構
  variable 稟賦變數
  wavefunction 稟賦波函
intrinsic-function transformation 稟賦函轉換
intrinsic-function transformation operator 稟賦函轉換符
intuition 直觀
invariant 不變
invariant subspace 不變子空間
inverse 逆
  function 逆函
  operator 逆符
  permutation operator 逆置換符
  rotation 逆轉向
  rotation operator 逆轉向符
  transformation 逆轉換
  vector 逆矢
ionized 離化
irreducibility 不可約性
irreducible 不可約
  operator 不可約符
  spherical-tensor 不可約球張量
irreducible-operator set 不可約符集
isolated system 孤立系統
isotropic 均向

— J —

Jacobi identity 賈可比恆等式
Jacobian determinant (Jacobian) 賈可比行列式
jj-coupled *jj* 耦合
jm-scheme matrix element *jm* 陣元

Jordan, E. P.	約旦
just-describe	恰描述
just-description	恰描述

— K —

Kepler, J.	刻卜勒
kernel (nucleus)	核
ket	括
block	括塊
space	括空間
vector	括矢(括)
vector graph	括矢圖
kinematical	運行
analysis	運行解析
law	運行規律
part	運行部
structure	運行結構
kinematics	運行學
kinetic energy	動能
Klein-Gordon equation	克萊因-戈登方程
Kronecker, L.	克羅內克
Kronecker-δ	克羅內克δ
function	克羅內克δ函
normalization (norm normalization)	克羅內克δ規(模規)

— L —

laboratory frame (LAB frame)	實驗座
Lagrange, J.-L.	拉格朗治
Lagrange equation (Euler-Lagrange equation)	拉格朗治方程(歐拉-拉格朗治方程)
Lagrange function (Lagrangian)	拉格朗治函(拉格朗治)
Lagrangian density	拉格朗治密度
Lagrangian formalism	拉格朗治表述
Laplace, P. S. (M. de)	拉普拉斯
Laplace equation	拉普拉斯方程
Laplacian operator	拉普拉斯符
large component	大量
lattice point	格點
law	律(規律)
Lebesgue, H. L.	勒貝格
Lebesgue	勒貝格
integral	勒貝格積分
square-integrable ($\mathbf{L}^2$-integrable)	勒貝格平方可積
square-integrable complex function	勒貝格平方可積複函
left	左
circular polarization	左圓極化
elliptical polarization	左橢極化
polarization	左極化
left-hand	左手
convention	左手定則
coordinate system	左手座
light	左旋光
Legendre polynomial	勒讓德多項式

Legendre transformation	勒讓德轉換
length contraction	尺縮
Levi-Civita tensor	勒維-契維塔張量
lifetime	壽命
light cone	光錐
light intensity	光強
light-cone surface	光錐面
light-like	類光
interval	類光距
region	類光區
limit vector	極限矢
linear	線性
combination	線性組合
functional	線泛函
helicity-state	線旋態
(linear-momentum helicity state)	(線動旋態)
momentum operator	線動符
(canonical-momentum operator)	(正則動符)
operator	線符
polarization	線極化
scalar functional	線標泛函
(linear functional)	(線泛函)
superposition	線疊加 (線性組合)
vector space	線矢空間
width	線寬
linearity	線性

linearly independence	線獨立
linearly independent state	線獨立態
linear-momentum helicity state	線動旋態
(linear helicity-state)	(線旋態)
local	局域
causal field	局域因果場
Lagrangian density	局域拉格朗治密度
localization	局域性
locally integrable	局域可積
locally integrable function	局域可積函
logic	邏輯
longitudinal	縱向
component	縱量
multipole	縱多極
Lorentz, H. A.	洛倫茲
Lorentz	洛倫茲
condition	洛倫茲條件
covariance	洛倫茲協變性
invariance	洛倫茲不變性
invariant	洛倫茲不變量
inverse transformation	洛倫茲逆轉換
gauge	洛倫茲規
transformation	洛倫茲轉換
(Lorentz transformation of spacetime)	(洛倫茲時空轉換)
transformation	洛倫茲轉換符

operator	
low-energy approximation theory	低能近似理論
lower line	下線
luck	運

— M —

Mach, E.	馬赫
Mach principle	馬赫原理
macroscopic	宏觀
body	宏觀物體
condition	宏條件
indicator	宏指標
limit	宏觀極限
physics	宏觀物理
property	宏性質
scale	宏尺度
time	宏時間
world	宏世界
magnetic	磁
field	磁場
field-intensity	磁場強度
induction intensity	磁感應強度
line of force	磁力線
moment	磁矩
multipole	磁多極
quantum number	磁量子數
magnitude operator	模符
Majorana, E.	馬約若納
Majorana representation	馬約若納表象
many-body dynamical theory	多體動力論
many-body system	多體系統
many-electron system	多電子系統
many-fermion state	多費子態
many-fermion system	多費子系統
many-particle	多粒子
configuration	多粒組態
correlation effects	多粒相關效應
interactions	多粒作用
state	多粒態
system	多粒系統
many-to-one	多對一
mapping	映射
mapping operator (projection operator)	映射符 (投影符)
mass (material mass)	質(質量)
energy (material energy)	質能
operator	質符
point (material point)	質點
massive particle	有靜質粒子
massless particle	零靜質粒子
mass-position operator	質位符
mass-sign operator	質號符
master equation of transition matrix	躍陣主方程
material	
energy (mass energy)	質能

mass 質量(質)
  point (mass point) 質點
mathematical 數學
  condition 數學條件
  deduction 數學演繹
  formalism 數學表述
  formulation 數學式
  geometry 數學幾何
  geometry space 數學幾何空間
  model 數學模式
  operator 數學算符
  property 數學特性
  quantity 數學量
  state 數學態
  structure 數學結構
  wavefunction 數學波函
matrix 矩陣
  basis 矩陣基
  element 陣元
  form 矩陣式
  mechanics 矩陣力學
  operator 矩陣符
  product 矩陣積
  representation 矩陣表象
  vector 矩陣矢
Maxwell, J. C. 麥克斯韋
Maxwell equations 麥克斯韋方程
MCRRPA theory 多組態相對混相近似理論
m-current conservation *m* 流守恆
mean convergence 平均收斂
mean-field method 均場方法
measure 測量, 度量
measurement of magnetic moment 磁矩觀測
measurement process 觀測過程
measure-zero 零測度
mechanical vocabulary 力學詞彙
mechanical-momentum operator 力學動符
metric 量度
  complex vector space 量度複矢空間
  space 量度空間
  structure 量度結構
  tensor 量度張量
  unit 量度單位
  vector space 量度矢空間
microscopic 微觀
  dynamical variable 微動力變數
  process 微過程
  property 微性質
  scale 微尺度
  state 微觀態
  structure 微結構
  theory 微觀理論
  world 微世界
mingled-distribution 混合佈
Minkowski, H. 閔可夫斯基
Minkowski spacetime 閔可夫斯基時空(閔時空,
(Taixu) 太虛)
mix state (mixed state) 混態

mixed representation	混合表象
mix-state operator	混態符
model	模式
mole	摩爾 (克分子量)
molecular-chaos assumption	分子混沌假設
moment (duration, time-interval)	時間
momentum	動量
change rate	動量變率
conservation	動量守恆
density-matrix	動量密陣
distribution function	動量佈函
matrix	動量矩陣
operator	動符
representation	動量表象
(***p***-representation)	(***p*** 表象)
scale	動量尺
space	動量空間
monotonically-increasing function	遞增函
most extensive (most inclusive)	包容最廣
multi-channel reaction	多通道反應
multi-component function	多分量函
multiple-valued discontinuous function	多值非連續函
multipole	多極
(multipole potentials)	(多極勢)
multipole transition	多極躍遷
multivector	重矢
multivector of grade 2 (bivector)	二階重矢 (矢^2)
multiverse theory	多宇宙論

— N —

natural coordinate system	自然座
natural law	自然律
nature	本質，自然
necessary and sufficient condition	充要條件
necessary condition	必要條件
negative-	負
energy solution	負能解
energy state	負能態
frequency graph	負頻圖
frequency part	負頻部
helicity state	負旋態
neighborhood	鄰域
net force	淨力
Newton, I.	牛頓
Newton equation of motion	牛頓運動方程
Newton formalism	牛頓表述
no explicit time-dependence (implicit time-dependence)	不顯依時性 (隱依時性)

node	節點
non-Euclidean space	非歐空間(非歐幾里德空間)
non-relativistic	非相對論
approximation	非相對論近似
limit	非相對論極限
quantum mechanics	非相對論量子力學
norm	模
convergence	模收斂
normalizable	可模規
normalization	模規
(Kronecker-δ normalization)	(克羅內克 δ 規)
normalization vector	模規矢
square	模方
normalizable	可規
state-vector	可規態矢
vector	可規矢
normalization	規化
condition	規化條件
constant	規化常數
factor	規化因子
state operator	規化態符
normalized	規化
normal-symmetrized state	規稱化態 (規化稱化態)
notations	標記
n-particle operator	n 粒符
N-particle state	N 粒態
N-particle system	N 粒系統
N-representation (occupation-number representation)	N 表象 (佔數表象)
nth-order transition matrix	n 階躍陣
nth-order transition operator	n 階躍符
nuclear charge	核電荷
null	空，零
block	空塊
operator (zero operator)	零符
vector (zero vector)	零矢
number	數
density operator	數密符
matrix	數陣
of nodes	節點數
operator	數符
n-vector (multivector of grade n)	矢^n (n 階重矢)

— O —

object	對象，東西
observable	測符，可測
physical quantity	可測物理量
set	測符集
observation	觀測
datum	觀測基準
object	觀測對象

operation	觀測運作
technique	觀測技術
time	觀測時間
observed value	觀測值
observer	觀察者
occupation number	佔數
occupation-number	佔數
representation	佔數表象
(*N*-representation)	(*N* 表象)
space	佔數空間
state	佔數態
odd parity	奇宇稱
odd-permutation operator	奇換符
one-	單
component function	單分量函
component radial function	單分量徑函
particle operator	單粒符
one-to-one correspondence	一一對應
open	開，空
block	開塊
node	空節
set	開集
system	開系統
open-shell system	開殼系統
operation	操作
operational definition	操作定義 (實作定義)
operational procedure	操作程序 (實作程序)
operator	符(算符)
basis	符基
equation	算符等式
set	符集
optimum point of view	優化觀
orbital (orbit)	軌(軌道)
angular-momentum	軌角動量
angular-momentum operator	軌角動符
angular-momentum quantum number	軌角動量子數
operator	軌符
(wave operator)	(波符)
order	序
ordered	序
position	序位
real-number pair	序實數對
sequence of instants	時刻序
ordered-point set	序點集
orientation	方位
angle	方位角
of polarization	極化向
operator	方位符
origin point	原點
orthogonal	正交
basis	正交基
complement space	正交補空間
property	正交性質
orthogonality	正交性
orthogonality relation	正交關係
orthonormal	正規

	(正交規化)
and complete	正規完備
basis	正規基
basis state	正規基態
orthonormality condition	正規條件
orthonormality relation	正規關係
out-arrow	外箭
outer product	外積
outer-product of vectors	矢外積
outer-product operator	外積符
outgoing-wave	外散波
overall	全，整體
phase	全相位
phase-difference	全相位差
phase-factor	全相位因子
symmetry	整體對稱性
over-describe	超描述
over-description	超描述
overlap integral	疊積分

— P —

parallel spin	平行自旋
parameter	參量(參數)
parity	宇稱
(position-inversion symmetry, space-inversion symmetry)	(宇反對稱)
operator	宇稱符
relation	宇稱關係
selection function	宇稱擇函
particle	粒子，粒
at rest (static particle)	靜粒子
correlation	粒子相關
description	粒子描述
motion	粒動 (粒子運動)
number	粒子數(粒數)
operator (field operator)	粒符 (場符)
quantization (quantization)	粒子量子化 (量子化)
state	粒子態
particle-antiparticle conjugation	粒反粒軛
particle-antiparticle space	粒反粒空間
particle-correlation effects	粒子相關效應
particle-hole	粒穴
annihilation	粒穴消
creation	粒穴生
pair	粒穴對
particle-wave duality	波粒二象性
passive point of view	被動觀
passive transformation	被動轉換
past light-cone	過去光錐
Pauli, W. E.	泡利

Pauli 泡利
  angular-symmetry operator 泡利角稱符
  approximation 泡利近似
  basis 泡利基
  exclusion principle 泡利不相容原理
  matrix 泡利陣
  momentum operator 泡利動符
  operator 泡利符
  parity operator 泡利宇稱符
  space 泡利空間
  spinor 泡利旋子
  (Pauli-spin function) (泡利自旋函)
  total angular-momentum operator 泡利總角動符
Pauli- 泡利
  operator basis 泡利符基
  spin function 泡利自旋函
  (Pauli spinor) (泡利旋子)
  spin operator 泡利自旋符
  spin space 泡利自旋空間
permutation 置換, 對置
  group 置換群
  operator 置換符
  relation 對置關係
perpendicular bar 垂直槓
perturbation 微擾
phase 相位
  constant 相位常數
  convention 相位定則
  difference 相位差
  factor 相位因子
  path 相跡
photoabsorption 光吸收
photoelectron 光電子
  current 光電子流
  flux 光電子通量
photoemission 光輻射
photoexcitation 光激
photoionization 光離
(atomic photoionization) (原子光離)
photoionization process 光離過程
photon 光子
  density-matrix 光子密陣
  field 光子場
  helicity-state 光子旋態
  intensity 光強
photon polarization 光子極化
  pure-state 光子極化純態
  vector 光子極化矢
photon-electron system 光電系統
physical 物理
  attribute 物理屬性
  concept 物理概念
  condition 物理條件
  diagram 物理圖像
  entity 物理實體
  foundation 物理基礎

geometry	物理幾何
geometry space	物理幾何空間
interpretation	物理詮釋
law	物理律
mathematics	物理數學
meaning	物理意義
measurement	物理量度
observation	物理觀測
operation	物理運算
phenomenon	物理現象
postulate system	物理公設系統
quantity	物理量
spacetime	物理時空
state	物理態
state vector	物理態矢
structure	物理結構
system	物理系統
theory	物理理論
vacuum	物理真空
vector	物理矢
wavefunction	物理波函
world	物理世界
physically realizable state	物理可實現態
physically separated	具體分開
physics application	物理應用
picture (motion picture)	動象
picture of quantum mechanics	量子力學動象
Planck, M. K. E. L.	普朗克
Planck constant	普朗克常數
(rationalized Planck constant)	(普常數, 有理普朗克常數)
plane wave	平面波
plasma physics	等離子體物理
Poincaré, J. H.	龎卡瑞
point black hole	點黑洞
point elementary particle	點基本粒子
pointwise convergence	逐點收斂
polar	極
angle	極角
coordinate	極座標
coordinate parameter	極參數
coordinate system	極座
polarization	極化
correlations	極化關聯
density matrix	極化密陣
photon	極化光子
vector	極化矢
polarized beam	極化束
position	位置(位)
coordinate	位標
coordinate frame	位標架
(position coordinate system)	(位置座標系)
displacement (position translation)	位移
distribution	位分佈
matrix	位置矩陣
operator	位符

(coordinate operator)	
representation	位表象
(coordinate representation, x-representation)	(座標表象, x 表象)
rotation	轉向
scale	位置尺
space	位空間
transformation	位換 (位置轉換)
transformation of state	態位置轉換
translation (position displacement)	位移(平移)
variable (spatial variable)	位變數
vector	位矢
position-component (spatial component)	位分量
position-displacement	位移
generator (translation generator)	位移子
operator of state (translation operator of state)	態位移符
transformation	位移轉換
position-inversion (space-inversion)	宇反(位倒, 空間反置)
position-like (space-like)	類空
interval	類空距
region	類空區
position-momentum indeterminacy relation	位動不確定關係
position-transformation operator	位換符
position-transformation operator of state	態位換符
positive definiteness	正定性
positive real scalar	正實標
positive-	正
energy state	正能態
frequency graph	正頻圖
frequency part	正頻部
helicity state	正旋態
positron	正子
post-form	後式
postulate	公設(假設)
of compatibility	相容公設
of correspondence (postulate of Hilbert space)	對應公設 (希空間公設)
of equivalence	對等公設
of light speed	光速公設
of mathematical logic	數學邏輯公設
of observational fact	觀測事實公設
of physical	物理運算公設

operation
of quantum mechanics 量子力學公設
of symmetrization 稱化公設
system 公設系統
potential 勢(位能,
(potential energy) 勢能)
difference 勢差
function 勢函
operator 勢符
power series 冪級數
p-representation ***p*** 表象
(momentum representation) (動量表象)
principal 主
axis 主軸
quantum number 主量子數
value 主值
(Cauchy principal value) (柯西主值)
principle 原理
of correspondence 對應原理
of equivalence 等效原理
of linear superposition 線疊加原理
of measurement 觀測原理
prior-form 前式
probability 概率
amplitude 概幅
density 概密
density amplitude 概密幅
distribution 概佈
(distribution function) (佈函)
theory 概率論
product 積,
產物(生成物)
progressive state 播態
(propagating state) (行態)
projection operator 投影符
(mapping operator) (映射符)
propagator 傳播子
proper Lorentz transformation 常洛倫茲轉換
proper subset 真子集
prototype 原型
pseudo-Euclidean space 擬歐空間
pull 拉
pure spin-state 純自旋態
pure state 純態
purely random 純隨機
pure-state operator 純態符
push 推
Pythagorean theorem 畢氏定理
(gougu theorem) (勾股定理)

— Q —

quantization 量子化
(particle quantization) (粒子量子化)
quantization axis 量化軸
quantum 量子
average 量子平均

(quantum ensemble average)	(量子系綜平均)
coherence	量子相干
collision theory	量子碰撞理論
dice	量子骰子
(coherent dice)	(相干骰子)
dynamical variable	量子動力變數
electrodynamics (QED)	量子電動力學
ensemble	量子系綜
(coherent ensemble)	(相干系綜)
ensemble interpretation	量子系綜詮釋
entanglement	量子糾纏
expectation value	量子期值
field	量子場
field theory	量子場論
gauge-field theory	量子規範場論
Hamilton equation of motion	量子哈密頓運動方程
many-body physics	量子多體物理
mathematics	量子數學
mechanics	量子力學
mix-state	量子混態
optics	量子光學
orbit	量子軌
physical observation	量子物理觀測
physics	量子物理
pure-state	量子純態
standard deviation	量子標準差
state	量子態
transition	量子躍遷
transition equation	量子躍遷方程
quantum-electrodynamics correction (QED correction)	量子電動力學修正
quantum-ensemble interpretation	量子系綜詮釋
quark	夸克

— R —

radial	徑
function	徑函
integral	徑積分
length	徑長
part	徑部
variable	徑變數
radiation	輻射
energy	輻射能
field	輻射場
gauge	輻射規
(Coulomb gauge, transverse gauge)	(庫倫規, 橫規)
photon	輻射光子
physics	輻射物理
process	輻射過程
radiative transition	輻射躍遷
process	輻射躍遷過程
probability	輻射躍遷概率
random variable	混變數 (隨機變數)
random-phase	混相近似

approximation	
range	值域
rationalized Planck constant	有理普朗克常數
(Planck constant)	(普朗克常數, 普常數)
Rayleigh expansion	瑞利展式
reactant	作物(反應物)
reactant structure	作物結構
reaction	反應
real	實, 實數
dynamical variable	實動力變數
function	實函
number	實數
part	實部
phase	實相位
three-dimensional space	實三維空間
variable	實變數
vector	實矢
vector space	實矢空間
vector variable	實矢變數
real-number field	實數域
real-number system	實數系
recoupling coefficient	重耦係數
recoupling diagram	重耦圖
rectangular coordinate system	直角座
(Cartesian coordinate system)	(笛卡兒座)
recurrence relation	遞推關係
reduced	約化
density matrix	約化密陣
matrix element	約化陣元
T-matrix	約化 *T* 陣
reducible operator	可約符
reference	參考
configuration	參考組態
frame	參考座
point	參考點
sequence	參考序
reflection transformation	鏡射轉換
Regge symmetry	瑞基對稱
relative	相對
geometry relation	相對幾何關係
momentum	相對動量
motion	相對運動
orientation	相對方位
position	相對位置
rest	相對靜止
rotation	相對轉向
speed	相對速率
translation	相對平移
uniform-velocity	相對勻速
velocity	相對速度
relativistic	相對, 相對論
close-coupling method	相對近耦法
correction	相對論修正
effects	相對論效應
equation	相對論性方程
Hamiltonian	相對哈密頓
helicity state	相對論性旋態

(helicity state)	(旋態)
mass	動質(相對質)
mass energy	動質能 (相對質能)
mechanics	相對力學
method	相對論性方法
quantum collision theory	相對量子碰撞理論
quantum field theory	相對量子場論
quantum mechanics	相對量子力學
random-phase approximation	相對混相近似
random-phase theory	相對混相理論
R-matrix method	相對 *R* 陣法
spacetime structure	相對論時空結構
units	相對論單位
relativistic-mass operator	動質符 (相對質符)
renormalization	重整化
representation	表象
residual ion	殘離子
rest frame	靜止座
rest mass	靜質
rest-mass energy	靜質能
Riemann integral	黎曼積分
Riesz theorem	瑞茲定理
(Fréchet-Riesz theorem)	(弗雷歇-瑞茲定理)
rigged Hilbert space	配備希空間
right	右
circular polarization	右圓極化
elliptical polarization	右橢極化
limit	右極限
polarization	右極化
right-hand	右手
convention	右手定則
coordinate system	右手座
light	右旋光
rigid body	剛體
rotated coordinate system	轉向座
(rotated system)	
rotation	轉向
angle	轉向角
axis	轉向軸
effect	轉向效應
generator	轉向子
group	轉向群
matrix	轉向陣
observer	轉向觀察者
of identity	恆等轉向
operation	轉向運作
operator	轉向符
(position-rotation operator)	
operator of identity	恆等轉向符
operator of state	態轉向符
symmetry	轉向對稱
transformation	轉向轉換 (轉向)

vector	轉向矢
rotational invariance	轉向不變性
Rydberg constant	瑞德伯常數

— S —

sample	取樣，樣品
scalar	標，純量
field	標域(標場)
functional	標泛函
(functional)	(泛函)
matrix	標陣
operator	標符
potential	標勢
product	內積
(inner product)	
scale	尺度
scaling symmetry	標度對稱性
scattering	散射
amplitude	散射幅
angle	散射角
matrix	散射陣
(*S*-matrix)	(*S* 陣)
operator	散射符
(*S*-operator)	(*S* 符)
state	散射態
Schrödinger, E.	薛定諤
Schrödinger equation	薛定諤方程
(Schrödinger equation of motion)	(薛定諤運動方程)
Schrödinger picture	薛定諤動象
Schur, I.	舒爾
Schur lemma	舒爾引理
Schwartz, L.	施瓦支
Schwartz space	施瓦支空間
(Schwartz space of functions)	(施瓦支函空間)
Schwarz, H. A.	施瓦茲
Schwarz inequality	施瓦茲不等式
second quantization	第二量子化
(field quantization, wave quantization)	(場量子化，波動量子化)
second-quantization formalism	第二量子化表述
(field-quantization formalism)	(場量子化表述)
second-order transition matrix	二階躍陣
self-adjoint	自伴
matrix	自伴陣
operator	自伴符
set of operators	自伴符集
self-adjointness	自伴性
self-interaction	自作用
self-inverse	自逆
semisymmetric	准反稱
configuration	准反稱組態
matrix element	准反稱陣元
state	准反稱態
sequence	序列
of functions	函序列
of occupation numbers	佔數序列
of scalar	標序列

of vectors	矢序列
set	集，組
of basis vector	基矢集
of compatible observables	相容測符集
of hypercomplex numbers	超複數集
of linearly independent vector	線獨立矢集
of occupation numbers	佔數集
of ordered positions	序位集
of variables	一組變數
of vectors	矢集
shell	殼
sign operator	號符
similar observable	相似測符
similar operator	相似符
similarity	相似
rotation	相似轉向
rotation operator	相似轉向符
transformation	相似轉換
simple particle	簡單粒子
simultaneous eigenstate (co-eigenstate)	共徵態
single rotation	單轉向
single rotation operator	單轉向符
single-valued continuous function	單值連續函
small component	小量
S-matrix (scattering matrix)	*S* 陣 (散射陣)
solid node	實節
S-operator (scattering operator)	*S* 符 (散射符)
sourceless force	無源力
space	空間
of test functions (test space)	試函空間 (試空間)
structure	空間結構
space-inversion (position-inversion)	宇反(位倒，空間反置)
operator	宇反符 (位倒符)
symmetry (parity)	宇反對稱 (宇稱)
transformation	宇反轉換 (位倒轉換)
space-inverted inertial system	宇反慣性座
space-like (position-like)	類空
interval	類空距
region	類空區
spacetime	時空
coordinate	時空座標
coordinate frame	時空座
point	時空點
position	時空位置
rotation	時空轉向
structure	時空結構

symmetry transformation	時空對稱轉換 (對稱轉換)
transformation	時空轉換
vector	時位矢
spatial	空間，位置
coherence	空間相干
component (position-component)	位分量
extent	空間範圍
special theory of relativity	狹義相對論
spectator block	從塊
spectator particle (spectator)	從粒子
spectrum	值譜
speed of light	光速
spherical	球
Bessel function	球貝塞爾函
component	球分量
coordinate system	球座
Hankel function	球漢克爾函
harmonics	球諧函
helicity-state (angular-momentum helicity state)	球旋態 (角動量旋態)
matrices	球陣
spin function	球旋函
surface	球面
unit-vector	球單位矢
spherical-	球
matrix basis	球陣基
tensor operator	球張量符
tensor operator basis	球張量符基
spin	自旋
angular-momentum operator	自旋角動符
(spin operator)	(自旋符)
density-matrix	自旋密陣
density-operator	自旋密符
function	自旋函
polarization	自旋極化
quantum number	自旋量子數
space	自旋空間
state	自旋態
variable	自旋變數
(spin index)	(自旋指標)
wavefunction	自旋波函
spin-operator basis	自旋符基
split form	解式
spontaneous emission	自發輻射
spur (trace)	跡(對角和)
square	方，平方
integrable	平方可積
matrix	方陣
root	方根
square-root operator	方根符
standard	標準
deviation	標準差
d-function	標準 *d* 函
representation	標準表象
state	態
basis	態基

operator	態符
transformation	態轉換
vector	態矢
statement	命題
state-transformation	態轉換
generator	態換子
operator	態換符
static	靜, 靜止
description	靜態描述
electricity	靜電
particle	靜粒子
(particle at rest)	
state	靜止態
stationary state	駐態(定態)
statistical	統計
determinism	統計決定論
distribution	統計分佈
ensemble	統計系綜
interpretation	統計詮釋
operator	統計符
(density operator)	(密符)
physics	統計物理
(statistical mechanics)	(統計力學)
step function	梯函
step-function operator	梯函符
stereo-angle	立體夾角
Stern, O.	斯特恩
Stokes, G. G.	斯托克斯
Stokes vector	斯托克斯矢
strong nuclear interaction	強核作用
(strong interaction)	(強作用)
subshell	次殼
subshell pairs	次殼對
subspace	子空間
summable	可求和
symmetric	對稱
symmetric state	對稱態
symmetrization	稱化
matrix element	稱化陣元
operator	稱化符
symmetrize	稱化
symmetrized state	稱化態
symmetrized subspace	稱化子空間
symmetry	對稱
principle	對稱原理
relation	對稱關係
transformation	對稱轉換
system of identical particles	等同粒子系統

— T —

Taiji	太極
Taixu	太虛
(Minkowski spacetime)	(閔可夫斯基時空, 閔時空)
tangle	糾纏
temporal axis	時軸
(time axis)	
temporal component	時分量
(time-component)	
tensor	張量

analysis	張量分析
basis	張量基
operator	張量符
operator basis	張量符基
tensorial properties	張量性質
test function	試函
test space (space of test functions)	試空間 (試函空間)
the final theory	終極理論
the standard model	標準模型
theory of quantum measurement	量子觀測理論
theory of relativity (relativity theory)	相對論
thermodynamic system	熱力系統
thing (existence, entity)	東西
Thomas precession	托馬斯旋進
three laws of planetary motion	行星運行三定律
three-dimensional	三維
Euclidean space	三維歐空間
inertial frame	三維慣性座
linear vector space	三維線矢空間
physical geometry space	三維物理幾何空間
position space	三維位空間
position-rotation group	三維位轉向群
space	三維空間
three-particle correlation	三粒相關
three-particle interaction	叁粒作用
time	時間
axis (temporal axis)	時軸
coordinate	時標
dilation	時滯
displacement (time translation, evolution)	時移(演化)
operator	時符
parameter	時間參數
rate of change (change rate)	時變率 (變率)
reversal	時逆(反演)
space	時空間
translation (time displacement, evolution)	時移(演化)
time-component (temporal component)	時分量
time-dependence	依時性
time-dependent Schrödinger equation	依時薛定諤方程
time-displacement	時移
generator (evolution generator)	時移子 (演化子)
operator of state (evolution operator	態時移符 (態演化符)

of state)	
transformation	時移轉換 (時移)
time-energy indeterminacy relation	時能不確定關係
time-independent Schrödinger equation	不依時薛定諤方程
time-interval (time, duration, moment)	時間
time-like	類時
interval	類時距
region	類時區
time-position plane	時位平面
time-position rotation (uniform-speed transformation)	時位轉向 (勻速轉換)
time-reversal symmetry	時逆對稱
time-reversal transformation	時逆轉換
time-reversed process	逆過程
T-matrix	*T* 陣
T-operator	*T* 符
topological order	拓撲序
topological structure	拓撲結構
topology	拓撲
total	總，全
angular-momentum operator	總角動符
angular-momentum quantum number	總角動量子數
channel phase-shift	總通道相移
cross-section	總截面
electric charge	總電荷
energy	總能量
four-momenta	總四動量
particle number	總粒數
phase factor	全相位因子
photoelectron current	總光電子流
probability	總概率
symmetrization operator	總稱化符
wave function	總波函
trace (spur)	跡(對角和)
transformation	轉換
form	轉換式
matrix	轉換陣
rule	轉換規則
transformed observable	轉換測符
transformed state-vector	轉換態矢
transition	躍遷
amplitude	躍幅
matrix	躍陣
matrix of two-states	雙態躍陣
operator	躍符
probability	躍遷概率
translation (position	位移

displacement)	
generator (position-displacement generator)	位移子
operator of state (position-displacement operator of state)	態位移符
transformation (position-displacement transformation)	位移轉換 (位移)
transpose	轉置
transverse	橫向
component	橫量
gauge (Coulomb gauge, radiation gauge)	橫規 (庫倫規, 輻射規)
wave	橫波
transverse-photon interaction	橫光作用
triangle inequality	三角不等式
triply differential cross-section	叁微截面
twin paradox	孿生悖論
two-component function	二分量函
two-dimensional non-Euclidean space	二維非歐空間
two-dimensional space	二維空間
two-particle	雙粒
correlation function	雙粒相關函
interactions	雙粒作用
operator	雙粒符
tensor operator	雙粒張量符
type of polarization	極化型

— U —

uncertainty relation	測不準關係
uncouple	解耦
uncoupled	未耦合
under-describe	略描述
under-description	略描述
uniform and isotropic (homogenous)	均位且均向 (均勻)
uniform convergence	一致收斂
uniform velocity	勻速度
uniform-speed	勻速率
generator	勻速子
operator of state	態勻速符
transformation (time-position rotation)	勻速轉換 (時位轉向)
uniqueness	唯一性
unit	單位
antisymmetric fourth-rank tensor	單位反稱四階張量
bivector	單位矢^2
matrix	單位陣
operator	單位符

vector	單位矢
unitary	幺正
operator	幺正符(酉符)
transformation	幺正轉換
universal gravitation	萬有引力
unnormalized	未規化
unphysical	非物理
unphysical state	非物理態
unpolarized photon	非極化光子
unpolarized state	非極化態
(completely mixed spin-state)	(全混自旋態)
unstable system	不穩定系統
upper line	上線

— V —

vacuum	真空
vacuum state	真空態
vanishes identically	恆零
variable	變數
variance	方差
variation	變分
variational principle	變分原理
vector	矢
analysis	矢分析
basis	矢基
component	矢分量
form	矢式
operator	矢符
potential	矢勢
representation	矢表象
space	矢空間
spherical-harmonics	矢球諧函的的
velocity	速度
velocity operator	速符
virtual point	虛點
visible	有形
volume	體積

— W —

wave (complex-wave, wave motion)	波(複波, 波動)
description	波動描述 (複波動描述)
equation	波動方程
function	波函
function of the universe	宇宙波函
operator	波符
(orbital operator)	(軌符)
packet	波包
quantization	波動量子化
(field quantization, second quantization)	(場量子化, 第二量子化)
wave-like	類波
wavenumber operator	波數符
wavenumber vector	波數矢
wave-packet	波包
approach	波包法
collision	波包碰撞
function	波包函

interpretation	波包詮釋
state	波包態
width	波包線寬
weak nuclear interaction	弱核作用
(weak interaction)	(弱作用)
well-defined collection	明確聚合
Weyl, H. K. H.	魏爾
Weyl equation	魏爾方程
Weyl representation	魏爾表象
Wigner, E. P.	維格納
Wigner 3*j* coefficient	維格納 3*j* 係數
Wigner theorem	維格納定理
Wigner-Eckart theorem	維格納-埃卡定理
word	字詞
work	功
world line	世界線

— X —

x-representation (coordinate representation, position representation)	***x*** 表象 (座標表象, 位表象)

— Y —

Yi-Jing (I-Ching)	易經
Yi-Xue	易學
Yin-Yang wave function	陰陽波函

— Z —

zero operator	零符
(null operator)	
zero vector	零矢
(null vector)	
zero-angular-momentum state	零角動量
zero-rank tensor	零階張量
z-plane	z 平面
(complex plane)	(複數平面)

— Number —

3-*j* coefficient	3-*j* 係數
3-*jm* coefficient	3-*jm* 係數
3-*jm* graph	3-*jm* 圖
3*j*-symbol	3*j* 標
3*nj*-symbol of the first kind	3*nj* 標一類
3*nj*-symbol of the second kind	3*nj* 標二類
6*j*-symbol	6*j* 標
9*j*-symbol	9*j* 標

索 引

條目標示的數字代表檢索頁數，“粗體數字”代表主要檢索頁。編序規則如下：

(一) 外國“人名”譯名，以其原始“羅馬拼音”排序。

(二) 中文字詞，皆按照其“首字”的“漢語拼音”排序。

(三) 首字同音，則按“聲調”〔陰平、陽平、上聲、去聲、輕聲〕排序。

(四) 首字同音、同聲調，則按“筆畫數”排序。

(五) 首字同音、同聲調、同筆畫數，則按“起筆字形”〔橫、豎、撇、捺、點、順折、逆折〕排序。

(六) 首字同音、同聲調、同筆畫數、同起筆字形，則按“次筆字形”排序，餘類推。

(七) 首字相同，則以“次字”按如上規則排序，餘類推。

(八) 首音的“注音符號”與“漢語拼音”對照如下表：

注音符號——漢語拼音對照表

ㄅ b	ㄍ g	ㄗ z	ㄚ a	ㄢ an
ㄆ p	ㄎ k	ㄘ c	ㄛ o	ㄣ en
ㄇ m	ㄏ h	ㄙ s	ㄜ e (ə)	ㄤ ang
ㄈ f	ㄐ j	ㄖ r	ㄝ e (ɛ)	ㄥ eng
ㄉ d	ㄑ q	ㄓ zh	ㄞ ai	ㄦ er (ər)
ㄊ t	ㄒ x	ㄔ ch	ㄟ ei	ㄧ y (i)
ㄋ n		ㄕ sh	ㄠ ao	ㄨ u
ㄌ l			ㄡ ou	ㄩ u (ü, v)

注音符號聲韻表（改良版）		
聲	ㄅ ㄆ ㄇ ㄈ，ㄉ ㄊ ㄋ ㄌ ㄍ ㄎ ㄏ，ㄐ ㄑ ㄒ ㄗ ㄘ ㄙ ㄖ，ㄓ ㄔ ㄕ	b p m f，d t n l g k h，j q x z c s r，zr cr sr
韻	ㄚ ㄛ ㄜ ㄝ，ㄧ ㄨ ㄩ ㄞ ㄟ ㄠ ㄡ，ㄢ ㄣ ㄤ ㄥ ㄦ	a o e(ə) e(ɛ)，y(i) u v(ü) ai ei ao ou，an en ang eng ər

順帶提起，此改良表中的“聲”r，還可與其他“聲（consonant，子音或輔音）”或“韻（vowel，母音或元音）”結合，以標注華語裏除“普通話”外的其他“方言”。

在華語結構裏，除“聲”與“韻”外，還有“聲調（tone）”，簡稱“調”。然而，華語的“聲調”在普通話裏皆簡化為“輕聲（·促）”與“四調（━平、╱升、∨沉、╲降）”。此外，在方言裏，四調可再分“陰”與“陽”，而且甚至可組成“複調”，即數個單一調的結合。

— A —

— B —

— C —

— D —

— E —

— F —

—G —

— J —

— K —

— L —

— M —

— N —

— O —

— P —

— Q —

— R —

— S —

— T —

— W —

— X —

—Y—

— Z —

物理常數表

物 理 量	符 號	數 值
光速	c	$2.997\ 924\ 58 \times 10^8\ m \cdot \sec^{-1}$（定義值）
阿伏伽德羅常數	N_{A}	$6.022\ 140\ 857(74) \times 10^{23} \sim 10^{24}$
普朗克常數	h $\hbar \equiv h/2\pi$	$6.626\ 070\ 040(81) \times 10^{-34}\ J \cdot \sec$ $1.054\ 571\ 800(13) \times 10^{-34}\ J \cdot \sec$
細構常數	$\alpha \equiv e^2/\hbar c$	$1/137.035\ 999\ 139(31)$
引力常數	G	$6.674\ 08(31) \times 10^{-11}\ m^3 \cdot kg^{-1} \cdot \sec^{-2}$
玻茲曼常數	k	$1.380\ 648\ 52(79) \times 10^{-23}\ J \cdot K^{-1}$
瑞德伯常數	$R_\infty \equiv \alpha^2 m_e c/4\pi\hbar$	$109\ 737.315\ 275\ 49(73)\ cm^{-1} = \alpha/4\pi a_0$
電子電量	e	$4.803\ 204\ 673(30) \times 10^{-10}\ esu$ $1.602\ 176\ 620\ 8(98) \times 10^{-19}\ Coul$
電子質量	m_e $m_e c^2$	$9.109\ 383\ 56(11) \times 10^{-31}\ kg$ $0.510\ 998\ 946\ 1(31)\ MeV$
質子質量	m_p $m_p c^2$	$1.672\ 621\ 898(21) \times 10^{-27}\ kg$ $938.272\ 081\ 3(58)\ MeV \approx 1836\ m_e$
中子質量	m_n $m_n c^2$	$1.674\ 928\ 6(10) \times 10^{-27}\ kg \approx 10^{-27}\ kg$ $939.565\ 63(28)\ MeV \approx 1839\ m_e$
原子質量單位	$u \equiv m(^{12}\mathrm{C})/12$	$1.660\ 539\ 040(20) \times 10^{-27}\ kg \approx 1823\ m_e$
玻爾半徑	$a_0 \equiv \hbar^2/m_e e^2$	$5.291\ 772\ 106\ 7(12) \times 10^{-11}\ m$
電子康普頓波長	$\lambda\!\!\!^{-}_e \equiv \hbar/m_e c$	$3.861\ 592\ 676\ 4(18) \times 10^{-13}\ m = \alpha a_0$
電子經典半徑	$r_e \equiv e^2/m_e c^2$	$2.817\ 940\ 322\ 7(19) \times 10^{-15}\ m = \alpha^2 a_0$

1 Å (埃, 原子尺) $\equiv 10^{-8}\ cm = 0.1\ nm$ (奈米)　　$1 year \approx \pi \times 10^7\ \sec \sim 10^8\ \sec$

1 fm (費米, 原子核尺) $\equiv 10^{-13}\ cm = 10^{-5}$ Å　　$1 MeV = 1.602\ 176\ 620\ 8(98) \times 10^{-6}\ erg$

國家圖書館出版品預行編目(CIP) 資料

量子理論 : 物理概念與數學結構/黃克寧, 郭明剛著. -- 初版. -- 臺北市 : 元華文創股份有限公司, 2024.02

面； 公分

ISBN 978-957-711-362-7 (平裝)

1.CST: 量子力學

331.3 112022744

量子理論——物理概念與數學結構

黃克寧 郭明剛 著

發 行 人：賴洋助
出 版 者：元華文創股份有限公司
聯絡地址：100 臺北市中正區重慶南路二段 51 號 5 樓
公司地址：新竹縣竹北市台元一街 8 號 5 樓之 7
電　　話：(02) 2351-1607　　傳　　真：(02) 2351-1549
網　　址：www.eculture.com.tw
E-mail：service@eculture.com.tw
主　　編：李欣芳
責任編輯：立欣
行銷業務：林宜葶
出版年月：2024 年 02 月 初版
定　　價：新臺幣 1000 元

ISBN：978-957-711-362-7 (平裝)

總經銷：聯合發行股份有限公司
地 址：231 新北市新店區寶橋路 235 巷 6 弄 6 號 4F
電 話：(02)2917-8022　　傳 真：(02)2915-6275